国家公园与自然保护地研究

Study on National Parks and Protected Areas

唐小平等　著

科学出版社

北　京

内 容 简 介

全书主体内容除绪论外，分为理论篇、布局篇、体制篇和案例篇，共计 4 篇 18 章。其中理论篇包括概念与内涵、自然保护地理论基础与构建中国新型自然保护地体系，布局篇包括自然保护地建设发展、自然生态地理区划、自然保护关键区识别、国家公园空间布局与自然保护地体系规划，体制篇包括创建设立与规划设计制度、生态系统管理与自然资源产权制度、全民共享机制与特许经营制度、公众参与机制与社区协调制度、监测评估与投入保障制度，案例篇包括我国第一批正式设立的 5 个国家公园建设的实践案例介绍。

本书可供国家公园与自然保护地相关的科研人员、管理工作者和学生以及自然保护志愿者和爱好者阅读。

审图号：GS京（2023）2060号

图书在版编目（CIP）数据

国家公园与自然保护地研究 / 唐小平等著. —北京：科学出版社，2023.10
ISBN 978-7-03-076652-6

Ⅰ. ①国…　Ⅱ. ①唐…　Ⅲ. ①国家公园—建设—研究—中国　②自然保护区—建设—研究—中国　Ⅳ. ①S759.992

中国国家版本馆CIP数据核字（2023）第197210号

责任编辑：张会格　薛　丽 / 责任校对：郑金红
责任印制：肖　兴 / 封面设计：无极书装

科 学 出 版 社 出版
北京东黄城根北街16号
邮政编码：100717
http://www.sciencep.com

北京中科印刷有限公司印刷

科学出版社发行　各地新华书店经销

*

2023 年 10 月第　一　版　开本：787×1092　1/16
2024 年　4 月第二次印刷　印张：31 3/4
字数：748 000

定价：398.00 元

（如有印装质量问题，我社负责调换）

主要作者简介

唐小平

博士，注册咨询工程师、教授级高级工程师，博士生导师。现任国家公园研究院院长。长期从事林业调查规划和保护生物学研究工作，主持了全国野生动植物调查、湿地调查、自然保护地整合优化等项目的技术支撑工作，主持编制《全国生态保护与建设规划》《全国林地保护利用规划纲要》《全国湿地保护工程规划》等国家重大规划，主持起草了造林技术规程，森林抚育规程，湿地分类、国家公园设立等相关国家标准。全程参与国家公园体制改革，参与了《建立国家公园体制总体方案》《关于建立以国家公园为主体的自然保护地体系的指导意见》等重大文件起草，牵头编制了《国家公园空间布局方案》，主持编制了东北虎豹、大熊猫等国家公园总体规划，为国家公园体制试点和第一批国家公园设立提供了技术服务。

田勇臣

博士，高级工程师。现任国家公园管理局国家公园中心主任。长期从事林业生态规划、建设、投资管理工作。参与制定和执行了林业“九五”、“十五”、“十一五”、“十二五”、“十三五”和林业草原“十四五”规划（规划纲要）工作。熟悉林业生态建设的制度、标准和投资计划管理程序。2018年以来，专门从事国家公园体制改革工作，主持国家公园体制试点评估总结工作，组织撰写《国家公园体制试点总结报告》；提出国家公园设立程序建议，牵头开展第一批国家公园设立工作；参与编制《国家公园设立规范》等国家标准；参与编制并组织推动《国家公园空间布局方案》修订报批；参与国家公园机构方案编制报批工作。

蒋亚芳

国家林业和草原局林草调查规划院、国家公园研究院副总工程师，国家林业和草原局国家公园和自然保护地标准化技术委员会副秘书长。长期从事林业调查规划和保护生物学研究工作。主持了全国第一次和第二次国家重点保护野生植物资源调查及相关自然保护区调查评估等项目的技术支撑工作。2018年以来，主要从事国家公园体制改革相关技术支撑工作，参与了《关于建立以国家公园为主体的自然保护地体系的指导意见》等重大文件起草；作为主要起草人之一，编制了以《国家公园设立规范》《国家公园总体规划技术规范》等为代表的系列国家标准及《国家公园空间布局方案》等；参与编制了《东北虎豹国家公园总体规划（2022—2030年）》等。

刘增力

教授级高级工程师，国家林业和草原局林草调查规划院自然保护地监测规划处处长。2020年任全国自然保护地整合优化审核专班副组长。主要从事林业调查规划、自然保护区与国家公园规划设计，野生植物资源调查、监测及保护等研究，以及自然保护地科学考察，野生动植物保护、湿地保护恢复工程的设计，野生动植物保护和自然保护地行业标准、国家标准的制定等工作。主持参与了全国第二次重点保护野生植物资源调查、第二次全国湿地资源调查等项目的技术组织工作，主持编制了《国家公园等自然保护地建设及野生动植物保护重大工程建设规划（2021—2035年）》《全国自然保护地体系规划》等国家级规划，牵头起草了《自然保护区工程项目建设标准》《自然保护地勘界立标规范》等多项标准。

张玉钧

北京林业大学园林学院教授，博士生导师。国家林业和草原局国家公园和自然保护地标准化技术委员会委员、国家林业和草原局生态旅游标准化技术委员会委员。北京林业大学国家公园研究中心主任、中国-加拿大国家公园联合实验室中方负责人。主要研究方向为自然保护地生态旅游规划与管理。近年来主要从事国家公园和自然保护地相关研究。主持青海省科委项目“生态系统文化服务价值评估研究”、国家社科基金项目“国家公园公众参与机制研究”、国家重点研发计划子课题“乡村生态景观物种多样性维护技术研究”、国家社科基金重大项目子课题“自然保护地生态价值实现制度构建及治理优化”等。《国家公园》、《风景园林》、《旅游学刊》和《北京林业大学学报（社科版）》编委，《自然保护地》副主编，《中国国家公园建设发展报告（2022）》主编，《中国国家公园体制建设报告（2019—2020）》和《中国生态旅游发展报告》第二主编。作为主要参与者先后获得青海省科技进步奖二等奖、梁希林业科学技术奖科技进步奖二等奖、中国工程咨询协会全国优秀工程咨询成果奖一等奖。

徐卫华

中国科学院生态环境研究中心研究员，博士生导师。国家公园研究院副院长。主要从事生物多样性保护、生态评价与规划、自然保护地规划与管理等方面的研究。近年来主持国家重点研发计划项目、中国科学院战略性先导科技专项课题等10余项，承担或参与全国生态系统调查与评估、自然保护地体系规划、国家公园空间布局、国家公园体制试点区评估验收、生态保护红线划定与调整等方面课题，牵头组织黄河流域国家级自然保护区评估、武夷山国家公园总体规划编制。在*PNAS*、*Nature*子刊等期刊发表论文150多篇。曾获第二届全国创新争先奖，作为主要贡献者获国家科技进步奖二等奖、中国科学院杰出科技成就奖。

主要撰写人员名单

国家林业和草原局林草调查规划院、国家公园研究院

唐小平　蒋亚芳　刘增力　马　炜　梁兵宽　邱胜荣　蔺　琛　岳建兵　侯　盟
黄桂林　王志臣　徐健楠　王　澍　邹全程　宋天宇　郜二虎　廖成章　乔永强
蒋丽伟　卢泽洋　刘迎春　赵志国　邓立斌　田　静　田　禾　张博琳　邵　炜
白　玲　孔　颖　刘　洋　刘超明　遇宝成　史建忠　王超逸　魏艳秀　涂翔宇
布日古德　张　鑫　叶　菁　黄　璐　安思博　王道阳　徐文彤　朱紫巍
黄晗雯　晁碧霄　彭玲莉　田逸伦　陈孟涤

中国科学院生态环境研究中心、国家公园研究院

徐卫华　欧阳志云　杜　傲　肖　燚　范馨悦　臧振华　黄小平

国家林业和草原局国家公园（自然保护地）发展中心

田勇臣　安丽丹　陈君帜　王　楠　蔡敬林　盛春玲　徐建雄　丁　颖　李世冉
方　健　黄雨洁

北京林业大学国家公园研究中心

张玉钧　李　娜　高　云　张娇娇　陈思淇　肖书文　潘恺晨　孙乔昀　徐姝瑶
洪静萱　余翩翩

北京乐活生态旅游规划设计事务所

曹　赫　杨　婧　周　定　王晨蕾　周宇放　辛洪宇　王迎迎　赵永健　曹红雷

序

建立国家公园体制是以习近平同志为核心的党中央站在实现中华民族永续发展的战略高度作出的重大决策，是生态文明建设和美丽中国建设具有全局性、统领性、标志性的重大制度创新，是建设人与自然和谐共生现代化的重要举措，对维护国家生态安全和提升生态系统多样性、稳定性和持续性，助力中国式现代化建设具有划时代的里程碑意义。习近平总书记高度重视并谋划、部署、推动国家公园建设工作，主持会议审定一系列制度文件，先后发表一系列重要讲话，作出一系列重要指示，强调国家公园是“国之大者”，中国实行国家公园体制，是推进自然生态保护、建设美丽中国、促进人与自然和谐共生的一项重要举措，目的是保持自然生态系统的原真性和完整性，保护生物多样性，保护生态安全屏障，给子孙后代留下珍贵的自然资产，擘画了建设“全世界最大的国家公园体系”的宏伟蓝图，为科学推进国家公园体制建设提供了根本遵循、指明了前进方向。

回顾近十年来我国国家公园体制建设的历程，涉及国家公园发展的诸多事项取得了以下重大进展。第一，以加强自然生态系统原真性、完整性保护为基础，以实现国家所有、全民共享、世代传承为目标，初步建成统一规范的国家公园与自然保护地管理体制，交叉重叠、多头管理自然保护地的碎片化问题得到初步解决；第二，《建立国家公园体制总体方案》《关于建立以国家公园为主体的自然保护地体系的指导意见》确定的各项重大任务得到顺利推进；第三，全国各级各类自然保护地摸底调查和整合优化预案编制基本完成，为加快形成以国家公园为主体、自然保护区为基础、自然公园为补充的新型自然保护地体系建设提供了条件；第四，国家公园体制试点工作顺利完成，在生态保护、管理体制、运行机制、社区协调、全民共享等方面取得了一批成功经验，在试点基础上组织并正式设立了第一批5个国家公园；第五，《国家公园空间布局方案》和一批重大国家标准编制完成并印发，《关于推进国家公园建设若干财政政策的意见》制定发布，明确了财政支持国家公园的政策和统筹力度，为建设全世界最大的国家公园体系奠定了坚实基础；第六，生态系统保护得以强化，实施重要生态系统保护修复重大工程，加强森林、草原、湿地和野生动植物监督管理，遏止和扭转了生物多样性丧失趋势。然而，我们还必须清醒地认识到，国家公园体制建设目前还面临解决历史遗留问题难度较大、机构设置缓慢、管理体制不顺、立法滞后、执法体系不健全等实际困难，跨省区国家公园统一管理有障碍等一系列问题。

国家公园在中国尚属于新事物，国家公园体制建设还需要在实践中不断探索、不断完善。《国家公园与自然保护地研究》一书是国家公园研究院唐小平院长牵头完成的最新研究成果，该项研究总结了国家公园体制改革以来的试点经验，提出了以国家公园为主体的自然保护地体系设计思路与基本内涵。结合人与自然耦合系统理论提出了以国家公园为主体的自然保护地体系理论基础及其适应性管理方法，构建了我国新型自然保护地体系并重点解读了“一统三分”体制设计这一核心内容；在分析分散管理时期自然保护地现状的前提下，提出了自然生态地理区划、自然保护关键区识别、国家公园空间布局及自然保护地体系规划的关键方法和技术；论证了国家公园体制典型的制度或机制在建设背景、建设目的、内涵要求、建立现状和建立方法上的主要特点；以第一批国家公园为示范，各具特色地探讨了我国国家公园在建设和发展过程中的成功经验。该书视角新颖、站位高远、思路清晰、文献翔实、数据可靠，有望为我国国家公园建设管理提供理论指导和实践支持。

国家公园体制建设正处于发展关键时期，新的探索和研究都具有价值和意义。在今后的工作中，我们依然需要秉承先进的习近平生态文明思想，保持一颗博大的心，依托深厚的自然资源禀赋，从历史悠久的中华优秀传统文化中汲取智慧，力争把我国最重要的自然生态系统、最独特的自然景观、最精华的自然遗产、最富集的生物多样性区域纳入到国家公园的建设范围中来，推动国家公园共建共享、世代传承。

傅伯杰

中国科学院院士

2023年3月5日

前　　言

2013年11月，党的十八届三中全会提出“建立国家公园体制”，作为全面深化改革的重点改革任务之一，成为我国生态文明制度建设的重要内容。自此，中国国家公园体制建设拉开了大幕。2015年9月，中共中央、国务院印发的《生态文明体制改革总体方案》对建立国家公园体制提出了具体要求，强调“加强对重要生态系统的保护和利用，改革各部门分头设置自然保护区、风景名胜区、文化自然遗产、森林公园、地质公园等的体制”，“保护自然生态系统和自然文化遗产原真性、完整性”，“在试点基础上研究制定建立国家公园体制总体方案”。按照2014年贯彻实施党的十八届三中全会《中共中央关于全面深化改革若干重大问题的决定》重要举措的部门分工，国家公园体制改革事项由国家发展改革委牵头实施。

2015年5月，国务院批转国家发展改革委《关于2015年深化经济体制改革重点工作的意见》，部署国家公园体制试点，国家发展改革委会同中央编办、财政部、国土部、环保部、住建部、水利部、农业部、国家林业局、国家旅游局、国家文物局、国家海洋局、国务院法制办等13个部门联合印发了《建立国家公园体制试点方案》，在北京、吉林、黑龙江、浙江、福建、湖北、湖南、云南、青海9个省份开展国家公园体制试点，每个试点省份选取1个区域开展试点。试点时间为3年，2017年底结束。要求“试点区域国家级自然保护区、国家级风景名胜区、世界文化自然遗产、国家森林公园、国家地质公园等禁止开发区域交叉重叠、多头管理的碎片化问题得到基本解决，形成统一、规范、高效的管理体制和资金保障机制，自然资源资产产权归属更加明确，统筹保护和利用取得重要成效，形成可复制、可推广的保护管理模式”。2015年12月9日，中央全面深化改革领导小组第十九次会议审议通过了《三江源国家公园体制试点方案》，试点区总面积12.31万km^2，要求“实现三江源地区重要自然资源国家所有、全民共享、世代传承，促进自然资源的持久保育和永续利用”。经中央建立国家公园体制试点领导小组同意，国家发展改革委分别于2016年5月批复了《神农架国家公园体制试点区试点实施方案》，6月批复了《武夷山国家公园体制试点区试点实施方案》《钱江源国家公园体制试点区试点实施方案》《香格里拉普达措国家公园体制试点区试点实施方案》，7月批复了《南山国家公园体制试点区试点实施方案》，8月批复了《北京长城国家公园体制试点区试点实施方案》。

2015年2月，习近平总书记在国家林业局报送的《关于全国第四次大熊猫调查结果的报告》上作出了重要批示。为了充分发挥国家公园严格保护生态系统完整性的优势，国家林业局党组创新思路，于2015年8月启动“野生动物类型国家公园体制试点”，明确在云南、四川、陕西、甘肃、西藏、青海、吉林、黑龙江8省区开展大熊猫、东北虎、亚洲象、藏羚4个物种国家公园体制试点，该项举措得到了中央领导的充分肯定。2016年1月，习近平总书记指示：“要着力建设国家公园，保护自然生态系统的原真性和完整性，给子孙后代留下一些自然遗产。要整合设立国家公园，更好保护珍稀濒危动物。”2016年4月8日，中央经济体制和生态文明体制改革专项小组召开专题会议，研究部署在四川、陕西、甘肃3省大熊猫主要栖息地整合设立大熊猫国家公园，在吉林、黑龙江2省东北虎、东北豹主要栖息地整合设立东北虎豹国家公园，2016年12月5日，中央全面深化改革领导小组第三十次会议审议通过了《大熊猫国家公园体制试点方案》《东北虎豹国家公园体制试点方案》。2017年初，国家林业局会同甘肃、青海2省，在雪豹野生种群集中分布的祁连山区调研评估，形成了《祁连山国家公园体制试点方案》，并于6月26日在中央全面深化改革领导小组第三十六次会议审定通过。在体制试点基础上，2017年9月中共中央办公厅、国务院办公厅印发了《建立国家公园体制总体方案》，以加强自然生态系统原真性、完整性保护为基础，以实现国家所有、全民共享、世代传承为目标，构建统一规范高效的中国特色国家公园体制，建立分类科学、保护有力的自然保护地体系。

2018年，新一轮党和国家机构改革，组建国家林业和草原局（简称国家林草局），并加挂国家公园管理局牌子，整合原国土资源部、住房和城乡建设部、水利部、农业部、国家海洋局等部门的自然保护区、风景名胜区、自然遗产、地质公园等管理职责，实行对国家公园等各类自然保护地统一管理，彻底解决了自然保护地领域“九龙治水”的局面。2018年5月，国家发展改革委将国家公园体制试点相关职能转到国家林草局，中央改革办授权国家林草局牵头起草《关于建立以国家公园为主体的自然保护地体系的指导意见》，于2019年1月由中央全面深化改革委员会第六次会议审议通过。同时，中央全面深化改革委员会第六次会议也审议通过了《海南热带雨林国家公园体制试点方案》，这是中央全面深化改革委员会通过的第5个国家公园体制试点方案。国家林草局分别成立了东北虎豹国家公园、大熊猫国家公园、祁连山国家公园协调工作领导小组，对10个试点区建立挂点联系机制，全面深入推进各试点区开展自然资源资产管理、总体规划、生态保护修复、社区融合发展等体制试点工作，2020年委托中国科学院生态环境研究中心牵头组建专家组完成了10个国家公园体制试点区的评估验收。国家机构改革后，国家林草局与中国科学院联合开展全国自然保护地体系规划研究，从宏观层面识别全国自然保护极关键区域，统筹构建新型自然保护地体系。2020年3月，自然资源部、国家林草局启动全国自然保护地整合优化工作，对自然保护地历史遗留问题和现实矛盾冲突开展全面调查摸底评估，研究制定相关规则，出台一系列政策文件，推进自然保护地整合优化预案编制和评估会审。在自然保护地体系研究和整合优化的基础上，研究编制《国家公园设立规范》和《国家公园空间布局方案》，将我国自然生态系统最重要、自然景观最独特、自然遗产最精华、生物多样性最富集的区域纳入国家公园体系。

2021年10月12日，习近平主席在《生物多样性公约》（Convention on Biological Diversity，CBD）第十五次缔约方大会（COP 15）领导人峰会上宣布，中国正式设立三江源、大熊猫、东北虎豹、海南热带雨林、武夷山等第一批国家公园。中国自此进入了国家公园元年。2022年11月8日，国务院批复了《国家公园空间布局方案》，该方案按照国家代表性、生态重要性、管理可行性的统一尺度，遴选出49个国家公园候选区，约占陆域国土面积的10%以上，提出到2035年我国将基本建成全世界最大的国家公园体系。

回顾党的十八届三中全会以来建立国家公园体制的全过程，我国国家公园体制推进紧紧围绕生态文明和美丽中国建设，通过组织试点、总结经验、加强制度设计和制定相关标准，总体上积累了经验、发现了问题、基本完成了顶层设计、形成了符合中国国情的体制机制，总体朝着统一、高效和规范的方向迈进。

本书由国家公园研究院、国家林业和草原局林草调查规划院、中国科学院生态环境研究中心、国家林业和草原局国家公园（自然保护地）发展中心、北京林业大学国家公园研究中心、北京乐活生态旅游规划设计事务所等相关研究团队共同完成。本团队非常荣幸参与了2013年以来国家公园体制改革的全过程。在2018年国家机构改革前，本团队作为国家林业局国家公园体制试点技术支撑团队，按照国家发展改革委统一部署，承担了大熊猫国家公园、东北虎豹国家公园、祁连山国家公园体制试点技术服务工作，编制了《大熊猫国家公园体制试点方案》《东北虎豹国家公园体制试点方案》《祁连山国家公园体制试点方案》《东北虎豹国家公园健全自然资源资产管理体制试点实施方案》《三江源国家公园体制试点方案》《大熊猫国家公园体制试点实施方案》《东北虎豹国家公园健全国家自然资源资产管理体制试点实施方案》《祁连山国家公园体制试点方案》，起草了《建立国家公园体制总体方案》（国家林业局稿），承担了国家发展改革委委托的“国家公园科研与监测能力建设研究”、财政部委托的“以国家公园为主体的自然保护地体系财政保障制度”、国家林草局科技司委托的林业软科学研究项目“中国国家公园体制试点追踪研究——以青海三江源国家公园体制试点为例”（项目编号：2016—R06）、中国科学院战略性先导科技专项（A类）美丽中国生态文明建设工程专项之全国自然保护地体系规划研究课题（课题编号：XDA23080100）、国家公园研究院研究专项课题“国家公园分区差异化管控策略研究”（项目编号：KFJ-STS-ZDTP-2021-003）、国家自然科学基金应急项目“国家公园范围与管控分区确定方法与政策研究”（项目批准号：72241411）、国家社会科学基金一般项目“国家公园管理中的公众参与机制研究”（项目编号：17BGL122）。2018年国家林草局管理国家公园后，其规划院团队按照国家林草局党组安排，牵头起草了《建立以国家公园为主体的自然保护地体系的指导意见》；成立专班起草了《全国自然保护地整合优化预案》，建立了自然保护地数据库及监管平台，参与审核了各省自然保护地整合优化预案；研究制定了自然保护地领域标准体系，编制了《国家公园设立规范》《国家公园总体规划技术规范》《国家公园监测规范》《国家公园考核评估规范》《自然保护地勘界立标规范》等系列国家标准，以及《自然保护地分级分类》《自然保护地生态旅游规范》等行业标准；参与自然保护地体系规划研究，研究编制了《国家公园空间布局方案》《全国自然保护地体系规划》，以及大熊猫国家公园、东北虎豹国家公园总体规划和相关专项规划；组建国家公园管理办公室挂点联络大熊猫、钱江源国家公园体制试点区，参与国家公园体制试点评估验收；研究制定国家公园科学考察报告、符合性认定报告、社会影响评价报告，设立方案编制规范，为第一批国家公园正式设立和神农架国家公园、钱江源-百山祖国家公园、普达措国家公园、秦岭国家公园、卡拉麦里国家公园、梵净山国家公园、辽河口国家公园等的创建提供技术服务；研究制定国家公园天空地一体化监测技术方案，开发建立全国自然保护地监管平台、国家公园感知系统。

参与本书写作的核心技术团队于2019年开始联合开展“以国家公园为主体的自然保护地体系构建理论及关键技术研究”，研究成果于2021年获得第十一届梁希林业科学技术奖科技进步奖二等奖。在科学研究和体制试点实践基础上形成了本书主体内容，分为绪论和理论篇、布局篇、体制篇和案例篇4篇18章，其中理论篇包括概念与内涵、自然保护地理论基础与构建中国新型自然保护地体系，布局篇包括自然保护地建设发展、自然生态地理区划、自然保护关键区识别、国家公园空间布局与自然保护地体系规划，体制篇包括创建设立与规划设计制度、生态系统管理与自然资源产权制度、全民共享机制与特许经营制度、公众参与机制与社区协调制度、监测评估与投入保障制度等10项制度介绍，案例篇包括第一批5个国家公园在规划、监测、评价、生态修复、保护等方面的实践案例。通过阐述我国国家公园与自然保护地建设和发展过程中所涉及的前沿理论、技术方法和实践经验，可以使广大读者充分了解与国家公园相关的基本概念，并能够在此基础上正确理解支撑国家公园建设所依据的理论基础、国家公园空间布局或规划设计所采用的关键技术以及国家公园保护管理所实施的制度机制，同时从不同的角度了解第一批国家公园的建设情况。

本书主要由唐小平负责全书策划、统编、框架设计和审定及绪论、第1章、第3章、第7章、第9章、第15章主体部分的撰写，田勇臣参与策划、资料调度、部分章节审定及第10章主体部分的撰写，蒋亚芳负责统筹协调及第16章、第18章主体部分的撰写，刘增力负责数据支持及第4章、第8章、第13章主体部分的撰写，张玉钧负责统编全书及第2章、第11章、第12章、第14章主体部分的撰写，徐卫华负责空间布局数据处理和技术支撑及第5章、第6章主体部分的撰写，徐健楠负责第17章主体部分的撰写。

本书各章节具体撰写人员如下：

绪　论　唐小平、张玉钧、蒋亚芳、徐卫华、刘增力、王志臣、陈君帜、李娜、高云、张娇娇、肖书文、潘恺晨

第1章　唐小平、张玉钧、蒋亚芳、王志臣、李娜、肖书文、孙乔昀

第2章　张玉钧、李娜、肖书文、孙乔昀

第3章　唐小平、蒋亚芳、史建忠、赵志国、高云、肖书文、张娇娇、潘恺晨、李娜

第4章　刘增力、马炜、邱胜荣、蒋亚芳、邵炜、魏艳秀、黄璐、遇宝成、涂翔宇、高云、李娜

第5章　徐卫华、欧阳志云、唐小平、杜傲、肖燚、蒋亚芳、刘增力、范馨悦、臧振华、黄小平、邱胜荣、马炜、高云、李娜

第6章　徐卫华、欧阳志云、唐小平、杜傲、肖燚、蒋亚芳、刘增力、范馨悦、臧振华、黄小平、邱胜荣、马炜、张娇娇、李娜

第7章　唐小平、蒋亚芳、徐卫华、马炜、刘增力、田静、郜二虎、张博琳、田禾、陈思淇、潘恺晨、李娜

第8章　刘增力、蔺琛、邱胜荣、马炜、乔永强、蒋亚芳、安思博、王道阳、王超逸、徐文彤、陈思淇、潘恺晨、李娜

第9章　唐小平、陈君帜、蒋亚芳、梁兵宽、安丽丹、李世冉、徐建雄、叶菁、黄桂林、侯盟、卢泽洋、蒋丽伟、肖书文、李娜

第10章　田勇臣、王楠、蔡敬林、盛春玲、丁颖、宋天宇、张鑫、方健、黄雨洁、张娇娇

第11章　张玉钧、李娜、高云、徐姝瑶、洪静萱

第12章　张玉钧、李娜、余翩翩

第13章　刘增力、王澍、陈君帜、叶菁、廖成章、朱紫巍、黄晗雯、陈思淇、潘恺晨

第14章　张玉钧、王志臣、曹赫、杨婧、周定、王晨蕾、周宇放、辛洪宇、王迎迎、赵永健、曹红雷

第15章　唐小平、王澍、邱胜荣、刘迎春、赵志国、刘洋、田逸伦、陈思淇、潘恺晨、李娜

第16章　蒋亚芳、梁兵宽、岳建兵、田静、白玲、张博琳、田禾、邵炜、布日古德、刘洋、李娜

第17章　徐健楠、邹全程、邓立斌、晁碧霄、彭玲莉、陈孟涤、张娇娇

第18章　蒋亚芳、岳建兵、刘超明、白玲、孔颖、高云

衷心感谢中国科学院傅伯杰院士为本书作序，并对国家公园研究院工作长期给予关心、指导和支持！衷心感谢国家公园研究院指导委员会主任李春良副局长、张涛副院长及副主任闫振副局长、文亚局长对研究团队给予的指导和支持！衷心感谢原国家林业局张建龙局长、陈凤学副局长与国家林业和草原局（国家公园管理局）关志鸥局长、谭光明副局长、唐芳林副局长、王志高总经济师，以及自然保护地管理司、规划财务司、人事司、科技司、野生动植物保护司、发展研究中心、国家公园（自然保护地）发展中心等对研究团队工作给予的鼓励、支持和指导！在本书写作过程中，也引用了中国科学院、清华大学、北京大学、北京师范大学、同济大学、北京林业大学、东北林业大学、中国林业科学研究院、国家林业和草原局西南调查规划院、中国城市规划设计研究院、国务院发展研究中心等研究团队及同行的相关观点和成果，在此一并表示感谢！也感谢科学出版社为保障出版质量付出的艰辛和努力。

希望此书出版能够对国家公园与自然保护地从业人员提供参考，也期待相关专家学者、社会各界、各级政府部门等关注支持自然保护事业，共同为保护珍贵自然资产、促进建设人与自然和谐共生的现代化作出新贡献。

由于著者水平有限，如有不当之处，敬请读者批评指正。

唐小平

2023年3月10日

目　　录

第二篇　布　局　篇

第三篇　体　制　篇

第四篇　案　例　篇

绪　论

一、研究理念：从可持续发展到生态文明建设

（一）可持续发展

1980年，世界自然保护联盟（International Union for Conservation of Nature，IUCN）在《世界自然资源保护大纲》中指出："必须研究自然的、社会的、生态的、经济的以及利用自然资源过程中的基本关系，以确保全球可持续发展"。1981年，美国莱斯特·R.布朗（Lester R. Brown）发表《建设一个持续发展的社会》，提出以控制人口增长、保护资源基础和开发再生能源来实现可持续发展。1987年，世界环境与发展委员会发布《布伦特兰报告：我们共同的未来》，将可持续发展定义为："既能满足当代人的需要，又不对后代人满足其需要的能力构成危害的发展"。1992年6月，联合国环境与发展大会通过了以可持续发展为核心的《里约环境与发展宣言》《21世纪议程》等文件。一直以来，可持续发展都是全世界关注的热点问题之一，可持续发展理念的形成与兴起，在全世界产生了巨大影响，它不仅关系到人们的生活品质，还关系到一个国家的发展和未来。

1．牢记可持续发展理念，推动社会经济发展与资源环境协调

"持续性"衍生于林学的"永续性"原则。17世纪国际林学界提出法正林思想，将森林永续利用作为森林经营的根本遵循。随着全球生态浪潮的兴起，"可持续性"一词首先由生态学家衍生提出，即"生态可持续性（ecological sustainability）"，意指自然资源及其开发利用程度间的平衡。人类经济和社会的发展不能超越资源和环境的承载能力，在满足需要的同时必须有限制因素，主要限制因素有人口数量、环境、资源，以及技术状况和社会组织对环境满足眼前和将来需要能力施加的限制。最主要的限制因素是作为人类赖以生存的物质基础的自然资源与环境。因此，可持续性原则的核心是人类的经济和社会发展不能超越资源与环境的承载能力，从而真正将人类的当前利益与长远利益有机结合。2021年11月11日，国家主席习近平在亚太经合组织工商领导人峰会发表题为《坚持可持续发展 共建亚太命运共同体》的主旨演讲，提到：良好生态环境是最公平的公共产品和最普惠的民生福祉；中国将推进全面绿色转型，为亚太及全球生态文明建设作出贡献；中国愿落实联合国2030年可持续发展议程，构建全球发展命运共同体。

2．实施可持续发展战略，保护良好生态环境和自然资源

1994年，中国政府批准发布了《中国21世纪议程——中国21世纪人口、环境与发展白皮书》，首次把"可持续发展战略"纳入我国经济和社会发展的长远规划。1997年，

党的十五大把“可持续发展战略”确定为我国现代化建设中必须实施的战略。2002年，党的十六大把“可持续发展能力不断增强”作为全面建设小康社会的目标之一。2022年，党的二十大把“坚持可持续发展”作为中国式现代化的基本特征之一。由此可见，中国不仅将可持续发展战略提升为基本国策，还将其作为实现中国式现代化的重要战略措施之一。实施可持续发展战略，不仅有利于资源的保护和合理利用，还有利于促进经济发展与人口、资源、环境相协调，实现生态效益、经济效益和社会效益相统一。

3．遵循可持续发展原则，实现重要自然生态空间代际传承

可持续发展最重要的原则之一是“公平性原则”，即一种机会、利益均等的发展，既包括同代内区际的均衡发展，即一个地区的发展不应以损害其他地区的发展为代价；也包括代际间的均衡发展，既满足当代人的需要，又不损害后代的发展能力。《布伦特兰报告：我们共同的未来》强调“可持续发展”，认为人类各代都处在同一生存空间，他们对这一空间中的自然资源和社会财富拥有同等享用权，他们应该拥有同等的生存权。可持续发展的宗旨是既能相对满足当代人的需求，又不能对后代人的发展构成危害，不以牺牲后代人的利益为代价来满足当代人的利益。自然保护地体系作为生态建设的核心载体和美丽中国的重要象征，承载了宝贵的自然资源、良好的生态环境，也是人类社会可持续发展的基石，其建设是保护重要自然生态空间原真性、完整性和多样性并且实现代际公平的重要举措。

但我们也应看到，可持续发展无论从概念还是目标来说都是强调人类发展的需求，即恢复增长并且改变增长的质量，以满足人类对就业、粮食、能源、资源和卫生等的基本需求，同时由技术和社会组织所形成的环境容量在满足当代和后代人需求方面是有限制的。

（二）生态文明建设

2007年，我国政府首次提出“生态文明”理念。2007年，党的十七大把建设生态文明确定为一项战略任务。2009年，面对资源约束趋紧、环境污染严重、生态系统退化的严峻形势，党的十七届四中全会把生态文明建设提升到与经济建设、政治建设、文化建设、社会建设并列的战略高度。2012年党的十八大报告首次提出“美丽中国”理念，生态文明建设进入新时代。建设生态文明，强调人与自然是和谐共生的命运共同体，是中华民族永续发展的千年大计，关系人民福祉，关乎民族未来，功在当代，利在千秋。必须树立尊重自然、顺应自然、保护自然的理念，把生态文明建设放在突出地位，融入经济建设、政治建设、文化建设、社会建设各方面和全过程，努力建设美丽中国，实现中华民族永续发展。为建立系统完整的生态文明制度体系，《生态文明体制改革总体方案》提出了生态文明体制改革的目标，即到2020年，构成产权清晰、多元参与、激励约束并重、系统完整的生态文明制度体系，推进生态文明领域国家治理体系和治理能力现代化，努力走向社会主义生态文明新时代。

1．实现中华民族永续发展的必然选择

生态是生物在一定自然环境下生存和发展的状态，文明是人类社会进步的状态，生

态文明是以人与自然、人与人、人与社会和谐共生、良性循环、全面发展、持续繁荣为基本宗旨的社会形态，反映人类进步与自然存在和谐程度的状态，是人类文明发展的一个新阶段。高度发达的物质生产力是生态文明存在的物质前提；维护自然生态平衡、人与自然和谐发展是生态文明遵循的核心理念；积极改善和优化人与自然关系是实现生态文明的根本途径；实现人与自然的永续发展是建设生态文明的根本目标。按照党的十八大精神，生态文明是人类为保护和建设美好生态环境而取得的物质成果、精神成果和制度成果的总和，生态文明的建设是贯穿于经济建设、政治建设、文化建设、社会建设全过程和各方面的系统工程，反映了一个社会的文明进步状态。

生态文明建设是中国可持续发展战略主流化后形成的重大理论创新成果。生态兴则文明兴，生态衰则文明衰。中国五千年文明史延绵不绝的实践证明，人类社会的繁荣进步必须以良好的自然生态为基础。

2．准确把握生态文明建设基本原则

习近平生态文明思想为新时代推进生态文明建设确立了基本原则：一是坚持人与自然和谐共生。中华民族向来尊重自然，强调天地人的统一，追求道法自然，按照大自然的规律活动，取之有时，用之有度，“万物各得其和以生，各得其养以成”，把自然生态同人类文明有机联系起来，让自然生态美景永驻人间。二是绿水青山就是金山银山，体现人与自然和谐共生的价值取向。绿水青山既是自然财富、生态财富，又是社会财富、经济财富，保护生态环境就是保护自然价值和增值自然资本，就是夯实经济社会高质量发展的支撑基础，因此要正确处理生产生活和生态环境的关系，形成节约资源和保护环境的空间格局、产业结构、生产方式、生活方式。三是良好的生态环境是最普惠的民生福祉。坚持生态惠民、生态利民、生态为民，既要创造更多的物质财富和精神财富以满足人民日益增长的美好生活需要，也要提供更多优质生态产品以满足人们日益增长的优美生态环境需要。四是“山水林田湖草”是生命共同体。人类生存发展的物质基础是集合“山水林田湖草”等要素的生命共同体，各要素是相互联系、和谐统一的，解决生态问题应有系统思维，统筹兼顾、整体施策、多措并举，实施“山水林田湖草”一体化保护修复。五是用最严格制度和最严密法治保护生态环境。生态建设和环境保护是需要付出长期艰苦努力的过程，必须依靠制度、依靠法治、坚持不懈、久久为功，尽快把生态文明制度建立起来，把生态文明建设纳入制度化、法治化轨道，加快制度创新，完善制度配套，严格用制度护蓝增绿。六是共谋全球生态文明建设。生态环境无国界，建设绿色家园是人类共同梦想，保护生态环境是世界各国共同担当，应把生态文明理念推向全球，深度参与全球环境治理，形成世界主要生态问题和可持续发展的解决方案。

3．建设人与自然和谐共生的现代化

习近平总书记指出：“我们要建设的现代化是人与自然和谐共生的现代化，既要创造更多物质财富和精神财富以满足人民日益增长的美好生活需要，也要提供更多优质生态产品以满足人民日益增长的优美生态环境需要。”这从理论和实践层面进一步丰富和拓展了中国走可持续发展道路的内涵与外延，契合了我国未来发展需要，为推动绿色低碳发展、广泛形成绿色生产生活方式、促进经济社会发展全面绿色转型明确了前进

方向。

人与自然和谐共生的现代化就是要全面推动绿色转型发展。人类善待自然，自然也会回馈人类；人类对大自然过度开发利用甚至造成伤害，最终会招致自然无情的报复。构建包括法律、法规、标准、政策在内的绿色生产和消费制度体系，加快推行源头减量、清洁生产、资源循环、末端治理的生产方式，推动形成资源节约、环境友好、生态安全的工业、农业、服务业体系，有效扩大绿色产品消费，倡导形成绿色生活行为。用绿色倒逼升级，彻底改变大量生产、大量消耗、大量排放的生产模式和消费模式，把经济活动、人的行为限制在自然资源和生态环境能够承受的限度内，使资源、生产、消费等要素相匹配相适应，用最少的资源环境代价取得最大的经济社会效益。推动我国经济社会发展全面绿色转型，推动实现经济社会发展和生态环境保护协调统一、相互促进，推进人与自然和谐共生的现代化。

人与自然和谐共生的现代化就是要推动形成国土空间开发保护的新格局。国土是协同推进新型工业化、信息化、城镇化、农业现代化和绿色化的空间载体，要坚定不移地实施主体功能区战略，推动经济社会发展规划、城乡规划、土地利用规划、生态环境保护规划等规划"多规合一"，科学合理布局和整治生产空间、生活空间、生态空间，优化国土空间开发保护格局。坚持"山水林田湖草沙冰"系统治理，构建以国家公园为主体的自然保护地体系。实施生物多样性保护重大工程。加强外来物种管控。强化河湖长制，加强大江大河和重要湖泊湿地生态保护治理，实施好长江"十年禁渔"。科学推进荒漠化、石漠化、水土流失综合治理，开展大规模国土绿化行动，推行林长制。推行草原、森林、河流、湖泊休养生息，加强黑土地保护，健全耕地休耕轮作制度。加强全球气候变暖对我国承受力脆弱地区影响的观测，完善自然保护地、生态保护红线监管制度，开展生态系统保护成效监测评估。全面促进资源节约利用，加大自然生态系统和环境保护力度，大力推进绿色发展、循环发展、低碳发展，弘扬生态文化，倡导绿色生活，加快建设美丽中国，使蓝天常在、青山常在、绿水常在，不断增强人民群众的生态环境获得感、幸福感、安全感。

（三）国家公园体制是生态文明建设重大制度创新

2013年党的十八届三中全会首次提出建立国家公园体制，2015年我国启动国家公园体制试点，开始了国家公园建设的探索之路。建立国家公园体制，是以习近平同志为核心的党中央站在实现中华民族永续发展的战略高度作出的重大决策，是习近平总书记谋划、部署、推动的一项带有标志性、全局性、统筹性的生态文明体制重大改革举措，也是中国推进自然生态保护、建设美丽中国、促进人与自然和谐共生的一项重要举措。

1．国家公园体制奠定生态文明建设生态根基

建立国家公园体制是《生态文明体制改革总体方案》提出的改革任务，是生态文明体制的一项重大生态保护制度。自然保护地是生态建设的核心载体、中华民族的宝贵财富、美丽中国的重要象征，在维护国家生态安全中居于首要地位。国家公园体制建设以生态为基础，以服务人民为理念，对保护生物多样性、保护生态环境、提高环境质量、维护国家生态安全具有重要作用，有助于可持续发展的实现（郭鹏，2021）。一方面，

国家公园体制建设坚持以生态保护为己任，以保护生态系统的原真性和完整性、维护生物多样性为目标，合理处理生态环境保护与资源开发利用关系的行之有效的保护和管理模式；另一方面，国家公园体制建设将人与自然和谐相处作为核心精神，它顺应人民愿望、坚持以人民为中心的时代要求，是维护生态安全、促进人与自然和谐共生的客观需要，是实现可持续发展、建设美丽中国的重要举措。

国家公园在世界上已有150余年历史，每个国家赋予国家公园的定位都不相同，但基本认同国家公园都是为了保护大尺度的生态过程，以及相关的物种和生态系统特征而设置的特别保护区域，具有以下几个明显的特征：①呈现自然区域的典型风貌以及生态、环境或者风景特征，其本地动植物资源、栖息地以及地质多样性区域具有特别的精神、科研、教育、休闲娱乐或旅游价值；②具有足够大的面积以及相应的生态质量，以维持其正常的生态功能和过程，使当地物种种群和群落在最低影响的管理干预下，得以在其中繁衍生息；③在很大程度上应保有“自然”状态，或者具有恢复到这种状态的潜力，较少受到外来物种的侵袭。不难看出，全球对国家公园的基本认知就是一个大尺度保持典型自然风貌的区域。

2015年9月中共中央、国务院印发的《生态文明体制改革总体方案》，是为加快建立系统完整的生态文明制度体系，加快推进生态文明建设，增强生态文明体制改革的系统性、整体性、协同性而制定的方案（王莹，2018），也是建立国家公园体制、指导国家公园建设的基本框架。针对现有自然保护地存在的空间重叠、管理割裂、碎片化孤岛化、保护与发展矛盾突出等问题，国家公园建设和管理将由国家主导，可以对跨行政区域、大尺度的自然空间进行有效规划与统筹谋划，重点是从两个方面着力：一是创新自然生态保护体制，整合各类各级自然保护地和周边生态价值高的区域，破解部门、地方利益与行政体制的分割，有效解决交叉重叠、多头管理的碎片化问题，建立统一规范高效的管理体制，实行最严格的保护，整体提升我国自然生态系统保护水平；二是突出完整性一体化保护，从国家利益出发，大尺度保护国土生态安全屏障的关键区域，具有国家代表性乃至全球价值的自然生态系统、生物多样性和自然遗迹集中分布区，以及原生态强的自然区域，从而实现“山水林田湖草沙冰”的一体化保护。

2．生态文明建设赋予国家公园体制新内涵

国际上，美国于1872年建立了全球第一个国家公园——黄石国家公园，目前已有150余年历史，近200个国家或地区已经建立了近6000个国家公园，就国家公园而言并不是新鲜事物。但中国的国家公园是在生态文明建设的大背景下建立的，把“生态保护第一”作为国家公园体制的第一大理念，作为生态文明体制的一项标志性、全局性、统筹性的重大制度创新。正如习近平总书记所指出的：“中国实行国家公园体制，目的是保持自然生态系统的原真性和完整性，保护生物多样性，保护生态安全屏障，给子孙后代留下珍贵的自然资产。”这是中国推进自然生态保护、建设美丽中国、促进人与自然和谐共生的一项重要举措。因此，中国建设国家公园是一项严格的生态保护措施，而不是经济开发项目。

中国国家公园的生态定位主要源于两个因素：一是问题导向。我国以前的自然保护地都是由地方自下而上申报建立，缺乏系统规划和顶层设计，一些地方出现交叉重叠，

另外一些地方出现保护空缺，完整的自然生态系统被行政分割、部门分治，碎片化、孤岛化现象突出，严重影响了保护效能的发挥。甘肃祁连山生态破坏的现象愈演愈烈，触目惊心，长期得不到解决，新疆卡拉麦里山自然保护区多次调整边界为开发让路，就是一个个典型的例子。旧的管理体制已经难以适应新形势下生态文明建设的新要求，迫切需要改革和突破。二是吸取国际上国家公园发展的经验教训。美国早期国家公园建设和发展一直靠对自然景观的游憩利用推动，黄石国家公园的起源就是“公共公园和娱乐基地”，园内温泉区成为吸引城市居民度假最集中的土地利用区，修建了游乐、旅游和管理所必需的各种设施，破坏了国家公园视觉完整性和自然原野状态，破坏了野生动物栖息地及连通性，直到20世纪60年代才逐渐认识到生态保护的重要性，这些年都是在往生态保护修复方向进行修正。因此，中国国家公园的首要功能是重要自然生态系统的原真性、完整性保护，同时兼具科研、教育、游憩等综合功能，突出对自然生态系统的严格保护、整体保护、系统保护，逐步改革按照资源类型分类设置自然保护地体系的做法，改革按部门分头设置保护地的旧体制，研究科学的分类标准，理清各类自然保护地关系，优化整合建立国家公园，使交叉重叠、多头管理的碎片化问题得到有效解决，国家重要自然生态系统原真性、完整性得到有效保护，把最应该保护的地方保护起来，给子孙后代留下珍贵的自然遗产，以实现国家所有、全民共享、世代传承的目标。

3．基于国土空间规划构建以国家公园为主体的自然保护地体系

加快建立健全国土空间规划和用途统筹协调管控制度，是整体谋划国土空间开发保护格局，推动人与自然和谐共生的现代化的迫切要求。扎实有效推进国土空间规划体系建设，要求体现国家意志和国家发展规划的战略性，自上而下落实国家安全战略、区域协调发展和主体功能区战略，明确空间发展目标，优化城镇格局、农业生产格局、生态保护格局，确定空间发展策略，高标准绘制全国国土空间开发保护“一张图”，尽快将主体功能区规划、土地利用规划、城乡规划等空间规划融入国土空间规划，真正实现“多规合一”，解决好各类规划不衔接、不协调的问题。

2019年1月，习近平总书记主持中央全面深化改革委员会第六次会议，审议通过了《关于建立以国家公园为主体的自然保护地体系的指导意见》，要求：“按照自然生态系统原真性、整体性、系统性及其内在规律，依据管理目标与效能并借鉴国际经验，将自然保护地按生态价值和保护强度高低依次分为3类”，同时要求“落实国家发展规划提出的国土空间开发保护要求，依据国土空间规划，编制自然保护地规划，明确自然保护地发展目标、规模和划定区域，将生态功能重要、生态系统脆弱、自然生态保护空缺的区域规划为重要的自然生态空间，纳入自然保护地体系”。国土空间规划既是国家空间发展的指南、可持续发展的空间蓝图，也是以国家公园为主体的自然保护地体系规划的基本依据，生态保护红线的划定和自然保护地体系构建应与国土空间规划协调统一（赵智聪和杨锐，2019）。《关于建立国土空间规划体系并监督实施的若干意见》指出，国土空间规划是国家空间发展的指南、可持续发展的空间蓝图，是各类开发保护建设活动的基本依据。自然保护地体系建设应承接国土空间规划体系的“传导”机制，并以优化生态空间布局为目标，分解落实国土空间总体规划要求并深化其内容（金云峰和陶楠，2020），与生态保护红线等其他专项规划相互协同，加快构建自然保护地体系。要

在统一的国土空间规划指导下，合理界定自然保护地范围，按“多规合一”的思路，摸清自然保护地底数，科学布局生产、生活和生态空间，组织编制全国自然保护地发展规划，明确国家公园及自然保护地发展目标与空间布局（唐芳林等，2019a）。一方面，通过整合归并和调整优化，结合生态保护红线划定，做好自然保护地勘界立标；另一方面，加强自然保护地建设，分类有序解决历史遗留问题（唐芳林等，2019b），创新自然资源使用制度，探索全民共享机制，建立监测体系，加强评估考核，严格执法监督（李宏伟等，2021）。

4．实现最重要全民所有自然资源资产国家所有全民共享

2022年1月17日，习近平主席出席2022年世界经济论坛视频会，发表了题为《坚定信心 勇毅前行 共创后疫情时代美好世界》的演讲，演讲中指出“中国正在建设全世界最大的国家公园体系”。国家公园作为最为珍贵稀有的自然遗产，是我们从祖先处继承，还要完整地传递给子孙万世的宝贵财富。它作为国家的无价遗产要求实现全民利益最大化，坚持全民公益性，这与可持续发展理念下的代际公平和代内公平相一致，可以说，国家公园体制建设是可持续发展理论实践与探索的重要产物。

我国长期以来资源过度利用、环境污染严重问题层出不穷，原因之一就是自然资源资产特别是全民所有自然资源资产产权制度不健全，存在自然资源资产底数不清、所有者不到位、权责不明晰、权益不落实、监管保护制度不健全等问题，导致产权纠纷多发、资源保护乏力、开发利用粗放、生态退化严重等问题，迫切需要进一步健全自然资源资产产权制度。《生态文明体制改革总体方案》提出了健全自然资源资产产权制度的改革目标，是生态文明建设的“四梁八柱”之首，包括建立统一的确权登记系统、建立权责明确的自然资源产权体系、健全国家自然资源资产管理体制、探索建立分级行使所有权的体制等方面。中国的自然资源管理体制发展整体呈现由“分”到“统”、顺时而变的趋势，适应了当前社会经济发展和生态文明建设步伐。

建立以国家公园为主体的自然保护地体系，就是进一步完善自然资源统一确权登记办法，每个自然保护地作为独立的登记单元，清晰界定区域内各类自然资源资产的产权主体，划清各类自然资源资产所有权、使用权的边界，明确各类自然资源资产的种类、面积和权属性质，逐步落实自然保护地内全民所有自然资源资产代行主体与权利内容。根据各类自然保护地功能定位，合理分区，实行差别化管控。逐步把自然生态系统中最重要、自然景观最独特、自然遗产最精华、生物多样性最富集的部分纳入国家公园体系，将最重要的自然资源资产委托国家公园管理机构代行所有者职责，服务国家发展战略，实现全民共享、世代传承，构建人与自然和谐共生的地球家园。

二、研究目标：构建新型的以国家公园为主体的自然保护地体系

自党的十八大以来，生态文明建设在理论创新和实践探索两方面都取得了重大进展。2013年，党的十八届三中全会首次将建立国家公园体制列为重点改革任务，以此为开端，以国家公园为主体的自然保护地体系建设成为建设生态文明和美丽中国的重要内容，得到了党中央和国务院的高度重视。自此，我国以前所未有的力度抓生态文明建

设，美丽中国建设迈出重大步伐，生态环境保护发生历史性、转折性、全局性变化。建立国家公园体制则是以习近平同志为核心的党中央站在实现中华民族永续发展的战略高度作出的重大决策，是生态文明和美丽中国建设具有全局性、统领性、标志性的重大制度创新，具有重要的里程碑意义。本书的研究目标以此为纲领，旨在从顶层设计的角度出发，建立国家公园体制，构建以国家公园为主体的新型的自然保护地体系，并进行相关理论、布局技术和体制机制的探索。

（一）突出自然保护地体系顶层设计，解决保护管理历史困境

构建以国家公园为主体的自然保护地体系，其最重要的特点就是突出“顶层设计”，为存在已久的保护管理困境提供解决路径。新型自然保护地体系建设的重要目标是打破原有桎梏，整合优化原有的自然保护地体系，并制定中国国家公园和其他类型自然保护地的系列国家标准，按照统一的标准和框架进行科学的分类和梳理（熊丽，2018），完善顺应现代化治理体系，创新管理体制机制，实现“山水林田湖草沙冰”综合治理目标，为全面开展新型自然保护地体系的建设提供强大的技术支撑。

（二）建立统一分类分级管理体制，奠定新型自然保护地体系根基

自然保护地体系建设的涉及面广，相关利益群体众多，资源权属关系复杂。《关于建立以国家公园为主体的自然保护地体系的指导意见》要求，建立自然保护地分类分级管理体制，旨在解决原有自然保护地“九龙治水”的问题；由此制定有效科学的分类分级体系是自然保护地有效治理的关键，是各种正规或非正规渠道塑造自然保护地网络的基石，也是彻底改变多部门多头管理、管理主体不明确、管理不到位的必要前提，总之，分类分级体系是构建中国新型自然保护地体系的关键方案。

（三）加强自然保护地理论基础研究，健全自然保护地可持续发展理论

理论是实践指向学术再指导实践的转换，自然保护地基础理论研究可将建立以国家公园为主体的自然保护地体系政治决策转化为理论基础，再将理论扩展为价值取向、研究方法、概念体系、规范体系以及关键技术。目前，国内有关自然保护地的基础理论研究相对比较薄弱，特别是面对东西方政策、社会、经济背景差异，缺乏以基本国情为考量的以国家公园为主体的自然保护地建设理论基础。中国自然保护地的现状所涉及的利益相关者较多且关系复杂，其利益诉求差异和矛盾冲突较为明显，若处理不当可能导致矛盾激化，使自然保护地的建设和保护工作无法得到有效落实。研究和实践自然保护地从保护、布局到发展等方面的理论基础，可补充自然保护地可持续发展的科学理论，为推进自然保护地布局和体制建设提供理论思路。

（四）探索自然保护地布局关键方法，整合优化自然保护地空间格局

针对原有各类自然保护地空间交叉重叠、保护管理分割、破碎化和孤岛化等问题，新型自然保护地分类体系为现有各类自然保护地重新归类、整合重叠交叉区域提供依据。归并相邻相连的自然保护地，形成完整的自然保护地体系是新旧型自然保护地转换的关键步骤。如何识别原有保护地之间的保护空缺，如何打破行政单位、分类设置造成

的同一自然地理单元、生态过程联系紧密、类型属性基本一致的自然保护地条块分裂困境，如何科学评估归并后的自然保护地类型和功能定位（刘勇等，2020），是新型自然保护地体系重构需要探索的一系列重要技术。

（五）构建国家公园保护制度体系，推进国家公园高标准高质量建设

党的十九大报告明确了中国将建立以国家公园为主体的自然保护地体系，相关部门和许多学者对此进行了多方位的解读，均认定国家公园是中国生态区位最关键、代表性最强、保护管理最严格、管理事权最高的自然保护地。鉴于国家公园的重要性与设立优先权，统一其认定、规划和建设规制是加快推进自然保护地体系从以自然保护区为主体向以国家公园为主体转变的重要举措，以填补中国国家公园指导标准和制度的空白。

三、威胁挑战：全球共同面临的外部威胁和国内挑战

（一）外部威胁

1．全球变暖

如今，人类活动所引发的全球变暖现象已经对国家公园和各类自然保护地中的生命造成了前所未有的威胁，温室气体正在使冰川国家公园没有冰川、海岸被侵蚀、森林栖息地野火不断。此外，联合国政府间气候变化专门委员会（Intergovernmental Panel on Climate Change，IPCC）2021年8月发布的科学评估报告表明，全球变暖影响的规模和速度还将不断增加，已经严重的情况还将进一步恶化。可见，到目前为止，全球变暖与栖息地丧失退化的交织已经严重威胁到全球生物多样性和人类文明的维持，国家公园等自然保护地正在面对前所未有的挑战（Pecl et al.，2017）。另外，根据IPCC所发布的气温升幅对气候影响的专题报告，目前的趋势继续下去，全球持续升温将达到《巴黎协定》提出的全球控制升温不超过2℃并努力控制在1.5℃以下的目标，那时全球海平面将上升26～77cm，约6%的昆虫、8%的植物和4%的脊椎动物将失去适宜的生存环境（晨阳，2021），这加强了立即采取行动阻止全球气候变暖的必要性。

在2008年3月8日至10日举行的世界自然保护联盟理事会会议上，气候变化被认为是对生物多样性的最大威胁，并指出全球自然保护地制度是最有效的解决方案之一。以国家公园为主体的自然保护地是应对全球气候变暖危机的重要防线，自然保护地带来的生态效益是各种自然保护措施无可比拟的。如果得到有效管理，自然保护地将通过保护陆地和海洋领域的生物多样性与维持人类健康和生计所依赖的基本生态系统服务，减少与全球变暖相关的风险，帮助人类社会应对气候变化的影响（IUCN，2019b）。但国家公园等自然保护地本身也面临着气候变化的风险，这就要求不断强化国家公园与自然保护地体系建设，持续改善生态环境质量，提高生态系统恢复力。国家公园和自然保护地体系是已知的最有效的碳库。如果管理得当，科学的自然保护地体系可以从大气中捕获和储存碳，并帮助人类和生态系统适应气候变化的影响。因此，完善国家公园和自然保护地体系对于维持与恢复完整的自然生态系统、保护生物多样性、支持生态系统服务以及提供全球变暖解决方案至关重要（Dobrowski et al.，2021）。

作为气候行动的积极推动者和坚定践行者，中国始终高度重视应对全球变暖工作，不断推进自然保护地建设，启动国家公园体制试点，构建以国家公园为主体的自然保护地体系，为推动全面落实《巴黎协定》、《生物多样性公约》第十五次缔约方大会和《联合国气候变化框架公约》第二十六次缔约方大会取得的成果作出表率。2021年10月27日，《中国应对气候变化的政策与行动》白皮书从国家层面向全世界宣示，二氧化碳排放力争于2030年前达到峰值，努力争取2060年前实现碳中和（中华人民共和国国务院新闻办公室，2021b）。中国要用30年左右的时间由碳达峰实现碳中和，完成全球最高碳排放强度降幅。相继发布的《中共中央 国务院关于完整准确全面贯彻新发展理念做好碳达峰碳中和工作的意见》以及《2030年前碳达峰行动方案》给出建立以国家公园为主体的自然保护地体系，稳定现有森林、草原、湿地、海洋、土壤、冻土、岩溶等固碳作用的指导方案，意味着为提升生态系统碳汇增量，巩固生态系统固碳作用，中国还需不断强化国家公园与自然保护地体系建设。

2．生物多样性丧失

生物多样性是人类所依存的生态系统及其服务的重要基础，关系到人类生存和发展。自1992年联合国发起《生物多样性公约》以来，国际社会为遏制生物多样性丧失作出了巨大努力。

中国是全球生物多样性最为丰富的国家之一，生态系统类型齐全，生物物种数量多，特有种比例高。丰富的生物多样性不仅是自然留给中国的珍贵遗产，也是世界人民的共同财富。为了保护生物多样性，中国政府实施了一系列行之有效的措施，如颁布和修订了《中华人民共和国环境保护法》《中华人民共和国野生动物保护法》《中华人民共和国生物安全法》等与生物多样性保护相关的法律法规；实施了三北防护林、天然林保护、退耕还林还草、野生动植物保护和自然保护区建设、珍稀濒危物种抢救性保护、湿地保护、“山水林田湖草沙冰”生态保护修复等一系列重大生态工程；实行了禁止天然林商业性采伐、江河休渔限捕、草畜平衡、禁食野生动物、划定生态保护红线、生态效益补偿等多项政策措施，强化了生态环保督察，并且将生态文明纳入实现社会主义现代化和中华民族伟大复兴的“五位一体”总体布局中，促使中国生物多样性保护取得了长足进展。

中国的自然保护地体系建设是生物多样性保护最有效的措施之一，在维护国家生态安全中居于首要地位。经过60余年的努力，已建成数量众多、类型丰富、功能多样的各级各类自然保护地，法律法规体系逐步完善，濒危物种保护不断加强，自然保护地体系建设初见成效。

2021年10月，联合国《生物多样性公约》第十五次缔约方大会（COP15）在昆明召开，习近平主席代表中国政府向全世界宣布，中国正式设立三江源、大熊猫、东北虎豹、海南热带雨林、武夷山等第一批国家公园，这标志着2021年成为中国国家公园元年，国家公园制度的建立表明中国的自然保护制度已经走向成熟。在中国建立以国家公园为主体的新型自然保护地体系，是生态文明体制改革的重要制度创新，在社会、经济、政策、文化等各方面具有融合性，在生态安全、生物多样性保护方面具有全局性、引领性，有利于《生物多样性公约》确立的保护生物多样性、促进生物多样性组成成分的可持续利用、以公平合理的方式共享遗传资源的商业利益的三大目标在更广泛领域得以实现。

自然保护地作为生态建设的核心载体、中华民族的宝贵财富、美丽中国的重要象征，是维护国家生态安全的底线。应坚持尊重自然、顺应自然、保护自然的生态文明理念，按照自然生态系统原真性、整体性、系统性及其内在规律，推动中国自然保护地科学设置和整合优化，建设健康稳定高效的自然生态系统。将自然保护地体系全部纳入生态保护红线，构筑生物多样性保护网络，建立生态环境准入清单，实行重要生态空间严格保护的用途管制，建立完善重要生态空间转换建设用地、农业用地的监管机制，严厉查处、坚决遏制各类破坏自然生态的违法违规活动。从法律、制度、机制等给予保障，在坚守生态安全边界，以及生态治理、生态补偿、生态产品价值实现途径等方面形成生物多样性保护的主流化长效机制。

（二）国内挑战

在国家公园体制建立之前，中国的各类自然保护地隶属于不同的管理部门，形成了以自然保护区为主体的自然保护地集合。原有自然保护地类型复杂、边界模糊、空间重叠，未形成合理完整的保护空间网络，隶属多样、管理目标同质化，未对管理目标、保护管理效能以及保护政策等提出明确要求，各类保护地没有统一和系统地规划，并未形成一个完善、明确的自然保护地体系。亟须构建一套科学合理的自然保护地分类分级体系、相应资源保护区域识别技术以及更为统一、规范、高效的体制机制，以弥补中国保护地空缺，行使应保尽保，为中国自然保护地全面深化改革提供支撑保障。自然保护地存在体系层面的问题，主要表现在以下几个方面。

1．保护类型多样，管理目标同质化

中国原有的自然保护地主要是依据保护对象进行分类，但这种分类的明显缺陷是对保护对象界定不清晰，不但重复，相互之间的差异性也不清晰。虽然相关法规规定得比较明确，但在实际执行中，管理目标或保护管理效能方面的差异并不大，随之导致机构重叠、多头管理、职责不明、管理目标边界模糊的现象严重，特别是各类自然保护地的管理目标基本雷同，缺少国家层面统一的保护地分类布局体系和目标管理框架且定位模糊，难以进行针对性管理。

2．顶层设计缺乏，空间布局不合理

现有自然保护地体系中的所有自然保护地都是基于地方自愿申报的基础上设立的，未能形成合理完整的空间网络。为了行政审批和管理上的方便，自然保护地范围一般并未完全按照山系、水系等自然生态系统来区划，而主要限制在县、市级行政范围内，很少有跨省、跨地区的（唐芳林和王梦君，2017）。因此，许多应该保护的地方还没有纳入保护地体系，“山水林田湖草沙冰”这一完整的生命共同体被切割成斑块状的各类自然保护地，形成破碎化局面。自然保护地孤岛化、生态系统管理碎片化，条块割裂十分严重，影响了系统性、整体性的生态功能发挥。

3．科技创新薄弱，关键技术待突破

自然保护地体系改革意味着更大范围的保护面积、更高标准的建设要求、更艰巨的管理任务与更严格的管理要求。但原有保护地的技术基础还无法满足以国家公园为主体的自然保护地体系在空间布局、管理要求、发展质量和生态产品等方面的改革目标的要求。目前，对国际先进技术和中国国情研究依旧不足；自然生态系统修复技术落后，缺乏高科技手段和现代化设备促进自然保育、巡护和监测的信息化、智能化变革；国家公园体制建设和相关学科科研课题还在起步阶段，从设立到建设运营的各环节缺乏统一的标准规范，亟待建立一套标准体系，为国家公园奠定技术基础。

四、研究内容：国家公园体制建设的“中国方案”

建立以国家公园为主体的自然保护地体系是生态文明建设的重大制度创新，是保障国家生态安全、建设美丽中国的重大举措，开展相关理论和关键技术研究对支撑国家公园体制建设和自然保护事业具有重大意义。以国家公园为主体的自然保护地体系构建依赖于中国自然保护地长期以来探索性、实践性和经验性的研究。本书重点针对国家公园与自然保护地的理论、布局、体制与案例展开深入研究，主要借鉴国际经验并结合中国实际情况提出了国家公园体制建设的“中国方案”（图1），重构了全国尺度的自然保护地分类体系，全面提出了中国化的自然保护地建设理论基础，研究开发了具有重要应用价值的关键布局方法，以及创新落实了新型自然保护地的保护管理体系，为以国家公园为主体的自然保护地体系构建提供理论、技术和制度支撑。同时，以中国正式设立的5个第一批国家公园为研究范例，进一步检验国家公园体制建设实践成果，探索形成了国家公园体制建设的“中国范式”，以期回答中国国家公园与自然保护地体系构建的理念和目标、威胁和挑战、理论和方法以及实践和成果等实质问题，指导中国自然保护地体系理论研究、规划决策和区域实践，加强生态系统保护，统筹自然资源管理，保障国家生态安全。

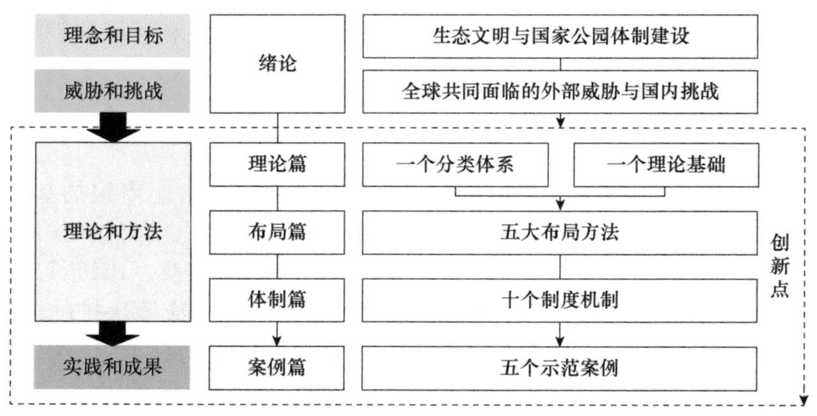

图1　国家公园体制建设的“中国方案”

本书提出了国家公园体制建设的“中国方案”，创新点主要分为以下几个方面。

（一）一个分类体系——首次重构了全国尺度的自然保护地分类分级体系

作为中国重要自然生态系统、重要野生动植物栖息地、重要地质遗迹、重要自然景观的重要保障机制——自然保护地体系，是一个由众多子系统构成的复杂系统（侯爱科，2019）。本书通过对各国自然保护地分类分级体系进行对比，展开了自然保护地体系系统的集成研究。参考国际经验并结合中国实际情况，在中国既有自然保护地类型和原自然保护地体系的基本骨架基础上，遵从价值主导、目标明确、权属清晰、符合国情的构建原则，依据管理目标和效能，按照自然属性、生态价值和保护强度高低，构建了以国家公园为主体、自然保护区为基础、自然公园为补充的新型分类分级体系，明确分类分级条件和标准，以此完善中国特色的自然保护地分类体系。

（二）一个理论基础——全面提出了中国化的自然保护地建设理论基础

基于中国国情和自然保护地发展现状，提出了科学合理且具有中国自然保护地普遍意义的理论基础。中国自然保护地具有高人口空间密度的特征，面对复杂土地权属的特殊国情和东西方政策、社会、经济背景的差异，为充分展现、传承和发扬“天人合一”的中国传统思想，融合中国自然保护地自然遗产与文化遗产复合特征，协调人与自然保护和发展的矛盾问题，本书从中国自然保护地人与自然耦合系统理论和适应性管理方法论出发，提出以国家公园为主体的自然保护地建设理论基础，包括系统性保护的理论基础、国土空间布局的理论基础和区域可持续发展的理论基础3个方面。将其应用于全国自然保护地的空间布局与体制建设，为类似中国高人口密度特征的保护地建设提供理论指导，实现自然生态保护体系的历史性变革。

（三）五大布局方法——研究开发了具有重要应用价值的关键布局方法

为更好地促进以国家公园为主体的自然保护地体系的构建，研究开发了贯穿自然保护地布局全过程的五大布局方法，分别为自然保护地现状评价、自然生态地理区划、自然保护关键区域识别、国家公园空间布局方案和自然保护地体系规划空间布局方案：①根据近几年的监测数据对现有自然保护地发展现状进行评价，评价范围从总体自然区域到行政主管区域；②对具有相似自然地理特征、生态系统类型与生态过程的区域进行自然生态地理区划；③分析现有自然保护地保护关键区域，识别尚未得到有效保护的区域；④利用全国自然生态地理区划与自然保护关键区域识别结果，遴选出一批具有典型代表性的国家公园；⑤提出自然保护地体系发展规划要点，以管理目标为主线，采用优先划定国家公园、重点建设自然保护区、规范管理自然公园的实施方法进行自然保护地体系总体布局，同时提出整合优化规则及关键技术，对现有自然保护地进行整合优化，巩固已有基础。

（四）十个制度机制——创新落实了新型自然保护地的保护管理体系

实现自然保护地的区域协调可持续管理和发展，其关键在于如何协调好保护管理与资源开发、社区参与等方面的关系问题，这有赖于政策保障体系的逐步完善和实施。随着国家公园试点工作的展开，中国在体制方面做了系统全面的制度设计和安排。在重要理论研究和关键布局方法的基础上，本书基于现有法律体系补充总结了适应中国国情的体制建设内容，完善和创新了以国家公园为主体的自然保护地体系的体制体系。具体包括创建设立制度、规划设计制度、生态系统管理制度、自然资源产权制度、全民共享制度、特许经营制度、公众参与制度、社区协调制度、监测评估制度和投入保障制度。这十项制度着眼于国家公园这一自然保护地体系的主体，将国家公园从设立到管理全过程涉及的内容，按其联系进行整合总结形成科学的有机整体，促进新型自然保护地保护管理体系的有效落实。

（五）五个示范案例——探索形成了国家公园体制建设的“中国范式”

此前试点过程中取得了不同程度的适应性管理经验，制度安排也在试点建设的实践过程中得到检验。国家公园体制的建立表明中国的自然保护制度已经走向成熟，其作为生态文明建设的重要内容之一，逐步得到完善，并被全世界广泛认同。2021年是中国的国家公园元年，三江源、大熊猫、东北虎豹、海南热带雨林和武夷山等第一批国家公园正式设立，这5个国家公园是长期以来探索形成的国家公园建设“中国范式”。本书在国家公园体制建设的总体框架下，以这5个国家公园为研究范例，从多个角度有重点地进行分析——基于生态保护制度演变的三江源国家公园符合性认定，基于天空地监测体系的大熊猫国家公园感知平台建设，基于生态系统完整性保护的东北虎豹国家公园规划，基于生态廊道建设的海南热带雨林国家公园生态安全格局优化，以及基于遗产价值认知的武夷山国家公园双遗产管理，总结其中具有中国特色的国家公园建设管理经验。

第一篇 理论篇

第1章 概念与内涵

1.1 自然保护地

1.1.1 国际上的自然保护地

世界各国对于自然保护地的概念有不同的理解。美国自然保护地的建立最初源于荒野保存（wilderness preservation），其主要途径是将人类活动排除于保护地之外，这一早期思想对世界自然保护地体系的建立产生了重大影响。在自上而下由政府、非政府组织（non-governmental organization，NGO）介入的自然保护地建立的过程中，单纯强调保护，忽视甚至践踏地方社区利益的状况从一开始就存在（宋峰等，2019）。澳大利亚1866年在新南威尔士建立了第一个自然保护地，1879年建立了世界上继美国黄石国家公园之后的第二个国家公园——皇家国家公园（Royal National Park），但各州建设历史和体系建设思路各不相同，自然保护地既分散又自成一体。2009年联邦政府出台了《澳大利亚国家保护区体系战略（2009—2030年）》（*Australia's Strategy for the National Reserve System 2009—2030*），推动基于澳大利亚国土范围内特有的生态、物种和景观资源保护的国家自然保护地系统的建立，对澳大利亚保护国家生态环境和生物多样性发挥了核心作用（王祝根等，2017）。俄罗斯的自然保护地统称为“特别自然保护区域”，是指分布有自然生态系统及保护对象的地域、水面及其空域，具有特殊的自然保护、科研、文化、美学、娱乐和保健意义，由国家政权机关决定全部或部分征用，不再作为经营用地，确定实行特殊保护制度的区域，用于保护独特和典型的自然生态系统及著名自然景观、野生动植物及基因，研究生物圈自然演化过程，监测自然状态变化，开展环保教育等。英国的自然保护地是指对其环境、历史或文化具有价值而需要受到保护的地区，包括景观价值、生物多样性价值（物种和栖息地）、地质学价值和文化价值。法国宪法中的环境宪章明确规定自然保护地的设置需要以“保护”为主要目的，涵盖自然资源保护、环境平衡，以及生物多样性保护。

由此可见，国际上对自然保护地（protected area）长期存在着保存（preservation）、储存（reserve）、保护（protection）等不同理解，保护目的也千差万别。许多国家还没有一个统一的自然保护地概念，而是直接分类定义。各国对自然保护地的理解不同也导致难以进行比较，往往特定区域被某个国家视为自然保护地，而在另外一个国家则不然。直到20世纪，保护事业从各国独立工作逐步走向国际协作，1903年，首个致力于国际保护事业的NGO——帝国野生动物保护协会（The Society for the Preservation of the Wild Fauna of the Empire，SPWFE）在英国成立。1948年成立的世界自然保护联盟（IUCN），鼓励国际合作，鼓励将政府和民间社会组织聚集在一起共同保护自然，大多数IUCN成员倾向于将“自然保护地”的含义具体化，IUCN从1962年开始尝试对全球各类自然保护地进行系统研究。1992年，《生物多样性公约》将自然保护地定义为：一个划定地理界限，为达到特定保护目标而指定或实行管制和管理的地区。但此定义未能全面地概述自然保护地的内涵。1994年，IUCN制定了《IUCN自然保护地管理分类应用指南》，解释了自然保护地的定义和分类，将自然保护地定义为：通过法律或其他有效管理方式，对陆地或海洋等地理空间的生物多样性、自然文化资源等进行有效保护。2013年的修订版将自然保护地重新定义为：是一个明确界定的地理空间，通过法律及其他有效方式获得承认、得到承诺和进行管理，以实现对自然及其所拥有的生态系统服务和文化价值长期保护的陆域或海域（Crofts et al.，2020）。该定义在区域和全球框架中被广泛接受，其解释见表1-1。

表1-1　IUCN关于自然保护地的定义解释

名词	解释
明确划定的地理空间	地理区域：包括陆域、内陆水域、海洋和沿海区域，或两个或多个地区的组合
	空间：包含三个维度，即地面以上空间和水层，以及亚层区域（如河床内洞穴）
	明确划定：已约定的或划定边界的区域
认可	保护可包括一系列由人们公布的多种治理类型，也包括由国家确定的保护类型，但所有这些区域应经由某种方式获得认可
承诺	以具有约束力的形式承诺长期保护，如国际公约和协定；国家、省和地方法律；惯例法；NGO协议；私人信托和企业政策；认证体系
管理	采取积极措施保护自然（及其他）价值，包括将某个区域完全保留原样作为最佳的保护策略
法律或其他有效方式	通过一些渠道对保护地公示和认可，包括国际公约或协定，或其他有效但非公示的手段加以鼓励，如通过公认的传统约定或者建立NGO的对策对社区保护地进行管理
实现	指某种程度的有效性（管理绩效）
长期	应当对自然保护地进行永久管理，而不是一种短期或临时性管理策略
保护	指在就地保护生态系统、自然或半自然栖息地、在自然环境下物种的可长久繁育的种群
自然	总是指在基因、物种或生态系统水平上的生物多样性，经常也指地质多样性、地貌及更加广泛的自然价值
生态系统服务	指与自然保护相关但并不影响其保护目标的生态系统服务，包括提供食品和淡水等供给服务，治理洪水、干旱、土地退化和疾病等的调节服务，土壤形成和养分循环等的支持服务，以及有关游憩、精神、宗教等非物质福利的文化服务
文化价值	指不会干扰保护成果的价值，其中特别包括：为保护成果作出贡献的文化价值；本身已受威胁的文化价值

IUCN的自然保护地定义也意味着并非所有具有保护价值的区域都会被认定为“自然保护地”，如管理良好的森林、资源可持续利用区、军事训练区、非物质文化遗产保护区、农业文化遗产保护区、文物保护区、历史文化保护区或多种形式的景观区域，这些区域并不符合表1-1解释的自然保护地的定义。

1.1.2　中国的自然保护地

20世纪90年代，部分专家学者开始引入IUCN的自然保护地（protected area）概念，但多翻译为自然保护区。因此，中国长期存在广义与狭义的自然保护区概念，广义的自然保护区指受国家法律特殊保护的各种自然区域，是总体性概称，其中还包含了自然保护区、风景名胜区、自然遗迹等各种保护地区（冯建皓，2021），这实际上就是IUCN定义的自然保护地。2004年，全国人大常委会推动自然保护区立法工作，从自然保护区法演变到自然保护地法、自然遗产地保护法等，首次提出了自然保护地这个概念，《自然保护地法（草案）》中定义为“自然保护地是指对有代表性的自然生态系统、珍稀濒危野生动植物物种和重要遗传资源的天然集中分布地、有特殊意义的自然遗迹和自然景观等保护对象所在的陆地、陆地水体或者海域，依法划出一定面积予以特殊保护和管理的区域”，这一定义基本照搬了《中华人民共和国自然保护区条例》（1994年版）中对“自然保护区”的定义，所不同的是将“区”换成了“地”，二者之间没有本质的区别，后因部门利益等原因而终止。

2013年，党的十八届三中全会审议通过《中共中央关于全面深化改革若干重大问题的决定》，在中国政策体系中正式提出“建立国家公园体制”。中共中央办公厅、国务院办公厅于2017年印发的《建立国家公园体制总体方案》提出了“构建统一规范高效的中国特色国家公园体制，建立分类科学、保护有力的自然保护地体系”的总体要求，这是首次在国家战略层面正式提出“自然保护地”概念，但没有赋予明确的定义。之后，《关于建立以国家公园为主体的自然保护地体系的指导意见》将自然保护地定义为：“由各级政府依法划定或确认，对重要的自然生态系统、自然遗迹、自然景观及其所承载的自然资源、生态功能和文化价值实施长期保护的陆域或海域”，首次正式定义中国的自然保护地。

这个定义本质上不是一个从无到有的创设，而是杂糅了创设与重构两层内涵，具有创新性和延续性。所谓“创设”部分，是要增设以“生态保护第一、国家代表性、全民公益性”作为全新建设理念、在中国属于从无到有的国家公园，这是新生事物；所谓“重构”部分，意指将中国既有的多种类型与名称、但均未以“自然保护地”这一概念命名的实质意义的自然保护形式，按照层次化的体系定位，功能设定与管理目标进行整合、归并，以形成按照生态价值和保护强度高低依次设立的新型自然保护地体系。

同时，中国的自然保护地定义也与IUCN定义做了很好的衔接，地理空间、认可、承诺、管理、长期、自然、生态系统服务、文化价值等11个要素都符合IUCN的自然保护地定义。此外，中国对保护对象进行了细化，但基本与IUCN保持一致（表1-2）。

表1-2　中国自然保护地与IUCN自然保护地定义的相关性

	IUCN	中国
地理空间	是一个明确界定的地理区域，包括陆域、海域	明确划定或确认的自然空间，包括陆域、海域
认可	通过法律及其他有效方法获得承认、得到承诺和进行管理	由各级政府依法划定或确认
保护（自然与文化价值）	对自然及其所拥有的生态系统服务和文化价值长期保护	对重要的自然生态系统、自然遗迹、自然景观及其所承载的自然资源、生态功能和文化价值实施长期保护

自然保护地的功能聚焦在5个方面：①守护自然生态；②保育自然资源；③保护生物多样性、地质多样性和景观多样性；④维持自然生态系统的健康稳定；⑤提供生态系统服务，包括提供优质的生态产品及科研、教育和游憩机会。

《关于建立以国家公园为主体的自然保护地体系的指导意见》也赋予了中国自然保护地建设三大基本理念：

（1）保护自然。自然保护地主要功能包括：守护自然生态；保育自然资源；保护生物多样性、地质地貌多样性和景观多样性；维持自然生态系统健康稳定；提高生态系统服务功能。自然保护地要将具有特殊和重要意义的自然生态系统、自然遗迹和自然景观的保护放在首位，把最应该保护的地方保护起来。

（2）服务人民。保护自然的根本目的是为人类社会高质量发展服务，人类生存需要依赖自然资源。良好的生态资源可为社会提供最公平的公共产品和最普惠的民生福祉。服务社会，为人民提供优质生态产品，为全社会提供科研、教育、体验、游憩等公共服务。正确处理自然保护与经济社会发展的关系，坚持生态惠民、生态利民、生态为民，让绿水青山充分发挥经济社会效益。

（3）永续发展。在漫长的社会经济发展历程中，中华民族用自己的智慧和创造力保存了丰富而珍贵的自然文化遗产，道法自然、天人合一等生态观念对中华文明产生了极为深刻的影响。面对资源约束趋紧、环境污染严重、生态系统退化的严峻形势，必须树立尊重自然、顺应自然、保护自然的生态文明理念。维持人与自然长期和谐共生并永续发展，要将生态功能重要、生态环境敏感脆弱以及其他有必要严格保护的各类自然保护地纳入生态保护红线管控范围。

1.2　国家公园

1.2.1　国际上的国家公园

美国艺术家乔治·卡特林（George Catlin）最先提出国家公园（nation's park）名词，但却没有对国家公园作出完整的定义。1916年，《美国国家公园管理局组织法》（*National Park Service Organic Act*）颁布，并规定国家公园设立的目的是："……要保护这些土地中的景观、自然及历史遗迹和野生动植物，并以合理的方式和手段向人们提供游憩服务，使其免受损害，为后代使用"（贺艳和殷丽娜，2015）。可见，美国的国家公园建立在国家利益的基础上，将自然景观看成是美国的自然遗产加以保护，免受人类活动破坏，避免私人占有和开发。美国《国家公园基本法》也明确规定："在保护风景资源、自然和历史资源、野生动物资源，并能够在保证子孙后代不受影响地欣赏上述资源的前提下，提供当代人欣赏上述资源的机会。"（唐芳林，2015）。之后，各个国家开始对国家公园的概念进行本土化的解读（表1-3）。

表1-3　各国国家公园概念

国家	国家公园概念
美国	国家公园是由国家政府宣布作为公共财产而划定的以保护自然、文化和民众休闲为目的的区域
澳大利亚	各州和领地对国家公园的定义相似，但表述各不相同，首都直辖区的定义为"用于保护自然生态系统、娱乐以及进行自然环境研究和公众休闲的大面积区域"。总的来说，国家公园是指被保护起来的大面积陆地区域，这些区域的景观尚未被破坏，且拥有数量可观、多样化的本土物种。在这些区域，人类活动受到严格监控，如农耕之类的商业活动则是被禁止的

续表

国家	国家公园概念
加拿大	国家公园保护了代表本国最为杰出的、独一无二的自然遗产，是便于人们探索、发现自然的特殊门户，同时也是欣赏加拿大秀丽与多样风景的重要区域，既保护野生动植物栖息地，也是人类的精神家园。国家公园是加拿大应保护的地方，使其能够不受损失地为子孙后代所享用。此外，维护并恢复生态完整性，对自然资源和自然过程的保护应为优先
德国	国家公园是一种不受或很少受到人类影响，主要用于维护自然生态演替过程，最大限度保护物种丰富度的动植物生存环境，具有法律约束力且面积相对较大而又具有独特性质的自然保护区。可供人们休养、教育、科学研究以及感受原始自然过程，有关文化历史场所或土地利用仅在特殊情况下在限定的区域内存在
英国	保护和加强该地区的自然和文化遗产，并促进公众了解和享受国家公园的特殊价值（全英统一）；促进该地区自然资源的可持续利用，以及促进当地社区的经济和社会可持续发展（苏格兰补充）
法国	具有独特保育价值的陆地和海洋自然环境区域，或者这些区域若退化或破坏，会直接影响到其生物多样性、组成、存续和进化等，都适于建立国家公园
俄罗斯	国家公园是环境、生态、教育和研究场所，其领土（水域）包括具有特殊生态、历史、美学价值的自然复合体，对国家公园的使用可出于环境、教育、科学、文化以及（受制约和管制的）旅游的目的
南非	保护具有国家或国际重要性的生物多样性地域，南非有代表性的自然系统、景观地域或文化遗产地，其包含一种或多种生态系统完整的地域，可以防止与生态完整性保护不和谐的开发和占有，为公众提供与环境相适的、精神的、科学的、教育的和游憩的机会，并在可行的前提下为经济发展作出贡献
阿塞拜疆	国家公园是具有自然生态、历史、美学和其他重要价值的地区，用于自然保护、启蒙、科学传播、文化教育等功能
津巴布韦	保护和保存了其范围内的景观与风景、野生动植物及其所在生态环境，从而可为公众提供享乐、科普教学与精神启发的区域
日本	保护全国范围内规模最大，且自然风光秀丽、生态系统完整、有命名价值的国家风景及著名的生态系统。公园原则上应有超过20km^{2}的核心景区，应保持原始景观；除此之外，还需要有若干未经人类开发或占有而发生显著变化的生态系统，动植物种类及地质、地形、地貌具有特殊科学教育、娱乐等功能的区域

可见，不同国家和地区受国土面积、资源禀赋、土地使用和保护思想等多方面的影响，根据本国国情制定了相关的管理目标与管理方式，他们对国家公园的理解和概念表述有所不同，这也对国家公园在其保护地管理体系中所处的位置与功能产生了影响（王佳鑫等，2016）。不同国家诞生出不同的理解方式，但总的来说，有几大共同点：①是重要的、具有国家代表性的生态系统、地质、地貌和景观资源，以及基因资源和物种代表特征的典范；②具有完整的生态系统本底（陈耀华和陈远笛，2016），使其尽可能保持自然的状态；③以持续保护本国自然和文化资源为主要目的（Pearlman et al.，1999）；④在保护的同时为公众提供不与资源保护相矛盾的游憩活动，将科研、教育等视为重要功能（Schaller et al.，2013；Hiwasaki，2005）；⑤防止对国家公园造成危害的利用和侵占，具有排除外来伤害的生态保护机制（陈耀华和陈远笛，2016），强调保护为主、适度开发；⑥代际传承，在不对公园的管理目标造成影响的情况下，将当代人和后代人的需要纳入考虑的范围。

IUCN经过数十年对全球国家公园的系统研究，根据不同国家的保护地保护管理经验，形成并不断完善了国家公园的概念（表1-4）。

表1-4 IUCN的国家公园概念

年份	国家公园概念
1969	国家公园是一个土地或地理区域系统，该系统的主要目的就是保护国家或国际生物地理或生态资源的重要性，使其自然进化并最小地受到人类社会的影响
1994	国家公园是主要用于生态系统保护及游憩活动的天然陆地或海洋；为当代和后代保护一个或多个生态系统的完整性；排除任何形式的有损于该保护地管理目的的开发和占有行为；为民众提供精神、科学、教育、娱乐和游览的地点，所有这些活动必须实现生态环境和文化上的协调
2013	国家公园是指大面积的自然或接近自然的区域，设立的目的是保护大尺度的生态过程，以及相关的物种和生态系统特性。这些自然保护地提供了环境和文化兼容的精神享受、科研、教育、娱乐和参观机会的基础

1969年，IUCN明确提出国家公园的基本特征，其对国家公园的定义见表1-4（王维正等，2000）。1971年，IUCN将这些特征细化扩展，确定国家公园的认定标准为：①面积大于1000hm^2，优先保护自然；②有专门的法律保护；③有充足的经费和人员提供有效的保护和管理；④禁止对资源的开发（包括修筑水坝），开展运动和钓鱼项目以及建设管理机构和基础设施等需要获得允许（蒋志刚，2004）。

但在实际操作过程中，一些国家如英国和新西兰等设立的国家公园并不完全符合IUCN认定标准，而一些符合标准的区域却又未命名为国家公园。

1994年，IUCN出版的《IUCN自然保护地管理分类应用指南》对国家公园进行了明确定义，2013年新修订的《IUCN自然保护地管理分类应用指南》将国家公园概念也同步进行了修订，见表1-4。目前，这个定义已经普遍被联合国、许多国家和国际组织所接受和应用，很多国家对IUCN关于国家公园的定位进行本土化的诠释，使之符合自身国情。

从IUCN的国家公园定义看，国家公园的首要目标是保护生物多样性及作为其基础的生态结构和它们所支撑的环境过程，并推动自然教育和游憩，此外，还具有其他目标，如：①使地理区域、生物群落、基因资源以及未受影响的自然过程尽可能在自然状态下长久保存；②维持可长久生存和具有健康生态功能的本地物种的种群足够密度，使其生态系统具有完整性和弹性；③保护需要大尺度生境的物种、区域性生态过程和迁徙路线；④对以精神、教育、文化和游憩为目的的访客有效管理，避免造成自然资源严重生态退化；⑤在不影响首要目标的前提下，考虑当地居民和当地社区需要，包括基本的生产生活需求；⑥提供旅游并对当地经济作出贡献。

在IUCN自然保护地管理分类体系划分的6个类型中，国家公园属于第Ⅱ类，没有第Ⅰa类（严格的自然保护区）的保护程度严格，可以允许游客进入以及开展相关的基础设施建设；也与Ⅰb类（荒野保护区）的游客管理不同，通常具有更多的基础设施，允许进入的访客量相对较大；与第Ⅲ类（自然遗迹或地貌）、Ⅳ类（栖息地/物种管理区）的保护对象不同，国家公园重点关注完整的生态系统维护；而与第Ⅴ类（陆域景观/海域景观保护区）也有差异，国家公园侧重保护重要的自然系统，或者正处在恢复过程中的自然系统，而第Ⅴ类强调的是人类与自然长期和谐相处的陆域或海域；与第Ⅵ类（自然资源可持续利用区）相比，国家公园通常不允许自然资源的消耗型利用，除非是为了基本生存或必要的游憩用途。

事实上，虽然各国或地区尽可能地向世界自然保护联盟所规定的Ⅱ类标准靠拢，然而不同国家或地区对于国家公园的要求各不相同，使其在对国家公园理解和定位上千差万别。对于面积大、人口相对较少的北美国家，其现有的国家公园能满足IUCN规定的Ⅱ/Ⅲ类标准。但对于面积较小，人口密度大的国家或地区，如英国国家公园的“田园式景观”中不仅蕴含了杰出的自然风貌与显要的地理特征，同时也是千百年来原住居民不断将其与传统文化、耕作方式、村庄建设等多方面相互融合的成果，使得国家公园功能的范畴更广泛，使得英国国土范围内更多区域具备成为潜在国家公园的可能性。但有两大原则根植于大多数国家公园的理念核心，所有国家公园设立应坚守这两个原则，其他的依国家而定：①国家公园应该是能确保生态环境和风景保育的保护区；②国家公园应当实现公园开放，用作大众游憩，包括旅游和娱乐。

在国家公园定义和定位的国际经验中，法国的经验值得参考。在2006年国家公园体制改革之后，法国对于国家公园在自然保护地中的定位，明确了保护与可持续发展两个重点目标，并通过立法保证国家公园在生态保护与旅游发展中的独特作用。通过核心区域与附属区域的划分，加强了生态系统的连贯性；通过中央与地方配合，实现了区域生态和经济的平衡；通过多利益方参与，保证了意见的汇总和有效实施。

1.2.2　中国的国家公园

中国学者于20世纪20年代开始引入国家公园概念，80年代、90年代和21世纪初期出现过几次研究热潮，但没有提出中国本土的国家公园概念和思想。各个地方标准对国家公园进行了相关解释，但没有明确指出国家公园必须由国家政府划定，因此产生了各级政府都可以划定和管理国家公园的歧义，具有明显局限性（唐芳林，2017）。

自2013年党的十八届三中全会首次提出建立国家公园体制以来，陆续启动了三江源、大熊猫、东北虎豹等10个国家公园体制试点，这不仅是一个体制试点过程，也是一个科学认识国家公园、凝聚共识的过程，2017年通过对体制试点阶段性总结，中共中央办公厅、国务院办公厅印发了《建立国家公园体制总体方案》，首次明确了中国的国家公园概念与内涵，并在一系列政策性文件和相关国家与行业标准中逐渐给出了较为清晰的解释（表1-5）。

表1-5　中国国家公园概念

时间	官方文件	国家公园概念
2017	《建立国家公园体制总体方案》	国家公园是指由国家批准设立并主导管理，边界清晰，以保护具有国家代表性的大面积自然生态系统为主要目的，实现自然资源科学保护和合理利用的特定陆地或海洋区域
2018	《国家公园功能分区规范》（LY/T 2933—2018）	国家公园由国家批准设立并主导管理，以保护具有国家代表性的大面积自然生态系统为主要目的，实现自然资源科学保护和合理利用的特定陆地或海洋区域
2020	《关于建立以国家公园为主体的自然保护地体系的指导意见》	国家公园是指以保护具有国家代表性的自然生态系统为主要目的，实现自然资源科学保护和合理利用的特定陆域或海域，是中国自然生态系统中最重要、自然景观最独特、自然遗产最精华、生物多样性最富集的部分
2021	《国家公园设立规范》（GB/T 39737—2021）	国家公园由国家批准设立并主导管理，边界清晰，以保护具有国家代表性的大面积自然生态系统为主要目的，实现自然资源科学保护和合理利用的特定陆地或海洋区域

注：自2013年首次提出建立国家公园体制以来中国政策性文件和相关标准提出的国家公园概念

综合以上，国家公园是指："由国家批准设立并主导管理，以保护具有国家代表性的自然生态系统为主要目的，实现自然资源科学保护和合理利用的特定陆地或海洋区域，是中国自然生态系统中最重要、自然景观最独特、自然遗产最精华、生物多样性最富集的部分，边界清晰，保护范围大，生态过程完整，具有全球价值、国家象征，国民认同度高"。

中国的国家公园概念既有中国特色，也符合国际自然保护地的内涵，在保护目标、尺度和代表性等方面与IUCN的国家公园概念保持一致，见表1-6。

表1-6　中国的国家公园与IUCN国家公园定义相关性

	IUCN	中国
保护目标	保护大尺度的生态过程，以及相关的物种和生态系统特性。这些自然保护地提供了环境和文化兼容的精神享受、科研、教育、娱乐和参观机会的基础	以保护具有国家代表性的大面积自然生态系统为主要目的，实现自然资源科学保护和合理利用
尺度	大面积的自然或接近自然的区域	大面积自然生态系统
代表性	—	国家批准设立并主导管理，具有国家代表性

注："—"表示此处无相关表述

与其他国家的国家公园比较，中国的国家公园内涵具有明显的中国特色。《建立国家公园体制总体方案》科学界定了国家公园的内涵，分为一个定位、两大功能和三个理念，之后《关于建立以国家公园为主体的自然保护地体系的指导意见》指出要确立国家公园主体地位，更进一步强化了国家公园的内涵（表1-7）。

表1-7　中国国家公园的基本内涵

	国家公园内涵
主体地位	国家公园在自然保护地体系中居于主体地位，在维护国家生态安全关键区域中占首要地位，在保护最珍贵、最重要生物多样性集中分布区中占主导地位
一个定位	国家公园是中国自然保护地最重要类型之一，属于全国主体功能区规划中的禁止开发区域，纳入全国生态保护红线区域管控范围，实行最严格的保护
两大功能	国家公园的首要功能是重要自然生态系统的原真性、完整性保护，同时兼具科研、教育、游憩等综合功能
三个理念	坚持生态保护第一、坚持国家代表性、坚持全民公益性

国家公园的一个定位：国家公园是中国自然保护地最重要类型之一，属于全国主体功能区规划中的禁止开发区域，纳入全国生态保护红线区域管控范围，实行最严格的保护。除不损害生态系统的原住居民生活生产设施改造和自然观光、科研、教育、旅游外，禁止其他开发建设活动。与一般的自然保护地相比，国家公园的自然生态系统和自然遗产更具有国家代表性和典型性，面积更大，生态系统更完整，保护更严格，管理层级更高。

国家公园的两大功能：国家公园的首要功能是重要自然生态系统的原真性、完整性保护，同时兼具科研、教育、游憩等综合功能。

国家公园的三个理念如下。

（1）生态保护第一。建立国家公园的目的是保护自然生态系统的原真性、完整性，始终突出自然生态系统的严格保护、整体保护、系统保护，把最应该保护的地方保护起来。国家公园坚持世代传承，给子孙后代留下珍贵的自然遗产。

（2）国家代表性。国家公园既具有极其重要的自然生态系统，又拥有独特的自然景观和丰富的科学内涵，国民认同度高。国家公园以国家利益为主导，坚持国家所有，具有国家象征，代表国家形象，彰显中华文明。

（3）全民公益性。国家公园坚持全民共享，着眼于提升生态系统服务功能，开展自然环境教育，为公众提供亲近自然、体验自然、了解自然以及作为国民福利的游憩机会。鼓励公众参与，调动全民积极性，激发自然保护意识，增强民族自豪感。

同时，根据美国、英国、澳大利亚、菲律宾等国的经验，在其建设国家公园时，传统文化是一个重要的考量并成为其自身重要价值的一部分。中国是四大文明古国之一，具有丰富的历史、文化和宗教传统，更有着“神山圣湖”“道教名山”“佛教名山”等宗教与地方文化价值，中国对国家公园的理解应该将历史文化资源等因素考虑进去。

1.3　自然保护区

1.3.1　国际上的自然保护区

国际上的自然保护区通常指拥有地带性原生生态系统类型的陆地或海域，主要用于保护、科学研究和环境监测。尽可能在没有人为干扰的情况下保护生物多样性，为科学研究、教育培训和环境监测提供理想的场所。自然保护区与国家公园的不同之处在于规模没有限定，其唯一目的是保护自然，受到的保护比其他自然保护地更严格。如德国《联邦自然保护法》将自然保护区定义为：出于科学、博物学或地方志上的考虑，用于保护特有动植物种的群落环境和共生环境，保护其稀缺性、独有的特征或其优美的景色，且具有法律约束力的确定性区域。并强调了在自然保护区内禁止一切破坏、危害和改变自然保护区或其组成成分的行为（田贵全，1999）。直到2012年，联邦法律才允许开展生态教育及获得知识性的旅游。美国、加拿大等国家没有自然保护区这一类保护地，往往在国家公园范围内划定一定区域以保护荒野或科学研究。

在IUCN分类体系中，没有专门的“自然保护区”这一类，往往将“Ⅰa严格的自然保护区”和“Ⅰb荒野保护区”作为自然保护区类，两类都是“受到严格保护的区域”，Ⅰa类设立的目的是保护生物多样性，亦可能涵盖地质和地貌保护，人类活动、资源利用和影响受到严格控制，以确保其保护价值不受影响。Ⅰb类通常指大部分保留自然原貌或仅有微小变动，没有永久性或明显的人类居住痕迹，设立的目的是长期保持自然原貌（表1-8）。

表1-8　IUCN的自然保护区定义及内涵

	Ⅰa严格的自然保护区	Ⅰb荒野保护区
定义	受到严格保护的区域，主要保护生物多样性，亦涵盖地质和地貌保护	大部分保留自然原貌或仅有微小变动的区域，保存了自然特征，没有永久或明显的人类居住痕迹

续表

	Ⅰa严格的自然保护区	Ⅰb荒野保护区
首要目标	保护具有区域、国家或全球主要意义的生态系统、物种和/或地质多样性特征	保护自然区域的长期生态完整性，这些区域未受人类活动的明显影响，没有现代基础设施建设，自然力量和过程占主导地位，使现代人和未来人能够有机会体验
其他目标	尽可能在未经人为活动干扰状态下保护生态系统、物种和地质多样性特征；科学研究、环境监测和教育，作为相对原始的自然本底，拒绝所有访问；避免来自人类的直接干扰，通常限制人员进入，禁止定居等；保护与自然相关的文化和精神价值	为访客提供进入可能性，但强度和方式将维护该区域的野性状态；确保当地社区能够维持以自然为基础的传统生活方式和习惯；保护当地居民的文化和精神价值及非物质权益；允许开展环境影响较低，干扰程度最小的教育和科研活动

这些保护区在科学研究和监测中发挥着不可或缺的参考价值。然而，对于不同国家的社会背景和资源禀赋而言，不能一概而论，各个国家往往需要根据当地法律提供的保护程度，再参考IUCN自然保护地类型将自然保护区分为IUCN体系中不同的类别，因而在管制的确切状态和定义上因国家而产生不同。

1.3.2　中国的自然保护区

中国的自然保护区事业起步于新中国成立初期，根据森林资源保护、野生动物保护和狩猎管理的迫切需要，1954年，中国动物学家寿振黄与植物学家吴征镒曾向云南省政府提出建立25个野生动物保护区的建议，其目的旨在日趋高涨的经济建设中，保存原始植被及栖息的野生动物。1956年6月15日至30日，第一届全国人民代表大会第三次会议上，秉志、钱崇澍等5位科学家提出《请政府在全国各省（区）划定天然林禁伐区，保护自然植被以供科学研究的需要》的92号提案："急应在各省（区）划定若干自然保护区（禁伐区），为国家保存自然景观，不仅为科学研究提供据点，而且为中国极其丰富的动植物种类的保护、繁殖及扩大利用创立有利条件，同时对爱国主义的教育将起着积极作用"。因此，最初的自然保护区可以定义为："保存原始植被及栖息的野生动物，保存自然景观，以供科学研究的区域。"1985年颁发的《森林和野生动物类型自然保护区管理办法》，将自然保护区界定为"保护自然环境和自然资源、拯救濒于灭绝的生物物种、进行科学研究的重要基地"。

1994年10月9日，中华人民共和国国务院发布《中华人民共和国自然保护区条例》并规范了自然保护区的定义："对有代表性的自然生态系统、珍稀濒危野生动植物物种的天然集中分布区、有特殊意义的自然遗迹等保护对象所在的陆地、陆地水体或者海域，依法划出一定面积予以特殊保护和管理的区域"。

2019年，《关于建立以国家公园为主体的自然保护地体系的指导意见》将自然保护区定义为："自然保护区是指保护典型的自然生态系统、珍稀濒危野生动植物种的天然集中分布区、有特殊意义的自然遗迹的区域。具有较大面积，确保主要保护对象安全，维持和恢复珍稀濒危野生动植物种群数量及赖以生存的栖息环境。"

自然保护区定位于生态系统、物种和遗传基因的生物多样性，以及珍贵的自然遗迹保护，基本与IUCN分类体系中的"Ⅰa严格的自然保护区"和"Ⅰb荒野保护区"一致。

1.4 自然公园

1.4.1 国际上的自然公园

国际上，设立自然公园这类自然保护地的国家较多，如美国、波兰、德国、瑞士、奥地利、俄罗斯、日本等（表1-9），国际上自然公园的内涵往往有以下几个共同特征：①以自然景观为主，也包括人工生态修复的景观，以及与历史有关的文化景观；②以地方管理为主，如俄罗斯的自然公园都是联邦主体及以下的行政机构管理，美国的自然公园都是州县政府管理，更多是委托社区、NGO管理，同时鼓励由生活在这里的人们来保护和维护；③以休闲、旅游与环境教育为主要目的，游憩服务设施较多，如日本自然公园多配备公园游客中心，小径和露营地，多追求可持续旅游与区域可持续发展；④强调景观的保护、开发或恢复，常作为严格保护地的外围缓冲区，如德国往往在国家公园外围再设立一个或多个自然公园，作为自然资源可持续利用区。

表1-9　各国自然公园定义统计

国家	自然公园定义	文件依据
美国	在明确的条件下，该场所应为公众使用以及度假与娱乐，应保持永远不可剥夺（Huth，1948）	《优胜美地山谷赠款法案》
波兰和斯洛伐克	属于自然和景观公园，除了自然价值外，景观价值也应受到保护，在可持续发展的条件下应实现价值的保存和普及（INE，2000）	《克拉科夫议定书》
德国	服务于文化景观及其生物群落和生物多样性保护与保存，休闲、可持续旅游和可持续土地利用，以及可持续发展教育（BfN，2020）	《联邦自然保护法》
瑞士	分为国家公园、自然体验公园和地区自然公园3类，前两者内含严格保护区，后者更侧重于在自然保护和区域经济之间取得平衡（NCHA，1966）	《联邦自然和文化遗产保护法》
奥地利	是一个受保护的、通过人与自然的互动创造的景观，主要寻求保护、娱乐、教育和区域发展四大功能平衡	《自然保护法》 《国家公园法》
俄罗斯	用于保护具有生态、科研与文化价值的自然区域，提供自然游憩等娱乐机会，相应地禁止或限制经济等方面的活动（唐小平等，2018）	《俄罗斯联邦土地法典》
日本	包括国立公园、国定公园、地方自然保护区（都道府县立自然公园）3种类型，目的是保护美丽的风景名胜区及其生态系统，并通过促进对风景名胜区的利用来促进公民的健康、娱乐和文化（Ministry of the Environment Government of Japan，2009）	《自然公园法》

各个国家对自然公园的定位不同，因此在定义上存在差异。许多国家设立了自然公园或相当于自然公园性质的自然保护地，主要用于区别严格保护地，但有的国家将自然公园看作是综合自然保护地的名称，一般认为自然公园是通过长期规划用于景观保护、可持续利用资源和开展农事等活动的区域，旨在让有价值的资源、景观等处于原生状态，并促进旅游等价值的实现（唐芳林，2018b）。

IUCN归纳的自然保护地分类体系中没有专门分出自然公园这一特定类型，但在含义上可以找出相似的类型，自然公园多介于“Ⅲ类（自然遗迹或地貌）”“Ⅴ类（陆域景观/海域景观)”“Ⅵ类(持续的资源利用保护区)”之间，或是这几类的综合，在大多数情况下更接近于Ⅵ类。IUCN对“Ⅵ类(持续的资源利用保护区)”的定义：“是为了保护生态系统和栖息地、文化价值和传统自然资源管理系统的区域。这些区域通常很大，大部分区域处于自然状态，其中一部分采用可持续自然资源管理方式，且该区域的主要管理目标是在与自然和谐相处的条件下，对自然资源进行低水平非工业利用。”由此可知，自然公园最重要的意义是“在保护自然的前提下进行可持续的利用，以实现其自然和文化价值”。

1.4.2 中国的自然公园

自然公园在中国是一个新兴事物，也是国家公园体制建设的一个制度创新。2019年印发的《关于建立以国家公园为主体的自然保护地体系的指导意见》中，明确提出“按照自然生态系统原真性、整体性、系统性及其内在规律，依据管理目标与效能并借鉴国际经验，将自然保护地按生态价值和保护强度高低依次分为国家公园、自然保护区、自然公园3类”，这是在国家层面首次提出自然公园概念。

按照《关于建立以国家公园为主体的自然保护地体系的指导意见》，自然公园是“除国家公园和自然保护区以外的，保护重要的自然生态系统、自然遗迹和自然景观，具有生态、观赏、文化和科学价值，可持续利用的区域。确保森林、海洋、湿地、水域、冰川、草原、生物等珍贵自然资源，以及所承载的景观、地质地貌和文化多样性得到有效保护。包括森林公园、地质公园、海洋公园、湿地公园等各类自然公园”。

综合来看，中国自然公园具有其他国家的自然公园的共同点：①不同于大面积大尺度综合性保护的国家公园，也不同于高强度保护的自然保护区，是面积相对较小、特色分明的重点保护区域；②中国自然公园同样重视自然保护、人文景观保护和区域可持续发展，在强调保护的同时，同样注重自然资源的可持续利用，允许开展参观、游览、休闲娱乐和资源可持续利用活动，并鼓励促进当地居民生活改善(唐芳林，2018b)；③保护目标既考虑生物多样性，也包含地质多样性、景观多样性。

中国自然公园也具有基于中国国情的特点：①中国不考虑土地所有权，但土地使用权属非常复杂，其他国家在划定自然公园前须判断土地权属，必要情况须避开或购买私人拥有的土地，但划定后均严格按照自然公园区划进行统一管理；②中国自然公园变迁于以往受不同职能部门管辖的自然保护地，如风景名胜区、地质公园、森林公园等，目前各自还受到相关领域的法律法规限制，其他国家的自然公园往往经政府部门的法令进行统一指定，采用固定的一套官方保护规范进行统一管理。

1.5 自然生态系统

生态系统(ecosystem)是指在一定空间中共同栖居着的所有生物(即生物群落)与其环境之间由于不断地进行物质循环和能量流动过程而形成的统一整体。生态系统主要是功能上的单位，其时间、空间范围并无严格限制(朱彦鹏，2020)。

自然生态系统是指：“在一定时间和空间范围内，依靠自然调节能力维持的相对稳定的生态系统；它构成了环境的基本组成部分，包括生物和非生物成分以及它们之间持续的相互作用，与人造生态系统的根本区别在于是否为‘完全自然地发生’”。构成自然生态系统的组成部分是土壤、阳光、空气、水、植物、动物和微生物这些非人类活动因素，这些因素中的每一个都直接或间接相关联，如温度水平的波动会影响植物的生长。

如今人们已经认识到当前社会经济的发展导致自然生态系统的退化，也意识到了保护自然生态系统的重要性（田涛等，2021）。中国地域辽阔、跨越多个类型的自然生态系统，各地区经济水平、自然资源、生态服务和文化价值存在较大差别，很难确保自然生态系统保护的普适性（杨明慧等，2021）；而自然保护地是自然生态系统系统性和整体性保护及修复的重要手段之一，可通过划定红线、封山育林、生物修复等技术以地理单元为单位对中国各类自然生态系统进行整体保护。

1.5.1　生态系统类型

生态系统分类方法较多，应用最广泛的是按照生态系统的非生物成分进行划分，可以分为陆域生态系统、水域生态系统两大类。陆域生态系统主要根据组成成分、植被特征等进一步分类，每个生态系统类型的大小、生物、环境等自然要素都有所不同，如荒漠、森林、草原、苔原等生态系统。水域生态系统主要根据地理和物理状态进一步分类，如海洋生态系统、淡水生态系统等。

生态系统具有一定的结构，常常按种群、群落等结构特征描述，这也是进一步细分生态系统类型的主要因素。

种群：是指在同一时期占有一定空间的同种食物个体的集合，基本特征是组成个体都属于同一物种，由种内关系构成统一体，并占有一定空间。

群落：是指在同一时期内集聚在同一空间上的各物种种群的集合，具有一定的物种组成，这是区分不同群落的最主要特征。组成群落的各物种间具有相互联系，如竞争、共生、捕食、绞杀等。

演替：是指发生在一定空间内一个群落被另一个群落有规律地渐次取代，直到出现一个相对稳定的群落（即顶极群落）为止的发展过程。随着时间的变化，生物群落内一些物种消失，另一些物种侵入，生态系统的组成、结构和功能由简单到复杂、由低级到高级，最后达到一定的平衡稳定，形成顶极群落。顶极群落稳定性强、完整性高，是特定区域、特定环境条件下的最优化状态，具有重要的保护价值。

1.5.2　生态系统组分

构成生态系统的基本物质要素，包括非生物部分和生物部分。非生物部分包括水、无机盐、空气、有机质、岩石等，生物部分包括生产者、消费者和分解者。

生产者：指以简单无机物制造食物的自养生物，可以自合成有机物，固定能量，主要是植物和一些微生物。

消费者：是指生态系统中只能直接或间接利用生产者所制造的有机物质获得能量的异养生物，主要是各类动物。

分解者：是指生态系统中将动植物残体等复杂的有机质分解为可被生产者利用的简单化合物并释放能量的异养生物，主要是微生物和一些无脊椎动物。

非生物环境：指生态系统中参与物质循环的无机元素和化合物、联系生物和非生物成分的有机物质，以及气候和温度、光照、压力等其他物理条件。

食物链和食物网：生产者所固定的能量和物质，通过一系列取食和被取食关系在生态系统中传递，各种生物按照其食物关系排列的链状序列为食物链，食物链交错而形成的网状系统为食物网。

1.5.3　生态系统原真性

生态系统原真性（ecosystem authenticity）主要应用于恢复生态学（restoration ecology）领域，分为“自然原真性（natural authenticity）”与“历史原真性（historical authenticity）”（Clewell，2000）。“自然原真性”是指生态系统回到健康状态，但是不考虑生态系统是否精确地反映出它的历史结构和组成；“历史原真性”是指生态恢复需要让恢复后的生态系统与一个历史参考状态相匹配，真正的“原真性”在于既强调生态系统的健康和整体性，又强调其历史保真度（何思源和苏杨，2019）。

英国生态学家Dudley（2012）提出了一个新的生态系统原真性的标准：“一个具有原真性的生态系统是一个具有恢复力的生态系统，它所拥有的生物多样水平和生态相互作用的范围都可以通过结合一个特定位置上的历史、地理和气候条件被预测出来”。

生态系统的原真性应指特定区域内生态系统在各种自然和人为干扰下保持原生状态的程度。《国家公园设立规范》（GB/T 39737—2021）中对生态系统原真性的解释是：“生态系统与生态过程大部分保持自然特征和进展演替状态，自然力在生态系统和生态过程中居于支配地位。”

1.5.4　生态系统完整性

生态系统完整性（ecosystem integrity）被认为是生态系统管理的核心目标，生态系统完整性是生态系统支持和维持一个生物群落的能力，该生物群落的物种组成、多样性和功能组织可与区域内的自然生境相媲美（何思源和苏杨，2019）。IUCN（2019a）提出：“生态系统完整性是维持生态系统的多样性和质量，加强它们适应于变化并供给未来需求的能力”。

生态系统完整性最早在加拿大被提出，作为科学评价指标用于系统指导国家公园生态系统管理和修复。《加拿大国家公园法》（*Canada National Parks Act*）将其定义为：一个生态系统的物理环境、原生物种的组成和丰度、生物群落、物质和能量变化速率及生态过程由所处区域的自然特征决定并随之发展演变（Woodley，2010）。虽然不同国家、不同学者对于生态系统完整性的解析角度不同，但总体上均围绕生态系统结构、过程、功能等方面展开分析，并在实践中结合生态系统的具体特征和保护管理目标等进行调整（魏钰和雷光春，2019）。完整性体现生态系统维持自然状态稳定性的程度（黄宝荣等，2006），总体来看，国内外学者对生态系统完整性的定义包含生态系统的结构、过程和功能完整，以及对环境胁迫的恢复力和抵抗力等方面。

因此，生态系统完整性可定义为：生态系统具有一个区域处于自然生境条件下所能期望的全部成分和过程，并且支持或维持这些成分完整和过程平衡的能力。《国家公园设立规范》（GB/T 39737—2021）中提出生态系统完整性是指：“自然生态系统的组成要素和生态过程完整，能够使生态功能得以正常发挥，生物群落、基因资源及未受影响的自然过程在自然状态下长久维持。”

1.6　生物多样性

建立自然保护地是国际公认的保护生物多样性的最重要和最有效途径。《生物多样性公约》将生物多样性（diversity）定义为：“来自各种来源的生物体之间的变异性，包括陆地、海洋和其他水生生态系统以及作为其组成部分的生态复合体，可分为遗传多样性、物种多样性、生态系统多样性三个层次”；同时列举了“就地保护、迁地保护和离体保存”三种主要的生物多样性保护方式，其中，设立自然保护地，即就地保护，是保持生态系统完整性，保护生物多样性最重要的一种方式（陈悦，2021）。

1992年，中国加入了《拉姆萨尔公约》《生物多样性公约》《卡塔赫纳生物安全议定书》等生物多样性保护公约，并于1994年发布《中华人民共和国生物多样性保护行动计划》，计划书中将生物多样性定义为：“地球上所有动植物所构成的自然生态综合体”（高漫娟等，2021）。为有效应对中国生物多样性保护面临的新问题、新挑战，中国率先发布了《中国生物多样性保护战略和行动计划（2011—2030年）》，作为中国生物多样性保护的纲领性文件。计划中将生物多样性定义为：“生物（动物、植物、微生物）与环境形成的生态复合体以及与此相关的各种生态过程的总和，包括基因、物种和生态系统三个层次。”

1.6.1　遗传多样性

遗传多样性是指物种内的基因变化，包括种内显著不同的种群间的遗传变异和同一种群内的遗传变异，包括分子、细胞和个体3个水平上的遗传变异性。在自然界中，对于绝大多数有性生殖的物种而言，种群内的个体之间往往没有完全一致的基因型，而种群就是由这些具有不同遗传结构的多个个体组成的。

遗传多样性是生物多样性的重要组成部分。任何一个物种都具有其独特的基因库和遗传组织形式，物种的多样性也就显示了基因遗传的多样性；物种也是构成生物群落进而组成生态系统的基本单元。生态系统多样性离不开物种的多样性，也离不开不同物种所具有的遗传多样性。因此，遗传多样性是生态系统多样性和物种多样性的基础，是各水平多样性的最重要来源。遗传变异、生活史特点、种群动态及其遗传结构等决定或影响着一个物种与其他物种及与环境相互作用的方式。而且，种内的多样性是一个物种对人为干扰进行成功反应的决定因素。种内的遗传变异程度也决定其进化的趋势。一个种的种群越大，他的遗传多样性就越大。但是，一些种的种群增加可能导致其他一些种的减少，从而导致一定区域内物种多样性减少。

1.6.2　物种多样性

物种多样性是指一定空间内各种生物物种的丰富性，包括一定区域内生物区系的状况、形成、演化、分布格局及机制等。物种多样性是衡量一定地区生物资源丰富程度的一个客观指标。

物种多样性是生物多样性的中心，常被作为衡量生物多样性的主要依据，是生物多样性最主要的结构和功能单位，是指地球上动物、植物、微生物等生物种类的丰富程度。物种多样性包括两个方面：一方面是指一定区域内物种的丰富程度，可称为区域物种多样性；另一方面是指生态学方面的物种分布的均匀程度，可称为生态多样性或群落多样性。

在生态学中，物种多样性是以一个群落中物种的数目及它们的相对多度为衡量的指标，既包括群落中现存物种的数目，也包括物种的相对多度（即均度）。物种多样性的其他度量包括种群的稀有程度，以及它们具备的进化稀有特征的数量。

1.6.3　生态系统多样性

生态系统多样性是指生境、生物群落和生态过程的多样性，以及生态系统内生境的差异、生态过程变化的多样性。

生境多样性：主要是指无机环境的多样性，这是生物群落多样性乃至生物多样性形成的基础条件。非生物环境是一个生态系统的基础，其条件的好坏直接决定生态系统的复杂程度和其中生物群落的丰富度，而生物部分反作用于非生物环境，生物群落在生态系统中既在适应环境，也在改变着周边环境的面貌。

生物群落多样性：主要指群落的组成、结构和动态（如演替和波动）的多样性。

生态过程多样性：是指生态系统的组成、结构和功能在时间、空间上的变化，包括生态系统中种群之间及种群与环境之间的各种相互作用及群落的演替等，包括存在于生态系统之间和生态系统内的物质循环、能量流动和信息传递，物质的生产和分解，生物间的捕食、竞争和寄生，生物体的扩散传播，干扰的扩散等。

1.7　自然遗迹与地质多样性

1.7.1　自然遗迹

自然遗迹是自然保护地重要的保护对象之一，也是IUCN提出的6种保护地类型之一。在IUCN保护地分类体系中，自然遗迹或遗产保护地一般用于保护特殊的自然遗产，其形式可为地貌、海底山、海底洞穴、地质要素等；此类保护地规模较小但具有较高的旅游价值，其设立目标是“为保护具有特殊重要价值的自然要素以及相关联的生物多样性和栖息地”（张琨等，2021）。

自然遗迹是指自然界在发展过程中天然形成并遗留下来的，在科学、文化、艺术和观赏等方面具有突出价值的自然产物。《保护世界文化和自然遗产公约》的定义为“自然遗迹包括物理和生物构造或这些结构组成的群体，从美学角度来看具有突出价值；从保护角度来看，自然遗迹精确地划分了地质和地貌构造以及受威胁动植物物种的栖息地；从科学、自然保护或自然美的角度，自然遗迹精确描绘出具有突出价值的自然区域”（UNESCO，1972）。

世界自然遗产是全球公认的地球上最重要的自然遗迹保护地，为许多标志性物种提供了至关重要的栖息地，并保护着稀有的生态过程和令人惊叹的景观，还有助于经济、气候稳定和提升人类福祉。在《世界遗产名录》中，三分之二的自然遗产是重要的水源，约有一半有助于防止洪水或滑坡等自然灾害；超过90%的自然景点创造就业机会，并提供旅游和娱乐收入；热带地区的世界遗产地估计储存了57亿t碳，比现存的保护地网络的平均森林生物量碳密度更高（IUCN，2018）。

1.7.2　地质多样性

地质遗迹是自然遗产的重要组成部分，是指地球形成和演化的漫长地质历史时期，受各种内外动力作用而形成并遗留的自然产物，可以包括标准地质剖面、地质构造形迹、典型地质地貌景观、地质灾害遗迹等。

地质多样性是地球表面和地下物质、形态和过程的非生物多样性。随着对生物多样性认知的加深，人们发现非生物界的管理和保护同样重要，因为在绝大多数自然保护区，地质、地貌、水体等景观同样具有极其重要的价值，地质多样性作为完善自然保护框架、保护地质地貌多样性的要素已显得不可或缺（何平等，2021）。并且，随着自然遗产旅游和地质公园的兴起，地质多样性理念在地质遗迹开发和保护方面越来越重要（何平等，2021）。地质多样性跟生物多样性一样，已成为世界遗产的核心要素，与生物多样性一起构成地球的自然多样性，为人类带来生态系统产品和服务。2014年，英国率先发布了《地质多样性章程》，认为矿物、岩石、化石、土壤、地貌及其形成过程是“隐藏着”的自然遗产，类似《地质多样性章程》，《英国国家生态系统评估》将地质多样性分为地质（包括岩石、矿物、化石）、地貌（土地类型、地貌演化进程）和土壤特征的自然多样性，它们决定了我们生存地的陆上景观和环境。

地质多样性也逐渐发展成为一种自然保护的科学工具，尤其在国土空间决策、规划和教育等领域。2019年，全球32名科学家联名在《美国国家科学院院刊》发表文章将地质多样性定义为：“与地质、地貌、土壤和水文有关的非生物状态和过程：①与自然资源管理和人类福祉、保护或生态有关；②与自然多样性中其他变量互补；③可测量且成本效益高。”这为地质多样性服务自然资源和可持续发展的决策管理提供了更为广泛的参考（Schrodt et al.，2019）。

在全球范围内，地质多样性保护最具代表性的体现是联合国教育、科学及文化组织（United Nations Educational，Scientific and Cultural Organization，UNESCO，以下简称：联合国教科文组织）的世界自然遗产地和世界地质公园两个体系。在中国，14项世界自然遗产、4项世界文化与自然双遗产、39处世界地质公园和220处国家地质公园更是充分展现了中国地质多样性（何平等，2021）。但是，尽管大量自然遗产和国家公园的存在依赖于地质基础，地质多样性的概念却远不及生物多样性那么广受关注。因此，建立以国家公园为主体的自然保护地体系，将地质多样性纳入自然保护关键区域识别和自然保护地申报时的代表性要素之一，可加强自然保护中地质地貌保护的优先级；整合、归并、优化、新建自然保护地，把重要自然遗迹纳入自然保护地，可加强“地质生态服务”的关注度，最终使中国大多数自然生态系统、自然遗迹、珍稀濒危的野生动植物、极小种群物种及其生境（栖息地、越冬地、迁徙地和繁殖地）得到有效的就地保护。

1.8 自然景观、景观多样性与文化多样性

1.8.1 自然景观

自然景观作为自然保护地重要的评估标准和保护对象之一，Forman按人类影响程度将自然景观分为原始景观和轻度人为活动干扰的景观，相当于原先自然保护地的核心区和缓冲区两部分（肖笃宁等，2010）。中国自然景观的概念最初诞生于山水画与风景园林，《中国大百科全书》对自然景观定义为："天然景观和人文景观自然方面的总称；天然景观是指受到人类间接、轻微或偶尔影响而原有自然面貌未发生明显变化的景观；人文景观是指受到人类直接影响和长期作用使自然面貌发生明显变化的景观"。这与Forman的划分方法具有相似之处。

相比人工景观，自然景观指一片区域内没有被人类直接改变或移动的一切可见（即可觉察）的事物的总和，这些事物可以是无生命的或有生命的，可能包括岩石、水、植物或树木，它们可以被自然改变也会受文化力量的影响。地球上的自然景观，主要包括极地、高山、荒漠、苔原、热带雨林等未受到人类干扰的区域，也包括森林、草原和湿地等受到人类轻微干扰的区域（肖笃宁等，2010），后者对维持人类生活方式作出了很大的贡献。这些栖息地和其中的生物体有助于我们食物供应的整体可持续性，保护我们免受自然灾害，为我们提供娱乐机会，增加有助于促进经济发展的就业机会，还对我们环境的健康作出重大贡献。

1.8.2 景观多样性

景观多样性取决于当地和区域环境条件的变化，以及这些环境所支持的物种，因此，景观多样性常常被纳入"生态区域"的描述中。景观多样性可被定义为生物多样性的第四个层次（陈灵芝和马克平，2001），是其他3个生物多样性（遗传、物种和生态系统）的基础，制约着生物多样性的演化和变迁，对自然保护地生态系统生物多样性变化起着决定性影响（刘惠良和刘红峰，2021）。景观多样性的定义为"由不同景观要素的类型或具有多样性或变异性的生态系统在空间结构、功能机制和时间动态方面构成的景观，它反映了景观的复杂性"（李彬，2018）。针对这些复杂的景观要素，景观多样性不仅指景观斑块中不同斑块类型的数量、大小和形状，还包括不同斑块类型的空间布局和连通性及多样性（Fu and Chen，1996）。

国内外对景观多样性的研究起步较晚。景观多样性是自然保护地建设中典型的考量要素，在自然保护地生态系统中具有举足轻重的地位，景观多样性主要由景观类型多样性、斑块多样性和格局多样性三方面来进行指标的量化，来评价该区域景观格局状态、破碎化程度和视觉美学效果（李文，2003；马克明等，1998）。

1.8.3 文化多样性

21世纪，地球受人类及其文化的广泛影响，不同自然生态系统的组合（物理环境和居住在其中的物种，包括人类）在地球上共同创造了景观，人类已然是自然景观的一

部分，人类因素的加入，就使得文化也逐渐成为景观多样性的研究重点。在中国，“名山大川”等人文景观多是历史文化和民族文化等多样文化的重要载体，文化多样性越来越成为考察自然景观的指标之一。因此，本书通过增加“文化多样性”来补充“景观多样性”的层次，可以帮助我们全面立体地分析自然保护地的空间结构，了解保护地空间的多样性情况。

1992年，联合国教科文组织发布《贝伦宣言》，将生物文化多样性定义为“人类对环境的习得性反应的积累储备，使人与自然的共存和自我认识成为可能”（王冀萍和何俊，2021）。2001年11月，联合国教科文组织通过《世界文化多样性宣言》指出：“文化多样性对人类来讲就像生物多样性对维持生物平衡那样必不可少……文化多样性是人类的共同遗产，应当从当代人和子孙后代的利益考虑予以承认和肯定”。保护好文化多样性，某种程度上同样能够减缓生物多样性丧失，是保护好生物多样性的一条有效路径（张睿莲，2021）。2005年，联合国教科文组织大会又将文化多样性明确定义为“各群体和社会借以表现其文化的多种不同形式”（乔扬，2021）。多项研究证明文化多样性从侧面体现了生物多样性，生物多样性是文化多样性的物质基础，文化多样性促进生物多样性的保护和利用（黄娇丽等，2021）。

因此，针对国家公园及自然保护地这样复杂的地域系统，尤其是在中国传统文化和生态文明的背景下，应基于生物多样性、文化多样性、社会-生态系统等多种理论体系，发挥地域文化对现代自然保护的现实意义（赵智聪和杨锐，2021）。而且，有大量实践证明自然保护地能增加游憩功能景观空间（雷伟铭等，2021），改善生态网络中的斑块质量，改善景观格局（罗红等，2021），同时发挥文化景观价值，实现地区综合发展，提升景观多样性保护成效（张婧雅和张玉钧，2019）。因此，中国新型自然保护地体系不仅应强调国家公园应选择具有全国乃至全球意义的自然景观，还应在全面分析中国自然地理格局、典型自然景观特征和生态功能格局的基础上，结合地区经济、社会、文化和人地关系，开展全国自然生态地理区划和自然保护关键区研究，遴选出一批具有国家象征性、国民认同度高、拥有独特人文和自然景观及丰富科学内涵的国家公园候选区，逐步把自然景观最独特的部分纳入国家公园体系，推动形成科学适度有序的国土空间保护格局，服务国家发展战略，构建人与自然和谐共生的地球家园。

1.9　生态系统服务

生态系统服务概念于20世纪40年代提出，是指“生态系统和生态过程所形成并维持人类生存所必需的自然资源，是生态系统对人类福祉的直接和间接贡献”（何雄伟，2021）。联合国对世界生态系统的状况和趋势进行了4年评估，《千年生态系统评估报告》确定了有助于人类福祉的四类生态系统服务，每一类都以“生物多样性”为基础，分别是供应服务、调节服务、支持服务和文化服务（张颖和杨桂红，2021），这些生态系统服务功能是表征自然保护地生态环境变化、实现生态安全、评估生态保护成效和进行生态管理分区的重要指标（张文馨等，2022；韩增林等，2021）。具体如下。

（1）供应服务描述的是自然生态系统中的物质或能量输出，包括食物、水和其他资源。

（2）调节服务指生态系统通过扮演调节者的角色而提供的服务，如气候与空气质量调节、碳捕集与封存、极端天气事件或自然灾害缓解、水土保持等。

（3）支持服务提供植物或动物的生存空间（栖息地），是几乎所有其他服务的基础。

（4）文化服务为人们从与自然生态系统接触中获得的非物质利益，包括游憩与旅游、审美欣赏和启发、精神和心理上的益处等。

工业化与城市化给全球带来资源挑战，气候变化、环境污染与过度开发也对生态系统损失产生影响。目前，中国正面临自然生态系统健康以及生物多样性的下降等问题。因此，针对国土空间规划中的生态空间管理，中国采取了建立以国家公园为主体的自然保护地体系的方法和措施（何雄伟，2021），通过整合优化自然保护地布局，合理利用和规划土地来提高生态系统服务功能。

在过去60年中，中国建立了1万多个自然保护地，在保存自然本底、保护生物多样性、维护生态系统稳定、改善生态环境质量和保障国家生态安全等方面发挥了重要作用。然而，单一类型和零散的自然保护地体系下，传统的保护项目不足以充分保护自然生态系统，传统的管理机制也无法为资源利益相关者提供足够的经济激励和法律法规来可持续地管理自然保护地，从而扭转生态系统服务价值的损失。因此，建设国家公园体制，探索不同保护层级、管理强度、空间尺度上的有机管理，可对生态系统服务的土地所有者进行经济补偿；碳封存、科学研究、自然教育、游憩、可持续利用自然生态系统内的资源，以及许多其他服务的市场和支付制度可以补充传统的自然保护地收入，促进良好的管理（王倩雯和贾卫国，2021），从而为生态系统服务功能提升提供基础保证。

1.10　生态资产与自然资源资产

广义上生态资产包括人类经济系统直接生产的人造资产、非人类活动创造的自然资产、经济系统维持所需的人力资产与为产业经济活动和社会活动提供服务的社会资产（周涛和王如松，2009）。本书采用狭义的生态资产概念（又称自然资产）是在自然资源价值和生态服务价值两个概念的基础上发展起来的，是以生态系统服务功能效益和自然资源为核心的价值体现，包括隐形的生态系统服务功能价值和有形的自然资源直接价值两部分（Barbier，2009）。因此生态资产不仅在于其可能获取的资源、产品及相应的经济收益，在一定时间和空间范围内的一切能为人类提供服务和福利的自然资源和生态环境都可视作生态资产（高吉喜和范小杉，2007），可以说生态资产是人类福祉和生存本身最终依赖的财富。生态资产以两种基本方式维持人类的生计：①作为商品和服务生产的原材料来源，如矿产、果实、木材、水资源等；②作为处理人类生产和消费产生的废物的“下水槽”，如营养循环、水净化、气候调节等（图1-1）（Boyce，2001），这两种生态资产往往因人类活动而减少。特别在工业革命爆发后，人类快速消耗自然资源，无视自然界的生态系统服务价值，全球环境污染和生态恶化不断加剧，隐形或不可见的生态资产由于其稀缺性而成为生态资产研究与评估中的重点和难点（高吉喜和范小杉，2007）。不断有研究提出人类可通过“投资”以增加生态资产的数量，这种“投资”的途径之一就是自然保护地建设。

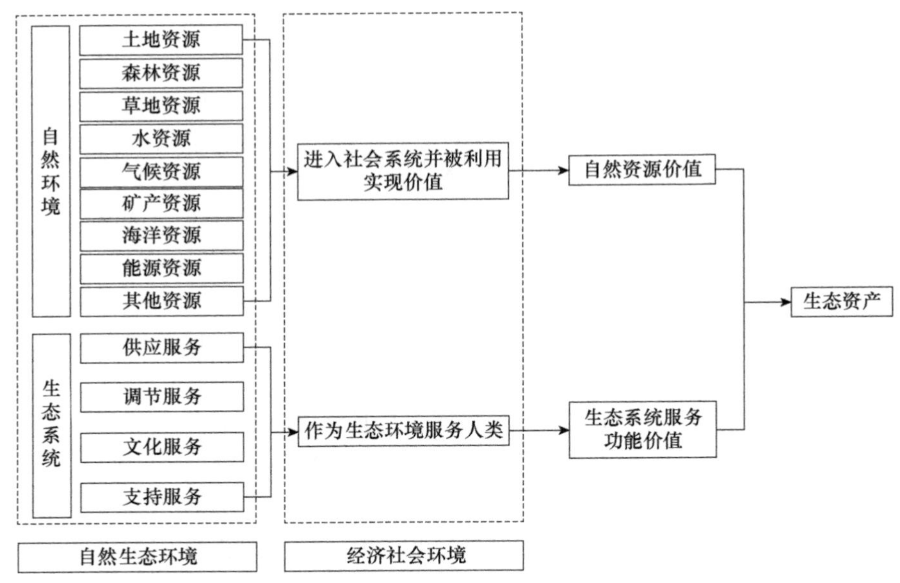

图1-1　生态资产组成

自然资源资产是一种生态资产。是国民经济和社会发展的重要物质来源与资产储备（张一帆和宦吉娥，2022）。自然资源资产这一表述和相关政策属中国首创，旨在以资产化自然资源的方式疏解现有自然资源耗竭性开发及一系列环境问题，践行“两山论”，促进自然资源的永续使用（郭韦杉等，2021）。1951年，地理学家金梅曼在《世界资源与产业》一书中指出，无论是整个环境还是其某个部分，只要它们能满足人类的需要，就是自然资源。1972年，联合国环境规划署指出，所谓自然资源是指在一定的时间条件下，能够产生经济价值以提高人类当前和未来福利的自然环境因素的总称（陆小成，2021）。在联合国、欧盟委员会等组织编写的《2012年环境经济核算体系——中心框架》中，将自然资源资产统称为环境资产，并将环境资产进一步划分为自然资源、土地和地表水、生态系统（联合国等，2014a）。自然资源资产是中国关于自然资源的定位，中国自然资源部将自然资源资产定义为具有稀缺性和明确的产权，并能在今后和未来给所有者带来经济收益或其他福利的自然资源。在中国国民经济核算体系中，凡符合具有稀缺性、有用性及产权明确的自然资源，包括土地资源、矿产资源、能源资源、林木资源和水资源等都属于自然资源资产。可见国内研究的自然资源资产相较于国际研究，多了“稀缺性”和“产权明确”的前置条件（郭韦杉等，2021）。由于中国是单一制国家而非联邦制国家，国务院代表国家行使全民所有自然资源所有权，国务院授权自然资源部统一履行全民所有自然资源资产所有者职责，这是生产资料公有制在自然资源所有权行使主体上的法律体现（陈琛，2022b）。这也符合自然资源资产的公共属性，可更好地保障全民利益。

自然保护地是中国生态资产和自然资源资产中最关系国计民生、资源最丰富、位置最关键的战略资产，性质上归属于公共性、公益性和原位性资源资产，是交由中央政府基于公共目的的就地公开保护与管理的区域。在生态与自然资源资产发展上，自然保护地具有与经济社会发展的互动性、变异性、开放性与可转移性、整体性与地域性、累积性和可折损性、不可替代性和公益性等特征。因此完善自然保护地体系意味着不仅需要对其生态资产与自然资源资产进行充分评估，还须充分研究生态资产、自然资源资产与区域生态环境和社会经济发展的交互影响。前者要求识别不同类型的生态资产，构建生态资产评估指标体系和方法，这是目前自然保护地生态资产评价与管理的迫切需求（董战峰等，2022）；后者须对全民所有生态资产纵向维度存在的权利主体关系不明、地方政府法律地位缺失、央地协作治理不足以及生态、社会、经济多元价值横向维度存在的资产价值挖掘不足，资源配置效率低下和资产收益分配不合理等问题作出法制回应（张一帆和宦吉娥，2022），以此寻求一个整体运行良好、健康稳定、可以满足人类社会经济可持续发展需要的自然保护区域。

1.11　本章小结

自然保护地、国家公园、自然保护区和自然公园的概念在其发展演变过程中，与全球自然保护运动和各国民族、国情的影响极其相关。依据各国对各类自然保护地概念的界定与新时代中国自然保护地保护与发展需求，本书规定以下自然保护地分类及相关概念，指导构建中国自然保护地分类分级体系，设立、规划、建设与管理各类各级自然保护地。

1）自然保护地（protected area）

是由各级政府依法划定或确认，对重要的自然生态系统、自然遗迹、自然景观及其所承载的自然资源、生态功能和文化价值实施长期保护的陆域或海域。

2）国家公园（national park）

是指由国家批准设立并主导管理，以保护具有国家代表性的自然生态系统为主要目的，实现自然资源科学保护和合理利用的特定陆地或海洋区域，是中国自然生态系统中最重要、自然景观最独特、自然遗产最精华、生物多样性最富集的部分，边界清晰，保护范围大，生态过程完整，具有全球价值、国家象征，国民认同度高。

3）自然保护区（nature reserve）

是指保护典型的自然生态系统、珍稀濒危野生动植物种的天然集中分布区、有特殊意义的自然遗迹的区域。具有较大面积，确保主要保护对象安全，维持和恢复珍稀濒危野生动植物种群数量及赖以生存的栖息环境。

4）自然公园（nature park）

是指除国家公园和自然保护区以外的，保护重要的自然生态系统、自然遗迹和自然景观，具有生态、观赏、文化和科学价值，可持续利用的区域。确保森林、海洋、湿地、水域、冰川、草原、生物等珍贵自然资源，以及所承载的景观、地质地貌和文化多样性得到有效保护。包括森林公园、地质公园、海洋公园、湿地公园等各类自然公园。

5）保护目标

根据《关于建立以国家公园为主体的自然保护地体系的指导意见》提出了自然保护地的功能定位，中国自然保护地的主要保护目标包括：①保护重要自然生态系统；②保护生物多样性；③保护自然遗迹与地质多样性；④保护自然景观与景观多样性；⑤提高生态系统服务功能。

第2章　自然保护地理论基础

2.1　自然保护思想变迁

2.1.1　中国自然保护思想

在中国，自然保护思想的发展是一脉相承的。中国自古以来便是人与自然平衡发展的实践者，中国数千年的农耕文明史就是一部自然观的发展演变史。中国于4000年前就开始倡导生态思想和制定环保政策，据《逸周书》（先秦史籍）记载："禹之禁，春三月，山林不登斧，以成草木之长；夏三月，川泽不入网罟，以成鱼鳖之长。"到了周朝，法令更加严格，《伐崇令》要求"毋坏屋，毋填井，毋伐树木，毋动六畜，有不如令者，死无赦。"《史记》记载黄帝曾教导大家"节用水火财物"，帝喾也教导百姓"取地之材而节用之"。相传，早在舜帝时代就设立了负责环境保护的虞官，主要职责是管理山林河流，到了周朝更细分为山虞、泽虞、川衡、林衡。春秋战国以后，诸子百家对自然和环境问题给予了更多关注，《管子》《论语》《老子》《荀子》《易传・文言传》等名家著作都侧面反映了社会与自然现象的联系，除关注环境本身面临的压力外，还强调了"齐物论"[①]"天人合德""天人相应""天人合一""天人互泰"[②]等与自然相关的哲学思想，儒、释、道都认为人应对自然保持敬畏（陈忠海，2019）。至秦汉时期，自然保护思想就已相当完备，汉代思想家董仲舒提出"以类合之，天人一也"（董仲舒，2011）是关于自然与人类关系的思考，奠定了传统的自然观。此外，秦汉时期宣布土地国有，为管理无人耕种的撂荒土地，无人管理的山林、川泽与苑囿，当时就已设立专门负责管理有关生态资源或环境事务的职官，分别是掌山林政令的少府与水衡都尉、掌水利的都水长及丞、掌苑囿园池的畤官与苑官、掌山林川泽的还另有林官、湖官与陂官（陈业新，2000）。而在中央集权的封建社会里，部分统治者不自觉地在生态实践中产生了一定的积极作用，以水衡都尉所掌管上林苑为例，汉武帝为达游猎、享乐的目的，将在上林苑农耕生活的百姓迁出，大片农田被置于皇家统一的规划之中，数千种动植物生长其中，成为古代无数苑囿中最耀眼的一个（王雪绒，2020）。汉朝以后，儒家的天命思想更加成熟和体系化，也更加强调了人与自然的协调关系。相关法令也更加完备，如汉朝《贼律》、唐朝的《水部式》。有关自然保护的职官也沿袭了虞衡制度，掌"山林川泽、园囿猎捕、天下虞衡"等职责（陈忠海，2019）。

公元前1000年，中国的帝王贵族保护了狩猎游乐用的苑囿，同时颁布过一些涉及

---

① 诸如，"物无非彼，物无非是"（《庄子・齐物论》），"以道观之，物无贵贱"（《庄子・秋水》），"天下莫大于秋毫之末，而太山为小……天地与我并生，而万物与我为一。"（《庄子・齐物论》）。

② 夫大人者，与天地合其德，与日月合其明，与四时合其序，与鬼神合其吉凶。先天而天弗违，后天而奉天时。

采伐和捕猎的规定与禁令，是中国自然保护地及其保护的雏形。1644年，清朝开始实行长白山封禁制度，当时统治者将长白山看作圣地，为保护风水格局及其内部珍稀资源，派驻重兵把守，在这种背景下封禁了216年，使得长白山的生态环境和野生动植物得到了有效保护。1681年，中国建设了最早和最大的皇家猎场——承德木兰围场（承德市旅游局，2007），通过采取严格的保护措施和管理制度来保护当地的生态环境和野生动物资源，是具有野生动物保护管理和自然保护性质的区域，这种禁苑既是中国野生动物自然保护和永续利用的雏形，也是中国古代自然保护思想的重要体现（艾琳和李俊清，2010）。

中国许多少数民族都有山神崇拜或神山崇拜传统，不允许人们猎取神山上的动物，也不允许砍伐神山上的树木，这让每一座神山都是一个原始的"自然保护区"（何星亮，2004）。这些传统的自然文化思想体现着中国特有的传统生态智慧，强调人类应当认识自然、尊重自然、保护自然，反对一味地向自然界索取、片面地利用自然与一味地征服自然。因此，民间因传说信仰自发建立的"风水林""神木""神山""龙山""圣湖"等具有保护性质的区域，以及由此制订的一些有利于生态环境的管护禁令，在客观上对自然资源起到了实质性的保护作用。虽然在保护思想上始终秉承着"天人合一"的自然观，但缺少对自然科学的分析研究，缺乏相关理论支持，导致许多违背自然规律的开发行为和耕作方式长期并存。例如，过度开垦放牧、粗放式利用自然资源的河西走廊，从"天下称富庶者无如陇右"变成了经济衰退、沙化严重的区域。

20世纪30至40年代，民国政府以庐山、太湖等风景区为基础进行了有益的实践，这可以说是中国国家公园试点的开端（贾建中等，2015）。1930年，风景园林巨匠陈植主编的《国立太湖公园计划书》提到："'国立公园'四字，相缀而成名词，盖译之英语'National Park'者也……（National Park）盖国立公园之本义，乃所以永久保存一定区域内之风景，以备公众之享用者也。国立公园事业有二，一为风景之保存，一为风景之启发，二者缺一，国立公园之本意遂失"（陈植，1930）。

随着中国第一个自然保护区的建立，中国传统的自然保护思想得以用现代管理体制实现。通过自然保护区、风景名胜区、森林公园、湿地公园、地质公园等类型的自然保护地规划建设实践，学者在学习吸收国际上自然保护理论的同时也进行了本土的保护理论构建。新中国成立后，中国借鉴苏联的经验，在全国划定了第一批天然林禁伐区，于1956年建立了第一个自然保护区——广东鼎湖山自然保护区，并通过封山育林保护了一批自然状态的森林。经过起步、缓慢发展、抢救性保护等不同阶段，自然保护区建设取得飞速发展，逐渐建立了数量众多、类型丰富、功能多样的各类自然保护区网络。

进入新时期，在习近平生态文明思想引领下逐步形成了中国现代自然保护思想。生态文明是工业文明之后人类文明发展的一个新形态，是人类遵循人、自然、社会和谐发展这一客观规律而取得的物质与精神成果的总和。生态文明以尊重和维护自然为前提，强调的是以人与自然、人与人、人与社会和谐共生、良性循环、全面发展、持续繁荣为基本宗旨的社会形态。世界三百年的工业文明以人类征服自然为基本特征，工业化发展使征服自然的文化达到极致，一系列全球性的生态危机说明地球再也没有能力支持工业文明的继续发展。在新世纪新阶段我国发展呈现一系列阶段性特征：由于长期实行主要依赖增加投资和物质投入的粗放型经济增长方式，经济发展中能源和其他资源的消耗增长很快，一系列不协调、不平等、不可持续的问题较为突出，生态环境恶化日益明显。人类社会的发展实践证明，如果生态系统不能持续提供各种资源，物质文明的持续发展就会失去载体和基础，进而整个人类文明都会受到威胁。2007年，党的十七大报告提出“建设生态文明”，特别是党的十八大以来，以习近平同志为核心的党中央把生态文明建设摆在改革发展和现代化建设全局位置，坚定不移贯彻新发展理念，不断深化生态文明体制改革，形成习近平生态文明思想，集中体现了“生态兴则文明兴、生态衰则文明衰”的深邃历史观；体现了“人与自然和谐共生”的科学自然观；体现了“绿水青山就是金山银山”的绿色发展观；体现了“良好生态环境是最普惠的民生福祉”的基本民生观；体现了“山水林田湖草沙冰”生命共同体的系统修复观；体现了“用最严格制度最严密法治保护生态环境”的生态治理观。

党的十八届三中全会审议通过的《中共中央关于全面深化改革若干重大问题的决议》在加快生态文明制度建设中提出建立国家公园体制，以国家公园为主体的自然保护地体系建设成为国家战略，从初始阶段的生态区划保护规划到保护优先区规划，再到自然保护地体系和区域保护网络连通性思维，使得中国国土尺度的自然保护网络趋于完善，人与自然和谐理念更加深入人心，成为中国现代自然保护的核心思想，“建立美丽中国”“生态文明制度”“多规合一的国土空间规划”等自然观引领自然保护思想科学发展。从名山大川到江河湖泊、从草原湿地到大漠冰封、从田园风景到原生风情，中国拥有丰富而珍贵的自然文化资源。如何合理利用、保护这些大自然和祖先馈赠给我们的不可再生的珍稀资源，让其世世代代相传、永续平衡发展是人类共同的责任。借助自然保护地的有效保护，通过合理利用资源以便公众的永续享用是实践科学生态观的有力抓手，也是人与自然和谐相处的纽带。在资源的有效保护与合理利用过程中秉承平衡发展的科学生态观，将有效缓解当前对保护地过度开发和不合理开发造成的后果，促进保护地生态空间的保护、生态系统的持续、生态效益的实现、生态人文的和谐，进而使自然保护地健康、有序、持续发展。因此，以国家公园为主体的自然保护地建设理论是达成科学生态观、建立美丽中国、构建生态文明制度和完善多规合一的国土空间规划的有效途径。

2.1.2 国际自然保护思想

2000多年前，印度的皇家法令就有保护特殊地区的敕令；1000多年前，欧洲贵族开始保护狩猎场。17和18世纪，保护地多是统治者的猎场，一方面是君主绝对个人权威的体现，另一方面则集中在某些功能。现代保护地起源于19世纪，但大规模保护运动直到19世纪后期才在北美、澳大利亚、新西兰和南非开始。自1864年将优胜美地区域划为自然公园（秦天宝，2012）和1872年美国建立黄石国家公园后，其他国家也纷纷建立各类自然保护地。之后，交通和通信技术快速发展加之各个国家的行政机构可以对大片毗连领土声称拥有主权，使得在城市外围地区建立自然保护地成为可能。20世纪，自然保护地的概念在世界范围内传播开来，全球建立了大量的自然保护地。几乎每个国家都通过了保护地立法并指定了保护地点，公共、私营、社区和志愿机构的许多组织都在积极创建保护区域（IUCN，2017），一个遍布世界、类型齐全的全球自然保护地网络逐渐形成，是历史上最大规模和最快的土地利用变化时期。在现代自然保护地100多年的发展历程中，不同地区的保护战略也有所不同：在北美，保护地是为了保护壮观和壮丽的自然风景；在非洲，人们关注的是游憩公园；在南美，侧重于控制侵蚀和饮用水供应；在欧洲，景观保护更为普遍（IUCN，2016）。但建立具有生态代表性、有效管理和财政保障的综合性保护地网络，是所有国家建立自然保护地的共识。

国际上，自然保护思想经历了从最初的关注单一物种或者种群的保护逐渐发展到现在关注区域生态系统整体保护的过程，其发展大致经历了3个阶段，分别为景观维持导向的纯自然保护（1970年以前）、物种恢复导向的抢救性保护（1970～2000年）和人与自然和谐导向的系统性保护（2000年以后）。在这个过程中，从最初的保护生物学发展到当下的系统性自然保护理论，生态系统的分析尺度和相关保护理念逐渐成形和完善，同时也产生了人地共生、人与自然耦合系统等综合保护思想（Mace，2014）。

第一阶段：景观维持导向的纯自然保护（1970年以前）。这个时期在西方工业文明影响下，人们产生了对纯自然的向往，为留住工业快速发展背景下的净土，学者纷纷投入到对纯粹野性自然的保护中。支撑这个阶段保护发展的学说主要有野生动植物生态学、自然历史学（徐宏发和陆厚基，1996）、理论生态学等，强调从荒野的视角、以纯自然保护地的方式推动物种及其栖息地的保护（魏钰和雷春光，2019）。

第二阶段：物种恢复导向的抢救性保护（1970～2000年）。随着工业文明对自然环境的入侵，生态环境进一步遭到破坏，此前设立的自然保护地也多以娱乐开发为主，忽视了重点保护对象的保护工作。对受到人类影响、威胁的物种、栖息地进行抢救性保护行动成为学者关注的重点（Mace，2014）。因此，基于保护生物学、生态学发展出来的最小可生存种群（徐宏发和陆厚基，1996；Lovejoy，1980）、岛屿生物地理学（Macarthur and Wilson，1967）、集合种群（Roughgarden and Iwasa，1986；Levins，1969）等理论对如何保护关键物种及种群栖息地等问题进行了探讨研究，这使得物种恢复导向的抢救性保护理念逐渐取代了此前的景观维持导向的纯自然保护理念。抢救性保护理念指导下的保护行动使得全球范围内的保护地面积急速扩张，保护了许多珍稀濒危种群、恢复了大量关键区域的栖息地，但也由此产生了一系列问题。这些问题主要体现在自然保护地所在区域中人与自然矛盾突出、更大尺度的生态系统质量仍处于恶化状态等方面。

第三阶段：人与自然和谐导向的系统性保护（2000年以后）。为解决大尺度生态系统的退化以及缓解保护地内人地紧张关系，可持续发展理念与系统综合管理思想被引入保护工作中，自然保护理念开始转向人与自然和谐导向下的系统性保护。基于社会生态学产生的人与自然耦合系统、人地共生等理论成为当下主要的保护建设理论。这些理论的核心都认为保护工作需要注重生态环境的系统性保护，并强调人与自然的综合管理，把人与自然看作一个有机的复杂系统，将保护对象从物种、种群及其栖息地扩展到区域内的复合生态系统（Liu et al.，2007），也可称之为社会生态系统（Folke et al.，2016；Collins et al.，2011）。

2.2　人与自然耦合系统

2.2.1　人地关系与内构性矛盾

从数量和面积上看，中国自然保护地具有规模优势，但在保护生态系统协同促进全民公益性上，仍存在不同程度的缺陷——保护绩效难上台阶、功能没有全面发挥、社区发展普遍落后，进而导致保护地自身的自然保护工作不能很好地落实，更难以成为社会全面进步的动力和源泉。目前，关于中国自然保护地讨论最多的地区矛盾就是保护地内当地居民生产生活需求和保护管理目标之间的冲突问题。在中国的自然保护地中，少有荒无人烟的荒野地，分布在中国东南部保护地中的农耕村落和西部地区的牧场是中国自然保护区中人地关系和谐的体现，也是中国自然保护地的重要特征和不可忽视的文化优势与现有国情。

虽然国外在解决自然保护地人地冲突上已获得丰富的经验，但西方在建设自然保护地过程中的自然环境观、人地关系现状、文化景观特征、自然保护发展阶段等方面均与我国不同。作为世界人口最多的国家，中国在处理自然保护地原住居民利益、公众参与上都具有极高的复杂性，在自然保护地人地关系管理上并不能依葫芦画瓢，全盘照搬西方经验。中国国土面积与美国相当，但人口空间密度却是美国的4倍以上，受传统的“天人合一”思想的影响，中国传统环境观认为人与自然是交融、渗透的，并非对立存在，这使得我国自然保护地与美国追求的“荒野”不同，几乎不存在纯粹、没有任何人类活动的荒野，更多的是以融合了地方文化或作为国家文化象征的综合性景观出现，人地矛盾也更为突出，如我国拟建的国家公园大多数内部或周边都生活着大量的农牧民和林业职工，有些国家公园体制试点区还分布有行政村或建制镇。

以上矛盾如果不能通过行之有效的理论和方法得到全面解决，不仅会使中国自然保护地发展难以满足高标准发展的要求，而且还会威胁到整个社会的长期可持续发展。因此，对于这种人地关系的管理必须体现在中国保护地的管理目标当中，即除了对区域内的生物多样性进行维持和保护之外，还需要对区域内的复合生态系统进行有效的系统性保护。为了达成这一目标，需要利用人与自然耦合系统理论处理好区域内的人地关系。

2.2.2　人与自然耦合系统理论

人与自然耦合系统（coupled human and natural system，CHANS）理论建立在人类与生态系统（如生态人类学、环境地理学和人类生态学）之间的联系之上（Liu et al.，2021），人与自然是两个庞大、复杂、开放的系统，人与自然两大系统各自包含多个子系统，不仅包括社会维度，还包括许多其他人类维度（如经济、文化），同样考虑了自然维度的所有方面；每个子系统内部都有多种自然变量、人类变量和将自然与人类变量联系起来的变量（如生态系统服务），系统、子系统及子系统各变量间存在着多重交互耦合效应（图2-1），交互耦合效应既有促进又有制约，既有对立又有统一，其强弱与背后耦合机制各有不同（Liu et al.，2007）。在人与自然相互作用中，人与自然耦合系统逐渐形成了复杂的反馈循环。例如，卧龙自然保护区中的当地居民使用森林作为做饭和取暖的薪材，家庭附近的森林由于薪柴收集而枯竭，人们不得不去更远的地方收集薪材；因为这些森林是竹林（濒危大熊猫的栖息地），薪柴收集又会导致森林和大熊猫栖息地的严重恶化。在卧龙，家庭和薪柴采集点之间的距离与大熊猫的栖息地减少的速率有明显的耦合关系，这其中存在一个时间阈值或空间阈值，可作为适应性管理的关键点（Carter et al.，2014）。

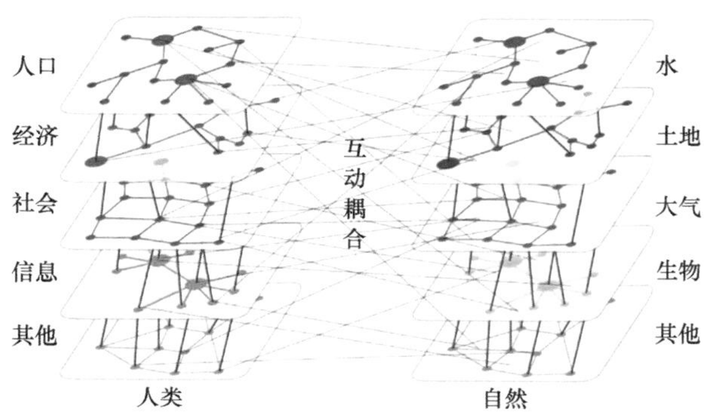

图2-1　人与自然耦合系统［改绘自刘海猛等（2019）］

在“天人合一”的自然观和人与自然和谐的自然保护思想指导下，利用人与自然耦合系统可科学指导并使用整体视角来整合人类和自然系统的连接模式与过程，以及各个系统中人类和自然组件之间的尺度内与跨尺度的交互及反馈，借助这样一个综合框架来理解人类世界日益增加的复杂性，判断哪些生态系统需要通过人为管理来维持（Liu et al.，2007）。根据人与自然耦合系统理论管理的中心目标是自然保护地内部及其周边社区范围内“生态—社会—经济”复合系统当中的人地关系优化，从空间结构、时间过程、组织序变、整体效应、协同互补等方面来实现全球、全国或区域人地关系整体优化，可以为自然资源的有效利用与管理提供理论依据。

中国自然保护地面临着复杂的人地矛盾，协调好人地关系是自然保护地建设与管理的核心问题，依据人与自然耦合系统理论，有助于多层次剖析保护地人与自然系统，找到人地关系的优化路径，从而更好制定保护地自然资源利用与管理制度。因此，结合中国自然保护地特殊性，本书提出中国自然保护地人与自然耦合系统理论，该系统由自然保护地“人”与“自然”各组成要素的“相互作用”所形成（图2-2）。

（1）首先，自然保护地中“人”的组成要素，主要为自然保护地建设发展过程中的利益相关者。利益相关者的概念在1963年由斯坦福国际咨询研究所首次提出，主要指企业中“失去其支持便无法生存的一些团体”（Freeman et al.，2013）。1984年，R. 爱德华·弗里曼（R. Edward Freeman）在《战略管理——利益相关者方法》一书中提出了一个较为完整的理论框架，此后该理论的应用从最初的企业逐渐扩展到政府、社区、社会组织、医疗及相关的政治、经济、环境等。1987年，世界环境与发展委员会出版《布伦特兰报告：我们共同的未来》中提到“旅游的可持续发展必须了解涉及的利益相关者”（宋瑞，2005），使该理论首次被引入旅游领域并逐渐引起重视。相关学者从管理学、社

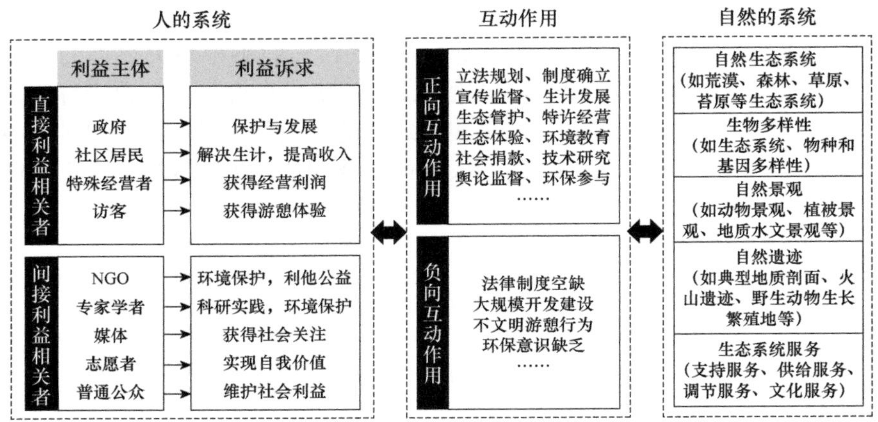

图2-2　中国自然保护地人与自然耦合系统

会学、民族学等多学科视角将这一理论运用在生态旅游、可持续发展、乡村旅游、社区参与、旅游目的地开发等多个领域，研究内容集中在利益相关者识别、利益诉求演化、利益冲突与摩擦，以及利益协调机制构建等方面（吕宛青等，2018；周大庆，2013；张玉钧等，2012；张安民等，2007；黄昆，2004）。依据各利益主体对保护地产生影响的方式，可将保护地利益相关者分为直接和间接两大类，直接利益相关者包括政府、社区居民、特许经营者、访客；间接利益相关者包括NGO、专家学者、媒体、志愿者、普通公众等，不同利益主体的利益诉求不同，通过不同的方式作用于保护地自然系统，同时他们各自之间也存在相互作用与联系。

（2）其次，自然保护地中“自然”的组成要素，主要为自然保护地的重点保护对象。依据《关于建立以国家公园为主体的自然保护地体系的指导意见》，中国自然保护地自然系统的重点保护对象为自然生态系统、生物多样性、自然景观、自然遗迹和生态系统服务。

（3）最后，自然保护地中人与自然各组成要素的“相互作用”是影响人与自然耦合系统整体利益的关键。中国自然保护地人与自然耦合系统中，各要素间的互动会以直接或间接的方式影响到自然保护地整体保护与发展效果，不同要素间的互动作用强度可能不一，且互动作用也有正、负效应之分。同时，在自然保护地的不同发展阶段可能会存在某些关键的互动作用要素，如在自然保护地建设初期，政府通过顶层规划设计、制定系列保护和管理制度与自然系统建立互动关系，并进一步规范其他利益相关者与自然系统的互动方式，因此，在该阶段由政府主导产生的与自然系统的正向互动作用可能是影响人与自然耦合系统整体利益的关键作用要素。

随着全球化的加剧，即使是地理上遥远的系统之间跨尺度的相互作用也越来越多。因此，以国家公园为主体的自然保护地体系改革，理应站在国家生态文明战略的高度，运用生态学和信息技术的最新成果，全面整合现有的自然保护地信息，发展更全面的档案库，并建立一个跨地方、区域、学科研究的自然保护地网络；同时，深入研究中华文化，处理好自然环境中的文化特征传承与社区发展问题，建立科学、适用的自然保护地管理体制。

2.2.3 人与自然和谐共生内涵

2.2.3.1 哲学内涵

天人合一是中国传统文化的核心思想之一，也是中国古代文明的核心理念，现代人类社会发展所面临的关键问题之一，即人与自然关系的危机，化解这个危机的理论源头即天人合一，和谐共生是天人合一的延伸与行动拓展，依据天人合一思想实现地球万物和谐共生，生命共生，生命与自然系统共生，顺应自然规律（吴承照等，2022）。

2.2.3.2 科学内涵

人与自然和谐共生是从生物共生、社会共生中演变而来的，不同文明时期和谐共生的内涵不同。在生态学上，共生是不同生物种类成员在不同生活周期中的共生组合（symbiotic association）。社会学家受生物共生论的启发，提出社会共生理论，以帕森斯（Parsons）结构功能主义为代表，帕森斯提出的AGIL（adaptation，goal attainment，integration and latency pattern maintenance）模式建构了社会共生的行动系统理论，任何一个社会系统必须具有适应（adaptation）、目标达成（goal attainment）、整合（integration）、潜在模式维持（latency pattern maintenance）等功能（George，2010）。AGIL模式是针对社会系统提出的，将其应用于国家公园人地和谐共生也是可行的。只有具备适应、目标达成、整合、潜在模式维持这4方面的能力，从整体性上构建行动机制，促进经济、政治、社会和文化系统相互配合，形成相对稳定和成熟的行动系统，才能推动人与自然和谐共生的行动（吴承照等，2022）。

2.2.3.3 思想内涵

以人与自然和谐共生作为生态文明的核心理念和主导思想，在理念与制度、生产与生活、当代与未来、区域与地方等方面作出统筹布局并统一行动。在理念上明确提出“绿水青山就是金山银山”“保护生态环境就是保护生产力”“山水林田湖草是一个生命共同体”等，强调自然是人类生存与发展不可或缺的重要动力因素，不是可有可无的依附因素；这个理念的制度安排即国土空间规划，“三线”划定与红线管控相结合，建立以国家公园为主体的自然保护地体系，建设美丽中国、公园城市，建立并实施中央生态环境保护督察制度，构建生态文明体系的“四梁八柱”；在生产与生活上强调绿色生产、绿色生活、绿色发展，通过技术创新实现资源循环利用，加快推进生态保护修复和环境污染治理力度，推行绿色消费，以“双碳”行动实现碳中和，实现国土空间均衡发展、因地制宜、地尽其用、代际公平，把人类活动限定在自然生态环境可承受的范围内（吴承照等，2022）。

2.2.3.4 共生关系

在国家公园的语境中，共生关系可被视为一种“参与性”，人类通过建立合作和互补的关系促进所有其他物种的关系发展。国家公园促进社区经济发展，社区受益并维护国家公园的生态完整性，这是互惠主义的共生；进入国家公园的人们能够获得与自然互动相关的所有好处，国家公园管理在游客满意度和资源保护之间取得平衡可看作是共栖主义的共生体现；而长期对国家公园资源过度依赖且造成生态资源损害的行为，如过度采伐、偷猎等对国家公园自然环境构成严重挑战的寄生主义的共生关系亟待加以制止并增强监督管理。

国家公园的人与自然和谐共生是美丽中国的经典展示，是国土空间人与自然和谐共生的重要层面，生命共生是目标，文化共生是形象，区域共生是基础。国家公园人与自然和谐共生就是人与野生动植物和睦共处，民居建筑及各类游憩、管理、保护设施建筑从选址到形态风格均应尊重地方历史、传承风景文化、保护乡土生态。国家公园生态服务流与生态产品价值流必须惠及地方居民、驱动区域发展，区域城镇与社区需要积极支持国家公园生态系统保护，形成保护促发展、发展促保护的良性可持续机制（吴承照等，2022）。

2.3　新型自然保护地体系理论基础

根据自然保护地人地关系和人与自然耦合系统理论可知：①自然保护地中人地关系的根本矛盾是人类需要发展、自然需要保护；②人与自然耦合系统理论诠释了利用规划、制度等正向互动作用可以协调人与自然保护地之间发展与保护的矛盾问题；③自然保护地人与自然耦合系统具有高度复杂性和不确定性，应采用适应性管理方法进行管理。

根据人与自然耦合系统理论的基本思想，提出以国家公园为主体的自然保护地体系理论基础，分为系统性保护、重点生态空间管控和区域可持续发展3个方面。该理论的基本内涵为：①确保自然生态系统、生物多样性、自然景观、自然遗迹和生态系统服务等重要保护对象得到有效性保护；②规范人与自然保护地间的正向互动作用（政府主导），以维护自然保护地人与自然耦合系统的整体利益；③遵循适应性循环框架，形成了协同需求、维系依托、反馈支持的相互作用和关系，确保整个自然保护地理论体系可以不断地调整与优化（图2-3）。

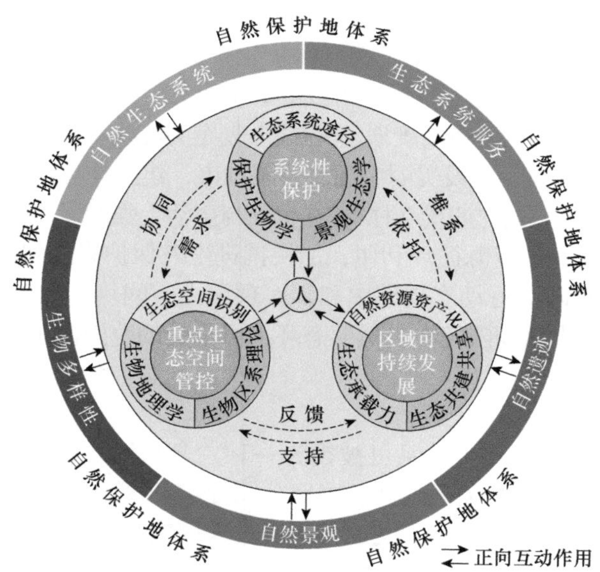

图2-3　以国家公园为主体的自然保护地体系理论基础

自然保护地的基本属性是具有自然、生态或文化价值的空间进行有效保护，限制了区域内的资源利用强度，系统性保护理论支撑了自然保护地基本属性的确立，是自然保护地建设的基石。为了达成自然保护地对保护对象的有效保护，建立完善的保护网络和体系，还需要借助重点生态空间管控理论和区域可持续发展理论。重点生态空间管控理论有助于自然保护地体系构建合理的空间网络，优化保护地网络布局，并提升保护地整体保护的有效性。区域可持续发展理论提供了自然保护地在管理过程中的可持续发展路径，有利于处理人地关系，在为区域经济发展提供助力的同时还能促进保护地内保护工作的展开，形成“保护—发展”良性循环的发展模式。

2.3.1　系统性保护

中国的自然保护事业已进入统一管理和整合优化阶段，应当突破传统的生物群落保护的要素式思维模式，从系统实施生态系统完整性保护的视角进行管理（魏钰和雷春光，2019），系统性保护的理论由此产生（图2-4）。

图2-4　系统性保护理论的三个尺度

2.3.1.1　保护生物学

随着世界人口的迅速扩增以及人类经济和生产活动的不断加剧，物种生境受到破坏，导致物种濒危乃至灭绝，保护地球上的生物多样性无疑是当今世界上最受关注的问题之一（Pimm et al.，1995）。生物多样性为维持人类生存提供了基本资源，保护生物多样性就意味着保护人类的生存基础，包括保护为人类提供生存、生活资源的动物、植物的多样性。为了达成生物多样性的维持，保护生物学在自然保护地的建设、管理过程中贯穿始终，为物种、种群保护及其栖息地恢复提供了有力的理论支持。

保护生物学（conservation biology）是在1980～1990年由植物学（botany）、生态学（ecology）、遗传学（genetics）等基础生物学交叉产生（Meine et al.，2006）。近些年来保护生物学学者普遍意识到生物多样性的人文因素是该领域整体成功的必要组成部分，因此社会科学也被纳入其中（Mascia et al.，2003；Soulé，1985）。保护生物学的核心是从动植物及其生存环境出发，对生物多样性的3个层次进行保护，以此实现地球上所有动植物保护与生物多样性维护（蒋志刚和马克平，2009）。为了达成生物多样性维护的目的，种群生存力分析、最小种群保护、物种分布模型、成本距离模型和电路理论模型等技术方法被相继提出，用于自然保护地的规划管理当中。

2.3.1.2　生态系统途径

1）生态系统途径的内涵

生态系统在自然演替进程中不断承受人类生产生活活动带来的压力。在各种压力干扰下，生态系统有不同的演替方向，表现出不同的生态效应，又反过来影响人类的生活质量。人类对生物资源掠夺式的开发，造成生物多样性丧失和土地退化等一系列生态问题，对全球生态系统的稳定和可持续发展构成了极大的威胁。由此，生态系统管理（ecosystem management）应运而生，来处理复杂问题并应对未来的挑战。

1995年，《生物多样性公约》和IUCN提出并积极倡导生态系统途径（ecosystem approach，EA）作为生态系统管理的一个主要方法，也是解决生态环境问题的一种新理念和新途径。《生物多样性公约》把生态系统途径定义为：用于土地、水和生物资源管理的综合策略，以平等的方式推动生态保护和自然资源的可持续利用（CBD，2004）。也可以理解为在各个时空尺度上对生态系统所有组分进行综合管理的途径，其内涵体现在5个方面：①它是对土壤、水和生物资源等生态系统组分的一种综合管理途径，以保证生态系统保护、生物资源可持续利用和公平合理地共享生态系统的产品与服务三者之间的平衡；②它是生态系统管理的一个方法论，以生物体为核心，对关键生态过程以及生物体之间、生物体与环境之间的相互关系进行调控，认为人类及其文化的多样性是生态系统的一个重要组成部分；③生态系统管理可能涉及多个时间和空间尺度，但具体实施某一管理活动时，必须明确具体的时空尺度；④生态系统过程通常是非线性的，其后果通常表现出时滞性、不连续性和不确定性，生态系统管理须采取“边干边学”的适应性管理方法，对其措施不断调整、不断完善；⑤生态系统途径的管理理念不排除其他合理的生态系统管理方法和保护措施（汪思龙和赵士洞，2004）。

2）生态系统途径的原则

在CBD第8次缔约方大会上，制定了生态系统管理的12条基本原则，明确了其科学内涵和实施办法，使生态系统途径成为一个既有科学概念又有丰富内涵的较为完善的体系。后来Wiken于2002年对12条原则进行了归纳和修改，提出生态系统途径的10条原则。

原则1：加强陆地、水域以及生物资源管理等机构和部门之间的合作与协调，应考虑到当地的、国家的、区域的及国际各个层面所有有关团体和个人的利益。

原则2：寻求生态系统保护与生物资源可持续利用之间的适度平衡，以及在这些方面的公平和公正的利益共享，应当以一种公正、公平的方式来管理生态系统，共享生态系统提供的利益，分担生态系统管理的责任。

原则3：确保生态系统的产品和服务功能的可持续供应，核心是加强对暂时的、不可预见的自然或人为因素的调控，尽量消除其对生态系统的负面影响。

原则4：维持生态系统的结构和功能，保证生态系统的产品和服务的可持续供应，应当注意：①生态系统的恢复能力以及生物多样性丧失和栖息地破碎化造成的影响；②生物多样性丧失的根本原因；③保护和恢复物种内以及物种与环境之间的相互作用及有关过程比单纯保护个别物种更有意义。

原则5：生态系统管理活动应主要由具体实施管理措施的基层单位来完成，这些单位在生态系统管理工作中的责、权、利越明确，越能发挥其参与管理工作的积极性。

原则6：管理决策应建立在有效利用有关信息的基础上（包括本地的知识和经验、传统办法和创新措施，各个学科所提供的知识），整合来自各个方面的信息对制定生态系统管理的决策至关重要。

原则7：生态系统管理必须考虑相关的经济价值、困难和机遇，包括消除降低生物多样性价值的市场因素，推广促进生物多样性保护及其可持续利用的措施，尽可能地在实施管理活动的范围内由管理活动所带来的经济效益来治理由此产生的种种环境问题。应当制定严格的法规，要求土地利用变化的受益者承担生态系统恢复与重建的相关责任，并支付必要的费用。

原则8：生态系统管理应在与管理目标相适应的时间和空间尺度上进行，但同时要考虑到该管理活动对附近地域或相邻生态系统的影响。在对某一生态系统实施管理的同时，应当对这些影响进行认真考虑和仔细分析，加强地区之间的相互协调。

原则9：生态系统管理应设定长期目标，充分认识到每一个生态系统过程所持续的时间及其所产生的后果和影响。

原则10：充分认识生态系统的内在动力学特征及其不确定性，适时调整生态系统的管理对策和措施，生态系统管理的措施不应当一成不变，而应根据生态系统本身的特征、自然条件的变化以及人类活动的正、负两方面的影响，适时地进行调整，适时地对生态系统管理每一项措施的结果进行评估。

3）生态系统途径的任务

生态系统是生态学的基本单位，生态学的理论和实践都围绕其展开。生态系统途径的主要任务是维持自然生态系统的完整性、原真性、多样性和稳定性等特征。

生态系统完整性（ecosystem integrity）是指生态系统能够保持自身正常运转、演化的一种基本属性，该属性有利于生态系统平衡的维持。生态系统完整性从侧面反映了外界干扰下维持原本状态、稳定性和自组织能力的强弱，因此生态系统完整性也可以和生态系统稳定性、自组织能力等概念建立联系。

生态系统原真性（ecosystem authenticity）分为自然原真性（natural authenticity）与历史原真性（historical authenticity）（何思源和苏杨，2019）。自然原真性强调生态系统未受人类干扰，并且区域内的生态系统具有真实的演化过程（Clewell，2000），通常用人类足迹指数或者荒野度来表示生态系统原真性的高低。历史原真性是指生态系统始终保持与历史发展进程中一致的状态，通常与以往的生态数据进行对比，分析区域内的生态系统历史原真性。

生态系统多样性（ecosystem diversity）维持着复杂系统的遗传多样性、物种多样性和栖息地多样性以及功能过程的多样性。可从两个方面认识多样性：一是丰度，表示单位空间内各种组分（如物种、遗传多样性、土地利用类型和生化过程）的数量；二是不同多样性分类中每个单元的相对丰度。

生态系统稳定性（ecosystem stability）是生态系统所具有的保持或恢复自身结构和功能相对稳定的能力，主要通过反馈调节来完成。如果生态系统受到干扰，当干扰超过系统的可调节能力或可承载能力范围后，系统平衡就会被破坏而开始瓦解。不同生态系统的自我调节能力是不同的，一个生态系统的物种组成越复杂、结构越稳定、功能越健全、生产能力越高，它的自我调节能力也就越强。自然界的生态系统都具有两个或更多的可交替（或可转化）的稳定状态，即具有相对稳定的暂态，称之为稳态转化，生态系统的稳态转化是一种从量变到质变的过程，它以生态系统状态对环境条件的响应轨迹为基础。

2.3.1.3　景观生态学

仅仅从物种的角度、从单一生态系统的角度维护生物多样性和提升生态功能有一定的局限性，即过度关注单一物种而忽视了生态系统的保护、忽视了多个生态系统的耦合关联，缺少系统性，景观生态学（landscape ecology）由此产生。景观生态学研究空间异质性的发展与动态，异质景观之间的时空相互作用和物质交换，空间异质性对生物过程和非生物过程的影响，以及为了人类社会的利益和生存对空间异质性进行的管理（Risser et al.，1984），也可以理解为研究大尺度下不同生态系统所组成的整体（即景观）空间结构、相互作用、协调功能及动态变化的一门学科（肖笃宁等，2010），研究“山水林田湖草沙冰”的一体化保护和系统修复。景观格局的研究是景观生态学中最为传统和基础的研究内容，也是景观生态学研究的主要目的之一（Tischendorf，2001）。景观格局围绕“斑块、廊道、基质”这一基本结构，借助一系列景观指数（包括斑块面积、斑块密度、斑块周长、斑块形状指数、廊道长度、廊道曲度、景观优势度和蔓延度、斑块邻近度、斑块凝聚度、景观聚合度等）来反映区域内的生态构成及其之间的关系（O’neill et al.，1996）。此外，在景观格局研究的基础上，分析景观格局、空间异质性与景观过程之间的联系，以此探索生物多样性整体维持的途径（Tischendorf，2001；Turner，1989）。

许多学者对景观生态学基础理论的探索已经作出了重要贡献，如Risser等（1984）提出的5条原则，Forman和Godron（1986）提出的7项规则，景观生态学的基础理论主要有以下几项。

1）生态进化与生态演替

达尔文提出了进化论后，海克尔提出生态学概念，强调生物与环境的相互关系，开始有了生物与环境协调进化的思想萌芽。克莱门茨提出的五段演替理论是大时空尺度的生物群落与生态环境共同进化的生态演替进化论，突出了整体、综合、协调、稳定、保护的大生态学观点。特罗尔接受和发展了克莱门茨的顶极学说而明确提出景观演替概念，认为植被的演替，同时也是土壤、土壤水、土壤气候和小气候的演替，这就意味着各种地理因素之间存在相互作用的连续顺序，也就是景观演替。毫无疑问，特罗尔的景观演替概念和克莱门茨演替理论不但一致，而且综合单顶极和多顶极理论成果发展了生态演替进化理论。因此，生态演替进化是景观生态学的一个主导性基础理论，现代景观生态学的许多理论原则如景观可变性、景观稳定性与动态平衡性等，其基础思想都起源于生态演替进化。

2）空间分异性与生物多样性

空间分异性是一个经典地理学理论，有人称之为地理学第一定律，而生态学也把区域分异作为其三个基本原则之一。生物多样性理论不但是一个生物进化的概念，而且也是一个生物分布多样化的生物地理学概念。二者不但是相关的，而且有综合发展为一条景观生态学理论原则的趋势。地理空间分异实质是一个表述分异运动的概念。首先是圈层分异；其次是海陆分异；最后是大陆与大洋的地域分异等。地理学通常把地理分异概括为地带性、地区性、区域性、地方性、局部性、微域性等若干级别。景观具有空间分异性和生物多样性效应，由此派生出具体的景观生态系统原理，如景观结构功能的相关性，能流、物流和物种流的多样性等。

3）景观异质性与异质共生

景观异质性的理论内涵是：景观组分和要素，如基质、镶嵌体、廊道、动物、植物、生物量、热能、水分、空气、矿质养分等，在景观中总是不均匀分布的。由于生物不断进化，物质和能量不断流动，干扰不断，因此景观永远也达不到同质性的要求。日本学者丸山孙郎从生物共生控制论角度提出了异质共生理论，认为增加异质性、负熵和信息的正反馈可以解释生物发展过程中的自组织原理。在自然界生存最久的并不是最强壮的生物，而是最能与其他生物共生并能与环境协同进化的生物。因此，异质性和共生性是生态学与社会学整体论的基本原则。

4）岛屿生物地理与空间镶嵌

岛屿生物地理理论是研究岛屿物种组成、数量及其他变化过程中形成的。达尔文考察海岛生物时就认识到海岛物种稀少，成分特殊，变异很大，特化和进化突出。进一步研究发现了岛屿面积与物种组成和种群数量的关系，提出了岛屿面积是决定物种数量的最主要因子的论点。1962年，Preston最早提出岛屿理论的数学模型，后来不少学者修改和完善了这个模型，并和最小面积概念（空间最小面积、抗性最小面积、繁殖最小面积）结合起来，形成了一个更有方法论意义的理论方法。所谓景观空间结构实质上就是镶嵌结构，生态系统学也承认系统结构的镶嵌性，但因强调系统统一性而忽视了镶嵌结构的异质性。景观生态学是在强调异质性的基础上表述、解释和应用镶嵌性的。事实上，景观镶嵌结构概念主要来自孤立岛农业区位论和岛屿生物地理研究，但对景观镶嵌结构表述更实在、更直观、更有启发意义的还是岛屿生物地理学研究。

5）尺度效应与自然等级组织

尺度效应是一种客观存在而用尺度表示的限度效应，只讲逻辑而不管尺度无条件推理和无限度外延，甚至用微观实验结果推论宏观运动和代替宏观规律，这是许多理论悖谬产生的重要哲学根源。有些学者和文献将景观、系统和生态系统等概念简单混同起来，并且泛化到无穷大或无穷小而完全丧失尺度性，往往造成理论的混乱。现代科学研究的一个关键环节就是尺度选择。在科学大综合时代，由于多元多层多次的交叉综合，许多传统学科的边界模糊了，因此，尺度选择对许多学科的再界定具有重要意义。等级组织是一个尺度科学概念，因此，自然等级组织理论有助于研究自然界的数量思维，对于景观生态学研究的尺度选择和景观生态分类具有重要的意义。

6）生态建设与生态区位

景观生态建设具有更明确的含义，它是指通过对原有景观要素的优化组合或引入新的成分，调整或构造新的景观格局，以增加景观的异质性和稳定性，从而创造出优于原有景观生态系统的经济和生态效益，形成新的高效、和谐的人工—自然景观。生态区位论和区位生态学是生态规划的重要理论基础。从生态规划角度看，所谓生态区位，就是景观组分、生态单元、经济要素和生活要求的最佳生态利用配置；生态规划就是要按生态规律和人类利益统一的要求，贯彻因地制宜、适地适用、适地适产、适地适生、合理布局的原则，通过对环境、资源、交通、产业、技术、人口、管理、资金、市场、效益等生态经济要素的严格生态经济区位分析与综合，来合理进行自然资源的开发利用、生产力配置、环境整治和生活安排。因此，生态规划无疑应该遵守区域原则、生态原则、发展原则、建设原则、优化原则、持续原则、经济原则7项基本原则。现在景观生态学的一个重要任务，就是如何深化景观生态系统空间结构分析与设计而发展生态区位论和区位生态学的理论及方法，进而有效地规划、组织和管理区域生态建设。

7）景观生态网络

近些年来，随着景观生态学和自然保护事业的发展，景观生态网络的概念也得以提出并逐渐完善。景观生态网络是耦合景观结构、生态过程和生态功能，并推动生物多样性保护、增加景观连接度的一种途径（傅伯杰等，2008）。并且，随着遥感、地理信息系统等技术的发展与更新，该领域的研究具有更多的便利和更优的技术方法。

景观生态学广泛应用于国土整治、资源开发、土地利用、生物生产、自然保护、环境治理、区域规划、城乡建设、旅游发展等领域，在自然保护地领域，主要集中于景观生态管理与景观生态设计两个方面：①景观生态管理主要体现在各种与生态实践密切相关的景观规划工作中，包括人工生态系统与景观生态规划、土地生态适宜性评价与土地保护利用结构优化、自然保护地景观生态规划与管理、游憩区景观生态规划和景观生态保护等；②景观生态设计基本上都要与具体的工程项目相联系，作为整个工程设计的有机组成部分，如各类自然公园和休闲用地的景观设计、生态廊道设计、废弃地或被毁生态景观重新塑造设计。

2.3.2　重点生态空间管控

2.3.2.1　生物地理学

生物地理学（biogeography）是生物学和地理学交叉非常明显的部门自然地理学学科，主要研究生物在时间和空间上的分布及其规律，即生物群落及其组成成分在地球表面的分布情况及形成原因（冷疏影等，2009）。

1）生物地理学的关系

在讨论物种的分布时，应当考虑其过去、现在以及将来；在探讨其规律时，离不开对分布区及其周围的气候、土壤、地质及相关环境要素的分析，以及分布区内物种之间相互关系的探讨。

关系1：与分类学的关系。在分类学上，要全面、完整地认识一个物种或一个地区的物种，往往有必要对其分布区的范围和特征进行多次全面的调查研究，再形成一个整体的认识才有可能。因此，分布区的研究，是分类学中非常重要的部分。生物地理学与分类学的关系在进行野外调查时体现得最为充分。如果我们不知道物种的分布区域及其特点，采集工作则如大海捞针。如果已经知道其分布的大致范围，则调查工作会达到事半功倍的效果。

关系2：与生态学的关系。生态学是研究物种与其生存环境之间关系的学科。生态学不仅要研究物种的存在、物种的数量及其时空动态、物种的行为、物种在分布区内的分布特征和活动规律，而且还要探讨物种分布与环境因素的关系，研究物种存在的非生物因素，以及地貌、气候、植被等因素与物种分布区的关系。这些研究内容和生物地理学特别是生态生物地理学的研究内容是一致的。

关系3：与遗传学的关系。每一物种都有一个发生、发展和消亡的过程。物种的起源、演化和消亡具有时间与空间的特征。遗传学所研究的内容涉及物种起源、演化和消亡过程中基因的产生、突变、融合、断裂等现象，而上述遗传物质的演化又与物种生存的地理位置、极端的生态环境、地质史上的重大历史事件密切相关。在这种意义上，以要解决物种的起源、演化及其机制为其终极目的的遗传学也就与生物地理学有了密切的关系。

关系4：与保护生物学的关系。保护生物学是应用生态学的一个分支，近年来获得了很大发展。保护生物学领域涉及的研究内容与生物地理学有密切的关系，如特有种的概念及其研究、热点地区、生态关键地区、保护区的选址和设计（包括面积和形状）不仅依赖于生物地理学的理论指导，而且还将地理信息系统（geographic information system，GIS）、遥感（remote sensing，RS）、和全球定位系统（global positioning system，GPS）作为重要的研究手段。

关系5：与地学的关系。如果把生物过程看作地理过程的话，则生物地理学的研究也可以看作地学的研究。动物对植物的依赖性，植物对土壤和气候的依赖，导致生物地理学和自然地理学的研究密切交织在一起。特别是近年来地理信息技术的发展，如GIS、GPS等，以及计算机技术的发展，使得大尺度、高精度的生物地理学研究成为可能（陈领和宋延龄，2005）。

2）生物地理学的理论

生物地理学关注的主要理论分为以下几个方面。

理论1：历史生物地理学与生态生物地理学。瑞士植物学家康多首次提出，生态假设主要讨论目前还在起作用的自然因素，历史假设则讨论过去的原因。Myres指出生态生物地理学处理短时间尺度、小范围的生态过程，历史生物地理学研究大尺度范围、长周期的进化过程（张明理，2000）。①历史生物地理学：从生物学出发，以生物区系的组成和物种之间的演化关系为依据的为历史生物地理学。是研究生物分布和演化的历史发展或者说是研究现代生物分布区的历史形成过程，是早期生物地理学的主要侧重方面。该理论认为物种是客观存在的，种的分布区是动物地理学研究的基本单元，依据系统发育与地理分布的历史，可以追溯动物分布的历史。早期进行的大陆动物地理区划以及植物地理区划都可以认为是在历史动物地理学理论下进行的。②生态生物地理学：从地学出发，以生物区系的环境要素及其变化为依据的属于生态生物地理学。生态生物地理学主要关注动物形态与环境的关系、生态位理论、生物群区与生命带、生态系统、岛屿生物地理学理论等（陈领和宋延龄，2005；赵铁桥，1992）。

理论2：扩散学与离散学。用历史生物地理学的观点来解释生物的分布，有两种假说，即离散假说（替代）和扩散假说（传播）。对物种间断分布（disjunction）的不同解释是离散学派和扩散学派的分水岭。①扩散学：扩散假说认为障碍是原来就有的，生物后来越过障碍扩散形成间断分布，再独立地演化。扩散学派用可动相（mobolism）解释生物区系，认为地球是稳定不变的，生物区系是扩散的结果。物种最初起源于某一中心，异域物种形成是生物跨越阻碍产生分化的结果（周明镇等，1996）。②离散学：离散假说认为生物先形成了广泛的分布区，后来障碍出现，将原有的连续分布区隔离开，生物在隔离区内各自独立演化。离散学派用不动相（inmobolism）来解释生物区系的形成，即认为生物区系最初是连成一片，由于地质、气候等原因产生了阻碍，使生物区系片段化，导致异域物种形成。由于大陆漂移和板块学说、海底扩张理论相继出现并逐渐被证实，使得离散学说有了坚实的理论基础，过去人们对扩散假说的批评越来越为新的离散假说所取代，在此基础上兴起一批新理论，包括泛生物地理学、支序生物地理学、隔离分化生物地理学、系统发育生物地理学、特有性的简约性分析、避难所理论等（陈领和宋延龄，2005）。

2.3.2.2　生物区系理论

生物区系理论是生物地理学多个理论中的一个关键性理论。

1）生物区系的内涵

生物区系（biota）指一个地区所有生物的总和或称生物区，或称生物群区，强调生物的多样性方面。生物群区（biome）最早由Clements提出（1916），后来Clements和Shelford（1939）又有所发展。由于生物强烈地依赖其周围的环境和生态因子的作用，而地球表面的环境特别是气候因素呈地带性和周期性的规律，如寒带、温带、热带等。在不同的气候带里又产生出不同的植被类型，形成不同的生态系统。这些不同的生态系统或生物群落的关系和发展，就成为生态生物地理学一个重要的方面。目前生态学上关于生物群区的研究仍是热点之一，对于某种或某类群生物群落的发生和发展的认识，无疑有助于人们对物种分布模式的理解（陈领和宋延龄，2005）。

2）生物区系的应用

在实践上为了更明晰地描述局部地区生物地理和自然地理的特征，经常会根据需要进行各类区划，比如地理区划、农业区划、生态区划、经济区划等。生物地理区划的研究对上述各类区划能够提供重要的支持，形成其他各类区划的基础。此外，生物地理区划也是生物地理学的重要内容，基于生物组成和分布特点，通过区划可以更深刻地认识物种，甚至可能验证和揭示某些地学的规律（陈领和宋延龄，2005）。

（1）生物地理区划的原理：生物地理学研究生物分布区的状态及其规律；分区的研究，就是研究其分布区的特点和模式（pattern），分布区的现在和过去；规律的研究，就是研究分布区与环境要素（气候、土壤、植被）的关系，此物种和彼物种分布区的关系，后者常常被称为生物地理区划。生物地理区划依据的基本原理就是分析物种分布的相似相关性以及与其他物种的关系，简称为相似相关性原理，即甲区内的物种N1和乙区内的物种N2如果相同的成分越多，则甲乙两地生物地理区划上的相似性越密切。如果N1和N2完全相同，则可以认为他们同属一个分布区。如果N1和N2完全不同，那甲乙两地物种的相似性就为0，或者说他们不相似。不相似并不意味着甲乙两地在地理上就没有联系，还要看他们之间是否相关。所谓相关，就是指在高级阶元上或者更高级的阶元上他们之间有没有相关性。换句话说，两地可能存在完全不同的种，那么他们有没有相同的科、目、纲，甚至相同的门，就是相关性。关于区域之间物种相似性的计算已有大量方法，如聚类分析、特有性简约分析（parsimony analysis of endemicity，PAE）、泛生物地理学等（黄晓磊和乔格侠，2010）。按照这一原理，把不同地区分成不同的区域，进一步对不同国家、各大洲和全球陆块及海洋进行地理区划的工作，就是生物地理区划的基本内容（陈领和宋延龄，2005）。

（2）生物地理区划的原则：一个地区生物的总体构成该区域的生物区系。生物地理区划的具体方法就是确定各级的区划单元，即在动物区系（fauna）或植物区系（flora）里分出界（realm，kingdom）、区（region）、亚区（subregion）、省（province）等各级区划单元。目前关于地球上动物地理区分为六大界的提法，最早是Sclater（1858）根据鸟类科的分布划定的。后来被Wallace（1876）根据脊椎动物及部分昆虫的区系分布予以充实，制定出世界动物地理区划，并一直沿用至今（张荣祖，2011）。植物地理区划（分为六大区：泛北极、古热带、新热带、好望角、澳大利亚、泛南极）的工作最早由德鲁特1890年提出（Cox，2001；武吉华和张坤，1995）。张荣祖先生曾提出动物地理区划的三条基本原则是历史的原则、生态的原则以及现实的原则（陈领和宋延龄，2005）。

2.3.2.3 生态空间识别

生态空间识别需通过国土空间规划“双评价”来实现。国土空间规划以地域功能理论为指导，以主体功能区划为基础统筹各类空间性规划，实现“多规合一”，从而建立国家空间规划体系（樊杰，2016）。而“双评价”是构建国土空间的基本战略格局、实施功能分区的科学基础，为主体功能区的降尺度传导、国土空间结构优化、国土开发强度管制等提供了一系列重要参数（王亚飞，2019）。

1）地域功能

地域功能指一定地域在背景区域内，在自然生态系统可持续发展和人类生产生活活动中所履行的职能和发挥的作用，具有主观认知、多样构成、相互作用、空间变异和时间演变5个基本属性（樊杰，2007b）。地域功能理论着眼于解决地域功能生成机理、功能区的相互作用、空间结构格局特征及其时空过程、区域均衡模型建设等基础问题，应用于面向地域功能识别、功能区划分技术方法、现代区域治理体系构建等实践问题（盛科荣等，2016）。该理论是指以陆地表层空间秩序为研究对象，重点研究地域功能的生成机理，以及功能空间的结构变化、相互作用、科学识别方法和有效管理手段的地理学理论（盛科荣等，2016）。强调如果各个地区遵循各自的主体功能定位，将有利于区域整体的开发和保护格局优化，使得各个区域的经济社会和生态效益达成相均衡的稳定态（樊杰和郭锐，2021）。

2）主体功能区

从地域功能理论出发，主体功能是在全国层面同时满足人类可持续利用需求，以及自然生态系统可持续供给过程中对县域单元的一种功能定位，是人类社会经济系统与自然系统相互耦合、适应形成的国家层面生态—生活—生产“三生”功能的最优配置（Fan et al.，2019；樊杰，2007b）。

主体功能区就是按照城市化、生态圈、粮食安全和遗产保护等主体功能定位，以及优化开发、重点开发、限制开发和禁止开发的开发方式（樊杰和郭锐，2021），基于不同区域的资源环境承载能力、现有开发强度和未来发展潜力，以是否适宜或如何进行大规模高强度工业化城镇化开发为基准，将国土空间划分为优化开发区域、重点开发区域、限制开发区域和禁止开发区域4类，前两类是“开发型”、后两类是“保护型”（杨凌等，2020）。

《建立国家公园体制总体方案》指出国家公园是我国自然保护地最重要类型之一，属于全国主体功能区中的禁止开发区域。除此之外，禁止开发区域还包括其他各类自然保护地，具有代表性和特殊价值。

主体功能区的精准落地需借助“三区三线”来实现。“三区”，即城市化空间、生态安全空间以及农业生产空间，在空间上精准地落地，实施对国土空间开发保护格局的相对精准的管理。同时借助城镇开发边界、永久基本农田以及生态保护红线“三线”的概念，作为“三区”基础上更加严格的一种开发保护空间类型（樊杰和郭锐，2021）。

3）国土空间“双评价”

根据《中共中央 国务院关于建立国土空间规划体系并监督实施的若干意见》，资源环境承载力评价和国土空间开发适宜性评价（简称“双评价”）是编制国土空间规划、完善空间治理的基础性工作，是确定用地用海等规划指标的参考依据（自然资源部办公厅，2020）。

“双评价”的主要目标：分析区域资源禀赋与环境条件，研判国土空间开发利用问题和风险，识别生态保护极重要区（含生态系统服务功能极重要区和生态极脆弱区），明确农业生产、城镇建设的最大合理规模和适宜空间，为编制国土空间规划，优化国土空间开发保护格局，完善区域主体功能定位，划定生态保护红线、永久基本农田、城镇开发边界（简称“三条控制线”），实施国土空间生态修复和国土综合整治重大工程提供基础性依据，促进形成以生态优先、绿色发展为导向的高质量发展新路子。

“双评价”的两个方法：①资源环境承载能力是基于特定发展阶段、经济技术水平、生产生活方式和生态保护目标，一定地域范围内资源环境要素能够支撑农业生产、城镇建设等人类活动的最大合理规模。在维持人地关系协调可持续的前提下，一定区域内的资源环境条件对人类生产生活的功能适宜程度及规模保障程度，从根本上决定了不同区域的开发模式和开发强度，从而决定了地域功能的空间格局（樊杰等，2015；邓伟，2009）。②国土空间开发适宜性是在维系生态系统健康和国土安全的前提下，综合考虑资源环境等要素条件，特定国土空间进行农业生产、城镇建设等人类活动的适宜程度。

“双评价”的成果应用包括但不限于以下几点：①支撑国土空间格局优化。生态格局应与生态保护重要性评价结果相匹配，农业格局应与农业生产适宜性评价结果相衔接。②支撑完善主体功能分区。生态保护、农业生产、城镇建设单一功能特征明显的区域，可作为重点生态功能区、农产品主产区、城市化发展区备选区域。两种或多种功能特征明显的区域，按照安全优先、生态优先、节约优先、保护优先的原则，结合区域发展战略定位，以及在全国或区域生态、农业、城镇格局中的重要程度，综合权衡后，确定其主体功能定位。③支撑划定“三条控制线”。生态保护极重要区，作为划定生态保护红线的空间基础。种植业生产适宜区，作为永久基本农田的优选区域；退耕还林还草等应优先在种植业生产不适宜区内开展。城镇开发边界优先在城镇建设适宜区范围内划定，并避让城镇建设不适宜区，无法避让的需进行专门论证并采取相应措施（自然资源部办公厅，2020）。

2.3.3 区域可持续发展

可持续发展要求区域内的经济活动是有限制的，是在不影响生态的前提下进行的。因此，自然保护与当地社会经济发展之间的矛盾是自然保护地建设最需要解决的关键问题之一，该问题不仅关系到自然保护地建立过程中各利益相关者关系的协调，也直接决定了自然保护地的治理结构和管理模式，还关系到自然保护地能否可持续地从保护及发展两个角度实现其建设目标（唐芳林等，2019）。有必要将生态保护与地方产业发展进行统筹考虑，由此提出区域可持续发展的理论基础，旨在获取最佳生态效益的前提下，争取社会福祉与经济利益的最大化，实现人与自然生态系统的协同发展。

2.3.3.1 生态承载力

从自然保护地系统中承载与被承载的关系而言，人是被承载的对象，人类的生存环境是承载的媒体，人与其生存环境共同构成一个不可分割的整体生态系统。生态系统如同生命体一样，有自我维持和自我调节能力，在不受外力与人为干扰的情况下，生态系统可保持自我平衡状态，其变化的波动范围是在可自我调节范围内，这在生态学上称作稳态。可持续发展理论为生态承载力带来了全新的视角，促使人们对生态承载力的含义和要素作出更全面深刻的思考。

1921年Park和Burgess从种群数量角度出发，首次将“承载力”概念引入生态学领域，并将“生态承载力”定义为“在特定生态环境条件下（生存空间、营养物质、阳光等环境生态因子组合），某个体存在数量的极大值”（Park and Burgess，1921）。Rees（1990）测度了52个国家以及全球的生态足迹和生态承载力状况，提出“生态足迹”理论。这是承载力研究从单要素研究转向综合研究生态系统的标志，这也明确了生态承载力是单要素承载力基于生态学的系统集成，而其中资源承载力是基础，环境承载力是核心（赵东升等，2019）。20世纪90年代中国开始研究生态承载力，在宏观尺度上，从资源、环境方面考虑，探讨社会—经济—自然复合生态系统对人类活动的反应。高吉喜（2001）提出生态承载力（又称生态系统承载力）是指生态系统的自我维持、自我调节能力，资源与环境子系统的供容能力及其可维育的社会经济活动强度和具有一定生活水平的人口数量。发展至今，生态承载力大体上经历了种群承载力、资源承载力、环境承载力和生态承载力4个阶段（赵东升等，2019），是较综合性的研究。

承载力和可持续发展概念都是在人类活动与生态环境发生矛盾时提出的，可持续发展的最终目标是发展，生态承载力是从考虑系统全局发展的角度产生的，以可持续发展理论为基础，可以实现可持续发展的量化，两者之间不可分割（高吉喜，2001）。

随着对社会—经济—生态复杂系统的结构与功能认识的发展，生态承载力的研究越来越广泛。生态承载力的内涵进一步扩大为资源承载力、环境承载力和生态恢复力结合而成的统一整体；生态承载力研究经历了从单学科、单要素研究到多学科、多因素的综合研究过程，从一般定性描述到定量和机制的探讨（楚芳芳，2014）。可持续理论的介入，也让生态承载力研究对象、研究目的和评价标准进一步得到了发展。

目前，关于生态承载力的研究还不够成熟，仍属于初步探索阶段。主要表现为：①定性研究偏多，定量研究较少；②静态的现状分析偏多，动态变化和趋势预测较少；③系统研究方法不够全面，多数相关研究还限于环境承载层次，并未统筹研究整个生态—经济—社会复杂系统。但针对不同问题和角度的生态承载力研究方法正在逐步改进，其中常用的研究方法包括生态足迹法、人类净初级生产力占用法、状态空间法、综合分析法、系统模型法和生态系统服务消耗评价法等（赵东升等，2019）。其中，生态足迹法是目前可持续发展生态评估中应用最广泛且最成功的生态承载力相关理论与方法之一，其以基于"全球平均产量的生物生产性土地面积——全球性公顷"作为度量生态承载力的生物物理指标，实现了指标的统一性、可加性，使得生物资源的能耗与自然生态的承载能力具有了全球可比性。

同时，生态承载力研究和量化是人类与自然系统和谐发展的依据，是可持续发展理论在生态学领域的具体体现和应用，是维持整个生态系统供需平衡的基础，也是经济社会可持续发展的重要指标之一。可持续发展理论是关于自然界和人类社会发展的哲学观，是生态承载力理论研究的指导和基础，生态承载力从基础做起，以可持续发展为目标，确定其实际发展规模和承载能力（刘婷婷，2012）。未来生态承载力的研究将更加全面和完善，研究对象、研究的手段方法呈现出多元化的格局；研究方向从静态转向动态，突出动态模拟化；研究评价模型向复合模型体系发展。利用RS、GIS等技术的发展，各种数学手段和计量工具结合，生态承载力的定量化研究也将越来越科学，研究结果越来越准确，并且不断有新技术与新思路应用其中。

2.3.3.2　自然资源资产化

众多研究表明困扰自然保护地事业发展的最基本问题是资金问题。学者针对资金问题提出了不同的解决方案，从发展保护地产业和多种经营的必要性方面进行了阐述，同时分析了不同的产业类型。相比于各级政府财政拨款"输血式"的资金输入，生态产品价值转化、生态资产增值等新的区域经济增长模式，可实现自然保护地"造血式"的资金运转，有利于生态价值实现。而且利益主体的受益程度将在很大程度上决定他们的参与程度，生态价值的实现有利于调动利益相关者参与自然保护的积极性。尽管退出核心保护区会给较多利益相关者带来一定比例的经济损失，但也产生了新的机会，比如说国家公园旅游产业的发展。这些损失和利益都应该遵循市场规律，通过生态价值实现进行正向激励，从而反哺于自然保护事业，实现可持续发展。

1）生态产品价值转化

生态产品价值转化有助于实现生态资源价值的可持续运转，并借助保护地行政管理的政策对自然保护地管控范围内的特许经营项目和开展生态旅游活动进行限定，通过合理的经营管理可以补充自然保护地所需运营及保护工作的资金，也有助于提高公众的保护意识、创造就业机会（Maikhuri et al.，2000）。生态产品指维系生态安全、保障生态调节功能、提供良好人居环境的自然要素（国务院，2011）。生态产品价值转化的途径有生态物质产品、生态载体溢价、生态产业开发、自然资源资产权益交易、生态银行等市场化交易方式，以及生态转移支付、生态补偿、政府投资、税收调节、政府监管等行政手段（李维明等，2020）。

2）生态资产增值

生态资源指可为人类提供生态产品或生态服务的自然资源，当生态资源具有经济交换价值时就成了生态资产。这种价值是可测度的，中国基于联合国千年生态系统评估（Millennium Ecosystem Assessment，MA）框架正式提出了生态系统生产价值（gross ecosystem product，GEP）概念，即特定区域内生态系统为人类社会提供的所有生态产品和生态服务价值的总和。生态资本是能产生未来现金流的生态资产，其投资过程具有增值性，那么生态资产增值就是基于生态资源价值的认识、开发、利用、投资、运营的增值过程，整体上遵循“自然资源—生态产品—生态资源—生态资产—生态资本—资本增值”的演化路径（张文明和张孝德，2019）。

2.3.3.3　生态共建共享

自然保护地治理是决定如何行使权力和责任、如何作出决策以及公民或其他利益相关者如何发表意见的结构、流程和传统习惯之间的相互作用，是达成自然保护地体系建设目标的具体方式和手段（Borrini et al.，2013）。十九届四中全会提出要“推进国家治理体系和治理能力现代化”，自然保护地的治理和保护不能离开其他要素的配合与支撑，尤其是利益主体之间的协同合作（兰启发和张劲松，2021），由此提出协同治理理论。

协同治理（collaborative governance）已经成为自然保护地管理中最重要的治理模式之一。随着保护地治理问题逐渐复杂，仅仅依靠单一行政主体或者政府的纵向控制已经很难有效地提供良好的治理效果。利益相关主体也不再局限于政府，私营组织、NGO和个人等，其他主体也已经参与到保护地治理中，并且这些主体之间存在着复杂的“博弈”关系。在这个背景下，协同治理理论应运而生，这种理论为解决自然保护地治理问题提供了一种有效的理论框架。它的核心是通过吸纳利益相关者，包括政府、私营组织、NGO和公民等，建立一个合作网络，为多部门共同解决复杂公共问题提供新的治理模式（蔡岚，2015）。

生态共建共享对顺利推进自然保护地协同治理十分必要，应当形成政府为主导，企业、社会组织和公众等社会力量共同参与的自然保护地共治大格局，使其成为生态文明共建格局中的重要内容。

1）生态共建共享主体

我国各国家公园建设所涉及的利益相关者数量较多且关系复杂，其利益诉求的共性与差异性并存。首先，应当准确识别利益相关者及其利益，区分并调查他们的关系；其次，重视相对弱势的群体，如中国的自然保护地内的大量原住居民，其生存发展是一个必须面对的事实，因此将人类活动完全排除于保护地之外是不现实和不可取的；最后，通过政策保障公众参与的规范、主动和平等，明确权责，并通过第三方机构对合作者进行评价、监督和反馈，为利益相关者的合作打好基础。

不同利益相关者的合作可以保证多学科交叉综合利用，使得管理者能以全面的思维、丰富的知识储备和经验应对复杂问题，发挥系统中各参与方的作用，提出更具有针对性的管理措施。同时要保障这一管理模式的运行时间，用时间建立信任，弥补利益相关者的能力差距。各利益相关者沟通一致后相互信任并就共同的愿景一起构思解决方案和行动方法，共同学习、决策、实践和改进管理方式，可使国家公园在满足生态承载力的前提下更好地实现社会价值。

2）生态共建共享途径

生态共建共享的最佳途径就是建立高效的保护地管理体制，使得参与者、工具和权力合理地嵌入自然保护地的决策和规划过程中（Borrini et al.，2013）。应当站在国家生态文明战略层面的高度，吸收借鉴国际上国家公园与自然保护地体系建设的经验教训，运用生态学和信息技术建立科学适用的自然保护地管理体制。国家公园作为中国生态区位最关键、代表性最强、保护管理最严格、管理事权最高的自然保护地，其建设规制尤其是填补法律、标准和制度的空白，是加快推进国家公园主体转变的重要途径。逐步细化体制体系是有效管理的前提，应利用政策保障构筑自然保护地系统永续发展的机构、执法、资金和科技四大支柱，确保国家公园治理体系顺利运行。

2.4　适应性管理方法

2.4.1　适应性管理概念

自然保护地管理工作所要面对的是一个复杂的系统，不仅包括自然生态系统本身，还包括承载自然生态系统的地质背景、地理环境及其所产生的景观或审美认知，乃至人类社会的遗迹与现今社会文化背景下公众对价值的认知等（Poulios，2013）。总的来说，自然保护地人与自然相融合的复合生态系统，不仅具有复杂和多维度的时空结构，还综合、庞大、存在不确定性，是一个人与自然复杂适应的系统。这个系统的不确定性产生于自然和人本身以及他们的互动关系中，主要是科学知识的不确定性及价值冲突的不确定性。因此，需要以生态系统适应性管理思想进行动态、持续、弹性和循环管理，并从人地耦合的角度强调人与自然的综合管理，即把人与自然看作一个有机的复杂系统，将保护对象从生物（物种、种群）扩展到区域内的人与自然耦合的复合生态系统，从而防止或预知未知事件，兼顾生态保护、资源可持续利用与当地协调发展。

自然保护地对社区经济发展的制约引发了经济冲突与权属争议，即使在发达国家同样存在十分严重的人地关系矛盾，所实施的自然保护地管理行为往往与人类活动、生态环境演变及气象变化等各种因素紧密相关，因此，自然保护地的管理通常在大量确定性和不确定性因素的环境中进行。中国自然保护地是一个涉及经济、社会、生态环境等多方面内容的、具有复杂时空结构的生态系统，呈现开放性、动态性、多维性、非线性等特性和规律。对于这样一个生态系统，管理决策就需要改变以往的旧思路，根据可持续发展理论设计可持续发展指标，依照可持续发展指标体系对生态系统进行管理。这些模式不适合于现实的生态环境，也就是说这些旧的管理模式是非适应性的。当生态环境发生重大变化的时候，这些旧的管理模式无法相应调整，必须重新收集、分析数据，进而重新设计方案。可现实是，当新的设计方案出来时就已经过时了。因此，面对一系列的严重问题和自然保护地管理的特性，需要将适应性管理方法引入中国自然保护地管理工作，建立能根据现实的情况来调整政策和管理措施的新型管理模式，以应对复杂生态系统的管理和决策工作，为中国自然保护地管理方式的变革带来活力。

20世纪70年代，生态学家Holling（1978）和Walters（1997）提出适应性环境评估与管理（adaptive environmental assessment and management），即适应性管理基本思想。适应性管理是在不确定条件下进行理想管理的一种规范方法，可以行之有效地解决复杂动态系统的不确定性难题，在解决复杂生态系统问题方面具有突出特点：可应用不断更新的高价值信息；在管理中不断认识和学习，广泛应用新知识；充分认识管理目标的适宜性和管理方式的可行性；以解决系统复杂性和动态性、不确定性为重点；拟定多种可能的管理方式，优化选择；通过实施过程中的监控、调整，不断适应系统动态发展，降低不确定性。应用于自然保护地，适应性管理是以实现保护地域自然生态的可持续性为目标，在不断探索与认识其内在规律和干扰过程的基础上，而采取的提高实践与管理的系统过程。它与社会科学相结合，促进自然保护地管理的组织协作、公众参与、冲突决策，以及组织、政策与制度设计管理，改进社会对生态环境的影响方式，协调社会和生态系统的关系，并在此基础上提出管理模式与对策。

适应性管理是一个动态管理过程，管理目标和进程可以反复界定、调整，并揭示复杂制约因素的动态变化规律，应用现有知识模拟系统动态特征和发展规律，检验模型假设和修正模型、预测未来，把经验进一步转化为知识，对不确定性加以描绘，不断更新对系统发展规律的认知，修订假设条件制定和完善管理目标和政策。因为适应性管理的动态修正特性，它能克服静态管理不足及其评估的局限性，在实践中不断学习和提高对重点关注问题的认识，揭示生态、文化、经济、社会系统和管理策略相互关系与相互作用，以及局部和全球尺度上对生态系统影响的机理，及时调整管理机制。

综上分析，本书将自然保护地适应性管理的含义表述为："是一个重复性的优化决策过程，通过不断调整来实现所确定的管理目标和解决复杂的不确定性管理问题，以期通过对关键因子的长期监测和确切分析来指导未来的管理决策"。

2.4.2　适应性管理目标

适应性管理的目标是增强可持续发展的能力，既要维护并改善区域自然环境的持续性与生态功能的完整性，又要促进社会经济的发展。自然保护地适应性规划的总目标是保护对象得到有效保护，种群数量保持稳定或恢复增长，生存环境达到平衡，区域保护各方面的矛盾得到协调。具体目标分为特有性和阶段性，特有性主要是针对不同的野生动植物种群、特有的保护对象所处生态环境、社会经济发展阶段等；阶段性主要是针对"适应度"适时调整管理政策与力度。满足规划目标的指标包括物种特征、生境特性、管护成本、保护区范围、物种特征、生境特征等。

1）保护对象安全稳定或增长

对于极度濒危的物种，特别是种群的年龄结构呈衰退型的物种，保障物种及其栖息地稳定是现阶段自然保护地最迫切的任务和最主要的功能。为了保持稳定，需要预先确定和监测的指标体系主要包括两个方面，一个是物种特性，另一个是生境特性。

2）保护管理成本最小

以保护管理成本和保护地范围调整作为适应性规划的主要调整目标，在保障保护对象有效保护和种群发展空间的基础上，通过设定目标和监测调整，达到保护管理成本最小。

3）保护成效最大

自然保护地作为国家依法划定的保护区域，在保护地内除了保护对象以外，还有居民，特别是保护地边缘及邻近社区，其生产生活与保护地管理息息相关，既有保护有利条件，也有获取资源和干扰保护对象的需求，在适应性规划中，可以将收益作为适应性调整目标。

2.4.3　适应性管理框架

长期以来，中国自然保护地管理上存在缺乏统一规划、保护空缺较多、管理部门重经营而轻管理、管理政策和措施一刀切、监管手段和方法落后、应变能力弱、与社区关系不协调等问题。这要求自然保护地适应性管理把社会与自然科学综合进来，不仅要考虑技术上的可行性，而且要有社会上和政治上的可接受性，协调社会系统与生态系统的关系，改进社会对生态环境的影响方式，以达到更好地保护中国典型的生态系统和珍贵的自然遗产及自然景观的最终目的，具体分为以下内容。

1）适应性管理要点

自然保护地管理要点主要围绕各类自然保护地管理目标展开，一般包括自然资源资产、生态保护、科研监测、宣传教育、公众服务、社区发展等方面。

（1）自然资源资产管理就是代理行使全民所有自然资源资产所有者职责，包括自然资源的清查、确权登记、用途管制、权益管理、特许经营等方面，对集体、个人所有的自然资源通过协议实行统一管理。

（2）生态保护是自然保护地工作的核心内容，确保生态系统、自然遗迹、自然景观等保护对象的安全、稳定，保护好各种野生动植物资源及其栖息环境。

（3）在自然保护地开展科研监测，为社会提供研究平台，动态掌握区内资源消长变化的动态规律，所得的数据为保护地开展资源保护与管理提供理论依据。

（4）宣传教育的目的是通过向社会宣传，让更多的人了解保护地，提高公众自然保护意识，使公众融入自然保护事业中。

（5）公众服务就是对自然保护地内开展的自然教育、自然游憩、生态体验、旅游康养等活动提供服务并进行适度管控。

（6）社区发展与保护地发展息息相关，如果保护地发展离开了社区支持，社区发展滞后，则保护地发展不可能走得太远。

2）适应性管理阶段

包括信息集成、系统分析与可视化、管理指标权重确定、管理决策支持、监测与评估、调整与重新决策6个阶段（图2-5）。

（1）信息集成就是从人与自然耦合系统中人的系统所涉及的利益相关者处收集相关信息。这是一个动态信息集成过程，该过程不仅能使决策者更好地了解自然与社会系统及其交互作用，识别知识共享和缺失，还有利于加强资源管理者、科研工作者及其他利益相关者之间的沟通。

（2）系统分析与可视化阶段主要在于识别各种保护地适应性管理的相互关系与关键指标，在对资源管理系统进行总体理解的基础上，为进一步分析关键指标提供框架。利益相关者根据自身经验而交换相互间的观点，以绘图方式建立保护地管理关键指标的概念模型。在该过程中，头脑风暴法可集中各领域有专门知识的人，对识别和发现关键指标特别有利。此外，因果关系分析法不仅有利于识别指标间的交互作用，而且还有利于

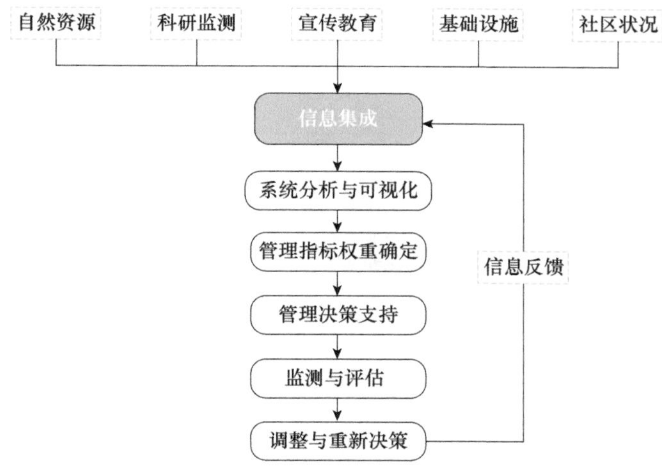

图2-5　自然保护地适应性管理阶段

了解指标对适应性管理目标的影响。

（3）管理指标权重确定阶段重点关注社会与生态系统对保护地适应性管理目标的影响程度。它通过运用一系列影响评估技术（包括计算机决策支持系统、资源管理要素可视化与社会经济影响评估等技术），将信息与数据转化为可用知识，为战略制定和寻找解决方案提供依据。基于综合信息与知识，该阶段可得出保护地适应性管理的各关键指标的权重，对于分析不确定性在影响决策制定与实施过程中发挥的作用非常有利。

（4）管理指标权重确定阶段的结果为保护地的适应性管理提供了决策支持，在进行适应性管理决策时，不仅要综合考虑各指标权重与排序，还要重点关注对适应性管理效果有重大影响的各项指标，特别是排序靠前的指标。

（5）监测与评估阶段通过综合监控系统与管理绩效评价来保障资源环境效益与社会价值的全面实现。其结果必须按各部门协商一致的程序及时报告，然后根据报告内容来调整资源适应性管理目标与行动。

（6）调整与重新决策阶段根据监测与评估结果，确定管理实施过程与管理目的之间的偏离程度，然后根据新的管理环境重新调整方案。

3）适应性管理环节

包括识别问题、设计方案、实施方案、监测、评估、调整6个环节（图2-6），运用每一步中所获得的知识，重新评估问题、新问题和新选择方案，再重复以上6步不断改进和完善方案。

（1）识别问题：确定管理问题的范围；制定适当的管理目标并列出可能的管理活动；说明各个目标的主要指标；辨识人与自然耦合系统正负作用，探究所选择的活动对指标的影响；明确预测指标对所选择的管理活动的响应；确定和评价知识的主要不足（主要的不确定性）。

（2）设计方案：编制总体规划，设计管理计划和监测方案；综合关键利益相关者的意见，分析方案可行性，最终管理选择方案/备选方案并选择一个予以实施；设计监测草案；计划数据管理与分析；阐述管理活动和目标的调整方法；建立实施结果和信息交

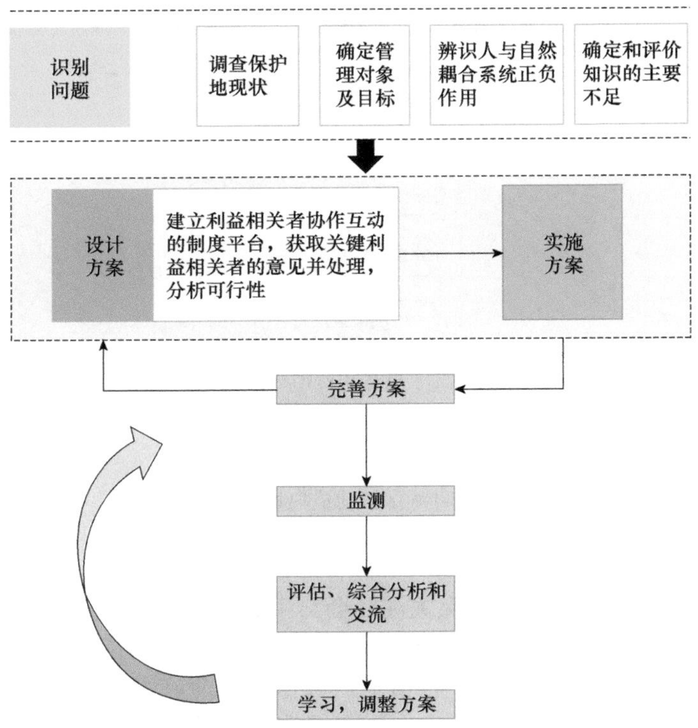

图2-6　自然保护地适应性管理基本环节

流制度。

（3）实施方案：履行规划、计划；监测规划或管理计划的实施；记载偏离方案的情况。

（4）监测：确定监测目的、监测指标以确定各项行动实现管理目标的程度，检验预测基础的假设关系；提出实施第二步设计的监测建议。

（5）评估：实际结果与预测结果（第一步）的比较，说明差异原因；建立档案，并与面临类似管理问题的其他人交流。

（6）调整：确定不确定性之处及其尚未解决之处；调整用以预测结果（第一步）的模型以证明实施结果支持的假说；如果需要调整管理决策和政策，则需重新评估目标；重新预测、计划新管理经验、检验新选的管理方法。

2.5　本章小结

以国家公园为主体的自然保护地理论基础从实施系统性保护，到关注重点生态空间的国土空间布局，再到区域可持续发展的保护地治理3个层面一脉相承，这是在中国传统“天人合一”自然保护思想的指引下，结合人与自然耦合系统理论产生的，是解决自然保护地人地关系矛盾，促进人与自然和谐共生的重要理论。

现阶段自然保护工作的主流思想是生态系统的系统性保护理论，强调对区域内的生物、生态系统和景观进行多维度和多尺度的保护。正是在这一理论的指导下，中国结合现状保护地的类型，将中国新型自然保护地划分为3类，并强调了国家公园在自然保护地体系中的主体地位，把国家公园塑造为生态特区。

如何合理构建中国新型自然保护地体系则需要重点探讨生态空间管控问题。基于生物地理学、生物区系理论以及国土空间“双评价”理论，形成自然保护地空间布局的宏伟蓝图，也是接下来布局自然保护地规模和数量的重要基础。

保持区域可持续发展的自然保护地治理理论也是保护地所有理论中的重要组成部分，良好的保护地治理能够使得自然保护地的管理目标得以实现，也能够促进区域社会经济的可持续发展，基于生态承载力推进自然资源资产化和生态共建共享，有助于实现“绿水青山就是金山银山”的美好愿景。

随着新型自然保护地体系全面推进，特别是前所未有的国家公园管理类型的提出，其综合、庞大、复杂、不确定的时空结构，需要以生态系统管理的思想进行动态、适应、学习的管理，从而兼顾生态保护、资源可持续利用和当地协调发展，适应性管理方法值得深入研究并付诸实践（郑月宁等，2017）。本书将适应性管理方法引入国家公园与自然保护地领域，利用适应性管理关键环节、实现适应性管理的方法和技术，以指导自然保护地管理应用和实践。

第3章　构建中国新型自然保护地体系

3.1　自然保护地体系

3.1.1　构建原则

2017年,《建立国家公园体制总体方案》提出“研究科学的分类标准，理清各类自然保护地关系，构建以国家公园为主体的自然保护地体系”。这是“自然保护地体系”概念首次在国家战略层面被明确。自然保护地与自然保护地体系是两个不同的概念，但是有从属关系。自然保护地定义虽然杂糅了创设与重构两层内涵，但还是对各类自然保护地的泛指，是具有边界的地理空间实体，并且有不同保护强度、保护对象和管理目标的自然保护地类型；而自然保护地体系正是由这些不同类型的自然保护地共同组成，并依据一定的标准进行治理的各类自然保护地的统称。自然保护地体系具有多层次内涵，如管理体系、监管体系、制度体系、类型组成体系和地理空间分布组合体系等，其核心目的是增加生物多样性就地保护的有效性（蒋华平和侯灵梅，2020）。建立自然保护地的目标多种多样，主要有：荒野地保护、保存物种和遗传多样性、保持地质地貌多样性、维持生态服务、科学研究、自然教育、游憩、可持续利用自然生态系统内的资源、维持文化和传统特征等。单一类型和零散的自然保护地难以满足多样的管理目标要求，需要在不同保护层级、管理强度、空间尺度上形成有机联系的完整体系，体系内的各类自然保护地管理目标清晰而有差异，在管理策略和保护利用机会方面实现互补，支持自然保护总体目标的实现。因此，不同类别的自然保护地及其行之有效的管理体制、管理机制、管理机构共同构成了自然保护地体系。

IUCN认为一个完整的自然保护地体系应具有5种相互关联的特点：①代表性、综合性和均衡性，即自然保护地作为一个国家完整生态类型最高质量的代表，应包括所有生态系统类型的均衡样本；②充分性，具有保护国家生物多样性的生态过程和物种、种群、群落及生态系统长久生存能力的完整、足够的空间范围和相关组成单元，并能实行有效管理；③连贯性和互补性，每个自然保护地都能为自然保护地体系，以及国家的可持续发展目标提供积极的贡献；④一致性，体系内的每个自然保护地的目标明确、清晰，并尽最大可能通过保护利用机会支持总目标的实现；⑤成本、效率和平等性，保持适当的收支平衡、收益分配的平等，注重效率，以最少的数量、最小的面积实现保护体系的总体目标。

按照生态文明建设的总体要求，中国新型自然保护地体系需严格按照主体功能区定位推动发展，成为保护国土重要生态空间的主体，即以提供生态产品和生态服务为主体功能的国土空间，是保障和维护国家生态安全的基底，应该采用适当的保护形式有效保护起来。建立自然保护地体系的根本目的就是有效、完整、有序地保护对国土生态安全具有重要影响的生态空间，增加自然生态及生物多样性就地保护的有效性。构建中国特色的自然保护地体系应该遵循以下原则和相应指标。

保护性原则。所有的自然保护地都应将保护具有特殊、重要意义和自然价值的自然生态系统、自然遗迹、自然资源和自然景观作为主体功能，这是自然保护地的共同目标。保护地的自然性是指具有典型的自然或接近自然的区域，通常指在基因、物种和生态系统水平上的生物多样性，包含在景观水平上的地质多样性、典型地貌等，也不排除镶嵌在自然基底上的文化要素，但以人文基底为主的保护地不应纳入自然保护地体系。

系统性原则。中国人多地少，具有原生性特征的生态空间越来越少，重要生态空间面临的保护环境和条件千差万别，设置的自然保护地体系应能够涵盖各类自然保护形式，也能够适应各种保护条件要求。保护形式既可以依据法律法规设立，也可以采用国际公约或协议、NGO协议、乡规民约、认证体系等其他有效手段认可，能够明确空间边界并得到政府或社会长期、有效的保护。

创新性原则。建立新型自然保护地体系是一项复杂的系统工程，涉及自然、经济、社会的方方面面，根据经济社会发展客观需要和国土生态安全屏障构建的基本要求，以保护自然、服务人民、永续发展为根本宗旨，针对现有自然保护地空间交叉重叠、保护管理分割、破碎化和孤岛化等突出问题，明确自然保护地体系发展目标，打破“九龙治水”管理格局，着力机构、执法、资金、科技“四根支柱”，建立起分类科学、布局合理、保护有力、管理有效的管理体制机制。

差异性原则。各类自然保护地的主体功能都是自然生态保护，但管理目标复杂多样。部分保护地自然价值重大、生态异常脆弱，需要完全禁止任何人为干扰，而多数保护地则包含了传统的、人类聚集的陆地景观或海洋景观，同时人类活动也造就了当地丰富多样的文化遗产，在管理效能方面是可以取舍的。每一类自然保护地应有清晰的管理目标边界，有不同的保护管理效能和管控强度要求。

衔接性原则。构建和完善自然保护地体系不应对现行各类自然保护地造成大的冲击，充分吸纳中国自然保护现状与保护成效，做好与现有各类自然保护地的衔接。依据现有法律法规建立的各类自然保护地作为新体系的重点；虽然没有相应的法律法规，但国家或地方政府已经长期采用自然保护的形式、有明确保护管理措施的保护地也应重点考虑。

3.1.2 自然保护地体系总体架构

建立以国家公园为主体的自然保护地体系是党的十九大提出的重大改革任务，是生态文明制度建设的重要组成部分。2019年1月23日，习近平总书记主持召开中央深化改革委员会第六次会议，审议通过了《关于建立以国家公园为主体的自然保护地体系的指导意见》，这是指导我国自然保护事业发展的纲领性文件，也是我国重要自然生态空间管理体制机制的顶层设计，标志着我国自然保护地进入全面深化改革的新阶段。这是化解人民日益增长的优美生态环境需要与优质生态产品供给不平衡不充分之间突出矛盾的系统性变革，具有划时代的历史意义和深刻的现实意义。

按照构建基本原则，到2035年，全面建成中国特色的以国家公园为主体的自然保护地体系，自然保护地占陆域国土面积18%以上。有利于对国家重要自然生态空间的系统保护，保持“山水林田湖草沙”生命共同体的完整性，夯实国土生态安全的基石；有利于以国家公园体制改革为抓手，明确各类自然保护地功能定位，推动自然保护地科学保护和均衡设置，形成自然生态系统保护的新体制新机制新模式；有利于推动国家生态保护治理体系和治理能力现代化，世代传承珍贵自然遗产，可持续提供生态产品和生态服务，为构建生态文明体制和建设美丽中国作出贡献。

中国新型自然保护地体系由总体目标、基本原则、核心内容、实施路径和保障措施等部分构成，基本架构见图3-1，重点在以下12个方面着力。

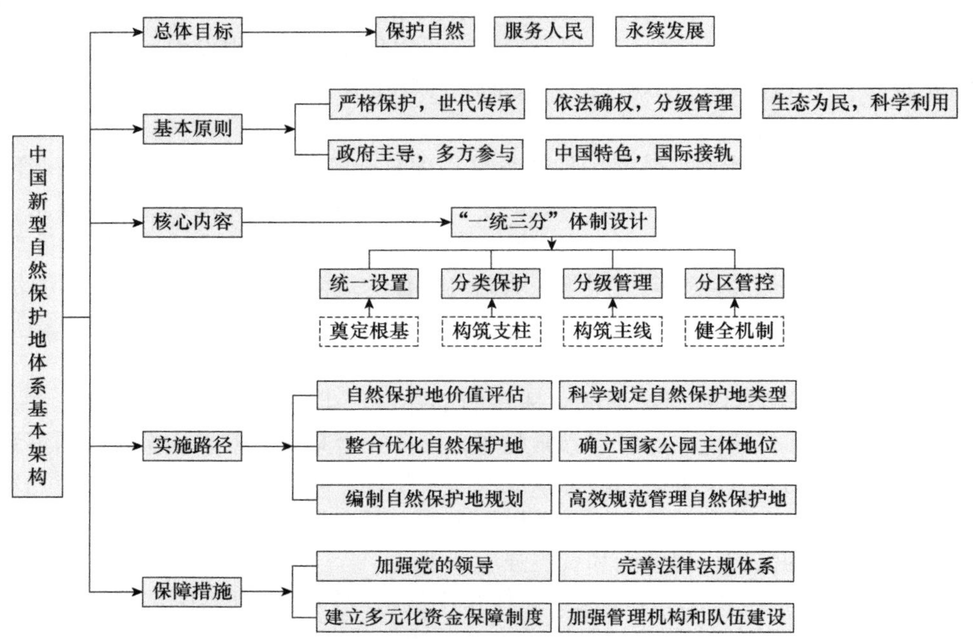

图3-1　中国新型自然保护地体系基本架构

按照自然生态系统原真性、整体性、系统性及其内在规律，依据管理目标与效能并借鉴国际经验，构建科学合理的自然保护地分类系统，形成以国家公园为主体、自然保护区为基础、各类自然公园为补充的新型分类系统，推动各类自然保护地科学设置。

对现有的自然保护区、风景名胜区、地质公园、森林公园、海洋公园、湿地公园、冰川公园、草原公园、沙漠公园、草原风景区、水产种质资源保护区、野生植物原生境保护区（点）、自然保护小区、野生动物重要栖息地等各类自然保护地开展综合评价，按照保护区域的自然属性、生态价值和管理目标进行梳理调整与归类。

落实国家发展规划提出的国土空间开发保护要求，依据国土空间规划，编制自然保护地规划，明确自然保护地发展目标、规模和划定区域，逐步将生态功能重要、生态系统脆弱、自然生态保护空缺的区域规划为重要的自然生态空间，纳入自然保护地体系。

确立国家公园主体地位。科学合理确定国家公园建设数量和规模，在总结国家公园体制试点经验基础上，制定设立标准和程序，划建国家公园。确立国家公园在维护国土生态安全关键区域中的首要地位，确保国家公园在保护最珍贵、最重要生物多样性集中分布区中的主导地位，确定国家公园保护价值和生态功能在全国自然保护地体系中的主体地位。

完成自然保护地整合优化。针对现有各类自然保护地空间交叉重叠、保护管理分割、破碎化和孤岛化等问题，按照新的自然保护地分类和定位，在全面摸底、科学评估和规划研究的基础上，将现在已经明确的各级各类自然保护地都纳入整合优化范围，按照新分类体系进行归类，整合重叠交叉的自然保护地，归并相邻相连的自然保护地，形成完整的自然保护地体系，符合国家公园设立标准的区域优先整合为国家公园。

分类有序解决自然保护地历史遗留问题。在科学评估的基础上，将无保护价值的建制镇或人口密集区域、社区民生设施等按程序调整出自然保护地范围。清理整治探矿采矿、水电开发、工业建设等项目，通过分类处置方式有序退出；根据保护需要，按规定程序对自然保护地内的耕地、精养池塘等实施退田、退养、还林还草还湖还湿。调整后的自然保护地除文化景物集中分布区域外应该全部纳入生态保护红线，一次性地解决历史遗留问题。

构建自然保护地治理体系，理顺现有各类自然保护地管理职能，提出自然保护地设立、晋（降）级、调整和退出规则，制定自然保护地政策、制度和标准规范，实行全过程统一管理。结合自然资源资产管理体制改革，构建自然保护地分级管理体制。

加强自然保护地建设，利用高科技手段和现代化设备促进自然保育及巡护和监测的信息化、智能化，构建规范的生态修复制度、差别化用途管制制度，完善自然保护地体系的法律法规、管理和监督制度，提升自然生态空间承载力，建立自然生态系统保护的新体制新机制新模式，建设健康稳定高效的自然生态系统，显著提高自然保护地管理效能和生态产品供给能力。

按照标准科学评估自然资源资产价值和资源利用的生态风险，明确自然保护地内自然资源利用方式，规范利用行为，全面实行自然资源有偿使用制度。依法界定各类自然资源资产产权主体的权利和义务，保护原住居民权益，实现各产权主体共建保护地、共享资源收益。制定自然保护地控制区经营性项目特许经营管理办法，建立健全特许经营制度，鼓励原住居民参与特许经营活动，探索自然资源所有者参与特许经营收益分配机制。

在自然保护地控制区内划定适当区域开展生态教育、自然体验、生态旅游等活动，构建高品质、多样化的生态产品体系。完善公共服务设施，提升公共服务功能。推行参与式社区管理，按照生态保护需求设立生态管护岗位并优先安排原住居民。建立志愿者服务体系，健全自然保护地社会捐赠制度，激励企业及社会组织和个人参与自然保护地生态保护、建设与发展。

建立以财政投入为主的多元化资金保障制度。统筹包括中央基建投资在内的各级财政资金，保障国家公园等各类自然保护地保护、运行和管理。鼓励金融和社会资本出资设立自然保护地基金，对自然保护地建设管理项目提供融资支持。健全生态保护补偿制度，将自然保护地内的林木按规定纳入公益林管理；按自然保护地规模和管护成效加大财政转移支付力度，加大对生态移民的补偿扶持投入。建立完善野生动物肇事损害赔偿制度和野生动物伤害等综合保险制度。

实行最严格的生态环境保护制度。制定自然保护地生态环境监督办法，建立包括相关部门在内的统一执法机制，在自然保护地范围内实行生态环境保护综合执法，强化监督检查，强化自然保护地监测、评估、考核、执法、监督等，形成一整套体系完善、监管有力的监督管理制度。

3.2　统一设置自然保护地

3.2.1　国外经验

统一设置的核心是实现自然保护地的统一管理，事关自然保护的体制机制。对国际自然保护领域研究发现，各国的自然保护管理体制差异很大。总体上分为以下三类。

一类是统一管理体制，即一个国家的所有自然保护地由一个政府部门统一进行管理。日本于1972年出台《自然环境保全法》，授权中央和地方政府的环境部门统一管理自然保全区事务。俄罗斯1995年颁发《俄罗斯联邦特别自然保护区域法》，俄罗斯自然保护地体系包括自然保护区、国家公园、野生动物保护区、自然公园、植物园等，由联邦自然资源和生态部统一管理。澳大利亚保护地管理体系主要由联邦和各州（领地）政府主管部门及保护地管理机构共同组成，澳大利亚国家公园和野生生物管理局（隶属环境部）负责全澳联邦政府权限内的国家公园、自然保护区管理和野生生物保护。国家每年投入大量资金用于国家公园建设，国家公园范围内的一切设施，包括道路、野营地、游步道和游客中心等均由政府投资建设。新西兰1987年组建了自然资源保护部，将原有分散的自然保护职能整合，负责对包括国家公园在内的所有自然保护地的管理，国家公园由总督根据保护部部长提名，签署密令而建立（王丹彤等，2018）。

另一类是部门分别管理体制，即一个国家的自然保护地分类由多个政府部门分别管理。美国的国家野生生物避难所体系由美国内政部的鱼类与野生动物管理局管理，国家公园体系由内政部的国家公园管理局管理，国家森林体系是由农业部的林务局管理，但也存在同一个自然保护地类别由不同部门管理，管理原则不同的问题。南非自然保护部门有环境事务部（下设国家公园管理局）、农业和土地事务部、水利和林业部、矿业和能源事务部等，这些部门协调行动、相互监督。

第三类是国家指导、地方政府分别管理体制。1949年英国议会通过《国家公园与乡村进入法》，将具有代表性风景或动植物群落的地区划为国家公园或自然保护区，由地方政府安排部门具体执行。

由于各国国体政体千差万别，对自然保护地管理体制的分类是相对的，特别是联邦制国家更为复杂，往往在联邦层面由一个部门协调或指导，但在地方政府又由不同部门实施管理。还有如美国虽然在联邦层面由不同部门管理国家级自然保护地，但正式设立时都由联邦政府决定，一块土地只属于一个自然保护地类别，并由一个部门进行管理，国家公园由中央财政拨款，由统一的国家公园管理机构进行管理（徐菲菲，2015）。

对主要国家自然保护地管理体制的研究发现，采取何种管理体制主要取决于自然资源管理体制的差异，如果自然资源分属不同部门管理则采用分类管理体制，如果自然资源由一个部门管理则采用统一的管理体制（表3-1）。

表3-1　代表性国家自然保护地管理体制

管理体制	代表国家	管理部门
统一管理	日本	日本环境省
	新西兰	自然保护部
	俄罗斯	俄罗斯联邦自然资源和生态部
	澳大利亚	国家公园和野生生物管理局（隶属环境部）
分类管理	美国	内政部管理国家公园、野生生物避难所体系，农业部管理国家森林体系
	南非	自然保护部门有环境事务部负责国家公园的管理，还有农业和土地事务部、水利和林业部、矿业和能源事务部等协调行动、相互监督
其他	英国	实行由国家指导、地方政府分别管理体制
	印度	印度环境、森林与气候变化部指导与邦政府协同管理

3.2.2　中国自然保护地管理体制演变

3.2.2.1　自然保护区体制演变

新中国自然保护地始于自然保护区。1956年10月，国务院授权林业部会同森林工业部、科学院，提出了《天然森林禁伐区（自然保护区）划定草案》，在吉林、黑龙江、陕西、甘肃、浙江、广东、四川、云南和贵州等省开始自然保护区筹备工作；1958年，林业部成立了狩猎事业管理处，专门负责全国野生动物保护管理、狩猎管理和自然保护区选划与建设工作。林业部成为我国最初自然保护区的主管部门，负责和指导全国的自然保护区建设工作，并通过由农林、生物学者成立的"自然保护委员会"，协调牧业及其他部门的工作。

1970年，中共中央撤销农业部、林业部和水产部，设农林部。1973年，农林部通过了《自然保护区管理暂行条例（草案）》，该条例比较全面地提出了自然保护区工作规范和把自然地带的典型自然综合体、特产稀有种源与具有其特殊保护意义的地区作为建立保护区的依据，这为制定我国自然保护区管理法规奠定了基础。1974年，农林部在保护司设立自然保护处，专职负责全国自然保护区管理。

1978年，国家林业总局成立，向国务院提交的《关于加强大熊猫保护、驯养工作的报告》获得批准，九寨沟国家级自然保护区建立，标志着全国自然保护区建设工作重新获得生机。1979年，撤销国家林业总局，设立了林业部。1980年，在全国农业自然资源调查和农业区划委员会下成立了自然保护区区划专业组，研究和部署了全国自然保护区区划工作。

1982年，地质矿产部成立了水文工程地质司、环境地质处，负责地质类型的保护区工作。1988年，地质矿产部环境地质处改为地质环境管理司地质环境管理处，负责管理地质类型的自然保护区。1995年5月，经地质矿产部批准发布施行《地质遗迹保护管理规定》，对地质遗迹类型保护区提出建设标准和管理要求。

1984年，农牧渔业部畜牧局与城乡建设环境保护部环保局召开了首次全国草地类自然保护区调查规划会议，会议研究讨论了开发草地类自然保护工作问题并制定了草地类自然保护区规划纲要；之后，农牧渔业部畜牧局成立草原处负责草原自然保护区工作。1985年，《中华人民共和国草原法》获得通过，对草原类型自然保护区的建立作出了规定。

1987年，国家海洋局成立管理监测司资源综合管理处，负责海洋自然保护区工作。1990年，国务院批准建立我国首批国家级海洋自然保护区5个。

为加强与推进全国自然保护和环境保护工作，1984年5月，国务院发布《关于环境保护工作的决定》，决定成立国务院环境保护委员会。1987年，国务院环境保护委员会正式发布了《中国自然保护纲要》。

1990年，国务院颁布了《国务院关于进一步加强环境保护工作的决定》，要求各主管部门"加强对自然保护区的建设和管理"。国务院环境保护委员会，赋予国家环境保护局自然保护区综合管理权限。至此，我国明确自然保护区实行综合管理与分部门管理相结合的管理体制，国务院环境保护行政主管部门负责全国自然保护区的综合管理，国务院林业、农业、地质矿产、水利、海洋等有关行政主管部门在各自的职责范围内，主管有关的自然保护区。

3.2.2.2 其他自然保护地管理体制

按照自然保护地的概念内涵，目前我国已建立的自然保护区、风景名胜区、森林公园、湿地公园、沙漠公园、地质公园、草原公园、冰川公园、矿山公园、海洋特别保护区（海洋公园）、沙化土地封禁保护区、水产种质资源保护区、水利风景区、草原风景区、饮用水源地保护区、野生植物生境保护点、自然保护小区可以纳入自然保护地的范畴。2018年国务院机构改革之前由不同行政管理部门进行分管，各部门相继通过法律法规、部门规章或规范对其所建立的自然保护地的定义、保护目标与定位也作出了相应规定。各类自然保护地设立依据及主管部门情况见表3-2。

表3-2 各类自然保护地设立依据及主管部门情况

序号	类型	原主管部门	主要依据（现行）	政策起始年限	设立起始年限
1	自然保护区	林业、环保、农业、国土、海洋、水利	《中华人民共和国自然保护区条例》	1994年	1956年
2	风景名胜区	住建	《风景名胜区条例》	2006年	1982年
3	森林公园	林业	《森林公园管理办法》（2016年修订）《国家级森林公园管理办法》（2011年，国家林业局）	1994年	1982年
4	湿地公园	林业	《国家湿地公园管理办法》（2017年，国家林业局）	2017年	2005年
5	沙漠公园	林业	《国家沙漠公园管理办法》（2017年9月，国家林业局）	2017年	1986年
6	沙化土地封禁保护区	林业	《国家沙化土地封禁保护区管理办法》（2015年5月28日，国家林业局以林沙发〔2015〕66号印发）	2015年	2016年

续表

序号	类型	原主管部门	主要依据（现行）	政策起始年限	设立起始年限
7	地质公园	国土	《地质遗迹保护管理规定》（1995年5月4日由地质矿产部发布）	1995年	1999年
8	矿山公园	国土	《中国国家矿山公园建设工作指南》	2007年	2011年
9	海洋特别保护区（海洋公园）	海洋	《海洋特别保护区管理办法》（国家海洋局2010年颁布实施）	2010年	2005年
10	水产种质资源保护区	农业	《水产种质资源保护区管理暂行办法》（2010年12月30日经农业部第12次常务会议审议通过，自2011年3月1日起施行）	2011年	2007年
11	水利风景区	水利	《水利风景区管理办法》（2004年，水利部颁布）	2004年	2001年
12	野生植物原生境保护点（小区）	农业	《中华人民共和国野生植物保护条例》（中华人民共和国国务院令第204号）；农业野生植物保护办法（中华人民共和国农业部令第21号）	1997年	2001年
13	饮用水源地保护区	环保	《饮用水水源保护区污染防治管理规定》（2010年修订，国家环境保护局、卫生部、建设部、水利部、地矿部颁布）	1989年	1984年
14	草原公园	农业	无	—	2020年
15	草原风景区	农业	《新疆维吾尔自治区草原管理暂行条例》（1984年）；《内蒙古自治区草原管理条例》（2004年）	1996年	—
16	自然保护小区	林业等	《广东省社会性、群众性自然保护小区暂行规定》《江西省自然保护地生态环境监管暂行办法》《浙江省自然保护区条例》《福建等自然保护区管理办法》等社会性、群众性自然保护小区暂行规定（1993年）	1993年	—

注："—"表示此处无数据

3.2.3　构建中国自然保护地统一管理体制

构建中国自然保护地统一管理体制的"统一"包括以下两个层面。

（1）国家层面要全面整合原来分散在各个部门与自然保护地相关的管理职能，成立集中的国家公园管理机构，实现全国国家公园及自然保护地事务的统一管理。

（2）在实体国家公园层面，整合范围内的原有自然保护地管理职责，由国家公园管理机构统一管理。

统一管理制度的关键任务是组建国家公园管理机构，统一行使国家公园全过程管理职责。实行中央和省级政府分级管理。构建中央和地方、国家公园管理机构和所在地方政府协同管理机制。核心任务是改革中国目前分头设置自然保护地的体制，由一个部门统一管理国家公园及自然保护地。

2018年，中共中央印发了《深化党和国家机构改革方案》，将国土资源部、住房和城乡建设部、水利部、农业部、国家海洋局等部门的自然保护区、风景名胜区、自然遗产、地质公园等管理职责整合，组建国家林业和草原局，加挂国家公园管理局牌子，管理国家公园等各类自然保护地，在国家层面实现了对所有自然保护地的统一管理。按照"山水林田湖草沙"是一个生命共同体的理念，改革过去以部门设置、以资源分类、以行政区划分设的旧体制，实现了由一个政府部门统一管理全国的自然保护地，彻底解决了长期存在的"九龙治水"、多部门破碎化管理的顽疾，奠定了自然保护地体系的根基，为构建统一、规范、科学、高效的自然保护地管理体制奠定了基础。

统一设置自然保护地是自然保护地体制改革的难点所在，也是构建新型自然保护地体系的根基，其内涵主要体现在以下几个方面。

（1）统一由一个部门、一个机构按照国家战略需要和相关规划对全国各类各级自然保护地的设立、晋（降）级、调整和退出实行全过程管理。

（2）统一履行自然保护地体系的调查、监测、规划、评估、考核等所有权管理程序。

（3）统一组织制定自然保护地政策制度、规划方案和标准规范。

（4）统一承担自然保护地体系的生态保护、工程建设、资源资产管理、特许经营管理、社会参与管理及宣教推介等责任。

（5）统一委托行使全民所有自然资源资产所有者职责和用途管制职责。

（6）对于自然保护地交叉重叠、存在多个保护管理机构的区域，应理顺管理体制，最终实现一个自然保护地一块牌子、一个机构、一支队伍管理。

（7）各地区各部门不得自行设立新的自然保护地类型。

3.3 分类保护自然保护地

3.3.1 国际经验

3.3.1.1 IUCN自然保护地分类系统

自然保护地管理术语、功能目标和国际标准直至20世纪中叶才提出，自那以后，各个国家才拥有了各自的术语，并因此产生了百花齐放的自然保护解释领域和相应冲突。在此背景下，1948年IUCN成立，其目标为建立国际公认的有关自然保护地管理的指导方针。IUCN从20世纪60年代开始对全球所有自然保护地进行分类整理，1994年出版的《IUCN自然保护地管理分类应用指南》，根据自然保护地的主要管理目标、保护严格程度、资源价值和可利用程度等，将全球自然保护地划分为六大类型。这个版本提出的自然保护地分类体系首次在全球范围内被广泛接受、认可并应用。此后经过几次再版和修订，2013年的最新版本按照管理目标和环境自然性的不同共分为六大类型。

管理目标包括：科学研究；自然过程的保护；物种及其遗传多样性的保存；环境效益的保持；自然和文化景色的保护；旅游和娱乐；教育培训；自然生态系统资源的持续利用；文化和传统特征的保存等（表3-3）。

表3-3 IUCN各类自然保护地管理目标

管理目标	自然保护地类型					
	Ⅰa	Ⅰb	Ⅱ	Ⅲ	Ⅳ	Ⅴ	Ⅵ
科学研究	1	3	2	2	2	2	3
自然过程的保护	2	1	2	3	3	—	2
物种及其遗传多样性的保存	1	2	1	1	1	2	1
环境效益的保持	2	1	1	—	1	2	1
自然和文化景色的保护	—	—	2	1	3	1	3
旅游和娱乐	—	2	1	1	3	1	3
教育培训	—	—	2	2	2	2	3
自然生态系统资源的持续利用	—	3	3	—	2	2	1
文化和传统特征的保存	—	—	—	—	—	1	2

注：1为主要目的，2为次要目的，3为潜在目的；Ⅰa为严格的自然保护区，Ⅰb为荒野保护区，Ⅱ为国家公园，Ⅲ为自然遗迹或地貌，Ⅳ为栖息地/物种管理区，Ⅴ为陆地景观/海洋景观保护区，Ⅵ为自然资源可持续利用保护区；“—”表示此处无数据

六大自然保护地类型分别为：类型Ⅰ，严格的自然保护区（含科学研究和荒野区）；类型Ⅱ，国家公园；类型Ⅲ，自然遗迹或地貌；类型Ⅳ，栖息地/物种管理区；类型Ⅴ，陆地景观/海洋景观保护区；类型Ⅵ，自然资源可持续利用保护区（图3-2）。

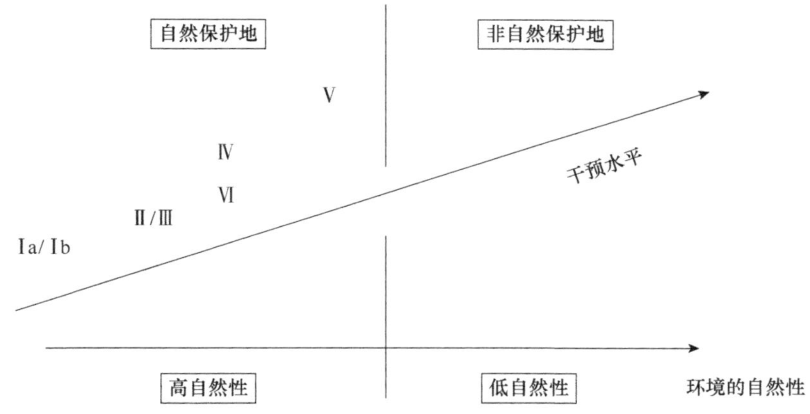

图3-2 IUCN自然保护地分类体系

该分类体系明确了各类保护区的保护管理效能，形成了一个较完整的管理目标系列（表3-4）。同时，IUCN自然保护地分类体系强调，不同类别的自然保护地具有同等的重要性，应该针对特定管理要求以及管理目的选择合适的管理类别。其优点在于，IUCN

的自然保护地分类体系减少了专业术语带来的混淆，使用类别体系中的“共同的语言”进行交流；强调了保护区管理的重要性，并且明确不同人为干扰强度对应不同管理政策，为全球不同保护区分类体系的改进、交流提供了便利和范式（IUCN，2008）。

表 3-4　IUCN 自然保护地分类体系

类型	名称	描述
Ⅰa	严格的自然保护区（strict nature reserve）	该保护区是指受到严格保护的区域，设立目的是保护生物多样性，亦可能涵盖地质和地貌保护。这些区域中，人类活动、资源利用和影响受到严格控制，以确保其保护价值不受影响。这些保护区在科学研究和检测中发挥着不可或缺的参考价值
Ⅰb	荒野保护区（wilderness area）	该保护区通常是指大部分保留原貌，或仅有些微小变动的区域，保存了其自然特征和影响，没有永久性或者明显的人类居住痕迹。对其保护和管理是为了保持其自然原貌
Ⅱ	国家公园（national park）	该保护区是指大面积的自然或接近自然的区域，重点是保护大面积完整的自然生态系统。设立目的是保护大规模的生态过程，以及相关的物种和生态系统特性。同时提供在环境上和文化上相容的、精神的、科学的、教育的、娱乐的游览机会
Ⅲ	自然遗迹或地貌（natural monument or feature）	该保护区是为了保护某一特别的自然遗迹特设的区域，可以是地貌、海山、海底洞穴、也可能是洞穴甚至是古老的小树林这种有生命特征的形态。这些区域通常面积比较小，但通常具有较高的参考价值
Ⅳ	栖息地/物种管理区（habitat/species management area）	该保护区的主要目的是保护特有的物种或栖息地，同时在管理上体现这种优先性。第四类保护区会需要经常性的、积极的干预工作，以满足某种物种或维持栖息地的需要，但这并非该分类必须满足的
Ⅴ	陆地景观/海洋景观保护区（protected landscape/seascape）	该保护区是指人类与自然长期互相作用所产生的特点鲜明的，具有重要的生态、生物、文化和景观价值的区域。保障这些相互作用区域的完整性对于保护维持这些区域和其相关的自然与其他价值的保护都是极其重要的
Ⅵ	自然资源可持续利用保护区（protected area with sustainable use of natural resources）	该保护区是为了保护生态系统和栖息地、文化价值和传统自然资源管理系统的区域。这些区域通常很大，大部分地区处于自然状态，其中一部分采用可持续自然资源管理方式，且该区域的主要目标是在与自然和谐相处的条件下，对自然资源进行低水平非工业利用

3.3.1.2　代表性国家自然保护地分类

自然保护地分类保护是国际共识，几乎所有国家都对重要自然生态空间实行分类保护、分类管理，各国都已形成一个由不同类型组成的自然保护地体系，但分类方法和结果几乎没有完全一样的；而且几乎所有国土面积大一些的国家都不是单一的自然保护地形式，而是构建一个分类的自然保护地体系。构建途径大致按照保护对象不同、管理目标差异、资源利用强度分异等分三类方式。从总体上看，各国家自然保护地体系分类有两个基本特征：①大多数国家基本上根据管理目标以及相应的保护管理效能构建自然保护地体系，这是全球主流；②除了授牌或认证形式的命名（如自然文化遗产地、国际重要湿地、生物圈保护区、绿色保护地等）外，自然保护地之间不存在交叉、重叠或重复命名现象。

世界各国也结合自身的资源情况，建立了多类型分工明确、多层次相互补充、多部门协调管理的自然保护地体系，涵盖了全国范围内具有重要科学价值和自然生态服务功能的陆地和海洋地理空间。尽管IUCN目前在很多国家拥有成员，并努力在国际水平上实现定义一体化，但在许多国家，当地标准并不符合IUCN系统中提出的标准。各国在对保护地进行分类时，根据本国的资源和文化特色，采用不同的分类标准，构建了类型多样、分类复杂、符合自身国情特点的保护地分类体系。这些分类标准具有明显差异，表现在保护对象、保护目标、等级层次、法律依据、管理主体和地理权属等方面。

美国自然保护地建立最早、类型多样，虽然分属于不同部门管理，但在多层次、多系统和同系统内明确具体保护管理效能等方面，为世界各地保护地类型划分提供了重要依据，也成为IUCN分类体系的重要参考，其分类体系分为联邦自然保护地、州立自然保护地和地方自然保护地3级，其中联邦自然保护地包括国家公园体系、国家森林保护体系等8类。

英国根据保护地等级层次，将保护地划分为国际级别、欧洲级别、英国国家级别（UK）和英国成员国级别（Sub-UK）4个等级，共计36类（含国际保护地类型）保护地。其中，国际级别与欧洲级别的保护地均以生物多样性和生态系统保护为目标；英国国家级别和英国成员国级别的保护地多以景观保护、公众游憩为目的。虽然从国际级别、欧洲级别到英国国内级别的保护地，其保护内容的重要性和保护力度逐级下降，但英国国家级别与英国成员国级别两类保护地的保护强度没有高低之分。

加拿大和俄罗斯地广人稀，保护管理效能均重在野生动物保护，自然保护地体系简单，分别为3类和6类，主要以国家公园、自然保护区为主。

日本的自然保护区类型约4类，每种类型内部再按照管理的严格程度和对人为活动的限制程度进一步划分为8类。

法国自然保护地分为国际、欧盟、国家、地区、机构和城市六大层面，其中，国家层面自然保护地主要包括国家公园、国家自然保护区等7类。

巴西根据保护目标的不同，将保护地划分为两大类型。一类是严格保护地或称为综合保护地，如生物保护区、国家公园、野生生物庇护所等，另一类是合理利用保护地，基本宗旨是在保护自然的同时，对其部分自然资源可以合理利用，如国家森林、动物保护区、合理开发保护区等。在这两大保护地类型的基础上，又按照保护对象和保护目标分别下设了5种与7种细分类别，形成共计12类保护地的自然保护地体系。

澳大利亚保护地分类细致，突出保护管理效能多样性的特征，注重自然和文化价值的多样性，保证保护区内资源的可持续利用，澳大利亚的联邦保护区被认为是与传统地方社区合作管理保护区的先驱，其分类基本与IUCN的保护地分类建立对应关系，共7类。根据管理主体的不同，这7类又可细分为33种（含国际保护地类型）保护地类型。

南非是非洲大陆生物多样性第二高的国家，其保护地类型与IUCN自然保护地分类体系中第Ⅳ类、Ⅵ类对应的保护区居多，反映南非保护区人为干预程度高，保护管理效能重在协调人与自然的和谐关系，南非按照保护措施的差异共建有11种自然保护地（表3-5）。

表 3-5　代表性国家自然保护地分类体系

代表性国家	分类依据	自然保护地分类体系	类别
美国	管理领域	国家公园、国家森林系统、国家荒野保护系统、野生生物庇护区系统、国家景观保护系统、美国海洋保护区系统、国家原野及风景河流系统、国家步道系统	8
加拿大	管理目标	国家野生动物保护区、国家公园、国家海洋保护区、迁徙鸟类避难所、海洋法案海洋保护区、人与生物圈保护区、国际重要湿地、重要鸟类区域	3
俄罗斯	管理目标	国家自然保护区、国家公园、自然公园、国家自然禁猎区、自然遗迹、树木公园与植物园	6
巴西	管理措施	严格保护地类包括：国家公园、生物保护区、生态站、野生动物避难所、自然遗迹；合理利用保护地类包括：资源可持续利用保护区、环境自然保护地、相关生态效益区等	12
日本	管理目标	自然公园体系、自然环境保全区、森林生态系统保护区、野生动物保护区	4
德国	管理目标	自然保护区、国家公园、自然公园、景观保护区	3
南非	管理措施	特别自然保护区、国家公园、自然保护区（包括荒野地）、保护的环境区、世界遗产地、海洋保护区、湿地保护区、特别保护森林区、森林自然保护区、森林荒野地，高山盆地区（山脉集水区）	11
澳大利亚	管理目标	严格意义保护区、荒野地、国家公园、自然纪念物保护区、生境/物种管理区、陆地/海洋景观保护区、自然管理保护区	7
肯尼亚	管理目标	国家公园、自然保护区、自然保留地、森林保护地、自然遗产地、狩猎保留地、海洋公园、海洋保留地	8

3.3.2　中国新型自然保护地分类方案

3.3.2.1　现有自然保护地类型

中国自1956年建立了首个自然保护区——广东省鼎湖山自然保护区之后，逐步建立起了以自然保护区为主体的保护地管理体系。自然保护区分类主要以级别、保护对象和保护区性质为依据，与IUCN依据管理目标而划定自然保护地分类体系不同，加上文化差异，这使得中国自然保护地对接国际标准变得复杂。中国原有各类具有自然保护功能的保护地，主要依据保护对象进行分类，但这些保护地类型较为复杂，隶属原林业、环保等不同管理部门，这就造成保护地类别交叉重叠现象普遍与多头管理矛盾较多（表3-6）。

3.3.2.2　不同分类方案比选

针对中国自然保护地建设存在的问题，许多学者先后对构建中国特色自然保护地分类体系进行了研究探讨，提出了依据资源属性（资源利用和生态服务）和管理属性（管理目标和管理功能）对中国现有保护地体系进行重分类的若干方案，包括3～9种不同的类别（表3-7）。各种分类体系优化了中国的保护地分类管理体系，符合现阶段生态文明建设需要，能够一定程度上解决中国现有自然保护地地块割裂、多头管理、管理目标定位模糊等问题；但仍缺乏一个国家主导、层次清晰、便于应用，既能与国际方便对接，又能展现中国特色的分类标准。

表3-6　中国主要自然保护地类型、保护目标及主管部门概况

类型	数量	主管部门（原）	保护对象														
			典型生态系统	荒野地	物种及栖息地	遗传基因	候鸟及迁徙通道	地质遗迹	地貌景观	生物景观	传统人地生态	自然教育平台	提供游憩机会	科研提供本底	自然资源保育与增值	文化遗产及传统文化	生态功能保育
自然保护区	2740	国家林业局、环境保护部、农业部、国家海洋局、国土资源部、住建部、水利部等	※	※	※	※	※	※	+	+	+	※	+	※	+		+
风景名胜区	1025	住建部						+	※		※	※	※	+		※	+
地质公园	428	国土资源部						※	※		+	※	※	※		+	
森林公园	3234	国家林业局	※		+				+	※	※	※	※	+	+	+	※
湿地公园	1263	国家林业局	※		※		※		+	※	※	※	※	+	+	+	※
沙漠公园	55	国家林业局	※		+				+	※		※	※	+	+	+	※
海洋公园	30	国家海洋局	※		+				※			※	※	※	※		+
海洋特别保护区	49	国家海洋局	※		※										+		+
自然遗产地	16	住建部	+		※	※	※	※	※	※	※	※	※	+	+	※	+
石漠公园	30	国家林业局	※		+			※	※			+	※				+
冰川公园	3	新疆等省区						※	※			+	※				+
草原公园		农业部	※									+	※	+			+
草原风景区		农业部										+	※				+
水产种质资源保护区	535	农业部			※	※									※		+
野生植物原生境保护点	154	农业部			※	※											
水源地保护区	464	环境保护部、水利部													※	+	※
自然保护小区		国家林业局			※								+				※

注：※为主要目标；+为次要目标；本表数据2018年以前适用

表 3-7　中国自然保护地分类体系研究现状

分类依据	类别名称	总计/类
资源利用（资源属性）	自然保护区、国家公园、风景名胜区、地质公园、水利风景区、森林公园、湿地公园、城市湿地公园、海洋特别保护区	9
生态服务（资源属性）	国家公园、自然保护区、景观公园或景观保护区、生态功能保护区、资源保护区	5
管理目标（管理属性）	国家生态保护地、国家公园、国家持续利用地	3
管理形式与措施（管理属性）	严格保护类、栖息地/物种管理类、自然公园类、多用途类	4
管理目标与强度（管理属性）	自然及原野保护区、国家公园、物种与生境保护区、自然景观保护区、自然资源管理区	5
管理目标和功能（管理属性）	国家自然保护区、国家公园、国家景观保护地	3

1）基于管理目标和管理效能的分类方案

聚焦管理目标是现代管理的基本方法——目标管理（management by objective）在自然保护领域的具体应用，即以目标为导向、以管理效能为标准而确定管理措施及方案的现代管理方法。具体按照严格保护、重点保护和生态保育3类管理目标，构建中国自然保护地体系管理目标上的差异性。按照保护性、系统性、差异性和衔接性的原则，以管理目标为主线并综合考虑相应的管控要求，可以大致分为3个层次（表3-8）。

表 3-8　新型自然保护地管理目标及对应现有保护形式

类别	管理目标/效能	管控要求	对应的现有保护形式
严格保护	长期维持自然区域的原真状态，保护生态系统自然的生态功能和生态过程	严格控制人为活动影响，除科研、自然教育体验和原住居民传统活动外，不允许其他生产活动，避免现代基础设施	具有生态安全屏障作用及位于重点生态区域的自然保护区
重点保护	重点保护具有区域、国家或全球意义的生物多样性、地质多样性或地貌	通过积极管理维持主要保护对象的长期稳定，提供与保护管理目标一致的活动机会，限制规模化的基础设施与开发	野生生物类自然保护区、水产种质资源自然保护区、海洋特别保护区、野生植物原生境保护点、地质公园、森林公园、湿地公园、海洋公园、沙漠公园、以自然为基底的风景名胜区、沙化土地封禁保护区
生态保育	维持自然生态系统稳定，实现自然资源利用的可持续性，维系当地社区代代相传的生计方式	保留部分区域的自然状态，通过允许部分区域自然资源的适度利用，进而促进自然生态系统、生态过程的保护	禁伐/限伐区、禁猎/限猎区、禁渔/限渔区、禁牧/限牧区、天然林保护区、国有重点公益林区、国家/地方重要湿地、生态廊道、社团/集体生态保育区、自然保护小区、集体/个人所有重点公益林

2）基于自然生态系统特征和现有自然保护地基本骨架的分类方案

基于中国目前已在各种有代表性的自然生态系统、珍稀濒危野生动植物物种天然集中分布地、有特殊价值的自然遗迹所在地建立了各类保护地，因此，中国自然保护地体系重构的重点还应是对存量的结构性调整。由此，为了维持现有自然保护地的基本骨架，不对现有自然保护地格局造成强烈冲击，在保持与世界各国共同理念与通行做法接轨的前提下，按照自然资源分类保护与分级利用的差异，构建主要由自然保护区、国家公园、自然景观保护区、自然资源管理区等四大类组成的自然保护地体系（表3-9）。

表3-9 新型自然保护地资源类型及对应现有保护形式

类别	定义	管理目标	对应的现有保护形式
国家公园	指依法经批准设立的，以保护具有国家或者国际重要意义的自然资源和人文资源为目的，兼有科学研究、科普教育、游憩展示和社区发展等功能的保护区域	保护自然生态系统完整性和原真性，维持生态过程和功能，推动科研、自然教育和游憩	整合生态安全屏障及重点生态区域的自然保护区、风景名胜区等各类自然保护地，对破碎化的各种保护地进行整合连通，按照生态系统的完整性确定范围，形成大面积自然区域
自然保护区	对有代表性的自然生态系统，珍稀濒危野生动植物物种的天然集中分布区，有特殊意义的自然遗迹等保护对象所在的陆地、陆地水体或者海域，依法划出一定面积予以特殊保护和管理的区域	保护具有代表性的生物多样性，维持自然风貌的原真性，开展科学研究、教育和环境监测	符合IUCN第Ⅰ类严格保护与原野保护区划入严格的自然保护区；自然保护区中符合IUCN的第Ⅳ类栖息地/物种管理区划入物种与生境保护区
自然景观保护区	人类和自然长期相互作用产生鲜明特点，具有重要的生态、生物、文化和风景价值的保护区域；或是具有典型、独特的自然历史遗迹的保护区域	保护典型、独特的自然景观、遗迹和生物多样性，开展科学研究游览等	风景名胜区、地质公园、水利风景区、草原风景区等
自然资源管理区	保护生态系统和栖息地，保护文化价值和传统自然资源管理系统的区域	按照可持续经营原则进行管理，实现自然资源的可持续利用	森林公园、湿地公园、沙漠公园、种质资源保护区、沙化土地封禁保护区、国有森林等

3.3.3 新型自然保护地分类系统

类型众多、数量庞大、功能多样的自然保护地现状，以及幅员辽阔、资源环境多元和属地管理模式复杂的基本国情，照搬IUCN保护地管理分类体系或其他国家的任何一种分类体系都难以理顺中国的自然保护地体系。

构建中国自然保护地分类系统主要坚持以下原则。

（1）价值主导。按照自然生态系统原真性、整体性、系统性及其内在规律，体现自然保护地生态价值和保护强度。

（2）目标明确。依据保护区域的资源禀赋和自然属性，体现保护和管理目标的差异性。

（3）权属清晰。四至边界清晰，自然资源资产所有权主体或代行主体明确，权属无争议，利于有效管控。

（4）符合国情。参考国际经验，形成层级清楚，简明易行，既有所区别、又有机联系的中国特色分类分级体系。

基于中国原有自然保护地基本骨架，结合生态价值，按照自然生态系统原真性、整体性、系统性及其内在规律，依据管理目标、管理效能与主要保护对象，并借鉴国际经验，将自然保护地按生态价值和保护强度高低依次分为国家公园、自然保护区和自然公园三大类别（表3-10）。

表3-10　新型自然保护地分类系统

<table>
<tr><th>大类</th><th>类别</th><th>类型</th><th>自然属性</th><th>功能定位</th><th>对应IUCN分类体系</th></tr>
<tr><td>严格保护</td><td>国家公园</td><td>国家公园</td><td>自然生态系统中最重要、自然景观最独特、自然遗产最精华、生物多样性最富集，保护范围大，生态过程完整，具有全球价值、国家象征，国民认同度高的区域</td><td>具有自然保护与社会公益、游憩教育的双重功能，通过严格保护与管理，为子孙后代留下最珍贵的自然遗产</td><td>Ⅱ：国家公园，但中国的国家公园地位和规模为中国自然保护地体系的第一级，实行“最严格的保护”</td></tr>
<tr><td rowspan="3">重点保护</td><td rowspan="3">自然保护区</td><td>自然生态系统</td><td>森林、草原与草甸、荒漠、内陆湿地和水域、海洋和海岸等自然生态系统</td><td rowspan="3">通过严格保护，免受人类活动干扰破坏与退化，为未来留下宝贵的生物资源</td><td rowspan="3">Ⅰ：严格保护地</td></tr>
<tr><td>野生生物</td><td>野生动植物物种及其生境</td></tr>
<tr><td>自然遗迹</td><td>地质遗迹、古生物遗迹、地貌景观遗迹等自然遗迹</td></tr>
<tr><td rowspan="8">生态保育</td><td rowspan="8">自然公园</td><td>地质公园</td><td>地质遗迹、古生物遗迹、矿山遗迹及地貌景观遗迹等自然遗迹</td><td rowspan="8">在保护的基础上可以开展旅游、生态环境教育和科研考察活动，同时为保护生物多样性和区域生态安全作出贡献</td><td>Ⅲ：自然历史遗迹或地貌</td></tr>
<tr><td>风景名胜区</td><td>天景、地景、水景、生景等自然景观，以及以自然资源为依托、与自然景观相结合的人文景观</td><td rowspan="7">Ⅴ：陆地/海洋景观</td></tr>
<tr><td>森林公园</td><td>森林生态系统及其承载的自然资源和自然景观</td></tr>
<tr><td>海洋公园</td><td>海洋生态系统及其承载的自然资源和自然景观</td></tr>
<tr><td>湿地公园</td><td>湿地生态系统及其承载的自然资源和自然景观</td></tr>
<tr><td>草原公园</td><td>草原生态系统及其承载的自然资源和自然景观</td></tr>
<tr><td>荒漠公园</td><td>荒漠生态系统及其承载的自然资源和自然景观</td></tr>
<tr><td>自然保护小区（点）</td><td>自然生态系统、野生动植物物种栖息地（生境）、自然景观</td></tr>
</table>

3.3.3.1　国家公园

在自然生态系统最重要、自然景观最独特、自然遗产最精华、生物多样性最富集，生态过程完整，具有全球价值和国家代表性的区域优先设立，实行完整性、原真性保护。

国家公园不再细分类型。国家公园准入条件、认定指标等具体执行《国家公园设立规范》（GB/T 39737—2021）。

3.3.3.2　自然保护区

在具有典型、特殊保护价值的自然生态系统，珍稀、濒危野生动植物物种的天然集中分布区，重大科学价值的自然遗迹等区域设立，对主要保护对象实行严格保护。不同于国家公园的“长期维持生态过程与生态结构的完整，强调‘山水林田湖草沙’的整体保护和系统修复”的管理目标，自然保护区强调对主要保护对象的保护，目前分为三大类9种类型（国家环境保护局，1993），但这是基于主要保护对象的分类，在实际应用中管控差异难以体现，可以从管理角度分为以下三类。

1）自然生态系统类

满足如下分类条件之一的区域可划为自然保护区：①典型的自然地理区域、有代表性的自然生态系统区域以及已经遭受破坏但经保护能够恢复的同类自然生态系统区域；②具有特殊保护价值的海域、海岸、岛屿、湿地、内陆水域、森林、草原和荒漠；③经国务院或者省、自治区、直辖市人民政府批准，需要予以特殊保护的以自然生态系统为主体的其他自然区域。

2）野生生物类

满足如下分类条件之一的区域可划为自然保护区：①珍稀、濒危野生动植物物种的天然集中分布区域；②经国务院或者省、自治区、直辖市人民政府批准，需要予以特殊保护的野生动植物的其他天然分布区域。

3）自然遗迹类

满足如下分类条件之一的区域可划为自然保护区：①具有重大科学文化价值的地质构造、著名溶洞、化石分布区、冰川、火山、温泉等自然遗迹；②经国务院或者省、自治区、直辖市人民政府批准，需要予以特殊保护的自然遗迹的其他分布区域。

3.3.3.3　自然公园

在具有重要生态、科学、文化和观赏价值的自然生态系统、自然遗迹和自然景观等区域设立，实行可持续管理。自然公园因其资源禀赋差异太大，也需实行分类管理，依据自然生态系统或地质遗迹以及自然与人文融合的主体不同可分为生态自然公园和风景名胜区两个类型。

1）生态自然公园

符合自然保护地划定条件，以某类自然生态系统或自然遗迹为主体的区域，可按分类特征分别命名为森林、草原、湿地、荒漠、海洋、地质自然公园，分类应具有下列特征之一：①森林、湿地、草原、荒漠、海洋等自然生态系统典型、生态区位重要或生态功能重要、生态修复模式具有示范性；②自然生态系统承载的自然资源珍贵、自然景观优美；③自然区域具有重要或者特殊科学研究、宣传教育和历史文化价值；④对追溯地质历史具有科学研究、科普和观赏价值的地质剖面、构造形迹、古生物遗迹、矿产地等遗迹。

2）风景名胜区

风景名胜区是中国壮美国土自然美的典型性、代表性区域，以物质或非物质载体方式保存了大量文化遗产，超脱了自然资源、生态系统等物质范畴，极具中国传统和特色，保护了许多极具特色的天人合一的自然文化遗产，具有良好的保护管理基础，也需要单列加强管理。符合自然保护地划定条件，具有观赏、文化或者科学价值，景观优美、风貌独特的区域，具有下列特征之一：①具有较高生态、观赏价值的山岳、江河、湖沼、岩洞、冰川、海滨、海岛等典型的特殊地貌；②具有科学研究和文化、典型观赏价值，自然与人文融合的人居民俗、生物景观、陵区陵寝和纪念地等独特风貌的区域；③文化遗存集中或重要活动区域且与文明形成和发展关系密切、与自然文化融合的历史圣地。

此外，自然保护小区（点）包括野生植物原生境保护点、湿地保护小区等，作为自然保护地体系的补充形式，一般面积不大于100hm^2，宜按照乡规民约管护。

新型自然保护地分类系统基本保持了国际通用的保护地名称，有利于与国际接轨；又结合中国自然保护地实际，基本保持了现有自然保护地的基本骨架，不会对保护地的现有格局造成强烈冲击；同时，三大类的分类系统定位清晰、功能明确、简单明了，可以概括所有中国原有生态保护地类型，解决了交叉重叠、多头管理等一直以来的保护困境，确立了一套统一的保护地分类系统，奠定了自然保护地体制建设及其持续发展的科学基础；此外，“三分法”实现了中国自然保护地体系对话IUCN国际标准的同时，充分考虑到中国人多地少、地大物博、文化深厚的特点，实现了IUCN自然保护地分类标准中国化，特别是前所未有地提出了位于主体地位，带有社区属性的国家公园，补充了中国自然保护地体系中“保护社会—生态系统完整性”的一类，建立保护地融入社会经济价值体系的保护机制，极具中国特色，符合中国国情。新型自然保护地分类体系，已成为中国新型自然保护地体系统一划定标准，将指导全国的自然保护地整合优化和布局。

依据新型自然保护地分类体系，3类自然保护地类型在主要保护对象、保护价值、管理目标、保护强度等基本特征方面都具有清晰定位。

3.4　分级管理自然保护地

3.4.1　国际经验

在自然保护地百余年的发展历程中，世界上几乎所有国家或地区都建有自然保护地，而且几乎所有国家都不是单一的自然保护地形式，而是构建一个分类分级的自然保护地体系。联合国教科文组织于1995年批准了《塞维利亚生物圈保护区纲要》《世界生物圈保护区网络章程框架》，提出生物圈保护区（biosphere reserves）概念，生物圈保护区是由各国建立并得到“人与生物圈计划（Man and the Biosphere Programme）”认可的地点，旨在实现自然生态系统和生物多样性之间可持续的平衡。生物圈保护区由各国政府提名，并始终处于其所在国的主权管辖之下，地位得到国际承认，截至2022年5月，世界生物圈保护区网络中已包含来自131个国家的727个生物圈保护区。欧洲的保护地中主要是景观保护类型而不是纯自然生态系统保护类型，每个国家均有自己的保护地体系，保护地数量及其占国土面积比例都很高。在整个欧洲层面就有特别保护区（Special Area of Conservation，SAC）、社区保护地［也称原住居民和社区保护地（Indigenous Peoples’ and Community Conserved Territories and Areas，ICCA）］、特殊保护区（Special Protection Area，SPA）、生物基因保护网络（Biological Gene Protection Network，BGPN）、欧洲示范保护区A类和C类等不同类别，与之相关的管理机构包括欧盟委员会和欧洲理事会。

3.4.1.1　美国

美国自然保护地采取的是分部门垂直管理体制，联邦政府层面的自然保护地系统大致可以分为八大类、分属7个部门管理。内政部下设国家公园管理局、鱼类与野生动物管理局、土地管理局，分别管理国家公园系统、野生动植物庇护地系统和国家景观保护系统，其他诸如国家森林由农业部的林务局管理等。自然保护地相关法律包括基本法、授权法、单行法、部门规章以及相关联邦法律等多个层级。

3.4.1.2　俄罗斯

俄罗斯自然保护地体系由国家严格自然保护区（包括生物圈保护区）、国家公园、自然公园、国家自然禁猎区、自然遗迹、树木园或植物园、疗养用地或度假村七大类组成。此外，俄罗斯履行国际公约建立的生物圈自然保护区、世界自然遗产地、国际重要湿地等均是与现有各类自然保护地重叠交叉的，没有单独设置（唐小平等，2018）。

俄罗斯的自然保护地建立了自然资源与生态部统一监管，联邦、地区（联邦主体）政府二级设立，联邦、地区（联邦主体）与地方三级管理的体制（唐小平等，2018）。国家自然保护区是最严格的保护形式，实行整体保护，只允许极轻微的生态体验。国家级自然保护区、国家公园、国家自然庇护所（禁猎区）由联邦政府直接管理；自然公园、自然纪念地、树木园或植物园等由联邦政府与联邦主体（地区）级政府共同管理，以地区政府为主。俄罗斯也在探讨自然保护地的综合管理模式，即按区域设立专门管理机构，对区域内的自然保护区、国家公园和国家禁猎区统一进行管理。

3.4.1.3　德国

德国现有自然保护区、国家公园、国家自然纪念物、生物圈保护区、风景保护地等11类保护地，以《联邦自然保护法》为总框架，以自然保护为总目标，统筹各类不同尺度的保护地并实行“联邦—州—园区”分级管理（李然，2020）。德国的自然保护主要是州政府或地区的职责，大部分自然保护地都归地区和州政府所有，部分面积较小的自然保护区归社区或私人所有。联邦政府作用仅限于制定自然保护法规（李俊生等，2018）。

德国的州或地方政府拥有自然保护地管理权限，联邦政府环境、自然保护、建设与核安全部负责制定自然保护地相关法规，各州环境部门负责各类自然保护地的管理工作，德国联邦的农业、森林部门以及州的林业和自然保护部、陆地开发和环境事务部也参与自然保护地的管理工作。

3.4.1.4　澳大利亚

澳大利亚的自然保护地体系包括动物群和植物群保护区、森林保护区公园、环境公园、野生动植物保护区以及国家公园等，国家公园占比最大，由于澳大利亚实行联邦制，大多数保护地由各州自行管理，因此，不同地区保护地即使同名，在管理目标上也存在较大区别（李俊生等，2018）。澳大利亚联邦政府与州政府于1992年研究制定了国家保护地体系合作计划（National Reserve System Cooperative Program，NRSCP），该合作计划理顺了联邦政府和州政府的角色关系并制定了详细完善的合作方案，其核心内容是确定了以联邦和州二级政府分工合作，即由联邦政府制定统一的规划、管理、监督以及评价体系，而具体的管理运行则根据土地所有权的现实情况设计了联邦政府、地方、私人以及合作管理4种方式。

澳大利亚的保护地管理体系具有地方主导型特点，联邦政府只管理8个在联邦领地建立的国家公园，各州（领地）政府主管部门将本辖区划分为若干个片区，每个片区派出一个区域经理，由其作为全权代表统管该片区的若干个保护地，从而形成“州-片区-保护地”的三级管理体制（温战强等，2008）。联邦政府的目标是逐步扩大政府以及地方控制的土地管理范围并进一步提高对物种栖息地及以上级别保护地的管控，适当放宽地方对自然景观和自然资源两个低级别保护地的管理。

根据IUCN制定的保护层级体系，澳大利亚将国土领域内的自然资源划分为6个保护层级，2009年最终完成了《澳大利亚国家保护区体系战略（2009—2030年）》（*Australia's Strategy for the National Reserve System 2009—2030*）的编制工作。澳大利亚不但有联邦和州立法办理登记手续的国家公园，还有大量的指定保护区，包括动植物保护区、保护公园、环保公园、土著地区以及国家公园，也还有海洋公园，包括国家海洋公园、鱼类栖息保护区、鱼类禁捕区、水生动植物保护区、保护地、海洋公园以及海洋和海岸公园。

3.4.1.5　英国

英国的自然保护地管理层级根据保护地的主要管理目标分为国家层面、成员国层面和地方政府层面三级（表3-11）。英国根据1909年国家公园法成立了国家公园管理局，1949年英国正式通过了《国家公园与乡村进入法》（*National Parks and Access to the Countryside Act*），确立了包括国家公园在内的国家保护地体系，1968年英国政府将整个乡村作为一个整体管理，国家公园管理局更名为乡村委员会。英国的自然保护管理机构主要有乡村事务局、自然英格兰、苏格兰自然遗产署、威尔士乡村委员会、北爱尔兰环境部等政府机构，他们负责命名、公布自然保护区，由地方政府实施管理。一般国家公园或自然保护区设管理委员会，委员会是保护地的最高权力机构，委员会一般由十几人组成，其中1/3以上必须为地方议员，1/3为管理、规划方面专家，1/3不得在政府任职，任期4年。大部分自然保护地土地为私有，土地所有者为当地农户或国家信托（national trust）等机构，以及住在村庄与城镇的居民。管理机构有时也拥有部分土地，但多数情况则是管理局与所有的土地所有者共同合作保护当地景观。

表3-11　英国自然保护地分级管理模式

主要类型	主要管理目标	管理层级	对应管理机构
国家公园 （national park，NP）	提供户外游憩、使游客了解地方景观	英国国家层面	乡村事务局（Countryside Affairs，CA）、自然英格兰（Natural England，NE）、北爱尔兰环境部（Department of the Environment in Northern Ireland，DOENI）、苏格兰自然遗产署（Scottish Natural Heritage，SNH）、威尔士乡村委员会（Countryside Council for Wales，CCW）

续表

主要类型	主要管理目标	管理层级	对应管理机构
杰出的自然美景区（area of outstanding natural beauty，AONB）	提供户外游憩、使游客了解地方景观	成员国层面（英格兰、威尔士、北爱尔兰）	乡村事务局（CA）
特殊科研价值保护区（site of special scientific interest，SSSI）	保护生物多样性，协调土地利用和生态保护	英国国家层面	自然英格兰（NE）、威尔士乡村委员会（CCW）
国家自然保护区（national nature reserve，NNR）	保护生物多样性	英国国家层面	自然英格兰（NE）、威尔士乡村委员会（CCW）、北爱尔兰环境部（DOENI）、苏格兰自然遗产署（SNH）、地方政府
地区级重要地理地貌保护区（regionally important geomorphological reserve，RIGS）	多种保护目标	地方政府层面	地方政府

3.4.1.6　日本

日本是亚洲国家中较早建立完善的保护地系统的国家之一，日本国家自然保护地分6类：自然公园、自然环境保全区、鸟兽保护区、天然纪念物、生息地保护区、森林生态系统保护区。其中自然公园与森林生态系统保护区空间尺度大，保护对象相对多样，土地权属关系相对比较复杂，在管理制度设计上日本采取单一部门管理，针对不同保护对象管理目标的不同，采取分区制管理模式，其突出特点主要体现在针对保护地中复杂的土地权属问题而采取的分区制管理模式，以管理机构为主导，通过制定详细的法律规范来协调和限制保护地内的利益相关者，针对不同的保护分区采取不同的管理办法和活动限定。日本的自然保护地管理特点可以概括为基于管理目标的分级管理模式（表3-12）。

表3-12　日本自然保护地分级管理模式

保护地类别名称		管理机构名称
自然公园	国立公园	日本环境省
	国定公园	日本环境省、都道府县环保部门
自然环境保全区	原生自然环境保全区	日本环境省
	自然环境保全区	日本环境省
鸟兽保护区	国设鸟兽保护区	日本环境省
生息地保护区	—	日本环境省
森林生态系统保护区	—	林野厅
天然纪念物	特别天然纪念物	文化厅
	天然纪念物	文化厅

注：“—”表示此处无数据

3.4.1.7　小结

通过对美国、俄罗斯、德国、澳大利亚、英国、日本等国家的案例分析，世界代表性国家的自然保护地分级管理制度在一定程度上受到国家结构形式以及行政区划特征影响。中央集权型国家的自然保护地通常由中央统筹设立权和管理权，各级相关部门在中央指导下分别行使管理权；地方分权型国家在地方层面拥有对自然保护地的自行管理权，不同地区同名保护地的管理目标和方式也存在较大区别。另外，行政区划构成上的复杂性在一定程度上增加了中央统一行使管理权的难度，但总体来说，由分散趋向统一是全球自然保护地管理的主要趋势。代表性国家自然保护地分级体系具体如表3-13所示。

表3-13　代表性国家自然保护地分级体系

国家	结构形式	行政区划	自然保护地分级管理特点
美国	联邦制	联邦、州、郡县、市四级，包括50州、1联邦特区等	根据保护对象分部门垂直管理，自然保护地系统大致可以分为八大类、分属7个部门管理；各州自行设立不同类型自然保护地
俄罗斯	联邦制	设8联邦管区，共由85个联邦主体组成，包括3联邦直辖市、4自治区、22自治共和国、46州、9边疆区、1自治州	自然资源与生态部统一监管，联邦、地区（联邦主体）政府二级设立，联邦、地区（联邦主体）与地方三级管理体制
德国	联邦制	分为联邦、州、市镇三级，共有16联邦州	“联邦—州—地区”三级管理，联邦主要行使立法权，州和地区拥有自治管理权
澳大利亚	联邦制	包括6州、3本土领地、7海外领地，州在某些领域可以自行立法，而联邦不能干预，领地中有些拥有高度自治权，而有些由联邦政府机构直接管辖	具有地方主导型特点，各州（领地）政府主管部门将本辖区划分为若干个片区，每个片区派出一个区域经理，由其作为全权代表统管该片区的若干个保护地，从而形成“州－片区－保护地”的三级管理体制
英国	地方分权型单一制	包括英格兰、威尔士、苏格兰和北爱尔兰4部分，分别下设郡或区	国家层面、成员国层面和地方政府层面三级管理体系
日本	地方分权型单一制	全国分为东京都、北海道、大阪府、京都府和43个县，直属中央政府，拥有自治权	日本环境省和都、道、府、县级相关部门分级管理

3.4.2　中国自然保护地分级制度

3.4.2.1　分级制度的演进

中国自然保护区级别的确定始于管理实践。早在1978年，国务院正式下达文件，批转国家林业总局《关于加强大熊猫保护、驯养工作的报告》，批准建立九寨沟国家级自然保护区。1983年，林业部在新疆乌鲁木齐市召开了“全国林业系统自然保护区工作会议”，这是全国自然保护区工作的第一次会议。会议根据各省、自治区、直辖市代表和专家的建议，提出加快建设一批国家级自然保护区，方案由林业部报请国务院批准。1985年，林业部公布施行《森林和野生动物类型自然保护区管理办法》，明确提出“自然保护区分为国家自然保护区和地方自然保护区”，在科研上有重要价值，或者在国际上有一定影响的自然保护区，报国务院批准，列为国家自然保护区；其他自然保护区，报省、自治区、直辖市人民政府批准，列为地方自然保护区。这是中国自然保护区的分级管理思想第一次得以正式体现，对于后续自然保护区的管理产生了深远的影响。

依据《中华人民共和国自然保护区条例》（2017年版）第11条、第21条规定："自然保护区分为国家级自然保护区和地方级自然保护区"；"国家级自然保护区，由其所在地的省、自治区、直辖市人民政府有关自然保护区行政主管部门或者国务院有关自然保护区行政主管部门管理"；"地方级自然保护区可以分级管理"。中国以往的自然保护区一般按照审批的政府层级不同分为国家级、省级、地市级和县级4个行政级别。但自然保护区行政级别并不等同于分级管理级别，行政级别主要体现在审批和业务指导权限，而分级管理级别是通过建立自然保护区管理机构体现的，实际上同一行政级别的自然保护区可能由不同层级的政府部门设立管理机构进行管理。以国家级自然保护区为例，除卧龙、白水江、佛坪3个自然保护区由国家林业局直接管理外，其他国家级自然保护区分别归属省、地市、县，甚至乡镇等各级政府管理，国务院批建国家级自然保护区后并没有承担或委托国家主管部门直接管理国家级自然保护区的职责。

分级管理体制是中国政府和自然保护工作者根据国情和生物多样性特性，长期摸索、总结出来的一套行之有效的自然保护区管理体制，可以较好地发挥中央政府和地方各级政府、各部门的优势，调动各级政府参与自然保护区建设和管理的积极性，加强相关部门和地区的密切合作，较有效解决在自然保护区建设初期所面临的土地、资源、人员和社区发展等许多瓶颈问题。但由于政府批建行为与分级管理职责的脱节，同一行政级别的自然保护区在资源配置和社区协调等方面的能力差异较大。

3.4.2.2　现有自然保护地分级管理模式

按照自然保护区管理机构的从属关系，以及人事、财务、土地等管理机制，可以较清晰地揭示自然保护区的管理层级。卧龙、白水江、佛坪3个自然保护区只有财务专项资金和业务指导权在中央部门，其他诸如人事、人员工资、土地、资源管理机制等都在省级主管部门，实际上还不是真正意义的中央政府管理的自然保护区。中国以往的自然保护区分级管理模式可以分为以下9类。

模式1：省级行政主管部门管理。一般由省级林业、农业、环保等业务主管部门牵头建立机构，派出人员并实施管理活动，人员工资等纳入省级财政，甘肃、宁夏、广东、江西、上海等省份对国家级和部分省级自然保护区采用此管理体制，其他省份对少量跨地市行政区域建立的或省直属单位经营范围内建立的自然保护区也采用此模式。2001年广东省政府出台《关于广东省自然保护区管理体制和机构编制等问题的意见》（粤机编办〔2001〕387号），将所有国家级自然保护区划归省行政主管部门直接管理。

模式2：省级政府直接管理。省级政府直接派出管理机构，或以自然保护区所在区域为基础划建特定区域，如行政特区、生态管理区、保护开发区等，并设立较高层级的行政派出机构，直接管理包括自然保护区在内的相关事务，诸如吉林长白山、青海青海湖自然保护区等。

模式3：地市级行政主管部门管理。由市（州）行政主管部门牵头建立机构并实施管理活动，一般对跨县级行政区域建立的或在地市级直属单位经营管理地域建立的自然保护区采用此模式。

模式4：地市级政府直接管理。地市级政府直接建立独立于各行政主管部门的管理机构，一般湿地类型自然保护区较普遍，如黑龙江三江、辽宁双台河口、山东黄河三角洲等，或者地市级政府以自然保护区所在区域为基础而划建特定区域，直接管理包括自然保护区在内的相关事务，如山东昆嵛山、四川贡嘎山等。

模式5：县级行政主管部门管理。由县级行政主管部门牵头建立机构并实施管理活动，一般对县域范围内保护对象较单一的自然保护区采用此模式。

模式6：县级政府专设机构管理。县级政府建立独立于各行政主管部门的专门机构，管理自然保护区事务，一般对县级管理的国家级、省级和涉及部门较多的县级自然保护区采用此模式。

模式7：国有林管理局管理。重点国有林区经营范围内建立的自然保护区，一般由所属林业局或林管局进行管理，人员和工资等费用由林管局或林业局承担。

模式8：乡镇管理。由乡镇政府建立机构并实施管理活动，但接受县级行政主管部门指导和监督，部分县级自然保护区采用此模式。内蒙古自治区等地建立了一批乡镇自然保护区，南方各省建立了5万余个自然保护小区，绝大多数由乡镇政府管理。极少数的国家级、省级自然保护区也采用与乡镇政府合署办公模式，如湖南壶瓶山等。

模式9：其他。由科研院所、学校等单位直接管理，如黑龙江凉水、广东鼎湖山等。

3.4.2.3　新型自然保护地分级管理体制

分级管理的核心就是明确中央和各级政府的事权，层层压实保护责任，调动各级政府、全社会的积极性共抓大保护，这是支撑自然保护地体系建设和发展的主线。《关于建立以国家公园为主体的自然保护地体系的指导意见》明确了构建自然保护地“两级设立、分级管理”体制，这有两个内涵。

（1）表明设立自然保护地是一种责任，坚持“谁设立、谁负责”的原则，将自然保护地分为中央直接管理、中央地方共同管理和地方管理3种管理模式，由中央与省级两级政府设立自然保护地，中央直接管理、中央地方共同管理和中央委托地方管理的自然保护地由国家批准设立，地方管理的自然保护地由省级政府批准设立。

（2）设立权限与管理层级分开，符合国家公园设立标准的区域由国家组织评估后批准设立，由中央政府直接管理、中央与省级政府共同管理或授权省级政府垂直管理。其他自然保护地分为国家级和地方级，国家级自然保护地由国家批准设立，中央政府或省级政府主导管理；地方级自然保护地由省级政府批准设立并确定管理主体，省级以下各级政府将不再批建自然保护地，但可以申请设立自然保护区、自然公园。

《关于建立以国家公园为主体的自然保护地体系的指导意见》明确要求结合自然资源资产管理体制改革，构建自然保护地分级管理体制，即以自然资源资产产权制度为基础建立各级政府分级管理体系。应加快落实自然保护地内全民所有自然资源资产代行主体与权利内容，由委托代行的地方政府管理相应的自然保护地，并将保护地内的全民所有自然资源资产的管理职责全部移交给自然保护地管理机构，集体和个人资产通过补偿协议等形式由管理机构实行统一管理。国家公园范围内的全民所有自然资源资产所有权由国务院自然资源主管部门行使或委托相关部门、省级政府代理行使。条件成熟时，逐步过渡到国家公园内全民所有自然资源资产所有权由国务院自然资源主管部门直接行使。

同时，《关于建立以国家公园为主体的自然保护地体系的指导意见》要求地方各级党委和政府要严格落实生态环境保护党政同责、一岗双责，担负起自然保护地建设管理的主体责任，建立统筹推进自然保护地体制改革的工作机制，将自然保护地发展和建设管理纳入区域经济社会发展规划。同时还明确了管理机构与地方政府的事权，自然保护地管理机构承担生态保护、自然资源资产管理、特许经营、社会参与和科研宣教等职责，当地政府承担自然保护地内经济发展、社会管理、公共服务、防灾减灾、市场监管等职责。

3.4.3　新型自然保护地分级要求

3.4.3.1　自然保护区分级要求

满足自然保护区设立条件，具备下列前4条特征，且具备后3条特征之一的自然保护区可认定为国家级自然保护区，其他为地方级自然保护区：①保护地生态系统和生境、遗迹尚未遭到人为破坏或者破坏程度低，保持着良好的自然性；②拥有足以保持生态系统基本完整，维持其保护物种种群的正常生存和繁衍，维护遗迹保存完好，所需相应面积的区域及限制缓冲人为活动；③主要保护对象集中分布区一般不低于5000m^2，以特殊保护对象为目标的保护地面积可适当缩小；④具有中央或省级政府统一行使全民所有自然资源资产所有者职责的基础；⑤其生态系统在全球或在国内所属生物气候带中具有高度的代表性和典型性，或其生态系统中具有在全球稀有、在国内仅有的生物群落或者生境类型，或其生态系统被认为在国内所属生物气候带中具有高度丰富的生物多样性；⑥国家重点保护野生动物、植物的天然集中分布区、主要栖息地和繁殖地，或国内或所属生物地理界中著名的野生生物物种多样性的天然集中分布区，或国家特别重要的野生种质资源的主要产地，或国家特别重要的驯化栽培物种的野生亲缘种的主要产地；⑦其遗迹在国内外同类自然遗迹中具有典型性、代表性和稀有性。

3.4.3.2　自然公园分级要求

满足自然公园设立条件，具备下列前两条特征，且具备后3条特征之一的自然公园可认定为国家级自然公园，其他为地方级自然公园：①具有中央或省级政府统一行使全民所有自然资源资产所有者职责的基础；②主要保护对象集中分布区一般不低于1000hm^2，以特殊保护对象为目标的保护地面积可适当缩小；③自然生态系统在全国具有保护价值，主体生态功能具有典型性或国家示范性；④保护区域基本处于自然状态或者保持历史原貌，具有恢复至自然状态的潜力；⑤原则上集中连片，面积能够确保自然生态系统、地质遗迹与自然景观的完整性和稳定性，能够维持珍稀、濒危或特有的野生生物物种种群生存繁衍。

3.5　分区管控自然保护地

3.5.1　国际经验

分区管理制度能够有效缓解不同使用者或利益群体间的矛盾，协调人与自然的关系，同时最大可能地保护原有自然环境不受侵害，是一种最为直接有效的保护地管理策略。1974年，联合国教科文组织正式建议为生物圈保护区建立缓冲区，提出核心区/缓冲区的保护区分区模式（UNESCO，1974）。20世纪80年代，联合国教科文组织正式提出生物圈保护区的三分区模式，即核心区、缓冲区、过渡区（同心圆）（Shafer，1999）。多数国家在进行自然保护地规划和管理时，都会考虑到利用功能分区的方法协调保护和利用之间的矛盾，有一些共同之处：如将保护和利用功能分开进行管理；与同心圆模式类似，各功能区保护性逐渐降低，而利用性逐渐增强。由于管理目标以及面临主要矛盾的差异，自然保护地分区模式的差别主要是各国的国家公园。

3.5.1.1　加拿大、美国、法国、俄罗斯

加拿大的自然保护地系统在国际自然保护界具有领先地位，针对国家级层面的国家公园，根据保护程度的不同，采用“五区划分法”进行分区（陈鸣，2020），分别为：特别保护区（Ⅰ区）、荒野区（Ⅱ区）、自然环境区（Ⅲ区）、户外游憩区（Ⅳ区）和公园服务区（Ⅴ区）。

美国是世界上最早建立自然保护地的国家，其国家公园分区经历了不断发展的过程：由二分法至三分法、四分法，如今的分区为：原始区、自然区、史迹区、游憩区和入口区。原始区基本没有开发必要，从自然区到游憩区和入口区，开发强度依次递增，保护与发展之间的关系通过分区得以很好地体现（严国泰和沈豪，2015）。

法国的国家公园与美国类似，主要为自然荒野地区，可划分为三大区域：①完整保护区，仅作为科学研究使用，禁止公众进入；②一个或多个核心区，除特殊规定外，禁止各种开发活动，对种群有负面影响的活动都不得进行；③加盟区，对开发项目没有严格规定。作为法国自然空间保护主体的区域——自然公园属于IUCN保护地分类体系中的第Ⅴ类保护地，其划分出自然保护区和景观保护区，以保护自然多样性和景观。

俄罗斯地广人稀，生物多样性和自然资源丰富，拥有悠久的自然保护地建设历史。在俄罗斯自然保护地的分级管理体制下，国家自然保护区和国家公园属于联邦级别的特别自然保护区域。其中，国家自然保护区内通常不进行分区，仅允许将小块土地作为必要保障性用途，国家公园中则划分出核心区、特殊保护区、休闲娱乐区、文化遗产保护区、经营管理区和自然资源初级利用区，禁止任何有损生态系统的行为（陈鸣，2020）。

3.5.1.2　日本、韩国

日本是亚洲最早建立国家公园的国家，以日本自然公园的分区为例，为更好地规范公园不同区域的使用强度，按照生态系统完整性和风光秀丽等级、人类影响程度、游客使用的重要性等指标将自然公园划分为特别区和普通区。其中特别区是国家公园中最核心的保护区，实施最严格的保护控制措施，又进一步细分为特殊保护区、Ⅰ级保护区、Ⅱ级保护区、Ⅲ级保护区4类（赵人镜等，2018）。

韩国的国家公园建设是东亚国家中起步较早的，区别于西方以自然生态保护为主的保护地建设和管理理念，韩国因国土面积较小，以及自然与社会紧密融合发展的人文特色，形成了自然—人文复合生态系统类型的保护地体系。韩国的国立公园保护了具有代表性的自然生态系统、自然以及文化景观，基于保护强度及主要功能的差异，韩国国立公

园划分为：自然保护区、自然环境区、聚居区、集体设施区。其中自然保护区与自然环境区面积之和占到保护地总面积的90%以上。在自然保护区内，只允许进行最小限度的公园设施建设，在聚居区和集体建设区则对人类活动规定较为宽松（虞虎等，2018）。

3.5.1.3　代表性国家自然保护地分区管控模式总结

从以上各国的自然保护地分区模式来看，尽管具体分区方式存在差异，分区的数量、名称等都不尽相同，但大体上遵循着共同的分区原则，即依据保护性的强弱以及利用方式的不同对自然保护地进行分区。按照保护强度以及人类的可利用程度可将分区类型大致归为四类，分别为“严格保护区”“重要保护区”“限制性利用区”“利用区”。由此可见，各国都在采用对保护地进行分区的方式来协调保护与利用之间的矛盾，基于所面临的具体问题，其分区管理模式存在差异。保护地分区模式的构建与本国国情及具体的保护目标紧密相关，综合来看将国外自然保护地的分区管控模式归为以下三类（表3-14）。

表3-14　代表性国家自然保护地分区模式比较

分区模式	功能区	适用
同心圆三分区模式	核心区、缓冲区、过渡区	适用于以自然保护为唯一或首要目标的自然保护区
加拿大模式（包括美国、法国、俄罗斯等）	严格保护区、重要保护区、限制性利用区、利用区	多为大型自然保护地，对可利用区进行细分以满足多样化的使用需求
日本模式（包括韩国、英国等）	重要保护区、限制性利用区、利用区	适用于人地关系紧张、面积较小的自然保护地，任何区域都允许人进入，但利用程度不同

1）同心圆三分区模式

同心圆三分区模式将自然保护地分为核心区、缓冲区和过渡区，该模式普遍应用于以自然保护为唯一或首要目的的自然保护区、人与生物圈保护区等保护地（黄丽玲等，2007）。在三区当中，核心区和缓冲区构成自然保护地的主体，其中：核心区位于最内部，占总面积的一半以上，主要起到自然保护的作用，只允许开展科学考察、科学研究活动；缓冲区是核心区和过渡区的过渡地带，主要是为了降低外界对核心区的影响，同时补充核心区栖息地，允许对环境影响较小的活动；过渡区位于最外部，面积较小，主要是满足当地居民基本的生产、生活，不允许有污染性的生产活动。

2）加拿大模式

以加拿大为代表，美国、法国、俄罗斯等国家均采用的自然保护地分区管控模式包含四个分区，即严格保护区、重要保护区、限制性利用区和利用区（黄丽玲等，2007）。该模式适用于面积较大且有部分区域严格限制公众进入的国家公园。在四区当中，严格保护区和重要保护区构成自然保护地的主体。其中：严格保护区不允许公众进入；重要保护区允许开展少量对资源保护有利的体验性活动；限制性利用区允许开展低密度的游憩活动；利用区是开展娱乐游憩活动和提供公园服务的主要区域。该模式兼顾了自然保护与公众利用的需求，以自然保护作为重要目的，通过细化公众的游憩利用需求，在不同区域开展多样化的游憩活动，以此满足公众的游憩需要。

3）日本模式

以日本为代表（韩国也有采用）的自然保护地分区管控模式，包含三个分区，即重要保护区、限制性利用区和利用区（黄丽玲等，2007）。该模式适用于国土面积小、人口密度大的国家，在国家公园的选择上，以风景美学价值为首要评判标准。在三区当中，各区面积无较大差异：重要保护区以维持风景的完整性为首要目的，允许游客和当地居民进入；限制性利用区允许有较多的游憩活动；利用区是对风景资源基本无影响的区域，主要为服务接待区和居民居住区。该模式的宗旨是：国家公园的保护是为了公众的永续利用，因此没有明确划分出严禁公众进入的区域，更加注重公众的游憩和教育需求。

3.5.2　中国自然保护地现有分区管控模式

我国目前尚无自然保护地的基本法律，自然保护地分区管控的规范散见于政策、行政法规、地方性法规、部门规章和技术标准之中（阙占文，2021），且有关文件中对于分区的指导大多停留在定性描述的阶段，尚未明确指出各类分区的划分标准以及科学划定分区界线的方法及程序，导致自然保护地分区的可操作性不足（陈鸣，2020）。梳理和考察相关政策和法律发现，各类自然保护地分区模式存在一定差异，其中自然保护区是最早建立的自然保护地，起初并没有进行分区管理，1985年经国务院批准的《森林和野生动物类型自然保护区管理办法》，将自然保护区分为核心区、实验区两个区，核心区只供观测研究，实验区可以进行科学实验、教学实习、参观考察和驯化培育珍稀动植物等活动，这是我国最早关于分区管理的要求。其后建立的风景名胜区、森林公园等保护地制度要求进行分区管理，但分区名称、内涵、方法、数量和管理目标都不一样，管控要求也千差万别。尽管相关规范文件中各类自然保护地对于分区的类型、数量等不尽相同，但其分区总体上是按照保护与开发强度的差异、具体利用方式的不同而划分，从禁止人为建设的严格保护区到允许在保护目的下合理开展人为活动的可利用区，保护的严格程度逐渐降低，人类的利用和参与性逐渐增强（陈鸣，2020）。总结我国自然保护地现有分区管控模式，可以归为以下两种。

对于以自然保护为首要目的的自然保护地，通常采用联合国人与生物圈计划中的“三区模式”——核心区、缓冲区和实验区，这种模式强调对于生物多样性资源的保护。自然保护区是我国最早设立的自然保护地类型，其分区模式就是依据“三区模式”，或在其基础上进行完善和细化，包括对实验区进行划分、增设季节性核心区和外围保护地带等方式。“三区模式”是我国自然保护区的法定分区模式，各省市制定的地方性法规都遵循这一分区模式，然而在实际操作中，核心区和缓冲区之间的管控界限往往难以分辨，导致在监管过程中，常将缓冲区作为核心区进行管理，并未起到缓冲区应有的作用（陈鸣，2020）。

另一种模式主要用于除自然保护区以外的国家公园、风景名胜区、森林公园等其他类型的自然保护地，划分为严格保护区、重要保护区、限制性利用区和利用区四类，各分区保护程度与可利用程度各不相同（唐小平，2019），必要时对各区进一步细分。这种分区模式除了注重保护目的，同时也较多地考虑到人类活动，在保护的基础上突出了对于自然资源的合理利用，设立这种多样化的分区模式可以满足科普教育、休闲游憩、管理服务以及社区协调等不同需求，但在实际管理操作中存在不足。不同分区既有管控强度上的差异也有功能上的区别，过细而又缺乏层次的分区增加了管理成本，导致在实际操作中除了专业人员，普通参与者难以区分出各个分区在管理要求上的差异，为保护目标的实现带来了阻碍（陈鸣，2020）。因此，要探索出既符合我国国情、能够协调自然保护与合理利用的需要，又方便管理人员实际操作的简易高效的自然保护地分区管控模式（表3-15）。

表3-15　中国自然保护地现有分区管控模式

保护地类型	分区模式	依据文件
国家公园	严格保护区、生态保育区、传统利用区、科教游憩区	《国家公园功能分区规范》（LY/T 2933—2018）
	核心保护区、一般控制区	《国家公园总体规划技术规范》（LY/T 3188—2020）
自然保护区	核心区、实验区	《森林和野生动物类型自然保护区管理办法》
	核心区、缓冲区、实验区	《中华人民共和国自然保护区条例》（2017年版）
		《自然保护区类型与级别划分原则》（GB/T 14529—1993）
		《自然保护区总体规划技术规程》（GB/T 20399—2006）
	核心区、缓冲区、实验区，实验区可划分为生产经营小区、生态旅游小区、科学实验小区、宣传教育小区、生活办公小区等	《自然保护区功能区划技术规程》（LY/T 1764—2008）
	一般划分为核心区、缓冲区、实验区，必要时可划建季节性核心区、生物廊道和外围保护地带	《自然保护区功能区划技术规程》（GB/T 35822—2018）
	游览区、景观生态保育区、服务区	《自然保护区生态旅游规划技术规程》（GB/T 20416—2006）
风景名胜区	一级、二级、三级保护区	《风景名胜区管理通用标准》（GB/T 34335—2017）
	特别保存区、风景游览区、风景恢复区、发展控制区、旅游服务区	《风景名胜区总体规划标准》（GB/T 50298—2018）
森林公园	游览区、游乐区、狩猎区、野营区、休/疗养区、接待服务区、生态保护区、生产经营区、行政管理区、居民生活区	《森林公园总体设计规范》（LY/T 5132—1995）
	核心景观区、一般游憩区、管理服务区、生态保育区	《国家级森林公园总体规划规范》（LY/T 2005—2012）
		《国家森林公园设计规范》（GB/T 51046—2014）
地质公园	一级、二级、三级保护区	《地质遗迹保护管理规定》
	地质遗迹景观区、自然生态区、人文景观区、综合服务区（含门区、游客服务区、科普教育区、公园管理区）、居民点保留区	《国家地质公园规划编制技术要求》
湿地公园	保育区、恢复重建区、合理利用区	《国家湿地公园管理办法》（2022年版）
	湿地保育区、湿地生态功能展示区、湿地体验区、服务管理区	《国家湿地公园建设规范》（LY/T 1755—2008）
	生态保育区、生态缓冲区及综合服务与管理区	《城市湿地公园规划设计导则》
海洋特别保护区	重点保护区、适度利用区、生态与资源恢复区、预留区	《海洋特别保护区管理办法》

续表

保护地类型	分区模式	依据文件
沙漠公园	保育区、宣教展示区、体验区、管理服务区	《国家沙漠公园总体规划编制导则》（LY/T 2574—2016）
水产种质资源保护区	核心区、实验区	《水产种质资源保护区划定与评审规范》（SC/T 9428—2016）

3.5.3　新型自然保护地分区管控模式

自然保护地应遵循保护优先的原则，为了实现自然保护的目的，保证自然保护地的管理在实践中得到有效落实，对我国自然保护地需采用具有层次性的分区模式：首先基于保护目的明确自然保护地中需要进行严格保护的区域，采取严格的管控措施，排除人类活动的干扰；在此基础上对于其他区域综合考虑场地本底条件及人类活动需求进行分区（陈鸣，2020）。《关于建立以国家公园为主体的自然保护地体系的指导意见》明确："国家公园和自然保护区实行分区管控，原则上核心保护区内禁止人为活动，一般控制区内限制人为活动。自然公园原则上按一般控制区管理，限制人为活动。结合历史遗留问题处理，分类分区制定管理规范。"参照《关于建立以国家公园为主体的自然保护地体系的指导意见》所提出的对自然保护地实行差别化管控划分核心保护区和一般控制区，同时延续国家公园分区模式构想，自然保护地采取"管控—功能"二级分区的新型自然保护地分区管控模式。该模式分为管控分区和功能分区两级，管控分区作为第一级分区，针对自然保护地全域展开，根据管理目标以及资源分布的情况，按照管控强度的差异将自然保护地划分为核心保护区和一般控制区，实行"二分法"方案。功能分区为第二级分区，针对可进行人类活动的一般控制区展开，具体功能区的设置综合考虑科研、游憩等不同类型的自然保护地发展需求，结合场地对于不同功能适宜性区域进行分区（陈鸣，2020）。

新型自然保护地分区管控模式是自然保护地管理机制的重大创新，也是新型自然保护地体系的灵魂所在和活力源泉，使得中国自然保护地管理理念首次从功能目标为主线向管控要求为主线转变，是重要自然生态空间用途管制的具体实践，实现了全方位对接国土空间规划体系。具有层次性的分区模式能够在明确不同分区管控差异的基础上，实现可利用区多元化功能的发挥和精细化管理，使管理机制更加灵活，也让严格而有差别化的管控制度容易落地，便于基层操作；同时有利于协调自然保护与资源利用的关系；给解决历史遗留问题留有余地。

3.5.3.1　管控分区

1）核心保护区

《关于建立以国家公园为主体的自然保护地体系的指导意见》提出，将保存完好的自然生态系统、具有重要保护价值的古生物、地质遗迹以及珍稀濒危野生动植物的集中分布地等区域划为核心保护区，原则上核心保护区内禁止人为活动。可见核心保护区是自然保护地范围内自然生态系统保存最完整或核心资源集中分布、生态脆弱的区域，应实行最严格的生态保护和管理。核心保护区采取“原则禁止＋例外列举”的立法技术，即自然保护地核心保护区原则上禁止人为活动，但下列活动除外：巡护管护、科研监测，以及符合生态保护红线要求、按程序规定批准的人员活动；允许设置防火瞭望塔、野生动物监测样线、植被监测样地、红外相机等涉及生态保护和管理的设施设备。核心保护区内原住居民应制定有序搬迁规划。对暂时不能搬迁的，可以设立过渡期，允许开展必要的、基本的生产活动，但应明确边界范围、活动形式和规模，不能再扩大发展。

2）一般控制区

保护地范围内除核心保护区之外的区域按一般控制区进行管控。在确保自然生态系统健康、稳定、良性循环发展的前提下，一般控制区允许适量开展非资源损伤或破坏的科教游憩、传统利用、服务保障等人类活动，如生态教育、自然体验、生态旅游等。也可以扶持和规范原住居民从事环境友好型经营活动，支持和传承传统文化及人地和谐的生态产业模式。对于已遭到不同程度破坏而需要自然恢复和生态修复的区域，应尊重自然规律，采取近自然的、适当的人工措施进行生态修复。一般控制区的管控具体执行生态保护红线的相关要求。

3.5.3.2　功能分区

自然保护地为了实施专业化、精细化管理，可在管控区的基础上根据管理目标进一步划分功能区。功能区划是满足保护地多目标管理需求的一种有效管理路径，可以在管控分区的框架下进行，功能区可分为严格保护区、生态保育区、传统利用区、科教游憩区等，功能区可根据保护地保护与发展目标完成情况，以及功能发挥情况进行调整完善。

1）严格保护区

严格保护区一般位于核心保护区，其主要功能是保护自然生态系统和自然景观的完整性与原真性。下列区域应划为严格保护区：具有自然生态地理区代表性且保存完好的大面积自然生态系统，其面积应能维持自然生态系统结构、过程和功能的完整性；旗舰种等国家重点保护野生动植物的集中分布区及其赖以生存的生境；具有国家代表性的自然景观，或具有重要科学意义的特殊自然遗迹的区域；生态脆弱的区域。

2）生态保育区

生态保育区主要是对退化的自然生态系统进行恢复，维持国家重点保护野生动植物的生境，以及隔离或减缓外界对严格保护区的干扰。该区域以自然力恢复为主，必要时辅以人工措施。下列区域可划为生态保育区：需要修复的退化自然生态系统集中分布的区域；国家重点保护野生动植物生境需要人为干预才能维持的区域；大面积人工植被需要改造的区域及有害生物需要防除的区域；被人为活动干扰破坏的区域；隔离的重要自然生态系统分布区之间的生物廊道区域；根据自然生态系统演替、国家重点保护野生动植物扩散等需要，确定生物廊道的位置、长度和宽度等参数。

3）传统利用区

传统利用区主要为原住居民使用的生产空间和生活空间，用于基本生活和按照绿色发展理念开展生产生活的区域，下列区域应划为传统利用区：原住居民农、林、牧、渔业等生产区域；较大的居民集中居住区域；农事体验区域；住宅用地、公共管理与公共服务用地、特殊用地和交通运输用地等当地居民所需的生活空间。

4）科教游憩区

科教游憩区主要是一般控制区内为公众提供亲近自然、认识自然和了解自然的场所，可开展自然教育、游憩体验和生态旅游等活动。科教游憩区面积占国家公园总面积的比例不应高于5%。下列区域可划为科教游憩区：科教游憩体验场所、设施区；具有理想的科学研究对象，便于开展长期研究和定期观测的区域；适宜开展科普、宣传和生态文明教育等活动的区域；文物保护与文化遗产区域；拥有较好的自然游憩资源、人文景观和宜人环境，便于开展自然体验、生态旅游和休憩康养等活动的区域。

5）服务保障区

服务保障区主要是管理局、管理站、后勤基地等管理体系建设，以及提供公共服务的区域，应尽量与当地城镇、科教游憩区等相结合，依托入口社区和国家公园社区布局服务保障设施。因此，国家公园功能区划的目的和管理可以多样化。

3.6 本章小结

实施自然保护地统一设置、分类保护、分级管理、分区管控的“一统三分”体制设计，是构建新时期自然保护地体系的核心内容。本章在系统阐述“一统三分”的内涵、要点和基本要求的基础上，对如何建立统一、规范、高效、具有中国特色的以国家公园为主体的自然保护地体系，进行了分析。

就中国而言，以国家公园为主体的自然保护地体系构建对于建立与世界同步、接轨、对话的管理术语；解决中国既有自然保护地区域交叉、空间重叠、管理目标冲突问题；推进重新识别自然保护地关键区域并由此推进自然保护地整合优化；构建格式统一的自然保护地研究资料库提供了基础。其中，以国家公园体制建设为契机，建立了中国全新的自然保护地体系，通过对中国特色国家公园保护对象、保护价值、管理目标、保护强度的确定，可极大地提高保护地的保护效率与保护质量，为国家和地区生态安全带来最大化的效益，同时首次强调了中国自然保护地自然与文化交融的资源特色和社会效益，明确了国家公园在中国的主体地位与国际差异性。在此基础上，为进一步开展现有各类自然保护地综合评价，按照保护区域的自然属性、生态价值和管理目标进行归类提供统一标准，逐步形成以国家公园为主体、自然保护区为基础、各类自然公园为补充的自然保护地序列和空间布局。

第二篇 布局篇

第4章　自然保护地建设发展

4.1　自然保护地发展历程

自然保护地是维护国家生态安全、建设美丽中国、满足人民群众美好生活需要的重要载体，发轫于科学研究和野生动植物原生态保护，通过探索实践被证明是最有效的保护形式，得到各级政府和社会各界的普遍认可。改革开放初期，为有效应对粗放型经济增长方式、资源利用压力加大等问题，以大面积保护为主的自然保护区、森林公园、风景名胜区迅速发展。2000年以来，多资源要素类型自然保护地在我国生态系统脆弱区、敏感区集中涌现。十八届三中全会提出建立国家公园体制，标志自然保护地体制进入改革阶段。本书回顾了自然保护地近70年的发展历程，对标《建立国家公园体制总体方案》《关于建立以国家公园为主体的自然保护地体系的指导意见》关于国家公园、自然保护地体系建设总体要求，评述中央地方政府近期开展的相关工作，深入分析新型自然保护地体系创建、管理、立法等关键问题，为决策部门开展自然保护地体系建设提供相关研究和实践参考。历年自然保护地数量和数量累加见图4-1、图4-2，历年自然保护地面积和面积累加见图4-3、图4-4，各类型自然保护地数量和面积热力图见图4-5、图4-6。

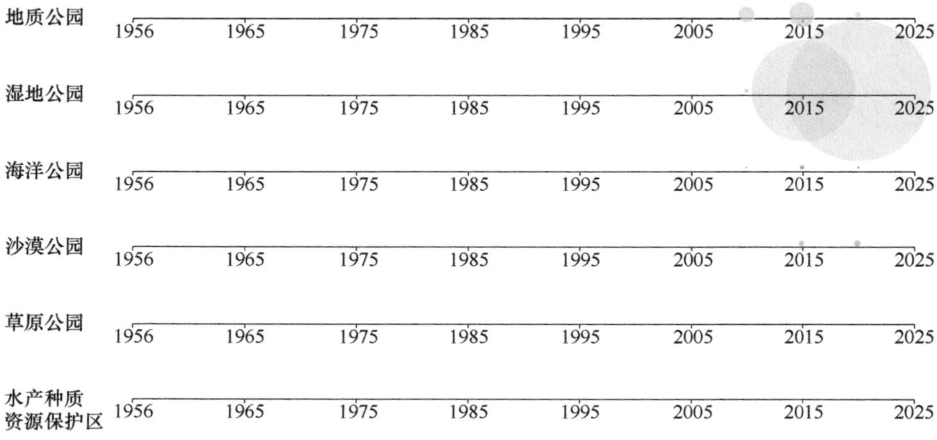

图4-1　历年自然保护地数量（个）图

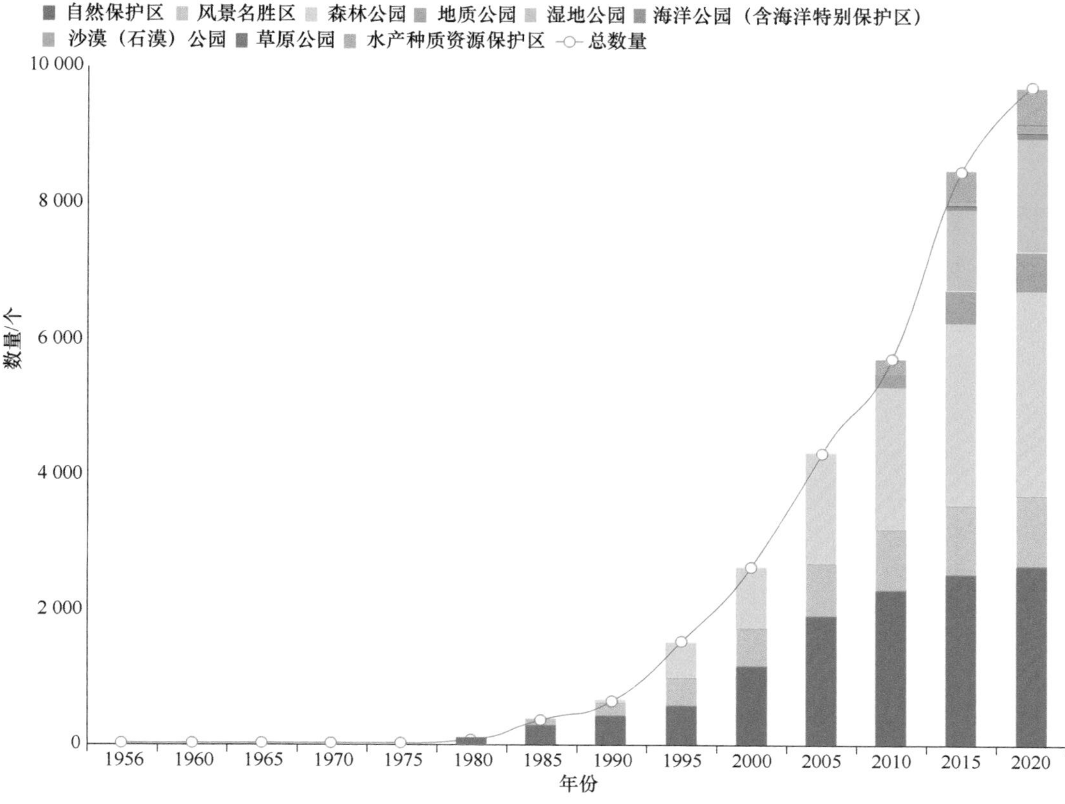

图4-2　历年自然保护地数量累加图

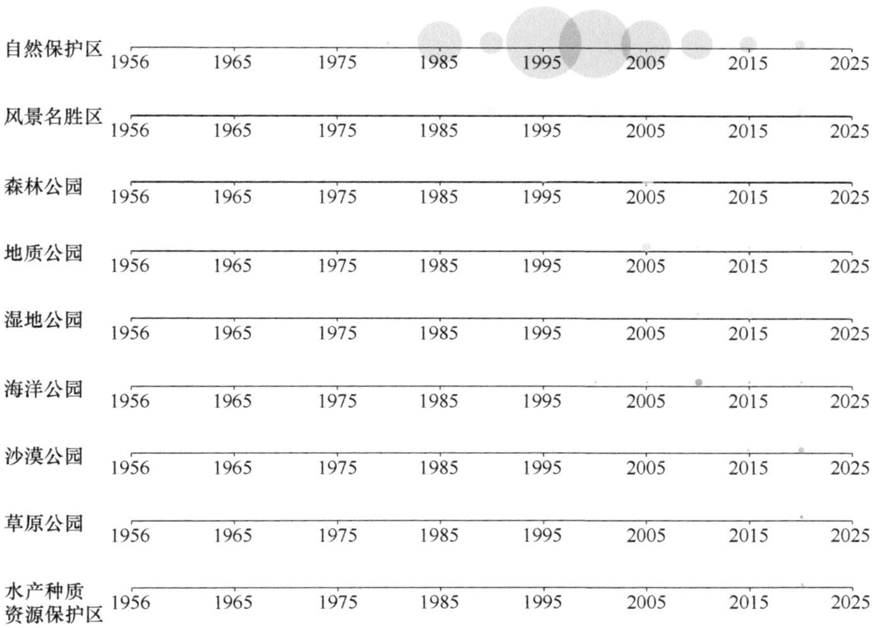

自然保护区 1956 1965 1975 1985 1995 2005 2015 2025

风景名胜区 1956 1965 1975 1985 1995 2005 2015 2025

森林公园 1956 1965 1975 1985 1995 2005 2015 2025

地质公园 1956 1965 1975 1985 1995 2005 2015 2025

湿地公园 1956 1965 1975 1985 1995 2005 2015 2025

海洋公园 1956 1965 1975 1985 1995 2005 2015 2025

沙漠公园 1956 1965 1975 1985 1995 2005 2015 2025

草原公园 1956 1965 1975 1985 1995 2005 2015 2025

水产种质资源保护区 1956 1965 1975 1985 1995 2005 2015 2025

图4-3　历年自然保护地面积（万 hm^2）图

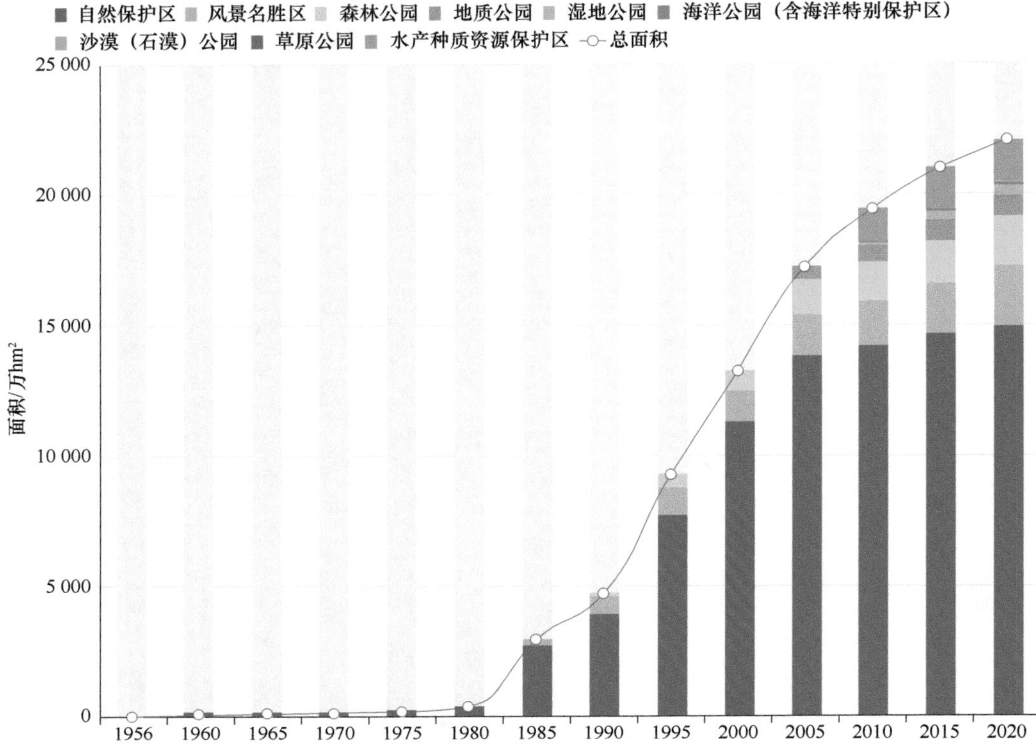

图4-4　历年自然保护地面积累加图

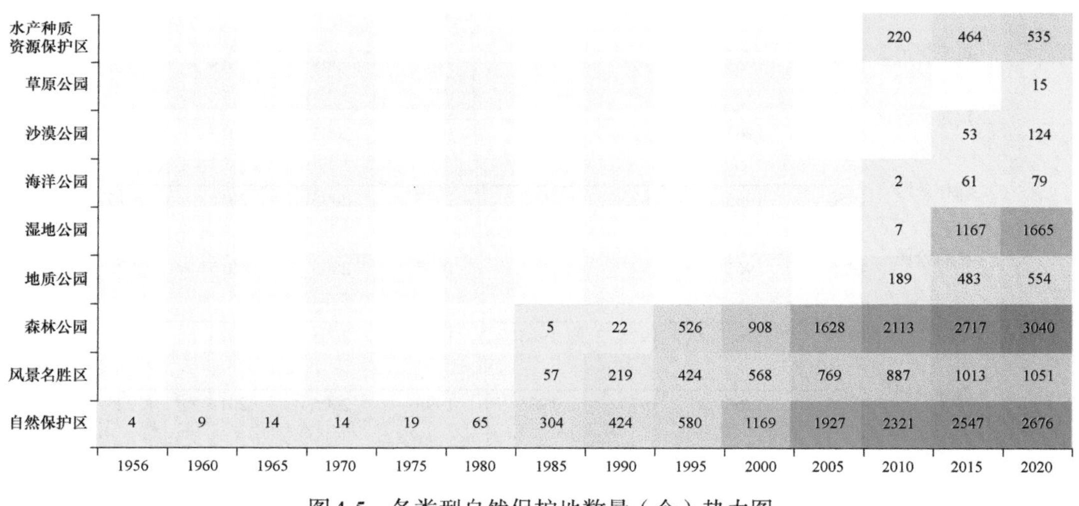

图4-5　各类型自然保护地数量（个）热力图

4.1.1　初期发展阶段（1956～1981年）

自然保护区是我国第一种自然保护地类型。1956年，秉志等科学家在第一届全国

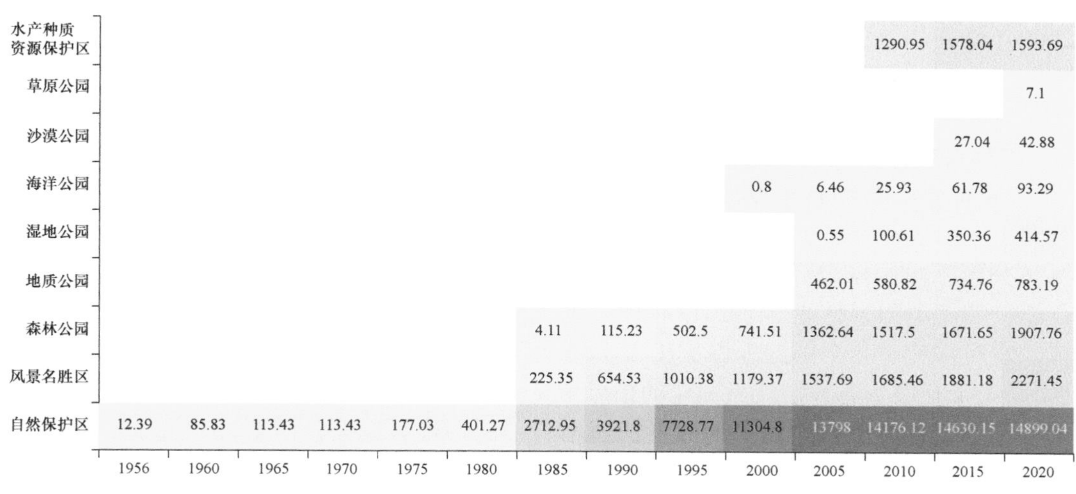

图4-6　各类型自然保护地面积（万hm^2）热力图

人民代表大会第三次会议上提出建立自然保护区的建议。同年10月，林业部牵头制定了《关于天然森林禁伐区（自然保护区）划定草案》《狩猎管理办法（草案）》，明确自然保护区的划定对象、办法和重点地区，同时批建了第一个自然保护区——广东鼎湖山自然保护区，开创了我国自然保护事业的先河。随后国务院颁布的《国务院关于积极保护和合理利用野生动物资源的指示》《森林保护条例》《水产资源繁殖保护条例》等都对建立自然保护区提出了要求。1972年中国政府参加联合国人类环境大会后，生态环境保护得到重视，各有关部门大力推进自然保护区建设，相继建立了管理机构，形成了以林业部门为主，地质（国土）、水产（农业）、环保（建设）、科学院等部门配合的格局。截至1981年底，全国建立各级自然保护区166个，面积6.11万km^2。

4.1.2　快速发展阶段（1982～2012年）

1982年9月，国务院批准建立第一个森林公园——张家界国家森林公园。同年11月，国务院审定公布北京八达岭—十三陵、安徽黄山、杭州西湖等第一批国家重点风景名胜区。自此，我国自然保护地形成了以自然生态系统和野生动植物保护为主的自然保护区、以保护森林景观为主的森林公园、以保护自然与文化相融合的风景资源为主的风景名胜区“三足鼎立”格局。其间，以《中华人民共和国森林法》《中华人民共和国草原法》《中华人民共和国野生动物保护法》《中华人民共和国土地管理法》等为主的自然资源类法律，以污染防治为核心的《中华人民共和国环境保护法》，以及《风景名胜区管理暂行条例》《中华人民共和国自然保护区条例》《森林公园管理办法》《森林和野生动物类型自然保护区管理办法》等行政法规相继颁布，推动我国自然保护地事业进入有法可依、有章可循的新阶段。同时，发布了《中国珍稀濒危保护植物名录（第一册）》《国家重点保护野生动物名录》，颁发了《国务院关于严格保护珍贵稀有野生动物的通令》等文件；相继组织实施了天然林资源保护、退耕还林还草、野生动植物保护及自然保护区建设等重大生态保护修复工程。在一系列法规、政策、工程的引领推动下，自然保护区、森林公园、风景名胜区均呈现快速发展势头，资金投入大幅度增加。截至

2000年底，我国建立各级各类自然保护地约2717处，面积约117.77万km^2。

进入21世纪以来，随着经济社会快速发展，我国生态环境遭到严重破坏，针对资源约束趋紧、环境污染严重、生态系统退化的严峻形势，中央有关部门根据职能相继新设了8种自然保护地类型，分别是地质公园（由国土资源部于2001年设立）、湿地公园（由国家林业局于2005年设立）、水产种质资源保护区（由农业部于2007年设立）、矿山公园（由国土资源部于2007年设立）、海洋特别保护区（由国家海洋局于2001年设立）、海洋公园（由国家海洋局于2001年设立）、沙漠公园（由国家林业局于2013年设立）、石漠公园（由国家林业局于2013年设立）；发布了各类型自然保护地部门规章、标准规范，发布实施了《全国湿地保护工程实施规划》《全国生物物种资源保护与利用规划纲要》《关于开展生态补偿试点工作的指导意见》《全国生态功能区划》等多项生态保护规划、区划，各类型自然保护地数量快速增长，面积稳步提高。截至2013年底，建立各级自然保护地约7099个，面积约190.30万km^2。

4.1.3　改革调整阶段（2013～2020年）

2013年11月，党的十八届三中全会提出“建立国家公园体制”。2017年9月，中共中央办公厅、国务院办公厅印发的《建立国家公园体制总体方案》明确“构建以国家公园为代表的自然保护地体系”。党的十九大报告提出“建立以国家公园为主体的自然保护地体系”。2018年党和国家机构改革组建国家林业和草原局，加挂国家公园管理局牌子，负责管理国家公园等各类自然保护地，结束了“九龙治水”与“多头管理”的局面，实现了由一个部门统一管理的新格局。2019年6月，中共中央办公厅、国务院办公厅印发的《关于建立以国家公园为主体的自然保护地体系的指导意见》提出，创新自然保护地管理体制机制，实施自然保护地统一设置、分级管理、分区管控，把具有国家代表性的重要自然生态系统纳入国家公园体系，实行严格保护，形成以国家公园为主体、自然保护区为基础、各类自然公园为补充的自然保护地管理体系。将结束多种类型鼎立，建立新自然保护地分类系统（三分法）；打破保护利用方式强度混乱的僵局，实行严格保护新模式（管控分区）（图4-7）。

4.1.4　国家公园设立建设阶段（2021年之后）

2021年，在总结评估国家公园体制试点经验基础上，我国正式设立三江源、大熊猫、东北虎豹、海南热带雨林、武夷山第一批5个国家公园，标志着我国国家公园体制落地生根，也标志着从体制试点转向建设新阶段（唐小平，2022）。首批国家公园正式设立以来，强化了生态保护修复，完成了勘界立标和总体规划编制，实施了“天空地”一体化监测监管，整合现有相关保护、科研、监测等力量，基本实现了跨区域、跨流域的统一管理和科学保护，促进了生态保护与民生改善的融合，在各个方面都取得了实质性进展。

三江源国家公园将长江、黄河、澜沧江源头区域全部纳入保护范围，再现源头千湖美景，藏羚、藏原羚、藏野驴等野生动物数量大幅增长。大熊猫国家公园将原分属69个自然保护地、13个局域种群的大熊猫连成一片，较好解决了栖息地破碎化、互不连通、保护空缺等问题。截至2022年，东北虎豹国家公园畅通野生动物迁徙通道，东北

图4-7 2020年自然保护地分布情况

虎、东北豹种群数量分别达到50只以上、60只以上，“虎啸山林”得以重现。海南热带雨林国家公园的雨林生态系统功能逐步恢复，创新推出国家公园综合执法派驻双重管理机制，有效强化了国家公园自然资源资产管理和保护。武夷山国家公园在生态补偿、特许经营等方面不断探索新机制，实现了对武夷山自然生态系统以及世界文化与自然双遗产的整体保护。未来我国将优先在秦岭、黄河口、南岭等生态重要区域创建并设立国家公园，在青藏高原构建国家公园群，积极、稳妥、有序建设全世界最大的国家公园体系。

4.2 自然保护地发展现状

4.2.1 中国自然保护地规模

中国国土辽阔，海域宽广，孕育了复杂多样的生态系统和自然景观，形成了生态特征各异的生态地理区，规模庞大的自然保护地保育了丰富的植物、动物、微生物物种及繁复多彩的生态组合，不仅在保障国家生态安全中发挥了关键作用，还是全人类珍贵的自然遗产。中国自1956年建立第一个自然保护区——鼎湖山自然保护区以来，一直积极推进保护地建设，截至2023年初，按矢量面积统计，全国共有各类自然保护地9734个，总面积22 010.52万hm^2。具体如下。

（1）自然保护区2676个，面积14 898.54万hm^2。其中：国家级自然保护区474个，面积9821.27万hm^2，占自然保护区面积的65.92%；地方级2202个，面积5077.27万hm^2，占自然保护区面积的34.08%。

（2）风景名胜区1051个，面积2271.45万hm^2。其中：国家级风景名胜区244个，面积1026.94万hm^2，占风景名胜区面积的45.21%；地方级风景名胜区807个，总面积1244.51万hm^2，占风景名胜区总面积的54.79%。

（3）森林公园3040个，面积1907.18万hm^2。其中：国家级森林公园904个，面积1302.72万hm^2，占森林公园面积的68.31%；地方级森林公园2136个，总面积604.46万hm^2，占森林公园总面积的31.69%。

（4）地质公园（冰川公园）554个，面积783.19万hm^2。其中：国家级地质公园（冰川公园）281个，面积548.77万hm^2，占地质公园面积的70.07%；地方级地质公园273个，总面积234.42万hm^2，占地质公园总面积的29.93%。

（5）湿地公园1665个，面积414.57万hm^2。其中：国家级湿地公园896个，面积366.03万hm^2，占湿地公园面积的88.29%；地方级湿地公园769个，总面积48.54万hm^2，占湿地公园总面积的11.71%。

（6）海洋特别保护区（海洋公园）79个，面积93.29万hm^2。其中：国家级海洋特别保护区（海洋公园）67个，面积72.28万hm^2，占海洋特别保护区（海洋公园）面积的77.49%；地方级海洋特别保护区（海洋公园）12个，总面积21.01万hm^2，占海洋特别保护区（海洋公园）总面积的22.51%。

（7）沙漠（石漠公园）119个，面积41.51万hm^2，全部为国家级。

（8）草原公园15个，面积7.10万hm^2，全部为国家级。

（9）国家级水产种质资源保护区535个，面积1593.69万hm^2。

从数量上看，我国现有国家级自然保护地3535处，占自然保护地总数的36.32%；6199处地方级自然保护地，占63.68%。国家级自然保护地中，森林公园的数量最多，湿地公园次之，两者总数占国家级自然保护地数量的一半左右；其他依次是国家级水产种质资源保护区、自然保护区、地质公园、风景名胜区、沙漠（石漠）公园、海洋特别保护区（海洋公园）、草原公园。地方级自然保护地中，自然保护区的数量最多，森林公园次之，两者总数占地方级自然保护地数量的69.98%；其他依次是风景名胜区、湿地公园、地质公园、海洋特别保护区（海洋公园）。

从面积上看，我国现有国家级自然保护地面积14 780.31hm^2，占自然保护地总面积的67.15%；地方级自然保护地面积7230.21hm^2，占总面积的32.85%。国家级自然保护地中，自然保护区的面积最大，占国家级自然保护地总面积的66.45%，其他依次是国家级水产种质资源保护区、森林公园、风景名胜区、地质公园（冰川公园）、湿地公园、海洋特别保护区（海洋公园）、沙漠（石漠）公园、草原公园。地方级自然保护地中，自然保护区占地方级自然保护地面积的70.22%，其他依次是风景名胜区、森林公园、地质公园（冰川公园）、湿地公园、海洋特别保护区（海洋公园）。

4.2.2 中国自然保护地分布

采用GIS自然断点法分析显示，我国自然保护地空间分布整体呈现东部密，西部疏，其中我国东部、中部、东南和西南部为中高强度聚集区。由图4-8可知，涉及重叠的自然保护地主要分布于自然保护地核密度的中高度聚集区，在局部区域的聚集特征进一步凸显。

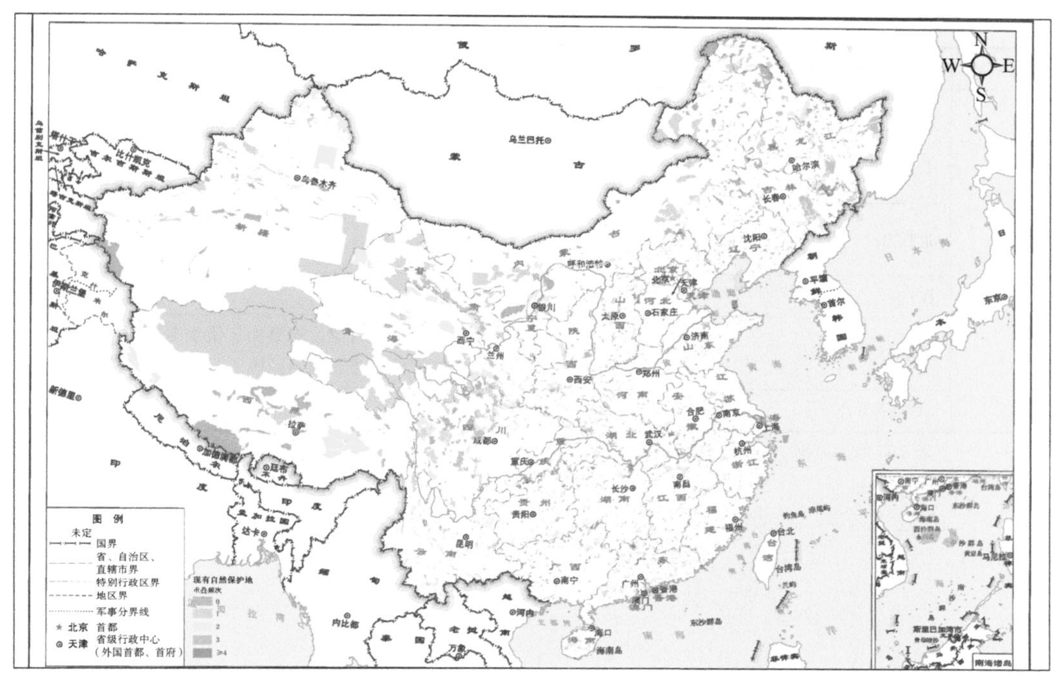

图4-8 重叠自然保护地核密度分布图

叠加山脉、河流、湖泊、自然与人文交融景观后，由图4-9可知，自然保护地间重叠区域具有集中连片的特点，与河流山脉走向基本吻合，与湖泊、自然与人文交融景观镶嵌融合，主要分布于第二、三阶梯，形成“四纵六横”格局（图4-10）。纵线包括祁连山—横断山脉、大兴安岭—燕山—太行山—巫山—武陵山—雪峰山、长白山—泰山—罗霄山—武夷山—五指山、海岸带，横线包括小兴安岭、黄河、长江、秦岭—大巴山、南岭、珠江。这些区域山脉起伏较大、河流湖泊切割较深、陆海交界，使得形成了较多的生态交错区，空间异质性较高，自然资源丰富、生物多样性富集，人文资源禀赋多样，自然保护地呈现出向河流湖泊、山脉以及海岸线聚集的特征。由图4-11可知，各省的交界处也是重叠热点区域，特别是陕晋豫冀交界处，陕青交界处，豫、湘、渝周边省界，浙闽皖赣鄂豫交界处保护地重叠程度较高（表4-1）。

表4-1 自然保护地间重叠区域空间格局统计表

空间格局	二级空间格局	典型重叠区域	备注
四纵	Ⅰ祁连山—横断山脉	贡嘎山、雅鲁藏布大峡谷、四姑娘山、沙鲁里山、海子山、三江并流、岷山、九寨沟等区域	第一和第二阶梯分界线
	Ⅱ大兴安岭—燕山—太行山—巫山—武陵山—雪峰山	呼中、阿尔山、塞罕坝、燕山、野三坡、太行山、张家界、梵净山、雪峰山等区域	第二和第三阶梯分界线
	Ⅲ长白山—泰山—罗霄山—武夷山—五指山	莲花湖、镜泊湖、松花湖、泰山、九岭山、武功山、井冈山、罗霄山、三清山、武夷山等区域	—
	Ⅳ海岸带	辽河口、黄河口、长江口、舟山、浙江南麂列岛、平潭海岛、鼓浪屿、珠江口、雷州湾、北部湾等区域	—

续表

空间格局	二级空间格局	典型重叠区域	备注
六横	Ⅰ小兴安岭	五大连池、红星湿地、大沾河、石林、小兴安岭红松林等区域	—
	Ⅱ黄河	黄河三峡、贺兰山、河套、乌拉山、关帝山、三门峡、黄河湿地（河南段及鲁豫交界段）、东平湖、黄河口等区域	—
	Ⅲ长江	赤水、古剑山、金佛山、巫山、清江、洞庭湖、鄱阳湖、升金湖、太湖、长江口等区域	—
	Ⅳ珠江	罗平、大瑶山、西江、珠江口等区域	—
	Ⅴ秦岭—大巴山	天水、嘉陵江源、太白山、黑河、牛背梁、玉皇山、伏牛山、青木川、米仓山、诺水河、堵河源、神农架等区域	—
	Ⅵ南岭	莽山、南岭、丹霞山等区域	—

注：“—”表示此处无数据

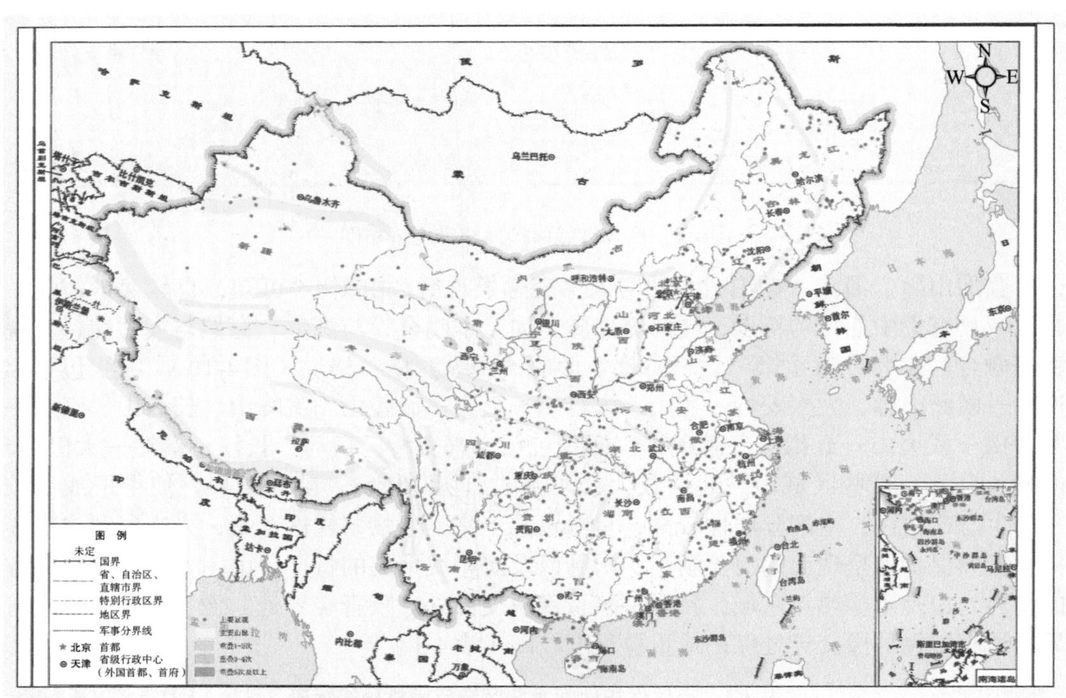

图4-9　现有自然保护地重叠区域与主要山脉、河流、湖泊、自然与人文交融景观关系图

4.3　自然保护地现状分析

虽然中国现有自然保护地类型多、数量大、分布广，保护成就斐然，但是自然保护地体系还存在着诸多问题，包括保护地面积小、保护地空间重叠、部门交叉管理等。这些问题从一定程度上阻碍了保护管理效能的发挥，自然生态系统和生物多样性等依然面临威胁，高质量的生态产品供给不足。因此，亟须通过梳理、分析现有自然保护地状况

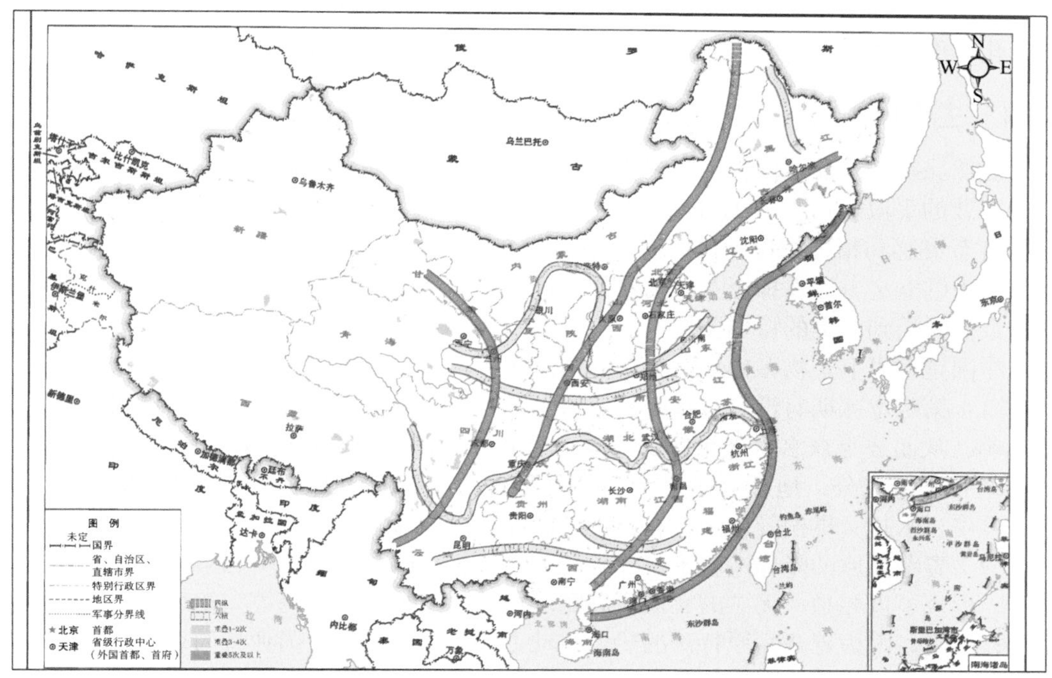

图4-10　重叠区域“四纵六横”格局图

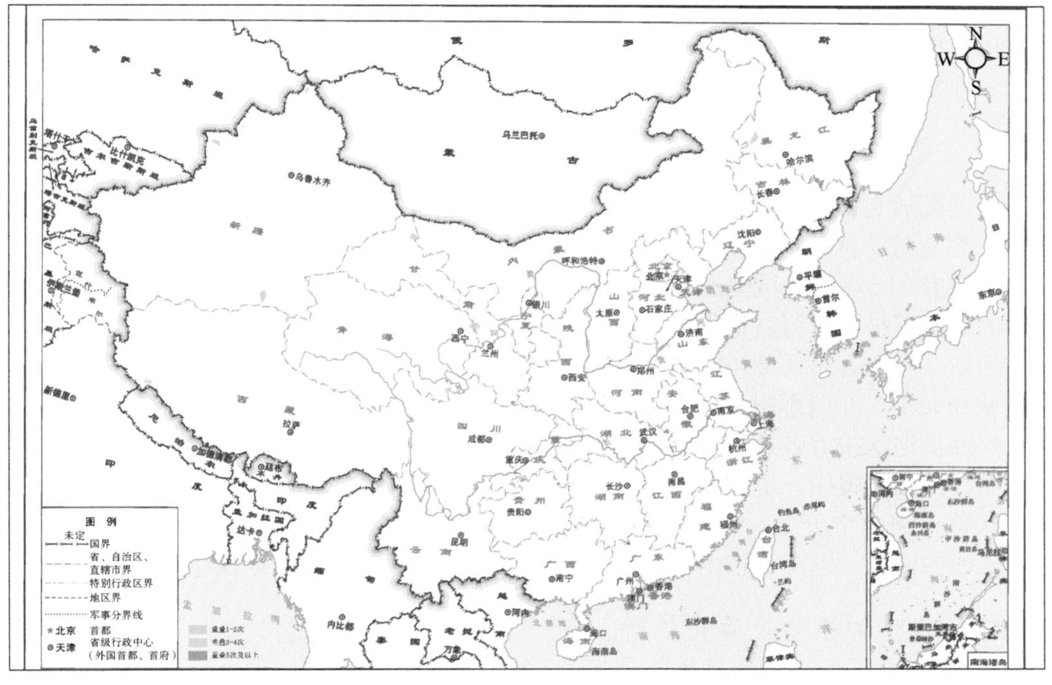

图4-11　省界自然保护地重叠分布图

与存在的问题，构建新型自然保护地体系，解决中国目前自然保护地空间破碎化、管理碎片化、保护效率不高的问题，为子孙后代保存珍贵的自然遗产。

4.3.1 主要成就

自然保护区是就地保护生物多样性的战略基地，也是现有条件下人类保护自然原真性最有效的手段。正如2003年第五届世界公园大会《德班协定》指出的那样："我们见证最富有灵感和精神的保护区，有着最为关键的物种和生态系统的生存，在确保食物、空气和水的安全方面发挥至关重要作用，还有最独特的文化和自然遗产。因此，自然保护区最值得受到人类的特别关怀。"

中国是世界上生物多样性最丰富的国家之一，这主要缘于以下两个因素。

（1）第四纪冰期时没有直接受到北方大陆冰盖的破坏，只受到山岳冰川和气候波动的影响，从而成为众多古老生物的避难所，致使中国动植物具有种类丰富，起源古老，多古老和孑遗成分，地理分布复杂，分布交错混杂和特有成分比较繁多等特征，大熊猫、羚牛、水杉、珙桐等众多特有物种得以保存至今。

（2）青藏高原的隆起造就了世界独特的高地（高山与高原）生态系统，成为地球的屋脊，形成了世界独一无二的大规模高寒湿地，以及长江、黄河等完整的内陆河流生态系统；同时，因为青藏高原特殊的热力与动力作用还造就了中国独特的季风气候（东南季风、西南季风），形成并维持了世界极具特色的以亚热带山地为基带的、以常绿阔叶林为基底的生态系统，形成了世界副热带高压下荒漠的变体——北温带荒漠。

中国自然保护区建设的根本目标就是保护中国独特的生物资源与自然遗产，保护具有全球或区域代表性的典型生态系统，保护濒危及受威胁的物种及其生境，保护各类遗传基因。60年来，中国自然保护区从无到有、从弱到强，在保护自然瑰宝、捍卫生态安全、守住未来福祉等方面都发挥着至关重要的作用，具有以下十大贡献。

4.3.1.1 基本实现生态系统类型完整保护

中国陆域自然生态系统按覆盖类型（到植物群系）大致可以分为539种（含森林、竹林、灌丛与灌草丛、荒漠、高山高原等），水域与湿地自然生态系统可以分为165种。初步统计有91.5%的陆域生态系统类型和90.8%的水域与湿地生态系统类型已纳入有代表性的自然保护地进行就地保护，西藏羌塘、青海三江源、新疆塔什库尔干塔吉克、新疆哈纳斯、青海省东北部与甘肃省西部边境祁连山、内蒙古锡林郭勒、黑龙江三江、江苏盐城和大丰、江西鄱阳湖、湖北神农架、贵州草海、云南西双版纳、广东湛江红树林等自然保护地保护着各地带最典型的自然生态系统，吉林长白山、河北小五台、云南高黎贡山、四川贡嘎山、贵州梵净山、西藏雅鲁藏布大峡谷、新疆西天山、陕西秦岭自然保护区群、河南宝天曼、广西猫儿山、湖南莽山、江西与福建西北部两省交界处武夷山、江西井冈山、海南五指山等自然保护地保护了各地带最完整的山地植被垂直带谱。

4.3.1.2 野生动植物最后庇护所

中国是世界上动植物物种最为丰富的国家之一，约有34 792种高等植物、2000余种地衣、10 000余种真菌；还有约7516种脊椎动物、5万余种无脊椎动物、15万种昆虫。但中国也是濒危野生动植物物种大国，中国科学院2013年发布的研究表明，中国涉及灭绝等级的植物有52种，受威胁植物有3767种，需要重点关注和保护的高等植物达10 102种，约占评估植物总数的39.3%；中国涉及灭绝等级的陆栖脊椎野生动物36种，濒危级动物835种，受威胁级动物407种，需关注级动物387种，约占评估动物总数的62.1%。参照珍贵、稀有和濒危程度等因素，依法列入《国家重点保护野生植物名录》的有455种和40类，列入《国家重点保护野生动物名录》的有980种和8类，还有一批由地方实行重点保护和列入濒危物种限制国际贸易的野生动植物物种。

据统计，目前有65%的高等植物群落类型和85%的野生动物种类在自然保护地内得到了保护，国家重点保护野生动植物种类的保护率达到89%。中国约75种极度濒危野生动物有88%纳入了自然保护地保护，平均保护了64%以上的野生种群。大熊猫分布区先后建立了58个自然保护区，保护了66.8%的野生大熊猫种群和53.8%的栖息地。全国有120余种极小种群野生植物，全部或部分野生种群分布在自然保护区内的占64%；水杉、银杉、铁杉、苏铁、连香树等重要珍稀野生植物的大部分原生地都建立了自然保护地。大熊猫、东北虎、亚洲象、藏羚、扬子鳄等旗舰种由于自然保护地的有效保护，其野生种群都在稳步增长，栖息地在不断改善和扩大；朱鹮、长臂猿、普氏原羚、苏铁等珍稀濒危物种因自然保护地的最后庇护而死里逃生；麋鹿、野马曾经野外灭绝，通过江苏大丰、湖北石首、新疆卡山等自然保护区的重新引入，实现了野外已经消失的物种重新回归大自然。四川卧龙的大熊猫、吉林珲春东北虎、甘肃盐池湾雪豹（*Panthera uncia*）、云南白马雪山的滇金丝猴、海南霸王岭长臂猿、青海可可西里藏羚、安徽宣城扬子鳄、江西桃红岭梅花鹿、黑龙江扎龙丹顶鹤、山东荣成大天鹅、山西庞泉沟褐马鸡、辽宁大连斑海豹，以及湖北星斗山的水杉、广西花坪银杉、湖北后河珙桐、贵州赤水桫椤、四川攀枝花苏铁、广西雅长兰科植物、吉林龙井天佛指山松茸等自然保护地都因有效保护明星物种而璀璨夺目。

4.3.1.3　生物物种自然基因库

中国是世界动植物遗传资源王国，是世界上主要作物起源中心，全国有农林作物及其野生近缘植物数千种；也是世界上观赏植物资源多样性最丰富的国家之一，估计原产中国的观赏植物种类达7000种以上，如世界200余种蔷薇原产中国82种，全球900余种杜鹃原产中国530种，中国百合种质资源占全球一半以上。自然保护地的建设强化了生物物种资源及遗传基因的就地保护，许多具有极高价值的野生种质资源和基因都纳入自然保护地体系进行了有效保护，还建立了一批以蜜蜂、蝴蝶、松茸、野生稻、野大豆、野生苹果、野生茶、野山参、野生药材物种、经济动植物或种质资源为主要保护对象的自然保护地，黑龙江饶河黑蜂、黑龙江科洛南山五味子、云南药山的野生药材、浙江大盘山的药用植物、云南哀牢山古茶树、新疆额敏野苹果、新疆西天山野核桃、江西东乡野生稻等自然保护地都是典型的特有物种基因宝库。

4.3.1.4　保存最具科学美学价值的自然遗迹

自然保护地加强了对具有特殊保护价值的海域、海岸、岛屿、湿地、内陆水域、森林、草原和荒漠，以及具有重大科学文化价值的地质构造、著名溶洞、化石分布区、冰川、火山、温泉等自然遗迹的保护，许多自然保护地因其优美、独特的自然景观具有极高的艺术价值，《中国国家地理》“中国最美的地方”、《森林与人类》“中国最美森林”、中央电视台“最有魅力湿地”等评选大多涉及自然保护地，西藏雅鲁藏布大峡谷、新疆塔什库尔干的乔戈里峰、新疆博格达峰天池、青海青海湖、四川贡嘎山海螺沟冰川、张家界索溪峪十里画廊、河南南阳恐龙蛋化石群、广东丹霞山、贵州茂兰喀斯特、辽宁双台河口的红海滩、海南东寨港的红树林等自然保护地成为国家亮丽的自然名片，有助于唤起爱国意识，激发创作灵感，推动自然科学知识的普及。

4.3.1.5　守住传给未来的珍贵自然遗产

1）世界自然遗产

随着自然保护事业的发展，中国已有不少珍贵、特有的野生动植物物种和自然生态系统及天然景观区域成为世界自然遗产，福建武夷山、贵州茂兰等35处自然保护地成为世界遗产的重要组成部分，如云南三江并流世界自然遗产地就涉及云南高黎贡山、白马雪山、碧塔海、哈巴雪山、云岭5个自然保护区，四川大熊猫栖息地世界自然遗产地涉及四川卧龙、蜂桶寨、四姑娘山、大风顶、喇叭河、黑水河、金汤孔玉、草坡8个自然保护区。

2）人与生物圈保护区

广东鼎湖山、甘肃白水江等33处保护地加入了联合国教科文组织世界生物圈保护区网络，吉林向海等46处保护区列入国际重要湿地名录。全国自然保护地体系还保护了众多国家和地方遗产，包括文化和自然遗产地、重点文物保护单位、历史文化名镇名村和非物质文化遗产等，如江西庐山的历史名人文化、湖北武当山的道教文化、湖南都庞岭的女书文化、新疆喀纳斯图瓦人村寨。

3）国际重要湿地

此外，许多道法自然、天人合一的传统农耕、渔猎、牧守生产模式在自然保护地内也得到了很好的保护，如陕西洋县的朱鹮—稻作模式、云南大山包的黑颈鹤—旱作模式、湖北星斗山的水杉—溪沟模式、内蒙古汗马驯鹿—苔藓模式、山东长岛的耕海—牧渔模式等，人与自然和谐，实现了国家文化和自然遗产的有效保护和可持续利用。

自然保护地已经成为增进国家认同感、增强文化自信、提升民族凝聚力、建设中华民族共有精神家园的重要支撑。

4.3.1.6　储备国家可持续发展的战略资源

中国的自然保护地是自然资源宝库，在设立过程中储存了森林、湿地、草原、淡水、生物、矿产等众多自然资源。自然保护地内的森林面积已占到全国森林面积的15.1%，占到天然林的28.7%，这是中国自然度最高、物种最丰富、价值最高、景观最美、效益最好、品质最精华的森林。自然保护地还保护了中国1634万hm^2的湿地，占全国湿地面积的30%，其中自然湿地1540万hm^2，占到全国自然湿地的33%，40%的沼泽湿地和30%的湖泊湿地都在自然保护区内得到了有效保护。自然保护地还保护了约30%的荒漠植被、11%的草原，这都是自然资源的精华所在。此外，中国大兴安岭、天山、昆仑山、雅鲁藏布江、南岭、祁连山、滇西南三江流域、武夷山等主要成矿带也是自然保护地覆盖率最高的区域，一大批金、银、钨、铜等矿产资源都储备在保护地内。还有诸如重庆大巴山的生物资源、吉林长白山的矿泉水资源、四川若尔盖的泥炭资源等，都为人类社会的可持续发展储藏了丰富的物质财富。

4.3.1.7　提供惠及社区的民生福祉

自然保护地优美的自然景观和良好的生态环境，给当地和周边社区发展带来了众多优质、独特的生态产品。中国大多数的自然保护地在实验区利用自身独特的资源优势，适度开展多种经营和生态旅游，有效地带动了社区群众生计水平的提升，保护地内的社区群众收入远远高于保护地外，保护地的发展带动了地方经济的发展。如四川九寨沟、黄龙寺利用独特的自然景观开展生态旅游，每年旅游人数达120万人次以上，税收达2.2亿元。福建武夷山、浙江天目山、江西井冈山、湖南壶瓶山等保护地对毛竹茶叶进行合理的开发利用，青海三江源、四川格西沟、黑龙江丰林、辽宁老秃顶子等保护地合理采集虫草、松茸、松子、蘑菇、林蛙、药材等野生资源，陕西太白山、浙江古田山等保护地种植茯苓、铁皮石斛等仿野生资源。四川王朗、贵州梵净山等成为首批全国森林康养基地试点建设单位。通过生态旅游、资源合理利用等为社区提供就业机会，并改善当地居民生活，有效促进了地方经济发展和农民致富。

4.3.1.8　成为生态科普教育的天然大课堂

中国的自然保护地已成为普及自然科学知识、宣传人与自然和谐相处的重要阵地，众多自然保护地成了大专院校、科研机构教学科研实习的天然实验室和基地。几乎所有国家级自然保护区和部分地方自然保护区都建有较完善的访客中心、宣教中心，部分自然保护区建立了博物馆、自然馆、生态馆等。全国有150余处自然保护地被列为中国科学技术协会、共青团中央全国科普教育基地、生态教育基地、环境教育基地、青少年教育基地等，四川唐家河等43个自然保护地被列为全国野生动物保护科普教育基地，江苏大丰麋鹿、山东黄河三角洲等18个自然保护地被列为国家生态文明教育基地，还有众多自然保护地被省、市、县各级政府开辟为各类科普教育、环境教育基地，通过现地灵活设计生态教育课程、现地生态体验等对公众进行教育和培训，普及科学知识，弘扬先进文化，推动中国公众生态教育事业的发展。

4.3.1.9　构成中国生态安全屏障的基本骨架

中国的自然保护地大多位于生态区位极为重要、生态环境非常脆弱的地带，随着自然保护地规模不断扩大和覆盖区域的逐渐增加，生态功能不断放大，自然保护地网络逐渐成为国家生态安全屏障的基本骨架，自然保护地成为中国生态安全空间格局的重要节点。全国25个重点生态功能区规划了379.7万km^2，自然保护地就覆盖了87.4万km^2，保护率达到23%。长江、黄河、澜沧江、珠江、雅鲁藏布江等重要大江大河源头生态系统都建立了自然保护地，诸如三江源、珠江源、淮河源、闽江源、辽河源等；东北大小兴安岭和长白山区、横断山区、南岭山地等天然林都在自然保护地内得以保护保育；还在北方风沙沿线设立了红花尔基、大青沟、章古台、塞罕坝、大青山、乌拉特、哈腾套海、民勤连古城、东阿拉善、额济纳胡杨林、甘家湖梭梭林、艾比湖等一批自然保护地，像一串璀璨的明珠构筑了北方生态安全屏障；在中国1.8万km的海岸线上，设立了鸭绿江口、双台河口、莱州湾湿地、黄河三角洲、盐城湿地、崇明东滩、闽江河口湿地、章江源、惠东港口海龟、珠江口中华白海豚、湛江红树林、内伶仃福田、北仑河口、山口等100余个自然保护地，13.3%的沿海区域和69%的红树林都在保护地内得到了保护，为有效抵御风暴潮等灾害侵袭发挥了重要作用。国家以自然保护地作为重点支持区域，实施野生动植物保护、天然林保护、退耕还林还草、矿山环境治理等生态保护工程和森林、草原、湿地生态保护奖补、生态保护补偿等政策，进一步强化了自然保护地的生态屏障地位。

4.3.1.10　供给优质高效的生态服务

生态系统服务包括可以直接影响人类收益的供给服务（如食物、水、木材等）、调节服务（如调节气候、洪涝等）、文化服务（如美学享受、消遣等）以及维持其他服务所必需的支持服务（如生物多样性、土壤形成、养分循环等）。自然保护地拥有优质的生态资产，比其他区域具有更加重要的生态服务价值和生态调节功能，对维持生态系统格局、功能和过程具有重要意义。据对青海三江源自然保护区的评估，保护区总生态资产5.92万亿元，每年产生的服务价值达1696亿元，占到全省生态服务总值的23%，自然保护地内单位面积服务价值比全省高8%。广东、海南、云南等省和许多自然保护地都对生态服务价值评估进行了研究和实践，基本结论是，保护地内的单位面积生态服务价值要比区外同类系统高得多，主要得益于自然保护地内具有优质的生态资本、良性的系统结构，从而带来更高的供给、调节和支持功能，特别是具有较高的生物多样性和文化服务价值。

4.3.2　存在问题

4.3.2.1　保护地缺乏统一规划

从国家尺度来看，各类自然保护地中仅自然保护区具有系统的空间规划。在《中国自然保护区发展规划纲要（1996—2010年）》出台后，环境保护部（现生态环境部）与国家林业局（现国家林业和草原局）先后制定了《全国环保系统国家级自然保护区发展规划（1999—2030年）》与《全国林业自然保护区发展规划（2006—2030年）》，各自对自然保护区的空间布局与数量作出了规划。1997～2007年，自然保护区数量激增。其他类型自然保护地均由职能部门与行政辖区各自制定规划，保护地类型多样但各类型的功能定位交叉，相互之间缺乏沟通与联动，甚至形成部门之间、地方之间的竞争关系（马童慧，2019）。

从现有自然保护地法律规范来看，仅有森林公园、沙漠公园和沙化土地封禁保护区这三类保护地要求其总体规划、地域边界不得与自然保护区及其他已批准设立的自然保护地相重叠，其余类型自然保护地并未如此规定，导致实践中许多自然保护地的空间重复规划（汪劲，2020）。就自然保护地空间规划重叠的类型来说，可以分为空间重叠和功能重叠（鄢德奎，2022）。在空间重叠方面，不同类型的保护地空间重叠包括同一区域保护地完全重叠、同一区域内保护地嵌套包含以及同一区域保护地相邻，自然保护区与风景名胜区、地质遗产与自然遗迹、水产种质资源保护区与海洋生态保护区等相关自然保护地空间均存在重叠交错的情形（鄢德奎，2022）。在功能重叠方面，自然保护区与地质遗迹、自然遗迹，风景名胜区与水利风景区、草原风景区等相关自然保护地的部分功能定位存在交叉，同时保护地“一地多牌”的现象普遍，导致多头管理、定位矛盾、管理目标模糊。

中国保护地发展历史长于综合的国土空间规划，由于国土空间规划发展起步较晚，因此尚未对国家自然保护地体系进行统一布局，既缺乏对保护地自然生态空间的系统规划与明确定位，也缺乏与自然生态保护相一致的城镇市政发展规划。国土空间与国家保护地体系规划滞后且不统一，由此导致中国保护地多由部门发起、建设，交叉重叠现象严重，功能定位雷同，没有形成自然保护地有机体系。

4.3.2.2　保护地保护成效待提高

中国是保护国际（Conservation International，CI）1998年提出的17个超级生物多样性国家之一，在不同的生物多样性国家排名中一般位于前10名。世界自然基金会（World Wide Fund for Nature or World Wildlife Fund，WWF）发布的《地球生命力报告·中国2015》指出，中国具有丰富生物多样性的同时，也是全球生物多样性丧失最为严重的国家之一。自然保护地是世界各国为有效保护生物多样性而划定并实施管理的区域（王伟等，2016），我国虽然也建设了规模庞大的自然保护地，但缺乏详尽的保护地优先建设区域分析，存在一定的保护空缺，加之保护地管理能力的不足，导致保护地的建设未能与保护需求完全匹配，因此在中国保护地迅速增长的同时，其保护成效却并未让人满意。

我国现有的自然保护地仅保护了21.8%的自然保护关键区域，仍有78.2%的区域位于保护地以外，在生态系统保护、物种多样性保护、自然遗迹与自然景观保护、生态系统服务功能保护等方面均存在较大空缺。

（1）保护地对关键自然生态系统的总体保护比例为21.9%，对森林生态系统和草原生态系统的保护比例较低，分别为17%和26%，在东部森林分布区、北部草原分布区存在较大的保护空缺。

（2）保护地对物种多样性关键区域的覆盖比例为20.81%，我国有20%左右的物种，其栖息地保护比例低于10%，至少有45种物种尚未在保护地中得到保护，特别是东部地区在物种多样性保护方面存在较大的保护空缺。

（3）保护地对自然遗迹的覆盖比例为62.4%，相较覆盖比例达93.8%的自然景观，自然遗迹的保护空缺较大。

（4）保护地对生态系统服务功能的保护比例处于较低水平，水源涵养、土壤保持、防风固沙、洪水调蓄这四种主要生态系统服务功能的极重要区保护比例分别为20.0%、24.4%、11.6%和42.8%，综合来看仅有21.0%的生态系统服务功能极重要区被自然保护地覆盖。

除了保护空缺导致的保护地保护成效不佳，保护地管理能力方面的不足也影响着保护成效的提高。各级各类自然保护地设立的历史条件不等，众多的自然保护地分布于边远落后地区，因此在管理能力上存在的问题较为普遍。

（1）保护地管理能力建设不均衡，保护管理水平不高。国家级、省级等各级保护地管理能力参差不齐，在日常管理制度、保护目标与管理计划制定、人事激励与人员培训、基础设施建设与设备使用等管理能力建设的各个方面均不完善。

（2）机构建设不全，人员配备不完善。保护地的管理机构不够健全，管理人员不足，业务素质不高，不能适应当前保护地建设与管理事业发展的客观需要。

（3）土地权属管理有待进一步完善。保护地存在边界不清、土地权属争端、土地所有权与使用权或管理权分离等问题。

（4）资源管护执法权限不足。诸多保护地没有行政执法权，缺乏执法队伍建设，执法不力、执法不畅的现象多有存在。

（5）管理资金投入不足。长期以来，保护地工作投入力度不够、经费来源不稳定，保护地事业费和基本建设费用没有得到有效保障。

（6）资源本底不清，科研宣教水平较低。科研监测和宣传教育大部分集中在国家级的保护地，部分保护地仅停留在简单看护阶段，科研监测工作水平低，与国际先进水平相比有较大差距。

（7）社区管理工作滞后。保护地的保护工作与社区发展存在矛盾，管理难度较大，社区共管任重道远（刘文敬等，2011）。

4.3.2.3　保护地管理制度待完善

从三大生态系统来看，中国的森林、湿地和海洋均面临着不同程度的威胁，包括已建保护地范围内的生态系统，亟须提高已建成的保护地体系保护质量。当前国土空间规划中缺乏对保护地体系的优先保护区域、不可替代性等进行评估，确定保护空缺并统一空间布局。同时保护地体系未实行国家统一的管理，导致保护地建设在国家层面与地方政府之间缺乏自上而下的顶层设计与系统布局，而在地方政府与社区居民之间则缺乏自下而上的公共参与及协调合作。2005年以后，不同保护地类型更加多样，保护地的建设与管理进一步分化，“部门分治，地区割治”的现象更加严重，使得保护地管理有效性难以得到保障。

在管理的规范与标准方面，不同类型、不同级别的保护地管理主体通常各自制定自然资源保护和保护地管理的技术标准与管理方式，导致相同类型、相同保护对象、相同保护价值的生态系统，却因管理部门不同，而存在巨大的管理差异。由于缺乏统一的国家保护地分类标准、等级划分、建设与管理标准等，保护地生态系统的自然属性未得到充分认识和尊重，保护地管理的科学性受到了较大影响，不同部门在保护地管理上存在各自为政的现象，因此难以从宏观上、总体上对全国的自然资源状况进行科学分类管理。

究其根源，则是缺乏统一的保护地治理体系。例如，在法规方面，中国目前尚没有一部自然保护的综合类基本法，也没有一部针对特定类型保护地的法律，保护地相关法规的法律位阶低于众多的单一资源主体法律，如水法、森林法、野生动植物法等。此外，在政策制定上，虽然生态文明战略为保护地的建设提供了契机，但不同部门之间单独制定保护地政策的局面仍然存在。

综上所述，现有保护地体系亟须新的机制和政策保障，以完善保护地治理体系为根本，对国土空间布局进行规划，并对全部保护地提出统一的管理标准，以满足当前国土生态安全与绿色发展的需求，适应生态文明建设的形势。

4.3.2.4　生态系统破碎化较严重

"山水林田湖草沙"是一个生命共同体。生态系统的生态组分、生态过程具有其固有的时空格局，其组分的分布与相互作用过程在空间上是一个整体，生态系统的保护应充分考虑其完整性。针对单一组分的资源保护、管理或利用，以及针对单一片区的管理，会造成生态系统破碎化，无法有效发挥其生态系统服务功能。长期以来，自然保护地重叠设置、多头管理现象普遍，权责不清，严重影响管理效能。在同一区域设立了不同层级、隶属不同系统的多个管理机构，造成管理机构和权限交叉重叠、一地多牌、政出多门等问题。经空间分析，全国4838个自然保护地涉及区域交叉空间重叠，占全国自然保护地总数的49.70%，这造成了生态系统破碎化现象严重。

1）生态系统要素管理破碎化

由于中国行政管理机制设置以资源类型为主导，形成了典型的农林水土等不同资源为主要管理对象的政府部门体系。由此，也就形成了各部门从单一生态系统要素出发的管理思路，其主要管辖的资源类型成为该部门保护地的单一保护对象或资源利用对象，包括野生动物、森林、湿地、景观、遗迹等；或其主要管辖的服务需求仅关注保护地的某一特定生态系统服务，如供水、旅游等。这一特点导致现有保护地的命名方式也按管理部门的职能命名，即便是对于较为综合的自然保护区，其命名也往往标明其主要保护对象，无论是物种还是生态系统。依据统计结果，当前约有占总数22%的保护地存在部门交叉管理情况，即每5个保护地中有1个存在部门交叉的多头管理情况。众多交叉管理的保护地实际管辖了数百个生态系统，这些生态系统的管理存在要素破碎化（马童慧，2019）。

不同职能部门其保护地往往采取要素式的管理模式，从一定程度上体现了管理部门的行业领域专业性，但也带来了生态系统结构上的破碎化（马童慧，2019）。生态系统是一个高度复杂的综合系统，任何一块区域都无法将森林、湿地、物种、水文、景观、地质等因素隔离开。若缺乏生态系统整体性概念，仅以目标自然资源为导向设置保护地，就不能覆盖完整生态系统，甚至对目标自然资源至关重要的关键自然资源也未纳入保护关注。以要素为单元进行管理，不可避免地导致了同一个保护地由多个部门分管资源。程序上重复上报、地域上缺乏整合，各类保护地之间交叉重叠、破碎管理、功能不清、政出多门、多头管理的现象普遍，甚至保护价值越高的保护地更易存在"一地多牌多主"的现象。

2）生态系统空间管理破碎化

中国的保护地均为属地管理体制，由此形成了单一管辖片区为出发点的保护地范围划定方式，分级管理弱于属地管理。一方面，跨多个属地的同一生态系统，因属地分割由多个地方政府管辖；另一方面，同一类型保护地，在不同区域因属地政府的分工设置，交由不同类型的职能部门管理。

实际运行中，中国保护地的分级管理体系只是停留在名义上。大部分保护地，无论是国家级还是地方级，其管理权均在地方政府。不仅人事任免主要由地方政府的有关职能部门负责，而且主要的经费一般也都来自于省市县级地方政府。通常国家对国家级保护地的财政拨款会相对较多，主要用于基础设施建设以及专项经费，但其他资金来源基本由所在地的政府负责。而地方级保护地则很难申请到国家的拨款，其事业费以及野生动物危害赔偿费等各项费用都主要由与保护地级别相应的地方政府提供（魏钰和苏杨，2012）。

名义分级管理体制导致保护地管理机构的财权事权不相称，也给地方政府带来了巨大压力。地方政府不仅承担着保护地的财政和人事，还要负责保护地的实际运作。而与这种名义分级管理不相称的，是国家实行的分税制财政管理体制。中国的分税制开始于1994年，其本质是提高中央财政收入占整个财政收入的比重，目的是加强中央政府对税收来源的控制、提高地方政府征税的积极性。这一制度直接导致了中央对地方政府的财政投资日益减少，地方政府的收入逐渐走低。地方政府不得不将其目光投向市场，寻求各种市场化条件下的经营性收入，以创收求生存。在此背景下，自然生态环境的保护被边缘化，地方政府不但不能很好地成为环境的守卫者，在某些情况下反而成为资源的掠夺者，保护地的公益性也就无法保证（魏钰和苏杨，2012）。

3）缺乏生态系统连通性认识

中国自然保护地空间布局不尽合理，长期以来，自然保护地是由地方自愿申请、经上级批准而设立的，缺少顶层设计，全国性的系统布局不够，存在保护空缺。部分生物多样性富集、典型生态系统分布区域，一些野生动物重要栖息地、野生植物关键生境和重要生态廊道，部分有重要科学、美学、科普教育价值的地质遗迹，以及海洋重要生态区域尚未纳入自然保护地体系（邱胜荣和唐小平，2020）。

除直接接壤的连通外，保护地的生态系统之间也存在多种多样的连通方式，如通过迁徙物种、集合种群物种等生物联系，或通过地下水、植被廊道等生态联系。当前的保护地设置往往只以现地生态系统为目标范围，而对存在生物地球化学联系的周边保护地或存在远距离生物联系的保护地并无统筹考虑。具体表现为，尽管存在明显的物种联系，但是毗邻的保护地群各自独立设置，或同属迁飞或洄游路线的生态系统，未考虑整体的空间布局。

4.3.2.5　保护与发展矛盾难协调

自然保护地在有效保护自然资源、生态系统和生物多样性的同时，积累了大量历史遗留问题。当前中国的保护地功能定位简单，大多在管理实践中对保护与发展持互斥理念，未能综合统筹、协调生态系统服务需求，且保护地管理系统的分类也同样简单、模糊。由于不能正视保护地的多种功能，各保护地的设立标准与管制办法对面积、功能分区等进行了不切实际的规定，一方面限制了保护地的可选空间，另一方面也影响了保护地原有居住人口的生产生活。城乡建设、工农业生产、居民生活与保护管理矛盾冲突尖锐，严重影响依法科学高效保护管理，制约经济社会发展。

除自然保护区、国家水产种质资源保护区、饮用水水源地及少量其他保护区以外，中国其余类型保护地名称中均含有“风景”或“公园”，即中国60%以上的保护地具有大众旅游的功能。大部分保护地均承担了旅游功能，但依据传统理念，保护地以保护为主，景区与公园以旅游为主，由此形成了保护区不能发展旅游、景区与公园几乎忽视保护的局面。一方面，风景名胜区是与其他类型保护地交叉数量最多的保护地，其与森林公园、自然保护区、地质公园等保护地的大量交叉，说明保护地所在的生态系统具有很强的旅游功能。另一方面，中国247个5A级景区中，58.7%为自然保护地。自然保护区也在其中，其比例高达15.79%。此外，国家生态旅游示范中的保护地数据分析结果表明，拥有自然保护区与风景名胜区的生态旅游示范区分别占53%与37%。而500个国家全域旅游示范区内共有保护地1018个，覆盖保护地的39%。上述数据表明，中国的自然保护地是旅游的主要载体，然而保护地的功能定位并未能平衡保护与旅游活动。

特别需要提出的是，《中华人民共和国自然保护区条例》采用三圈功能分区模式，已难以适应当前中国的社会发展与生态保护形势。部分保护物种在上千年的进化中，形成了与人类活动相关的栖息地选择偏好，如稻田。而完全排斥生态系统社区发展的功能，直接取消人为活动，也会影响到保护物种的栖息繁衍。

中国是一个发展中的人口大国，中国的保护地事业必须要放在人口基数庞大、发展需求迫切的大背景下考虑。具有重大生态价值的自然资源多处于地理位置偏远的乡村区域，多数保护地在建立初期其周围的社区就极为贫困，保护与发展从保护地建立伊始就已然成为一对矛盾体。然而，保护地建设发展了几十年，这一矛盾依然存在，保护地所在地区的社会发展依然相对落后，保护区社区居民的收入与全国平均水平相比有很大差距。因此协调保护地的保护与发展功能，是非常重要的任务。

4.4　本章小结

自然保护地是我国生态文明建设的核心载体，是中华民族宝贵的财富，也是美丽中国的重要标志。经过60多年的建设，中国现已建立了数量众多、类型丰富、功能多样的各级各类自然保护地。这些自然保护地在保护生物多样性和自然遗产、改善生态环境、维护国家生态安全等方面起到了举足轻重的作用。然而，自然保护地体系仍然存在诸多问题，包括重叠设置、多头管理、边界不清、权责不明、保护与发展矛盾突出等，应当予以足够的重视。本章对中国保护地的总体情况以及自然保护地的发展历程、自然保护地的规模和分布现状进行了梳理分析，总结了现有保护地存在的问题，为之后的自然保护地体系布局提供参考。

一个健全合理的自然保护地系统对自然生态的积极作用远大于所有个体保护地的总和（崔国发和王献溥，2000）。面对种类众多的野生动植物、条件复杂的地质地貌、丰富多样的自然生态系统以及独具特色的地方人文遗产，应该选择什么地点设立自然保护地，设立多少自然保护地，以及针对已有的自然保护地，哪些应该重点保护、优先建设等问题都是接下来自然保护地体系空间布局的主要研究内容（杨锐等，2019；杨锐和曹越，2018）。在实践中，既要依据自然地理区划，还要注意识别自然保护关键区域，这样才能合理地制定自然保护地空间布局蓝图，规划自然保护地的空间布局。

第5章　自然生态地理区划

5.1　自然生态地理区演变

我国已经开展了一些部门的具有综合意义的功能区划，如生态功能区划、海洋功能区划等，但在自然保护地规划领域，地域功能研究的基本原理和关键技术方面存在明显落差，而且主体功能区划实则属于“类型分区”范畴，并不是严格意义上的自然地理分区，面向自然保护地空间布局的“自然分区”方法目前还不成熟。一些发达国家现行的空间规划，多数都在“类型分区”方案形成之前，有“自然分区”方案作铺垫，近年来，中国也有越来越多的学者开始提出各类“自然分区”方案，为中国的自然保护地空间布局方法提出建议。

自然系统受到自然、地理等各种要素的影响，导致不同地区具有较强的独特性，即地域性或地带性特征，为了区分某一地理区域内的独特性，一般通过自然地理区划来实现，通常利用一种或者几种因子对国家或者区域尺度下的地理范围进行相似聚类分析，继而得到不同的特征的自然地理区划结果。根据前人研究成果，区划框架划分经历了由早期单一地理学范畴的地理区划方法发展到突破地理学学科范畴、在生态学和环境科学等领域迅速展开的按物种、种群等要素式的自然生物地理区划方法和按群落等集合式的自然生物群地理区划方法。此后随着我国自然保护地内涵的丰富，自然保护对象也从物种扩展到自然生态系统、自然景观和自然遗迹，仅从单一的地理或生物角度出发进行区划工作存在一定缺陷，因此区划方案向综合方向发展，区划要素延伸到生态系统类型、生态过程等系统式要素，最终形成自然地理格局和生态功能格局相结合的自然生态地理区划方法。

5.1.1　自然生物地理区

Sclater在19世纪中期依据鸟类分布因子完成世界陆地动物区划，随后Wallace对该区划进行修正，将世界陆地动物区划分成6个界（区）（解焱和李典谟，2002）。中国的生物地理区划可追溯到20世纪50年代的中国动物地理区划，经过多次修订中国的动物地理区被分成了2个界3个亚界7个区19个亚区54个省（张荣祖，2011）。之后，MacKinnon综合动植物区划和Udvardy编制的世界生物地理省区划，重新整理编制了中国生物地理区划（马敬能和吕小平，1998）。解焱和李典谟（2002）使用动植物物种分布信息，通过数学量化分析法对中国生物地理区划进行划分，得到4个区域、27个生物地理区和124个生物地理单元，该研究是国内首次关于生物地理区划方案的定量化分析。郭子良和崔国发（2014）提出依据生物因素和非生物因素分布规律确定一个自然保护综合地理区划方案，为生物多样性保护和自然保护区建设服务。

5.1.2 自然生物群地理区

20世纪70年代，以Udvardy为代表的世界生物地理区划研究逐渐成熟，以生物群（biota）为基础的分区方案越来越多。Udvardy（1975）编制的世界生物地理省区划将全球分为8个生物地理区、192个生物地理省以及14个生物群落类型。还把生物地理区划和生物群落分布信息叠加分析，作为设立自然保护地的理论依据，并建议在各个生物地理省中选择合适的区域设立自然保护地来保护和维持原有的自然系统。该区划方案对自然保护地空间布局具有一定的参考价值，是自然保护地空间布局规划中经常使用的一种方式（李霄宇，2011）。国际上有一定认可度的生物群（biota）分类方案还有很多，如陆地生物群区系统（Rambler et al.，1989）、全球生物群区类型（Prentice et al.，1992）、全球潜在优势植被类型（Box，2012；Box，1995）以及基于物种分布划定生物地理区域的框架（Kreft and Jetz，2010）。国内，吴征镒（1980）将中国的植被区划分为8个植物区域18个植被地带85个植被区，被学界广泛接受。倪健等（1998）利用气候、土壤、地形等生态地理因子，采取多元统计分析与地理信息系统等手段将全国划分为5个生物大区7个生物亚区18个生物群区。李霄宇（2011）以已有自然地理区划为基础，结合地形、植被等数据将中国划分为不同的自然保护地理单元，为森林类型自然保护区合理布局提供了依据。

5.1.3 自然生态地理区

自然生物地理区划和自然生物群地理区划方案为中国自然保护地体系规划布局提供了一定参考价值，一些中国自然保护地体系空间布局研究也直接采用了已有的自然地理区划方案作为依据（李俊生等，2015；张荣祖等，2012）。如今，自然保护地体系建设从国家生态安全大局出发，将山水林田湖草沙作为生命共同体进行整体性保护（魏钰和雷春光，2019），仅仅关注生物要素的区划方案并不能完全概括我国的自然生态系统特征，区划方案应转向大尺度的自然生态系统类型或生态过程。国际上，已有的世界主要生态类型（Matthews，1983）、全球生态系统图（Millemann and Boden，1985）、世界生态区划（Schultz，2005）、大陆生态区域（Bailey，2014）等是较为认可的区划方案。在中国，傅伯杰等（2001）通过综合分析中国生态环境特点，对中国生态环境进行了区域划分，这为自然生态地理区划提供了基础依据。

自然生态地理区（eco-geographical region）是指具有相似的自然地理特征、生态系统类型与生态过程的区域。主要采用自然分区的方法，以全国的自然地理格局和生态功能格局为主线，确定中国生态代表性区域，促进这些区域的自然生态系统、生物多样性、自然遗迹和景观综合化、体系化保护。自然分区的概念和做法，具有科学性强、利益方接受度高等优点，采用类似的思路推进中国国家公园建设的空间规划，具有较强的可操作性。以自然生态地理区划为基础来规划自然保护地数量、空间分布的规划方法能够有效提高自然保护地网络体系的有效性，提高整体生态保护作用，实现从主体功能类型区划到地理区划的尺度转变。根据地形、生态系统和珍稀物种等指标将中国划分成若干自然区域，通过识别重要的自然生态地理区，在每个特殊自然生态地理区域范围内系统地规划建设自然保护地，可以保护较小区域而使保护成效最大化，从而形成合理的自然保护地体系，达成保护区域内最有价值、最有代表性的自然生态空间的目标。

5.2　自然生态地理区划要素

5.2.1　自然地理格局

5.2.1.1　地貌区划

现代海岸线构成了中国陆地的轮廓，海拔的差别使得中国陆地地貌可以分成明显的三级阶梯，而近东西向和北东向或北北东向交叉的主要地貌走向构成了中国地貌的骨架。中国陆地地貌最明显的特点是西高东低，山地多，平地少。据统计，山地、丘陵和高原的面积占全国土地总面积的69%，平地不足1/3。中国地域辽阔，地貌类型多样，地貌组合复杂，各种地貌类型及其组合的规模差异很大，地貌区域性变化很大。按照中国地貌的实际情况，具体分为低海拔（＜1000m）、中海拔（1000～2000m）、亚高海拔（2000～4000m）、高海拔（4000～6000m）和极高海拔（＞6000m）5类。以平原和山地两种基本地貌形态为基础，结合不同的海拔，全国可以划分为28种陆地地貌基本类型（李炳元等，2008）。每种基本地貌类型受到不同种类外营力或内营力的作用，由此而进一步划分出各种次一级的地貌成因类型，包括海岸地貌、流水地貌、湖成地貌、干燥地貌、风成地貌、黄土地貌、喀斯特地貌、冰川地貌、冰缘地貌、重力地貌、构造地貌（火山、熔岩流地貌）和人为地貌等。海陆地壳构造运动造成了海底地貌基本类型。在中国近海及邻区海域，存在大陆架、大陆坡、大陆起坡（也称大陆基）和深海盆地4种海底地貌基本类型。

根据地貌综合标志的差异，在空间范围上对地貌状况进行区域划分，称为地貌区划。具体划分的原则和标准是：地貌大区（一级地貌区），主要是大山地、大高原、大山原、大盆地、大平原等一级规模基本地貌类型，属于受内营力控制的巨型构造单元，反映了内营力造成的中国第一级巨地形轮廓的地貌差异，共划分了6个一级地貌大区。地貌区（二级地貌区）：在地貌大区内根据内营力作用造成的较大规模山地、高原、山原、盆地、平原等次级基本地貌类型组合、地貌形态（包括海拔和起伏高度），也有大面积岩性和外营力不同造成地貌的区域差异，如黄土、沙漠、喀斯特和干旱荒漠气候等，共划分了37个二级地貌区（表5-1），中国地貌区划图详见《中国自然地理总论》（郑度，2015）。

表5-1　中国地貌区划结果（郑度，2015）

地貌大区	地貌区	代码	地貌大区	地貌区	代码
Ⅰ东部低山平原大区	A完达三江低山平原区	ⅠA	Ⅰ东部低山平原大区	G华北华东低平原区	ⅠG
	B长白山中低山地区	ⅠB		H宁镇丘陵区	ⅠH
	C山东低山丘陵区	ⅠC	Ⅱ东南低中山地大区	A浙闽低中山区	ⅡA
	D小兴安岭中低山丘陵区	ⅠD		B淮阳低山区	ⅡB
	E松辽平原区	ⅠE		C长江中游低山平原区	ⅡC
	F燕山—辽西中低山地区	ⅠF		D华南低山平原区	ⅡD

续表

地貌大区	地貌区	代码	地貌大区	地貌区	代码
Ⅱ东南低中山地大区	E台湾平原山地区	ⅡE	Ⅴ西南亚高山地大区	C四川盆地区	ⅤC
Ⅲ中北中山高原大区	A大兴安岭低山中山区	ⅢA		D川西南滇中亚高山盆地区	ⅤD
	B山西中山盆地区	ⅢB		E滇西南亚高山区	ⅤE
	C内蒙古高原区	ⅢC	Ⅵ青藏高原大区	A阿尔金山祁连山高山区	ⅥA
	D鄂尔多斯高原与河套平原区	ⅢD		B柴达木—黄湟亚高盆地区	ⅥB
	E黄土高原区	ⅢE		C昆仑山极高山高山区	ⅥC
Ⅳ西北高中山盆地大区	A蒙甘新丘陵平原区	ⅣA		D横断山高山峡谷区	ⅥD
	B阿尔泰亚高山区	ⅣB		E江河上游高山峡谷地区	ⅥE
	C准噶尔盆地区	ⅣC		F江河源丘状山原区	ⅥF
	D天山高山盆地区	ⅣD		G羌塘高原湖盆区	ⅥG
	E塔里木盆地区	ⅣE		H喜马拉雅山高山极高山区	ⅥH
Ⅴ西南亚高山地大区	A秦岭大巴山亚高山区	ⅤA		I喀喇昆仑山极高山区	ⅥI
	B鄂黔滇中山区	ⅤB			

1）东部低山平原大区（Ⅰ）

东部低山平原大区位于中国东部，西界大致在黑龙江大兴安岭与小兴安岭的交汇处，沿大兴安岭往南到燕山山地的北缘，然后沿太行山东缘和南缘，过黄河后再沿桐柏山和大别山，越长江往东，沿安徽南部和浙江东部山地直至大海；东界在北部为国界，南部则是海岸线，南北跨纬度约21°，东西最大跨经度24°，面积约140万km^2。

东部低山平原全部位于中国地貌的第三级阶梯，总体而言，地势最低，地面起伏也较小，中国最主要的平原，从北到南有三江平原、穆棱—兴凯平原、松辽平原、华北平原、苏北平原，以及长江三角洲平原（长江中下游平原的一部分）等都位于本区内，海拔绝大部分低于200m，总面积超过80万km^2。除平原以外，还有一部分低山和丘陵，主要是小起伏到中起伏的低海拔和中海拔的丘陵和山地，局部山地属于高中海拔的高中山，如东北的长白山，以及位于华北地区的燕山内的个别高峰，但面积都很小。按照地貌发育的区域差异情形，本区可以进一步划分为完达三江低山平原区（ⅠA）、长白山中低山地区（ⅠB）、山东低山丘陵区（ⅠC）、小兴安岭中低山丘陵区（ⅠD）、松辽平原区（ⅠE）、燕山—辽西中低山地区（ⅠF）、华北华东低平原区（ⅠG）和宁镇丘陵区（ⅠH）8个二级区。

2）东南低中山地大区（Ⅱ）

东南低中山地大区的西界即是中国地貌三大阶梯中第二阶梯与第一阶梯的分界，分界线大致沿豫西山地、巫山山脉、雪峰山脉直到南岭西段，北界是桐柏山、大别山、越长江往东，沿安徽南部和浙江东部山地与东部低山平原相邻，东侧和南侧达大海。行政区划包括福建、台湾、广东、海南、江西省的全部，湖北、湖南、广西、浙江等省区的大部，以及安徽省南部一部分，全区面积约115万km^2。

区内地貌错综复杂，除洞庭湖、鄱阳湖等湖盆平原和大河两旁的冲积平原外，其余大部分地区均是中低海拔的低山和丘陵，也有少数坚硬岩层及花岗岩侵入体构成的中海拔中山，突出于低山丘陵之上，如雪峰山、武功山、黄山等，它们的海拔在1000～1500m，个别山峰达1900m。受制于大地构造特性，除南岭外的所有的山地走向均为东北—西南或北北东—南南西，南岭走向则近乎于东西。本区地貌的另一特点是广泛分布于湖南、江西、福建、浙江等省山地和丘陵之间的红色山间盆地，如赣州盆地、衡阳盆地、零陵盆地等，这些红色盆地常成为水土流失严重的地区，常发育丹霞地貌。本区进一步划分为浙闽低中山区（ⅡA）、淮阳低山区（ⅡB）、长江中游低山平原区（ⅡC）、华南低山平原区（ⅡD）和台湾平原山地区（ⅡE）5个二级区。

3）中北中山高原大区（Ⅲ）

中北中山高原大区的东界在大兴安岭、燕山山地西侧、太行山，南界为秦岭，西界为贺兰山、青藏高原东缘，北边则达于国界，总面积约142.43万km^2。本区地处中国地貌三大阶梯中的第二级阶梯，地势普遍较高，绝大部分海拔均在1000m以上，中高山地和高原是主要的地貌类型，少部分为河谷平原。由于地理位置偏北偏西，降水逐渐减少，气候比较干燥。除流水作用外，风力作用也占有重要地位，形成沙漠和沙地，中国14个沙漠和沙地中有6个位于本区。本区进一步划分为：大兴安岭低山中山区（ⅢA）、山西中山盆地区（ⅢB）、内蒙古高原区（ⅢC）、鄂尔多斯高原与河套平原区（ⅢD）和黄土高原区（ⅢE）5个二级区。

4）西北高中山盆地大区（Ⅳ）

西北高中山盆地大区位于贺兰山以西，祁连山、阿尔金山、昆仑山以北，东北和西北均至国界，总面积约178.6万km^2。东西向或接近东西向排列的高大山脉，喀喇昆仑山、昆仑山、天山、阿尔金山、祁连山，以及位于它们之间的大型盆地，是本区最主要的地貌特征。本区地理位置偏西偏北，干旱气候居主要地位，风力作用成为重要的地貌外营力，沙漠、戈壁广泛分布。而在高山之上，由于海拔高、气候寒冷，冰川和冰缘地貌也十分发育。本区可进一步划分成蒙甘新丘陵平原区（ⅣA）、阿尔泰亚高山区（ⅣB）、准噶尔盆地区（ⅣC）、天山高山盆地区（ⅣD）和塔里木盆地区（ⅣE）5个二级区。

5）西南亚高山地大区（Ⅴ）

西南亚高山地大区北界为秦岭，东部以巫山、雪峰山与东南低中山地为界，西界为青藏高原，南抵于国界，总面积约121万km^2。本区全部处于中国地貌的第二阶梯上，地势普遍较高，绝大多数地面海拔超过1000m，分布着许多海拔超过2000m的亚高山，如横断山脉（南段）、秦岭、大巴山等都分布于此。地势高峻、地面破碎的云贵高原也占有很大的面积。唯一例外的是夹在山地中间的四川盆地，呈现为平原、丘陵、低山的交错组合。本区划分为秦岭大巴山亚高山区（ⅤA）、鄂黔滇中山区（ⅤB）、四川盆地区（ⅤC）、川西南滇中亚高山盆地区（ⅤD）、滇西南亚高山区（ⅤE）5个二级区。

6）青藏高原大区（Ⅵ）

西起帕米尔高原，东及横断山脉，北界昆仑山、阿尔金山、祁连山，南抵喜马拉雅山的青藏高原，是中国最大的高原，也是世界上最高的高原，平均海拔在4500m以上，面积约261.94万km^2（含喜马拉雅山南翼的喜马拉雅高山中山区）。新构造运动的强烈抬升是造成青藏高原地势特别高峻的主要原因，青藏高原的抬升在地域上存在差异，除去较为平坦的高原面外，还分布着多条巨大的山脉，如喀喇昆仑山、喜马拉雅山、冈底斯山、念青唐古拉山、唐古拉山、昆仑山、巴颜喀拉山、阿尼玛卿山、阿尔金山和祁连山等，高度都在5000m以上，高峰超过7000m。由于地势高，冰川十分发育，古冰川遗迹和现代冰川广泛分布，青藏高原成为亚洲大陆许多大河的分水岭和发源地，长江、黄河、澜沧江—湄公河、怒江—萨尔温江、雅鲁藏布江—布拉马普特拉河，以及印度的恒河、印度河等都发源于此。本区可划分为阿尔金山祁连山高山区（ⅥA）、柴达木—黄湟亚高盆地区（ⅥB）、昆仑山极高山高山区（ⅥC）、横断山高山峡谷区（ⅥD）、江河上游高山峡谷地区（ⅥE）、江河源丘状山原区（ⅥF）、羌塘高原湖盆区（ⅥG）、喜马拉雅山高山极高山区（ⅥH）和喀喇昆仑山极高山区（ⅥI）9个二级区。

5.2.1.2　气候区划

受地理位置特殊、地形地貌复杂、大气环流系统独特、幅员辽阔及下垫面多样等因素的共同影响，中国气候的主要特征是气候类型多样、季风气候明显、大陆性强、年际变幅大、气象灾害频繁。气候区划是从系统角度揭示气候的区域分异规律，亦是综合自然地理区划的基础与重要组成部分，其理论依据是气候具有地带性分异特征和非地带性分异特征。按三级体系进行气候区划分，其中一级为温度带，二级为干湿区，三级为气候区，依据上述指标体系和分区等级系统，将中国划分为12个温度带24个干湿区56个气候区（表5-2），中国气候区划图详见《中国自然地理总论》（郑度，2015）。

表5-2　中国气候区划结果（1971～2000年）（郑度，2015）

温度带	干湿区	气候区编码	气候区名称
Ⅰ寒温带	A湿润区	Ⅰ ATa	大兴安岭北部区
Ⅱ中温带	A湿润区	Ⅱ ATc-d	小兴安岭长白山区
	B半湿润区	Ⅱ BTc-d	三江平原及其以南山地区
		Ⅱ BTb-c	大兴安岭中部区
		Ⅱ BTd	松辽平原区
	C半干旱区	Ⅱ CTd-e	西辽河平原区
		Ⅱ CTe-d	大兴安岭南部区
		Ⅱ CTb-c1	呼伦贝尔平原区
		Ⅱ CTb-c2	内蒙古高原东部区
		Ⅱ CTb-c3	黄土高原西部区
		Ⅱ CTd	鄂尔多斯与东河套区
		Ⅱ CTb	阿尔泰山地区
		Ⅱ CTc	塔城盆地区
		Ⅱ CTa-b	伊犁谷地区
	D干旱区	Ⅱ DTd-e	西河套与内蒙古高原西部区
		Ⅱ DTc-dl	阿拉善与河西走廊区
		Ⅱ DTc-d2	额尔齐斯谷地区
		Ⅱ DTe-f	准噶尔盆地区
		Ⅱ DTb-c	天山山地区

续表

温度带	干湿区	气候区编码	气候区名称
Ⅲ暖温带	A湿润区	Ⅲ ATd	辽东低山丘陵区
	B半湿润区	Ⅲ BTe	燕山山地区
		Ⅲ BTf	华北平原与鲁中东山地区
		Ⅲ BTe-f	汾渭平原山地区
		Ⅲ BTc-d	黄土高原南部区
	C半干旱区	Ⅲ CTd	黄土高原东部与太行山地区
	D干旱区	Ⅲ DTe-f	塔里木与东疆盆地区
Ⅳ北亚热带	A湿润区	Ⅳ ATf	大别山与苏北平原区
		Ⅳ ATg	长江中下游平原与浙北区
		Ⅳ ATe -f	秦巴山地区
Ⅴ中亚热带	A湿润区	Ⅴ ATg	江南山地区
		Ⅴ ATf	湘鄂西山地区
		Ⅴ ATd-e	贵州高原山地区
		Ⅴ ATe-f	四川盆地区
		Ⅴ ATb-c	川西南滇北山地区
		Ⅴ ATc-d	滇西山地滇中高原区
Ⅵ南亚热带	A湿润区	Ⅵ ATg1	台湾北部山地平原区
		Ⅵ ATg2	闽粤桂低山平原区
		Ⅵ ATd-e	滇中南山地区
		Ⅵ ATe-d	滇西南山地区
Ⅶ边缘热带	A湿润区	Ⅶ ATg1	台湾南部山地平原区
		Ⅶ ATg2	雷琼低山丘陵区
		Ⅶ ATe-f	滇南山地区
Ⅷ中热带	A湿润区	Ⅶ ATg	琼南低地与东沙、中沙、西沙诸岛区
Ⅸ赤道热带	A湿润区	Ⅸ ATg	南沙群岛珊瑚岛区
Ⅹ高原亚寒带	A湿润区	Ⅹ A	若尔盖高原亚寒带湿润区
	B半湿润区	Ⅹ B	果洛那曲高山谷地高原亚寒带半湿润区
	C半干旱区	Ⅹ C1	青南高原亚寒带半干旱区
		Ⅹ C2	羌塘高原湖盆亚寒带半干旱区
	D干旱区	Ⅹ D	昆仑高山高原亚寒带干旱区
Ⅺ 高原温带	A湿润区	Ⅺ A	横断山脉东、南部高原温带湿润区
	B半湿润区	Ⅺ B	横断山脉中北部高原温带半湿润区
	C半干旱区	Ⅺ C1	祁连青东高山盆地高原温带半干旱区
		Ⅺ C2	藏南高山谷地高原温带半干旱区
	D干旱区	Ⅺ D1	柴达木盆地与昆仑山北翼高原温带干旱区
		Ⅺ D2	阿里山地高原温带干旱区
Ⅻ高原亚热带	A湿润区	Ⅻ IA	东喜马拉雅南翼高原亚热带山地湿润区

1）温带

中国淮河（北）—秦岭—青藏高原北缘一线以北的广大北方地区均属温带。中国温带的主要气候特征是：冬季较同纬度地区寒冷，夏季却较同纬度地区炎热，且昼夜温差较大；虽然温带地区的四季也较为分明，但春秋季节相对较短。中国的温带从北到南可划分为寒温带、中温带和暖温带三个温度带。其中寒温带范围较小。温带内东西干湿状况差异明显，其中东部夏季多雨湿润，冬季少雨干燥；而西部由于距离海洋较远，冬夏降水均较少，因而全年气候皆干燥。从温度带与干湿区的匹配看，除寒温带为湿润区外，中温带和暖温带从东到西均分布有湿润区、半湿润区、半干旱区和干旱区。

2）亚热带

中国亚热带位于淮河（北）—秦岭以南、青藏高原以东、雷州半岛与云南南缘地区以北的广大地区，并包括台湾省。亚热带是东亚季风盛行的地区，年均温多在16～25℃。每当冬季中国北方有冷空气南下时，便常常导致这里气温急剧降低，因而也经常出现大范围的雨雪天气。中国亚热带最冷月均温一般大于0℃，但不论是整个冬季、还是1月，其气温都低于地球上其他同纬度地区。这里夏季温度高、湿度大，尤其是初夏，此时北方冷空气仍能入侵本地区，它们与南来的暖气流在此相遇，因而极易形成连续性的强降雨，即梅雨。亚热带从北向南又可划分为北亚热带、中亚热带和南亚热带。这3个温度带降水量均较丰富；一般情况下，多年平均降水量均大于潜在蒸散量，均属湿润区。

3）热带

热带位于中国的最南部，包括云南南部边缘的瑞丽江、怒江、澜沧江、元江等河谷与山地以及雷州半岛、台湾岛南部、海南岛、澎湖列岛及南海诸岛等。热带典型的气候特征是全年温暖、无冬无霜、雨多湿度大、四季不分明。尽管以陆地面积计，中国热带仅约8万km^2，不足全国国土面积的1%；且多呈块状、岛状分布，并不成带，但因其南北跨度大，仍可划分为边缘热带、中热带和赤道热带3个温度带。

4）高原气候带

高原气候带西部以帕米尔高原和喀喇昆仑山脉为界，南部以喜马拉雅山脉南缘为界，北界为昆仑山，阿尔金山和祁连山北缘，与塔里木盆地及河西走廊相连，东界南起横断山脉东缘，向北为西倾山、秦岭山脉西段的迭山，大致在文县—武都—岷县—康乐一线和中秦岭、黄土高原相衔接。高原气候带海拔大多在3000m以上，因而其气温远比同纬度平原地区低，同时由于空气稀薄、太阳辐射强、日照充足，因而气温的日变化较大。高原气候带可进一步划分为高原亚寒带、高原温带和高原亚热带。其中高原亚寒带和高原温带还包括湿润至干旱4种干湿类型，而高原亚热带因降水较多，气候湿润。

5.2.1.3 水文区划

中国是一个水资源大国，但存在水资源南多北少、东多西少、夏多冬少的时空分布不均匀格局。从降水看，多年平均降水量的空间分布不均，时序上存在一定的周期性和丰枯变化阶段性。在空间上，由东南沿海向西北内陆逐渐减少，多年平均等雨量线大致呈东北—西南走向。400mm等雨量线可以作为全国湿润地区和干旱地区的分界线，此线大致沿东北小兴安岭经燕山、太行山、吕梁山向西南到西藏东南部，该线以东受季风影响强烈，降水丰富；线以西降水稀少，气候比较干旱。全国呈现出丰水带、多水带、平水带、少水带、极少水带5个降水带。从流域和水系分布看，中国的河流水系空间分布不均，绝大多数河流分布在东南部的外流流域，内陆流域河流少而小。外流河多是以青藏高原为顶点，分别向东、南和北三个方向奔流入海，分属于太平洋、印度洋和北冰洋三个流域。内陆流域主要分布在西北广大地区和青藏高原内，距海遥远，海洋水汽不易到达，因此干燥少雨，河流稀少，河网极不发育，甚至出现大片的无流区。

根据中国水文循环的特点和规律，将中国分为3个水文一级区和15个水文二级区。一级分区根据宏观地形格局和气候类型分为青藏高原区、西北内陆干旱区和东部季风盛行区。青藏高原区作为亚洲大江河的发源地，海拔高，气候和水文特征独特；西北内陆干旱区受季风影响微弱，是我国的主要内流区，具有干旱半干旱的内陆气候和水文特征；东部季风盛行区主要是我国二级阶梯东缘和三级阶梯，深受东亚（东南）季风和南亚（西南）季风影响，具有显著的季风气候和水文特征。二级分区主要考虑水热组合特征，以年干燥度为主要指标，参考热量差异和地形、气候、水文等因素进行划分，中国水文区划图详见《中国自然地理总论》（郑度，2015）。

1）东部季风盛行区（Ⅰ）

本区包括从东北小兴安岭到西南云贵高原一线以东的地区，河流水量变化除云南受西南季风影响外，广大地区主要受东南季风和西南季风盛行的影响。东部季风盛行区包含8个亚区：$Ⅰ_1$东北中温—寒温带半湿润平水区、$Ⅰ_2$长白山中温带湿润丰水区、$Ⅰ_3$华北暖温带半湿润半干旱少水区、$Ⅰ_4$中部北亚热带半湿润平水区、$Ⅰ_5$江南亚热带湿润丰水区、$Ⅰ_6$云贵高原亚热带暖湿多水区、$Ⅰ_7$岭南亚热带湿润丰水区、$Ⅰ_8$热带及南海海岛湿润多水区。

2）西北内陆干旱区（Ⅱ）

本区包括新疆全部、内蒙古中西部干旱区、宁夏和甘肃的部分地区。地处大陆内部，除东部内蒙古的草原地区受到东亚季风的影响，西部山地受西风带作用明显外，其他地区基本不受季风影响。区内除伊犁河和额尔齐斯河为外流河流外，其余都是内陆河流。区内湖泊广布，大多为内陆盐湖。根据地形、景观和水热条件的差异，将西北内陆干旱区划分为3个亚区：$Ⅱ_1$内蒙古草原－荒漠草原干旱区、$Ⅱ_2$内陆沙漠极端干旱区、$Ⅱ_3$内陆高山冷湿多水区。

3）青藏高原区（Ⅲ）

本区包括西藏全部、新疆西南部、柴达木盆地和青海的南部、川西和滇西北海拔大于4000m的地区。作为“世界屋脊”和“地球第三极”，平均海拔为4000～5000m，区内许多高山都超过6000m，而喜马拉雅山脉地区的许多山峰都超过8000m。因海拔高、体积大，形成独特的高原季风，其巨大的动力作用和热力作用对东亚与南亚气候系统有重要影响。本区是亚洲众多大江大河的发源地，主要有黄河、长江、澜沧江、怒江、雅鲁藏布江、恒河、狮泉河七大江河。高原上分布有大面积的冰川、高原湖泊和高原沼泽。本区根据水热特性和季风影响强弱的差异，划分为4个亚区：$Ⅲ_1$东部外流冷湿多水区、$Ⅲ_2$柴达木盆地高原荒漠干旱区、$Ⅲ_3$西北内陆冷干少水区、$Ⅲ_4$南部外流温湿多水区。

5.2.2 生态功能格局

5.2.2.1 生态系统格局

气候地带性规律是表征生态要素差异的关键准则，植被类型也同样是自然生态地理区划、生态系统分类的重要标准（刘焱序等，2017）。中国生态系统类型多样，包括森林、灌丛、草原和稀树草原、草甸、荒漠、高山冻原以及复杂的农田生态系统等，且每种包括多种气候型和土壤型。借鉴国际上和我国有关土地覆盖/土地利用分类体系，以及生态系统长期研究的成果，建立了基于遥感数据的我国生态系统分类体系。根据遥感数据的光谱特征，结合植被覆盖度与生态系统植物群落构成特征，以全国遥感土地覆盖分类系统为基础，对生态系统格局进行了分析（欧阳志云等，2017）。自然生态系统中，森林与灌丛生态系统主要有352类，草原与草甸生态系统122类，荒漠生态系统49类，湿地生态系统145类，高山冻原与高山垫状植被等其他生态系统15类，共计683种类型（图5-1）。

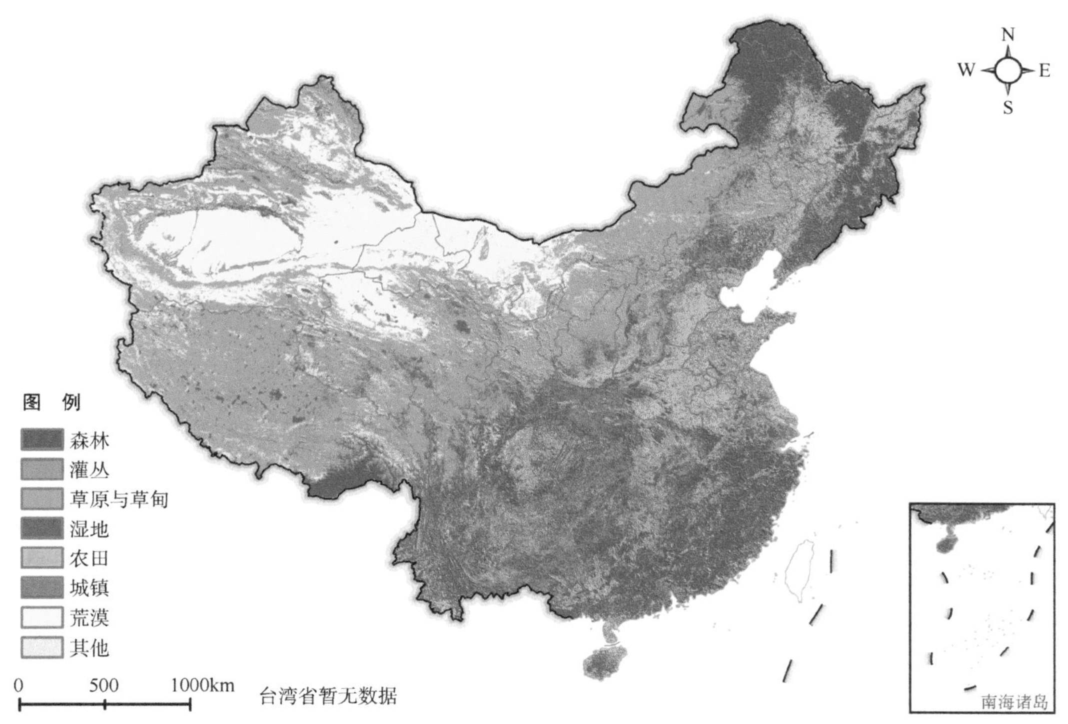

图5-1 中国生态系统格局图

1）森林

中国森林生态系统可分为针叶林、阔叶林、竹林以及灌丛和灌草丛生态系统。针叶林是指以针叶树为种群所组成的森林群落的总称，包括常绿和落叶，耐寒、耐旱和喜温、喜湿等类型的针叶纯林和混交林，是寒温带的地带性植被，可以分为寒温性针叶林、温性针叶林、温性针阔混交林、暖性针叶林和热性针叶林生态系统。阔叶林是由阔叶树种组成的树林，生长于热带、亚热带，可进一步细分为落叶阔叶林、常绿落叶阔叶混交林、常绿阔叶林、硬叶常绿阔叶林、季雨林、雨林、珊瑚岛常绿林。竹林主要分布在热带、亚热带地区，以长江流域以南海拔100～800m的丘陵山地以及河谷平地分布较广，常见的竹林树种有毛竹、箬竹、箭竹和泡竹等。灌丛包括一切以灌木占优势的生态系统，在我国的分布很广，从热带到温带，从平地到海拔5000m左右的高山都有分布，其代表性物种有高山柏灌丛、胡枝子、蔷薇、乌饭树等；灌草丛广泛分布在热带、亚热带以及温带地区，大部分是森林、灌丛被反复砍伐、火烧，导致水土流失，土壤日益瘠薄，生境趋于干旱化所形成的次生类型，其代表性物种有荆条、五节芒和白茅等。

2）草原与草甸

此类生态系统主要包括草原和草甸生态系统以及稀树草原等。中国的草原生态系统可分为草甸草原、典型草原、荒漠草原和高寒草原四大类。草甸生态系统分为典型草甸、高寒草甸、沼泽化草甸和盐生草甸四大类。草甸草原集中分布在温带草原区内，是与森林相邻的狭长地带，属草原向森林的过渡地带，此外还见于典型草原地带丘陵阴坡、宽谷以及山地草原带的上侧，它们主要分布在半湿润地区，优势种群包括贝加尔针茅、吉尔吉斯针茅、白羊草、羊草和线叶菊。典型草原在草原区占有最大面积，集中分布在内蒙古高原和额尔多斯高原大部、东北平原西南部及黄土高原中西部，此外在阿尔泰及荒漠区的山地也有分布，以丛生禾草占绝对优势，优势种群主要包括大针茅、克氏针茅、长芒草、羊草等。荒漠草原处于温带草原区的西侧，以狭带状呈东西—西南方向分布，往西逐渐过渡到荒漠区，气候上处于干旱和半干旱区的边缘地带，优势种群包括戈壁针茅、短花针茅、沙生针茅、东方针茅等。高寒草原是海拔4000m以上、大陆性气候强烈、寒冷而干旱地区所特有的一种草原类型，主要分布在青藏高原、帕米尔高原以及天山、昆仑山和祁连山等亚洲中部高山，优势种群包括克氏针茅、假羊茅、座花针茅、紫花针茅和羽柱针茅等。

3）荒漠

荒漠是发育在降水稀少、蒸发强烈、极端干旱生境下的稀疏生态系统类型。主要分布在中国的西北部，所占面积约占中国国土面积的1/5，沙漠和戈壁面积共100余万平方千米。中国的荒漠可分成4个类型，即小乔木荒漠、灌木荒漠、半灌木与小半灌木荒漠和垫状小半灌木（高寒）荒漠。小乔木荒漠建群植物是超旱生的无叶小乔木，优势植物主要有梭梭、白梭梭，在良好的条件下所形成的荒漠森林是温带荒漠中生物产量最高的生态系统类型。灌木荒漠以超旱生或真旱生的灌木和小灌木为建群种植物，它是我国荒漠区域，尤其是亚洲中部荒漠亚区域占优势的地带性植被类型，优势植物主要是膜果麻黄、霸王等。半灌木与小半灌木荒漠在温带荒漠地区得到了最广泛的分布，并常与小乔木或灌木荒漠相结合出现，其分布的生境从荒漠平原的砾石戈壁、剥蚀台原、壤土平原、沙漠、盐漠，直至石质山地与黄土状山地，具有最广的适应幅度，优势植物主要是红砂、驼绒藜等。垫状小半灌木（高寒）荒漠集中分布在昆仑山内部山区、青藏高原西北部与帕米尔高原，优势植物主要是垫状驼绒藜、西藏亚菊。

4）湿地

湿地生态系统主要包括浅水湖泊、河流、沿海滩涂和沼泽。按照《中国湿地植被》的分类，可分为沼泽、浅水植物湿地、红树林、盐沼和海草湿地。沼泽是地表及地表下层土壤经常过度湿润，生长着湿生植物和沼泽植物的地段，主要分布在东北三江平原和青藏高原等地，包括森林沼泽、灌丛沼泽、草丛沼泽和藓类沼泽。浅水植物湿地主要是湖泡中有湿生和水生植物的地段，一般分布在6m以内浅水水域，尤其在2m以内地段，包括漂浮植物湿地生态系统、浮叶植物湿地生态系统和沉水植物湿地生态系统等几大类。红树林是热带亚热带河口沼泽地的木本植物群落，主要出现在热带亚热带的隐蔽河岸、河口地带、港湾和潟湖的潮间带，其分布从最高潮位的海陆交界处至低潮带的多淤泥沉积的滩涂或浅层的沙泥质地带。盐沼是地表过湿或季节性积水、土壤盐渍化并长有盐生植物的地段，广泛分布于海滨、河口或气候干旱或半干旱的草原和荒漠带的盐湖边或低湿地上，包括灌丛盐沼和草丛盐沼。海草湿地主要分布于热带和温带海域浅水中，是一类生产力较高的动态生态系统，分布于热带的海南岛、西沙群岛；亚热带的广西；温带的黄海、渤海沿岸的山东、河北和辽宁等地。

5）高山冻原与高山垫状植被

高山冻原是极地平原冻原在寒温带与温带山地的类似物，出现在北温带东部的长白山与西部的阿尔泰山高山带。这些地区全年气温很低，植物生长期短，风力很大，相对湿度却很高，主要优势物种是多瓣木、北方嵩草、高山棘豆等。高山垫状生态系统广泛分布于喜马拉雅山、青藏高原、中亚山地等。这些地方年平均气温在0℃左右，年降水量250～500mm，其优势物种有垫状蚤缀、苔状蚤缀和垫状点地梅等。另外，还有一种高山流石滩生态系统，广泛分布于喜马拉雅山、横断山等青藏高原上的诸山系，常见植物有网脉大黄、沙生风毛菊和囊种草等。

5.2.2.2 生物多样性格局

中国国土辽阔，海域宽广，自然条件复杂多样，孕育了极其丰富的植物、动物和微生物物种及繁复多彩的生态组合，是全球生物多样性大国，在全球生物多样性保护中占有重要的地位，保护珍稀濒危动植物物种也是自然保护地及国家公园建设的重要使命。以《中国物种红色名录》为基础，参考《世界自然保护联盟濒危物种红色名录》，选取代表性指示物种，分析植物、哺乳动物、鸟类、两栖动物、爬行动物等重点保护物种的分布区域，明确我国生物多样性格局和物种保护关键区域。综合各类重要保护物种的空间格局，发现全国重要保护物种丰富度高的地区集中分布在东北地区的大小兴安岭、长白山、三江湿地；东部沿海地区滨海和河口湿地、武夷山等；中部地区的长江中游湿地、秦巴山地、武陵山区、罗霄山；华南地区的南岭山区、海南中部山区；西南地区的横断山、岷山、滇西南、十万大山、藏东南等地区；西北地区的秦岭中部、三江源、祁连山、新疆北部地区等。

1）植物

我国植物有46 725个物种及种下单元，包括39 188个物种，7537个种下单元，隶属于9门17纲149目542科4480属。其中被子植物32 708种、裸子植物291种、蕨类和苔藓植物5494种。国家重点保护野生植物主要分布在华南和西南的大部分地区，集中分布在长白山、秦岭、大巴山、横断山中部和南部、无量山、西双版纳、南岭山地和海南中部山区等。

2）哺乳动物

我国有687种哺乳类，重点保护哺乳类物种分布范围遍布全国，集中分布在青藏高原和藏南地区。丰富度较高的地区包括东北的大小兴安岭、长白山，西北地区的秦岭中部、祁连山、青海南部，西南地区的藏南地区及岷山、邛崃山、横断山中部，华南地区的黔桂交界山地、南岭和华东地区的武夷山等。

3）鸟类

我国有1445种鸟类，重点保护鸟类主要分布在我国东北、西部地区和华南地区，其中新疆、青海、内蒙古、四川、云南、福建等省份的分布范围较大。物种丰富度高的地区包括大小兴安岭、新疆东北部地区、祁连山、青海湖、岷山、邛崃山、高黎贡山南部、无量山、哀牢山、十万大山、南岭、武夷山、海南中部山区等。另外，环渤海、黄海和东海的滨海湿地，是途经中国的三大全球候鸟迁飞路线，特别是东亚—澳大利亚迁飞路线上的重要节点，是鸟类保护的重点区域，具有国际重要意义。

4）两栖动物

我国有548种两栖动物，重点保护两栖类物种主要分布在我国西南、华南和华东地区，其中云南、贵州、四川、重庆、广西、广东、福建、浙江等省份的分布范围较大，集中分布在四川盆地周边地区，以及云南南部、南岭山地、武夷山区、长白山等。

5）爬行动物

我国有552种爬行动物，重点保护爬行类物种主要分布在我国中部和南部地区，其中云南、贵州、四川、重庆、广西、广东、福建、浙江等省份的分布范围较大，高物种丰富度地区则集中在秦岭、岷山、邛崃山、南岭、皖南山地和武夷山。

5.3 自然生态地理区划方案

综合考虑中国自然地理格局、生态功能格局、生物多样性和典型景观分布特征，遵循区划原则，对具有相似自然生态系统类型与生态过程的自然区域进行自然生态地理区划。区划原则分为一般性原则和应用性原则。一般性原则是指以区划对象的特征、特质及变化规律为基础，依据控制区划单元相似性和差异性的基本原理所确定的区划原则，如地带性规律。应用性原则是指在一般性原则基础上，结合区划目的、功能、尺度等，进一步确定的适用于本区划的专用原则，如区域等级性原则。一般性原则具有普遍的通用性，一定程度上可以减少区划难度，促进区划的一致性；而开展区划应用原则的研究，有助于更为专业、深入地进行区划工作（郑度等，2008）。

以《中国生态区划研究》（傅伯杰等，2013）为基础，结合中国自然地理区划（赵松乔，1983）、中国植被区划（吴征镒和洪德元，2010），运用生态地理区划的一般性和应用性原则，将全国划分为39个生态地理单元（不含港澳台），其中，陆域生态地理区分为东部湿润半湿润、西部干旱半干旱、青藏高原高寒3个生态大区36个自然生态地理区，海洋生态大区分为渤黄海海洋海岛生态地理区、东海海洋生态地理区、南海海洋生态地理区3个自然生态地理区，以此作为国家公园划建的基础。国家公园布局的自然生态地理分区见图5-2，详细特征见附表1。

5.3.1 东部湿润半湿润生态大区

该区是重大国家战略发展规划的长江经济带、长江三角洲、粤港澳大湾区和东北老

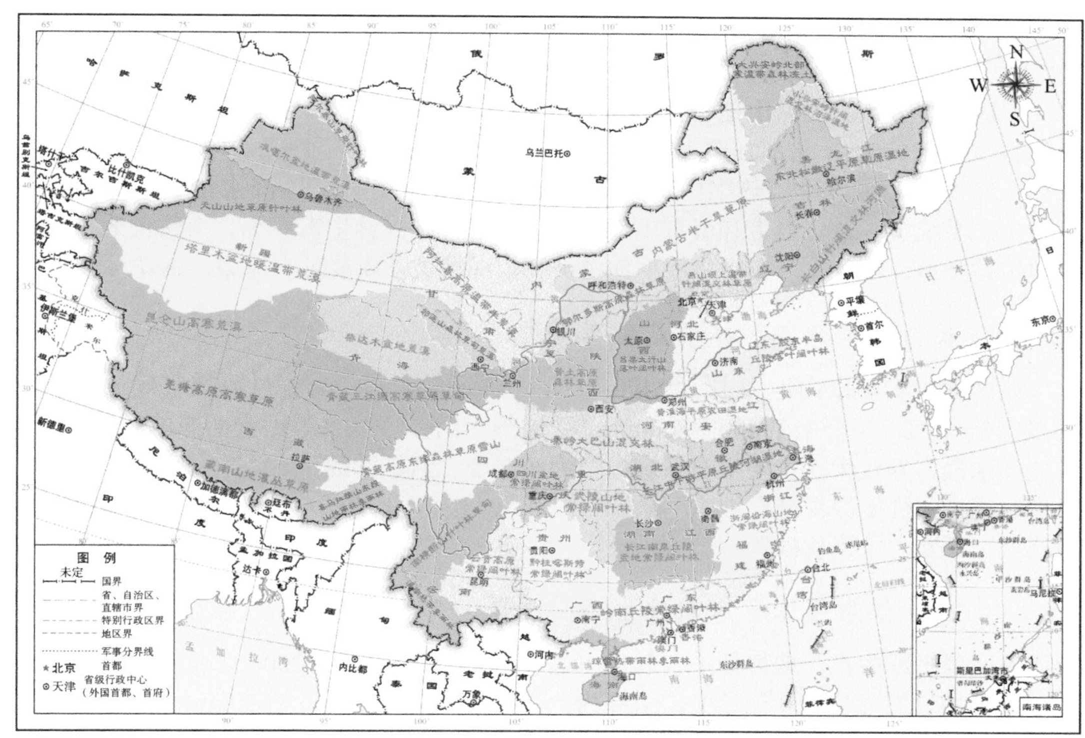

图5-2 国家公园布局的自然生态地理分区

工业基地所在区域，包括北京、天津、河北、山西、山东、上海、江西、浙江、河南、安徽、湖北、湖南、重庆、贵州、云南、四川、福建、广东、广西、黑龙江、吉林、辽宁东部及内蒙古呼伦贝尔市、兴安盟、通辽市、赤峰市的全部或部分地区，以及海南岛、台湾岛的全部，区域总面积50 868万hm^2，约占全国国土面积的52.99%。建设现状：东部湿润半湿润区已建立自然保护地总面积为5711万hm^2，约占全国自然保护地面积的32.77%，约占区域国土面积的11.23%。

东部湿润半湿润生态大区位于中国东部地区，地处中国第二、三级阶梯，地势较为平坦，属东部季风区，受海洋季风影响较为强烈，温暖湿润，年降水量一般在400mm以上，部分地区达2000mm以上，生态系统类型以森林、湿地为主，共包括大兴安岭北部寒温带森林冻土生态地理区、小兴安岭针阔混交林沼泽湿地生态地理区、长白山针阔混交林河源生态地理区等19个自然生态地理区。

5.3.1.1 大兴安岭北部寒温带森林冻土生态地理区

该区地势起伏不大，相对高差较小，河谷开阔，多形成低洼地，海拔700～1100m，属寒温带大陆性气候，冬季漫长寒冷，夏季短暂凉爽，全年平均气温−2℃以下，年降水量400～500mm。主要生态系统类型为寒温带和温带山地针叶林生态系统，以及寒温带和温带沼泽生态系统，森林覆盖率高，区内一些低洼地段广泛发育着草甸和沼泽植被类型。旗舰种有原麝等。

5.3.1.2　小兴安岭针阔混交林沼泽湿地生态地理区

该区地貌类型主要以山地和台地为主，西部低山平均海拔为1000m，东北部小兴安岭海拔500～1000m，北部丘陵盆地海拔多为300～600m。属温带或中温带大陆性季风气候，冬季严寒，夏季温热多雨，年平均气温为－4～－1℃，年降水量400～600mm。主要生态系统类型为寒温带和温带山地针叶林、落叶阔叶林生态系统，山前台地分布有草地植被类型，河谷处分布有一些草甸植被和沼泽植被。旗舰种有原麝、梅花鹿等。

5.3.1.3　长白山针阔混交林河源生态地理区

该区地貌类型以山地为主，海拔为500～1000m。属温带海洋性季风气候，年平均气温为3～6℃，年降水量600～800mm，受地形、山体和坡向等因素的影响较为明显，各地降水量差异较大。主要生态系统类型为寒温带、温带针阔混交林生态系统，以及寒温带、温带三江平原沼泽湿地生态系统，三江平原地区分布有大量沼泽植被。旗舰种有梅花鹿、原麝、中华秋沙鸭、豹等。

5.3.1.4　东北松嫩平原草原湿地生态地理区

该区以平原为主，地势低平，起伏不大，海拔一般在120～250m。属温带半湿润地区，年平均气温北部为0.5～3℃，南部为4～6℃，年降水量400～600mm。主要生态系统类型为温带沼泽生态系统及温带草甸草原生态系统，代表性植被为温带森林草原、草甸草原和沼泽植被。旗舰种有丹顶鹤等。

5.3.1.5　辽东—胶东半岛丘陵落叶阔叶林生态地理区

该区地貌类型以低山丘陵为主，包括泰山、沂蒙山等，平均海拔500～1000m。属暖温带季风性气候，冬暖夏凉，年平均气温12～14℃，受海洋季风影响，年降水量650～1000mm。主要生态系统类型为温带、暖温带落叶阔叶林生态系统，代表性植被为赤松林、麻栎林。旗舰种有梅花鹿、丹顶鹤等。

5.3.1.6　燕山坝上温带针阔混交林草原生态地理区

该区主要有山地、山间盆地和谷地，地势起伏较大，海拔约为1000m。属大陆性季风性暖温带半湿润气候，季节差别大，热量充足，气温年较差大，年平均气温为5～15℃，年降水量一般为500～700mm，降水年内分配不均，主要集中在夏季。主要生态系统类型为温带落叶阔叶林生态系统，典型植被为半旱生落叶阔叶林、寒温带针叶林、灌丛草甸或草甸。

5.3.1.7　黄淮海平原农田湿地生态地理区

该区为典型的冲积平原，地势低平，海拔多在50m以下。属暖温带季风气候，四季变化明显，南部淮河流域处于向亚热带过渡地区，其气温和降水量都比北部高，平原年均温8～15℃，冬季寒冷干燥，年降水量为500～900mm。除农田外，典型植被为暖温带落叶阔叶林，河岸湖滨分布有沼泽和草甸。旗舰种有原麝、豹、大鲵等。

5.3.1.8 吕梁太行山落叶阔叶林生态地理区

该区地貌类型以中海拔起伏山地、黄土塬和低海拔黄土苔原为主，地势起伏较大，海拔多为1000～2300m，主要土壤类型为褐土、绵土和黑垆土。属温带大陆性气候区，气温年较差和日较差大，冬季严寒、夏季暖热，年均气温为4～15℃，降水少，蒸发量大，年降水量420～960mm。主要生态系统类型为暖温带落叶阔叶林、暖温带常绿针叶林、暖温带落叶阔叶灌丛和草甸草原。典型植被为落叶阔叶林、草甸草原和次生落叶灌丛等。

5.3.1.9 长江中下游平原丘陵河湖农田生态地理区

该区地貌类型以平原、丘陵、河流、湖泊为主，地势平坦，海拔一般在200m以下，低山丘陵地区海拔多为400～1000m。属亚热带季风气候，光照充足，热量丰富，降水充沛，年均温为15～18℃，年降水量为1000～1600mm。主要生态系统类型为亚热带常绿阔叶林、落叶常绿阔叶混交林生态系统，以及亚热带湖泊湿地生态系统，代表性植被为常绿阔叶林和落叶常绿阔叶混交林。旗舰种有大鲵、长江江豚、中华白海豚、丹顶鹤、中华秋沙鸭等。

5.3.1.10 秦岭大巴山混交林生态地理区

该区地貌类型以山地为主，区内地势险峻，大部分海拔在1500～2500m。秦岭是中国亚热带和暖温带的天然分界线，区内年均温为10～14℃，降水较充沛，年降水量为700～900mm。主要生态系统类型为暖温带和亚热带山地落叶阔叶林和北亚热带常绿与落叶阔叶混交林，也分布多种针叶林。保存有许多重要的稀有物种，如珙桐、香果树、水青树、连香树等。旗舰种有大鲵、金丝猴、林麝、大熊猫、云豹等。

5.3.1.11 浙闽沿海山地常绿阔叶林生态地理区

该区地貌类型以山地丘陵为主，地势起伏较大，平均海拔为400～1000m，山脉众多，呈东北—西南走向，大致与海岸线平行。属亚热带季风气候，水热条件优越，年均温为16～19℃，年降水量1300～2000mm。主要生态系统类型为中亚热带常绿阔叶林生态系统，代表性植被为亚热带常绿阔叶林及常绿针叶林。旗舰种有云豹、黑麂等。

5.3.1.12 长江南岸丘陵盆地常绿阔叶林生态地理区

该区地貌类型以丘陵盆地为主，海拔多为200～500m。属亚热带湿润季风气候，雨量充沛，四季分明，冬夏较长、春秋较短，年均温一般为16～19℃，年降水量为1400～1900mm。主要生态系统类型为中亚热带常绿阔叶林、常绿针叶林、人工杉木林、竹林和次生常绿与落叶阔叶混交林，代表性植被为亚热带常绿阔叶林。旗舰种有云豹、黑麂等。

5.3.1.13 四川盆地常绿落叶阔叶混交林生态地理区

该区地貌类型以山地、盆地、平原为主，地势起伏大，山地海拔在700～1000m，平原海拔在500～600m。属中亚热带湿润气候，冬季少雨干旱，夏季雨水集中，年均温为16～18℃，年降水量多为1000～1300mm。主要生态系统类型为常绿落叶阔叶混交林生态系统，旗舰种有林麝、大鲵等。

5.3.1.14　云贵高原常绿阔叶林生态地理区

该区地貌类型多样，有高原、山地、峡谷、盆地等，大部分地区海拔在1500～2000m，一些山地可高于3000m。属中亚热带高原气候，冬暖夏凉，年均温为15～18℃，年降水量1000～1200mm，南部较多，向东北递减。主要生态系统类型为亚热带山地针叶林、常绿阔叶林生态系统，中南部代表性植被为季风常绿阔叶林，北部为半湿润常绿阔叶林，横断山区为亚热带硬叶常绿阔叶林、亚热带针叶林、暗针叶林。旗舰种有林麝、黑颈鹤、大鲵等。

5.3.1.15　武陵山地常绿阔叶林生态地理区

该区地貌类型以山地为主，海拔一般为500～1000m，山峰多为1000～1500m，部分高峰在2000m以上。属贵州高原与江南丘陵气候间的过渡类型，温和湿润，雨水均匀，年均温为16～17.5℃，年降水量为1200～1800mm。主要生态系统类型为亚热带针叶林、亚热带常绿阔叶林、常绿与落叶阔叶混交林、竹林等生态系统，代表性植被为常绿阔叶林，山地分布有亚热带针叶林。旗舰种有云豹、大鲵等。

5.3.1.16　黔桂喀斯特常绿阔叶林生态地理区

该区地貌类型以喀斯特地貌和山地丘陵为主，地面起伏较大，丘陵海拔一般为300～700m，山地海拔多为1500～2000m。属高原型中亚热带气候，冬无严寒、夏无酷暑，年均温为14～20℃，多阴雨，日照不足，年降水量为1000～1900mm。主要生态系统类型为亚热带常绿阔叶林、亚热带针叶林生态系统，代表性植被为亚热带常绿阔叶林。旗舰种有云豹、大鲵等。

5.3.1.17　岭南丘陵常绿阔叶林生态地理区

该区地貌类型以低山丘陵为主，山地海拔多为1000m左右，丘陵为200～500m。属南亚热带季风性湿润气候，全年气温较高，降水充沛，暴雨偏多，年均温为19～22℃，年降水量为1400～2000mm。主要生态系统类型为亚热带常绿阔叶林生态系统，代表性植被为亚热带季风常绿阔叶林。旗舰种有豹、云豹等。

5.3.1.18　琼雷热带雨林季雨林生态地理区

该区地貌类型以山地、丘陵、平原为主，海拔多在300m以下。属热带海洋性季风气候，年平均温度在22～26℃，年降水量1500～1800mm，多暴雨和台风。主要生态系统类型为热带雨林、季雨林生态系统，代表性植被为热带雨林、次生性热带季雨林、常绿阔叶林等。旗舰种有海南长臂猿、云豹等。

5.3.1.19　滇南热带季雨林生态地理区

该区地貌类型以山地、河谷盆地为主，山地海拔多为1500m，东南部可达2000m，河谷盆地海拔一般在1000m以下。属热带季风气候，受海拔的影响，气温差异较大，年均温为20～22℃，降水分布不均，东南部年降水量约2000mm，北部和东北部年降水量多为1200～1600mm。主要生态系统类型为亚热带常绿阔叶林、热带雨林生态系统，代表性植被北部多为常绿阔叶林，南部多为季节性雨林。旗舰种有绿孔雀、长臂猿、金丝猴、亚洲象、云豹、豹等。

5.3.2　西部干旱半干旱生态大区

该区是重大国家战略发展规划的黄河流域和东北老工业基地所在区域，包括河北、山东、河南、山西、陕西、宁夏、新疆、青海、甘肃、内蒙古等省份的全部或部分地区，区域总面积24 134万hm^2，约占全国国土面积的25.14%。建设现状：西部干旱半干旱生态大区已建立自然保护地总面积3702万hm^2，约占全国自然保护地面积的21.24%，约占区域国土面积的15.34%。

西部干旱半干旱生态大区位于中国北部和西北部地区，地处中国第二级阶梯，平均海拔1000～2000m，属西北干旱半干旱气候区，降水少、蒸发快，全年降水量在400mm以下，生态系统类型以荒漠草原为主，包括内蒙古半干旱草原生态地理区、鄂尔多斯高原森林草原生态地理区、黄土高原森林草原生态地理区等8个自然生态地理区。

5.3.2.1　内蒙古半干旱草原生态地理区

该区地貌类型以高平原为主，海拔多为1000～1400m。属温带大陆性季风气候，气温低，降水少而不均，年均温在0～5℃，降水主要集中在夏季，并由东向西逐渐减少，年降水量大多为150～350mm。主要生态系统类型为温带草原、荒漠草原生态系统，代表性植被为温带丛生禾草草原，矮禾草、矮半灌木荒漠草原等。旗舰种有丹顶鹤等。

5.3.2.2　鄂尔多斯高原森林草原生态地理区

该区地貌类型以高原、平原地貌为主，海拔在1000～1500m。属温带季风气候向大陆气候过渡区，气温偏高，年均温为3.5～8.5℃，降水区域差异大，由东向西急剧减少，年均降水量为200～300mm。主要生态系统类型为温带荒漠草原、温带典型草原、草原化荒漠。旗舰种有马麝等。

5.3.2.3　黄土高原森林草原生态地理区

该区地貌类型以黄土丘陵、黄土塬和黄土高原为主，地势较高，海拔多为1000～1300m，区内沟壑纵横，地面破碎严重。属半干旱大陆性气候区，气温年较差和日较差大，冬季严寒、夏季暖热，年均气温为4～11℃，降水少，蒸发量大，年降水量400～650mm。主要生态系统类型为温带草原、温带落叶阔叶林、温带常绿针叶林生态系统等，地带性植被主要为草甸草原、典型草原和落叶阔叶林等。旗舰种有原麝、豹、大鲵等。

5.3.2.4　阿拉善高原温带半荒漠生态地理区

该区以高原为主，大部分海拔在1000～1500m，部分山地超过2000m。属温带半干旱大陆性气候，干旱少雨，热量和光照充足，年均温为5～10℃，年降水量仅为20～150mm，主要生态系统类型为温带荒漠生态系统。旗舰种有马麝等。

5.3.2.5　准噶尔盆地温带荒漠生态地理区

该区地貌类型以盆地为主，南缘海拔约600m，东部800～1000m，西南艾比湖一带197～300m。属温带大陆性气候，气温年较差大，南部年均温为6～10℃，北部年均温为3～5℃，南北间降水量相差不多，为150～200mm，中部沙漠只有100～120mm，主要生态系统类型为温带荒漠生态系统，代表性植被为荒漠植被。旗舰种有野骆驼等。

5.3.2.6　阿尔泰山草原针叶林生态地理区

该区地貌类型以山地为主，海拔一般在3200～3500m。属温带大陆性气候，山间盆地和山麓的年均温一般为4～5℃，西北部面向水汽来源，降水丰富，年降水量为250～300mm。主要生态系统类型为寒温带和温带山地针叶林生态系统，低山带还有荒漠草原等，中山带有山地草原、山地草甸，高山带有高山草甸和少量地衣苔原等植被类型。旗舰种有雪豹、豹等。

5.3.2.7　天山山地草原针叶林生态地理区

该区地貌类型以山地为主，北部海拔一般在4000m以上，中部海拔不超过4000m，西面为伊犁河谷地带，南部高度在4200～4800m。属温带大陆性气候，受西风影响，年降水较为丰富，平均降水量在500mm以上，最高达1140mm。主要生态系统类型为温带山地针叶林生态系统、温带低山荒漠生态系统、山地草原生态系统、亚高山和高山草甸生态系统等，植被垂直带发育较为完整，代表性植被有温带荒漠植被、温带山地草原、山地针叶林，亚高山和高山草甸等。旗舰种有雪豹等。

5.3.2.8　塔里木盆地暖温带荒漠生态地理区

该区地貌类型以山地、盆地为主，海拔在780～1500m，周围山地海拔在4000～5000m。属温带大陆性气候，并受高大山地影响，西风和印度洋气流都被阻挡，气候极度干燥，年均温为11.3～11.6℃，年降水量仅为50～100mm。区内大部分被无植被的沙丘和戈壁占据，主要生态系统类型为暖温带荒漠生态系统、环塔克拉玛干沙漠的扇缘带盐生草甸和灌丛生态系统，以及河岸及古河道胡杨疏林生态系统。旗舰种有野骆驼等。

5.3.3　青藏高原高寒生态大区

该区是重大国家战略发展规划的黄河流域所在区域，位于中国西南部，包括西藏、青海的大部和新疆南缘、甘肃、四川西北一部分。地处中国第一级阶梯，平均海拔在4500m以上，属青藏高寒气候区，气温低，日照充足，干湿季分明，降水区域差异明显，生态系统类型以高寒草甸、高寒湿地为主，包括喜马拉雅东段山地雨林季雨林生态地理区、青藏高原东缘森林草原雪山生态地理区、藏南极高山灌丛草原雪山生态地理区等9个自然生态地理区。

区内分布着面积广阔的高寒植被，类型较单纯，由暖到冷依次分布着高寒灌丛、高寒草甸、高寒草原和高寒荒漠。该区是南亚、东亚主要河流的发源地，发育了典型的高原沼泽湿地、冻原湿地和冰川雪山。东南部分布有高山森林和草原的动物，如白唇鹿、马麝、猞猁、豹猫、马熊、白马鸡、雪鹑、西藏马鹿、虹雉和雉鹑等。西北部高寒荒漠动物最普遍的是藏羚、藏野驴、藏原羚、雪豹、岩羊、盘羊等。青海湖湖岸周围沙地是普氏原羚唯一的现存分布区，黑颈鹤主要在青藏高原栖息繁殖。区域总面积约20 998万hm^2，约占全国国土面积的21.87%。

5.3.3.1　喜马拉雅东段山地雨林季雨林生态地理区

该区地貌类型以高山峡谷为主，山地海拔均为6000m以上。属热带季风气候，湿润多雨，年均温18～23℃，年降水量一般为2000～3000mm，西藏东南边界年降水量超过4000mm。主要生态系统类型为热带雨林生态系统，代表性植被以热带雨林为主，还有亚热带山地常绿阔叶林、山地针阔叶混交林、高山灌丛草甸、亚高山针叶林等。旗舰种有喜马拉雅麝、黑麝、黑颈鹤、雪豹等。

5.3.3.2　青藏高原东缘森林草原雪山生态地理区

该区地貌类型以山地、河谷为主，山峰海拔多为5000m以上，谷地海拔约3000m。受季风气候影响，降水量较多，水热条件较好，谷地年均温8～10℃，年降水量多为500～1000mm。主要生态系统类型为温带草甸生态系统、亚热带山地针叶林生态系统，植被类型变化多样，代表性植被有干旱灌丛、常绿阔叶林、高山栎林、亚高山针叶林，高山灌丛草甸、高山草甸等。旗舰种有雪豹、豹、白唇鹿、大熊猫等。

5.3.3.3　藏南极高山灌丛草原雪山生态地理区

该区地貌类型以山地和谷地为主，区内地势南北高、中间低，山地海拔在6000m以上，谷地海拔在3000～4000m。气候受地形影响十分严重，以干温为主要特点，河谷地区年均温为4～8℃，年降水量300～450mm。主要生态系统类型为温性草原、高寒草原和高寒草甸生态系统。代表性植被为温性草原。随着海拔上升，分布有高寒草原、高寒草甸和高寒灌丛等。旗舰种有黑颈鹤、雪豹等。

5.3.3.4　羌塘高原高寒草原生态地理区

该区地貌以高原、山地为主，高原海拔为4500～5000m。属高原亚寒半干旱气候带，寒冷干旱，年均温为－4～0℃，年降水量为150～350mm，主要集中在6～9月。主要生态系统类型为高寒草原生态系统。旗舰种有雪豹、黑颈鹤、藏羚、野牦牛等。

5.3.3.5　昆仑山高寒荒漠雪山冰川生态地理区

该区地貌类型以山地为主，山地平均海拔在4000m以上。属高原大陆性气候，山地寒冷干旱，年均温－10～－8℃，该区最干燥地区山麓年均降水量不足50mm，高海拔区约为102～127mm，在帕米尔和西藏诸山附近，年降水量增加到457mm。主要生态系统类型为温带山地荒漠、高寒荒漠生态系统，代表性植被为半灌木、矮灌木荒漠植被及温带荒漠草原、高寒草原。旗舰种有藏羚、野牦牛等。

5.3.3.6　柴达木盆地荒漠生态地理区

该区地貌类型以盆地为主，盆地海拔一般为2600～3200m。属高原大陆性气候，盆地温暖干旱，年均温1～5℃，年均降水量自东南部的200mm递减到西北部的15mm。主要生态系统类型为温性荒漠生态系统，东部的盆周山地有草原和高寒草甸生态系统。代表性植被为半灌木、矮灌木荒漠植被。

5.3.3.7　祁连山森林草甸荒漠生态地理区

该区地貌类型以山地、河谷为主，山地海拔在3000～5000m，谷地海拔在3000m以下。属高原大陆性气候，冬季寒冷漫长，年均温为−5.7～3.8℃，年降水量为140～450mm。主要生态系统类型为寒温带山地针叶林生态系统、温带荒漠草原、高寒草甸生态系统，代表性植被以暗针叶林和高寒草甸为主，另有矮灌木荒漠草原、温带丛生禾草草原等。旗舰种有雪豹、黑颈鹤等。

5.3.3.8　青藏三江源高寒草原草甸湿地生态地理区

该区地貌类型以高山、河谷为主，地势较高，平均海拔在4000m以上。属高原山地气候，寒冷干旱，没有明显的四季之分，年均温为−5～0℃，年降水量250～550mm，由东南向西北递减。主要生态系统类型为高寒草甸生态系统、高寒沼泽生态系统，代表性植被以高寒草甸和高寒草原为主，河湖等低湿处分布有沼泽草甸，南部有山地针叶林等。旗舰种有黑颈鹤、藏羚、野牦牛、雪豹等。

5.3.3.9　南横断山针叶林生态地理区

该区地貌以侵蚀性地貌为主，大部分地区海拔在2000～4500m，主要分布有热带亚热带山地森林动物群。属中亚热带季风气候，冬暖夏凉，年均温为−3～19℃，年降水量480～1910mm。主要生态系统类型为山地常绿阔叶林、针阔叶混交林、硬叶常绿阔叶林、山地常绿针叶林、亚高山常绿阔叶灌丛、高山草甸和高山稀疏植被等。旗舰种有马麝、豹、滇金丝猴等。

5.3.4　海洋生态大区

该区为中国沿海岸带，涉及国家重大战略发展规划的东北老工业基地、京津冀协同发展、黄河流域、长江经济带、长江三角洲和粤港澳大湾区等区域，包括辽宁、河北、天津、山东、江苏、上海、浙江、福建、广东、广西、海南沿海地区，区域总面积约30 270万hm^2。建设现状：该区域已建立自然保护地总面积434万hm^2，约占全国自然保护地面积的2.49%。

中国海洋生态大区拥有世界海洋大部分生态系统类型，包括入海河口、海湾、滨海湿地、珊瑚礁、红树林、海草床等浅海生态系统以及岛屿生态系统等，具有各异的环境特征和生物群落，包括渤黄海海洋海岛生态地理区、东海海洋生态地理区、南海海洋生态地理区3个自然生态地理区。

5.3.4.1 渤黄海海洋海岛生态地理区

渤海和黄海是位于陆架的浅海温带生态系统，属于同一个生态系统。渤海是半封闭性内海，三面环陆，被辽宁省、河北省、天津市、山东省陆地环抱，通过渤海海峡与黄海相通。黄海是西太平洋最大的陆架边缘海，位于中国大陆与朝鲜半岛之间。是一个近似南北向典型的半封闭海域。它在西北以辽东半岛南端老铁山角与山东半岛北岸蓬莱角连线为界，与渤海相联系；南以中国长江口北岸启东嘴与济州岛西南角连线为界，与东海相连接。世界最大的陆架浅海温带海洋生态系统，重要的海洋经济生物的产卵场、育幼场、越冬场和洄游通道，世界典型河口三角洲和原生滨海湿地生态系统，世界典型的沙洲生态系统，独特黄海冷水团生态系统。

5.3.4.2 东海海洋生态地理区

东海是位于陆架的浅海亚热带生态系统。东北部通过对马海峡与日本海相通，西南部通过台湾海峡与南海相连。东海是世界典型的陆架浅海亚热带海洋生态系统、大河河口生态系统，分布多样的海岛生态系统，中国典型的上升流生态系统，世界独特的黑潮暖流生态系统，是东亚国家许多经济鱼类的越冬场。

5.3.4.3 南海海洋生态地理区

南海是位于海盆的热带生态系统。是太平洋西部海域，中国三大边缘海之一，为中国近海中面积最大、水最深的海区，平均水深1212m，最大深度5559m。南海南北纵跨约2000km，东西横越约1000km，北起广东南澳岛与台湾岛南端鹅銮鼻一线，南至加里曼丹岛、苏门答腊岛，西依中国大陆、中南半岛、马来半岛，东抵菲律宾，通过海峡或水道东与太平洋相连，西与印度洋相通，是一个东北—西南走向的半封闭海。南海北部沿岸海域是传统经济鱼类的重要产卵场和索饵场。

5.4 自然生态地理区划发展

自然生态地理区划可以反映出一个国家或地区对自身的自然地理环境、地域分异等的认识程度和水平。然而区划本身并不是最终目的，是在进一步认识区域自然地理环境现状的基础上，对区域进行综合管理与全面开发。通过区划这一手段和过程，可以实现区域的可持续发展（郑度等，2008）。自然生态地理区划的未来发展应注意以下3点。

5.4.1 明确不同自然生态地理分区的科学目的或管理目标

目前的生态地理区划已经较好地归纳和总结了生态系统、生态功能、自然景观等的异质性，未来的生态地理区划不再是简单地对生态系统进行分类和分区，而是在具体的分区以及国家公园遴选过程中，面向一个具体目的坚持多因子分区（孙然好等，2018）。比如，游憩服务功能涉及环境、生物、社会、经济等不同领域的影响因素，利用多种理论和方法进行区划指标筛选，最终分区结果是为了提高游憩体验质量，为国家公园游憩服务的目标制定提供依据。

5.4.2　在自然生态地理区划中关注人类社会对生态系统服务的需求

人类作为生态环境的一个重要组成部分，其对生态系统服务的需求和健康福祉应受到重视，不同的人类社会需求对相同的自然生态地理区域的利用方式也有所差异。在自然生态地理区划中，关注人类社会对生态系统服务的需求，有助于提升自然生态地理区划在管理实践中的针对性以及对社会可持续发展的支持能力（刘焱序等，2017）。现在的多数生态分区只是基于生态系统潜在的供给能力进行了划分，但是并未考虑生态系统服务是否可以面向并转变为人类福祉。未来的自然生态地理区划应将人文要素的空间特征反映在地理分区中，正确处理人文要素与其他自然生态要素的权重关系，考虑生态系统服务的供给、需求、流动等规律和特征，加强面向人类福祉的社会—生态综合区划。最终使自然生态地理区划的成果能够推动多重目标的实现，既可以服务于区域生态保护，又能够促进区域自然资源的可持续利用（刘焱序等，2017）。

5.4.3　关注现代信息技术在自然生态地理区划中的应用

随着遥感、地理信息系统等技术的日渐成熟，制图技术已经发展多年，但要将现代信息技术应用于自然生态地理区域的划分、更新，仍然需要做大量工作。因此，今后应围绕自然生态地理区划本身，区划方案具体应用及区域综合管理等方面工作，建立一整套涵盖区划数据搜集选取、分析处理、输入输出以及信息数据库建立、区划图件制作、区划结果发布等的标准和规范。建设区划信息平台服务体系，实现区域的实时监测管理、未来情景模拟，不同区划方案的检索计算、综合评估等（郑度等，2008）。

5.5　本 章 小 结

首先，综合考虑气候、地貌、生态系统类型与分布，在中国自然地理区划、中国生态区划、全国海洋功能区划和生物地理区系的基础上，陆海统筹、点面结合，全面分析中国生态系统、生态功能格局、生物多样性、典型自然景观特征、自然保护管理基础条件，对全国陆域及海域进行自然生态地理区划。其次，按照区划的39个自然生态地理区特性，对自然生态地理单元基础进行评估，并在自然生态地理单元内落实国家公园生态系统与地貌类型的“代表性”以及生物区系的“完整性”。最后，在每个自然生态地理单元中选择最有代表性的国家公园，从而遴选出一批具有典型代表性的国家公园，确定全国范围内的国家公园布局、数量及规模。

第6章　自然保护关键区识别

由于保护行动可用的资源有限，另外无限增加保护面积是不合理也不现实的，所以想要做到对所有的生物多样性、自然遗迹与景观等自然保护对象进行保护是不可能的。此外自然保护对象并不是均匀分布的，因而集中力量优先保护一些更重要的地区可能是更现实的途径。因此，在自然生态地理区划的基础上，识别自然保护地建设关键区域，对于合理规划自然保护地的空间布局，提升保护效率具有重要意义。

6.1　相关概念

6.1.1　保护优先区

保护优先区（priority conservation area）是综合考虑生态系统类型的代表性、特有程度、特殊生态功能，以及物种的丰富程度、珍稀濒危程度、受威胁因素、地区代表性、经济用途、科学研究价值、分布数据的可获得性等因素划定的生物多样性保护的优先区域。2015年底，中国打破行政区域界限，连通现有自然保护地，充分考虑重要生物地理单元和生态系统类型的完整性，划定35个生物多样性保护优先区域。其中，32个陆域优先区域总面积276.3万km^2，约占陆地国土面积的28.8%，对于有效保护重要生态系统、物种及其栖息地具有重要意义。

生物多样性保护优先区识别是指运用系统保护规划理念，选取特定生物多样性保护对象作为评估指标，对一定尺度内的保护优先区域进行评估，目的在于将有限的保护资金和保护资源发挥出最大效用。这项工作最为关键的是表征物种丰富度因子的选择，但由于获取数据的限制，现有研究比较普遍的方法是挑选一些代表性物种类群来表征生物多样性。以往基于生物多样性保护的优先区域识别技术侧重于以从基因到生态系统的各种生物为主要保护对象来规划设立保护区，如不同国家已开展鸟类重要区域、植物重要区域等识别研究工作。国内近年来类似研究也不断增多，并探索建立了一些评估框架和标准，如张路等（2010）基于系统保护规划的理念，评估了长江流域两栖爬行类动物的空间分布格局，提出生物多样性的优先保护区域；栾晓峰等（2012）以中国东北地区为例，根据生物多样性属性特征，应用保护规划系统软件，根据不可替代性指数，提出了生物多样性保护优先区域；郭云等（2018）将气候、地貌、鸟类分布作为保护对象，分析了湿地保护空缺，提出了黄河流域湿地保护优化方案。

6.1.2　生物多样性热点地区

生物多样性热点地区（biodiversity hotspot）是指一些植被保存较好，生物多样性丰富的地区。类似的概念有生物多样性中心，生物多样性保育的优先与关键地区。热点区域的雏形是热带生物学研究优先性委员会提出的，他们根据生物多样性的丰富度，物种特有性及森林破坏速度等综合分析提出了11个须特别重视的热带地区。运用类似的方法，1988年英国科学家诺曼·麦尔在分析热带雨林受威胁程度的基础上率先提出了生物多样性热点地区概念（Myers，1988），并于2000年对其进行进一步的发展和定义，这些热点生态系统在很小的地域面积内包含了极其丰富的物种多样性，评估生物多样性热点地区的标准主要包括特有物种的数量和所受威胁的程度两个方面（Myers et al.，2000）。

此后，热点地区的概念、选择标准等在保护实践中不断完善和发展。Mittermeier（1997）以种、物种总数、特有种数目等不同分类水平的特有性为评价指标，提出了包括中国在内的12个“生物多样性超丰国家（mega-diversity country）”，以此作为保护优先区规划的基础。“全球200（Global 200）”以重要生境类型、物种丰富度和特有种数量作为划定生物多样性保护优先区的评价标准，划定全球生物多样性热点地区并且综合考虑了特殊生态系统和生态过程的保护（Olson and Dinerstein，2003）。

生物多样性热点地区往往以相对较小的土地面积孕育着比例极高的特有物种与生物资源，该区域的保护成效将直接影响更大尺度的环境生态状况，生物多样性热点地区的有效界定有助于提高全球生物多样性保护工作的效率。

6.1.3　生物多样性关键区

生物多样性关键区（key biodiversity area，KBA）是指有助于维持全球生物多样性的关键区域，包括对陆地、淡水和海洋生态系统中的濒危动植物至关重要的栖息地。IUCN在2016年发布了《生物多样性关键区识别全球标准》，并于2019年发布了《生物多样性关键区识别全球标准应用指南》，详细介绍了世界范围内识别生物多样性关键区的全球标准，目前已有世界自然保护联盟（IUCN）、国际鸟盟（BirdLife International）、保护国际（Conservation International，CI）、全球环境基金（Global Environment Facility，GEF）、国际野生生物保护学会（The Wildlife Conservation Society，WCS）等多家国际机构加入该伙伴关系。生物多样性关键区有望贡献于中国生态红线、自然保护地和物种栖息地的保护及相关决策等。

6.1.4　自然保护关键区

自然保护关键区与保护优先区、生物多样性热点地区、生物多样性关键区等概念有所相似，但又有所不同。以往“优先区”“热点区”等相关概念大多侧重于物种或生物多样性的评估与保护，中国不仅是世界上生物多样性最丰富的国家之一，在拥有丰富珍稀物种资源的同时，还具有较好的完整性和原真性的生态系统、独特的自然遗迹与自然景观以及多类型生态系统服务等。这些自然保护对象的分布区域内基本上已经建立了多种不同类型的自然保护地，构建自然保护地体系的核心是整合和优化现有各类自然保护地，建立统一的管理体制，解决保护不完整、破碎化等问题。因此，需要明确重要生态系统、珍稀濒危物种、代表性自然景观、重要自然遗迹等各类自然保护对象的名录及保护关键区域，并对其进行科学叠加分析，进而得出自然保护对象的综合保护关键区域，为完善自然保护地体系提供科学支撑。

6.2　关键区的识别技术

目前中国的自然保护地体系不够完整，布局不尽合理，主要体现在三个方面：①自然保护区面积占自然保护地70%以上，且基本是按照《森林和野生动物类型自然保护区管理办法》（1985）和《中华人民共和国自然保护区条例》（1994）进行“一刀切”式管理；②各类保护地按照自愿性原则自下而上进行设立，布局不合理，许多重要生态区域没有纳入自然保护体系；③缺少成片、整体、系统保护的类型和机制，在国土空间上缺乏科学、系统的整体布局和规划，既存在地域交叉重叠，又出现保护空缺，生态系统完整性、连通性较差。

建立自然保护地的意义不单单是物种的就地保护或单一生态系统的保存，如今自然保护地对于生态系统的完整保护及保障国家及区域生态安全作用越来越受到重视，在生物多样性维持、自然遗迹保存、自然景观保护、水源涵养、水土保持以及自然灾害减缓等方面具有重大意义，因此需要系统分析各类自然保护对象并综合识别保护关键区域。

中国疆域辽阔，保护区数量众多，通过对历年来的自然资源调查成果数据汇总和分析，从生态系统、物种、自然景观、自然遗迹等多角度明确主要自然保护对象的关键分布区域，可为中国自然保护地候选区域的确定提供支撑，是完善自然保护地空间布局方案、提升保护效率的基础。

6.2.1　关键区识别技术框架

在宏观尺度上，对自然保护对象关键区的识别包括对陆域及海洋自然保护对象的关键区识别两个主要部分。在陆域生态系统保护关键区识别部分，通过对生态系统、物种多样性、自然景观、自然遗迹以及生态系统服务功能等方面的保护关键区域进行识别，进行综合评估进而确定陆域生态系统自然保护对象的关键区；在海洋生态系统保护关键区识别部分，通过对海洋的生态系统、生物多样性、自然景观三方面的保护关键区识别，进行综合评估，进而确定海洋生态系统自然保护对象的关键区（图6-1）。

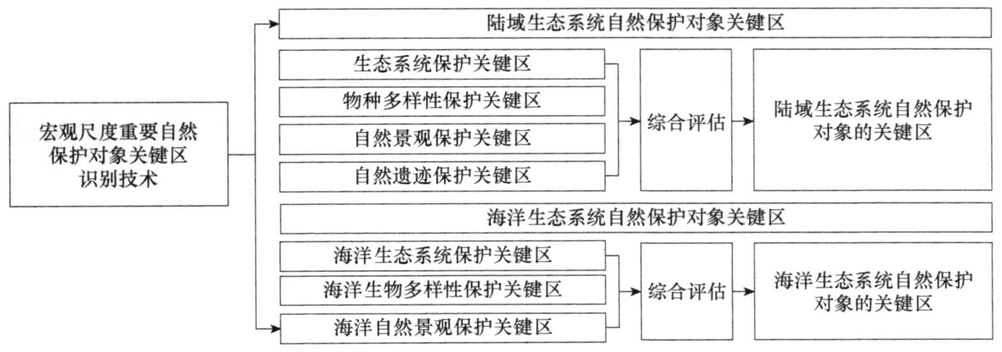

图6-1　宏观尺度重要自然保护对象关键区识别技术框架

6.2.2　陆域自然保护关键区

6.2.2.1　优先保护生态系统

本研究从三个方面构建优先保护生态系统的评价准则，包括生态区的优势生态系统类型，反映了特殊气候地理与土壤特征的生态系统，以及只在中国分布的生态系统（徐卫华，2002）。

（1）生态区的优势生态系统类型：生态区的优势生态系统往往是该地区气候、地理与土壤特征的综合反映，体现了植被与动植物物种区系地带性分布特点，在全球生物多样性保护中具有特殊价值。对能满足该准则的生态系统进行保护，能有效保护其生态过程与构成生态系统的物种组成。

（2）反映了特殊的气候地理与土壤特征：一定地区的生态系统类型是在该地区的气候、地理与土壤等多种自然条件的长期综合影响下形成的。相应地，特定生态系统类型通常能反映地区的非地带性气候地理特征，体现非地带性植被分布与动植物的分布，为动植物提供栖息地。

（3）只在中国分布：由于特殊的气候地理环境与地质过程以及生态演替，中国发育并保存了一些特有的生态系统类型。它们在全球生物多样性的保护中具有特殊的价值。

根据此评价标准，本研究对全国700多类自然生态系统进行评价，以明确各类生态系统的保护价值，并综合专家意见，从中选出优先保护生态系统，确定重点保护森林、灌丛、草地、湿地、冰川、海洋等生态系统类型名单。以高分辨率遥感影像分类数据与植被图为基础，结合现场调查，明确需要优先保护的森林、灌丛、草地、湿地、冰川、海洋等自然生态系统类型并进行空间分析，以识别保护关键区域。

6.2.2.2　珍稀濒危物种及栖息地

保护受威胁物种特别是种群数量较少的物种及其栖息地是自然保护地体系的重要目标之一，将珍稀濒危物种的保护关键区纳入自然保护地有助于缓解物种多样性遭受威胁的局面，使濒危物种种群得到保护和恢复，提升自然生态系统的稳定性。

基于《国家重点保护野生动物名录》，参考《中国物种红色名录》和《世界自然保护联盟濒危物种红色名录》，确定具有代表性的陆生哺乳类、鸟类、爬行类、两栖类、鱼类、高等植物与海洋生物等动植物物种名录。采用生境模型和专家评估相结合的方法，对物种栖息地进行分析，并结合物种丰富度和不可替代性分析，识别重点物种保护关键区域。

6.2.2.3　重要自然遗迹

中国拥有丰富的自然地质遗迹资源，依据自然遗迹的科学性、稀有性、完整性和美学性对其进行评价并识别出具有较高价值的关键区域，有助于更高效地开展保护工作。参考《风景名胜区规划规范》（GB 50298—1999）、《地质遗迹调查规范》（DZ/T 0303—2017）与国际自然遗迹保护等的相关要求，结合世界自然遗产入选条件、国家级地质公园入选及建设标准、国家级自然遗迹类保护区的具备条件等，建立中国自然地质遗迹评价标准并进行等级划分。在此基础上，从按照地球演化历史的地质事件记录、生物演化历史的地质与化石记录，以及在地球和生物演化过程中形成的美丽景观等三个方面，将自然遗迹划分为“极重要”“重要”“较重要”“一般重要”4个等级，确定原真性与完整性程度较高、代表性强的山岳、河流、海岸与海岛、地质断面、地貌、火山遗迹、古生物化石等典型自然遗迹保护对象与名单。应用已有自然遗迹调查数据，辅以现场调查，明确其分布区域，进而识别保护关键区域。

6.2.2.4　独特自然景观

自然景观是指自然界中天然存在，由自然环境、自然物质、自然景象构成，具有观赏、游览、休息、疗养等价值，富有一定吸引力的具有美感的风景综合体或景物。中国拥有独特的自然景观资源，根据自然景观的典型性、观赏性、原真性、完整性、历史文化价值对其进行评价并识别出具有较高景观价值的关键区域，有助于更具有针对性地开展保护工作。

1）自然景观主要类型

以《旅游资源分类、调查与评价》（GB/T 18972—2017）（中华人民共和国文化和旅游部，2017）和《风景名胜区规划规范》（GB 50298—1999）（中华人民共和国建设部，1999）为基础，根据中国国家公园的功能定位和建设目标，将中国自然景观分为地文景观、水文景观、生物景观和天象景观4大类共16亚类。

2）代表性自然景观评价准则

参考《风景名胜区规划规范》（GB 50298—1999）和国际自然景观保护的相关要求，建立中国自然景观评价标准并进行等级划分，确定天景、地景、水景、生物景观等独特自然景观对象与名单，应用已有自然风景调查数据，辅以现场调查，明确其分布区域。根据自然景观类型，参考不同的遗产地、保护地评估标准，制定了针对不同类型自然景观的评估指标体系和标准。依据典型性、观赏性、原真性、完整性及历史文化价值对自然景观进行分级，划分为“极重要”“重要”“较重要”和“一般重要”4个等级，其中，极重要自然景观具有珍贵、独特、世界遗产价值，具有全球性保护价值和国家代表性意义；重要自然景观具有名贵、罕见、国家重点保护价值和区域代表性意义；较重要自然景观具有重要、特殊、省级重点保护价值和地区代表性意义；一般重要自然景观具有地方代表性。

6.2.2.5　生态系统服务

生态系统调节服务对于支撑经济社会发展、保障国家及区域生态安全具有十分重要的意义，重点评估中国水源涵养、土壤保持、防风固沙、洪水调蓄、海岸防护等主要生态系统调节服务的空间分布特征，并根据生态服务的功能量来确定重要性等级，进而识别保护关键区域。

6.2.3　海洋自然保护关键区域

6.2.3.1　中国海洋生态系统保护关键区评估准则

结合IUCN的标准和国内海洋生态系统退化现状，提出了能够用于中国海洋生态系统评估的标准和原则，并对中国海洋生态系统进行了评估，初步确立了中国优先保护的海洋生态系统评估准则，中国优先保护的海洋生态系统应该具备以下几个特征：具备重要的生态系统服务功能；具有重要的生物多样性保护价值，从生物多样性保护角度出发，即体现为重要海洋生物的产卵场、育幼场、洄游地、栖息地等；受人类活动干扰严重，其服务功能及面积明显衰退。

6.2.3.2　中国海洋生物多样性保护关键区评估准则

进入《国家重点保护野生动物名录》和《国家重点保护野生植物名录》的海洋物种应该具备以下特征：该名录中所有的海洋物种；《中国物种红色名录》中所有极危、濒危、易危这3个"受威胁"等级的海洋物种；在《世界自然保护联盟濒危物种红色名录》和《中国物种红色名录》中尚未达到受威胁等级，但为中国特有种，且具有重要的分类学地位、生态学价值，物种数量在近些年来呈现持续性下降趋势的物种。

6.3　关键区的空间特征

6.3.1　陆域自然保护关键区

6.3.1.1　生态系统

在系统分析各类生态系统特征的基础上，综合专家意见，明确200多类生态系统作为优先保护生态系统，包括森林灌丛生态系统142类，草地生态系统21类，荒漠生态系统30类，以及沼泽生态系统41类等（图6-2）。

图6-2　生态系统保护关键区分布

从不同的类型来看，优先保护的森林主要分布在东部地区，草地与荒漠主要分布在西部地区。其中，森林与灌丛主要分布在大小兴安岭、长白山、秦岭、武夷山、南岭、武陵山、横断山脉，以及天山和阿尔泰山等地。优先保护沼泽主要分布于我国青藏高原、东北平原等地区。优先保护草地主要分布于我国内蒙古中东部、青藏高原以及新疆的中部与北部。优先保护荒漠主要分布在我国西北部，主要是内蒙古中西部，新疆大部分地区和西藏北部。

6.3.1.2　物种多样性

综合各类重要保护物种的空间格局，发现全国重要保护物种丰富度高的地区集中分布在东北地区的大小兴安岭、长白山、三江湿地，东部沿海地区滨海和河口湿地、武夷山等，中部地区的长江中游湿地、秦巴山区、武陵山区、罗霄山，华南地区的岭南山区、海南中部山区，西南地区的横断山、岷山、滇西南、十万大山、藏东南等地区，西北地区的秦岭中部、三江源、祁连山、新疆北部地区等（图6-3）。

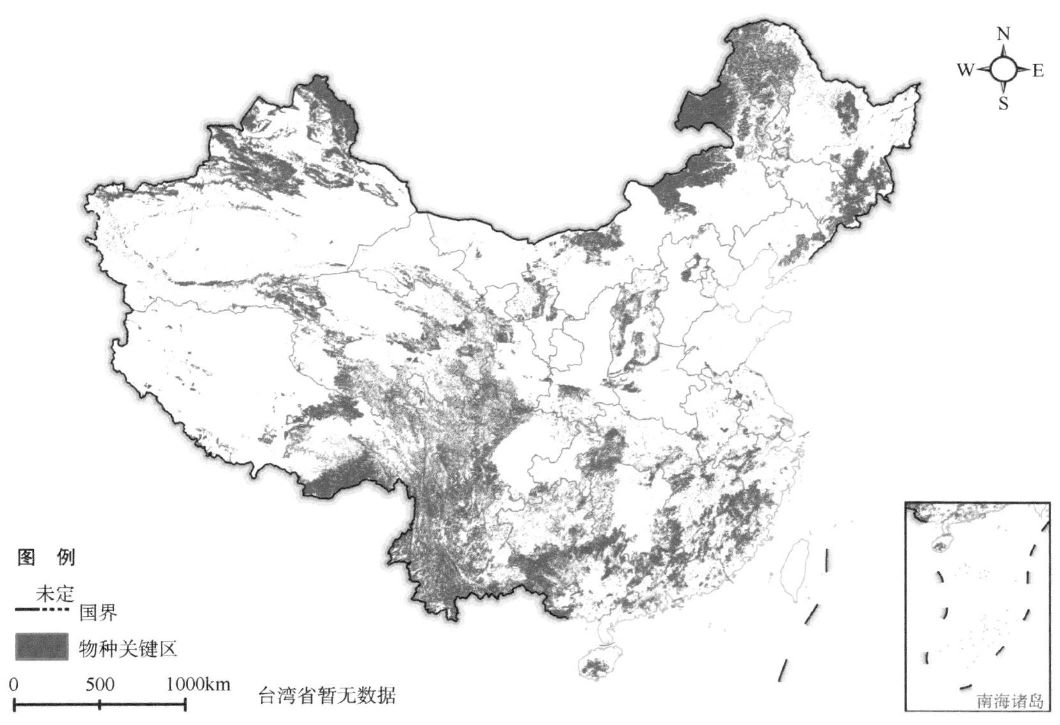

图6-3　物种多样性保护关键区分布

不同的物种类群关键区域存在差异。其中，重点保护植物主要分布在华南和西南的大部分地区，集中分布在长白山、秦岭、大巴山，横断山中部和南部、青藏高原东南部、无量山、西双版纳、岭南山地和海南中部山区等。重点保护哺乳类动物分布范围遍布全国，集中分布在青藏高原和藏南地区，丰富度较高的地区包括东北的大小兴安岭、长白山，西北地区的秦岭中部、祁连山、青海南部，西南地区的藏南地区，岷山、邛崃山、喜马拉雅—横断山脉，华南地区的黔桂交界山地、岭南和华东地区的武夷山等。重点保护鸟类分布较为细碎，但地缘特征明显，主要以新疆北部，云南中部及南部，青海东部和南部，华东、华南沿海省份，以及内蒙古东北部、黑龙江西部为主。重点保护两栖类与爬行类动物主要分布于秦岭以南地区，尤其是东喜马拉雅、横断山区、秦巴山区、大别山、云贵高原、武陵山区、岭南地区、武夷山地区、海南岛、台湾岛等，在黄河河套地区、东北长白山等边境地区、西北的边境山区也有明显的分布。

6.3.1.3　自然景观

综合各类自然景观的空间格局，发现中国重要的自然景观集中分布在大兴安岭、小兴安岭、长白山、岷山—邛崃山、秦岭—大巴山、太行山、武夷山、岭南、海南山区、横断山脉、武陵山、祁连山、天山、喜马拉雅山脉、阿尔泰山脉等重要山脉，东北平原、青藏高原、长江中下游平原等重要水域，呼伦贝尔草原、锡林郭勒草原、伊犁草原等重要草原，阿拉善沙漠、塔克拉玛干沙漠、古尔班通古特沙漠、库姆塔格沙漠等重要沙漠以及云贵喀斯特、东南地区丹霞等特殊地貌区域（图6-4）。

图6-4　自然景观保护关键区分布

中国极重要自然景观共76处，具有下列特征：反映了中国“名山大川”中最精华的部分，是“名山大川”的重要载体；原真性和完整性程度高，面积大；是每种类型景观的最突出例证，也是全国乃至世界最有价值的自然景观，多分布在中国西南地区（24处），另外，华东地区分布有12处，西北地区11处，东北地区10处，华南地区8处，华中地区7处，华北地区4处。

重要自然景观共483处，华东与西南地区相对集中，而华南与东北相对较少，具有下列特征：在同种类型的自然景观中，具有较强的典型性，是同类景观的“范例”，具有重要的美学或科学价值；原真性和完整性良好；对照重要自然景观标准要求，重要自然景观多为国家级自然保护区、国家级风景名胜区，以及重叠度较高且极具观赏价值的各类公园。

6.3.1.4 自然遗迹

重点保护自然遗迹共1948处，其中极重要与重要分别为159处、764处，总体而言，重点保护自然遗迹在中国主要分布在中国南部及中部地区，其中云南与河南数量最多，而香港数量最少，仅有1处（图6-5）。自然遗迹保护的关键区域主要分布在北京西山、五台山、长白山、五大连池、黄山、庐山、中国丹霞、泰山、伏牛山、南太行山、长江三峡、香格里拉、南方喀斯特、梵净山、昆仑山、东天山、阿尔泰山、武夷山、九寨沟等地。

图6-5 重点保护自然遗迹分布

6.3.1.5 生态系统服务

综合水源涵养、土壤保持、防风固沙、洪水调蓄等主要调节服务的重要性评估结果，发现生态系统服务极重要区域约占国土面积的25%，主要分布于大小兴安岭、长白山、阴山、黄土高原、祁连山、天山、秦巴山地、三江源、藏东南、横断山区、川西高原、东南丘陵区和海南中部山区等地（图6-6）。重要区主要分布于呼伦贝尔、河套平原、陕北高原、准噶尔盆地、塔里木盆地周边、藏北高原以及云贵高原等地。

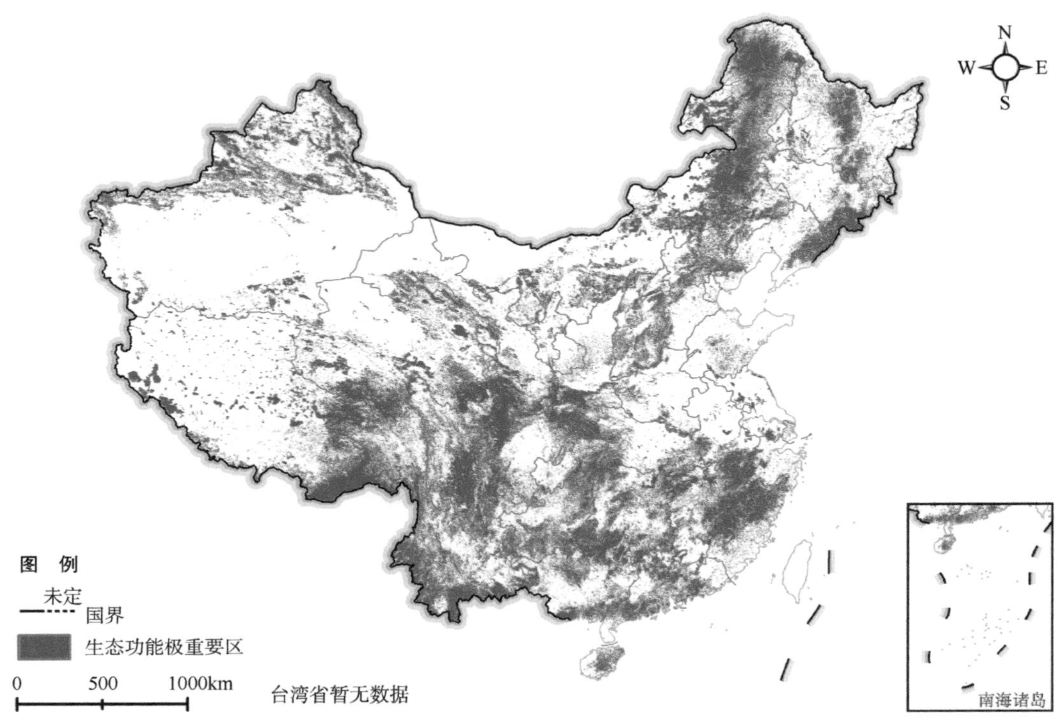

图6-6　生态功能极重要区分布

6.3.2　海洋自然保护关键区

6.3.2.1　海洋主要生态系统类型

中国拥有入海河口、海湾、滨海湿地、珊瑚礁、红树林、海草床等浅海生态系统以及岛屿生态系统等世界上的大部分海洋生态系统类型，具有各异的环境特征和生物群落。

1）河口生态系统

中国共拥有较大的入海河口18个，如鸭绿江口、辽河口、双台子河口、北戴河口、滦河口、海河口、黄河口、灌河口、长江口、钱塘江口、甬江口、瓯江口、椒江口、闽江口、九龙江口、韩江口、珠江口和北仑河口等。

2）海湾生态系统

海湾作为海岸平原及浅水海域的一部分，由于其独特的自然条件和区位优势，海湾生态系统为人类提供生物资源、水质净化、气候调节等生态服务功能。中国拥有数量众多的海湾，面积在100km^{2}以上的海湾有50多个，面积10km^{2}以上者有150多个，面积在5km^{2}以上者有200个左右。中国著名海湾主要有辽东湾、渤海湾、莱州湾、胶州湾、海州湾、杭州湾、象山湾、厦门湾、大亚湾、湛江湾、钦州湾和海口湾等。

3）海岛生态系统

中国拥有海岛7600余个，海岛总面积约为中国陆地面积的0.8%，浙江省、福建省和广东省海岛数量位居前三位，中国海岛分布不均，总体呈南方多、北方少，近岸多、远岸少，有居民岛多、无居民岛少的特点（安鑫龙，2009）。按海域划分，东海海岛数量约占中国海岛总数的59%，南海海岛约占30%，黄海和渤海海岛各约占11%。按离岸距离划分，距大陆小于10km的海岛数量占总数的57%，10～100km的占39%，大于100km的占4%。

4）滨海湿地生态系统

中国滨海湿地主要分布在沿海的11个省份和港澳台地区，以杭州湾为界，分为杭州湾以北和杭州湾以南两部分。杭州湾以北的滨海湿地，除山东半岛东北部和辽东半岛的东南部基岩性海滩外，多为砂质和淤泥质海滩。杭州湾以南滨海湿地则以基岩性海滩为主，在各主要河口及海湾的淤泥质海滩上分布有红树林，从海南至福建北部沿海滩涂及台湾西海岸均有天然红树林分布。在西沙群岛、南沙群岛及台湾、海南沿海分布有热带珊瑚礁（安鑫龙，2009）。

6.3.2.2　海洋生态系统保护关键区识别

目前已整理收录的海洋生态系统有红树林、海草床、珊瑚礁、海藻场、海岛和其他滨海湿地生态系统（海湾、河口、盐沼等）六大类，共150个。其中，珊瑚礁生态系统24个，红树林生态系统23个，海草床生态系统26个，海藻场生态系统4个，海岛生态系统42个，其他滨海湿地生态系统31个。这些优先保护生态系统主要分布于中国近岸海域。

6.3.2.3　海洋物种

中国的重点保护海洋生物以南海海域分布最为丰富，然而，除海洋植物、珊瑚、水螅和部分双壳类等营固着生活外，其他海洋动物均有较强的游动性，对其分布区域的描述难以详尽。综合考虑中国海洋保护物种富集度、丰富度以及重要和典型海洋生态系统的分布情况，在黄海、东海和南海选划了52个海洋生物多样性保护关键区，其中，黄海11个，东海20个，南海21个。

6.3.2.4　海洋自然景观

海洋自然景观包括地质景观、生物景观、海水景观等主要类型。海洋地质景观主要包括基岩海岸、沙滩等要素。中国基岩海岸长约5000km，主要分布在山东半岛、辽东半岛，以及杭州湾所在及其以南的浙、闽、台、粤、桂、琼等省。海岛是基岩海岸、沙滩和生物的综合类型，它综合了沙滩、基岩海岸、海水、森林植被等自然景观，是中国极其重要的海洋旅游资源。海岛及其周边海域旅游资源丰富。全国海岛拥有重要自然景观979处，各类海水浴场84个。

6.3.3　自然保护关键区综合评估

综合评估中国优先保护生态系统、重点保护动植物物种、重要自然遗迹与景观关键区域，确定中国重要自然保护对象的关键区域总面积419万km^2，其中陆域保护关键区354万km^2，海洋保护关键区面积约65万km^2（图6-7）。

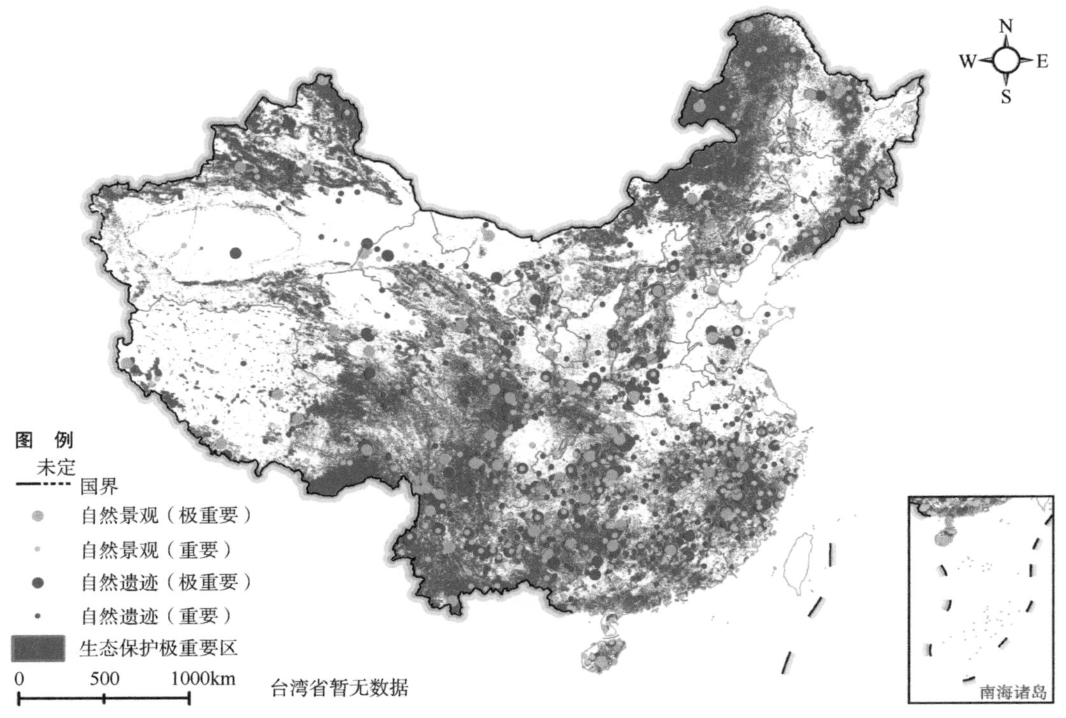

图6-7　自然保护关键区域综合评估

6.4　保护空缺分析

通过分析不同类型自然保护地与重点保护的自然生态系统、珍稀濒危物种、自然遗迹与自然景观的关键保护区域和关键生物多样性区域的空间关系，识别尚未得到有效保护的保护关键区域，明确空间上还需强化保护的区域。

6.4.1　保护空缺与空缺分析技术

保护空缺（conservation gap）是指应该受到保护但是现在不在保护网络里的区域，Burley（1988）认为保护空缺能通过确定分类生物多样性的各种因素来达成调查现有自然保护地体系中未被有效保护的动、植物分布地。

保护空缺分析（conservation gap analysis）最初是针对某种特点的生物或者自然生态系统类型的分布与已有自然保护地的空间关系来确定进一步的保护行动。Scott等（1986）根据夏威夷濒危森林鸟类分布数据，分析其就地保护现状，发现濒危森林鸟类与已有的自然保护地在空间上重叠较少，并建议建立夏威夷—大岛国家森林野生动物保护区。1998年的美国在全国范围内以“州”为基本单元进行了保护空缺分析（Jennings，

2000）。随后，欧洲、澳洲以及东南亚的许多国家和地区为了提高自然保护地体系的空间布局，先后展开了关于保护空缺分析的研究（Abellán and Sánchez-Fernández，2015；Jantke et al.，2011；Larson and Sengupta，2004；Oldfield et al.，2004；Laba et al.，2002）。技术的发展使得生物多样性分布信息逐步完善，运用物种地理分布模型（model of species geographic distribution）、栖息地适宜性模型（habitat suitability model）等数学模型进行保护空缺分析，研究结果更为准确（Catullo et al.，2008；Hopton and Mayer，2006；Peterson and Kluza，2003；Jennings，2000）。研究的深入也适当地扩展了保护空缺的研究范围。Cantú等（2004）针对不同海拔、地貌等因素对墨西哥自然保护地体系进行了保护空缺分析。de Klerk等（2004）基于全球尺度展开保护空缺分析，扩展了保护空缺的分析尺度。Rodrigues等（2004）引入图层叠加分析等方法，扩展了保护空缺分析的研究方法。Sharafi等（2012）提出环境保护空缺分析法，生物多样性评价指标以环境变量来替换，使得研究数据更易获取和处理。

保护空缺分析又称为生物多样性保护规划的地理学方法，它是一种快速、有效的大尺度的区域保护评估方法，具有前摄性的突出特点，其通过绘制物种丰富度图，并与保护区现状作比较，识别那些应该受到保护但是现在不在保护网络里的区域，即“保护空缺”，在它们进一步退化之前，通过建立新的保护区或改变土地管理方式来填充这个空缺，最后达到保护生物多样性的目的（赵振坤，2005）。通过确定保护对象，叠加植被和生境、土地利用现状、林地资源现状等图件，分析现有自然保护地，查找保护空缺，提出下一步保护范围和重点（图6-8）。保护空缺分析强调区域内的每一个动、植物类型在已有的自然保护地体系内至少包含一次，没有包含在内的动、植物的分布地就是空白点（gap），而这些空白点是将来保护规划应该着重关注的地区（Scott et al.，1993）。利用保护空缺分析框架，通过分析不同类型自然保护地与重点保护的自然生态系统、珍稀濒危物种、自然遗迹与自然景观功能的生物多样性关键区域的空间关系，识别尚未得到有效保护的保护关键区域，明确空间上还需强化保护的区域，为自然保护地候选区域的确定提供依据，这是提高保护效率的必要手段。

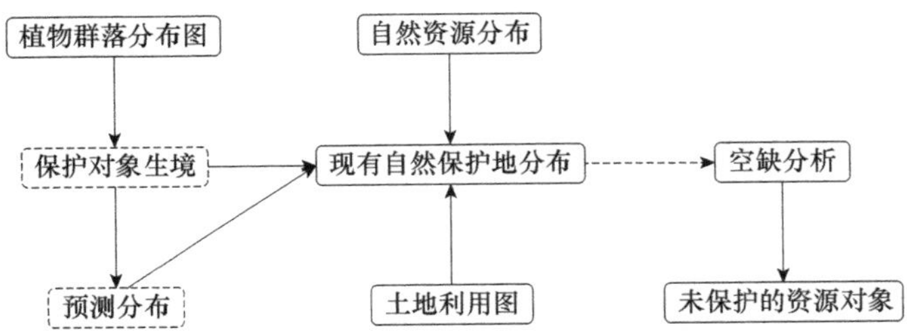

图6-8　自然保护地空缺分析步骤图

6.4.2　关键区域的保护空缺

中国现有的自然保护地对重要自然保护对象关键区域的保护比例较低，综合考虑所有保护对象的自然保护关键区域，21.8%被现有的自然保护地覆盖，仍有78.2%位于保护地以外的区域。

（1）生态系统。中国自然保护地对关键自然生态系统的总体保护比例为21.9%，其中，森林、草地、荒漠、湿地区域的保护比例分别为17%、26%、30%、52%，表明目前的自然保护地对湿地、荒漠的保护比例较高，对森林和草地的保护比例较低，在东部森林分布区、北方的草原分布区存在较大的保护空缺。

（2）物种多样性。中国的自然保护地对植物、哺乳动物、鸟类、两栖动物和爬行动物等的关键区域的覆盖比例达20.81%，保护成效较好。但从空间布局来看，自然保护地空间布局不尽合理，目前的自然保护地多分布在西部特别是青藏高原地区，东部地区存在较大的保护空缺。目前评估的物种中，有20%左右的物种，其栖息地保护比例低于10%，至少有45种物种尚未在自然保护地中得到保护。

（3）自然遗迹与自然景观。目前，现有自然保护地对极重要与重要自然遗迹、自然景观的覆盖比例分别为62.4%和93.8%，表明对自然景观的保护效果较好，自然遗迹的保护空缺相对较大。

（4）生态系统服务。综合考虑四种服务功能后，生态系统服务功能总的极重要区中18.8%被自然保护地覆盖，仍有81.2%尚未被保护地覆盖。保护空缺区域主要分布于我国东部和南部，包括大小兴安岭、长白山、长江中下游平原、云贵高原、南岭等地。

（5）海洋保护关键区。目前我国的自然保护区主要分布在沿海地区，绝大部分的海洋保护关键区域尚未建立自然保护地，保护空缺大。

6.5　本章小结

自然保护地体系是最重要的生态安全屏障，是全球和世界各国自然保护战略的核心，也是世界公认的最有效的自然保护手段，对于保护生物多样性以及国家生态安全至关重要。中国自1956年建立第一个自然保护区以来，生态保护工作取得了长足发展，但中国缺乏自然保护地总体发展战略与规划，自然保护地破碎化、孤岛化现象严重，尚未能建立科学合理完整的自然保护地体系，导致中国自然保护地保护成效欠佳。

本章在梳理保护优先区、生物多样性热点区、生物多样性关键区、保护空缺等概念基础上提出了自然保护关键区的概念及识别技术，在针对中国陆域生态系统、动植物物种、自然遗迹、自然景观以及海洋生态系统、生物多样性和自然景观的保护现状制定评估标准并进行系统评估的基础上，确定了中国重要自然保护对象，实现了中国自然保护的关键区域与空缺区域识别，致力于保护那些在全球、全国及区域尺度具有重要意义的生物多样性和生态过程的陆地和海洋生态系统，识别结果可以作为建立生物多样性保护优先区域的关键依据，为优化自然保护地空间布局，并为各类自然保护地确定功能定位与建设目标作铺垫，为全面提高中国生态安全保障水平、建设美丽中国作出贡献。

第7章　国家公园空间布局

7.1　国家公园设立标准

7.1.1　国际经验

国家公园应该符合什么条件？这与各国对国家公园的定位及赋予的管理目标直接相关，但各国国家公园的设立标准差异很大（表7-1）。从全球来看，确定国家公园的设立标准大致有3种方式：①制定专门标准规范，如美国国家公园管理局专门制定了国家公园标准，国家公园候选区必须满足国家层面的重要性、适用性和可行性的标准，同时也需考量其他管理选项；韩国从自然景观、文化景观、产业、土地所有权构成、区位条件5个方面制定了评判标准和评估方法。②将规划与遴选标准结合起来，如加拿大把具有丰富的自然地理要素、生物资源和地貌类型，没有被人为改变或受人为改变非常小的区域确认为“典型自然景观区域”，从中选出“自然地理区域”，然后按一定程序，在这些“自然地理区域”内选设国家公园，其遴选机制是以自然区域特征和生态代表性为基础，有较强的科学性；澳大利亚先由联邦政府与各州达成合作机制，然后编制《澳大利亚国家保护区体系战略（2009—2030年）》，参照IUCN标准制定统一的层级保护体系，协调空间重叠与保护标准矛盾。③通过法律法规明确国家公园设立条件，如俄罗斯、巴西、德国、英国、日本等国。

表7-1　主要国家国家公园设立条件/标准

国家	设立条件/标准
美国	国家重要性：是一个特定类型资源的杰出代表，对阐明或解说美国国家遗产的自然或文化主题具有独一无二的价值，可提供公众“享受”这一资源或进行科学研究的最好机会，具有相当高的“完整性”
	适用性：其所代表的自然或文化资源在现有保护体系中没有得到充足反映
	可行性：必须具备足够大的规模和合适的边界以保证其资源既能得到持续性保护，政府也可通过合理的经济代价对该候选地进行有效保护
	不可替代性：候选地由国家公园管理局管理是最优的选择，是别的保护机构不可替代的
加拿大	所拥有的自然资源、文化类型具有国家级重要价值和意义
	该区域能够代表现有国家公园缺少或无法比拟的自然、文化主题或游憩资源类型，以及在规模、资金来源、管理成本等方面具有可行性
	需要国家公园管理局管理和监督
	人类影响应当最小
俄罗斯	具有相应区域典型生物多样性，包括珍稀濒危及有经济、科学价值的动植物及其栖息生长地
	具有特殊美学、文化价值的自然景观、文化景观
	具有特殊科研价值的地质、矿产、古生物客体

续表

国家	设立条件/标准
俄罗斯	独特自然综合体，包括一些具有特殊科研、文化、美学价值的对象
	自然资源和不动产归国家所有
	列入俄罗斯联邦民族文化遗产国家统一清单的文化遗产（历史文物古迹）
日本	发展和人类活动被严格限制以保存最典型的、最优美的地区
	政府能提供必要信息和设施让游客享受和亲近自然
韩国	五大参考标准包括自然景观、文化景观、产业、土地所有权构成、区位条件，各个指标所占权重依次为60%、15%、10%、10%和5%，当这5条标准的综合评分达到80分以上，才能成为备选区域，还考虑与其他类型自然保护地之间的连通性，在空间上使国立公园与其他保护地一起形成生态系统之间的生态走廊
澳大利亚	综合性：应兼具生态、景观与物种的综合性保护功能
	充分性：范围的划定应能足够保护澳大利亚的自然资源，为其生态、景观和物种保护提供足够充分的保护领地，从而为澳大利亚稳定维持并进一步优化发展生态环境提供保障
	代表性：应能够代表澳大利亚不同类型的生态系统、自然景观和澳大利亚所特有的动植物物种，从而有效保护澳大利亚丰富的生态多样性和物种多样性特征
新西兰	面积较大，最好能覆盖上万公顷且完整连片，通常应具国家重要性的自然风景、多样的生态系统或自然特征。符合下列一项或多项条件的自然区域优先考虑：①区内的遭侵扰地区可修复或恢复；②资源具重要的历史、文化、考古或科学价值；③区内独特的、美轮美奂或具重要科学价值的资源未见于其他国家公园，值得建园保护
德国	具有非常重要的景观
	具有平衡自然潜力的能力，具有特色的陆地景观、优美自然景色和进行自然保护的条件
	州有土地，面积超过10 000hm^2
	能够对濒危动植物进行科学考察和自然保护
	能够在与自然保护不相冲突的前提下，向公众开放以进行教育和游憩
	保有75%不受人类活动干扰的自然区域比例，保证自然过程和自然动态不受干扰
巴西	具有显著的、突出和美丽的地形特征
	具有自然景观、地质、地貌、洞穴、考古、古生物和文化的自然特点，生物多样性和遗传资源丰富
	为科学考察、研究和环境监测活动提供场所，提供教育、科普和游憩的条件
	保护传统群体生存所需的自然资源，尊重和重视他们的知识和文化
	联邦土地
英国	具有代表性风景或动植物群落的地区
	具有杰出的自然美和景观特征、显要的地理特征、荒野和辽远的感觉、洁净的土壤及空气和水、野生动物和独特的生物多样性
	具有景观上可见的千年以来的人类影响、村庄和居民点的明显特征，有富含历史性的建筑园林和公园所提供的安静享受的机会、风俗传说和传统艺术
	有利于环境发展的耕种方式、村落的手工艺工业等
南非	一般面积都较大，应不低于10 000hm^2
	在地形、地貌、环境、生物多样性等方面具有国家或国际意义
	包含一种或多种生态完整的生态系统地域，防止开发及不和谐地占有、利用，破坏地域的生态完整性
	在国有土地上建立，或接受私有土地捐赠、赎买私有土地后设立

从全球主要国家的国家公园实践看，国家公园标准关注的焦点有一定异同性（表7-2）。美国、加拿大、德国、南非、日本等国，国家公园是最高层级的保护地类型，往往更加注重自然及景观的国家重要性、自然文化遗产的国家代表性，以及通过国家公园保护比其他保护形式更为适宜，面积规模需足以保护一个或多个生态系统的完整性、土地和资源为国家所有等。俄罗斯、巴西、澳大利亚等国大多按照IUCN分类体系建立了自然保护地系统，自然保护区和国家公园往往并存，国家公园更多地关注自然文化景观的独特性，以及科研、文化、美学等价值体现，侧重对公众开放，通过游憩带动区域发展。英国、法国等国家是特例，往往核心区域保持一定自然性，其他区域以私有土地、村落为主，社区可加盟设立国家公园。

表7-2 主要国家遴选国家公园的评价要素及要素重要性排序

评价要素	美国	加拿大	俄罗斯	日本	韩国	澳大利亚	新西兰	德国	英国	巴西	南非
自然文化遗产的国家重要性	1	1		1	1		2				2
自然生态系统及生物多样性具有代表性		3	1			1			1	1	
具有特殊美学、科学、文化价值的自然文化景观及游憩资源	1		2	1	2			1	1	1	
具有独特科研价值的自然文化体			3							2	
保护一个或多个生态系统完整性	2					3		2			3
国家民族文化遗产与历史文物			6						2		
人类影响小，且基本处于自然状态		5		2			3				
自然区域急需保护，但保护不充分	3	2									
面积规模足够大	4					2	1	3			1
不可替代性，国家公园保护最优	5	4	4				4				
管理成本可行				3			5				
土地和自然文化资源为国家或联邦所有	6		5		4					3	4
土地州有或公有				4		4		3			
具有游憩和对公众开放的条件，带动地方发展					3			4	5	6	
限制开发，保有75%不受人类活动干扰的自然区域		6				5		5		1	
具有区位优势					5						
私有土地为主，有利于环境的传统利用和村落保护									2	3	

注：表中用编号1～6代表各国遴选国家公园时各评价要素的重要性排序，编号越小越重要

国家公园在全球范围内快速复制和发展的同时，其规范化管理的难度和国际交流相应增加。1969年的IUCN大会对国家公园定义进行了权威认定，开始从生态学的角度思

考对“一个或几个生态系统”保护的可能性。历经50多年的不懈努力，IUCN提出了一套较完善的自然保护地分类指南，明确国家公园是指大面积的自然或接近自然的区域，重点是保护大面积完整的自然生态系统，设立目的是为了保护大尺度的生态过程，以及相关的物种和生态系统特性，同时提供了环境和文化兼容的精神享受、科研、教育、游憩和参观的机会。这个分类体系基于管理目标的差异，即确定了国家公园的首要管理目标是保护自然生物多样性及作为其基础的生态结构及其所支撑的环境过程，同时推动环境教育和游憩，这已成为全球公认的国家公园概念与目标。在IUCN制定了自然保护地分类指南之后，很多国家遵循IUCN制定的原则进行扩展，根据各自特点和需求进行补充和细化，侧重点虽有所不同，但多是基于自然资源重要性、保护自然生态景观等原则性条件，并扩展到面积、公共服务设施、项目建设等方面的指标要求。目前，全球以国家公园命名的保护地超过了10 000处，但符合IUCN分类指南要求的约有5424处，仅占全球自然保护地数量的2.5%，如英国的国家公园大多归为景观保护区。

各国因国土面积和自然生态系统的差异，在确定国家公园遴选方法、遴选标准和遴选程序上形成了较大差异，可以划分为3种类型：①地域广阔型，包括美国、加拿大、俄罗斯等国家的基于辽阔公共土地上的国家公园体系；②地域限制型，包括日本、英国、法国等国家基于国土面积与土地所有权的限制条件下的国家公园体系；③本土特征保护型，包括德国、西班牙、南非、韩国等国家以保护本土人文历史与自然景观为目标而设立的面积较小的国家公园体系。在地域限制型和本土特征保护型两个类别中，具有国家代表意义的自然生态地域和景观，代表性物种较为明显，选择起来相对容易。对于美国、加拿大、俄罗斯这类地域广阔型的国家，则需要先区分自然生态系统类型，然后再在同一类型区域进行对比选出。例如，美国1916年设立国家公园管理局，国家公园管理开始步入专业化、规范化阶段，遴选时将美国自然区域划分为4个大类33个小类41个自然小类。加拿大根据地理、生物和物理上的区别，划分为39个不同特征的自然区域，入选标准则包括选择“在野生动物、地质、植被和地形方面具有代表性”并且“人类影响应当最小”的区域。这种划分方法是在地质、地形和生态系统特征的基础上将整体国土划分为不同的自然特征区域，以便在筛选中能够实现差异选择和同类比较，保证在遴选结果中的国家公园在植被系统、地形地貌、野生动物种群等方面保持独特性。

7.1.2　国家公园设立标准

《建立国家公园体制总体方案》要求“制定国家公园设立标准，根据自然生态系统代表性、面积适宜性和管理可行性，明确国家公园准入条件，确保自然生态系统和自然遗产具有国家代表性、典型性，确保面积可以维持生态系统结构、过程、功能的完整性，确保全民所有的自然资源资产占主体地位，管理上具有可行性”。在充分吸收国际上建立国家公园的成功经验基础上，依据国家公园坚持生态保护第一、国家代表性、全民公益性三大理念，中国国家公园设立标准主要考虑国家代表性、生态重要性和管理可行性3个方面的设立条件，这是国家公园的准入门槛，也是制定国家公园设立标准的核心内容（国家林业和草原局，2021b）。

（1）国家代表性。在国家公园遴选中极其重要，不仅强调国家公园应选择具有我国代表意义的自然生态系统，或我国特有和重点保护野生动植物物种的集聚区，且具有全国乃至全球意义的自然景观和自然文化遗产的区域；还要体现国家公园的设立和发展必须符合国家的整体利益与长远利益，不是一地一区的事权，应由国家来设定，必须协调各相关利益方的利益诉求。

（2）生态重要性是国家公园最为核心的功能，其他任何功能都必须在保护生态的基础上展开。国家公园生态区位极为重要，能够维持大面积自然生态系统结构和大尺度生态过程的完整状态，地带性生物多样性极为富集，大部分区域保持原始自然风貌，或轻微受损经修复可恢复自然状态的区域，生态服务功能显著。当然，强调生态性并不排斥文化资源、文化遗产的保护利用，自然生态系统所承载的无论是自然资源或是文化资源都必须完整地保存并展示其自然或文化特征，这也是国家公园管理的责任和义务。

（3）管理可行性是国家公园设立的落脚点，既要能够体现国家事权，国家管理、国家立法、国家维护，又应该充分考虑到我国人多地少、开发历史悠久的背景条件，较好地协调利益相关者的关系，具备以较合理的成本实现有效管理的潜力，能够较好解决土地与资源所有权者的权益，并适度开放相关区域以提供国民素质教育的机会。我国建立以国家公园为主体的自然保护地体系，不应该追求所有该保护的自然生态空间都采取国家公园的保护形式，需要严格保护但设立国家公园成本高的区域可以设立自然保护区，其他需要保护的区域可以设立自然公园，形成相互补充的自然保护地体系。国家公园设立应在自然资源资产产权、保护管理基础、全民共享等方面具备良好的基础条件。

依据《建立国家公园体制总体方案》要求，综合国家公园设立的国家代表性、生态重要性和管理可行性3个准入条件，构建了中国国家公园设立认定的指标体系，具体指标详见表7-3。

表7-3　国家公园设立认定指标体系

准入条件	认定指标	基本特征
国家代表性指标	生态系统代表性（至少应符合1个基本特征）	生态系统类型为所处自然生态地理区（附表1）的主体生态系统类型
		大尺度生态过程在国家层面具有典型性
		生态系统类型为中国特有，具有稀缺性特征
	生物物种代表性（至少应符合1个基本特征）	至少具有1种伞护种或旗舰种（附表3）及其良好的栖息环境
		特有、珍稀、濒危物种集聚程度极高，该区域珍稀濒危物种数占所处自然生态地理区珍稀濒危物种数的50%以上
	自然景观独特性（至少应符合1个基本特征）	具有珍贵独特的天景、地景、水景、生景等，自然景观极为罕见
		历史上长期形成的名山大川及其承载的自然文化遗产，能够彰显中华文明，增强国民的国家认同感
		代表重要地质演化过程、保存完整的地质剖面、古生物化石等典型地质遗迹
生态重要性指标	生态系统完整性（至少应符合1个基本特征）	生态系统健康，包含大面积自然生态系统的主要生物群落类型和物理环境要素
		生态功能稳定，具有较大面积的代表性的自然生态系统（附表4），植物群落处于较高演替阶段

续表

<table>
<tr><th>准入条件</th><th>认定指标</th><th>基本特征</th></tr>
<tr><td rowspan="5">生态重要性指标</td><td>生态系统完整性（至少应符合1个基本特征）</td><td>生物多样性丰富，具有较完整的动植物区系，能维持伞护种、旗舰种等种群生存繁衍，或具有顶级食肉动物存在的完整食物链或迁徙洄游动物的重要通道、越冬（夏）地或繁殖地</td></tr>
<tr><td rowspan="2">生态系统原真性（应至少符合1个基本特征）</td><td>处于自然状态及具有恢复至自然状态潜力的区域面积占比不低于75%</td></tr>
<tr><td>连片分布的原生状态区域面积占比不低于30%</td></tr>
<tr><td rowspan="2">面积规模适宜性（应符合基本特征）</td><td>西部等原生态地区，可根据需要划定大面积国家公园，对独特的自然景观、综合的自然生态系统、完整的生物网络、多样的人文资源实行系统保护</td></tr>
<tr><td>东中部地区，对自然景观、自然遗迹、旗舰种或特殊意义珍稀濒危物种分布区，可根据其分布范围确定国家公园范围和面积</td></tr>
<tr><td rowspan="6">管理可行性指标</td><td rowspan="2">自然资源资产产权（至少应符合1个基本特征）</td><td>全民所有自然资源资产占主体</td></tr>
<tr><td>集体所有自然资源资产具有通过征收或协议保护等措施满足保护管理目标要求的条件</td></tr>
<tr><td rowspan="2">保护管理基础（应同时符合基本特征）</td><td>具有中央政府直接行使全民所有自然资源资产所有权的潜力</td></tr>
<tr><td>原则上，人类生产活动区域面积占比不大于15%，人类集中居住区占比不大于1%，核心保护区没有永久或明显的人类聚居区（有戍边等特殊需求除外），人类活动对生态系统的影响处于可控状态，人地和谐的生产生活方式具有可持续性</td></tr>
<tr><td rowspan="2">全民共享潜力（应同时符合基本特征）</td><td>自然本底具有很高的科学普及、自然教育和生态体验价值</td></tr>
<tr><td>能够在有效保护的前提下，更多地提供高质量的生态产品体系，包括自然教育、生态体验、休闲游憩等机会</td></tr>
</table>

7.2 国家公园空间布局原则

国家公园的空间布局依据全国主体功能区战略，按照国家公园体制改革要求，从问题导向、目标导向、改革导向出发，坚持国家利益、自然优先、系统均衡、统筹整合、稳步推进等原则。

7.2.1 坚持国家利益

国家公园应坚持国家所有，具有国家象征，代表国家形象，彰显中华文明。国家公园建立的目的就是保护自然生态系统的原真性、完整性，应该把生态区位最重要、维系国家生态安全屏障的区域优先纳入国家公园系统，实行最严格的保护。遴选国家公园优先考虑最具有国家代表性的大面积自然生态系统、生物多样性最富集和自然景观最独特的区域，或具有全国乃至全球意义的自然文化遗产区域。国家公园应既有极其重要的自然生态系统，又有独特的自然景观和丰富的科学内涵，国民认同度高；同时，国家公园应以全民所有的自然资源资产为主体，可以使中央或省级政府统一行使全民所有自然资源资产所有者职责，并能够充分为国民素质教育提供机会，让公众更好地亲近自然、了解自然、热爱自然。

7.2.2 坚持自然优先

坚持国家公园自然生态保护的首要定位，体现国家公园保护大面积自然生态系统完整性、原真性的基本功能，对接全国主体功能区规划明确的重点生态功能区、生态保护红线等生态保护格局，以陆域的青藏高原生态屏障、黄土高原—川滇生态屏障、东北森林带、北方防沙带、南方丘陵山地带（“两屏三带”）和滨海防灾减灾带共同构筑的国家生态安全战略格局为布局重点，优先保护重要、特有生态系统类型和旗舰或伞护种种群及栖息地，强化国家公园在水源涵养、水土保持、防风固沙和生物多样性保护等方面的作用，完善国家生态安全屏障，保障主导生态服务功能稳定发挥。

7.2.3 坚持系统均衡

对于气候、地貌、生态系统类型与分布进行综合考虑，基于中国自然地理区划、中国生态区划、全国海洋功能区划和生物地理区系，坚持陆海统筹和点面结合。充分考虑中国生态地理单元、生态系统类型、珍稀濒危物种代表种群、地质地貌景观类型的国家代表性，对全国陆域及海域进行自然生态地理区划，按照自然生态地理单元落实国家公园生态系统与地貌类型的代表性以及生物区系的完整性，即原则上按生态地理区的基本特征，每个自然生态地理单元至少选择一个最有代表性的国家公园。生态地理过渡带、非地带性分布的湿地生态系统类型，以及特有地质地貌类型等在全国层面选择典型代表区域。每个自然生态地理单元选择最有代表性的区域设立国家公园，使全国不同生态区域、不同地貌景观都有国家公园作为代表。

7.2.4 坚持统筹整合

按照建立以国家公园为主体的自然保护地体系的要求，首先在系统梳理中国自然保护地的现状与问题的基础上，优先在各级各类自然保护地较多、交叉重叠严重的区域设立国家公园，将其作为区域内自然生态系统保护的核心节点，充分发挥国家公园在自然保护地体系中的主体地位和引领作用。以保持生态系统完整、物种栖息地连通、保护管理统一为原则，整合各级各类区域交叉、空间重叠的自然保护地，归并因行政区划、资源分类等问题造成条块割裂的相邻自然保护地，有效解决自然生态系统破碎化、孤岛化问题。建立跨地区、跨部门的管理体制，实现“山水林田湖草沙冰”整体保护和统一管理。

7.2.5 坚持稳步推进

在系统评估中国生态系统、生物多样性与自然景观分布格局的基础上，按照自然生态系统内在规律，统筹做好国家公园空间布局的顶层设计。服从我国经济社会发展战略，平衡人地矛盾，协调保护与发展的关系，统筹做好国土生态安全、生物安全与粮食安全等多目标融合。加强与国家公园体制改革、自然保护地整合优化过程的衔接，按轻重缓急的原则分期分批有序推进，成熟一个设立一个。优先启动生态区位重要、原始自然风貌良好的区域，自然资源以全民所有为主、自然资源资产产权清晰、便于国家统一行使管理权的区域，以及多个自然保护地空间重叠严重、机构叠床架屋、急需整合归并的区域，稳妥实施跨区域保护协作。

7.3　遴选国家公园候选区

根据自然保护关键区识别结果，结合自然生态地理区划，全面梳理各自然生态地理区的代表性生态系统、珍稀濒危物种集中分布区，以及自然遗迹和自然地貌景观特征的重要性，选择了有潜在价值的236个区域作为每个生态地理区的国家公园后备评估区域，包括陆域212个、海域24个。

依据国家公园设立标准，从国家公园3个准入条件（国家代表性、生态重要性和管理可行性）对236个评估区域进行符合性认定，按照自然生态地理区进行排序，将各项条件最好的评估区挑选出来，如果某一自然生态地理单元出现1个以上评估区条件近似，则侧重于不同地貌景观按并列排序都作为候选区，以保护中国自然生态系统最重要、自然景观最独特、自然遗产最精华、生物多样性最富集的区域，见图7-1。

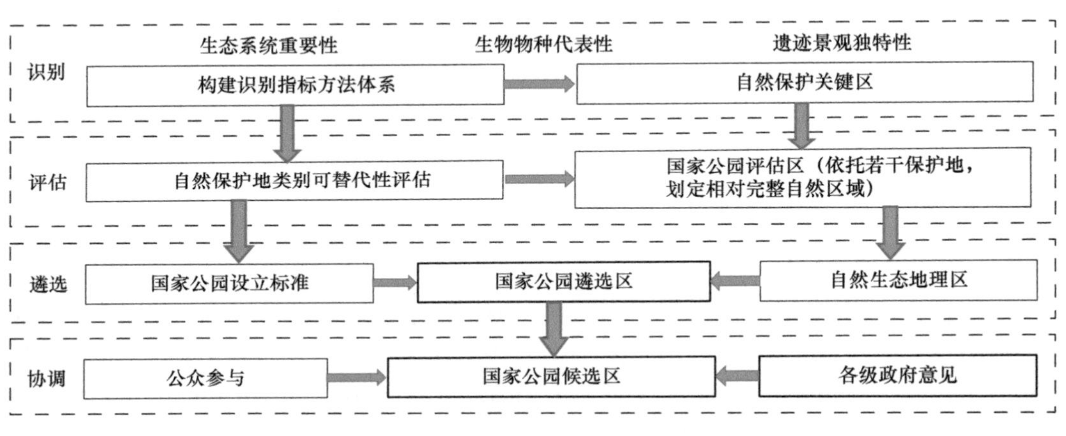

图7-1　国家公园候选区遴选过程

按照上述遴选程序，全国共选择出52个国家公园候选区（含三江源、大熊猫、东北虎豹、海南热带雨林和武夷山5个于2021年正式设立的国家公园），见图7-2。具体包括：陆域46个、陆海统筹3个、海域3个，总面积占自然保护地体系的50%，国家公园候选区总面积约111.48万km^2，其中陆域和管辖海域面积分别为99.88万km^2（覆盖陆域的10.4%）和11.60万km^2（含陆海统筹的涉海区域）。

国家公园候选区涉及各类现有自然保护地约750个，其中涉及各级各类自然保护区约330个（国家级约140个、省级及以下约190个），涉及其他各类自然保护地约420个。所有国家公园候选区中，以国家级自然保护区为主体整合设立的约40个，占总数的76.9%，以国有林区为主体设立的有大兴安岭、小兴安岭、东北虎豹、太行山、天山、阿尔泰山等，其他还有依托国家级风景名胜区整合设立的（如黄山），依托国家森林公园整合设立的（如张家界）。国家公园空间布局如图7-2、表7-4所示，各国家公园候选

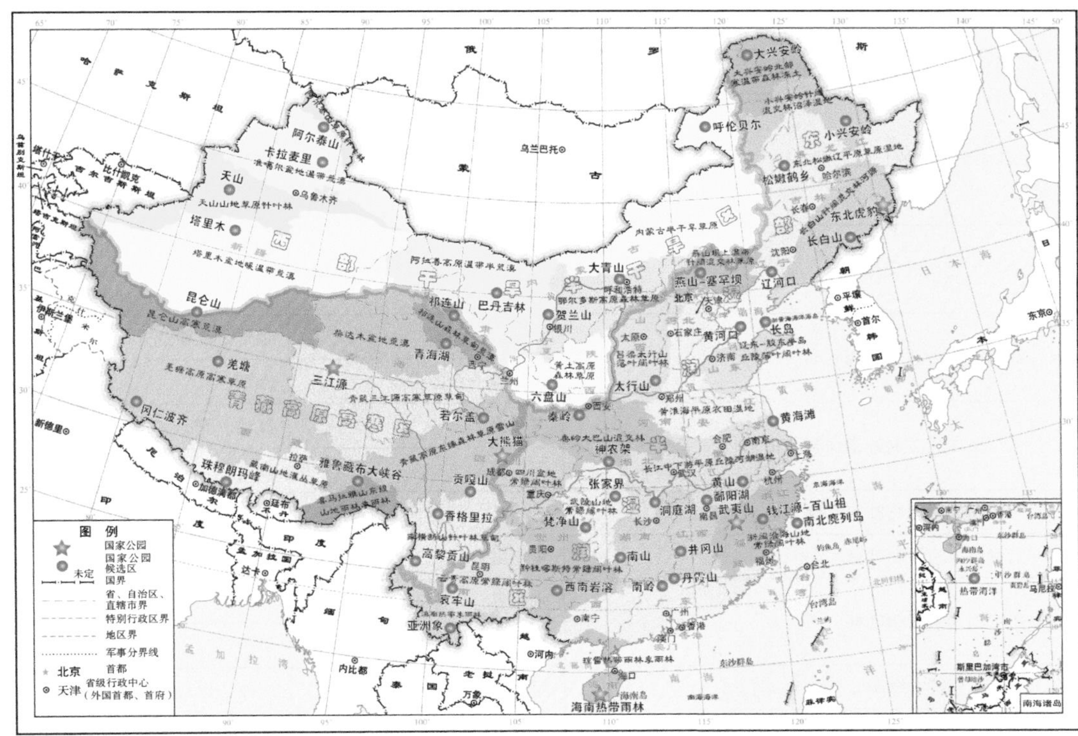

图7-2　国家公园空间布局图

区基本情况见附表2。

表7-4　国家公园布局表

所处自然生态地理区	国家公园候选区	涉及省份
一、东部湿润半湿润区		
1. 大兴安岭北部寒温带森林冻土	大兴安岭	黑龙江、内蒙古
2. 小兴安岭针阔混交林沼泽湿地	小兴安岭	黑龙江
3. 长白山针阔混交林河源	东北虎豹	吉林、黑龙江
	长白山	吉林
4. 东北松嫩平原草原湿地	松嫩鹤乡	黑龙江、内蒙古、吉林
	辽河口*	辽宁
5. 辽东—胶东半岛丘陵落叶阔叶林	—	—
6. 燕山坝上温带针阔混交林草原	燕山—塞罕坝	河北、北京
7. 黄淮海平原农田湿地（渤黄海海洋海岛）	黄河口*	山东
	黄海滩*	江苏
8. 吕梁太行山落叶阔叶林	太行山	河南、山西

续表

所处自然生态地理区	国家公园候选区	涉及省份
9．长江中下游平原丘陵河湖农田	黄山	安徽
	鄱阳湖	江西
	洞庭湖	湖南
10．秦岭大巴山混交林	秦岭	陕西
	神农架	湖北、重庆
11．浙闽沿海山地常绿阔叶林	武夷山	福建、江西
	钱江源—百山祖	浙江
12．长江南岸丘陵盆地常绿阔叶林	井冈山	江西、湖南
	南山	湖南
13．四川盆地常绿落叶阔叶混交林	—	—
14．云贵高原常绿阔叶林	哀牢山	云南
15．武陵山地常绿阔叶林	张家界	湖南
	梵净山	贵州
16．黔桂喀斯特常绿阔叶林	西南岩溶	广西、贵州
17．岭南丘陵常绿阔叶林	南岭	广东
	丹霞山	广东
18．琼雷热带雨林季雨林	海南热带雨林	海南
19．滇南热带季雨林	亚洲象	云南
二、西部干旱半干旱区		
1．内蒙古半干旱草原	呼伦贝尔	内蒙古
2．鄂尔多斯高原森林草原	贺兰山	宁夏、内蒙古
	大青山	内蒙古
3．阿拉善高原温带半荒漠	巴丹吉林	内蒙古
4．准噶尔盆地温带荒漠	卡拉麦里	新疆
5．阿尔泰山草原针叶林	阿尔泰山	新疆
6．黄土高原森林草原	六盘山	宁夏、甘肃
7．天山山地草原针叶林	天山	新疆
8．塔里木盆地暖温带荒漠	塔里木河	新疆
三、青藏高原高寒区		
1．喜马拉雅东段山地雨林季雨林	雅鲁藏布大峡谷	西藏
2．青藏高原东缘森林草原雪山	大熊猫	四川、甘肃、陕西
	若尔盖	四川、甘肃
	贡嘎山	四川

续表

所处自然生态地理区	国家公园候选区	涉及省份
3. 藏南极高山灌丛草原雪山	珠穆朗玛峰	西藏
4. 羌塘高原高寒草原	羌塘	西藏
	冈仁波齐	西藏
5. 昆仑山高寒荒漠雪山冰川	昆仑山	新疆
6. 柴达木盆地荒漠	青海湖	青海
7. 祁连山森林草甸荒漠	祁连山	甘肃、青海
8. 青藏三江源高寒草原草甸湿地	三江源	青海、西藏
9. 南横断山针叶林草甸	香格里拉	云南
	高黎贡山	云南、西藏
四、海洋		
1. 渤黄海海洋海岛	长岛	山东
2. 东海海洋	南北麂列岛	浙江
3. 南海海洋	热带海洋	海南

注："—"表示此处无数据，"*"表示陆海统筹国家公园候选区

7.4　国家公园空间分布

7.4.1　自然生态地理区分布情况

从自然生态地理大区看，陆域国家公园候选区主要分布在东部湿润半湿润生态大区，共27个，面积12.53万km^2，分别占国家公园候选区总数和总面积的52%与11.24%，国家公园候选区面积占该区域国土面积的3.08%；西部干旱半干旱生态大区有9个，面积10.39万km^2，分别占国家公园候选区总数和总面积的17%和10%，国家公园候选区面积占该区域国土面积的3.08%；青藏高原高寒生态大区有13个，面积77.42万km^2，分别占国家公园候选区总数和总面积的25%和69%，国家公园候选区面积占该区域国土面积的27.49%。除辽东—胶东半岛丘陵落叶阔叶林、四川盆地常绿落叶阔叶混交林生态地理区外，其余每个陆域生态地理单元至少有一个国家公园候选区。由于生态系统、珍稀濒危动植物与自然景观分布特征的差异，长白山脉、秦岭大巴山脉、长江中下游平原湿地、浙闽沿海山地和南横断山地等13个陆域生态地理区，各布局有2～4个国家公园候选区。3个海域生态地理区，共布局了3个国家公园候选区，面积11.14万km^2，分别占国家公园候选区总数和总面积的6%和10%。4个自然生态地理大区，除了青藏高原布局的国家公园占该区域国土面积比例较高外，其他东、中部省区布局的国家公园候选区面积仅占其所在省份国土面积的2%～3%，安徽、福建、广东等省区国家公园候选区占其国土面积比例不足2%。4个自然生态地理大区国家公园候选区面积占比见图7-3。

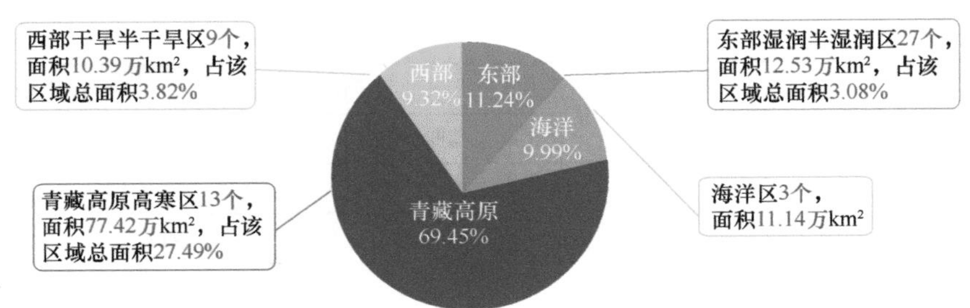

图7-3　自然生态地理大区国家公园候选区面积占比

7.4.2　全国各地理大区分布情况

从地域空间上看，西南地区国家公园候选区数量最多，有13个，西北地区12个，华东地区9个，东北地区7个，华南和华中地区各4个，华北地区3个。各区域国家公园候选区名单见表7-5。

表7-5　各区域国家公园候选区名单

区域	国家公园候选区
东北地区	大兴安岭、小兴安岭、东北虎豹、长白山、松嫩鹤乡、呼伦贝尔、辽河口
华北地区	燕山—塞罕坝、太行山、大青山
华中地区	张家界、洞庭湖、神农架、南山
华东地区	黄山、武夷山、钱江源—百山祖、黄河口、井冈山、鄱阳湖、黄海滩、长岛、南北麂列岛
华南地区	南岭、丹霞山、海南热带雨林、热带海洋
西北地区	三江源、祁连山、青海湖、昆仑山、卡拉麦里、阿尔泰山、天山、塔里木、贺兰山、巴丹吉林、六盘山、秦岭
西南地区	大熊猫、贡嘎山、香格里拉、高黎贡山、哀牢山、亚洲象、羌塘、冈仁波齐、珠穆朗玛峰、雅鲁藏布大峡谷、西南岩溶、若尔盖、梵净山

7.4.3　全国行政区域分布情况

7.4.3.1　行政区域总体分布情况

从行政区域分布看，涉及29个省份，除港澳台外，每个省份至少有1个国家公园候选区。其中内蒙古和西藏各6个（含跨省份国家公园候选区，下同），新疆5个，黑龙江、湖南、云南和甘肃4省份各涉及4个，吉林、江西、四川和青海4省份各涉及3个，浙江、山东、广东、海南、贵州、陕西和宁夏7省份各涉及2个，北京、河北、山西、辽宁、江苏、安徽、福建、河南、湖北、广西和重庆11省份各涉及1个，各省份国家公园候选区名单见表7-6。

表7-6　各省份国家公园候选区名单

序号	省份	数量	国家公园候选区
1	北京	1	燕山—塞罕坝（跨省份）
2	河北	1	燕山—塞罕坝（跨省份）

续表

序号	省份	数量	国家公园候选区
3	山西	1	太行山（跨省份）
4	内蒙古	6	大兴安岭（跨省份）、贺兰山（跨省份）、呼伦贝尔、巴丹吉林、大青山、松嫩鹤乡（跨省份）
5	辽宁	1	辽河口
6	吉林	3	东北虎豹（跨省份）、松嫩鹤乡（跨省份）、长白山
7	黑龙江	4	东北虎豹（跨省份）、松嫩鹤乡（跨省份）、大兴安岭（跨省份）、小兴安岭
8	江苏	1	黄海滩
9	浙江	2	钱江源—百山祖、南北麂列岛
10	安徽	1	黄山
11	福建	1	武夷山（跨省份）
12	江西	3	武夷山（跨省份）、鄱阳湖、井冈山（跨省份）
13	山东	2	黄河口、长岛
14	河南	1	太行山（跨省份）
15	湖北	1	神农架（跨省份）
16	湖南	4	南山、张家界、洞庭湖、井冈山（跨省份）
17	广东	2	南岭、丹霞山
18	广西	1	西南岩溶（跨省份）
19	海南	2	海南热带雨林、热带海洋
20	重庆	1	神农架（跨省份）
21	四川	3	大熊猫（跨省份）、若尔盖、贡嘎山
22	贵州	2	梵净山、西南岩溶（跨省份）
23	云南	4	香格里拉、高黎贡山（跨省份）、亚洲象、哀牢山
24	西藏	6	三江源（跨省份）、羌塘、珠穆朗玛峰、冈仁波齐、雅鲁藏布大峡谷、高黎贡山（跨省份）
25	陕西	2	秦岭、大熊猫（跨省份）
26	甘肃	4	祁连山（跨省份）、大熊猫（跨省份）、若尔盖（跨省份）、六盘山（跨省份）
27	青海	3	三江源（跨省份）、祁连山（跨省份）、青海湖
28	宁夏	2	六盘山（跨省份）、贺兰山（跨省份）
29	新疆	5	天山、阿尔泰山、卡拉麦里、塔里木、昆仑山

7.4.3.2　跨省份布局情况

有16个国家公园候选区跨省份布局，具体布局示意图见图7-4，其中大熊猫、松嫩鹤乡2个国家公园候选区跨3省份，三江源、东北虎豹、祁连山、武夷山、高黎贡山等14个国家公园候选区分别跨2省份布局，国家公园候选区跨省份布局情况见图7-4、表7-7。

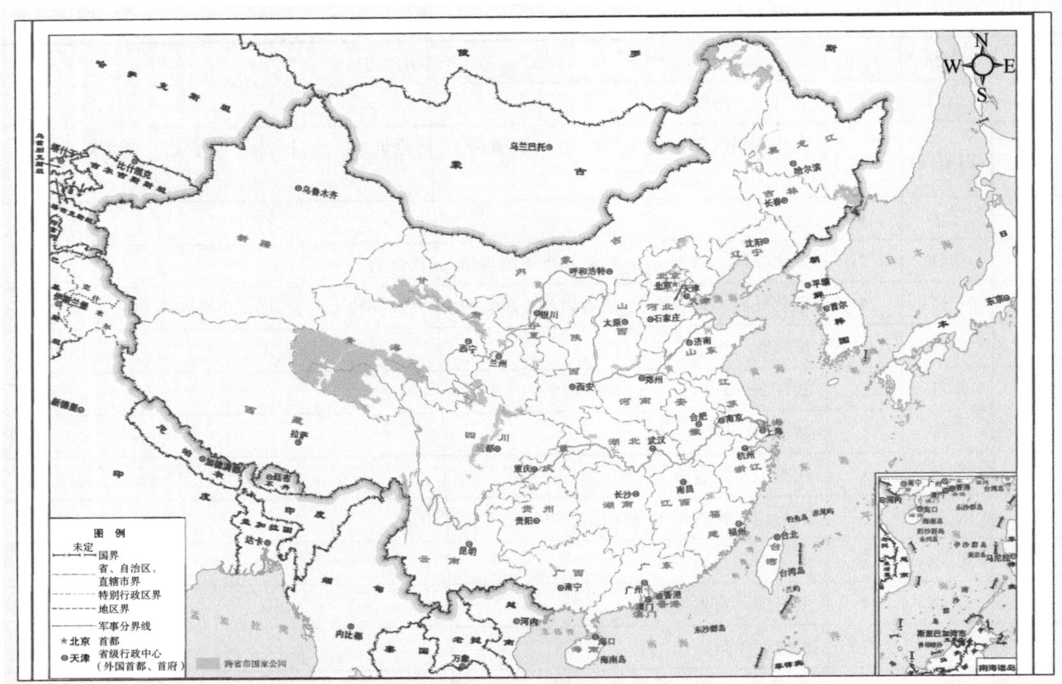

图 7-4　跨省份国家公园空间布局示意图

表 7-7　跨省份布局国家公园候选区名单

序号	国家公园候选区	涉及省份	序号	国家公园候选区	涉及省份
1	东北虎豹	吉林、黑龙江	9	太行山	山西、河南
2	大熊猫	四川、甘肃、陕西	10	六盘山	宁夏、甘肃
3	祁连山	甘肃、青海	11	大兴安岭	黑龙江、内蒙古
4	武夷山	福建、江西	12	井冈山	江西、湖南
5	松嫩鹤乡	黑龙江、吉林、内蒙古	13	高黎贡山	云南、西藏
6	贺兰山	宁夏、内蒙古	14	三江源	青海、西藏
7	燕山—塞罕坝	北京、河北	15	若尔盖	四川、甘肃
8	西南岩溶	广西、贵州	16	神农架	湖北、重庆

7.4.4　按生态安全格局分布情况

7.4.4.1　按生态区位分布情况

国家公园布局以国家生态安全战略格局为基础，充分衔接国土空间规划、全国重要生态系统保护和修复重大工程确定的国家重点生态功能区，52个国家公园候选区基本上都布局在“三区四带”的战略布局，包括青藏高原生态屏障区、黄河重点生态区（含黄土高原生态屏障）、长江重点生态区（含川滇生态屏障）、东北森林带、北方防沙带、南方丘陵山地带、海岸带等重点区域。国家公园与“三区四带”的关系详见图7-5和附表2。

从生态区位看，国家公园布局以青藏高原为主，有13个，分别为三江源、羌塘、

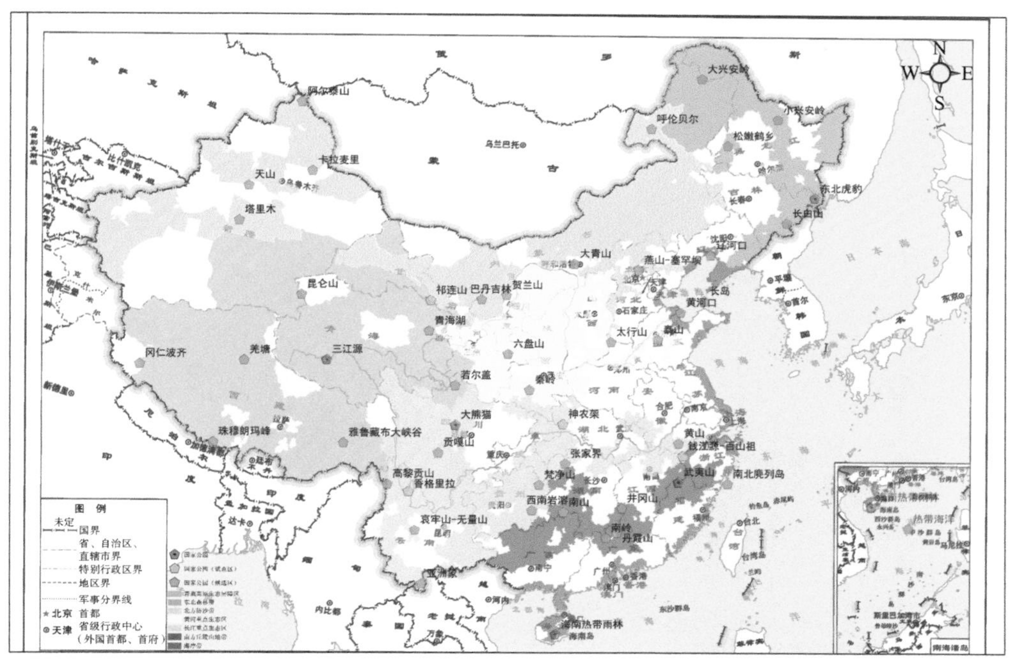

图7-5　国家公园与“三区四带”关系图

珠穆朗玛峰、冈仁波齐、青海湖、大熊猫、祁连山、若尔盖、昆仑山、雅鲁藏布大峡谷、贡嘎山、高黎贡山、香格里拉，面积约77万km^2，构成了青藏高原国家公园群；黄河流域9个，分别为三江源、若尔盖、祁连山、六盘山、贺兰山、大青山、秦岭、太行山、黄河口，面积约28万km^2（图7-6）；长江流域14个，分别为三江源、香格里拉、大熊猫、贡嘎山、秦岭、神农架、张家界、洞庭湖、南山、梵净山、井冈山、鄱阳湖、武夷山和黄山，面积约25万km^2（图7-7）。

7.4.4.2　与国家重大战略关系

国家公园空间布局在与生态保护格局充分衔接的基础上，统筹考虑突出对京津冀协同发展、长江经济带发展、长三角一体化发展、黄河流域生态保护和高质量发展等国家重大战略的生态支撑，长江经济带有若尔盖、大熊猫、贡嘎山、香格里拉、高黎贡山、哀牢山、亚洲象、梵净山、南山、张家界、洞庭湖、神农架、井冈山、鄱阳湖、武夷山、黄山、钱江源—百山祖、南北麂列岛、黄海滩19个国家公园候选区；黄河流域生态保护和高质量发展区有三江源、青海湖、祁连山、贺兰山、大青山、六盘山、若尔盖、秦岭、太行山和黄河口10个国家公园候选区，详见图7-8；长三角一体化发展区有黄山、钱江源-百山祖、黄海滩、南北麂列岛4个国家公园候选区，京津冀协同发展区有燕山—塞罕坝。

7.4.5　涉及重要资源类型情况

国家公园候选区基本覆盖了中国优先保护的生态系统类型和主要伞护种与旗舰种，

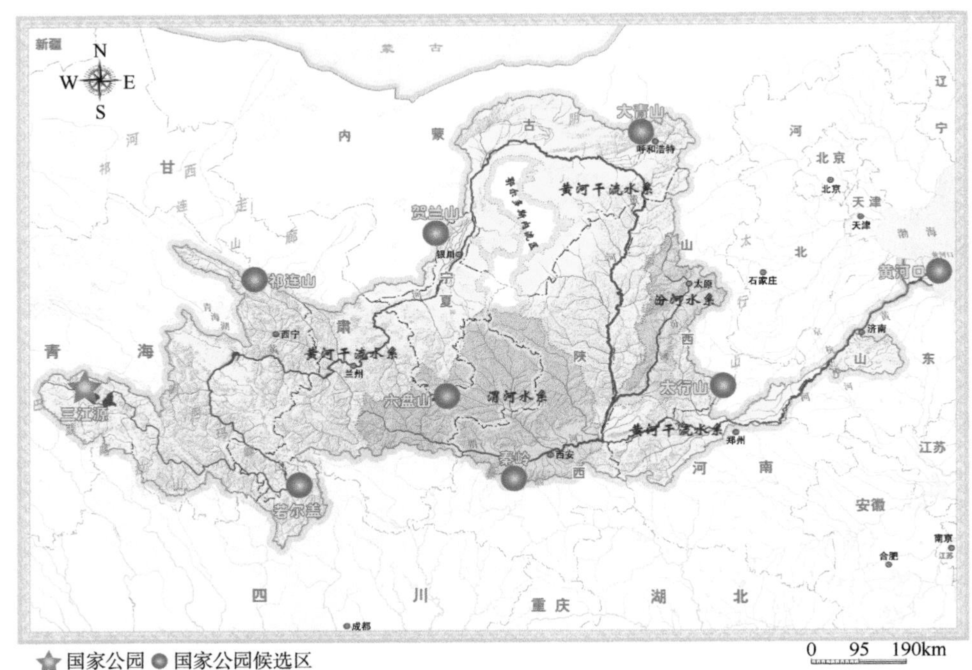

图7-6　黄河流域布局图

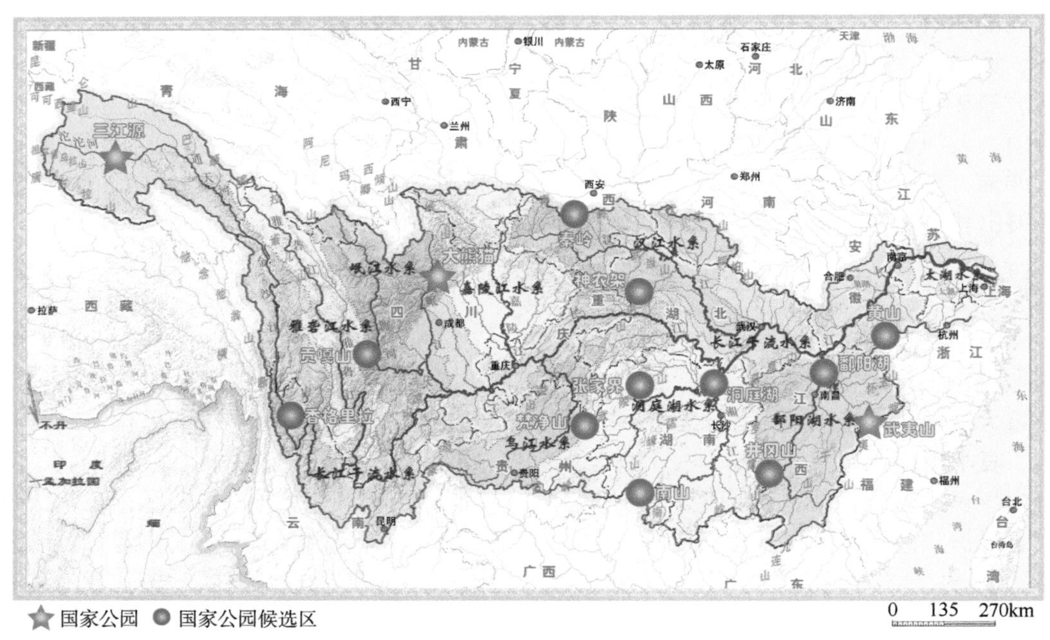

图7-7　长江流域布局图

基本涵盖了陆域分布的高等植物2.9万多种，脊椎动物4000多种，保护了80%以上的国家重点保护野生动植物物种及其栖息地、各自然生态地理区的代表性生态系统。

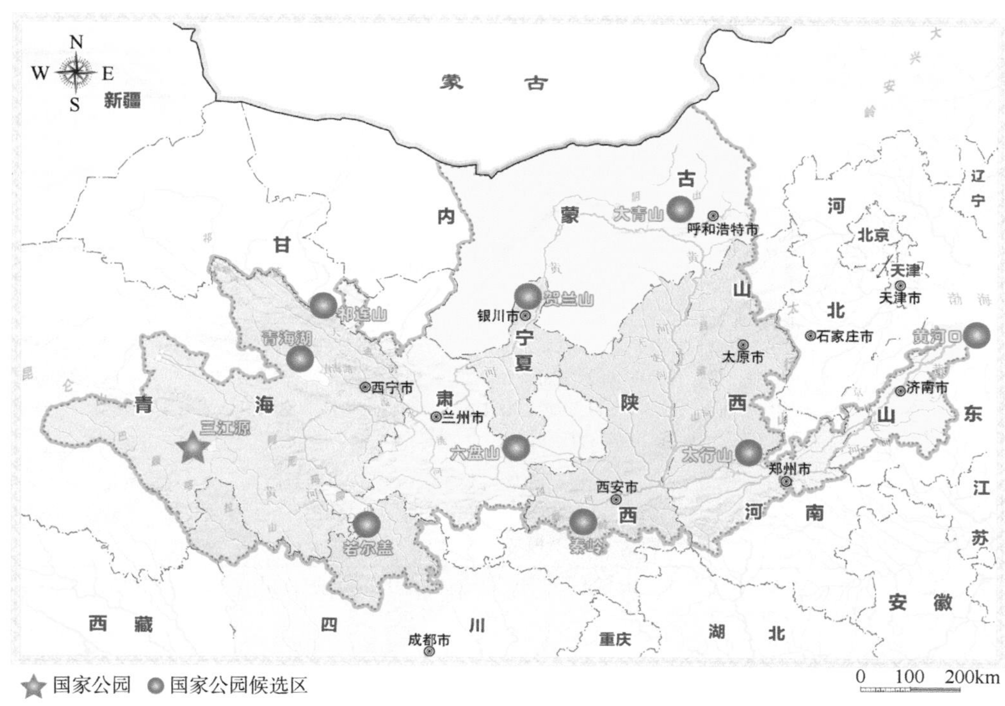

图7-8　黄河流域生态保护和高质量发展区国家公园布局图

国家公园候选区保护的核心资源涉及森林、湿地、河湖、草原、荒漠、冰川、海洋海岛等代表性自然生态系统，以及珍稀濒危物种与其栖息地、自然遗迹、自然景观和文化遗产等11类，详见图7-9。

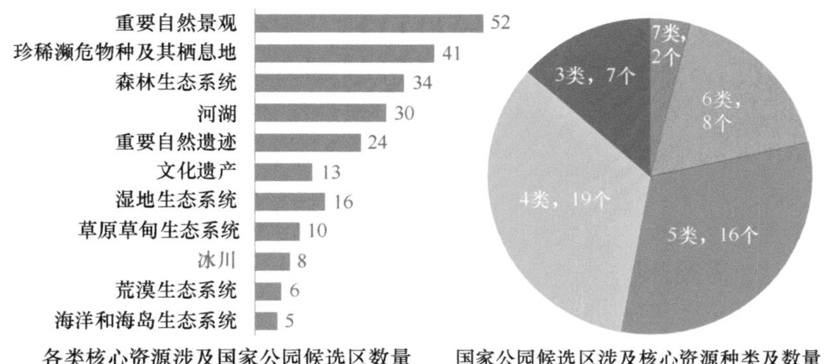

图7-9　国家公园候选区核心资源统计图

国家公园候选区涵盖了目前中国14项世界自然遗产中的11项、4项世界文化与自然双遗产中的2项［黄山（牯牛降）、武夷山］、39处世界地质公园中的10处、82处国际重要湿地中的26处、34个世界人与生物圈保护区中的20个，见表7-8。

表 7-8　涉及世界遗产地、地质公园、国际重要湿地等一览表

重要资源类型	数量	公园数	名录
世界自然遗产	11（14）	12	武陵源、黄龙、三江并流、四川大熊猫栖息地、中国南方喀斯特、中国丹霞、新疆天山、湖北神农架、青海可可西里、梵净山、黄海候鸟栖息地
世界文化与自然双遗产	2（4）	2	黄山、武夷山
世界地质公园	10（39）	9	阿拉善、延庆、王屋山—黛眉山、神农架、武陵源、黄山、秦岭终南山、云台山、丹霞山、乐业—凤山
国际重要湿地	26（82）	17	扎龙、青海湖鸟岛、呼伦湖、双台河口、碧塔海、鄂陵湖、扎陵湖、玛旁雍错、若尔盖湿地、南瓮河、尕海、神农架大九湖、黄河三角洲、莫莫格、黄河首曲、汗马、友好湿地、盐池湾、东洞庭湖、西洞庭湖、南洞庭湖、鄱阳湖、鄱阳湖南矶湿地、江苏盐城、大丰麋鹿、南麂列岛
世界人与生物圈	20（34）	17	汗马、长白山、卧龙、武夷山、神农架、西双版纳、白水江、黄龙、高黎贡山、呼伦湖、珠穆朗玛峰、佛坪、茂兰、井冈山、牛背梁、黄山、丰林、南麂列岛、梵净山、江苏盐城

注："数量"指布局中国家公园范围涉及此类国际称号项目数量，括号内数量为我国此类国际称号项目总数；"公园数"指此类国际称号项目范围涉及国家公园数量

7.5　本章小结

国家公园是我国自然保护地体系的主体，其空间布局事关我国自然保护地体系的构建。国家公园是我国自然生态系统中最重要、自然景观最独特、自然遗产最精华、生物多样性最富集的部分，保护范围大，其空间布局也直接关系到我国的国土空间规划和优化。国家公园空间布局方案的研究和制定，也是编制全国国家公园和自然保护地总体发展规划、确定今后我国国家公园及自然保护地发展目标和任务的基础。本章按照《建立国家公园体制总体方案》的要求，研究提出了国家公园准入条件，作为我国国家公园评估和遴选的统一尺度；同时开展自然生态地理区划研究，作为国家公园布局的基础，实现差异选择和同类比较，保证遴选国家公园的独特性和代表性；并考虑与全国国土空间规划及《全国重要生态系统保护和修复重大工程总体规划（2021—2035年）》"三区四带"生态保护布局衔接，提出了52个国家公园候选区。并在衔接生态保护红线划定、自然保护地整合优化初步成果的基础上，提出了每个国家公园候选区大致区域及初步面积，正式设立时，需要开展综合科学考察和评估，充分协调与"三区三线"的关系，不涉及城镇开发边界，并进一步梳理候选区内基本农田、水电开发、探矿采矿、重大水利基础设施、其他建设项目等矛盾冲突区域，在综合研判的基础上合理划定国家公园范围和管控分区，实施精细化管控措施，做到划管衔接，最大限度减少矛盾冲突，实现多目标融合和协调发展。本次提出的52个国家公园候选区，并不代表一定就能设立国家公园，需根据其综合条件，并统筹考虑生态保护紧迫性、地方积极性和管理可行性开展国家公园创建工作，按照"成熟一个设立一个"的原则设立国家公园。国家公园建设进度应与国民经济和社会发展规划相衔接，确保与我国经济社会发展水平相适应。随着国家

生态建设需求变化和国家建设能力的增强，52个国家公园候选区外的其他符合国家公园准入条件的区域，也可以作为国家公园建设的储备。目前，国务院已批复的《国家公园空间布局方案》遴选了49个国家公园候选区，本研究中提出的洞庭湖、鄱阳湖，黄海滩暂未纳入，未来条件成熟时，经科学评估，可增补为国家公园候选区，也就是《国家公园空间布局方案》中提出的“实行动态开放的国家公园候选区机制”。

第8章　自然保护地体系规划

8.1　基本原则

优化自然保护地布局，推进自然保护地体系转变，推动各类自然保护地科学设置，确保自然保护地陆域国土面积占比达18%以上，海域极重要关键区域得到有效保护，建立对自然生态系统、珍稀濒危动植物、珍贵景观和自然遗产保护的新格局，全面建成中国特色的以国家公园为主体的自然保护地体系，为维护国家生态安全与建设富强民主文明和谐美丽的社会主义现代化强国筑牢生态根基。

8.1.1　保护优先，应保尽保

坚持保护优先，将全国重要生态系统、重要自然遗迹、代表性自然景观和生物多样性天然富集区等重点区域和关键节点全部纳入保护范围，做到应保尽保。

8.1.2　尊重自然，科学布局

尊重自然规律，以资源的自然属性、内在联系和客观现状为基础，按照“山水林田湖草沙冰”是生命共同体的理念，科学评估资源保护价值，合理确定自然保护地布局。

8.1.3　突出主体，系统构建

实施自然保护地统一设置，合理确定不同自然保护地功能定位和保护强度，突出国家公园主体地位，协同推进自然保护区和自然公园发展，统筹空间布局和推进时序，系统构建自然保护地体系。

8.1.4　政府主导，强化保障

突出自然保护地体系建设的社会公益性，发挥政府在自然保护地规划、设立、管理、监督、投入等方面的主导作用，建立健全构建以国家公园为主体的自然保护地体系的保障制度和措施。

8.2　基本要求

自然保护地体系规划是在国家层面对全国自然保护地建设和治理的整体性、长期性安排，作为一种战略性、前瞻性、导向性的公共政策，将在自然保护地体系的建设管理中起到十分重要的引领作用。自然保护地体系规划的主要任务是：谋划自然保护地未来发展的战略定位，明确中长期不同时间节点上经过努力可以实现的战略目标，衔接国土空间规划，进行自然保护地的发展空间与区域的战略布局，分解和落实战略目标，形成自然保护地中长期发展的战略任务体系，选择在当前或未来条件下实现预期目标的策略和措施等。

现阶段自然保护地体系发展规划需要按照生态文明建设的总体要求，尽快在宏观层面解决好自然保护地整体发展目标、阶段目标与空间布局等核心问题，有序推进自然保护地的发展，将应该保护的地方严格保护起来，需要进一步在空间布局和保护地整合等方面开展系统研究。

8.2.1　强化重要自然生态空间保护

通过全域生态价值科学评估，明确中国重要生态系统、重要自然遗迹、重要野生动植物栖息地原生地、重要自然景观的分布范围和价值，将其整合优化，形成各类各级自然保护地，完善自然保护地空间布局，整体纳入生态保护红线，实行严格保护，保持“山水林田湖草沙冰”生命共同体的完整性，实现应保尽保。

8.2.2　推进自然保护地体系转换

推进中国自然保护地体系从以自然保护区为主体向以国家公园为主体的转变，在生态文明建设总体框架下，从体制机制、完善体系等角度整体推进。

（1）进行自然资源产权制度改革，清晰界定全部国土空间各类自然资源资产的产权主体，对水流、森林、山岭、草原、荒地、滩涂等所有自然生态空间统一确权登记。生态重要区域的全民所有自然资源资产所有权由中央政府和省级政府分级行使，依法对区域内水流、森林、山岭、草原、荒地、滩涂等所有自然生态空间统一进行确权登记和实施所有权管理。

（2）改革分头设置自然保护区、风景名胜区、地质公园、森林公园等各类自然保护地的体制，对中国现行自然保护地保护管理效能进行评估，研究科学的分类标准，理清各类自然保护地关系，加快对自然条件好、生态重要区域的各类自然保护地系统整合设立国家公园的进程。

（3）改革现行自然保护地按照地方自愿、自下而上的设立方式，加强顶层设计。

8.2.3　逐步解决自然保护地历史遗留问题

通过分析历史遗留问题的根源，结合现阶段政策从健全体制机制、推进规范管理、优化管控边界、开展特许经营等方面提出历史遗留问题疏解对策和建议，通过调整自然保护地范围、优化功能区划，划定生态空间、生产空间和生活空间的边界，可以把没有保护价值、对生态环境影响不大、生产干扰活动多的区域调整出去，缓解自然保护与原住居民生产生活的现实矛盾，以期为推进自然保护区治理体系和治理能力现代化以及“山水林田湖草沙冰”保护系统修复提供借鉴。

8.2.4　理顺自然保护地管理体制

以国家公园体制改革为抓手，明确各类自然保护地功能定位，推动自然保护地科学保护和均衡设置，建立自然保护地分级分类管理体制，形成自然生态系统保护的新体制、新机制、新模式，彻底解决现有自然保护地“九龙治水”的问题，改变多部门多头管理而实质上管理主体不明确、管理不到位的困境，由一个部门统一管理各类自然保护地，实现一个自然保护地、一块自然保护地牌子、一个自然保护地管理机构，确保责任明确、保护管理落到实处。

8.2.5　系统整合现有保护地类型

针对现有各类自然保护地所存在的空间交叉重叠、保护管理分割、破碎化和孤岛化等问题，按照新的自然保护地分类和定位方法，通过全面摸底、科学评估和规划研究，按照新分类体系对现有各类自然保护地进行归类，整合存在重叠交叉问题的自然保护地，归并相邻相连的自然保护地，最终形成完整的自然保护地体系。将现在已经明确的各级各类自然保护地都纳入整合优化范围，新旧自然保护地转换原则上按自然保护地对应关系。交叉重叠的多个自然保护地原则上整合为一个自然保护地。对位于同一自然地理单元、生态过程联系紧密、类型属性基本一致的相邻或相连的各类自然保护地，可以打破因行政区划、分类设置造成的条块割裂状况归并重组为一个自然保护地，同一类自然保护地应优先归并，同一山体、水系、湖泊的自然保护地应优先归并，一次性解决保护地分割、破碎和孤岛化问题。明确整合后自然保护地的唯一类型和功能定位，只保留一个自然保护地牌子，其他牌子按程序取消，履行国际公约或相关国际组织授予的名称或牌子可保留，如国际重要湿地、世界自然遗产、世界文化遗产、世界文化与自然双遗产、全球重要农业文化遗产、世界人与生物圈保护区、世界地质公园等。

8.3　自然保护地整合优化

中国经过60余年的自然保护发展，各类自然保护地约覆盖了国土面积的18%，覆盖了全国生态系统服务极重要区和重要区的66.02%（侯鹏等，2017），许多生态重要区域已存在一些自然保护形式。但这些保护地普遍存在定位模糊、多头设置、空间重叠、交叉管理等问题，保护成效低下，整合和优化中国的自然保护地体系是国家公园发展需要长期面对的艰巨任务。应以保持自然生态系统完整性为原则，遵从保护面积不减少、保护强度不降低、保护性质不改变的总体要求，将在空间上重叠严重、管理体制上交叉割裂的各类自然保护地进行系统整合。

8.3.1　整合优化总体要求

8.3.1.1　整合优化对象

自然保护地整合优化对象包括所有现存的符合自然保护地内涵的所有保护形式，自然保护地类型包括自然保护区、风景名胜区、地质公园、森林公园、海洋公园、湿地公园、冰川公园、草原公园、沙漠公园、草原风景区、水产种质资源保护区、野生植物原生境保护区（点）、自然保护小区、野生动物重要栖息地14类，整合优化时需要明确以下三点。

（1）按照《深化党和国家机构改革方案》精神，自然保护地应包括自然遗产地，特别是没有设立任何保护形式或保护形式覆盖不全的自然遗产地。

（2）没有纳入自然保护地范畴的相似保护形式，若与现有14类自然保护地交叉重叠也应列为整合对象，如水源地保护区、水利风景区、沙化土地封禁保护区、遗传资源保护区、郊野公园、生态公园等。由于自然保护地整合设立后完全可以替代这些保护形式的功能，待整合优化完成后应按程序取消。

（3）在自然保护地整合过程中，需保留履行国际公约或相关国际组织授予的世界自然遗产、世界自然文化遗产、世界文化景观遗产、全球重要农业文化遗产、生物圈保护区、世界地质公园、国际重要湿地、世界暗夜保护地等牌子。

8.3.1.2　整合优化原则

自然保护地整合优化涉及自然领域，也涉及社会领域，还影响到区域经济，整合优化过程具有复杂性，整合优化结果具有不可预测性，整合优化影响具有传导性，必须牢固树立尊重自然、顺应自然、保护自然的生态文明理念，坚持三大基本原则。

（1）坚持保护第一，牢牢把握"自然保护地面积不减少、强度不降低、性质不改变"（三不）的总方向。守住自然保护地严格保护重要生态空间的基本功能定位这个底线，确保重要生态系统、自然遗迹、自然景观和生物多样性得到有效保护。整合优化后省域范围内的自然保护地面积不应少于整合优化前的面积，既要考虑陆域面积，更应考虑海域面积；整合优化后属于严格保护的自然保护区面积不应少于整合优化前的，核心保护区总面积不应少于整合优化前核心区、缓冲区总面积；不得随意撤销现有自然保护地。把应该保护的地方都保护起来，做到应保尽保。

（2）坚持自然保护地管理体制改革精神，彻底打破目前"九龙治水"局面，实现各类自然保护地统一管理。改革以部门设置、以资源分类、以行政区划分设的旧体制，由一个部门、一个机构实现对自然保护地设立、晋（降）级、调整和退出全过程的统一管理，构建统一、规范、科学、高效的自然保护地管理体制。林草部门应履行好统一管理自然保护地体系的职责，包括全国自然保护地体系的调查、监测、规划、评估、考核等所有管理程序，组织制定自然保护地政策制度、规划方案和标准规范，承担自然保护地体系的生态保护、工程建设、资源资产管理、特许经营管理、社会参与管理及宣教推介等责任。其他部门不应再继续管理自然保护地，各部门也不应自行设立新的自然保护地类型。

（3）坚持以科学评估论证为基础，避免自然保护地划定、调整和优化的盲目性和随意性。科学评估自然保护地及其周边区域自然生态系统、地质遗迹、自然景观以及生物多样性的生态价值，科学评估自然保护对当地社区发展的影响，以及当地经济开发对自然保护地的干扰破坏，将评估结果作为自然保护地整合优化的重要且唯一的依据。

8.3.2　整合优化主要规则

8.3.2.1　新旧体系转换规则

对现有各类自然保护地进行综合评价，在此基础上按照保护区域的自然属性、生态价值和管理目标进行梳理，将现有各类自然保护地依次归类为新的三大类保护地体系（图8-1）。主要规则有以下4点。

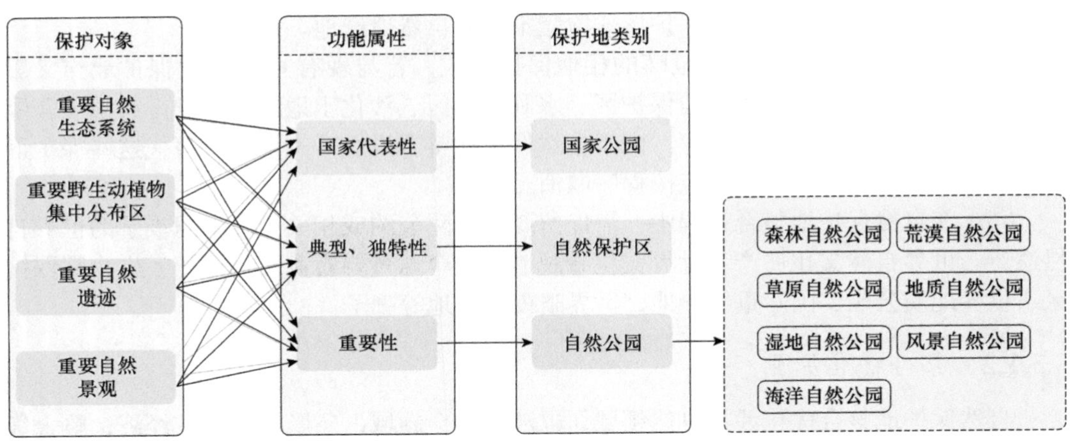

图8-1　新旧自然保护地体系转换关系图

（1）新旧体系的转换应基于科学评估结果，凡是在自然生态系统、生物物种、自然遗迹和自然景观方面具有国家代表性的区域都应逐渐设立国家公园，初期先按自然保护区、自然公园整合优化。

（2）具有典型保护价值、需要实行严格保护的海洋特别保护区、野生动物重要栖息地、其他自然公园等应优先转为自然保护区。

（3）其他具有重要生态、科学、观赏价值的自然保护地定为自然公园。

（4）因高度分散、无法整合到相邻自然保护地的自然保护小区、野生植物原生境保护区（点）等可以保留为自然保护小区，按点状自然保护地管理。

国家公园：按照国家公园设立标准，整合具有国家代表性的自然保护地及其周边区域设立。启动阶段可以限于正在开展国家公园体制试点的10个试点区，凡划入国家公园规划范围的自然保护地整合纳入国家公园管理，不再保留原自然保护地。

自然保护区：原则上将现有的自然保护区、部分保护价值高的海洋特别保护区转为新体系的自然保护区；国家级自然保护区仍然为国家级自然保护区，省级自然保护区仍然为省级自然保护区，市级、县级自然保护区经评估论证后改为由省级人民政府设立。无明确保护对象、无重要保护价值的自然保护区应允许转为自然公园。

自然公园：现有其他各类自然保护地按照资源禀赋特征和主体生态系统分别转为森林自然公园、湿地自然公园、草原自然公园、海洋自然公园、荒漠自然公园、地质自然公园和风景自然公园。国家级、省级自然公园转换后仍然保留原级别，市、县级经评估论证后由省级人民政府设立为省级自然公园。

现有冰川、沙漠、石漠、矿山公园等都是典型的地质类型，均可通过评估后纳入地质自然公园，地质特征不明显的整合到其他自然公园。水产种质资源保护区是一类以就地保护优质水产种质资源及其栖息地，兼有水生态保护的保护形式，鉴于与湿地、海洋自然公园在生态系统、资源禀赋、管理目标等方面的相似性，以及分布空间的重叠性，不宜单独分类，可分别纳入湿地自然公园、海洋自然公园。野生动物重要栖息地高度依赖于森林、草原、湿地、荒漠、海洋等自然生态系统，空间上与其他自然公园高度重叠，不宜单列。

8.3.2.2　整合归并规则

以保持生态系统完整性为原则，在科学评估基础上，针对范围交叉、区域重叠或相邻相连的多个自然保护地整合归并，形成完整的自然保护空间，主要规则可以考虑以下5点。

（1）空间上交叉重叠的多个自然保护地按“山水林田湖草沙冰”完整区域整合，同时将周边保护价值高、生态系统完整的区域一并纳入，整合为一个自然保护地。无法整合为一个自然保护地时，可以整合为多个自然保护地，但在资源禀赋、保护强度上应有明显差异，边界范围不能再交叉重叠。

（2）对于因行政区划、资源分类设置造成条块割裂状况的自然保护地应当进行归类合并重组，如同一自然地理单元、生态过程联系紧密、类型属性一致的相邻或相连自然保护地，尤其应优先归并同类自然保护地，以及同山体、水系、湖泊的自然保护地也需要归并。

（3）按照国家级、省级自然保护区优先，同级别保护强度优先、不同级别的低级别服从高级别的原则选择保留的自然保护地类型，其他自然保护地整合后应予取消。

（4）水源地保护区、水利风景区、沙化土地封禁保护区、遗传资源保护区、矿山公园、郊野公园和生态公园等与自然保护地交叉重叠的地域也应纳入整合范畴，待整合优化完成后按照程序取消。

（5）同一生态地理单元内确实无法归并的多个自然保护地之间，最好规划设立生态廊道。

8.3.2.3　范围调整规则

自然保护地范围调整需要重点关注与生态保护红线管控要求有冲突的区域。总体而言，无保护价值、无重大影响、有管控冲突的“两无一有”区域可以调出自然保护地，而即使无保护价值、但有管控冲突、维持现状会明显影响生态功能的“一无两有”区域应该将生产经营活动退出自然保护地，保护生态系统的完整性，逐渐恢复生态原真性。综合分析可以确定以下6点。

（1）永久基本农田：对于成片分布、镇村周边分布的永久基本农田原则上调整出自然保护地，但作为候鸟、水生生物栖息地的永久基本农田不宜调出，而是逐步退出或者转为一般农田，保留在自然保护地内。

（2）镇村：对建制乡镇（建成区）可以调出自然保护地，人口较多的村屯、工矿人口所在地，以及较大面积建设用地和生态移民搬迁的承载地连同周边永久基本农田、自留山、基本草原、成片集体人工商品林等可以调出保护地。不能退出的镇、村可设置过渡期，明确范围和活动管控要求。

（3）基础设施：基于科学评估判定，保护价值不大、对生态功能不造成影响区域的基础设施可以调出，符合管控要求的基础设施原则上予以保留，如科研、管护、监测等设施，原住居民区的生产生活设施，防灾减灾、交通运输、供水水利、军事设施等。

（4）人工商品林：成片分布、林木属于集体或个人所有、对生态功能不造成明显影响的人工商品林宜调出，但重要生态区位内的人工林应转为公益林，不宜调出。

（5）经济开发区：自然保护地设立之前的开发区可以调出，设立之后的开发区要评估影响后决定调出或退出。

（6）矿业权：采矿权原则上都应退出，停止开采活动，但战略性矿产资源勘探权可以保留，如依法设立的铀矿、油气、矿泉水、地热采矿权可以保留，但不得扩大生产规模。

8.3.2.4　区划优化规则

自然保护地功能分区是实施用途管制、科学精细管理的基础。按照《关于建立以国家公园为主体的自然保护地体系的指导意见》要求，国家公园、自然保护区分为核心保护区和一般控制区，自然公园原则上按一般控制区管控，自然保护区功能分区优化应以国家最新相关文件为依据，主要规则可考虑以下3点。

（1）将自然保护区原核心区和缓冲区转为核心保护区、实验区转为一般控制区（即三区变两区），原实验区内无人为活动且具有重要保护价值的区域也应转为核心保护区。

（2）原核心区和缓冲区适当调整，设立之前存在的具有保护价值但与核心保护区管控要求冲突的区域，如历史文化、民族特色及寺庙等有纪念意义的场所等，可调整优化为一般控制区。

（3）结合国家最新的分区管控要求优化功能分区，取舍尺度在核心保护区禁止的人为活动与一般控制区允许的对生态功能不造成破坏的有限人类活动之间进行综合评估。

8.3.2.5　调入或新设规则

调入自然保护地范围或新建自然保护地可以优先选择以下区域。

（1）自然保护地周边生态保护价值高、生物多样性丰富、生态系统保持完整的区域。

（2）评估为重要生态系统、重要自然遗迹、重要野生动植物栖息地原生地、重要自然景观以及天然林区、重点公益林、禁牧区、关键生态廊道等，目前尚无保护形式的区域。

（3）已列入世界自然（文化）遗产地、国际重要湿地、世界文化景观遗产、全球重要农业文化遗产、生物圈保护区、世界地质公园、最佳管理保护地等名录但还没有全覆盖保护的区域。

（4）其他已划入生态保护红线方案，但没有保护形式的区域。

8.3.3　整合优化实现路径

按照《关于建立以国家公园为主体的自然保护地体系的指导意见》要求，2020年应完成自然保护地勘界立标并与生态保护红线衔接，2025年应完成自然保护地整合归并优化，初步建成以国家公园为主体的自然保护地体系（图8-2）。整合优化既是自然保护地体系构建最基础性的工作，同时又是自然保护地复杂的改革过程，不能一蹴而就。可以分为预案、确认和实施3个阶段，包括摸底调查、科学评估、归类整合、范围调整、区划优化、政府确认、勘界立标、总体规划等关键环节。

8.3.3.1　预案阶段

1）摸底调查

（1）以省、市、县为单元，组织相关专业队伍，开展全域摸底调查。对自然地理环境、自然资源、自然生态系统、自然景观、自然遗迹和生物多样性等开展综合调查。

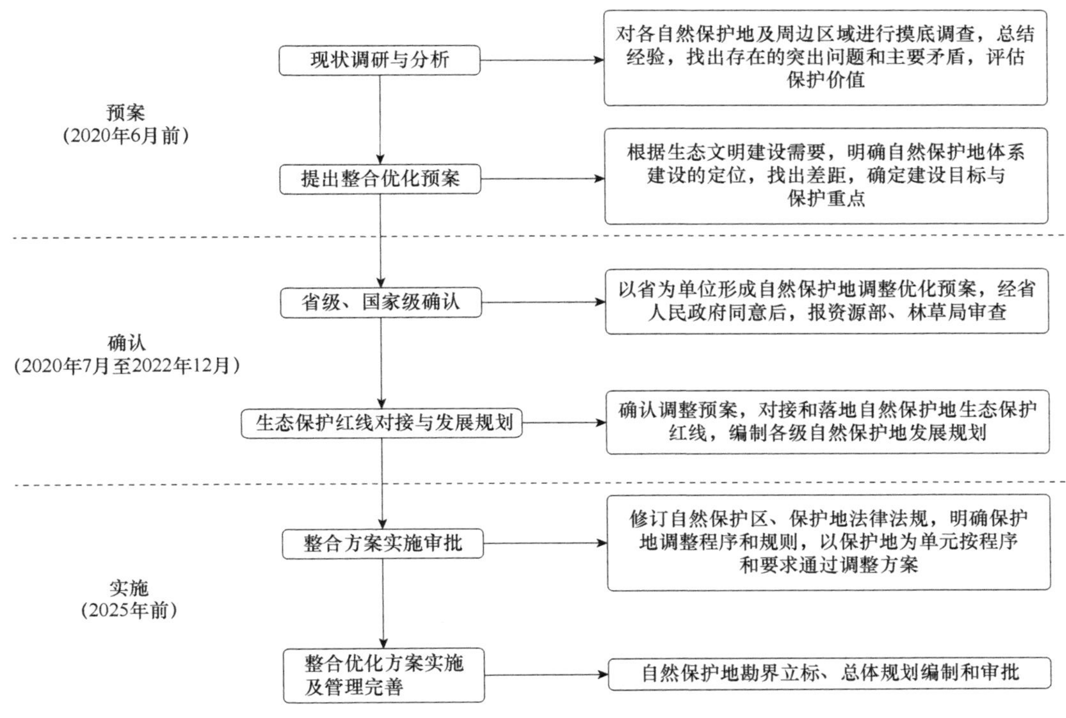

图8-2　自然保护地整合优化路径图

（2）开展现有自然保护地摸底，了解自然状况、保护对象、管理基础、社区发展等基本情况，了解自然保护地管理体制、机构与队伍情况。掌握自然保护地申报、批建、调整、总体规划和总体设计等情况，明确相关文字和图件依据，以此厘清不同类型自然保护地交叉重叠情况。

（3）开展生态保护红线摸底调查，掌握自然保护地划入、划出生态保护红线的基本情况，按地块编号并明确有关情况。建立统一的自然保护地矢量数据库和台账资料，并真实上报反映实际情况，留存多期档案资料。

2）科学评估

综合评估全域范围特别是自然保护地周边生态系统重要性、生态系统原真性、野生物种多样性和自然景观独特性，重点评估重要的自然生态系统、生物多样性、地质遗迹、自然景观以及野生生物种群集聚区和栖息地的范围、分布和特征。例如，收集当地物种数据，根据《国家重点保护野生植物名录》、《国家重点保护野生动物名录》和《世界自然保护联盟濒危物种红色名录》等筛选准则、辅以专家咨询，确定重点保护物种名单，分析重点保护物种分布与生境要求，确定物种多样性格局及保护关键区。根据生态现状调查和自然生态价值评估，分析现有自然保护地在空间分布上存在的空缺情况，包括应纳入但尚未纳入自然保护地的空间地域的分布、面积、保护价值等，为整合优化方案提供决策支持。另外，还要科学评估人类干扰状况，特别是历史遗留问题和现实矛盾冲突情况。

3）归类整合

在科学评估的基础上，按相应规则转换新旧自然保护地体系，对交叉重叠自然保护地进行空间与体制整合，对相邻相连自然保护地进行同类型合并。国家公园体制试点区优先整合；其他国家公园候选区域先按自然保护区、自然公园等先期整合优化，相同区域的其他自然保护地不再保留；未纳入部分经科学评估后，以原有自然保护地的名义保留，或并入相邻的自然保护区，或由自然保护区转为自然公园；确实不具备保护价值的可以撤销。整合归并的自然保护地应及时对原有多个管理机构与队伍进行整合，多个自然保护地机构队伍应整合归并为一个管理机构，一支管理队伍。

4）范围调整

自然保护地范围调整应调出与调入同步进行。应按调出调入斑块逐一分析评估。调出部分主要包括：已划入自然保护地的永久基本农田、镇村、基础设施、成片人工商品林、开发区等。调出斑块的地类、权属等属性以最新国土资源、森林、湿地、草原、海洋等调查结果为依据确认，通过评估后按规则确定是否退出或调出。无明确保护对象、无重要保护价值的市、县级自然保护地可以撤销。调入部分主要包括：有重要生态、科学、景观价值的斑块，重点关注生态公益林、天然林、自然湿地、禁牧草原、自然岸线等。

5）区划优化

国家公园、自然保护区根据保护对象与管控强度分为核心保护区和一般控制区，并与国土空间规划（“三区三线”）等相衔接。自然公园可以不进行调整，如果需要调整仍然按原规程、标准优化功能区。对原核心区和缓冲区按调整规则进行适当调整，但以下几类情况没有必要调整：重要的生态修复工程区；因栖息地多样化需要保留的耕作、放牧区；水生生物、候鸟保护区的航道航线；迁徙、洄游动物保护区在非栖息季节的人为活动；自然保护地下自然遗迹的保护区可以在地面保留生产经营活动；合法线性基础设施和供水等民生设施，航道、河势控制、河道整治等活动；依法设立的铀矿探矿开采，依法设立的油气探矿勘查，依法设立的矿泉水、地热采矿权但不得扩大或延期。对暂时不能搬迁的原住居民设立过渡期，划定区域允许生产生活。

6）编制预案

可以按县、市、省分级行政区编制自然保护地整合优化预案，主要包括：全域自然生态现状和保护价值，自然保护地概况，重点描述自然保护地存在的交叉重叠和保护空缺等主要问题及其与城镇建成区、永久基本农田、成片集体人工商品林、矿业权、开发区、村屯人口密集区、设施建筑等的冲突现状和违法违规情况；提出自然保护地整合优化预案，具体说明整合优化后的自然保护地数量、结构，以及整体调整、范围调整、功能分区优化、管理机构队伍设置情况；描述国家公园体制试点区涉及的现有自然保护地状况；评价自然保护地整合优化影响和效益。同时，提交整合优化整体情况、前后变化、整合归并、调整优化等数表和台账，以及配套的整合优化前后自然保护地分布、范围及功能分区图件和矢量数据等。

8.3.3.2　确认阶段

1）地方政府确认

各级政府进行自然保护地整合优化预案的审查和认定，审查预案编制是否坚持以自然资源禀赋为核心，准确定位自然保护地发展目标及差距，严格把控成果质量，逐级把关。以省为单位形成自然保护地整合优化预案，经省级人民政府同意后，上报自然资源部和国家林业和草原局审查。

2）国家确认

自然资源部和国家林业和草原局等部门将按各自职能开展专项检查、抽样调查、实地核查或委托第三方评估等方式，确认各地自然保护地整合优化工作程序是否规范，预案成果是否符合要求，数据库建设是否符合要求，档案资料是否真实完整。坚持依法依规、实事求是、尊重历史，结合生态环境保护督察、绿盾行动等详细情况。

3）对接生态保护红线

生态保护红线评估调整与自然保护地整合优化统筹推进，把生态保护红线中确定的、有必要实行严格保护的极重要或极敏感区域纳入自然保护体系；自然保护地整合优化与生态保护红线管控要求存在冲突的，应先行评估，再行调整优化；自然保护地发生调整的，生态保护红线应相应调整；严查借自然保护地整合优化之机将重要生态区域调出生态保护红线事件。

8.3.3.3　实施阶段

1）确定程序

国家层面应尽快修订自然保护地相关法律法规，制定细化适用于各级各类自然保护区或自然公园的范围调整和区划调整办法，明确自然保护地调整程序、相应规则和有关要求。

2）调整优化

以自然保护地为单元，按程序和要求申报、审查、通过调整方案。省级政府为自然保护地整合优化的实施主体，明确各级政府与部门的责任，组织技术支撑单位和咨询专家，逐一开展各自然保护地的整合优化工作。

3）勘界立标

自然保护地勘界立标是依法依规开展保护管理的最基础性工作。自然保护地所在地人民政府应当在申请新建或调整批准公布之日起的3个月内组织完成勘界立标工作，并予以公告。勘界以公开发布或批复文件所规定的自然保护地面积、范围与功能区划为依据，严格按照《中华人民共和国测绘法》《全球定位系统（GPS）测量规范》（GB/T 18314—2009）《自然保护地勘界立标规范》（GB/T 39740—2020）等法律法规和标准规范文件要求依法依规开展。未进行调整和整合的自然保护地应尽快勘界，调整和重叠的自然保护地应完成整合优化后勘界。勘界后在重要地段、重要部位设立界桩、碑和牌等标识，并结合矢量数据库进行空间管理。

4）编制规划

全国依据自然保护地整合优化预案等成果编制以国家公园为主体的自然保护地体系发展规划，开展国家公园等自然保护地体系顶层设计。以省、市、县为单元，分区域编制自然保护地发展规划，明确自然保护地发展目标、规模和划定区域。同时，每个自然保护地按预案实施整合优化后重新编制总体规划，通过规划审批固化整合优化成果。

5）自然资源确权登记

推进自然保护地自然资源资产确权登记，以自然保护地为独立单元，划清各类自然资源资产所有权、使用权边界，明确各类自然资源资产的种类、面积、范围、权属性质、使用年限，形成独立登记台账，确保自然资源种类完备、权属清晰、信息完善。明确自然保护地管理机构作为域内全民所有自然资源资产管理代行主体，编制行权资源清单，承担资产管理和保值增值职责，为构建自然保护地共建共享机制奠定基础。整合国家现有自然资源补助、补偿、奖励、转移支付等资金渠道，对于因保护地设立、管理而承受经济损失的权利人予以经济补偿或政策支持。各地可根据自身情况，适当调整补偿或支持措施内容。

8.3.4　整合优化关键技术

8.3.4.1　全国自然保护地整合业务智能填报及校验引擎

基于“互联网＋”的应用模式，结合自然保护地整合优化业务大规模在线应用工作的专业和特殊性，针对整合优化填报数据的业务逻辑规则添加各种完整性及合理性约束条件，来检查填报信息是否满足约束条件，实现自然保护地整合优化数据填报及校验业务的自动化，确保大量、繁杂数据的高效准确（图8-3）。

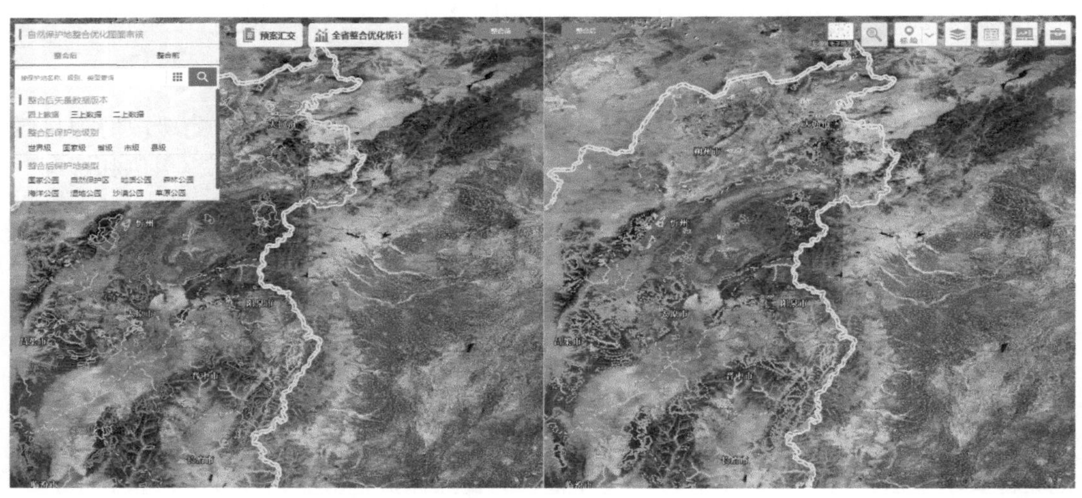

图8-3　自然保护地整合优化前后对比展示

8.3.4.2　全国自然保护地整合情况GIS与数据可视化表达

基于全国自然保护地整合优化工作中大量涉及保护地多维信息和空间信息的特点，充分考虑自然保护地整合优化工作的复杂性和审核工作的技术难题，将多种信息要素进行结合，建立GIS＋数据可视化表达体系（图8-4，图8-5），充分解读自然保护地资源、管理、空间、保护矛盾等方面审核要点，辅助判读全国自然保护地整合优化工作。

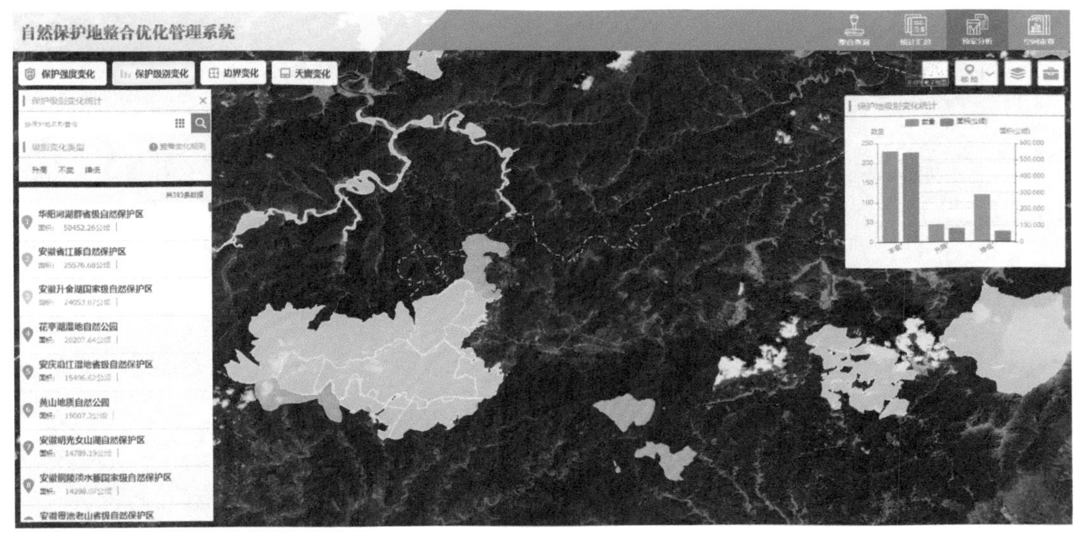

图8-4　自然保护地整合优化管理系统操作界面示范1

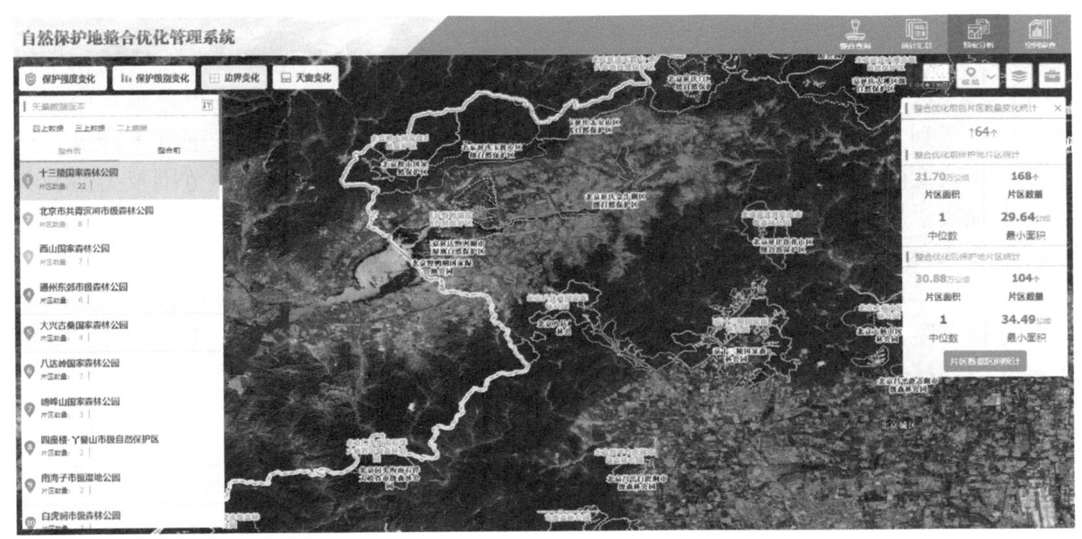

图8-5　自然保护地整合优化管理系统操作界面示范2

8.3.4.3　基于自然保护地整合业务特性的整合空间分析能力

针对自然保护地整合优化审核工作的特殊性，将地理信息分析技术与自然保护地整合优化业务的特性相结合，建立自然保护地多元整合空间分析模型（图8-6），从保护地的多元变化程度、破碎化度、完整性及原真性等角度，充分还原自然保护地整合优化过程全貌，辅助进行自然保护地审核工作。

8.3.5　整合优化预期结果

依据制定的整合优化规则体系、实现路径及关键数据支持技术，预计到2025年前

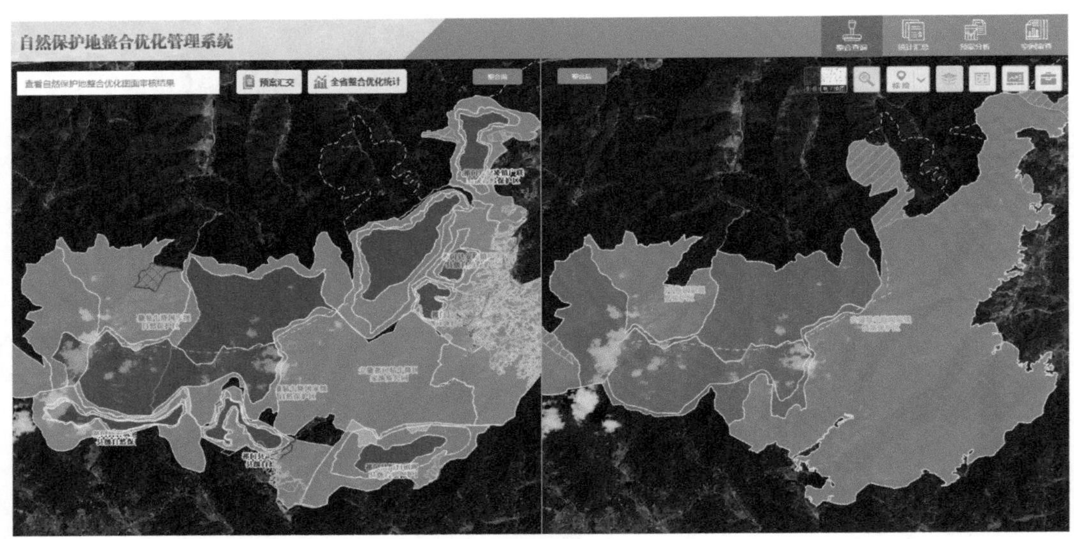

图 8-6　自然保护地整合优化图面审核界面

完成现有自然保护地整合优化。根据全国重要生态系统、自然遗迹、自然景观和生物多样性富集区域分布和保护价值评估情况，结合各省自然保护地预案，严格落实应保尽保、应划尽划方针，优化自然保护地布局。按照保护面积不减少、保护强度不降低、保护性质不改变的总体要求，摸清自然保护地本底，科学界定自然保护地范围及类型，着力解决现实矛盾冲突和历史遗留问题，优化管控分区，确保典型生态系统、珍稀濒危野生动植物天然集中区、具有特殊意义的自然遗迹分布区等重点保护对象划入核心保护区。制定自然保护地范围和管控分区调整办法，加强保护地管理机构和地方政府协同协作，分期有序开展核心保护区内居民搬迁、工矿关停、基本农田退出、水电清理，安排生态管护和社会公益岗位。设立自然保护地建设项目负面清单。

8.4　自然保护地体系发展

按照自然生态系统重要性、原真性、整体性、系统性及其内在规律等因素，选择自然生态系统最重要、自然景观最独特、自然遗产最精华、生物多样性最富集的部分，优先布局国家公园；将典型的自然生态系统、珍稀濒危野生动植物物种、重要科学价值的自然遗迹分布区，布局为自然保护区；其他具有重要科学、生态或美学价值的区域，布局为自然公园。

8.4.1　优先划定国家公园

国家公园创建进度衔接国民经济和社会发展规划，根据各阶段国家生态建设需求、国家建设能力确定。列入国家公园候选区的范围，根据其综合条件，统筹考虑生态保护紧迫性、地方积极性和管理可行性。“十四五”期间，充分衔接国家重大战略和重大生态工程，按照“成熟一个设立一个”的原则，有序推进国家公园设立，推进青藏高原国家公园群建设，加强我国代表性生态系统完整性、原真性保护，实现重要区域生态系统质量和稳定性整体提升。根据国家公园空间布局方案，持续推进国家公园建设，预计到2035年，全世界最大的国家公园体系基本建成，全面确立国家公园在自然保护地体系中的主体地位，加强代表性生态系统和旗舰种栖息地的全方位保护。保护中国自然生态系统中最重要、自然景观最独特、自然遗产最精华、生物多样性最富集的区域，详见第7章。

8.4.2　重点建设自然保护区

充分保留已有自然保护区建设成果，尊重现有自然保护地体系，并根据典型自然生态系统空间分布、重点保护物种空间分布、有特殊意义的自然遗迹空间分布，识别保护空缺，将其补充纳入新建与整合范畴。依据《自然保护地分类分级》标准，按照保护价值、保护条件确定自然保护区等级，中央与地方分级负责，整合设立一批自然保护区，将符合条件的地方级自然保护区晋升为国家级。“十四五”期间，着力强化国家级自然保护区生态保护修复、设施设备建设维护、资源调查监测及公众宣传教育工作。重点对100处左右国家级自然保护区开展保护管理基础设施建设，国家级自然保护区占全国自然保护地面积的比例达20%左右。预计到2035年，全面提升国家级自然保护区的基础设施水平和保护管理能力，实现国家级自然保护区保护管理工作的全面现代化，建设管理达到世界先进水平。保护典型自然生态系统、珍稀濒危野生动植物物种的天然集中分布区、有特殊意义的自然遗迹的区域，确保主要保护对象安全，维护和恢复珍稀濒危野生动植物种群数量及其生存的栖息环境（图8-7）。

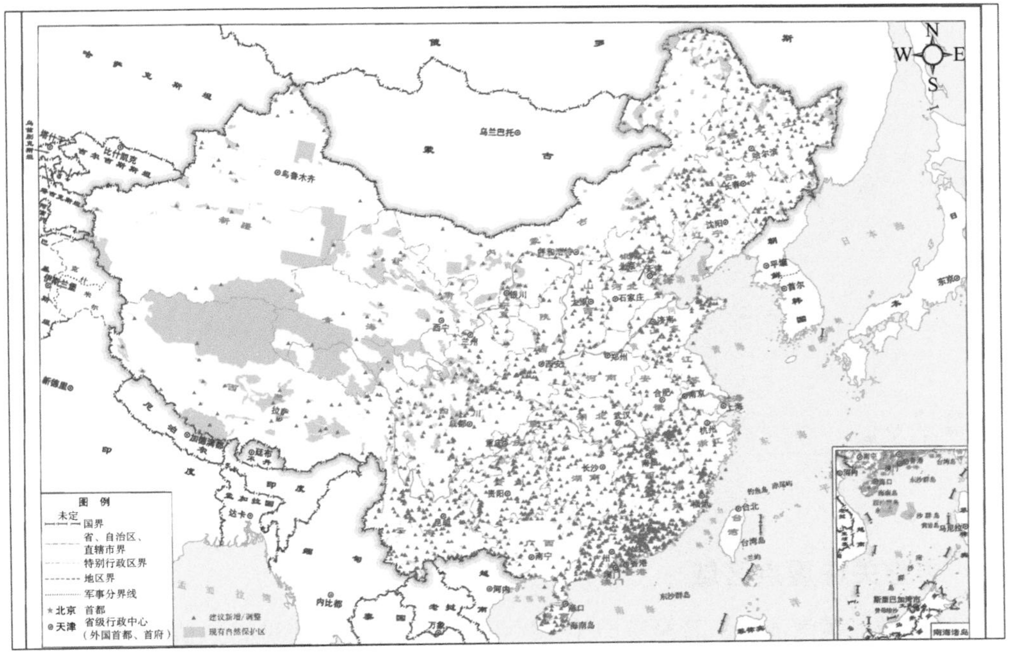

图8-7　自然保护区空间布局

8.4.3　规范建设自然公园

按照国家级自然保护地优先，同级别保护强度优先、不同级别的低级别服从高级别的原则，对现有交叉重叠、一地多牌的自然公园保护地进行整合优化，保护重要的自然生态系统、自然遗迹和自然景观，以及具有生态、观赏、文化和科学价值，可持续利用的区域。依据资源保护价值和管理事权划分，将自然公园划分为国家级和地方级。新设立一批自然公园，将符合条件的地方级自然公园晋升为国家级自然公园。“十四五”期间，全面加强国家级自然公园监测监管，促进主要保护对象的安全稳定，切实提高生态服务保障供给能力。重点对150处左右国家级自然公园开展保护管理设施建设，对50处左右知名度较高的国家级自然公园开展智慧自然公园建设，国家级自然公园占全国自然保护地面积的比例达10%左右。预计到2035年，国家级自然公园建设管理达到世界先进水平，最大限度满足广大人民群众对优质生态产品和生态服务的需求。保护具有重要科学价值、生态价值或美学价值的自然生态系统、自然景观与自然遗迹。确保珍贵的自然资源，如森林、海洋、湿地、水域、冰川、草原、生物等，以及它们所承载的景观、地质地貌和文化多样性能够得到全面有效的保护（图8-8）。

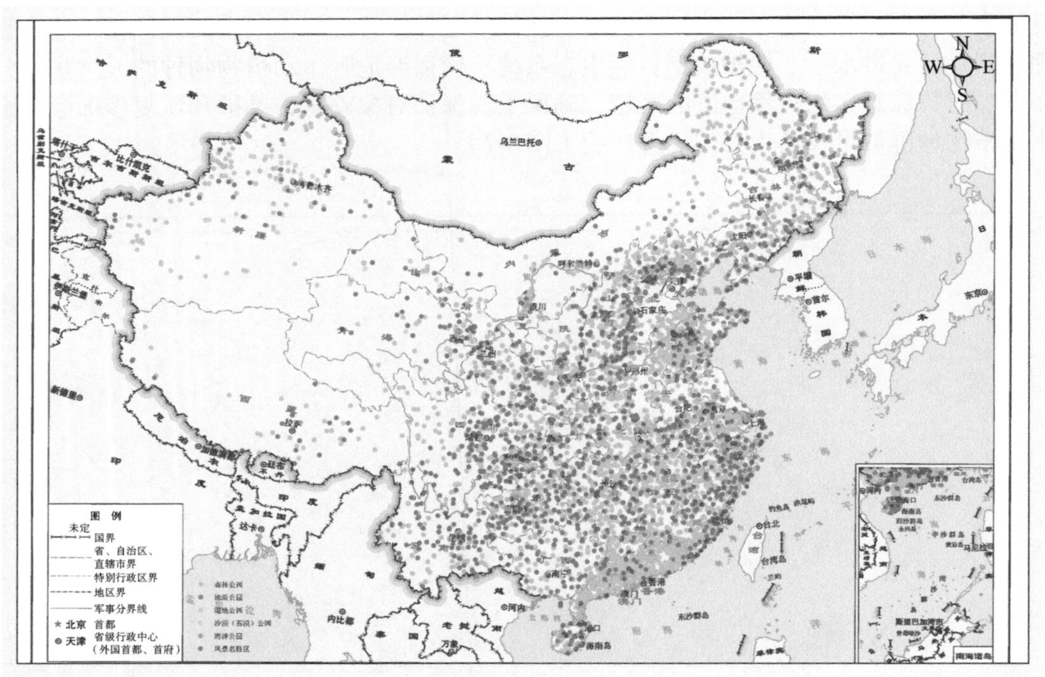

图8-8　自然公园空间布局

8.4.4　着重关注重点区域

长江流域、黄河流域、青藏高原生态区位重要，保护价值极高，是国家生态安全屏障的重要组成部分，也是自然保护地体系构建的重点区域。

长江是中国第一大河流，承载着全国1/3的人口，是我国水资源配置的战略水源地。长江流域涉及青海、西藏、云南、四川、贵州、重庆、甘肃、湖北、陕西、河南、湖南、广西、江西、安徽、广东、福建、浙江、江苏、上海19个省份，总面积180万km^2。现有自然保护地2431处，总面积4009万hm^2，占全国自然保护地总面积的18.21%（图8-9）。长江流域自然保护地体系依据自然地理条件和主体生态功能，按上、中、下游3个区分区发展。

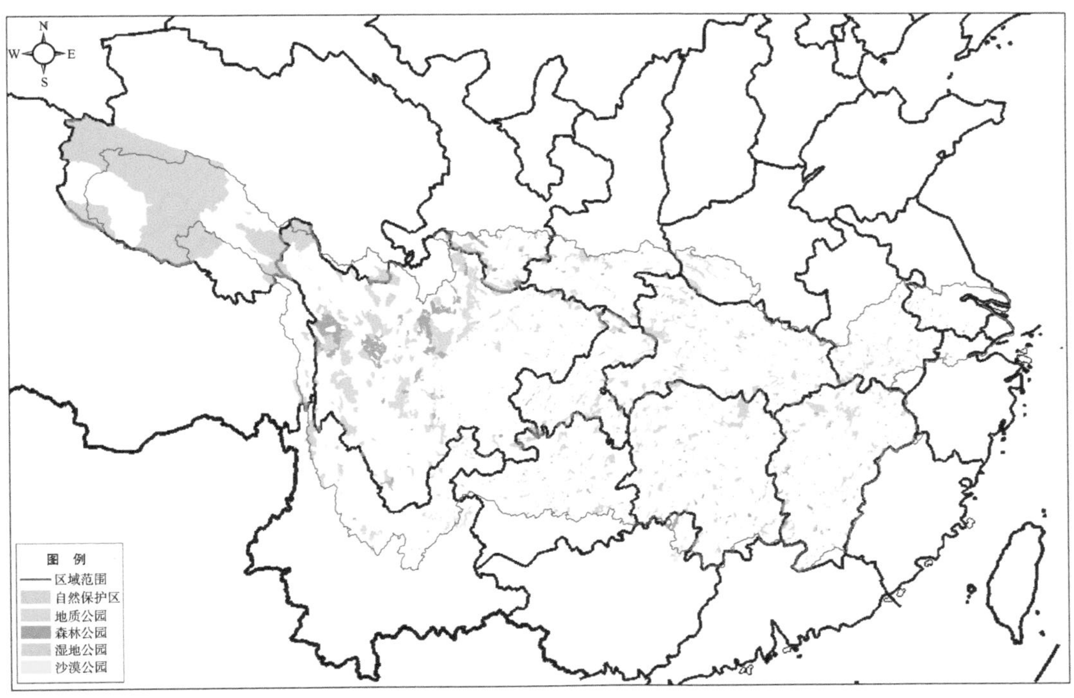

图8-9　长江流域自然保护地现状分布图

黄河是中华民族的母亲河，也是我国重要的生态安全屏障区。黄河流域涉及青海、四川、甘肃、宁夏、内蒙古、山西、陕西、河南、山东9个省份，总面积约7967万hm^2，现有自然保护地797处，总面积1009万hm^2，约占全国自然保护地总面积4.58%（图8-10）。黄河流域自然保护地体系分上、中、下游3段建设。

青藏高原是中国最大、世界海拔最高的高原，被称为“世界屋脊”“亚洲水塔”，是全球生物物种最主要的分化和形成中心。青藏高原范围涉及西藏、青海、四川、云南、甘肃、新疆6省区，总面积280万km^2。现有自然保护地468处，总面积8267万hm^2，占全国自然保护地总面积的37.56%（图8-11）。青藏高原自然保护地体系构建以打造国家公园群为主要方向，同时依托山体、水系的自然廊道提高保护地体系连通水平，形成高原高寒荒漠草原湿地、极高山山地、特有生物多样性保护三个主体功能组团，国家公园群占区域自然保护地总面积的80%左右。

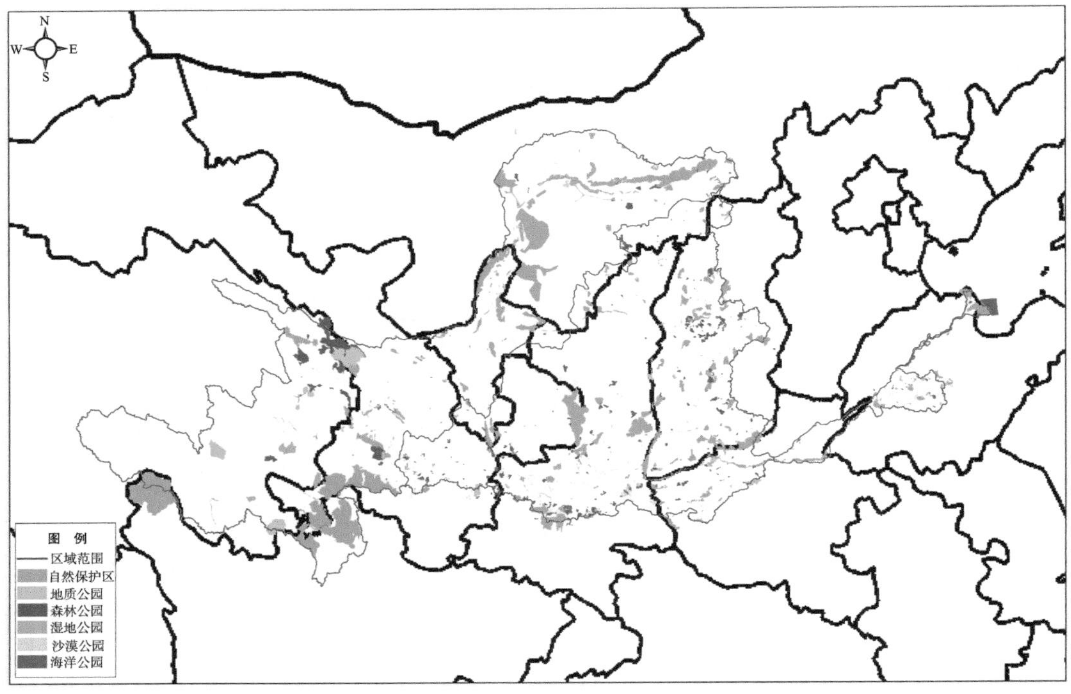

图8-10　黄河流域自然保护地现状分布图

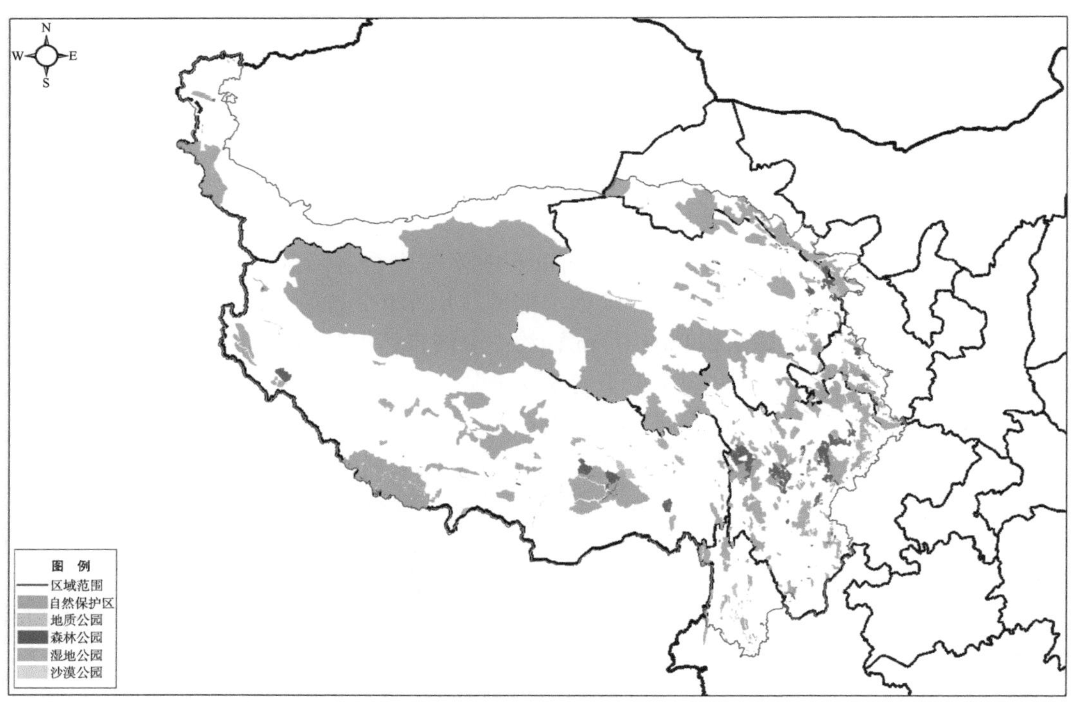

图8-11　青藏高原自然保护地现状分布图

8.5 本章小结

中共中央办公厅、国务院办公厅印发的《关于建立以国家公园为主体的自然保护地体系的指导意见》，标志着中国自然保护地领域进入了全面深化改革的新阶段。秉持“山水林田湖草沙冰”是一个生命共同体的理念，对自然保护地管理体制机制进行创新，并实施自然保护地统一设置、分类保护、分级管理、分区管控，以此形成以国家公园为主体、自然保护区为基础、各类自然公园为补充的自然保护地体系，在自然保护地发展史上具有划时代的里程碑意义。

推动建立新型自然保护地体系是一项复杂的系统工程，涉及自然、经济、社会的方方面面，《关于建立以国家公园为主体的自然保护地体系的指导意见》发布实施后，还需要对自然保护地分类、划区、整合、归并、调整、评估等制定系列的标准规范、方案规则，并尽快将各项政策、范式法制化，按照统一要求整体有序地推进。同时，通过整合优化总体要求、规则、实现路径和关键技术等全过程的自然保护地整合优化技术体系推进自然保护地体系的发展，更好地维护自然生态系统健康稳定，可持续地提供优质生态产品和服务。这有利于系统地保护国家重要自然生态空间，保持“山水林田湖草沙冰”生命共同体的完整性，推动夯实国土生态安全的基石；有利于将国家公园体制改革作为抓手，明确不同类型自然保护地的功能定位，科学保护和均衡设置自然保护地，形成保护自然生态系统的新体制新机制新模式；有利于加快国家生态保护治理体系和治理能力现代化，让珍贵自然遗产能够世代传承，推动美丽中国建设。

第三篇 体制篇

第9章　创建设立与规划设计制度

9.1　创建设立制度

9.1.1　建立背景

创建设立制度是自然保护地第一项基本制度，具体规定自然保护地建立的相关规则，包括标准或条件、程序、部门职责与相关要求等。我国以往的自然保护区、森林公园、风景名胜区、湿地公园、地质公园等所有自然保护地都采用地方申报制度。

如《中华人民共和国自然保护区条例》规定："国家级自然保护区的建立，由自然保护区所在的省、自治区、直辖市人民政府或者国务院有关自然保护区行政主管部门提出申请，经国家级自然保护区评审委员会评审后，由国务院环境保护行政主管部门进行协调并提出审批建议，报国务院批准。地方级自然保护区的建立，由自然保护区所在的县、自治县、市、自治州人民政府或者省、自治区、直辖市人民政府有关自然保护区行政主管部门提出申请，经地方级自然保护区评审委员会评审后，由省、自治区、直辖市人民政府环境保护行政主管部门进行协调并提出审批建议，报省、自治区、直辖市人民政府批准，并报国务院环境保护行政主管部门和国务院有关自然保护区行政主管部门备案"。

《风景名胜区条例》规定："自然景观和人文景观能够反映重要自然变化过程和重大历史文化发展过程，基本处于自然状态或者保持历史原貌，具有国家代表性的，可以申请设立国家级风景名胜区；具有区域代表性的，可以申请设立省级风景名胜区"。其他自然保护地基本类似，都是由主管部门规定申报条件或标准，由地方政府分级组织申报，最后由省级政府或省级主管部门批复地方级保护地，国家相关主管部门批复国家级自然保护地。申报制可以调动地方各级政府部门保护自然生态的积极性，但更大的问题是缺乏宏观统筹，部门之间、地区之间发展不平衡，自然保护地类型之间缺乏有机联系，在建有大量自然保护地的同时，也存在大量的保护空缺，该保护的地方长期得不到保护，而有些保护价值较低的区域又长期占有宝贵的保护资源。

我国2013年提出建立国家公园体制以来，开展了6年的体制试点，但基本没有涉及国家公园等自然保护地如何设立的问题。《建立国家公园体制总体方案》提出"国家公园是指由国家批准设立并主导管理"，要求"制定国家公园设立标准""研究提出国家公园空间布局，明确国家公园建设数量、规模""合理划定单个国家公园范围"，但没有明确国家公园设立程序要求。《关于建立以国家公园为主体的自然保护地体系的指导意见》指出："理顺现有各类自然保护地管理职能，提出自然保护地设立、晋（降）级、调整和退出规则，制定自然保护地政策、制度和标准规范，实行全过程统一管理"。"构建自然保护地分级管理体制。按照生态系统重要程度，将国家公园等自然保护地分为中央直接管理、中央地方共同管理和地方管理3类，实行分级设立、分级管理。中央直接管理和中央地方共同管理的自然保护地由国家批准设立；地方管理的自然保护地由省级政府批准设立”。《关于建立以国家公园为主体的自然保护地体系的指导意见》提出了分级设立制度，但没有明确设立相关程序要求。

9.1.2 建立目的

国家公园采取国家评估与地方创建相结合的设立机制，即国家编制批复《国家公园空间布局方案》，提出国家公园候选区名单，省级政府依据空间布局方案组织开展国家公园创建活动，国家对地方创建进行指导监督，与地方共同推进国家公园设立工作。这种国家公园创建设立制度主要有以下几个目的。

（1）体现国家的主导性。我国的国家公园是由国家批准设立并主导管理，以保护具有国家代表性的大面积自然生态系统为主要目的的严格保护地，主要是维护大尺度自然生态系统的完整性和原真性，保护生态安全屏障，需要打破行政界限、打破地方部门利益统筹设立，应从顶层设计角度对国家公园设立标准、要求与程序等方面统一评估尺度，从全国自然空间角度系统评估规划，严把国家公园准入关。

（2）体现地方的主动性。自然生态保护是国家的战略需求，也是地方应尽职责。国家研究评估的国家公园候选区具有最好的自然禀赋和设立的基础条件，但也存在大量的历史遗留问题，保护管理基础非常薄弱。因此，地方创建并不是说候选区设立条件不好，而是需要地方政府发挥积极作用，完成一系列设立前任务，如生态本底调查、生态保护修复、资源环境综合监测、边界范围优化、历史遗留问题调处等，为正式设立国家公园提前做好准备，提高国家公园设立的成功率。

（3）体现社会的参与性。国家公园设立需要取得全社会的大力支持、社会各界的广泛参与，在社会上形成广泛共识，空间布局和创建评估过程也是一个吸纳社会意见、形成社会共识的过程。在创建过程中，可以引导社区居民参与生态保护、产业转型，积极发展绿色生态产业，倡导绿色生活方式；激励社会各方传播国家公园理念，支持国家公园建设。

9.1.3 内涵要求

中国的国家公园处于起步阶段，在借鉴国际经验的同时，必须从国情出发，创建设立国家公园必须坚持国家公园首要功能是保护重要自然生态系统的原真性、完整性，兼具科研、教育、游憩体验等综合功能的定位，彰显国家公园基本理念、体现国家公园体制精神以及突出自然保护基本国情。

9.1.3.1 彰显国家公园基本理念

各国国家公园因国情不同有多种体制模式，但是公益性、国家代表性和科学性这三大特性是国际上公认的国家公园的根本特性，且被认为是必须长期维护的。《建立国家公园体制总体方案》明确将“坚持生态保护第一、坚持国家代表性、坚持全民公益性”作为中国国家公园建设发展的三大理念。生态保护第一是中国国家公园特色，也纠正了美国、欧洲国家等在国家公园发展方向上的偏差，充分体现了习近平生态文明思想的要义，也是国家发展理念的根本转变。国家公园设立应按照自然生态系统整体性、系统性及其内在规律，实现“山水林田湖草沙冰”的整体保护、系统修复。国家代表性即国家主导，是践行公益性的根本保障，要求国家来确立。全民公益性是国家公园设立的根本目标之一，其内涵包括为公众利益而设、对公众低廉收费、使公众受到教育、让公众积极参与等，体现自然保护的根本目的是服务人民的基本理念。

9.1.3.2　体现国家公园体制精神

建立国家公园体制是生态文明体制改革的重要任务之一，构建以国家公园为主体的自然保护地体系是新的历史时期我国自然保护领域的深刻变革，国家公园作为生态文明建设中具有代表性的重要内容，有其深刻的时代背景。应根据自然生态系统代表性、面积适宜性和管理可行性，明确国家公园准入条件，确保自然生态系统和自然遗产具有国家代表性、典型性，确保面积可以维持生态系统结构、过程、功能的完整性，确保全民所有的自然资源资产占主体地位，管理上具有可行性。同时，体现国家生态文明制度的相关要求，国家公园设立有利于通过空间和体制的整合优化，解决现有自然保护地区域交叉、空间重叠、多头管理的问题。确立国家公园在维护国家生态安全关键区域中的首要地位，确保国家公园在保护最珍贵、最重要生物多样性集中分布区中的主导地位，确定国家公园保护价值和生态功能在全国自然保护地体系中的主体地位。

9.1.3.3　突出自然保护基本国情

立足中国人多地少的基本国情和发展仍处于初级阶段的实际情况，国家公园的设立充分考虑土地管理的复杂性和社区管理的艰巨性，平衡人地关系，协调发展与保护的矛盾。

一方面，中国的国家公园主要依托现有的自然保护区、风景名胜区等保护地，但即使是自然保护区，也有大量居民，且多依赖自然资源生产生活。中国现有国家级自然保护区核心区和缓冲区内有近100万人、耕地面积约1.74万km^2、永久基本农田面积约1.17万km^2，集体林面积约9万km^2，建设用地约3100km^2，采矿和探矿权面积约9.42万km^2。保护地内放牧、养殖、捕捞等传统利用活动频繁，社会发育程度低，经济结构单一，需要平衡保护与发展的关系，在保护优先的前提下，改善民生，使社区居民能够更多地享受到改革红利。

另一方面，充分展示中国千百年来形成的人地和谐的保护管理模式，古村落居民、名山文化部落的一些生产生活方式对自然生态系统的影响是有限的，有的还很好地体现了“天人合一”的理念，这是中国自然保护的特色与精髓，可以划出独立区域引导社区可持续地利用，作为自然文化景观对公众开放，促进传统文化及生态产业模式的传承。

9.1.4　建立现状

中国国家公园创建设立还处于制度试点阶段，国家林业和草原局依据《建立国家公园体制总体方案》《关于建立以国家公园为主体的自然保护地体系的指导意见》，明确了我国国家公园的基本准入条件，是中国国家公园的遴选标准。我国正式设立的三江源、大熊猫、东北虎豹、海南热带雨林及武夷山等第一批国家公园的审核认定主要依据了《国家公园设立规范》(GB/T 39737—2021)、《国家公园总体规划技术规范》(GB/T 39736—2020)、《国家公园监测规范》(GB/T 39738—2020)、《国家公园考核评价规范》(GB/T 39739—2020)(国家林业和草原局，2020b；国家林业和草原局，2020c)、《自然保护地勘界立标规范》(GB/T 39740—2020)5项标准，为后续国家公园创建设立，构建统一规范高效的中国特色国家公园体制提供了重要示范。但总体上我国国家公园创建设立处于由上至下的中央统领、专家划定、地方配合的统一设立模式，而中央和地方协作治理不足的现状导致地方层级缺乏相关专业团队和技术人员，对国家公园的重要性和内涵理解不足，设立、规划、检查、考核、勘界立标工作执行不到位，亟待综合以上国家公园创建设立文件，按照科学、规范和适用三原则，对国家公园创建设立工作重新进行归纳设计。

近年来，国内许多学者对我国的国家公园创建设立标准、程序等进行了研究，提出了国家公园评价体系、理论模型、标准框架等，具有很好的借鉴意义，但尚缺乏实践检验。2021年，在正式设立第一批国家公园过程中，国家公园管理局针对设立制度进行了探索，走出了一条基于体制试点基础、以编制和批复国家公园设立标准为主线、部门与相关省级政府共同推动、国务院批复设立方案、最高领导人宣布设立国家公园的通畅路径，为建立国家公园设立制度奠定了基础。

9.1.5　创建设立方法

9.1.5.1　创建设立流程

2022年9月，国务院正式批复了《国家公园空间布局方案》，首次明确了国家公园创建设立程序等要求。参照《建立国家公园体制总体方案》《关于建立以国家公园为主体的自然保护地体系的指导意见》，以及《国家公园设立规范》(GB/T 39737—2021)标准文件，按照动态开放的候选机制和“成熟一个设立一个”的原则，稳妥有序推进国家公园创建设立工作。国家公园创建设立关键流程分为创建和设立报批两个阶段(图9-1)。

9.1.5.2　国家公园创建

依据《国家公园空间布局方案》，相关省级政府向国家公园管理局提出国家公园创建申请，明确创建区域、创建目标、应该完成的相关任务、实施安排、组织保障、技术支撑等内容。经国家同意后按《国家公园设立规范》(GB/T 39737—2021)规定确定评估区域，组织开展本底调查，提出国家公园范围与分区方案、机构设置建议方案、矛盾调处方案等。完成创建任务后，由国家公园管理局组织开展评估。重点包括以下环节。

1）确定评估区域

评估区域是拟设国家公园所在的自然区域，通过对评估区域的本底调查，凝练拟设国家公园的核心价值，科学划定国家公园边界范围。因此，评估区域一般要比拟设国家公园范围大，往往以一个或多个现有自然保护地为基础，可以考虑山系、水域等自然生态区域的完整性或旗舰种重要栖息地的完整性、连通性等连同周边具有生态保护潜

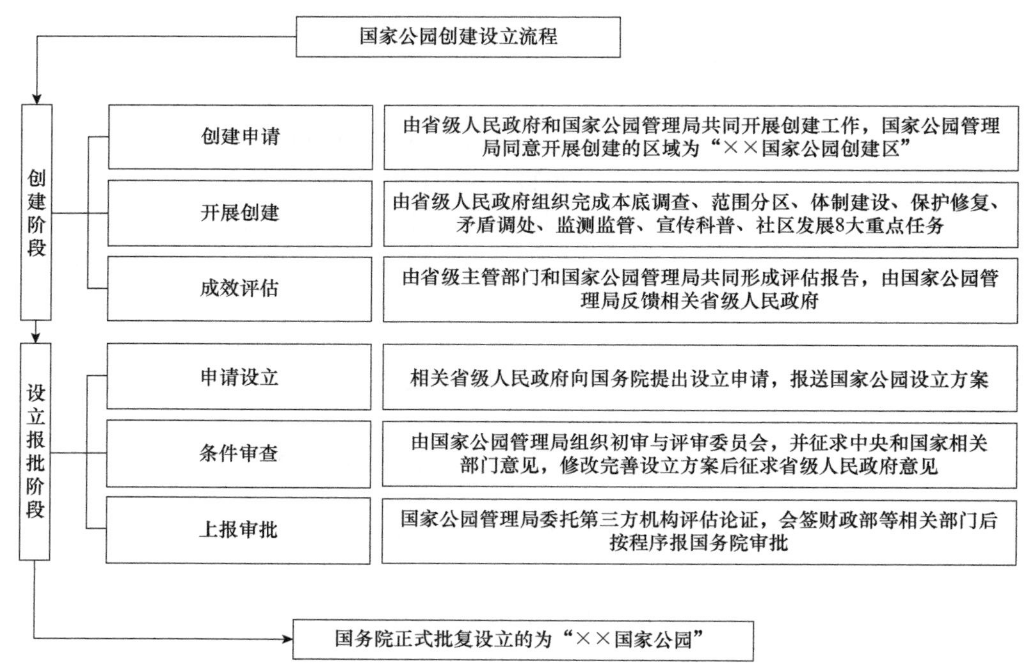

图9-1　国家公园创建设立流程

力价值的区域确定为评估区。例如，秦岭国家公园候选区确定的评估区域是秦岭山系的主体部分，以秦岭山体坡底为界，是陕西秦岭生态环境保护区域的完整地带，行政范围包含汉中、宝鸡、西安、商洛、安康、渭南6个市辖的39个县（市、区），总面积5.82万km^2（图9-2）。

2）全面进行综合科学考察

组织多学科、多团队参加的专业团队对评估区域进行现地调查，收集自然、社会、经济等各方面资料，开展自然资源与生态本底考察，结合以往相关科学考察、调查监测成果，调查、获取和总结生态、科学、美学、文化价值，以及生物多样性、地质多样性和景观多样性等多方面的信息，形成全面系统的科学考察报告。综合考察一是体现科学性，考察过程本身是科学研究，不仅要把调查研究建立在客观直接经验的基础上，还要论证严密，写出的报告要有一定的科学价值；二是体现真实性，科技人员运用观察、勘测、采集等手段，对考察对象进行全面深入的考察，报告所描述的科技事实应该是确凿真实的；三是要体现专业性，科学考察报告主要是用来反映某一学科的学术水平、科研动向等信息，或表述某一科研课题实际考察研究的结果，有明确具体的专业范围，具有鲜明的专业性特点；四是体现时效性，不仅要注重调查研究质量，还要注重时效性，科技成果和考察报告应有时间序列，体现现实状态和动态变化。

综合科学考察以自然生态要素为主，摸清调查评估区域范围内生态本底，包括自然生态系统与自然资源、生态环境本底，重点是优先保护的自然生态系统、珍稀濒危物种及栖息地、重要自然景观和典型自然遗迹，重点区域、主要保护对象的调查深度需要具有数量特征，形成矢量数据。同时，摸清社会经济状况，包括人口、居民点、土地利

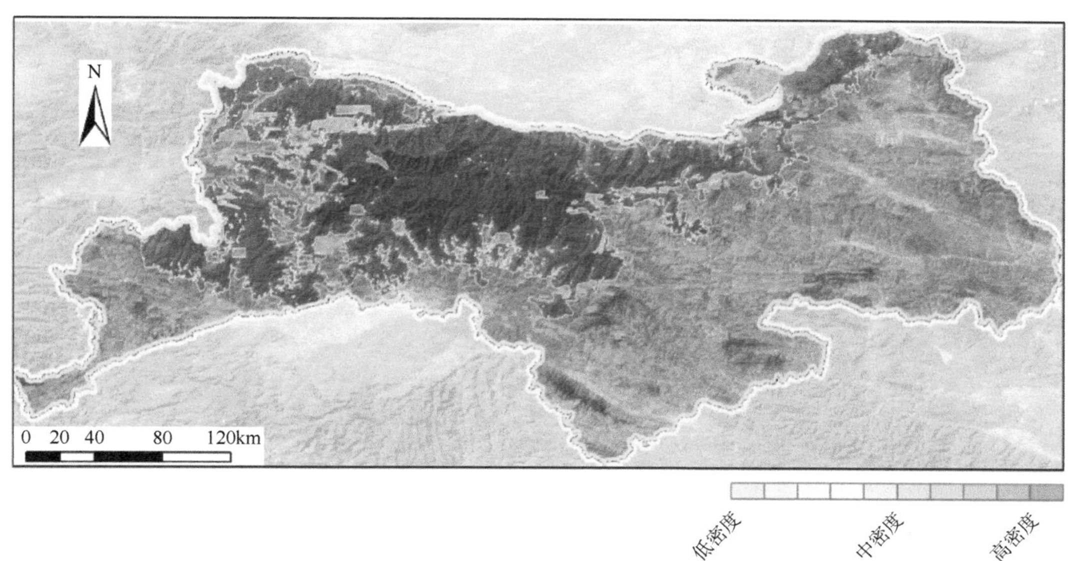

图9-2　拟定秦岭国家公园评估区域图

用、土地权属、道路交通设施、旅游经营、产业发展等情况，以及各类文化遗产情况，自然保护管理现状（自然保护地现状、保护管理成效、保护管理体制面临的主要威胁及存在问题等），重点调查与生态保护管理政策有冲突、有影响的因素，如工农业生产活动、工矿旅游等产业发展，以及乡镇村场等人口集聚区的资产权属、土地及资源利用状况、基础设施状况等。

3）开展社会影响评价

在评估区域调查考察的基础上，以设立国家公园为前置条件，开展社会影响评价，评估设立国家公园对当地经济及社区的影响范围、领域、程度等，识别国家公园设立可能引发的社会风险，提出社会影响管理方案，重点针对与生态保护红线管理和国家公园管控要求有冲突的生产经营活动，如基本农田、商品用材林、工矿开发、能源开发、旅游开发，以及乡镇村场等人口集聚区等的历史遗留问题提出预解决方案，编制国家公园设立社会影响评价报告，见专栏9-1。

专栏9-1

国家公园设立社会影响评价报告编制大纲

总论

评估任务和目标、评估依据、评估范围和主要内容、评估过程、采用的调查方法和评估方法、工作步骤和指标体系等。

一、拟设国家公园区域概况

拟设国家公园所在区域自然地理、行政区划、人口与分布、经济和产业发展现状、社区居民收入、土地利用和权属现状、基础设施、公共服务设施和保障体系、旅游服务设施和文物古迹等概况。

二、国家公园管控措施要求

国家公园保护目标、区划范围和管控分区，以及分区管控措施要求等。

三、利益相关者分析

识别并排序主要利益相关者，分析主要利益相关者的诉求和期望与国家公园建设间的相互影响与适应性。

四、国家公园设立的社会影响分析

国家公园设立前后对区域经济发展、居民生活水平、社会建设、生态建设等的正面和负面影响，开展社会互适性分析，包括不同利益相关者与国家公园的互适性、国家公园与当地社会条件的相互适应性、国家公园与政策环境的适应性，提出社会风险规避与防范措施。

五、社会影响管理方案

制定历史遗留问题解决方案、社会影响管理方案，提出正面效益增加措施、负面影响减缓措施、利益相关者参与机制，以及社会影响管理方案实施计划和监测计划等。

4）科学确定国家公园边界范围

按照生态系统完整性、原真性、连通性和管理可行性等要求，与国土“三调”及年度变更调查数据、“三区三线”、自然保护地整合优化方案、林草生态综合监测等成果充分衔接，科学划定国家公园边界范围，提出核心保护区和一般控制区区划方案，明确分区及差别化管控措施，编制国家公园范围与分区论证报告，见专栏9-2。

专栏9-2

国家公园范围与分区论证报告编制大纲

前言（拟设立国家公园评估区科学考察及调查评价等工作开展情况）

一、基本情况

从生态区位、资源禀赋、社会经济（各类矛盾冲突）、保护基础（现有保护地、保护管理机构）等方面，简要概述拟设立国家公园评估区基本情况。

二、核心价值

全面分析具有国家乃至全球代表意义的自然生态系统、自然遗产、旗舰种和独特自然景观等，提炼国家公园的核心价值，明确优先保护区域，并分别通过示意图表示。

三、范围方案

划定原则。从生态系统完整性、原真性保护，以及自然遗产有效保护和发展协调性等方面明确范围划定的基本原则。

划定方案。按照划界原则，基于优先保护区域，划定国家公园的四至范围，明确面积规模、涉及行政区划等情况。

方案分析。阐明范围方案对核心价值完整性、原真性保护的有效性；全面摸排划定范围内存在的各类矛盾冲突情况，分析处置的可行性；提出划入现有自然保护地数量和面积，以及未划入部分的处置意见等。可以从代表性、完整性、原真性、连通性、可行性等方面进行多方案比选。

四、分区管控

分区原则。根据核心价值格局、社会经济状况等明确管控区划应坚持的基本原则。

分区方案。系统阐述核心保护区和一般控制区范围和面积，说明核心价值及优先保护区域纳入核心保护区实行严格保护的情况，有效管理的可行性。

管控建议。针对自然禀赋和社会经济特点，分区提出管控措施建议。

五、结论

划定国家公园边界范围应在综合科学考察、社会影响评估等基础上展开。首先，通过考察评估，凝练拟设国家公园的核心价值。国家公园是一个管理目标多样、价值多元的区域，目标与价值之间相互依赖、联系紧密，国家公园的“核心价值”是指在价值群中，或者说在多元价值体系中，居于核心地位、起主导作用的价值或价值体系，往往指国家代表性更显著、生态或科学价值更重要、自然区域覆盖更广泛的生态要素。其次，识别能够代表国家公园核心价值所覆盖的区域，这是国家公园核心价值所在，是需要优先划入或保护的区域；同时，剔除那些与国家公园管理目标相冲突，但对国家公园完整性、原真性保护影响不大的区域，也就是不带入新矛盾、新问题。最后，按照生态系统完整性、连通性等原则，补上核心价值区域之间的连接廊道，划入部分与国家公园管理目标相冲突，但对国家公园完整性、原真性保护影响较大的区域，如果这些区域未纳入国家公园统一管理，可能对核心价值的保护带来风险或不确定性（图9-3）。

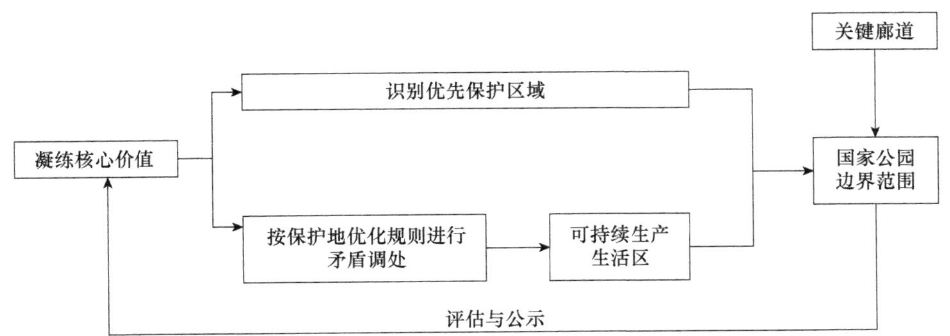

图9-3　国家公园边界范围划定程序

5）符合性认定

符合性认定一般采用综合评分法、模糊指数法、层次分析法、指标认定法等多种方法，但都是在评分法基础上演变的。评分法的最大弊端就是可能出现某一条很重要的不可替代的指标得分很低甚至零分，但只要其他指标得分高，总分依然可以满足评估要求的情况。因此，国家公园设立的符合性认定应该采用指标认定法，即对照《国家公园设立规范》的每条指标给予认定，以确保在设立国家公园时某些不可替代性的关键指标的符合性。指标认定法需逐项对照认定指标体系进行符合性认定，认定评估区域是否符合国家公园设立要求，编制符合性认定报告，见专栏9-3。指标认定要求见表9-1，3个设立条件的9项指标中，除生态系统代表性和生物物种代表性两项指标可以2选1外，其他指标均需同时符合要求才给予认定。所有准入条件全部符合的评估区域，才能提出正式设立国家公园申请。对于因科学考察不充分、报告不完善、评估范围划定不合理的评估区域，补充或修改后再行认定。

专栏9-3

国家公园候选区符合性认定报告编制大纲

一、概论

主要包括评估区范围、科考考察组织、国家代表性、生态重要性、管理可行性、总体评价等。

二、国家公园范围与分区方案

根据前期调查考察成果，识别优先保护区域，明确国家公园的范围与分区。

三、区域基本情况

主要包括国家公园范围内自然条件、野生植物资源与植被、野生动物资源、自然生态系统、地质遗迹、自然景观与人文景观、社会经济状况、自然保护地等现状，以及国家公园核心价值。

四、国家代表性评价

对照国家代表性准入条件的认定指标进行评价，包括生态系统分布情况及其代表性评价、物种分布情况及其代表性评价、自然景观、自然和文化遗产情况及其独特性评价等。

五、生态重要性评价

对照生态重要性准入条件的认定指标进行评价，包括生态区位重要性评价、生态系统组成要素和生态过程评价、生物多样性分布情况及其评价、面积规模情况及其适宜性评价等。

六、管理可行性评价

对照管理可行性准入条件的认定指标进行评价，包括自然资源资产权属及其评价、保护管理体制机制情况及其评价、生态产品提供和国民素质教育等全民共享的可行性评价等。

七、符合性评价

综合国家公园国家代表性、生态重要性、管理可行性的指标认定情况，明确符合性认定结论。

表9-1　认定指标体系和认定要求

准入条件	编码	认定指标	认定要求
国家代表性	A1	生态系统代表性	2项指标任选1项符合要求给予认定
	A2	生物物种代表性	
	A3	自然景观独特性	符合要求，给予认定
生态重要性	B1	生态系统完整性	3项指标同时符合要求给予认定
	B2	生态系统原真性	
	B3	面积规模适宜性	
管理可行性	C1	自然资源资产产权	3项指标同时符合要求给予认定
	C2	保护管理基础	
	C3	全民共享潜力	

在符合性认定中，需要把握好以下几个关键指标。

（1）生态系统代表性。生态系统是在一定的空间和时间范围内，在各种生物之间以及生物群落与无机环境之间，通过能量流动和物质循环而相互作用的一个统一整体。有代表性的生态系统还没有一个公认的概念，也没有明确的对象，此处表示生态系统的典型性具有国家意义，代表国家形象，包括各地带性的顶极群落、我国特有生态系统，以及需要优先保护的生态系统类型。

（2）生物物种代表性。珍稀、濒危物种及其栖息地的保护不是国家公园的关键目标，但具有国家象征的旗舰种、伞护物种应是建立国家公园关注的重点之一，因为这些物种（如大熊猫、东北虎、丹顶鹤、红豆杉、中华白海豚等）对公众也具有极高吸引力与号召力，也是区域生态代表性物种，通过保护可以促进公众对生物多样性保护和国家公园建设的关注。

（3）生态系统完整性。IUCN提出生态系统完整性是“维持生态系统的多样性和质量，加强它们适应于变化并供给未来需求的能力”。自组织能力是完整性的核心，拥有自组织能力的系统通过接受能量流而有能力在实时发生的过程之上构建其结构和梯度，所以完整性评估不聚焦于单一物种或参数，而是关注过程和结构。物质和能量的循环与转化过程、特定生物结构的保存以及非生物组分的维持是保障生态系统功能的前提，生态系统完整性评估指标必须反映这些过程和结构。

（4）生态系统原真性。原真性是国际上定义、评估和保护文物遗产的一项基本准则，我国在构建国家公园体制时引申到了自然生态系统的保护，就是强调保护并长期维持自然界的本来面貌。在生态恢复学领域，提出了“自然原真性”与“历史原真性”两个概念，前者指生态系统回到健康状态，但是不考虑生态系统是否能反映它的历史结构和组成；后者是指让恢复后的生态系统与一个历史参考状态相匹配。追究某个区域历史的本来面貌很困难，也没有必要，但核心是要保障生态系统具有持续的自组织能力——恢复力。

（5）面积规模适宜性。满足大尺度生态过程、结构需求并实现自我循环是一个相对概念，因对象、时空、功能差异而异。IUCN自然保护地分类指南推荐指标为100km^2，澳大利亚、德国、巴西、南非等国家也采纳了这一标准；IUCN自然保护地数据库统计的全球国家公园平均面积约700km²，实际上即使在倡导大尺度保护的加拿大、美国、俄罗斯等国家，最小的国家公园存在小于50hm²的个案；我国台湾地区要求国家公园一般不小于1000hm²。综合考虑我国中东部人多地少、中西部地广人稀的实际情况，应该因地制宜根据主要保护对象分布范围确定国家公园范围和面积，因此不设定量化指标，西部等原生态地区，可根据需要划定大面积国家公园，对独特的自然景观、综合的自然生态系统、完整的生物网络、多样的人文资源实行系统保护。具体见表7-3。

（6）自然资源资产产权。在公有土地上设立国家公园既是国际共识，也是确保国家公园公益性的前提条件，我国的国家公园设立也应坚持这条基本准则。按照《建立国家公园体制总体方案》提出的“确保全民所有的自然资源资产占主体地位”要求，全民所有自然资源资产占比应在60%以上。目前，我国国家级自然保护区的国有土地占比约85%，其中南方11省份国家级自然保护区国有土地约占50%。因此，我国大多数区域关于此项要求问题较小，少数集体土地占比高的地区，可以采取多种途径实现统一管理：①赎买，考虑到我国宪法禁止土地所有权流转，可以重点赎买核心保护区的集体土地永久使用权和地上物的所有权；②生态征收，可以参照建设用地征收模式，但生态用地征收不需要改变原有权属和生态用途；③地役权，通过生态补偿、利益分享、土地加盟等不同形式确保政府将集体土地和资产长期用于生态保护而不使土地所有者受到大的损失。

9.1.5.3　国家公园设立

经评估具备设立条件的创建区，由相关省级政府向国务院提出设立申请，报送国家公园设立方案及相关技术材料，由国务院转国家公园管理局研究办理。国家公园管理局负责组织专家委员会评审，征求意见，并委托第三方评估后，按程序报国务院审批。

1）编制国家公园设立方案

国家公园设立方案是拟设国家公园的纲领性文件，是指导国家公园规划，以及建设管理的重要依据。国家公园创建区通过国家评估验收后，应由省级政府组织编制国家公园设立方案。在充分吸收国际上建立国家公园的成功经验的基础上，依据《建立国家公园体制总体方案》要求，考虑国家代表性、生态重要性和管理可行性3个方面，明确国家公园边界范围、管控区划、运行管理、主要任务等。国家公园建设管理任务主要包括以下6个方面。

（1）强化自然资源资产管理。国家公园管理机构代行全民所有自然资源资产所有者职责，开展勘界立标、自然资源资产确权登记等工作，落实自然资源资产有偿使用制度，编制自然资源资产管理权责清单和资产负债表，有序推进特许经营，加强自然资源资产保护和利用监管，实现国家公园内自然资源资产的统一管理。

（2）开展生态保护修复。统筹实施主要生态系统保护修复重大工程、生物多样性保护重大工程，加强区域内生态与景观遗迹的保护，开展退化和受损土地生态系统修复和环境整治，修复特有珍稀濒危物种及栖息地，加强地质灾害防治，强化有害生物防控，严厉打击违法违规行为。

（3）统筹自然保护与社区发展。明确生态保护与生产生活边界，制定社区帮扶政策，完善社区参与机制，实现共建共保共享。鼓励在严格保护基础上，通过政府购买服务等方式开展生态保护和社会服务。引导原住居民生产生活方式绿色转型，探索生态产品价值实现有效途径，提升公共服务能力。

（4）加强科技支撑保障。强化以国家公园旗舰种为重点的保护研究，加强国家公园保护、鼓励重大课题研究，加快科技成果转化应用，打造多层次科研合作平台，鼓励社会各方参与国家公园保护研究。

（5）提升监测监管水平。利用先进技术手段，健全天空地一体化综合监测体系，提升国家公园信息化水平，建设智慧国家公园，设置系列野外观测站点，加强对生态状况、旗舰种、资源环境、人类活动干扰状况的监测监管。

（6）增强科普教育和游憩服务能力。建设自然教育基地，完善科普宣教、游憩体验设施，科学布局入口社区、营地驿站、精品体验路线等，提供全民共享场所和条件。塑造国家公园品牌，培育国家公园文化，提高公众参与意识。

方案文本应包括基本要求（指导思想和保护目标）、边界范围、分区结果与差别化管控要求、管理体制和自然资源资产及运行机制等运行管理方案、主要保护管理任务，以及组织、政策、资金、科技与考核评估等保障体系，编制大纲见专栏9-4。

专栏9-4

国家公园设立方案编制大纲

前言

第一章　总体要求

明确国家公园设立的指导思想和保护目标等。

第二章　核心价值

依据综合科学考察和符合性认定报告，评估候选国家公园核心价值。

第三章　范围分区

国家公园范围。明确国家公园边界范围，阐述涉及各行政区域面积，乡镇村数量。

自然禀赋。阐述森林、草原、湿地、野生动植物等资源状况。

自然保护地。阐述原有自然保护地整合和处置情况。

分区管控。划分为核心保护区和一般控制区，提出分区管控目标要求。

第四章　运行管理

提出包括管理体制和自然资源资产管理方案及运行机制等。

第五章　主要任务

针对国家公园保护管理目标，提出自然资源资产管理、生态系统保护修复、社区协调发展，以及科技支撑保障、监测监管平台和科普宣教服务能力建设等主要任务。

第六章　保障措施

明确国家公园设立的组织、政策、资金、科技及考核评估等保障体系。

2）编制国家公园管理机构建议方案

按照中央机构编制委员会正式印发的《关于统一规范国家公园管理机构设置的指导

意见》要求，提出拟设国家公园的机构设置建议方案。重点明确以下几点。

（1）全民所有自然资源资产管理体制、所有者职责代行机制。

（2）国家公园管理机构主要职责。

（3）国家公园管理体系，包括管理局、管理分局、保护站设置方案。

（4）以现有自然保护地管理职工队伍为基础，明确管理机构人员编制等。

（5）国家公园运行协调机制。

（6）国家公园行政执法与综合执法体系。

3）制定国家公园矛盾调处方案

全面梳理核实拟设国家公园范围内永久基本农田、人工商品林、矿业权、水电站、人口聚居区等情况，按照稳妥有序解决历史遗留问题、不带入新问题的原则，提出分类处置方案，积极调处各类矛盾冲突，研究制定合理的补偿方案或办法。

对于现有自然保护地内的矛盾冲突问题，应按照自然保护地优化整合相关规则明确处置方向，原自然保护区核心区，以及划入国家公园核心保护区内的工矿企业、基本农田、镇村等人口密集区应实行有序退出机制，退出有困难的村镇可以设置缓冲期，在不扩大生产生活规模的情况下，保障正常的民生活动。

9.1.5.4　国家公园调整与退出

1）国家公园调整

随着自然条件特别是气候变化演变，以及保护成效的显现，国家公园原有边界范围与分区方案也可能需要变化，一般出现以下情况时就需要对国家公园范围区划作出调整，调整程序应该类似于国家公园设立程序。

（1）国家重大战略需要。

（2）国家公园核心价值发生变化。

（3）国家公园主要保护对象分布区域发生变化。

（4）其他不可抗力因素。

2）国家公园退出

建立国家公园考核评估制度，定期组织对主体责任落实、保护管理成效、规划实施成效、自然资源资产保值增值等开展评估，对评估不达标或造成资源资产、生态环境重大损失的，可以启动黄牌机制，公示公告、限期整改，对整改不力或整改不到位的应启动退出机制。

9.2　规划设计制度

9.2.1　建立背景

自然保护地规划设计是按照生态文明建设的总体要求构建科学合理的自然保护地体系的基础，也是自然保护地建设与管理的重要前提。党中央、国务院高度重视生态文明建设，将构建科学合理的自然保护地体系作为新时代生态文明建设重要任务。2018年《深化党和国家机构改革方案》将自然保护地监督管理职责统一到国家林业和草原局（国家公园管理局)。2017年至2019年，先后印发了《建立国家公园体制总体方案》《关于建立以国家公园为主体的自然保护地体系的指导意见》等纲领性文件，明确了到2025年完成自然保护地整合归并优化，2035年全面建成中国特色自然保护地体系的战略目标。为了加快做好自然保护地整合优化，本书在深刻领会《关于建立以国家公园为主体的自然保护地体系的指导意见》精神，融会贯通中央相关要求基础上，系统梳理了自然保护地整合优化总体要求、相关规则和实现路径，以期为当前中国自然保护地规划设计提供技术参考。

9.2.2　建立目的

规划权是国家事权、公信权的具体体现。建立以国家公园为主体的自然保护地体系，是事关中国经济社会可持续发展、中华民族复兴的千年大计，需要充分利用好规划设计的作用。构建科学、实用并符合中国国情的自然保护地规划设计制度，是实现科学决策、民主决策的必备过程，保障中国以国家公园为主体的自然保护地体系能够建立在一个科学的、高的起点上，防止中国特色的自然保护地体系制度走弯路。

9.2.3　内涵要求

规划是对未来整体性、长期性问题考量并设计整套行动方案的科学，也是连接认识与行动的艺术。在国家治理体系现代化的进程中，规划已成为政府管理的主要政策工具之一，其作用主要聚焦在以下7个方面。

9.2.3.1　科学决策

充分利用编制规划的讨论、分析、征询、评价、论证等过程，提出对未来或事物的整体性、长期性解决方案。

9.2.3.2　可达愿景

融合多种因素、从不同视角对未来发展进行预期与可行性研判，提出未来发展的可达性目标。

9.2.3.3　发展导向

选择实现目标的路径、策略或措施，谋划和引导人力、物力、财力等基本投入。

9.2.3.4　公共契约

编制规划过程也是各级政府及其他利益相关方反映诉求、达成一致意见的过程。

从国内外自然保护地管理情况看，规划体系是由在时间序列与空间序列上具有明显层级的众多规划类型构成的有机整体。

9.2.4　建立现状

在过去60多年的自然保护地建设历程中，中国建立起的各级各类自然保护地不但数量众多、类型丰富，而且具备多样功能，有效地促进了生物多样性保护、自然遗产保存、生态环境质量改善和国家生态安全维护工作。但不可否认，中国现有自然保护地仍然存在定位不清、权责不明、交叉重叠、碎片化管理、空间布局不合理、社会公益属性弱化等突出问题，导致自然保护地内历史遗留问题长期无法解决，现实矛盾冲突尖锐，还未形成严格保护、持续发展的自然保护地体系。

规划体系制度一直是解决自然保护地建设与管理问题的重要举措之一。中国自然保护区规划体系在20世纪80年代以前，主要是通过森林经理调查取得第一手资料后，进行综合调查设计；1986年，国务院要求按照基本建设程序编制自然保护区总体设计，由国家投资建设；1993年，在大熊猫栖息地划建的部分自然保护区开始探索编制总体规划；1997年，国家环保局印发了《中国自然保护区发展规划纲要（1996—2010年）》；1998年，国家林业局出台了《关于加强自然保护区建设管理有关问题的通知》，要求“各级林业行政主管部门组织、督促和指导自然保护区管理机构抓紧编制总体规划”（林护通字〔1998〕77号），这是国家相关主管部门第一次明确自然保护区应编制总体规划；2006年，国家林业局印发了《全国林业自然保护区发展规划（2006—2030年）》，初步形成了发展规划、总体规划、项目可行性研究、实施方案相结合的规划设计制度，规范和引导了中国自然保护区的建设与发展。目前中国国家公园还有待建立一个完整的、相应的专门标准制度，融合各层级各类型自然保护地规划，适应新型自然保护地体系要求，实现各层级规划间相互贯通、有机衔接，保障国家公园战略得到贯彻实施。

9.2.5　建立方法

保护地规划内涵包括3个方面：①规定未来活动空间分布；②界定区域边界；③协调土地、自然资源利用与功能需求的关系。

相应的规划技术也着眼于自然保护地整体，突出国家公园主体地位，包括三大技术：①国家公园全过程规划技术；②保护地优先区域识别技术；③边界分区划定优化技术。

在保护地规划技术的具体实践中，要紧扣规划要点，对重叠、相邻的自然保护地进行优化整合；合理划定国家公园边界范围，明确不同功能区的管控要求与策略；协调平衡各管理目标所需国土空间与自然资源，划定核心保护区、一般控制区等管控分区。

9.2.5.1　规划体系构建

中国的国家公园规划体系目前还无章可循，但应该坚持以下几个基本准则。

（1）理念指引

规划体系应有利于始终如一地贯彻落实“生态保护第一、国家代表性、全民公益性”的中国国家公园体制建设三大理念。规划中通过对各类自然保护地理念的具体化，形成不同层级的目标体系，通过多层级规划落实和细化目标体系。

（2）法律保障

自然保护地规划体系不论是内容还是程序上都应有相关的法律要求为框架。虽然国家公园还没有专门法规，但作为自然保护地而言，生态环境相关法律法规、生态文明系列制度都是规划体系设计的依据，特别应遵循国土空间规划、自然资源用途管制、生物多样性保护等相关规定。

（3）面向管理

规划的作用可以体现在方方面面，但最根本的还是管理的最主要工具之一。规划体系应主要为自然保护地的有效管理服务，针对宏观与微观、长远与近期等不同层级的管理目标设定规划类型，增强规划的可操作性，使规划真正成为管理者的重要工具。

在国家宏观层面，规划体系由国家公园发展（战略）规划、系列专项规划构成（表9-2），其发展规划在纵向上承接国家的社会经济发展规划、主体功能区或空间规划、自然保护地体系规划等，向下指导各国家公园的建设管理；横向上衔接自然资源保护利用规划、生态环境保护规划、自然文化遗产保护规划等，形成国家公园体系的战略目标、战略布局、战略任务和战略举措。

在实体国家公园层面，由总体规划、专项规划或管理计划、年度实施计划3级规划成果构成（表9-2）。总体规划作为国家公园空间管理和建设的纲领性文件，是综合性、概括性的总体安排，也是国家公园范围内最基础的"多规合一"成果，区域内其他各类规划应遵从并根据总体规划进行修编和调整；专项规划、管理计划和年度实施计划主要针对具体问题、具体时段制定可操作性的项目和活动计划，将管理目标、建设任务、公共服务、特许经营等逐渐细化和落实。

表9-2　国家公园规划层级及功能定位

规划类型	规划定位	规划概要	规划周期
全国：发展（战略）规划	国家层面国家公园发展与布局的整体安排，是战略性、指导性、政策性规划	按照国家公园理念与定位，明确全国国家公园发展的战略目标、布局、体系、任务和策略，评估不确定性及其风险	长期，10年以上
全国：专项规划	国家层面针对国家公园建设、管理某一领域工作的整体安排，是组织工程、项目的指导性规划文件	按照国家公园发展规划及相关规划，明确某专项的建设目标、布局、任务、重点项目和相关政策措施，测算投入，评估绩效和风险	中长期，5～10年
实体：总体规划	某个国家公园整体性、概括性安排，起到空间规划、建设规划和管理规划的综合作用，是指导国家公园建设管理的纲领性文件	评估国家公园生态价值与保护管理条例，制定管理与建设目标，明确管理边界范围、管控区划及要求，确定自然保护、资源管理、自然教育、科研监测、社区协调、特许经营、公众参与等任务和重点，确立管理体制、协调机制、治理和执法体系，测算投入，评估绩效	长期，10年以上
实体：专项规划	国家公园某一领域的整体安排，作为组织多期项目的依据，深度应满足建设项目立项要求	依据总体规划和相关规划，明确某一领域的建设管理目标、任务和重点工程项目等，具有明确的规模、建设地点、范围、工期、投资等内容	一般3～10年
实体：管理规划	国家公园阶段性管理安排，或一次性项目的实施安排	对照总体规划提出特定时期系列管理目标、行动，明确工作任务和重点，规定各项管理项目的任务、时间表、路线图，确定各项管理任务的组织、资金和绩效要求	一般3～5年
实体：年度实施计划	分解和落实管理计划、实施规划，确定年度任务，制定实施计划	规定各项管理项目本年度的任务、时间表、路线图和责任人，明确考核清单	1年

1）总体规划

中国的总体规划起始于新中国成立初期的土地利用规划，土地改革完成后，国家亟须通过土地利用总体规划将土地资源在各产业部门间进行合理配置。随后，总体规划广泛应用于中国的城市规划、国土规划、空间规划、区域规划，诸如自然区、经济区、行政区和社区等方面。从近年来风景名胜区、自然保护区、森林公园等自然保护地总体规划发展情况看，规划内涵不只聚焦于基础设施建设，已经更多地向生态系统保护、自然资源管理和公共服务等方面延伸，起到了空间规划、建设规划和管理规划等专项规划的作用，实际上相当于国外已普遍实行的综合管理规划。国家公园作为最重要的自然生态空间，管理目标多而复杂，需要编制总体规划，协调严格保护与科学利用之间的关系，平衡不同功能的目标需求。国家公园总体规划可以作为明确国家公园范围及四至边界的依据，指导国家公园建设和确定建设项目的依据，确定和考核生态资源保护管理目标、计划与任务的依据，确定治理体系、人员编制、投资和财政经费的依据。编制国家公园总体规划首先要明确国家公园的管理目标。

《建立国家公园体制总体方案》明确了国家公园的定位与功能，首要功能是重要自然生态系统的原真性、完整性保护，同时兼具科研、教育、游憩等综合功能。国家公园管理目标应该体现在以下6个方面。

（1）保护目标：强化“山水林田湖草沙冰”的严格保护，使生物群落、基因资源、典型地质地貌景观以及未受影响的生态过程在自然状态下得以永久生存，重点保护自然生态系统的完整性、原真性和活力。

（2）科研目标：长期定位监测自然生态环境过程，提供生态基底作为自然研究的参照系，研究自然演替与动态变化规律。

（3）教育目标：提供进入自然、观察自然、认知自然的机会，开展以自然为背景的科普宣教活动。

（4）游憩目标：提供户外游览、运动、康体、探险、娱乐、审美、体验等多样性的游憩机会，享受生态产品和自然景观。

（5）资源利用目标：可持续地利用自然生态系统内的资源、文化传统特征等，提供优质生态产品，维持生态功能与环境服务。

（6）社区协调目标：平衡自然保护与生产经营的关系，促进社区可持续发展，维持原住居民已经形成的人地和谐生产生活模式、文化和传统特征。但针对每个国家公园而言，其功能目标在重要程度、优先度、需求服务等方面都会存在差异。总体规划首先需要对国家公园的生态系统及其自然资源特征进行全面深入的分析，明确规划区域多功能的目标需求，甄别核心管理目标，其次围绕管理目标序列进行空间规划、建设规划、管理规划，提出针对性的系列解决方案。

《国家公园总体规划技术规范》（GB/T 39736—2020）则进一步规定了国家公园总体规划的定位、原则、程序、目标、内容、生态影响评价和效益分析、文件组成等要求，规划的主要内容和技术方法（国家林业和草原局，2020a）。

国家公园总体规划内容主要包括基本情况、总体要求、总体布局、保护管理、监测监管、科技支撑、教育体验、社区建设和实施保障等，规划期一般10年，编制大纲见专栏9-5。

专栏9-5

国家公园总体规划编制大纲

前言

第一章　基本情况

从基本概况（生态系统、自然资源、社会经济、保护管理）、核心价值（代表性、完整性、原真性）、面临形势（国家战略、社会环境、保护基础）等方面，概述国家公园基本情况。

第二章　总体要求

国家公园指导思想、基本原则、规划目标等要求。

第三章　总体布局

确定国家公园的规划范围，管控分区要求，建设布局以及弹性管理措施。

第四章　保护管理体系建设

自然资源资产管理。明确自然资源资产管理边界，提出勘界立标、自然资源资产确权登记、编制自然资源资产管理权责清单和资产负债表等主要任务。

关键物种保护。规划野生动植物本底调查、野生种群保护、栖息地恢复、生态廊道建设等主要任务。

生态系统保护修复。规划生态系统保护修复的重点区域、主要任务和重点项目。

自然景观遗迹保护。提出对园区内重要自然景观、地质遗迹系统保护的主要任务和重点项目。

防灾减灾。提出森林草原防火、有害生物防控、地灾水灾防治、疫源疫病防控等体系建设的主要任务和重点项目。

第五章　监测监管体系建设

提出包括天空地一体化监测、监管巡护、应急预警、执法体系的监测监管体系规划。

第六章　科技支撑平台建设

基于现有科研机构，构建保护研究平台、规划长期定位研究及科技合作交流。

第七章　教育体验平台建设

入口社区。从选址、功能定位、设施建设和支持政策等方面进行规划。

科普教育。从科普教育模式（研学）、基地或设施、标识系统、解说系统、教材、科普读物等方面进行规划。

生态旅游。从生态旅游体系、游憩体验线路、规范旅游活动等方面进行规划。

第八章　和谐社区建设

社区共建。从社区分类调控、共建共治体系、完善生态保护补偿制度、社区参与机制等方面进行规划。

绿色发展。以探索生态产品价值实现有效途径为目标，引导重点产业、特色产业发展，建立与社区的利益连接机制。

公共服务。以改善提升园区内部公共服务体系为目标，明确园区内乡村、旅游区等重点区域的环境保护治理、相关基础设施建设等任务。

第九章　保障措施

提出加强组织领导、强化资金保障、健全法制保障、强化宣传引导、鼓励社会参与等保障措施。

2）专项规划

专项规划是国家公园战略规划、总体规划在特定领域的细化，也是专项领域发展以及政府审批、核准重大项目，安排投资和财政支出预算，制定特定领域相关政策的依据。专项规划的编制应满足三个基本要求：①符合战略规划或总体规划，对接规划的相关领域目标、任务和已经明确的路径，围绕国家公园功能与管理目标细化措施；②编制深度应满足立项要求，有充分的依据、理由论证和合理的测算指标，具有明确的任务、规模、建设地点、范围、标准、投资等；③具有可操作性，明确适用的政策条件、合理的组织方式，如实施单位、作业程序、时间节点等，可以落地实施。每个国家公园需要编制的专项规划不尽一致，凡是建设规模大、周期较长、一次性立项难以建成的专业领域都应该先编制专项规划。

3）管理计划

管理计划是开展和协调保护管理活动重要的保障文件，是规范管理行为的基础。中国最早在自然保护区管理中引入了管理计划工具，在世界银行的资助下，国家林业局在1995～2000年组织实施了"全球环境基金（GEF）中国自然保护区管理项目"，湖北神农架、陕西佛坪、太白山等9个自然保护区首次编制并实施了管理计划，包含社区教育计划、能源保护示范活动计划、野生动物危害防控示范活动计划等，有效地提高了自然保护区的保护管理能力，缓解了保护区来自社区经济发展的资源压力。国家公园管理应充分借鉴国内外先进经验，编制并实施好管理计划，作为落实总体规划的阶段性计划，逐一实现总体规划确定的管理目标，作为协调和指导国家公园日常保护管理的重要技术工具。制定和实施管理计划的关键点包括：①分析、评价国家公园保护管理面临的系列问题，对问题进行归类和排序，甄别哪些是影响管理目标实现的主要问题，重点考虑那些通过改进管理方式、方法可以解决的现实问题；②提出一系列有时间约束、措施保障、可实现、可度量的目标，这些目标也构成了管理计划的基本框架；③列出实现总体目标和序列目标所需采取的各种具有科学性、逻辑性、有效性和可操作性的行动，怎样采取行动，以及采取这些行动所需要的人、财、物等条件；④选择各项行动实施的有利时间、地点和场所，以及行动步骤；⑤以管理者为主制定管理计划，制定人员最好具有多方面的知识和技能，还应有利益相关者代表；⑥所有行动计划都应该可以直接对接年度实施计划，便于落地实施。

4）年度实施计划

年度实施计划就是按年度制定的工作计划，是事关国家公园战略目标与任务能否落地、实施的"最后一公里"。一个好的年度计划具有高度凝聚力，可以引导物流、资金流、人力流的流动方向和强度。影响年度实施计划编制的因素太多，关键应把握以下几点：①瞄准总体规划确定的总体目标、管理目标，对接专项规划和管理计划确定的建设任务、重点项目和行动计划，根据实际情况确定实施年度内的任务和项目安排；②应当体现出对专项规划、管理计划的深入与细化，突出不同阶段在项目任务安排、施工建设和运行管理等方面的区别，在微观层次有针对性地作出年度实施安排；③每个计划实施年度需实现与前后实施年度的衔接，可以根据上年度实施情况提出调整意见；④分析年度目标实施的重点和难点，完善进度控制计划，分析制约进度的关键因素，对控制性工程严格掌控，对节点目标分层控制，保证各项具体目标的实现；⑤项目实施过程中应严格控制规划设计变更，涉及项目建设地点、建设范围、建设规模、支出预算调整的项目变更需重新论证；⑥提出相关的项目管理、控制和保障措施。

9.2.5.2 国家公园总体规划全过程技术

基于国家公园适应性系统规划理论，提出一套适用的国家公园规划工具包——《国家公园总体规划技术规范》（GB/T 39736—2020）。规范的制定为中国在“十四五”期间建设一批新的国家公园提供规则要求，对进一步加强中国生态文明建设，严守生态保护红线，加强生态系统保护，构建统一高效的以国家公园为主体的自然保护地特色体制，建立分类科学的自然保护地体系均具有重要意义。规范规定了国家公园总体规划的定位、原则、程序、目标、内容、生态影响评价和效益分析、文件组成等要求，明确了现状调查评价、范围和分区的指标与方法，提出了保护体系、服务体系、社区发展、土地利用协调、管理体系等规划的主要内容和技术方法，适用于国家公园总体规划的编制、审查、管理和实施评估（国家林业和草原局，2020a）。依据规范，国家公园全过程规划技术重点程序主要包括以下几个。

1）开展现状调查与评价

国家公园现状调查分为地理环境和资源调查、社会经济状况调查、管理现状调查：地理环境和资源调查应包括地理环境、自然资源、生物多样性、人文资源等；社会经济状况调查应包括人口、居民点、土地利用、自然保护地、文物保护、产业情况、经济状况、基础设施和公共服务设施的现状；管理现状调查应包括管理情况、管理机构、运行机制等。

国家公园现状评价分为资源价值、社会经济和管理体系评价：资源价值评价须对资源分布、景观格局情况进行梳理，明确国家公园核心资源与核心价值，明确其在典型性、代表性、原真性、完整性、稀有性、脆弱性、多样性等方面的价值；社会经济评价须对社会、经济情况进行系统梳理，明确国家公园建设对不同利益相关者的影响、需要解决和降低的社会风险以及与社会、经济互相适应所需要的成本；管理体系评价须对法律法规、管理体制机制情况进行系统梳理，提出国家公园建设在管理方面面临的优势、潜力和问题。

最后可采取GIS空间分析法、生态地理区划法、生物多样性价值评价法［详见《自然保护区生物多样性保护价值评估技术规程》（LY/T 2649—2016）］、生态系统服务功能评价法［详见国家林业和草原局《森林生态系统服务功能评估规范》（GB/T 38582—2020）］和自然风景评价法［详见住房城乡建设部《风景名胜区总体规划标准》（GB/T 50298—2018）］等方法（国家林业和草原局，2020f；国家住房和城乡建设部，2018；国家林业局，2016a），对国家公园在保护、服务、社区发展、管理现状等方面进行综合评价，明确国家公园建设面临的优势和动力、矛盾与制约因素等，以便合理划定范围和管控分区，提出各分项规划具体目标和措施。

2）界定规划范围和管控分区

国家公园边界范围划定须在现地勘察和全面收集区域内地理环境、自然资源、社会经济状况等现状信息的基础上，进行空间图形数据综合分析，提出国家公园边界方案。

国家公园管控区具体可分为核心保护区和一般控制区，分区实行差别化管控。核心保护区应纳入自然生态系统保存最完整、核心资源集中分布，或者生态脆弱需要休养生息的地域。此外，核心保护区应当实行最严格的生态保护和管理。除核心保护区之外的国家公园区域按一般控制区进行管控。一般控制区在确保自然生态系统健康、稳定、良性循环发展的前提下，允许适量开展非资源损伤或破坏的科教游憩、传统利用、服务保障等人类活动，对于已遭到不同程度破坏而需要自然恢复和生态修复的区域，应尊重自然规律，采取近自然的、适当的人工措施进行生态修复。

国家公园功能区可分为严格保护区、生态保育区、传统利用区、科教游憩区等［详见《国家公园功能分区规范》（LY/T 2933—2018）（国家林业局，2018）］，还可根据实际需要或特定保护目标，划定服务保障区等其他功能区。功能区可根据国家公园保护与发展目标完成情况，以及功能发挥情况进行调整完善（详见第10章）。

3）制定支撑规划

国家公园勘界定标后，应围绕保护重要自然生态系统的原真性、完整性的首要功能与实现科研、教育、游憩等综合功能，制定相应保护体系规划（包括生态保护、生态修复、生物资源保护、风景资源保护、文化遗产保护、环境保护以及防灾减灾等规划）、服务体系规划（包括科学研究、自然教育、游憩体验、解说系统、应急救助和基础工程等服务体系规划）、社区发展规划（包括合理的社区格局、产业引导、社区共建和入口社区建设等规划）、土地利用协调规划（包括核心保护区和一般控制区的土地利用现状分析、土地利用规划及土地用途管制等规划）以及管理体系等支撑规划（须明确其管理机构、人员编制、管护体系，监测体系、资源利用与特许经营体系，搭建智慧平台并进行管理能力建设），共同为国家公园体制建设，实现永续发展提供制度保障。

4）开展环境影响评价和效益分析

国家公园总体规划主要内容须有利于生态环境保护项目的生态保护，所以须对可能存在不利环境影响的基础设施工程编制专项规划。此外须依据国家公园关于保护、科研、教育、游憩、资源利用和社区协调的管理目标，对规划所能获得的生态、社会、经济效益进行分析，可作为成效的重要评价标准，并及时对规划实施可能产生的不利影响提出明确对策。其中生态效益主要定量或定性分析评价规划将对生态功能和自然环境产生的影响或作用；社会效益主要定性分析评价规划对提高社会与公众的环境保护意识，增加科学研究、展示与认识自然、科普教育的机会，改善当地人民生产、生活方式与条件，保障当地社区社会经济可持续发展等方面可能产生的影响或效益；经济效益主要分析评价规划实施后生态系统的供给服务变化，门票、游憩体验等特许经营等财政方面的收益，国家公园社区、入口社区生产经营收益和提供服务收益等，经营性项目应进行经济效益分析与评价。

依据中共中央办公厅、国务院办公厅印发的《建立国家公园体制总体方案》《关于建立以国家公园为主体的自然保护地体系的指导意见》，中央编委关于国家公园机构设置的文件，以及国务院对《国家公园空间布局方案》第一批国家公园设立方案批复的相关要求，国家公园总体规划审批管理办法主要包括以下流程。

1）报审

国家公园设立方案批复后3个月内，将总体规划报经省级人民政府同意后，由国家公园管理机构（机构未正式成立的由省级林业和草原主管部门）报送国家公园管理局；涉及多个省（自治区、直辖市）的，应联合报送。

报审材料包括：

（1）国家公园管理机构（省级林业和草原主管部门）报送文件；

（2）总体规划文本及相关图件纸质版30份，总体规划文本电子版以及图件的2000国家大地坐标系矢量数据；

（3）总体规划编制说明书（包括征求相关市、县人民政府和省直相关单位意见情况）；

（4）专家评审意见。

2）评估论证

（1）专家现地考察。国家公园管理局牵头组织专家现地考察和论证，形成专家考察意见和论证意见。总体规划考察和论证从自然保护地全国专家委员会中抽取不同学科背景且熟悉待评审国家公园资源特点的专家，并根据实际需要增补相关专业学科专家。专家考察和论证意见由专家签字后生效。重点考察论证是否符合相关法律法规和政策文件要求、设立方案重点任务落实情况、区划合理性、与相关规划协调性、规划目标和建设任务科学性，梳理存在问题，提出优化完善建议。

（2）征求部门意见。国家公园管理局征求中央编办、国家发展改革委、财政部、自然资源部等党中央和国务院相关部门意见。

（3）反馈意见。国家公园中心汇总整理专家意见、部门意见、司局意见，经主任办公会研究后提交保护地司，由保护地司司务会研究并报局领导审定后，反馈给国家公园管理机构修改完善。

3）终审

（1）终稿报送。由省级人民政府组织公示和合法合规性审查后，报送国家公园管理局。中央直接履行全民所有自然资源资产所有者职责的国家公园，由国家公园管理机构组织公示和合法合规性审查，征求相关省级人民政府同意后报送。

报审材料包括：

省级人民政府报送文件；

总体规划文本及相关图件纸质版10份，规划文本电子版以及图件的2000国家大地坐标系矢量数据；

总体规划编制说明书（包括部门、专家、公示等各方意见采纳情况）。

合法合规性审查意见。

（2）审查。国家公园管理局负责组织审查。保护地司会同资源司、草原司、国家公园中心以及自然资源部、水利部、农业农村部、国家能源局的相关司局单位对报批材料进行联合审查，出具联合审查意见。国家公园研究院组织总体规划论证专家组进行复审，出具专家复审意见。

（3）局务会审定。审查通过的总体规划，由国家公园管理局局务会审定。

（4）批复。审定通过的总体规划履行审批程序后，由国家公园管理局批复并监督实施。

9.2.5.3　边界划定及分区规划技术示范

1）基于系统保护规划理念，耦合生态系统服务和生物多样性空间分布格局

近年来，自然保护学者将研究重点逐渐从保护生物多样性转向保护生态系统服务与生物多样性的协同效益。保护区的关键目标是加强生物多样性保护，提升生态系统服务。因此，协同生态系统服务和生物多样性的空间分布是综合生态系统管理和保护区规划设计的重要选择。本书提出运用系统保护规划理念，以主要濒危物种和多重生态系统服务为保护对象，识别了国家公园优先保护区域，以期为国家公园边界优化和功能分区提供新的思路和技术支撑（图9-4）。

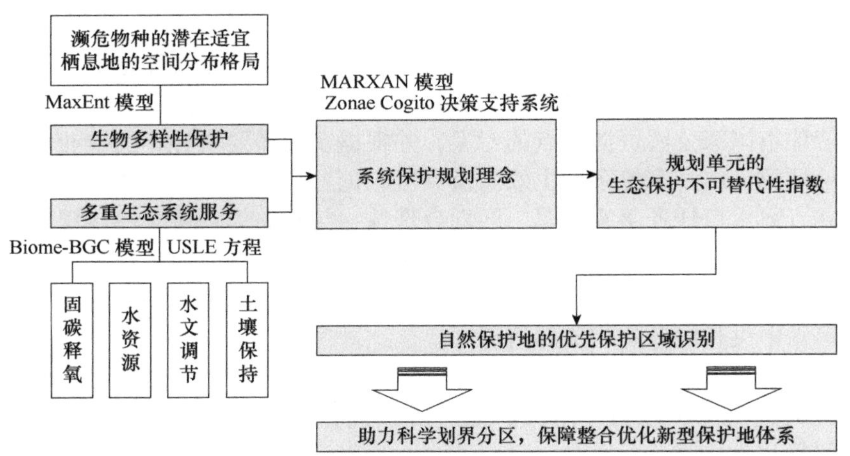

图9-4　协同生态系统服务和生物多样性的保护地优先区域识别技术

本技术先后运用生物群落-生物地球化学循环（biome-biogeochemical cycle，Biome-BGC）模型、通用土壤流失方程（universal soil loss equation，USLE）得到保护地的固碳释氧、水资源、水文调节和土壤保持功能的分布格局，进一步运用最大熵（maximum entropy，MaxEnt）模型分析濒危物种的潜在适宜栖息地的空间分布格局，最后运用系统保护规划模型MARXAN得到规划单元的不可替代性指数栅格图，选择不可替代性指数高的区域作为优先保护区域。

同时，本技术研究已成功运用于浙江丽水，在0.4km×0.4km规划网格上计算丽水各规划单元的生态保护不可替代性指数，并结合当地管理需求，综合识别了国家公园优先保护区域（图9-5～图9-7）。针对百山祖实际，研究制定了评估技术路线，确定了指标评估方法，根据主要植被分布，结合长期定位监测网络，通过典型抽样确定了调查样地，组织自然专题调查，研究提出社会调查评估技术路线。根据本底调查结果，结合

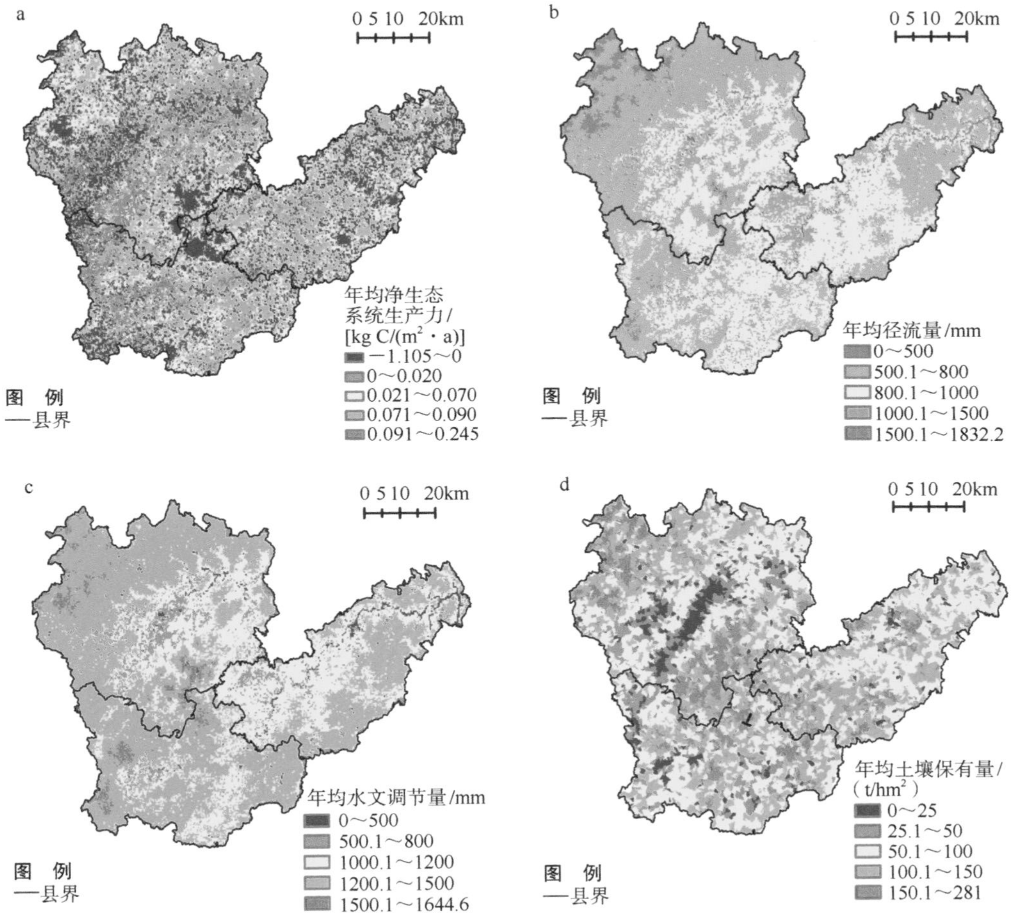

a
0 5 10 20km
年均净生态
系统生产力/
[kg C/(m² · a)]
-1.105～0
0～0.020
0.021～0.070
0.071～0.090
0.091～0.245
图　例
—县界
b
0 5 10 20km
年均径流量/mm
0～500
500.1～800
800.1～1000
1000.1～1500
1500.1～1832.2
图　例
—县界
c
0 5 10 20km
年均水文调节量/mm
0～500
500.1～800
1000.1～1200
1200.1～1500
1500.1～1644.6
图　例
—县界
d
0 5 10 20km
年均土壤保有量/
(t/hm²)
0～25
25.1～50
50.1～100
100.1～150
150.1～281
图　例
—县界

图9-5　研究区关键生态系统服务物质质量的空间分布格局

a．年均净生态系统生产力（NEP）；b．年均径流量；c．年均水文调节量；d．年均土壤保有量

0 5 10 20km
珍稀濒危物种
丰富度
高：36
低：16
图　例
— 县界

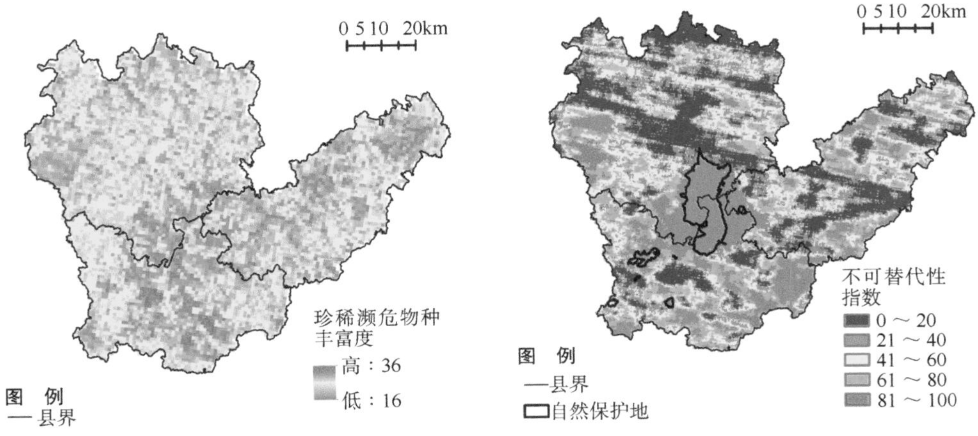

图9-6　研究区珍稀濒危物种丰富度的空间分布格局

0 5 10 20km
不可替代性
指数
0 ～ 20
21 ～ 40
41 ～ 60
61 ～ 80
81 ～ 100
图　例
—县界
自然保护地

图9-7　研究区生态保护不可替代性指数的空间分布格局

森林资源长期监测数据，运用耦合主要生态系统服务功能的系统保护规划方法，运用MARXAN模型识别了国家公园保护优先区域，并以此为依据完成了范围及管控分区划定，首次将系统保护规划理念运用到国家公园规划设计中。

2）融合遥感技术和景观生态学的旗舰种保护区域识别方法

要实现全面管理和监测生物多样性的各个方面是极其困难的，而利用旗舰种实现对一个区域内生物多样性的保护则被认为是一种有效途径。随着中国卫星遥感技术的快速发展，自然资源调查程序和方式也在不断发生转变。遥感技术可以提供众多的基础数据，快速观测各类自然资源的分布特征、动态变化及人地关系，已经被广泛应用于保护地研究领域。研究提出融合遥感技术和景观生态学的方法对旗舰种保护区域进行识别，划定关键保护区和走廊的保护区，随后采取各类保护措施，以防止进一步的生境丧失和人为干扰，有利于破解栖息地的丧失和破碎化问题，最终改善区域内的生物多样性。

该技术将多类别多层次因素指标的遥感数据进行叠加耦合分析，主要包括：①基于海拔、坡度和森林覆盖率等遥感数据识别旗舰种的栖息地范围；②用隔离生境单元数和平均斑块大小评价不同年份旗舰种生境的破碎化程度。孤立生境单元的数量反映了自然过程和人类活动对孤立因素的综合影响，主要通过将旗舰种栖息地与隔离因素（即主要河流、永久积雪和主要道路）重叠来计算；③评估不同生物物理和社会经济驱动因素的影响，使用包括湿度指数、海拔、人口、道路密度和自然保护区的比例等指标。最终科学识别出旗舰种的保护区域并构建生态安全格局，提出相关保护建议。

该技术被应用于重新评估大熊猫的保护状况，本研究使用该综合模型评估了从1976年到2013年大熊猫栖息地的整个地理范围。结果显示，栖息地的恢复并没有抵消之前栖息地的损失（Xu et al.，2017）。大熊猫正面临着来自栖息地破碎化、人口隔离、基础设施发展、旅游和气候变化的巨大威胁和挑战（图9-8）。

3）基于生态格局理念与生态原真性评价指标体系的划定方法

国家公园范围的识别和边界的划定是规划、建设和管理能否顺利进行的先决条件，关乎能否有效保护生态系统的原真性和完整性。国家公园边界用地类型交错，具有矛盾复杂性、景观异质性、动态变化性和生态脆弱性的综合特点。一旦偏离最佳生态边界（optimal ecological limits），就会削弱保护地生态系统的原真性和完整性，增大管理难度和成本。因此，明确限定生态系统保护核心用地，划定合理的国家公园边界，控制人为干扰活动的强度和类型，成为指导国家公园规划建设和管理的首要任务，这也是保护生态系统核心价值的先决条件。

本书从生态格局理念出发，认为生态源斑块和生态廊道是国家公园边界划定的重要依据，通过构建生态原真性评价指标体系，识别生态上具有高生态原真性的区域，探讨科学、客观、量化的边界划定方法（图9-9，图9-10）。

同时，将识别优化技术成功应用于拟建秦岭国家公园（图9-11，图9-12），据国家公园明确的边界及保护、修复与利用区域的划分，确定生态保护和人类活动的强度与类型，可进一步指导诸如生态系统修复工程、科研监测项目规划、基础设施规划及社区发展规划等专项规划工作的落地，增强针对性，做到有的放矢，提高规划建设和监督管理工作的水平与质量，为生态系统保护提供有力保障。

4）基于景观特征识别及其价值评估的方法

景观特征评估已成为可持续发展、自然保护与土地管理的核心，被认为是辅助管理和决策的重要工具，为区域的可持续发展需求提供了定性和定量的依据。本书基于景观特征评估（landscape character assessment，LCA）理论，构建了一套生态系统景观特征评估方法，将区域内自然生态系统和自然文化各个特征要素进行识别、绘制、分类和评估，该技术可以为今后国家公园的申报设立、边界划定和功能分区的规划提供建议和依据，以期最终实现自然生态系统整体保护和自然资源永续利用。

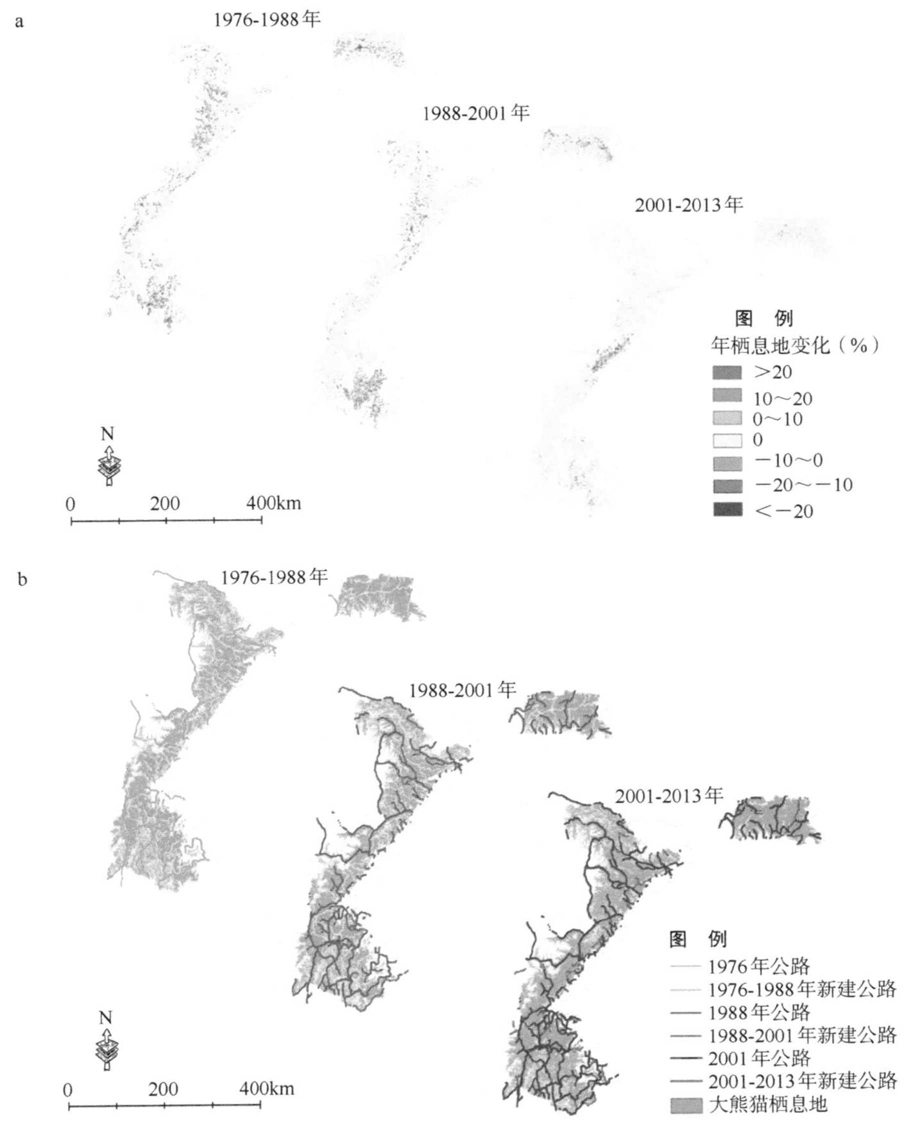

图9-8　1976～2013年大熊猫栖息地的变化及提议的大熊猫保护区域和走廊

a．500m×500m网格单元内生境变化的比例；b．1976～2013年熊猫栖息地的道路变化；c．提议的大熊猫保护区域和走廊

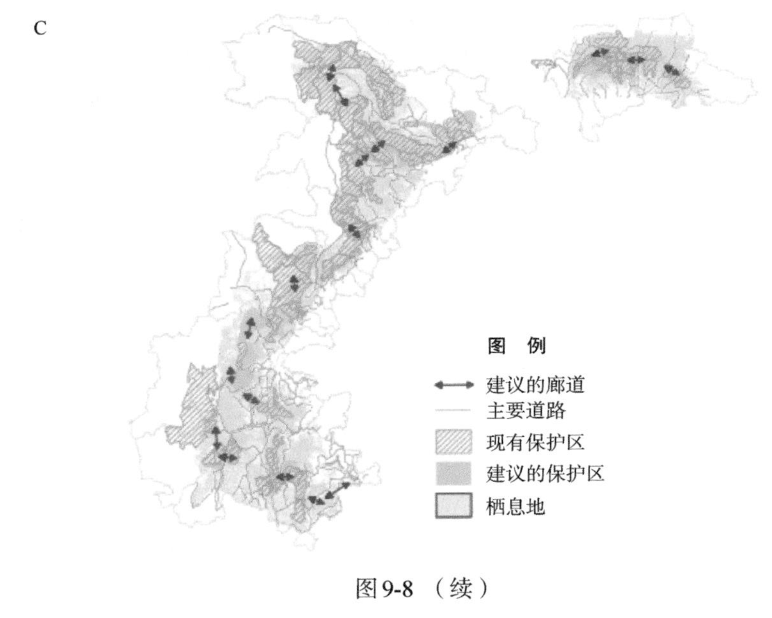

图 9-8 （续）

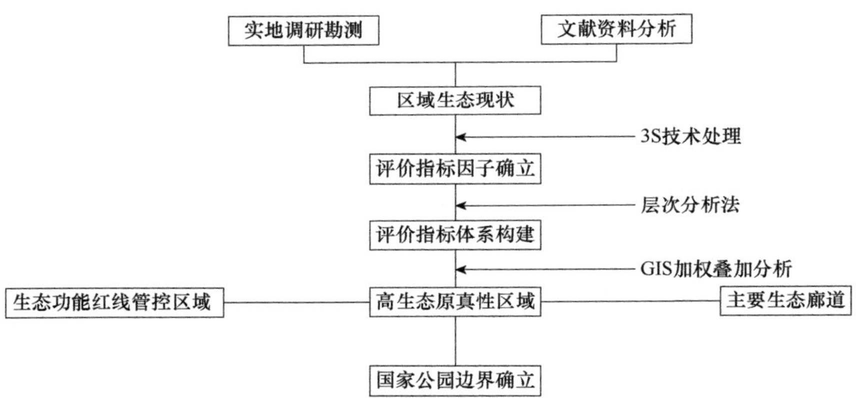

图 9-9　国家公园边界划定技术路线图

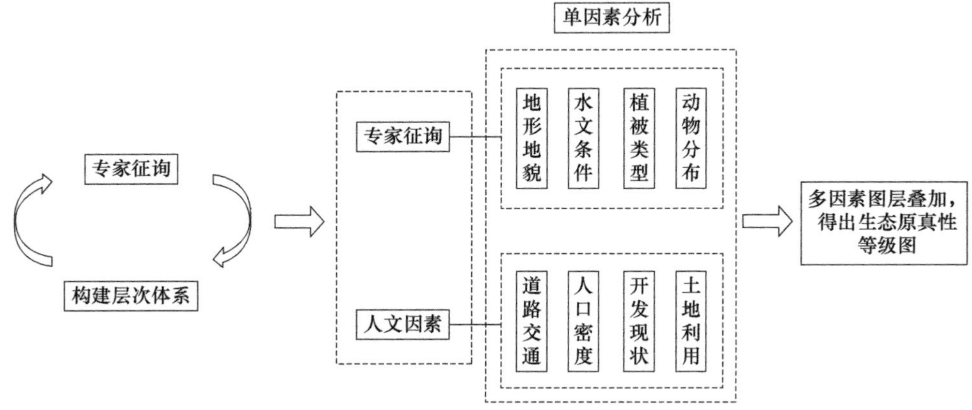

图 9-10　生态原真性区域划定流程图

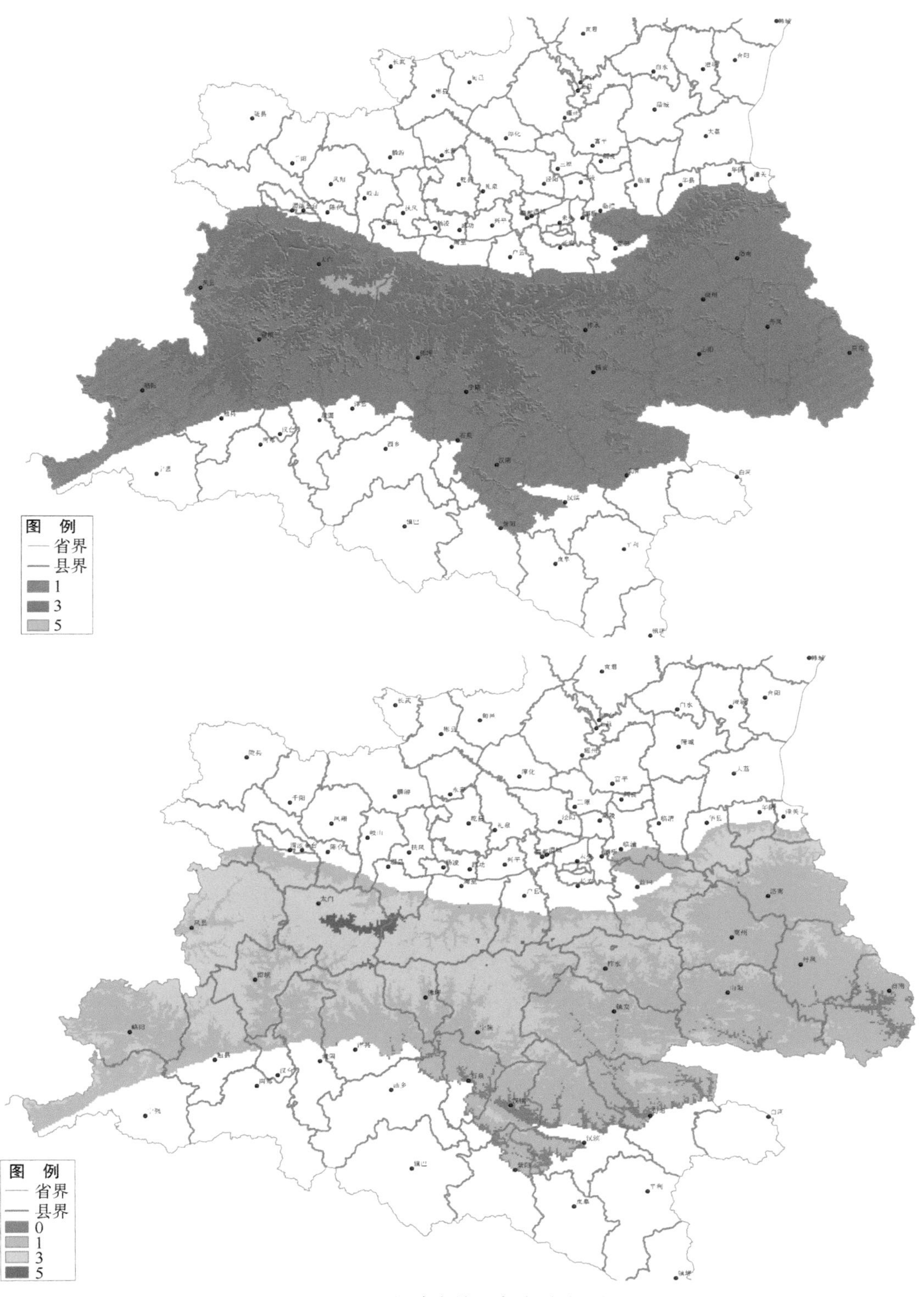

图9-11 拟建秦岭国家公园（一）

a. 地形分析图；b. 植被分布图；c. 土地利用现状图

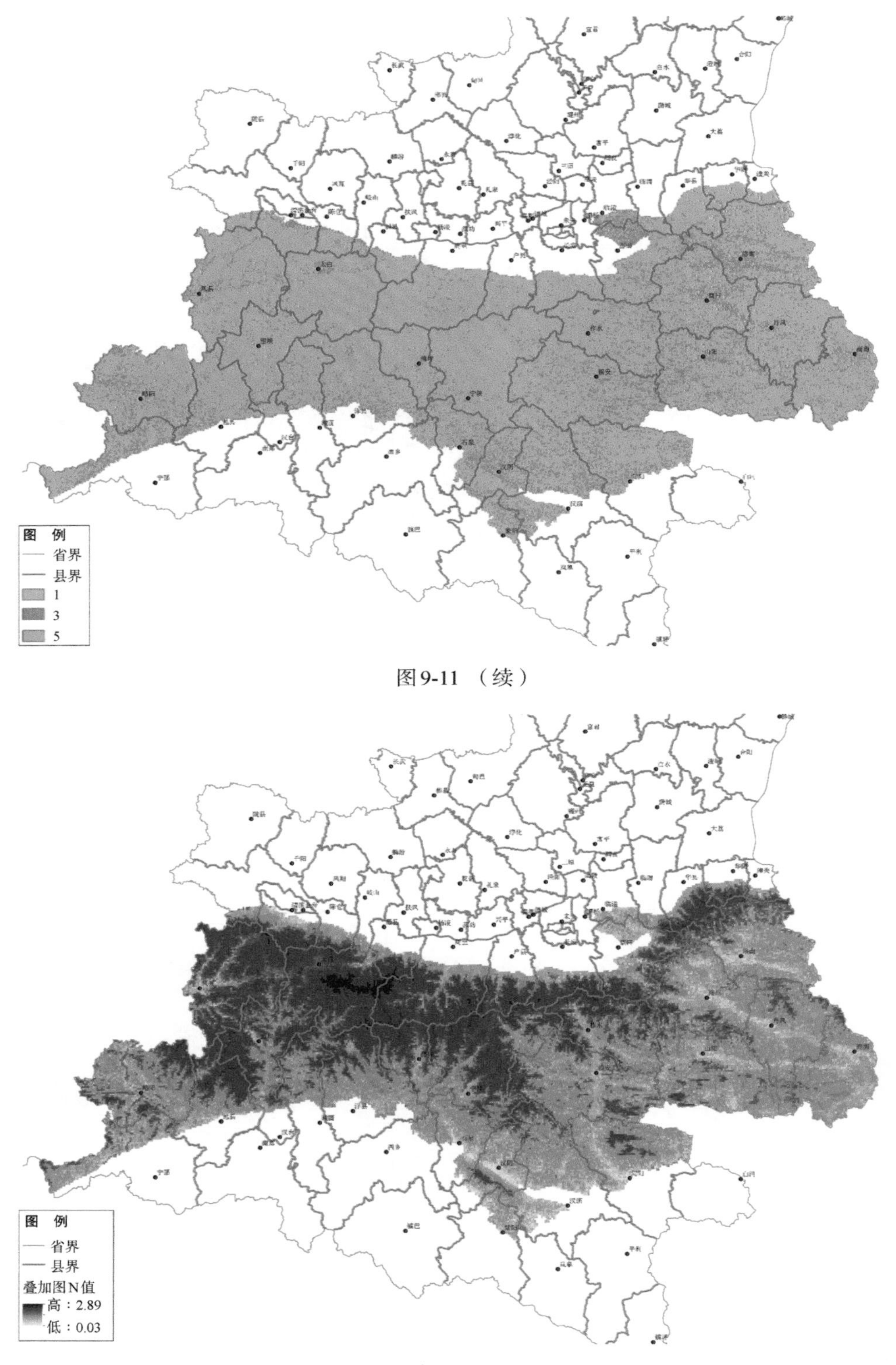

图9-11 （续）

图9-12　拟建秦岭国家公园（二）

a．生态原真性等级图；b．生态功能管控与生态原真性等级叠加图；c．边界划定图该技术操作过程分为两个阶段：第一个阶段是特征描述，第二个阶段是价值评估（图9-13）。LCA在第一阶段具有尺度分级、要素综合和价值中立的特点，即能在不同尺度下对特定区域进行具有多样化、综合、跨学科的要素类型的特征描述，且不对景观特征作出评价；在第二阶段，以景观描述单元（landscape description unit，LDU）法为基础，结合其他方法（如公众参与的定性研究）进行价值评估。

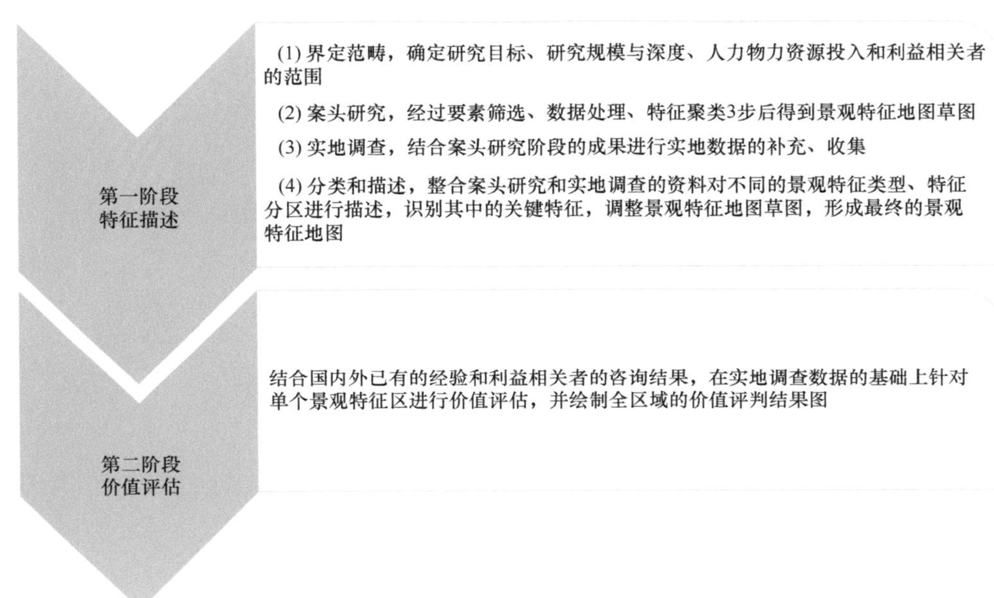

图9-13　景观特征识别技术流程图

该技术已经被应用于青海湖流域（青海湖流域被认定为申报设立青海湖国家公园的评估区）。本书根据青海湖流域的现状条件列出了在区域层级下适用于流域生态系统的景观特征要素，包括两大类要素、11个小类要素。第一大类要素为自然要素，包括地质、海拔、坡度、土壤、水文、植被、生态栖息地及气候特征（干燥度/温度）；第二大类要素为人文/社会要素，包括聚居风貌、土地利用及文化遗产。选定要素类型后，在ArcGIS平台搭建空间数据库，结果表明，青海湖流域具有23个景观特征类型、104个景观特征区域；然后综合了独特性、自然资源价值、文化遗产价值和视觉资源价值4个方面对已划分的景观特征区进行价值评估，得到高价值景观特征区46个，中价值景观特征区47个，低价值景观特征区11个（图9-14，图9-15）。由此提出，国家公园申报设立的条件可利用景观特征评估结果进行复核；边界划定、功能分区和政策制定过程中参考景观特征识别和价值评估结果进行辅助决策、管理。

9.3　本章小结

本章深入探讨了国家公园创建设立制度和自然保护地的规划设计制度。提出国家公

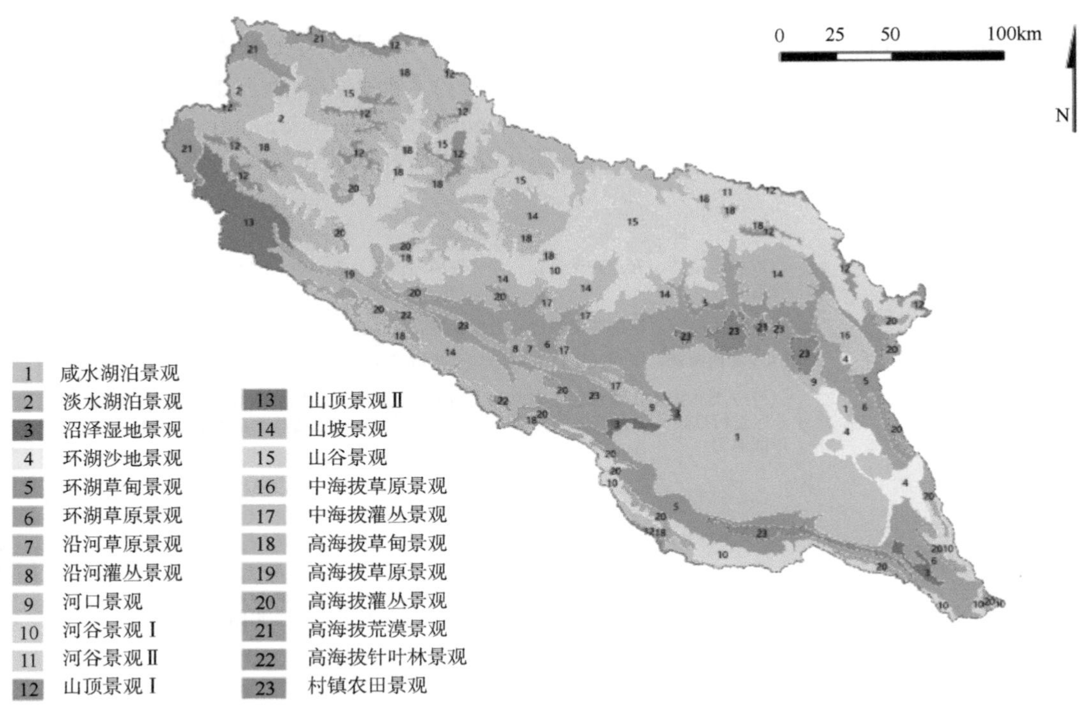

图9-14 青海湖流域景观特征地图

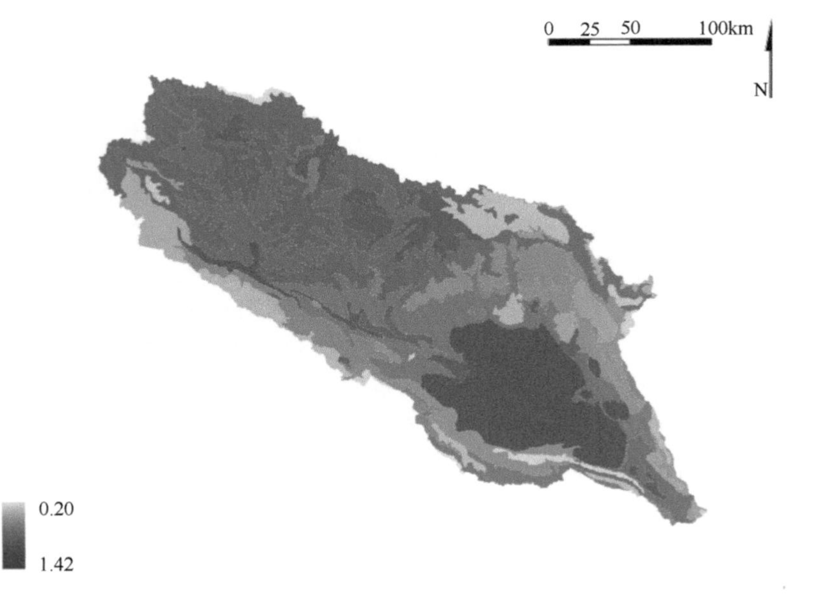

图9-15 青海湖流域价值评价结果

园创建设立的设立依据、设立前的主要任务与设立的工作流程，详细分解了国家公园创建到报批再到设立的基本程序，为中国国家公园制度化、程序化、规范化发展提供明确的阶段安排。综合提出国家公园规划体系，依据“发展—总体—专项—管理—年度实施计划”梯次性落实国家公园发展战略，逐渐细化和落实国家公园发展目标，形成“多规合一”的综合效果。同时，基于适应性系统规划理论、系统保护规划理念、生态格局理念以及智能遥感技术、指标价值评估方法，示范性提出具有实操价值的保护地边界划定及分区规划技术，从而协调平衡各保护地管理目标所需国土空间与自然资源，同时满足保护地基本功能的实现。

第10章 生态系统管理与自然资源产权制度

10.1 生态系统管理制度

10.1.1 建立背景

1987年，世界环境与发展委员会在名为《布伦特兰报告：我们共同的未来》的报告中，首次提出并阐述了“可持续发展”这一命题，这一理念的产生与发展体现了人类对自身进步与自然环境关系的反思，在这一问题上，发达国家与发展中国家达成了一致。人类可持续发展的问题归根结底是对生态系统实施有效管理的问题，涉及生态学、社会学、管理学等相关学科和有关原理，对生态系统的各类资源与生态系统服务实行适应性管理，进而建立生态系统管理制度，是达到既满足当代人需求，又不损害后代人满足其需求的能力的可持续发展目标的必经之路。

生态系统管理是在充分认识生态系统整体性的前提下，以持续地获得期望的物质产品、生态及社会效益为目标，并依据对关键生态过程和重要生态因子长期监测的结果而开展的管理活动（廖利平和赵士洞，1999）。当前，随着生态文明建设的全面推进，中国在国家公园体制改革、体系构建、机构设置、布局方案、管理制度、边界划定、管控分区等方面取得了显著阶段性成效，以国家公园为主体的自然保护地的建设是对自然生态系统实施适应性管理的一种有效途径，最终目标是实现自然资源的科学保护和合理利用。生态系统的保护与游憩、系统地管理自然资源是自然保护地的主要管理目标之一。自然保护地本身也是一个受管理的生态系统，包含生态、经济和社会环境，具有复杂的时空结构以及综合、庞大且存在不确定性的特征。对于这类复杂系统，需要以生态系统管理的思想进行动态适应性的管理，从而兼顾生态保护、资源可持续利用和当地协调发展。我国自然保护地体系建设正处于初级阶段，满足上述要求的适应性共同管理模式值得深入研究并付诸实践（郑月宁等，2017）。

10.1.2 建立目的

建立生态系统管理适应性制度从根本上来说是为了维持生态系统健康（ecosystem health）状态，生态系统健康是生态系统的综合特性，指生态系统具有稳定和自我调节的能力，具有韧性，可以保持内在稳定性并为生物群落提供营养物质和栖息地。自然保护地生态系统管理的目的是挽救已经遭到过度利用和破坏的资源环境，维持生态系统为人类提供的生态产品和服务，为人类和其他生物生存发展提供可以永续利用的资源、安全美丽的栖息地以及绿水青山的自然生境，实现生态系统的长期可持续性。

10.1.3 内涵要求

生态系统管理学（ecosystem management）是应用生态学的分支，诞生于20世纪80

年代，美国学者Agee和Johnson汇集各方力量编著出版了《公园和野生地的生态系统管理》一书，综合探讨了生态系统管理的科学概念、社会价值、基本途径、发展方向等问题。自20世纪中叶以来，生态系统管理目标经历了“保护自然本身—保护已遭到破坏的自然环境—自然的合理利用—人与自然和谐共生”的发展演变（于贵瑞等，2021）。由此可知，自然保护地生态管理制度建设的内涵要求及科学使命，已转变为追求自然的合理利用及人与自然的和谐共生，维持良好永续的自然环境与人类社会繁荣，保障人类文明发展和延续，既不是一刀切地实施封闭性保护，也非为追求经济效益罔顾自然生态发展。

近20年来，国际上分别从措施、途径、目标、法规等方面对生态系统管理概念的内涵开展了不同视角的探索，但综合各方面来看，可以明确其共同的含义都是通过生态系统管理措施来维持和提升生态系统功能及服务能力，是为了达到预期管理目标的自然保护及生态系统经营方案及其实践行动（于贵瑞等，2021）。在我国的自然保护地层面，生态系统管理制度也正是为了维持和提升区域生态系统功能和服务能力以及生态系统服务价值，为了达到维持和保护区域内的生物多样性、系统地保护区域内的复合生态系统的管理目标而采取和实施的自然保护地生态系统经营方案和实践行动。自然保护地生态系统管理的基本任务是在正确理解生态系统—环境—人类福祉的基本关系及其机理基础上，解决如何认知生态系统的演变规律，如何有效保护生态系统，如何合理利用自然资源，如何有效治理生态环境，如何监测和评估生态系统管理的效果等基本科学问题（于贵瑞等，2021）。

10.1.4 建立现状

10.1.4.1 管理成效的不确定性

自然保护地的丰富空间和多种资源存在不可预测性，生态系统变化和环境变化有时不易观察、不易测量、不完全可控，使得管理措施不能发挥全部效用。并且，我国的保护地基本采用的是各主管部门与属地管理并行的管理方式，各机构之间的知识背景、立场、管理理念和方法都存在较大差异，使得多头管理矛盾和地方利益至上的现象较为普遍。部分地方政府对国家公园的内涵和理念存在理解偏差，国家公园地方化管理现象仍存在，或绝对禁止利用活动，偏离全民共享的宗旨，或沿用景区传统经营模式，只注重旅游开发带来经济效益（彭奎，2021），从而造成经营大于资源保护，违背保护地生物多样性保护优先于资源开发的初衷，地方或部门利益凌驾于公众利益之上，自然保护地的公益性大打折扣（郑月宁等，2017）。

10.1.4.2 管理规划的不适应性

自然保护地内丰富的自然资源受到自然随机因素的作用会产生不确定性，如气候变化会造成物种物候、丰富度等的改变，增加了物种灭绝和有害生物危害风险等。严格禁止人为活动有时也会影响保护目标的实现，如江西桃红岭梅花鹿国家级自然保护区因严格保护使得灌草丛、草丛演变成灌木林，既减少了梅花鹿的口粮又影响了它们躲避天敌时的奔跑速度。这与管理机构对生态系统过程和规律的认识不够深入、管理规划和方案常年不修订、科研监测工作开展和评价保护成效不够、管理对策未及时调整等有密切关系（郑月宁等，2017）。

10.1.4.3　利益相关者的不协调性

自然保护地与当地或周边社区在土地权属、自然保护和地方经济发展等方面存在不协调的情况，主要是居民安置和土地使用管理存在纠纷，自然资源利用和现代保护措施之间有矛盾而补偿工作又难以到位。管理部门存在利益关系不协调、利益分配机制不完善、保护机制不健全、缺乏对弱势群体的利益保障与补偿机制等问题，企业、社区、社会组织、公民等利益相关者未与政府共同分享和承担自然保护地的权益和责任（郑月宁等，2017）。

10.1.5　建立方法

10.1.5.1　建立保护地与社会系统的联络机制

我国国家公园的首要功能是保护自然生态系统的原真性、完整性，同时兼具科研、教育、游憩和社区发展等综合功能。国家公园应在不对生态系统产生负面影响，有效保护和管理生态系统的前提下，突出公益属性，实现国家公园的生态效益、社会效益和经济效益的最佳聚合和最优效能（李奕和丛丽，2021）。同时，利用国家公园带来的可持续性社会经济利益反过来投入到公园保护和管理中，形成良好的相互促进关系。我国各国家公园试点管理机构积极与园区所在地方政府及周边社区探索形成协调联动共建机制。祁连山国家公园试点青海片区探索“村两委＋”为基础的社区参与共建共管机制。大熊猫国家公园四川片区正在探索社区、社会组织、保护区、政府、高校、企业协作的可持续发展路径。大熊猫国家公园试点四川片区结合乡村振兴战略推动入口社区建设，陕西片区支持社区开展中蜂养殖等。三江源国家公园编制了自然教育和访客管理规划，制定了科研科普管理办法、访客管理办法，组织转产就业培训，发展生态畜牧业合作社。武夷山国家公园试点推动实施环境综合治理，解决居民聚集区生活污水和垃圾污染问题。神农架国家公园试点对影响生态环境的产业通过“关、停、并、转”的方式进行转型，通过清洁农业、清洁生产补贴的方式，引导社区居民发展生态产业，推进农业产业转型升级，形成“一乡一镇一特点、一村一组一特色”的社区共建和发展模式。

10.1.5.2　促进利益相关者参与和社区共建共管

我国国家地质公园、自然保护区、风景名胜区、国家湿地公园、国家森林公园、国家矿山公园等保护地类型有相关法律和规范，形成了相应的管理机制。但随着新型自然保护地体系全面推进，特别是前所未有的国家公园管理类型的提出，因为设立目的和管理制度与上述保护地存在不同，有必要针对国家公园单独立法。特别基于我国国家公园试点范围内的大量原住居民，除核心区的大规模迁出，建立社区共建共管制度对顺利推进试点十分必要。其主要做法包括以下几点。

1）建立协调联动机制

社区参与共享是自然保护地基层民主的路径之一。社区参与共享机制基本内涵包含两个方面：一是建立社区参与机制，在自然保护地设立、规划等各环节广泛征求社区意见，引导当地居民积极参与，激励社区群体和个人参与自然保护地生态保护、建设与发展；二是建立公共服务制度，自然保护地要为人民提供优质生态产品，为全社会提供科研、教育、体验、游憩等公共服务，在保护的前提下，完善公共服务设施，提升公共服务功能。

自然保护地周边社区建设应当与自然保护地整体保护目标相协调，可以通过与社区签订合作保护协议等方式，共同保护自然保护地自然资源。要研究建立一套明晰、精准、具体的自然保护地与社区协调联动机制，确定自然保护地管理中社区的角色和责任。促进社区居民参与教育游憩服务能力的提升。建立志愿服务等管理制度体系和办法，提升公共服务水平和能力。

2）推行参与式社区管理

按照生态保护需求设立生态管护岗位，安排原住居民参与保护管理；加强自然保护地及周边社区居民就业、培训、税收、贷款等政策支持，以及教育、医疗、养老等制度保障，促进社区多元“持续参与、主动参与、实质参与、公益参与”。社区参与不一定要求参与主体亲自行动，而是作为知情者、决策影响者、监督者存在（沃里克·弗罗斯特和C. 迈克尔·霍尔，2014），社区在自然保护地建设中的参与内容按照参与程度由高到低包括信息投入、生产资料投入、劳动投入及行为投入。因此，应当建立完善社区参与运行机制，明确在社区参与过程中“如何促进参与”“如何组织参与”“如何保障参与”及“参与效果评估”，包括引导机制、组织机制、保障机制及评估机制（杨金娜等，2018）。

3）引导生产生活方式转型

在国家公园层面，应当积极探索我国国家公园管理的市场化、社会化参与机制，建立多元资金投入机制。在国家公园体制试点期间，试点区积极组织动员国家公园内原住居民参与巡山管护，10个试点区选聘了管护人员44万人，社区居民从生产者就地变换为生态保护者，在一定程度上实现了角色的转换与生产生活方式的转型。各试点区通过设置生态公益岗位、生态补偿、开展特许经营等方式，多渠道筹措保护发展资金，如三江源建立社会捐赠资金使用管理制度，落实基金、单位捐赠资金5000余万元；整合设立172万个生态管护岗位，实现牧民“一户一岗”全覆盖，户均年增收2.16万元。大熊猫试点区设置公益岗位13 278个，吸纳当地居民参与国家公园建设管护。祁连山试点区聘用原住居民特别是建档立卡贫困户参与森林、湿地、沙化土地等资源管护服务，已提供生态技术员岗位2425个，村级草管员岗位1000余个（唐小平，2021b）。

为了进一步引导自然保护地社区居民生产生活方式转型，国家层面应当扶持和规范原住居民从事环境友好型经营活动，支持和传承传统文化及人地和谐的生态产业模式，社区可以将特色游憩资源、游憩服务作为投资，参与国家公园投资分红。

10.1.5.3 健全多元化生态保护补偿政策

当前一些保护地范围内茶山、茶园、毛竹林等是原住居民重要的生产资料和主要收入来源，收益高于生态保护补偿标准，茶山、茶园与林地、农田争地现象明显；保护地范围外、新纳入试点内的集体土地和地上附属资源，尚未制定生态保护补偿办法，社区居民因资源利用受到限制影响经济收入；试点范围内原住居民生产生活设施和民生发展设施建设审批政策不明确。因此，生态补偿制度不完善而导致的自然保护地保护和发展的矛盾依然突出。

为缓解保护与发展的矛盾，应建立多元化的生态补偿机制，构建生态保护者和受益者良性互动关系。采取财政转移支付或市场交易等方式，对生态保护者因履行生态保护责任所增加的支出和付出成本予以激励性补偿，引导生态受益者履行补偿义务，激励生态保护者保护生态环境。从国家、区域等层面探索建立多元化生态补偿机制，国家建立政府主导的生态保护补偿机制，对划定为自然保护地等生态功能重要区域予以国家财政补助；鼓励区域间通过协商谈判等方式建立生态保护补偿机制，实现生态保护和治理的成本共担、合作共治、效益共享。同时，探讨差别化的生态补偿机制，国家公园、自然保护区等严格保护的自然保护地，应全部纳入国家财政生态补偿范畴，在生态保护补偿标准上给予倾斜。中央财政安排转移支付，分级分类对自然保护地保护主体给予适当补偿，综合考虑自然保护地规模、管护成效和产业退出造成的财税损失等因素合理确定转移支付规模（唐小平，2021b）。

在国家层面，应当尽快研究建立生态补偿机制，适度提高生态补偿标准，加强生态保护补偿效益评估，加大生态移民补偿扶持投入，将国家公园内所有商品林纳入生态效益补偿和停伐补助范围；并应尽快研究出台相关法规制度和标准规范，明确建设审批政策程序，开展相关研究并示范推广新技术新模式，引导构建高品质多样化的生态产品体系；明确各利益相关者的权利和责任，增加正式或非正式组织的对话机会，促进管理和合作机制的完善，提高自然保护地应对复杂性和不确定性的生态能力与社会能力。

在区域层面，应当建立以国家公园为中心的绿色区域发展模式，探索建立生态产业发展机制。国家公园试点区在这一方面也进行了许多有益的探索，如神农架积极探索业态优化与社区共建融合的特许经营模式，对社区居民实施新能源替代补贴，实施商业保险生态补偿，扶持中药材种植基地建设，以奖代补支持专业合作社加工和仓储基础设施建设，原住居民年均可支配收入由试点前的10 684元增加到目前的18 304元；钱江源—百山祖试点区在不改变森林、林木、林地权属的基础上，将集体林地地役权生态补偿标准提高到每亩482元，惠及农户达3700多户，2020年还探索了耕地、茶山的保护地役权模式（唐小平，2021b）。

10.1.5.4　科学设计监测指标和动态监测评估体系

监测是为了特定的目的，根据预先安排好的某一特定时间和地点，采用搜集同类数据的方法，对一个或多个环境要素进行重复、持续观察的过程。科学设计监测指标和动态监测评估体系是对自然保护地的生态系统进行适应性管理的首要步骤，对自然保护地内重要的物种、种群或生态系统进行专门的研究和监测，掌握其变化趋势，可以为制定和调整管理措施、评估管理效果提供科学依据。

自然保护地开展监测活动遵从统一规范、客观科学、动态持续、实用可行、协同共享的原则，按不同检测周期可分为年度、长周期和短周期监测。自然保护地的监测指标可以概括为常规检测指标和应急监测指标两大类，前者是指所有自然保护地均需开展监测项目的指标，后者则是指针对与自然保护地管理决策密切相关的不确定性的变量的监测指标。

常规监测主要包括多样性监测、关键物种及野生动物栖息地监测、自然资源监测、环境监测、土地利用变化监测、社区发展监测、保护地自身情况监测、政策法律法规的监测等方面。为了更好解决自然保护地管理工作中不确定突发事件的发生。例如，冰冻雪灾、突发事件等情况下，需要提高监测频度、增加监测强度、扩大监测覆盖范围。应急性监测指标通常包括但不限于自然灾害监测指标、外来物种入侵监测指标、植物病虫害监测指标、野生动物疫源疫病监测指标等。

10.1.5.5　科学评估分析并适时修订管理计划

外部管理活动的开展必然会对原有生态产生影响，因此在作出任何决策前都应当先行开展规划评估工作，根据监测数据结果进行评估与分析，充分考虑管理行为等对保护地资源和环境的潜在影响，根据活动或行为的不同类别对即行方案的实现程度及可能对保护地的资源和环境造成的影响进行评估，根据评估结论实施保护措施和管理计划，并在评估和分析过程中不断调整管理措施。中国国家公园体制试点按照自然资源特征和管理目标，采用“管控-功能”二级分区的管理模式，实行差别化保护管理。但功能分区不是静态不变的，其划定不是永久性的，在实施管理的过程中具有动态性。随着国家公园规划目标的变化，保护旗舰种栖息地的变化，其功能发挥的方向和重点也会随之发生变化。因此，国家公园等自然保护地需根据范围内不同区域在不同时间的不同生态状况和承载力，对功能分区进行相应的调整或修改，规定严格管控的时限与范围，保护对象种群当前所在区域划分为严格保护区或生态保育区，种群迁移过后可对该区域进行调整，划分为科教游憩区（李奕和丛丽，2021）。有效发挥各时期各阶段功能区的主导功能，实现生态系统的高效管理以及保护与利用的协调可持续发展。

10.2　自然资源产权制度

10.2.1　建立背景

在自然资源管理体制探索中，美国、加拿大、澳大利亚、俄罗斯以及人口大国印度等大多根据国情现实确定自然资源管理体制，大体上可以划为两种类型：综合管理型和分散管理型（张维宸，2018）。自改革开放以来，中国的自然资源管理制度经历了较长的初创与探索阶段，自然保护地的治理体系曾出现“九龙治水”“多头管理”的乱象，严重影响了自然资源管理效率和生态文明制度体系的完善。2013年，党的十八届三中全会首次正式提出要健全自然资源资产产权制度，中国自然资源资产产权制度逐步发展建立，自然资源产权归属、价值实现等命题逐渐得到重视。《中共中央关于全面深化改革若干重大问题的决定》提出了加快生态文明制度建设的命题，资源管理制度包括两个核心制度，分别是资源产权制度和空间规划制度（包括用途管制制度）。通过对水流、森林、山岭、草原、荒地、滩涂等自然生态空间进行统一确权登记，形成归属清晰、权责明确、监管有效的自然资源资产产权制度；健全国家自然资源资产管理体制，统一行使全民所有自然资源资产所有者职责，完善自然资源监管体制。

2015年，中共中央、国务院印发《生态文明体制改革总体方案》提出了自然资源资产产权制度、国土空间开发保护制度、资源总量管理和全面节约制度、资源有偿使用和生态补偿制度等8项制度，被誉为生态文明体制建设的“四梁八柱”，而自然资源资产产权制度作为生态文明体制建设的“四梁八柱”之首，既是国家公园体制建设的核心内容，也是开展国家公园建设的重要基石，“构建归属清晰、权责明确、监管有效的自然资源资产产权制度”是新时代自然资源产权改革以及生态文明建设的一项迫切需求（新华网，2015）。

2019年4月，中共中央办公厅、国务院办公厅印发《关于统筹推进自然资源资产产权制度改革的指导意见》，明确了统筹推进自然资源资产产权制度改革的时间表与路线图。《关于统筹推进自然资源资产产权制度改革的指导意见》同时还明确了自然资源产权制度改革的1个基本思路，4项基本原则及9大主要任务，可以概括为“1＋4＋9”的总体方略。

1个基本思路即以完善自然资源资产产权体系为重点，以落实产权主体为关键，以调查监测和确权登记为基础，着力促进自然资源集约开发利用和生态保护修复，加强监督管理，注重改革创新，加快构建系统完备、科学规范、运行高效的中国特色自然资源资产产权制度体系。

4项基本原则即坚持保护优先与集约利用，坚持市场配置加政府监管，坚持物权法定及平等保护，坚持依法改革并试点先行。

9大主要任务包括健全自然资源资产产权体系，明确自然资源资产产权主体，开展自然资源统一调查监测评价，加快自然资源统一确权登记，强化自然资源整体保护，促进自然资源资产集约开发利用，推动自然生态空间系统修复和合理补偿，健全自然资源资产监管体系以及完善自然资源资产产权法律体系（焦思颖，2019）。

以上关于自然资源资产管理的决策是中国自然保护地资源产权改革的重要节点，是新时代中国自然保护地资源产权制度建设与发展的政策基础与导向。近年来，伴随中国经济社会发展，中国自然资源资产产权制度逐步建立，在促进自然资源节约集约利用和有效保护方面发挥了积极作用。但从客观的角度来看，这些改革探索在统筹协调方面的系统性、整体性和协调性仍有所欠缺，一定程度上存在与经济社会发展不适应，与生态文明建设不协调等问题。因此，自然资源资产产权管理制度的建立与完善、改革与创新是当前自然保护地自然资源管理的重要任务，也是解决自然资源资产管理突出问题的现实需要。

10.2.2 建立目的

建立完善资源产权制度是加强中央政府对生态保护和自然资源资产管理权利的重要举措。根据《宪法》以及相关法律规定，国家所有的自然资源由国务院代表国家行使所有权，但没有从整体上明确自然资源由哪个部门代理或托管。目前国家所有的自然资源所有者职责是由相关管理部门代行，并逐级向下委托，实际上主要是由地方政府在行使所有权和管理权。中央政府在国家层面对国家级自然保护地缺少垂直管理机构，管护资金投入很少，地方政府保护压力较大。同时，受行政区划、部门管理等局限，完整的自然生态系统往往被人为分割成斑块状的自然保护地。

建立自然保护地资源产权制度应当与用途管制制度相结合。建立对全民所有的森林、水流、草原、荒地、海域等各类自然资源统一行使所有权的机构；建立统一的自然资源监管机制，由一个部门行使用途管制职责。资源产权制度改革对于理顺中国自然保护地的资源管理体制、提高中国整个自然保护地体系的管理有效性意义重大。

10.2.3　内涵要求

资源有广义和狭义之分。基于人口、资源和环境三者相协调的理论，本着人性与物性相平等的原则，自然资源是一种狭义上的资源。从组成上来看，自然资源包括矿产资源、土地资源、气候资源、生物资源以及水利资源这五类，各类还可进行细分。这一分类标准显示了自然资源在地球的分布，涵盖了包括地壳、地表、大气圈、生物圈、水圈在内的圈层，分布范围十分广泛（郑昭佩，2013）。稀缺性是自然资源的一大特性，尽管其总量巨大、分布广泛，但相对于人类的需要而言是十分有限的。在人类社会工业化的进程中，人类在享受城市化带来的福利的同时也感受到环境恶化带来的威胁，因此，在之后的一段时间里，世界各国纷纷设立国家公园，建立各国的自然保护地体系，以保护自然资源最优质和最富集的区域。

根据自然资源的可再生情况，可以将自然资源分为可更新资源与不可更新资源。可更新资源是指生物、土壤、地表水等在正常情况下可以通过自然过程实现再生的资源，但实际上自然资源的“可更新”与“不可更新”是相对而言的，某些“可更新”自然资源在一定的时间周期和空间单元上被视为“不可更新”资源，另外，一些可更新自然资源在利用失当的情况下也可能会失去更新再生能力（郑昭佩，2013）。这也是自然资源保护工作逐渐引起全球重视的一大原因。

《〈中共中央关于全面深化改革若干重大问题的决定〉辅导读本》将自然资源界定为“一种天然存在、具有使用价值、可以提高人类当前乃至未来福祉的自然环境因素的总和”（本书编写组，2013）。该定义指出了自然资源的来源、价值以及与人类生活的密切联系。自然资源是人类生存和社会发展的物质基础，随着社会与经济的发展，人类对自然资源进行开发的力度越来越大，范围也越来越广，技术手段越来越先进。与此同时，社会经济发展带来的资源环境问题也越来越突出。因此，对自然资源实现有效管理，建立完善的资源产权制度，明确自然资源产权归属是自然保护地体系建设的重点工作之一。

简单来说，自然资源资产是指具有稀缺性、有用性及产权明确的自然资源，包括土地资源、矿产资源、能源资源、林木资源和水资源。其中，自然资源资产的“有用性”是指自然资源资产具有社会效益、经济效益和生态效益（本书编写组，2013）。自然资源资产化需要经过自然资源的占有、使用、处置和收益财产等权利关系的确定过程，进而将稀缺有用的自然资源转化为产权明确的自然资源资产。

自然资源资产产权制度是加强生态保护、促进生态文明建设的重要基础性制度。理论层面的自然资源产权制度源于经济学中的“外部性”问题，英国经济学家Pigou为解决这一问题提出了“庇古税”，即根据污染所造成的危害程度向排污者征税，主要目的在于平衡生产的私人成本和社会成本之间的差距（Pigou，1920）。然而，部分学者认为，清晰的产权界定才是解决外部性问题的关键策略，产权是一种可以使人们受益或受损的某种权利，权利主体有权自由处置自己所拥有的资源并获得与其权利地位相当的收益，当收益高于成本时，便产生了确权需求（Demsetz，1967；Coase，1960）。2013年党的十八届三中全会首次正式提出自然资源产权概念后，中国的自然资源产权管理进入了发展期，如何健全自然资源资产产权制度成为热点议题。这一时期涌现了一批学者就自然资源产权的内涵、完善监管体制等多方面展开研究，学术界关注的焦点逐渐转向自然资源的经济价值、生态价值以及社会价值。研究阶段上，国内自然资源产权制度研究目前尚处于成长期；研究前沿上，自然资源资产产权制度改革是该领域的研究前沿；研究演进路径上，形成了“实践探索与基础理论研究——应用研究与理论创新”的演进路径（张伟等，2021）。

10.2.4 建立现状

以往中国不同类型自然保护地内的自然资源既有国家所有部分又有集体所有部分，亟须明晰不同产权之间的边界、划清不同所有者之间的界限，并针对不同产权归属的自然资源实施相应的管理政策。

10.2.4.1 体制不健全

2015年启动国家公园体制试点以来，自然保护地统一管理制度初步建立。国家层面组建了国家公园管理局，各体制试点区成立了管理机构，探索不同的管理模式，并建立了协调机制等。但与该制度的内涵要求、关键任务比较，还有挑战和差距，如一些试点区未建立省级政府垂直管理体系，试点区管理机构与区、县政府“两块牌子、一套班子”；还需要逐项落实管理机构的级别、人员编制和管理层级等机构设置；进一步厘清管理机构与地方政府的权责关系；明确管理分局、基层保护站（管护点）等单位的性质和职责，充分调动各方积极性，形成改革合力。

在2018年党和国家机构改革前，中国自然资源资产分别由国土资源、农业、林业、水利等部门实行条块化管理。例如，林业类型的自然保护区、森林公园和湿地公园由林业部门主管，其他类型自然保护区由环保部门管理，风景名胜区由建设部门管理，地质公园和矿山公园由国土部门管理，考古遗址公园由文物部门管理等。另外，一些保护地采用的是属地管理制度，如建设部只对全国风景名胜区进行监管，直接管理是地、县级建设部门。在这种部门和属地多头管理下，出现了条块分割、权责不明等问题，不利于整体保护和系统修复，保护管理效能不高。

在行政管理体制上，2018年党和国家机构改革前，自然保护区由原来的环境保护部、国家林业局、国家海洋局、农业部、国土资源部、中国科学院等部门分别管理，“多头管理、九龙治水、各自为政”，在国家层面上难以实现统一规划、统一建设、统一管理。

10.2.4.2 角色不分离

由于中国在2018年以前自然保护地实行部门管理制度，部门之间缺乏沟通，长期以来一直存在不同类型保护地区域交叉或重叠，产权不明晰等问题。例如，新疆喀纳斯国家级自然保护区与喀纳斯国家地质公园区域重叠，云南老君山国家公园与老君山国家级风景名胜区、老君山国家地质公园区域交叉。管理和经营角色不分离，当地政府在成立公园管理机构的同时又成立了投资公司，政府既是管理主体，又是投资和经营主体。一些保护地的管理部门出现角色错位，如风景名胜区是由属地政府授予特许经营权，实行的特许经营大多采取垄断性的、长期的、整体承包的方式，给被特许经营者创造了最大的盈利空间，忽视了对遗产资源的保护，造成“以经营取代管理”的现象。

中国在旧有的部门管理体制下，产生了自然保护区、森林公园、湿地公园、沙漠公园、风景名胜区、地质公园和水利风景区等不同类型保护地。各部门对保护地管理目标和功能定位等的不同，导致部分重要地理区位的自然资源和自然生态系统没有得到全面的保护，或是同一类型的自然资源和自然生态系统采取了不同保护形式，产生了保护效率不高的问题。例如，有些是通过自然保护区的形式，有些又建成了风景名胜区或各类公园和景区。

10.2.4.3　产权不清晰

根据宪法和法律，自然保护区内的自然资源可分为国家所有和集体所有。对国有自然资源资产，县级以上人民政府均可代表国家行使所有权，导致所有者界限不清晰，容易出现缺位、越位现象。部分地方政府对自然资源资产价值缺乏认识，为追求经济价值，甚至擅自改变自然保护区范围边界和功能区划，以生态保护、民生工程等为名行开发建设之实，不顾资源环境承载力盲目决策，导致区内丰富的生物多样性、宝贵的自然遗产和自然景观遭受不可逆转的破坏。

10.2.5　建立方法

10.2.5.1　优化资源分类、确权、管理制度体系

如前所述，建立完善的自然资源资产管理制度还有许多研究和工作需要做，应当完成自然资源资产核查，全面摸清各类自然资源底数；明确全民所有自然资源资产的代行主体；建立非全民所有自然资源资产有效管理制度等，才能落实自然资源的权利主体，并充分调动权利主体在保护自然资源中的积极性，明确保护责任，顺利推动自然保护和监管。

建立自然保护地自然资源资产产权管理制度的根本目的就是建立一套以自然资源资产管理为核心的严格保护制度，要点包括以下几点。

1）建立自然资源分类体系

建立科学合理的自然资源分类体系是实现自然保护地自然资源有效管理的重要前提。基于统一管理的自然资源分类应当与现有法律有效衔接，与现行分类有效融合，同时服务自然资源统一管理，遵循分类标准统一清晰、新旧分类有效衔接、不同分类有机结合的分类原则，提出科学合理可行的自然资源分级分类体系方案（孙兴丽等，2020）。新分类体系应统一各类资源分类分级标准，真正能实现“一张图”管理。同时，和传统分类体系有效衔接，继承原有的一些经典分类，方便用于传统各个部门履行管理职责中使用，需实现规范转换，贯彻执行“多规合一”的理念要求，满足新时期下国家对自然资源统一管理的新目标（孙兴丽等，2020）。

2）依法开展资源确权登记

2020年，自然资源部办公厅印发《自然资源确权登记操作指南（试行）》，进一步明确自然资源确权登记的技术标准和操作要求，推进自然资源确权登记法治化、规范化、标准化、信息化。《关于建立以国家公园为主体的自然保护地体系的指导意见》也指出应推进自然资源资产确权登记，明确进一步完善自然资源统一确权登记办法，每个自然保护地作为独立的登记单元，清晰界定区域内各类自然资源资产的产权主体，划清各类自然资源资产所有权、使用权的边界，明确各类自然资源资产的种类、面积和权属性质，逐步落实自然保护地内全民所有自然资源资产代行主体与权利内容，非全民所有自然资源资产实行协议管理。

开展自然资源的统一调查与确权登记工作是自然保护地自然资源管理制度建设的必经之路。进行自然资源统一调查制度建设，开展自然资源数量调查、质量调查、开发利用条件调查，建立自然资源档案制度，解决自然资源使用权之间权属纠纷（张维宸，2018）。推进自然保护地自然资源资产确权登记，以自然保护地为独立单元，形成独立登记台账，明确自然保护地管理机构作为域内全民所有自然资源资产管理代行主体，为构建自然保护地共建共享机制奠定基础。整合国家现有自然资源补助、补偿、奖励、转移支付等资金渠道，对于因保护地设立、管理而承受经济损失的权利人予以经济补偿或政策支持，各地可根据自身情况，适当调整补偿或支持措施内容。

3）实行自然资源委托管理

针对全民所有的自然资源产权实行委托管理制度，逐步将国家公园内全民所有自然资源资产所有者职责委托国家公园管理局代行，由实体国家公园管理机构具体实施整体保护和用途管制，制定自然资源资产负债表，积极预防、及时制止破坏自然资源资产行为，强化自然资源资产损害赔偿责任，确保自然资源资产保值增值。这是基于中国的基本国情，以保障真正落实自然资源资产各产权主体合法权益的决策，是中国特色社会主义公有制经济的特有产物（王秀卫和李静玉，2021）。实现自然保护地非国有自然资源的统一管理是探索实践自然保护地统一管理制度的根本目标和最终归宿。自然保护地体系范围内涉及大量村镇居民聚居区和非全民所有自然资源资产，实现全面的土地国有化存在较高难度，在充分征求其所有人和承包权人意见基础上，探索通过地役权改革、经营权流转，在不改变权属基础上，建立保护地役权和协议管理制度，通过租赁、置换、合作协议等方式实现由自然保护地管理机构统一有效管理，同时促进各产权主体参与共建保护地。集体林地占比高的国家公园试点区采取赎买、租赁、签订保护协议等方式，通过合理补偿，既保障林农利益，又推动了国家公园管理局对非国有自然资源的统一管理，缓解了社区发展与生态保护之间的矛盾（秦天宝，2019）。

《全民所有自然资源资产所有权委托代理机制试点方案》明确规定了自然资源委托代理机制的基本要求，即统一行使、分类实施、分级代理、权责对等。同时该方案提出了委托代理机制建设的工作要点：一是明确所有权行使模式，国务院代表国家行使全民所有自然资源所有权，授权自然资源部统一履行全民所有自然资源资产所有者职责，部分职责由自然资源部直接履行，部分职责由自然资源部委托省级、市地级政府代理履行，法律另有规定的依照其规定；二是编制自然资源清单并明确委托人和代理人权责，自然资源部会同有关部门编制中央政府直接行使所有权的自然资源清单，试点地区编制省级和市地级政府代理履行所有者职责的自然资源清单；三是依据委托代理权责依法行权履职，有关部门、省级和市地级政府按照所有者职责，建立健全所有权管理体系；四是研究探索不同资源种类的委托管理目标和工作重点；五是完善委托代理配套制度，探索建立履行所有者职责的考核机制，建立代理人向委托人报告受托资产管理及职责履行情况的工作机制。

10.2.5.2　推动自然资源产权制度改革

1）明确资源产权制度改革目的

自然资源资产产权制度问题是自然资源管理体制的核心问题，《关于统筹推进自然资源资产产权制度改革的指导意见》中明确了中国资源产权制度改革的目标，即完善中国特色自然资源资产产权制度体系，提升自然资源开发与利用效率，加强自然资源保护力度，进一步推动生态文明建设进程。自然资源产权制度改革的目的主要包括以下五个方面。

（1）产权体系方面，通过改革解决在发展过程中不断出现的权利衍生、重叠、遗漏或交叉等问题。

（2）产权主体方面，通过改革保障在发展过程中自然资源资产所有者的权益。

（3）政府角色方面，经由改革规范和提升政府职能，促进资源资产不断增效，提升资源及生态系统的韧性。

（4）市场作用方面，在改革过程中逐渐让市场在经营性资源资产配置过程中起决定性作用。

（5）自然资源价值方面，通过改革促进对“绿水青山就是金山银山”理念和生态环境系统观的理解，并实现自然资源开发利用和保护修复的协调（谭荣，2021）。

2）把握资源产权制度更新规律

中国的自然资源产权制度处于不断改革更新的过程，纵观这一历程，可以发现一些规律性的特征。

（1）中国的自然资源资产产权制度改革往往是与经济体制改革相互促进，相辅相成。

（2）滞后的自然资源产权制度与不断升值的自然资源资产之间的矛盾是中国自然资源资产产权制度的变革更新与完善的主要推动力量。

（3）中国的自然资源产权制度改革通常同时伴随着自上而下的顶层设计改革以及自下而上的自然资源产权制度改革，两者为正向关联关系。

（4）中国特色自然资源产权制度体系的构建和要素市场化配置体制机制的形成相互促进（卢现祥和李慧，2021）。

3）编制自然资源资产负债表

2015年，国务院办公厅印发了《编制自然资源资产负债表试点方案》，方案指出根据自然资源保护和管控的现实需要，先行核算具有重要生态功能的自然资源，主要包括土地资源、林木资源和水资源等。在相关工作开展中应注意以下几点。

（1）自然资源价值量核算是自然资源资产负债表的重要前提和关键组成部分，因此，应首先规范评估方法体系，明确评估目的、评估对象、评估基准日、价值类型和评估途径等评估基本要素，并将这些要素与自然资源资产负债表功能定位相衔接。

（2）科学、综合评估自然资源的经济价值、生态价值和社会价值，针对不同资源类型的不同价值选取科学可行的价值评估方法。

（3）统一自然资源资产负债表基本框架，在遵循科学性、客观性的原则下构建统一规范的、操作性强的、能够为自然资源实物量和价值量两类账户编制工作提供理论与方法指导的评估体系（李雪敏，2022）。

4）建立自然资源权责清单制度

当前我国自然资源所有权由中央政府行使，地方政府只拥有管理权，这种行权方式容易产生权责不明确、地方与中央争利的情况。建立权力和责任清单制度规范资源管理部门权力，有助于加快形成边界清晰、分工合理、权责一致、运转高效、依法保障的职能体系，是推进自然资源产权制度改革的战略性举措和重要突破口，是保障自然保护地生态、经济、社会健康可持续发展的必然选择。

（1）国家公园及各类自然保护地管理部门应参照《国务院部门权力和责任清单编制试点方案》（国办发〔2015〕92号），做好自然保护地的权责事项梳理，清理规范权责事项，加快开展自然资源权责清单编制工作。

（2）在编制权责清单的过程中，应按照权力法定原则，对自然保护地管理部门行使的权力进行全面梳理、清理规范、审核确认，精简不符合自然资源产权制度改革和经济社会发展要求的权力。

（3）权责清单的制定应在权力数量、清单结构、权责清理依据、权力归类标准等方面进行统一规范，各级管理部门应按规定流程公布权责清单，积极接受社会各界监督。

在当下以及未来一段时间内，自然资源产权制度改革应坚持“3＋4＋4＋4”工作方略方能实现突破，即坚持三个准确把握，遵循四项法治原则，改革四大攻坚领域，加快四大工作体系建设。具体而言，应坚持准确把握改革的定位和总方向，把握改革的核心内容和任务边界，把握改革中“破”和“立”之间的逻辑平衡；坚持资源公有、物权法定、依法行政监管以及民事保护救济原则；重点关注自然资源权利制度建设，自然资源统一确权登记，自然资源救济机制建设，自然资源监管制度建设等方面的工作；加快自然资源产权制度改革的理论体系创新、强化促进法律政策体系、基础标准体系以及技术服务体系建设工作（张富刚，2017）。

10.2.5.3　明晰自然资源产权归属

自然保护地范围内的自然资源资产管理应以明晰的资源产权作为保障，即通过统一确权登记，划清全民所有和集体所有之间的边界，划清不同集体所有者之间的界限，以实现资源归属清晰、权责明确的基本目标（唐芳林，2018b）。在明晰产权基础上，针对不同产权归属的自然资源应采取适应性的管理办法。对于集体所有的自然资源，应通过产权流转和经济补偿的方式逐渐收归国有，国家公园范围内的全民所有自然资源资产所有权由国务院自然资源主管部门行使或委托相关部门、省级政府代理行使。条件成熟时，逐步过渡到国家公园内全民所有自然资源资产所有权由国务院自然资源主管部门直接行使，省级政府以下不能作为代行主体。

当前阶段，大多数自然保护地内的自然资源所有权既有国家所有，也有集体所有，在不同比例上呈现“二元制”结构的特点。而且，较高的集体土地比例通常也伴随着更高的人口密度，意味着自然保护地管理的人地约束程度越强，在资源全面国有化过程中由土地征收、补偿等所带来的资金压力越大，管理难度也越高。因此，可以综合考虑自然保护地资源管理保护、社区发展、资金安排情况以及与当前工作的衔接等因素，合理设定国有自然资源目标比例，明确归入国家所有的自然资源，按照法定程序实施逐步征收，以降低政府压力和改革难度。

1）集体所有资源产权流转

对于自然保护地范围内的集体所有自然资源的管理，要处理好人、地两方面的问题，亦即产权流转和经济补偿。自然保护地对集体所有自然资源的有效管理主要可以通过以下四种产权流转方式实现。

（1）通过征收的方式获得集体所有自然资源的所有权。

（2）通过租赁的方式获得集体所有自然资源的经营权。

（3）通过置换的方式获得集体所有自然资源的所有权。

（4）与集体所有自然资源的所有者、承包者或经营者签订地役权合同。

前三种方式即征收、租赁和置换是较为彻底的自然资源产权流转方式，时常伴随有原住居民的搬迁政策，可以保障较高的管理力度和强度，但所需的资金总额较高，集体所有自然资源占比较高的自然保护地将面临较大的资金压力。因此，这三种方式相对更适用于集体所有自然资源占比较低、人口密度较低、资源保护要求较严、资金实力较强的区域。第四种方式，即保护地役权模式，是指在保持所有权、经营权不变的条件下，通过与土地权利人签订地役权合同的方式，基于自然资源的细化保护需求，限制其对资源的经营利用方式，从而达到资源保护的目的。在这个过程中，供役地人（即自然资源的所有者或经营者）仅需让渡其部分权益，仍然能够进行适度的资源利用活动，但被限定在不损害或有利于自然保护地生态环境的行为清单之内，接受地役权人的监管（即自然保护地管理机构取得对自然资源的管理权），并获得相应的补偿。

在上述四种不同的产权流转和管理模式下，需要制定相应的经济补偿方案，保障所涉权利人的基本权益。

（1）货币补偿：对于征收的土地，按照当地相关法律法规确定补偿范围和补偿参照标准；对于租赁流转的土地，则按照市场和地块本身的条件来决定租赁价格；对于实施地役权管理的土地，应根据居民所受到的损失进行补偿。

（2）非货币补偿：首先，对于失地农民，一方面，积极为他们创造就业机会，优先推荐给试点区内的经营单位，免费为失地农民进行就业培训；另一方面，鼓励失地农民开展创业活动，给予创业辅导和技术帮助。其次，也可通过土地置换的方式推动试点区内失地农民的工厂和居住地搬迁，对于居民的生态搬迁，可给予享受市民待遇的政策补偿。最后，通过扶持自然保护地相关产业，打造自然保护地品牌产品增值体系，指导社区能力建设（包括人员培训、制度建设等），鼓励当地居民优先参与自然保护地的经营建设活动，使其参与到自然保护地产业红利的分配中来。

2）全民所有资源产权行使

对于全民所有的自然资源，可参照中央相关文件的要求设计相应管理体制。2016年中央全面深化改革领导小组第三十次会议审议通过的《关于健全国家自然资源资产管理体制试点方案》提出，应当将整合全民所有自然资源资产所有者职责，完善中央、地方分级代理行使资产所有权机制作为自然资源的管理重点。据此，在明确统一管理的基础上，2017年发布的《建立国家公园体制总体方案》进一步提出要“分级行使所有权”，即“部分国家公园的全民所有自然资源资产所有权由中央政府直接行使，其他的委托省级政府代理行使”。

关于自然保护地全民所有自然资源的所有权行使问题，也应当参照公共品理论的外部性范围、信息对称和激励相容原则。如果某个保护地在空间上涉及多个省级行政区，或生态系统效应外溢性显著，或地方上存在较强资源开发动机，则该自然保护地适合由中央政府直接行使所有权；而如果其范围仅限单一区域且其管理需要克服复杂的属地矛盾，借助丰富的地方管理经验和资源，则由地方政府代行所有权是更为有效的方式。简言之，自然资源资产所有权的分级行使应当参考生态系统功能重要程度、生态系统效应外溢性、是否跨省级行政区和管理效率等多项指标，综合衡量。

《建立国家公园体制总体方案》指出，待条件成熟时，所有国家公园都将逐步过渡到其内全民所有自然资源资产所有权由中央政府直接行使。这里“条件成熟”是指，随着试点期结束，各个试点区的人地矛盾趋于缓和，管理关系得到理顺，其他相关体制机制也逐步完善并趋于统一，易于实现中央层面的体制衔接。此时，为实现“全民公益性”的终极目标，将全民所有自然资源所有权收归至中央政府直接行使。

10.3 本章小结

我国自然保护地体系复杂且庞大，且目前仍面临着许多历史遗留问题，只有从社区、生态系统、监测体系等多方面入手，根据自然保护地现状建立科学的适应性管理体制，方能实现自然保护地的可持续高质量发展。自然保护地的适应性管理有赖于自然保护地人与自然的适应性循环设计，针对我国保护地管理的现存问题，我国新型自然保护地体系生态系统管理制度建设关键要点包括：第一，应将自然保护地区域作为一个整体来看待，注重顶层设计，制定社区共建共管制度，注重社区的长远发展以及与多元利益相关者的合作，建立多元化的补偿政策机制；第二，面对自然保护地生态系统的不确定性，应科学分析复合生态系统的复杂性，探索适应性规划目标与指标体系；第三，设计适应性过程监测指标，注重常规指标和应急指标的动态监测，根据监测数据进行科学评估分析并适时修订管理计划，科学开展适应性管理。

中国自然保护地资源产权包括全民所有和集体所有两种类型，目前，自然保护地体系建设仍在积极探索实现集体所有向全民所有的转变。同时，整合全民所有自然资源资产所有者职责，实现中央、地方分级代理行使自然资源资产的所有权，也是中国自然资源管理工作的重点。中国生态文明建设与自然资源资产产权制度改革工作已经起步，并且成效初显。但面对自然资源管理体制不健全、产权不明晰、管理权和经营权不分离或出现角色错位等历史遗留问题，仍需进一步深化自然资源产权制度改革，继续完善中国特色自然资源资产产权制度体系，加强自然资源保护力度，有效推动中国的生态文明建设。

事实上，建立明晰的自然资源产权制度、实现自然保护地自然资源确权是当前自然保护地体系建设与优化的关键工作。结合当前中国国情，面向建立自然资源资产产权制度的目标，优化自然资源分类、确权、管理制度体系，推动制度改革，明晰自然资源产权归属，编制自然资源资产负债表和自然资源权责清单，是实现自然保护地自然资源有效管理的必要途径。自然资源产权制度的建立既是完善中国特色自然保护地体系的具体实践，也是生态文明建设的必经之路和落脚点。

第11章　全民共享机制与特许经营制度

11.1　全民共享机制

11.1.1　建立背景

习近平总书记2021年初在福建考察时指出“要坚持生态保护第一，统筹保护和发展，有序推进生态移民，适度发展生态旅游，实现生态保护、绿色发展、民生改善相统一”。国家公园从建立之初就具有全民公益性。《建立国家公园体制总体方案》强调国家公园应坚持全民公益性，坚持全民共享，应着眼于提升生态系统服务功能，开展自然环境教育，为公众提供亲近自然、体验自然、了解自然以及作为国民福利的游憩机会。《关于建立以国家公园为主体的自然保护地体系的指导意见》（下文简称《指导意见》）也提出应探索全民共享机制。2022年全国两会期间，全国人大代表阎志提交了一份关于全面提升国家公园全民公益性的建议，他认为“在生态保护为先的前提下，推动构建国家公园共建共治共享体系，增强国家公园惠及全民的公益属性，使其成为提升国民幸福感和自豪感的国家名片，应当成为国家公园未来一个阶段的工作重点。”推进改革成果向全民福祉转化，是落实国家公园理念、实现国家公园建设目标的内在要求，更是以国家公园为载体坚定国民文化自信、提升民族荣誉感的必由之路（陈琛，2022）。所以，在严格保护的前提下，应在自然保护地控制区内划定适当区域开展科学研究、自然教育、自然游憩等活动，构建高品质、多样化的生态产品和服务体系，为建立和完善全民共享机制奠定基础。

11.1.2　建立目的

国家公园顾名思义也是人民的公园，是全民共享的公地，它们不仅拥有国家所有、世代传承的重点生态资源，更承载着让国民充分享受大自然福利的美好愿景（肖琪，2022）。国家公园里青山常在、绿水长流、空气常新，是最好的生态产品，也是最美的自然课堂，还是最有吸引力的生态体验胜地。让广大人民群众共享改革发展的成果，是社会主义的本质要求（余梦莉，2019）。构建全民共享机制的目的就在于为全社会提供优质的生态产品和服务，促进人与自然和谐共生，实现全民共享、世代传承，使国家公园在生态文明和美丽中国建设中发挥重大作用。

11.1.3　内涵要求

全民共享，即让全社会共享国家公园建设成果，突出国家公园的“全民公益性”（王社坤，2021）。全民公益性作为国家公园的核心理念之一，绝不是简单“共享”国家公园的经济价值，而是从国家公园的科研、生态、文化、艺术和教育等多元价值层面全方位服务于公众（刘超，2020）。

《建立国家公园体制总体方案》提出“国家公园的首要功能是重要自然生态系统的原真性、完整性保护，同时兼具科研、教育、游憩等综合功能”。要实现全民共享，国家公园在正式建设阶段就要依托无与伦比的生态人文资源，在科研基地、自然教育、自然游憩等方面积极探索，科学规范地开展相关工作，充分发挥公共服务功能。一方面，要发挥政府的主体作用，在保护资源原真性和完整性的前提下，坚持和把握全民共享理念在国家公园规划、建设、管理、监督、保护和投入等方面的呈现，建立健全志愿者服务体系、社会捐赠体系、信息共享体系等社会公益机制，引导社会多方力量积极参与国家公园体制建设的过程，并扶持和规范社区居民从事环境友好型经营性活动（王社坤，2021）。另一方面，要提升国家公园生态系统服务功能，为全社会提供教育、科研、游憩、体验等公共服务，为广大人民群众提供更多贴近自然、认识自然、享受自然的机会以及很多便利的游憩条件，并充分调动全民积极性，激发公众自然保护意识。

构建国家公园全民共享机制，公众能够便利地享受到生态保护的优秀成果以及能够体验到生态环境的改变和自然的美景（国家林业和草原局，2021）。同时，进一步促进国家公园文化的传播，增强民族自豪感，增加生态获得感，促进人与自然的和谐共生。

11.1.3.1　公众服务

《国家公园管理暂行办法》将“公众服务”作为重点，提出国家公园管理机构应根据国家公园总体规划和专项规划，立足全民公益性的国家公园理念，为全社会提供优质生态产品，以及科研、教育、文化、生态旅游等公众服务。

国家公园管理机构应做好科研、教育与游憩体验等规划设计，统筹做好科研平台、科普教育基地和自然游憩区域的基础设施，建立志愿者服务系统，集聚社会团体、企业、个人、NGO等经营性、非营利性机构，共同为公众提供优质生态产品和服务（唐小平，2022）（图11-1，表11-1）。

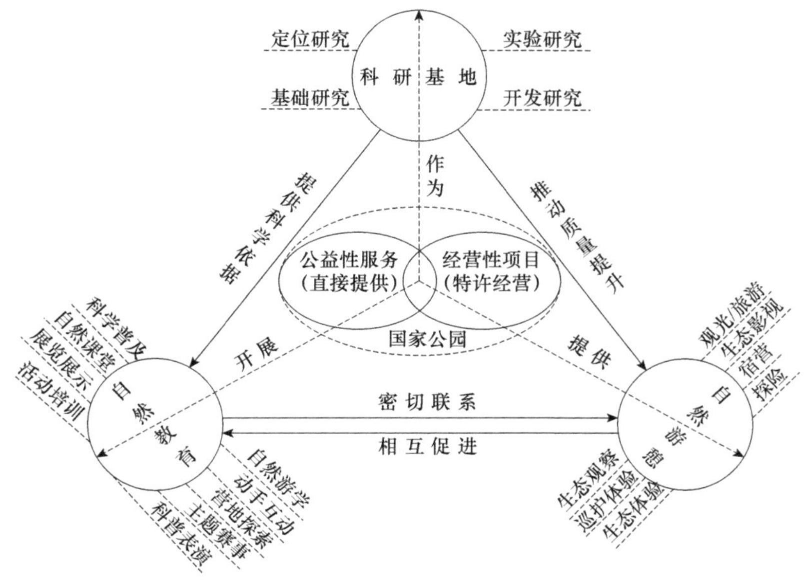

图11-1　国家公园全民共享格局

表11-1 国家公园游憩活动分类

<table>
<tr><th rowspan="2">大类</th><th rowspan="2">主要
服务人群</th><th colspan="2">公益性服务</th><th colspan="2">经营性项目</th></tr>
<tr><th>小类</th><th>举例</th><th>小类</th><th>举例</th></tr>
<tr><td>科研基地</td><td>专家：政府、企业、研究学者等</td><td>科研平台</td><td>理论研究、物种监测、野外考察、国际交流等</td><td>科研投资</td><td>环境管理、人才引进、项目开发等</td></tr>
<tr><td rowspan="3">自然教育</td><td rowspan="3">公众：学生群体、亲子家庭、自然爱好者等</td><td>环境解说</td><td>视听多媒体互动、展览展示、向导解说等</td><td>研学旅游</td><td>专家讲解、动手互动、植物认知、动物观察等</td></tr>
<tr><td>志愿服务</td><td>生态监测、物种调查、动植物保护、垃圾清理、社区服务等</td><td>自然课题</td><td>自然技能学习、自然价值感悟、自然科学观察等</td></tr>
<tr><td>信息平台</td><td>数据整理、信息公示、公众反馈等</td><td>自然探险</td><td>徒步、洞穴探秘、丛林穿越、野外培训、安全教育等</td></tr>
<tr><td rowspan="4">自然游憩</td><td rowspan="4">公众：中老年人、生态旅游者等</td><td>自然观光</td><td>春夏观花、秋冬观鸟、农业观光、遗产地观光等</td><td>户外运动</td><td>宿营、登山、山地自行车、漂流、划艇、滑雪等</td></tr>
<tr><td>生态体验</td><td>休闲健身、生态观察、摄影记录、五感体验等</td><td>文化体验</td><td>传统手工艺品制作、服饰体验、民俗表演等</td></tr>
<tr><td>巡护体验</td><td>护林瞭望、巡护考察、兽迹跟踪、物种识别等</td><td>生态旅游</td><td>森林康养、温泉疗养、农牧场体验、民俗活动体验等</td></tr>
<tr><td>主题活动</td><td>生态节事体验、主题赛事体验等</td><td>生态影视</td><td>生态主题纪录片、生态题材电影故事片、生态电影节等</td></tr>
</table>

注：上述内容可根据国家公园实际需求以及现状条件进行设置

1）公益性服务

（1）科研基地：国家公园科研基地是集科学研究、生态监测、国际交流等多种功能于一体的综合基地。应加强科研团队建设并组建志愿者队伍，制定科研工作计划，积极开展国家公园生物多样性保护、珍稀濒危野生动植物种群复壮、生态经济价值评估等相关研究。在确保严格保护的前提下，与高等院校、科研单位和社会组织建立长期合作关系，围绕国家公园建设的重大需求和重大任务，在国家公园领域的前沿科学问题和管理需求等方面进行研究、创新和交流（国家林业和草原局，2021c），并为教学实习、人才培养提供便利。定期开展国际交流，了解并掌握国际上国家公园建设的先进技术和体制经验，为中国国家公园建设出谋划策。

（2）自然教育：自然教育是以在自然中认识世界、获取知识、促进个人全方位发展为宗旨的游憩活动，它能培养到访者对自然的兴趣，使他们热爱和保护自然。国家公园拥有丰富的自然及文化资源，是开展自然教育的天然宝库。应当划定适当区域作为自然教育的场所，建设多元化的解说展牌、科普展览和标识系统等环境教育相关媒介，引导群众性自治组织、NGO、志愿者群体等参与到自然教育活动中，组织开展差异化的科学普及和宣传教育活动。其中，针对志愿者，应建立志愿服务机制，制定志愿者招募、培训、管理和激励的具体办法，鼓励和支持志愿者、志愿服务组织参与国家公园的保护、服务、宣传等工作。此外，还应建立国家公园综合信息平台，依法向社会公众提供自然资源、保护管理、科研监测、自然教育、游憩体验等信息服务，并提供公众意见反馈渠道。

（3）自然游憩：自然游憩往往存在于人与自然的互动中，是在自然环境中开展并依赖于自然环境的休闲活动及其内在有益体验（吴必虎等，2021）。国家公园应按照总体规划确定的区域、访客容量和路线，建设必要的公共服务设施，提供能够开展游憩活动的场所；应充分了解访客的偏好和诉求，建立并完善自然体验服务体系，提供种类多、质量高的游憩体验项目；应平衡保护与利用的关系，探索建立预约制度，坚持保护优先，严格控制开发利用强度，最大限度减少对生态环境的干扰。此外，国家公园管理机构还应当为访客提供必要的救助服务，建设无障碍服务设施，并制定访客安全保障制度，配合所在地人民政府开展突发事件应对工作。

2）经营性项目

（1）科研基地：科研基地除了开展基础性科学研究外，还可以聚集科研资源，在国家公园开发、利用和管理等方面申请专项项目，研究国家公园重要生态服务功能、生态产品价值实现路径、生态补偿机制等。以基地项目为纽带，设立专家工作站，充分发挥专家在知识、技术上的引领作用，帮助基地培育科研人员，提升基地自主科研能力和自主创新能力（朱泽林等，2022）。同时，积极创新科研教育体制，推动产学研融合发展，形成开放与集成相结合的科研基地建设新机制（谢剑虹，2022）。

（2）自然教育：国家公园开展自然教育，能够培养公众对自然环境相关知识的兴趣和认识，满足他们贴近自然、了解自然和享受自然的需求。应鼓励企业、NGO、社区居民等成为提供自然教育活动的主体，培养其组织和管理自然教育活动的能力。根据不同受众群体，应设计差异化的自然教育活动。从产业发展形势来看，国家公园自然教育产品常常与研学旅游/旅行相关，主要面向中小学生（6～15岁）（张佳和李东辉，2019）。但是基于我国国情，我国开展自然教育活动的受众是全体国民，自然教育应让各个年龄段都参与其中，以提升我国国民科学素养和思想水平，培养公众的环保意识。针对亲子家庭可以开展以自然价值和自然意识培养为主的参与性体验活动；针对学生群体可以开展以生态系统知识和身心健康培养为主的互动性科普活动；针对中老年群体可以开展以自然伦理教育和修养身心为主的感受性教育活动。

（3）自然游憩：为全社会提供感受自然风光、获取自然知识、亲近自然环境的条件，是国家公园管理机构应尽职责，也是公众从保护中受益、全民共享生态福利的权利，这些普惠性、公益性的活动可以通过特许经营的方式开展。除了授权的企业外，国家公园管理者应引导原住居民从事环境友好型经营活动，使其成为提供生态体验产品的主体，提升以社区为基础的国家公园生态产品供给，建立支持和传承传统文化及人地和谐的生态产业模式。其中，生态旅游是国家公园开展自然游憩的重要形式。《中国森林认证 自然保护地生态旅游》（LY/T 3246—2020）将生态旅游定义为：利用和消费自然旅游资源、开发和体验可持续性旅游产品、建设和使用生态友好型服务设施、提供和获取生态文化知识的旅游活动。依托特许经营制度，以生态资源为基础，国家公园应科学规划生态旅游发展空间，引导特许经营者开发面向公众的、与生态保护相协调的生态旅游产品，构建高质量的自然游憩产品体系。

11.1.3.2　限定条件

国家公园开展教育游憩旅游活动与城市里的休闲公园以及其他保护地类型有所区

别，不同于城市休闲公园，国家公园的重点是自然生态系统和野生动植物，所以必须要在不影响自然生态系统的前提下或者对它的影响降到最低程度的情况下，人们才能进入和做一些生态体验的活动，所以要有一些限定。

（1）在区域上有所限定，国家公园将划为核心保护区和一般控制区进行管控，比如将生态非常敏感、脆弱，生态系统非常重要的一些地方作为核心保护区保护起来，因此公众是不能进去的，同时，核心保护区里原则上只对科学研究、考察观察、调查监测、生态修复等活动进行开放。而一般控制区将规划和建设一些游憩区，包括自然教育基地、科普基地、野外观测点，这样公众能够进去并开展一些生态体验活动。另外，国家公园作为一个自然的区域存在一定的危险性，如地质灾害、野生动物伤害等，因此游憩体验区要保障公众的安全，所以需设置露营、徒步、解说系统、安全救助等设施，在有安全保障的情况下对旅游者、公众开放，满足公众进入自然、亲近自然的要求。

（2）在时间上有一些限制，如有些野生动物在繁殖期，受到惊吓后会影响其繁殖活动，另外，森林草原防火期的火灾风险很大，因此需要限制人为活动。

（3）考虑到生态承载力和生态体验的感受，会对人流和数量做一些限制，根据环境容量合理确定每年或每天访客承载的数量，建立门票预约制度。

（4）对人的行为进行限制，所以倡导对生态环境影响最小的生态旅游、自然体验，尽量少用基础设施，或者仅使用最简单的基础设施，让大家去尽情感受自然的美景。

（5）将管理权和经营权分离，原则上公益性项目可能都是免费的，对所有经营性项目都采取特许经营，科学测算运营成本，根据每个项目特点减少收费，严格控制经营服务类的价格，主要的目的还是让公众能够进入国家公园，感受自然之美，弘扬国家公园文化。例如，武夷山国家公园出台生态游憩管理办法，实行景观资源山林所有权、使用管理权“两权分离”，对7.76万亩集体山林建立与旅游收入联动递增机制，平均每年给村民“分红”300多万元。对九曲溪竹筏游览、环保观光车、漂流等实行特许经营，公开选聘1400多个村民从事生态保护、旅游服务等工作，进一步拓宽了村民就业渠道。社区群众对国家公园的认同感、归属感不断增强，绿色、低碳、循环的生产生活方式逐步形成，成为“绿水青山就是金山银山”的生动实践。

11.1.4　建立现状

11.1.4.1　科研发展成果难以服务实践

国内自然保护地科研工作的研究内容较为广泛，可分为基础研究、应用研究和科普创作，具体情况如表11-2所示（李东义，2000）。以自然保护区为例，全国自然保护区已普遍开展多次保护区科学本底调查以及保护生物多样性资源的专项调查，部分保护区加快建设科研基地、生态监测站、野生动物疫情监测站等（魏蒙等，2019）。国内有许多自然保护地已成为远近闻名的科研基地，如武夷山国家公园、卧龙国家级自然保护区、神农架国家级自然保护区、长白山国家级自然保护区等，目前所建立的36个生态系统国家野外科学观测研究站也大多位于自然保护区内（张正旺和徐基良，2016）。此外，截至2021年，国家林草局先后批复建立三批长期科研基地共计151个（国家林业和草原局，2021a），提高对于自然保护地和物种保护的关注度。

表11-2　国内自然保护地科研工作的研究内容

<table>
<tr><th>类型</th><th colspan="2">研究内容</th></tr>
<tr><td rowspan="2">基础研究</td><td>本底调查</td><td>对生物、非生物、社会进行调查，掌握资源状况，一般分为自然条件、自然资源、社会状况三部分</td></tr>
<tr><td>专项研究</td><td>针对解决基础领域的专项问题，可划分成生物学、生态学、种群恢复三个方面</td></tr>
<tr><td rowspan="2">应用研究</td><td>开发利用</td><td rowspan="2">关注自然保护地的评价、监测、管理与法规制定</td></tr>
<tr><td>有效管理</td></tr>
<tr><td>科普创作</td><td colspan="2">科普基地、创作科普知识、丰富科普形式等内容</td></tr>
</table>

虽然国内对于自然保护地所展开的科研工作包含多个方面，但与国际上主要国家的自然保护地科研工作水平存在一定差距，主要存在以下几个方面的问题（崔晓伟等，2019）。

（1）课题针对性不足：保护地内科研基地体系并不成熟，多数科研课题难以具有针对性地推动自然保护地建设，缺乏实际应用效果。

（2）交流合作存在壁垒：科研活动的开展并非由自然保护地主管部门主持，在研究经费、信息交流、数据获取及团队合作等方面存在部门壁垒，科研力量仍需进一步凝聚。

（3）科研设备种类单一：目前技术水平快速发展，多数基地内现有的科研设备、监测设施未及时更新，难以开展保护地所需的科学研究，导致数字化、信息化建设出现相对滞后的情况。

（4）团队建设后劲不足：部分保护区的科研基地工作面临科研人员数量不足、梯队建设不合理等问题，缺乏博士学位及以上人才，业务能力水平有待进一步提高。

11.1.4.2　保护地自然教育发展不平衡

我国目前77%的保护地均有环境解说规划、51%有博物馆或展览馆、74%有解说牌、80%提供印刷材料、85%提供向导服务，游客到访量大、建立时间早的保护地往往提供更多的解说服务。2013～2016年受政策和市场需求影响，我国自然教育机构和公司如雨后春笋般出现，它们多以“××自然营”或“××营地（教育）”命名，以各类保护地为重要目的地。至2018年，我国已有各类自然教育机构至少398家，超过一半机构的年服务人次在500以上（封积文等，2019）。

但有一些观点认为国家公园是生态保护禁区，应禁止任何开发，建设国家公园就是为了对生态环境进行纯粹的保护，商业、旅游业等都要被严格地禁止，但这种说法是一种误区，忽略了国家公园除了生态保护功能外，还兼有科研和自然教育等效用。虽然国家公园的首要任务是保护并维持自然生态系统的完整性和原真性，但国家公园也提供生态体验产品，对大众进行环境教育，满足公众的旅游休憩体验（余梦莉，2019）。

从保护地发展历程来看，在所有保护地类型中地质公园与自然教育的关系最密切。中国国家地质公园的申报和规划对科普设施建设的要求最为明确、细致和严格，开展科普和旅游被明确作为地质公园设立的三大任务中的两项，在国际研究中也有“地质旅游（geo-tourism）”（Hose et al.，2011）这一术语。虽然目前我国保护地内的自然教育得到了一定程度的发展，但仍然存在如下问题。

（1）数量范围有限：仅很小一部分保护地（9%～18%）提供专业讲座、专业化读物和有自然教育活动（Zhong et al.，2015）。

（2）外部沟通不足：保护地与教育部门衔接有限，近年关于推动保护地自然教育的政府文件也反映了类似问题。

（3）软性服务缺失：我国的保护地自然教育旅游产品供给硬件配备相对完善，但软性服务存在很大缺口，而市场充满活力。

（4）推行范围狭窄：自然教育主要在地质公园中得到良好展现，未能在各类保护地中广泛推行。

11.1.4.3 自然游憩干扰生态系统发展

自然保护地体系发展过程可大致划分为4个阶段：无实质旅游开发阶段（1956—1981年）、多类型保护阶段（1982—1999年）、市场导向的高强度开发阶段（2000—2014年）以及保护思想导向的绿色发展阶段（2015年至今）（李群绩和王灵恩，2020）。在这个过程当中，自然游憩的定位处于动态变化的状态，一直到第二阶段，自然保护地才开始出于经济收益的考量而重视旅游业，并逐渐开展强度不一的游憩活动。在第四阶段时期，游憩在国内自然保护地实践中的定位正发生着一轮新的变化与发展（吴必虎等，2021）。

伴随着全球气候变暖、热带雨林及林内生物种类的消失和濒临灭绝等现象的出现，保护地中珍贵的文化和传统生活习惯也遭受着前所未有的破坏甚至消亡。随着自然游憩发展吸引来游客，自然和文化遗产以及社会生活会受到重大影响，特别是由旅游者所引起的包括对自然环境的多方面影响将是无法估测的。伴随着游憩活动空间的扩张，原有的自然环境遭到了空前的开发冲击。人们在享受游憩和旅游带来的愉悦的同时，也品尝到了“破坏性建设”种下的苦果，这与生态理念背道而驰。应当防止市场主体追求经济效率和利益最大化的本质而忽略自然保护地的公益性。

目前我国各类保护地自然游憩规划与利用的过程中，普遍存在对各类环境资源和社会资源造成一定程度破坏的问题，主要存在于以下方面（余梦莉，2019；万静，2005）。

（1）游憩开发超出合理容量：为了追求利益最大化，部分过度开发的现象导致超出合理容量，游客数量过多，从而造成对于各类资源的不良影响。

（2）活动设置及选址不当：生态意识薄弱导致的游憩活动设置和选址不当也可能会直接导致自然资源遭到破坏。例如，长白山国家级自然保护区内曾由于违规在二道河上游段修建游泳馆而污染了水质；沙坡头国家级自然保护区的“滑沙”活动项目也曾大大加重了风沙逼近黄河岸的情况。

（3）保护地管理水平低下：通过保护地的高效管理能够有效保护生态敏感区域，维护生态系统健康，因而管理水平有限也同样干扰了生态系统的健康发展。

（4）过度追求经济发展指标：部分地方政府认为，国家公园的建设与旅游区建设相类似，应利用国家公园大力发展游憩活动和旅游业。为了完成经济发展指标，部分地区过度开发国家公园，造成了当地生态环境的恶化。

11.1.5　建立方法

11.1.5.1　科研基地

1）概念内涵

以国家公园为主体的自然保护地内的科研基地主要开展林草和濒危野生动植物遗传与种质资源收集、保存与利用，林草和濒危野生动植物育种，森林培育与经营，森林、草原、湿地、荒漠生态系统保护与修复，自然保护地和物种保护，森林草原灾害防控，野生动物疫源疫病监测防控，林业和草原生物质材料保护与利用等方面的科学研究、技术开发利用、成果示范推广、科学普及教育，以及为产业发展提供服务和支撑（国家林业和草原局　国家公园管理局，2021b）。

2）评估体系

各类保护地科研基地的建设是国家科研工作的重要组成部分，具有自然资源丰富、生态环境良好等优势。针对保护地内的科研基地进行科学、合理的评估，能够提高经费的使用效率，实现资源优化配置，避免决策制定的随意性和盲目性，推动科研管理工作顺利开展，对科研机构、项目、团队等进行筛选，对人才进行高效引入和培养，并减少科研计划对于环境所产生的负面作用，对于探索具有发展前景的新议题有很大帮助，能够为科研基地系统调整科研计划布局提供依据，促进保护地研究与国际一流水平接轨，对于促进自然保护地可持续发展具有重要意义。因此，需对保护地内所建设的科研基地进行如下内容的评估。

（1）范围及区位：保护地内科研基地建设应以界桩、界碑等界定范围，边界清晰。基地选址应远离自然疫源地，周边无明显污染源，与工业区、交通主干道等区域应有5km以上的距离或建立良好阻隔设施。

（2）组织机构及条件：针对自然保护地的实际情况设立完备的专门机构，保障实验场所科学布局、面积充足，应配备先进的科研设备，满足保护地内日常科研工作的需求，并落实人员到位情况，按数量要求配备分管领导。

（3）团队建设：应建设起自然保护地研究领域内高素质、高水平的专门人才库。基地内的人才梯队建设需做到科学合理，研制出适合保护地自身的科研队伍建设机制、人才引进机制、人才培养机制和员工考核机制，提高团队力量与工作效率。

（4）运行及管理制度：应完善相关管理制度，将保护地内科研活动的经费、对外开放、场馆安全与应急预案等落实到位。建立学术委员会，制定资金管理办法并严格实行。积极开展学术交流活动，关注领域内最新学术研究进展，与其他各类保护地之间建立学术联系，对大型仪器设备开放共享功能。

（5）科研能力：科研基地需结合所在保护地的定位以及特点，明确自身研究方向，拥有鲜明的研究特色，促进保护地体系建设。需定期产出学术成果，发表学术论文或发布研究报告。

（6）发展规划：科研基地的总体建设及发展思路需要进行短期、中期、长期规划，做到清晰、合理、可行。

对于各类自然保护地内科研基地的评估工作，需要将定性评估和定量评估相结合，并以定性评估为主，遵循以上指标对科研基地进行全面客观的评估。在评估过程结束之后，应对收集的资料、信息进行整合分析，发现并纠正问题，针对薄弱的环节进行分析，探讨各方面的影响因素，以此进行调整，为基地建设提供更正确的发展规划。

3）建设方法

A．调研与可行性分析

保护地内科研基地在建设前期需进行大量调研，针对基地具体发展需求进行分析。值得关注的问题是，调研不应仅从科研人员角度进行切入，科研人员多数只聚焦于自身研究领域或个人需求而提出要求，对于科研基地整体发展格局以及未来的管理模式缺少综合考虑。此外，目前科研人员的流动性不断提高，因此基地在配备专业性强的设施时需要加强全面考虑与论证，避免人员调整导致相关科研设备不再投入使用，造成资源浪费。此外，科研基地内的重点项目需要分项设计，如涉及房屋建筑、桥梁道路、信息系统、实验室等专业性强的项目。在科研基地的规划过程中，基地管理人员需要尽可能充分地参与其中，在结合专家意见的基础上，发挥自身的主导作用，确保后期的建设细节合理且规范。

在完成调研工作之后，需编制可行性分析报告，主要内容包括基地规划建设的项目背景、建设必要性、市场预测、项目选址、建设规模和内容、配套设施建设、资金预算及来源、建设项目周期及进展规划。为了更加科学地编写可行性分析报告，需多次组织专家召开会议进行论证。在报告初稿编写完毕之后，可组织专家、政府人员、评估公司对其进行评估，并依据意见进行修改（陈小龙，2021）。

B．软件建设

（1）建设组织机构及科研团队：应健全基地内的组织机构，规范各项管理制度，实行“一把手”负责制以更高效地具体指导和监督、管理科研基地整体工作的开展（李瑞平等，2011）。基地应建设一支能够自给自足且集世界一流教育、科研及社会服务水平于一体的科研人员队伍。需重视对于人才结构和梯队的建设，引进自然保护地领域相关学科的优秀人才，不断提高科研基地的人才质量水平，维持并完善开放、交流、沟通、竞争体制与人才引进及培养并重的策略。对于已作出杰出贡献的科研人员，应从职称、绩效、评优等方面进行激励（曹悦，2018）。

（2）构建专业技术引入模式：为掌握新型科研技术，基地需加强对于专业技术的引入，扩大网络化技术覆盖率，依据保护地实际需求，建立高效的引入模式，完善基地的知识技术中心，为项目研发提供更加现代化的高科技手段。科研基地可通过项目合作、技术入股等途径寻求企业合作，从而获得更多的资金支持，发挥自身的建设优势。同时，还需建立标准化科研流程，提高保护地内科研成果的推广效率，扩大自身影响力（韩仲伟，2020）。

（3）加快成果转化速度：科研基地研发项目选题需要做到符合保护地本身的地理位置、气候气象、资源环境、面临困境等具体特点，根据保护地体系建设及时调整科研方向，确保科技成果的成熟度和配套性（马丽和李伟娜，2021）。在完善试验基地基础设施，提高科研试验水平及后勤保障水平的同时，还要不断强化试验基地的平台属性，拓展科研承载功能，为成果转化营造良好的环境氛围（战徊旭等，2022）。

（4）设立专家工作站点：在科研基地本身建设成效的基础上，设立专家工作站点以便进一步整合各方资源，为突破保护地科研工作的重难点提供更多解决方案，并推动产出更多的科研成果。建立站点后，需充分发挥专家在技术方面的引领作用，辅助基地内的科研人员团队培养，突破关键技术，进一步将产学研结合在一起，并加强与高校、科研院所的协作。在技术创新活动中纳入专家站点建设工作，提高基地自主科研能力，带领科研人员持续成长（朱泽林等，2022）。

（5）完善设备更新机制：随着科研基地建设时间变长，多数设备及软件系统会逐渐接近使用年限，因此需不断关注科研设备更新换代的问题。为避免设备超过使用期限，基地应定期、定时对所有运行设备进行完善的评估，并将所有设备归档，建立数据电子档案，及时更换已达到报废标准的设备，这样才能保证设备运行安全、精确（岳亚军等，2021）。

（6）梳理基地建设目标：各个类型的自然保护地在制定科研基地建设策略之时，应当牢牢立足现有基础，把握中国自然保护地及其研究领域的未来发展趋势，对于策略的制定应当具有前瞻性。同时，应当树立远大的目标，拥有将其建设成为世界先进科研基地的决心与信心。

C．硬件建设

（1）功能分区及规划布局：科研基地应依据建设目标、定位以及原则，并综合考虑所在保护地的区位特征以及基地自身的结构及性质，将基地划分为不同功能的区域，如公共管理与服务区、专业实验区、创新与创意园区、科普区、办公区以及生活区，做到因地制宜、层次分明，不同区域之间需要有明显的分隔设施。

（2）科研设施：需建立用于保护地内各项实验研究的实验室、监测站、科研学术交流平台、标本室、野生动物管护站，需具备专用实验室特需的环境要求，如恒温、恒湿、无菌、防辐射等。此外，应当具备相关科研实验所需要的各类专业设备及仪器，如基本的显微镜、消毒仪器等。

（3）其他设施：首先需配备基地内科研人员生活所需的房屋建筑、水电设备、通信网络等。其二，建立游客访问中心、休息场地、避难所等必要的服务设施。其三，需配备至少1名专职应急医务人员并储备常用的应急医疗物资。其四，配备污染物控制设备，例如雨污分流设施、垃圾分类设备等，保障保护地内的水源、土地等资源不受污染。其五，配备安全及便民设施，包括安全警示标识、消防设施及器材、无障碍通道等（深圳市生态环境局，2021）。

11.1.5.2　自然教育

1）概念内涵

根据前人对自然教育的定义（表11-3），可以发现自然教育的共同特点，即为人们提供一个人工干预小的自然环境用于学习，使其能够得到沉浸和收获，从而获得身心、知识、品性、技能等各个方面的发展。因此，我们需要在各类自然保护地中发展自然教育，利用保护地内天然的优势资源为更多的人提供技能、知识、经验等，完善心智及品行（黄宇，2021）。

表 11-3　自然教育的定义

序号	定义	作者	来源
1	自然教育是以森林、草原和湿地等自然资源及自然环境为主要依托，以启发性教育、沉浸式体验和参与性学习等方式，让参与者通过五感认知自然和环境，感悟生态，培育和树立尊重自然、顺应自然和保护自然的生态文明理念，促进人与自然和谐共生	四川省林业和草原局	《自然教育基地建设》（DB51/T 2739—2020）
2	以自然环境为基础，以推动人与自然和谐为核心，以参与体验为主要方式，引导人们认知和欣赏自然、理解和认同自然、尊重并保护自然，最终达到实现人的自我发展以及人与自然和谐共生目的的教育	国家林业和草原局	《自然教育的起源、概念与实践》
3	自然教育是一种环境教育类型，是环境教育在教育方式上由被动变为主动的提升形式，旨在自然的大环境中去主动认识、感知、联结自然	李鑫和虞依娜	《国内外自然教育实践研究》
4	自然教育是通过在自然中引导人们（尤其是儿童）开展与自然连接的实践活动，使其在自由愉悦的状态下学习自然知识，建立自然情感，养成与自然友好相处的生活方式，并自觉参与到维护可持续发展、保护自然、关爱地球行动中的一种教育	周晨等	《基于自然教育的社区花园营造——以湖南农业大学“娃娃农园”为例》
5	儿童在大自然中，通过自主学习增进知识、技能、身体健康，形成人与自然和谐共处、尊重自然、顺应自然、热爱自然和保护自然的理念	王紫晔和石玲	《关于国内自然教育研究述评——基于Bibexcel计量软件的统计分析》
6	以自然环境为客体，以人类为主体，利用科学有效的方法手段，使儿童融入大自然，通过系统的手段，实现儿童对大自然信息的有效采集、整理、编织，形成社会生活有效逻辑思维的教育过程	徐艳芳等	《自然教育理论与实践研究进展》

2）评估体系

自然教育是各类保护地资源可持续保护及利用的重要途径，也是提升保护地能力建设必不可少的手段，能够宣传保护地的发展进程、弘扬生态文明理念、促进人与自然和谐共生（邵飞等，2022）。自然保护地在开展自然教育的过程中可通过与自然教育机构、科研院所、学校、NGO等进行合作，开展自然观察、自然探索、自然解说、自然体验、自然课堂以及自然学校等形式的活动，形成“保护地＋机构＋学校”的独特模式（我国国家公园的环境教育功能及其实现路径研究）。近年来，随着我国经济社会的快速发展和生态文明理念的不断深化，使得社会公众开始重视人与自然的关系，主动地渴望亲近大自然（姜力等，2021）。目前，随着我国社会经济不断发展，生态文明理念深入人心，在建设自然保护地的过程中应当增强对人与自然关系的重视，在不伤害自然环境的前提下帮助人们进一步亲近大自然。因此，为了自然教育项目能够合理、科学地开展，需对其进行严格评估，评估内容应当包括运营能力、管理保障、环境状况、资源条件、设备情况、人员情况、课程丰富度（中国林学会，2019），具体要求如下。

（1）区位条件要求：开展自然教育项目的保护地应具备良好的自然环境、丰富的生物多样性、可利用的自然及人文资源，且周边2km范围之内不存在大气、水源、土壤、噪声等固定污染源以及地质灾害等安全隐患。保护地内生态环境安全，无病虫害风险、野生动物疫源风险，无危及公众生命健康的风险。

（2）运营能力：自然教育项目的开展需要承办单位具有法人资格或受法人委托，且具备独立或联合开展自然教育工作的能力。项目的建立及开展过程中，需要全面客观的管理制度以及科学规划的年度工作计划，每年的运营时间不应少于100天。

（3）管理保障：人员需包括管理团队和解说团队，前者负责项目运行、后勤及安全保障、宣传等工作；后者为专业解说人员，负责自然教育课程的运转和推进。需具备应对突发事件、极端天气和重大事故的应急方案，妥善布置消防仪器、急救包等设备。

对自然教育项目进行评估之后，应当将评估结果与实际情况结合，对自然教育项目的规划情况作出综合判断，并依据评价结果制定后续的具体建设方案。

3）建设方法

（1）建立自然教育基地：自然教育基地的建设应包括自然教育场地、自然教育路径以及自然教育解说系统。自然教育场地包括室内场地和室外场地，应秉持可持续发展原则，尽量在已有硬件设施的基础上结合自身需要进行规划和改造。室内场地用于室内教学，可包括教室、展览厅、会议室、实验室、标本馆、体验馆、图文资料馆等；室外场地可聚焦于户外教学、游憩、剧场、观景等方面的需求，包括草坪、亭子、动植物观赏平台、人工湿地等场所。自然教育路径包括自然教育走廊、自然教育小径、自然观察小径、森林体验步道、赏花步道、观鸟步道、观景步道等类型。自然教育解说系统包括地图导览、电子屏幕、解说牌、宣传手册、语音导览系统、手机软件等自导式解说，还包括由解说人员组织进行的向导式解说系统。

（2）建立自然博物馆：秉持生态优先、以人为本的原则，利用保护地特色地质地貌、生态系统、珍稀动植物等自然资源建立自然博物馆，通过丰富多样的展示方式满足不同阶层、不同年龄、不同层次人群的兴趣及需求，以通俗易懂的风格向人们介绍生态科学知识。同时，采用现代科学技术，使用各种现代化科技设备及手段为参观者展示更多趣味内容，从而做到寓教于乐（李吉利等，2012）。

（3）建设自然教育步道：自然教育步道包括人工步道、手作步道、自然小径等，其建设需要秉持顺应自然、生态环保的原则，具备观赏价值、体验价值和学习功能。路面的建设材质以天然沙石、木竹等材料为主，注重安全、自然、简朴、舒适、环保。同时需要根据设施所在地配备解说系统，包括解说牌、导览牌、标识牌等（四川省林业和草原局，2020）。

（4）设计自然教育课程：挖掘保护地自身特色，聚焦不同季节、不同生态系统、不同物种的特色，面向各个年龄阶段研发科学、趣味的自然教育课程，包括自然资源类别、传统文化类别、实践体验类别等课程，可重点研发针对中小学生的课程体系，并设计教学所需要的自然教育课程教材。课程内容需要定时更新，可聘请专业课程研发团队进行协助。

（5）开展各类形式的活动：包括自然解说、自然体验、自然观察等活动。其中，自然解说是最主要的解说活动形式；自然体验强调人们与自然的密切联系，在实践中感受保护地的魅力；自然观察是对保护地内丰富的动植物资源以及各类生态现象进行直接观察（东莞市林业局，2021；广东省林学会团体标准化技术委员会，2021）。

（6）吸引公众参与：在自然教育基地、自然博物馆、自然课程等内容的运行当中，提高公众参与的积极性，尤其注重使自然保护地周边社区的居民参与其中。通过自然教育提高公众对自然生态环境的认同感以及归属感（姜诚，2015），从而吸引其作为志愿者主动参与到自然环保事业当中。

11.1.5.3　自然游憩

1）概念内涵

自然游憩指的是人们在闲暇时间基于大自然所进行的各种活动，能够恢复人的体力和精力，是现代社会人们放松精神和身体的一种重要休闲方式（高炽海，2021）。

2）评估体系

游憩功能是国家公园的重要功能之一。国家公园拥有种类繁多的优质自然及文化资源，为自然游憩活动的开展奠定了良好的基础。然而，国家公园开展自然游憩不是无条件、无限制的，在国家公园内进行的游憩活动要以保护为前提，符合它对自然生态系统、野生动植物以及独特自然遗迹的重视和保护（张玉钧，2019）。构建国家公园自然游憩的评估体系，在综合考虑国家公园内生态资源特征、环境承载力、游憩利用条件、活动适宜程度等方面内容的基础上，对国家公园内所开展的自然游憩和所建设的游憩设施进行评估，提出相应要求和限制，以控制自然游憩可能对国家公园环境资源造成的不利影响，促进国家公园的可持续发展。

（1）区位条件：遵循自然游憩开发建设与自然保护目标相协调的原则，在国家公园的核心保护区内，保护是第一要义，在国家公园的一般控制区，可通过特许经营等方式确定商业经营者，允许适度的商业开发（李将辉，2019；余梦莉，2019）。结合游憩资源的价值和分布，在国家公园一般控制区划分不同的游憩区域，为游憩活动的实施和管理提供场所。

（2）设施建设：生态设施是游憩功能实现的平台（钟林生等，2021），国家公园内自然游憩的设施建设需充分考虑国家公园内的施工条件、安装过程及适用材料等条件，使用对空气、土壤、水源无污染的环保材料，并尽量使用可再生能源（国家林业局，2012），以避免对自然环境和生物的干扰。同时，自然游憩设施还需同自然景观和谐一致，从色彩、形态、线条等方面与国家公园整体保持协调。

（3）游憩规划：调查并研究国家公园内游憩环境、游憩资源、游憩需求等现状，结合ROS游憩机会谱，根据国家公园的自然化程度、偏远程度、游客密度、管理强度，将国家公园游憩区域及周边地区进行不同游憩机会的划分，针对不同游憩区域进行结构调整、功能定位以及游憩产品的合理设计和空间优化（线路、交通），在严格控制游憩产品数量的基础上，实现游憩活动的差异性、有序性和组合性（张玉钧，2019）。

（4）游客管理：根据国家公园游憩区域的环境容量，测算所有游憩接待点的最适接待程度，制定并实施详细的访客数量控制计划，严格控制参与自然游憩的游客数量，（张玉钧和张海霞，2019），避免对生态资源造成冲击。制定游客行为规范，将规章制度的约束和环境教育的引导相结合，对游憩过程中的游客行为进行管理。同时，建立游客安全和突发事件应急机制，对可能威胁到游客人身及财产安全的一切因素进行排查与监管，提供必要的救助服务。

全面考虑国家公园自然保护和游憩利用的关系，构建自然游憩评估体系，对国家公园的游憩资源、游憩活动和游憩管理进行评价，为后续建立自然游憩产品体系提供参考，促进实现人与自然和谐共生（刘楠等，2022）。

3）建设方法

（1）划分不同功能分区：国家公园开展自然游憩的区域应按照不同功能划分为游憩区、景观生态保育区和服务区。游憩区规划为开展观景、生态体验、森林康养等游憩活动的主要区域，内部可根据不同景观的游憩资源价值和环境承载力进行二级区划，实现在适合的区域规划对应的游憩活动，达到自然游憩的可持续发展；景观生态保育区的主要目标为水土保持、水源涵养、生态保护；服务区可设立在国家公园外部，建立相应服务管理机构，集中布置接待设施。

（2）开发优质游憩项目：国家公园内的游憩项目应该把管理权与经营权分离，管理机构不直接参与经营管理。每个国家公园可以编制特许经营专项规划，明确允许开展的特许经营项目、区域、经营规则和监管要求，在经营期内按照相关法律法规和特许经营合同进行生态影响监管、合规监管和活动监管（唐小平，2022）。国家公园管理者应鼓励当地居民参与到国家公园自然游憩的规划中，引导他们从事环境友好型的游憩经营活动，保障游憩的规划和管理更加切合当地需求。在具体游憩活动的开发上，应充分发挥国家公园内各类游憩资源的特色和优势，在保护的前提下兼顾观景、休憩、保健、疗养、科普等功能规划各类游憩活动，如登山、健行、观鸟、观水禽、野营、泛舟、温泉浴等，构建高质量和多样化的自然游憩产品体系。

（3）合理规划游憩线路：游憩线路的规划应串联重要观景点，并具有明显的阶段性和空间序列变化的节奏感，同时需保证便捷、安全，沿途设置可供游人休息的设施，如座椅、卫生间等。

（4）建立完备的游憩设施：优质的游憩设施是自然游憩可持续发展的保障。生态营地的建设需设置帐篷、生态木屋、房车、供水及排污等设备，并配备应急救援设施。游客中心的建立需与场地条件、生态环境容量匹配，并提供无障碍服务设施。观景活动需建立观景平台以及安全护栏，安全保障设施要求使用坚固耐用的材质，并安装视频监控设备。此外，需结合地形地貌建立健行步道和登山步道，并独立设置自行车游览道路（国家林业和草原局，2020g）。

11.2　特许经营制度

11.2.1　建立背景

2017年发布的《建立国家公园体制总体方案》指出，国家公园要注重提升生态系统服务功能并为国民提供游憩机会，特许经营管理是国家公园管理机构的重要职责，要求政府及管理机构“研究制定国家公园特许经营等配套法规”“鼓励当地居民或其举办的企业参与国家公园内特许经营项目”，可见特许经营是国家公园体制建设中的重要内容。2019年出台的《关于建立以国家公园为主体的自然保护地体系的指导意见》，明确提出要推行自然资源有偿使用、建立特许制度，国家公园特许经营逐渐成为各界关注的焦点（耿松涛等，2021）。随着国家公园体制试点等相关工作的推进，国家公园特许经营制度已经成为将绿水青山变为金山银山的生态产品价值实现路径之一。各地方政府、国家公园管理局发挥自身能动性，结合试点区不同现状，创新运行模式，因地制宜地进行了特许经营模式的探索，为后续建立健全国家公园管理体系以及更加成熟的特许经营机制奠定了重要基础。

11.2.2　建立目的

国家公园特许经营既体现了政府的主导性，又充分发挥了市场效率，既满足了全民公益性，又能够实现自然资源产品保值增值。国家公园开展特许经营的主要目的有两个：提供公共服务和增加公园收入。提供公共服务是指特许经营在实行严格的生态保护且符合国家公园宗旨的前提下，为访客提供在欣赏和游憩国家公园过程中必要的服务和设施，这有利于高效开发利用国家公园内的自然资源，统筹兼顾公园的“生态-经济-社会”效益；增加园内收入是指特许经营对国家公园的公共资源进行有偿利用，国家公园保护管理难度大、保护投入大，实行特许经营可以更好地保护和利用国家公园核心资源，为公园管理方提供资金支持，有利于减轻公园保护和运营的资金压力，拓宽公园多元化资金供给渠道。

国家公园在生态保护第一的前提下，同时兼具科研、教育、游憩等综合功能，坚持全民共享，开展自然环境教育，为公众提供亲近自然、体验自然、了解自然以及作为国民福利的游憩机会，从而激发自然保护意识，增强民族自豪感（唐小平，2022）。特许经营制度建立的最终目标正是通过为访客提供生态体验相关的设施与服务，来增加收入，以满足自然保护与全民共享，实现资源绿色运营与资源价值合理化的双重目标（耿松涛等，2021）。

11.2.3　内涵要求

根据国际特许经营协会（International Franchise Association，IFA）的定义：“特许经营是特许人与受许人之间的一种契约关系，在该关系中，特许人依据协议约定授权受许人使用商标、商号、经营模式等经营资源，并持续关注受许人的经营情况，如专有技术、经营培训等；受许人按照协议约定支付特许经营费、利用自有资金进行实质性投资，在统一经营体系下从事经营活动”（陈朋和张朝枝，2019）。按照特许主体性质进行划分，可将特许经营分为两大类别：商业特许经营（franchise）、政府特许经营（concession），商业特许经营主要涉及与商业活动密切相关的特许，是指一种营销商品和服务的方式；政府特许经营是指公共机构通过协议约定将其负责的全部或部分对公共资源、公共物品的管理职能委托给第三方，由第三方进行经营管理的机制（张海霞，2018）。二者在经营目标、法律属性、适用范围等多个方面存在区别。

现阶段特许经营在中国国家公园建设中并不成熟，相关概念模糊不清，以及对特许经营目标认识不到位，明确国家公园特许经营内涵及目标，是推动国家公园特许经营健康发展的基础和前提。国家公园特许经营（concession of national park），是指在国家公园保护管理的前提下，为提高公众游憩体验质量，由政府或国家公园管理机构通过竞争程序优选受许人，依法授权其在政府管控下开展规定期限、性质、范围和数量的可持续自然资源经营利用活动，提供高质量生态产品或服务的管理过程（张海霞，2018）。特许经营受让人（concessionaire）是指依法获得国家公园管理机构批准，在国家公园指定地点、规定期限内从事指定特许经营活动的法人或组织（张海霞，2018）。特许经营使用费（royalty fee）是指通过竞争程序获得特许经营权后，由特许经营受让人向国家公园管理机构缴纳的经营权使用费（张海霞，2018）。国家公园特许经营本质上属于政府特许经营，是兼顾自然资源利用效率和生态保护管理目标的特殊商业活动，是结合市场竞争与行政监管的特殊运行机制（陈涵子和吴承照，2019）。

11.2.4　建立现状

国外国家公园特许经营在理论和实践方面都更为成熟与完善，最早可追溯到19世纪70年代，作为政府特别许可，授予企业或个人国家公园部分资源的使用专属权。相比之下，中国国家公园特许经营起步较晚，萌芽于20世纪90年代，以风景名胜区的经营权转让现象为起点，发展至今仍处于制度创新和实践的初级阶段（陈涵子和吴承照，2019）。

中国自开展国家公园体制试点以来，各国家公园体制试点区从立法和实践两大方面进行了特许经营制度的探索，相继制定了地方性法规、陆续出台国家公园管理条例及相关的特许经营管理办法，同时开启对国家公园特许经营项目的实践，目前国家公园特许项目主要集中于餐饮、住宿、生态旅游、低碳交通、商品销售及其他六个领域（陈雅如等，2019）。例如，海南热带雨林国家公园出台《海南热带雨林国家公园条例（试行）》，明确指出“海南热带雨林国家公园一般控制区内的经营性项目实行特许经营制度”，为特许经营的开展提供依据与指导（耿松涛等，2021）；三江源国家公园作为中国政策设计最为完善、规划最为系统的国家公园特许经营体制试点，特许经营项目丰富，特许经营范围包括草原承包权、国家公园品牌、经营性项目及非营利性社会事业活动（朱洪革等，2021）；大熊猫国家公园将特许经营活动划分为5个类别，包括原住居民利用现有农房开展餐饮、住宿、商品销售等经营活动、社会资本参与投资建设经营性服务设施、租赁大熊猫国家公园设施设备、使用大熊猫国家公园品牌及标识、在大熊猫国家公园范围内设立大型的商业广告设施等，并根据实际情况编制和定期调整各类特许经营的项目清单；武夷山国家公园开展以旅游业和茶产业为主的“公司＋基地＋农户”特许经营模式的探索，积极推进茶产业与旅游业结合，产业特色明显，特许经营板块较为成熟（耿松涛等，2021）。经过几年的实践，各国家公园体制试点区在特许经营方面积累了一定的经验，但仍处在摸索阶段，仍存在一些法律法规、管理体制、运营机制、资金收支管理等共性问题，对于这些问题，不能照搬国外经验，要根据实际情况，对症解决，探索出一条适合中国国情的国家公园特许经营制度（马洪艳和童光法，2020）。

11.2.5　建立方法

11.2.5.1　经营类型

世界各国国家公园的管理主体、管理模式各有差异，但在特许经营机制上高度相似，基本上都是按照管理权与经营权分离的思路。管理者是国家公园的管家或服务员，不能将管理的自然资源作为生产要素营利，不直接参与国家公园的经营活动，管理者自身的收益只能来自政府提供的薪酬。国家公园的门票等收入直接上交国库，采取收支两条线，其他经营性资产采取特许经营或委托经营方式，允许私营机构采用竞标的方式，缴纳一定数目的特许经营费，获得在公园内开发经营餐饮、住宿、河流运营、纪念品商店等旅游配套服务的权利，地方政府、当地社区可优先参与国家公园的经营管理。国家公园管理机构可设立公园基金会接受公益捐赠，并从中或从特许经营项目收入中提取一定比例，投入到国家公园运行并惠益社区。这种经营机制可以有效缓解公园产品的公共性与经营的私有性之间的矛盾，提高国有资源的经营效益，对中国国家公园乃至其他保护区的运营均具有借鉴意义。根据国内外特许经营管理的经验，结合中国国情，将国家公园特许经营项目分为授权、租赁、活动许可三种类型，其中授权又分一般经营许可和品牌许可两种情况。

1）授权

由国家公园管理机构授权中标企业、集体或个人为公众提供指定地点、指定类型的经营服务，并依法缴纳特许经营费，禁止国家公园内一切未经授权的经营活动。授权类的特许经营活动分为一般经营许可和品牌许可（耿松涛，2021）。

（1）一般经营许可：一般经营许可是指依法授权法人或组织在国家公园内开展指定的商业活动。许可范围包括提供餐饮、住宿、交通接待服务；提供特色导览解说或者户外活动服务；投资、建设、运营服务设施；销售商品、租赁场地或设施设备；其他利用自然资源资产从事商业服务活动。许可方式以特许经营受许人与国家公园管理机构正式签订的特许经营合同为主（耿松涛，2021）。

（2）品牌许可：品牌许可是指经国家公园管理机构或相关委托机构授权许可后，使用国家公园的商标、名称、吉祥物、口号等公用标识、公用品牌及其他依法享有知识产权。许可范围包括国家公园公用品牌授权，依托自然资源资产的生态产品与服务品牌，由国家公园管理机构依法委托相关机构组织品牌认证，依法获得认证后，在商品授权、促销授权、主题授权中使用国家公园品牌质量标识；用于商品设计开发的公用标识商品授权；用于各类活动赠品的公用标识的促销授权；用于策划并经营相关主题项目的公用标识主题授权。许可方式以各级国家公园管理机构依法委托相关第三方机构开展的品牌认证为主（耿松涛，2021）。

2）租赁

特许经营者开展授权经营活动时，需租赁国家公园内已建或在建建筑设施的，需与国家公园管理机构签订租赁合同。国家公园内已建建筑或设施为集体或个人所有的，需依法由国家公园管理机构统一收购并予以补偿，再通过租赁形式向企业、集体或个人进行经营权转让。许可范围包括酒店、营地、码头等其他固定设施租赁，许可方式以特许经营受许人与国家公园管理机构正式签订的租赁协议、不动产租赁权合同为主。特别注意的是，特许经营受许人仅能在租赁建筑及设施上开展经授权的指定经营项目，严禁特许经营者擅自扩大建设用地规模、对建筑和设施进行转租（耿松涛，2021）。

3）活动许可

在国家公园内法人或其他组织面向社会公众举办的除以上经营服务项目外的活动，需经由国家公园管理机构批准，依法获得活动许可。许可范围包括：开展拍摄、商业广告等活动；举办展览、会议等活动；开展体育比赛活动；开展文艺演出等活动；其他国家公园内举办的非日常商业活动。许可方式以特许经营受许人与国家公园管理机构正式签订的特许经营合同为主，合同需明确活动时间、活动形式、活动地点、活动规模、生态环境影响风险及其规避措施等内容（耿松涛，2021）。

11.2.5.2　实施授予

1）实施授予方式

国际上公共事业特许经营权的实施授予方式主要为两种：①由政府向特定经营者颁发授权书，赋予其从事特许经营项目的许可，即行政许可方式；②由政府和经营者签订特许经营合同，经营者以合同为依据来履行义务，经营公共事业，即签订合同方式。

20世纪80年代中期，中国公共事业领域开始出现项目融资模式，但包括特许经营在内的公私合营模式是在20世纪90年代后才逐渐开始发展的，21世纪以来逐渐走向规范化管理的社会资本主导期，随着这一时期相关指导意见和管理办法的出台，中国进入了社会资本参与公用基础设施建设的新时期（张海霞，2018）。国家公园特许经营的授权主体即该授权过程的参与者，即在特许经营关系中享受权利并承担义务的自然人、法人或国家机关，包括各级国家公园管理机构和特许经营受让人；特许经营授权客体为国家公园内的自然资源资产。中国国家公园特许经营权的实施授予基本沿用了国际上的两种模式，具体做法包括招标、竞争性谈判、竞争性磋商以及法律法规规定的其他竞争方式，具备招标条件的特许经营项目一般优先采用招标的方式来确定特许经营者。

2）实施授予范围

目前中国国家公园特许经营范围一般包括餐饮、住宿、游憩导览、解说、生态旅游和体验、低碳交通、商品销售等方面。各个国家公园管理机构都对特许经营范围做了规划，明确了鼓励和支持的特许经营方向，并针对国家公园当地的自然禀赋、产业特色和实际情况，重点突出特色产业的经营，如三江源国家公园就特别指出将草原承包经营、特色藏药开发利用、有机畜产品及其加工等纳入特许经营范围；武夷山国家公园将九曲溪竹筏游览、环保观光车、漂流等生态旅游活动实行目录管理纳入特许经营范围。同时，各国家公园设定特许经营负面清单，明确将公园门票业务、宗教场所活动、基础设施建设、公共医疗服务等部分项目不纳入特许经营范围。在国家公园特许经营范围内，生态旅游是重要的一环。国家公园内的科教游憩等公众服务以最少的基础设施提供最优体验服务为原则，禁止基于大规模基础设施的旅游开发活动，减少和规范基于游客规模无序增长的大众旅游，鼓励基于良好自然生态环境和生态承载力限制的自然教育、生态体验、自然游憩等生态旅游活动，在时间、空间、行为方式、经营机制等方面设置限制条件和管控要求（唐小平，2022）。《国家公园管理暂行办法》分别在规划建设、保护管理、公众服务三章节中对国家公园内开展生态旅游保护管理措施进行了具体规定，涉及内容包括生态旅游规划编制、一般控制区生态旅游设施建设、生态旅游科学技术研究推广和应用，生态旅游服务体系建设以及信息服务建设等方面（盈斌和吴必虎，2022）。

建立国家公园将使生态旅游作为一个产业得到快速发展，生态旅游者选择特定的国家或地区，通过他们拥有的资金来达到欣赏生物多样性或特定生物种的目的。生态旅游是一种以人与自然和谐共生的生态系统为对象，以可持续旅游为原则，通过对它的保护性开发，使游客、当地居民以及旅游经营部门都受益，并能使大众受到环境教育的旅游形式。生态旅游的产生以深刻的环境问题为背景，其所依托的资源基础是人与自然和谐共生的生态系统。但为使生态旅游得到可持续发展，需要考虑它应该具备的三个条件，这三个条件各有深意，相辅相成，不可偏废：第一，自然保护是前提；第二，环境教育是责任；第三，社区参与是保障。在自然保护地及国家公园管理中实现生态保护、绿色发展、民生改善相统一的生态文明理念，需要科学认识自然保护与旅游发展二者之间的关系，破除生态保护与旅游发展二元对立的观点。自然保护与旅游发展之间是“一体两面”的相互依存关系，一方面，自然保护地是发展生态旅游的基础，保护地内卓越的自然景观和自然资源作为重要的吸引物受到广泛关注；另一方面，旅游发展也为自然保护地提供了保障和支持，作出了诸如增加保护资金渠道、带动社区居民就业并增加其收入、普及生态环境教育等贡献，二者关系已进入一种“共生”的阶段。自然保护地发展生态旅游需要施行游憩机会谱理念，针对保护对象的差异，充分评估不同旅游机会对生态环境的影响，制定游憩机会目录清单，以充分体现“科学管理、合理利用”的保护管理原则，有效增加公众旅游体验的多样性（盈斌和吴必虎，2022）。

3）实施授予流程

在国家公园特许经营项目的管理中，国家公园主管部门、地方国家公园管理单位和地方政府对不同特许经营项目的审批、监督和财务管理的权力分配和配置、特许经营的实施授予，将直接影响特许经营管理体制的绩效。国家公园特许经营实施授予流程主要包括以下几个方面。

（1）制定特许经营项目实施方案：实施方案由国家公园管理机构同特许经营项目所在地人民政府协商制定，内容应包括项目的基本情况、经济、社会与生态效益评价及可行性分析；项目的经济技术指标、环境影响评价，与现有或已规划项目的衔接情况；特许经营的主要业务内容、经营方式及合同期限；项目的产品或服务标准和质量要求；特许经营项目的协议内容框架；特许经营者需要具备的条件；选择特许经营者的方式；授予主体的承诺和保障；特许经营合同期满后的资产处置方式等。

（2）特许经营项目立项及审查：特许经营项目立项时，国家公园管理机构应负责组织有关专家、公众代表和企业代表对项目进行立项论证，避免项目开展的盲目性。其中，针对规模较大的整体性项目和重点开发项目，国家公园管理机构同时应当委托具有相应资质的第三方机构对项目的可行性进行全面深入的评估分析，并进一步细化完善特许经营项目实施方案。国家公园管理机构应组织项目所在地的协调机制有关部门，对整体性项目和重点项目进行立项审查，经审查认为可行的，应当由有关部门出具相应的书面审查意见。

（3）特许经营项目可行性评估：可行性评估内容包括整体评价全周期成本、技术路线和工程方案的合理性；具体项目包括实施计划步骤、可能的融资情况、所提供的公共服务的质量效率、建设运营标准和监管要求、社会效益和社会影响分析、风险和对策等方面的内容。

（4）特许经营项目招投标并公示：国家公园管理机构依法通过招标、竞争性谈判等竞争方式选择特许经营者，同等条件下应当优先考虑国家公园内原住居民或对促进原住居民就业有贡献的企业；采取招标方式选择特许经营者应当将中标结果向社会公示。国家公园特许经营项目的招标方式主要有两种，公开招标和邀请招标，招标主体一般为地方国家公园管理机构或其委托的招标代理机构。特许经营招标项目应当满足的条件包括，项目涉及的自然资源资产所有权和经营权清晰；项目符合相关法律法规政策，达到环境影响评价标准，依法完成并通过审批程序；应标单位在项目运营期间有足够的资金保障。投标主体必须是在中华人民共和国境内注册且具有独立承担民事责任能力的法人，其投标时需向地方国家公园管理机构按规定提交营业执照、项目操作手册、市场计划书等所需的文件和资料。

（5）特许经营项目合同签署：特许经营合同由地方国家公园管理机构依法代表上级主管部门与特许经营受让人签署，并提交上级主管部门审批、备案。合同应按照特许经营权管理委员会提出的标准合同进行，不同的项目合同期限有所不同，活动许可项目合同期一般3个月到1年；不涉及建筑与设施建设、租赁的一般经营许可项目合同期一般为3年，时间最长不超过10年；设计建筑与设施建设、租赁的一般经营许可项目一般为10年。在特许经营合同有效期内，特许经营权受让人的特许经营权受法律保护，同时需缴纳一定的特许经营费。特许经营费是指在特许经营关系存续期间，特许经营受让人需要按时向授权人上交的费用，具体费用由经营双方协商决定。

11.2.5.3　管理方式

1）利益相关者管理

（1）经营者管理：在特许经营合同有效期内，特许经营受让人依法享有特定自然资源资产的使用权和经营权，并按照合同约定履行相应职责，保护国家公园内自然资源的生态、科学、观赏价值，提供高质量的产品和服务，提供就业机会，促进当地社区发展。特许经营者无权通过出租、转让、质押及其他方式对国家公园特许经营权以及自然资源资产进行处置，也不得擅自变更特许经营内容或擅自停业、歇业等。

（2）访客管理：国家公园访客管理的主体是各级国家公园管理机构，其有义务为访客提供预约、导览、告知、投诉和反馈等服务，并对特许经营受让人所提供的产品和服务质量进行监督。国家公园对访客的管理包括预约管理、行为管理等方面。一方面，国家公园应当为游客的购票、住宿、餐饮、解说、生态体验等需求提供预约平台；另一方面，国家公园特许经营受让人应当为访客提供承诺质量的产品和服务，监督并制止访客破坏生态系统、伤害野生动植物及其他违反国家公园建设目标的行为，并将实际情况报送给国家公园管理机构。

（3）社区管理：中国政策鼓励国家公园内社区居民的经济组织、自治组织等特别法人或企业法人参与特许经营活动，同等条件下，社区居民特别法人和企业法人享有优先权。鼓励社会团体、社会服务机构等非营利法人与国家公园内社区居民的农村集体经济组织、农村专业合作社集体发展伙伴关系，探讨促进社区居民增收和生活质量提高的收益方式。

2）经营合同管理

合同是民事主体之间设立、变更、终止民事法律关系的协议。标准的国家公园特许经营合同应当对项目基本情况、经营范围及期限、双方权利义务及责任约定等作出详细、明确的说明，具体应包括以下内容：项目及经营概况、财务相关规定、双方权利义务约定、影响分析与评价、保障与监督条款等。国家公园的特许经营项目全过程应当接受社会监督，在确定特许经营受许人后，签订特许经营合同前，应首先向社会公示，公示无异议后，方可签订特许经营合同。合同签订后，双方应当按照约定全面履行自己的义务，在履行合同过程中，应当始终将保护国家公园的生态环境和自然资源放在首要位置。

国家公园管理机构负责对特许经营合同载明内容实施全过程管理，及时依法取缔破坏环境资源、私自扩大经营规模、擅自更改经营内容以及其他与公园核心发展理念无关的违反合同条款的经营服务。国家公园特许经营的监督情况应通过《国家公园特许经营年度报告》向全社会公开。国家公园管理局组织第三方对项目定期评估，对特许经营项目合同执行情况、经济社会影响和生态影响进行综合评估，并将评估结果作为重新招标的依据。

3）信息公开管理

信息公开管理是国家公园特许经营监督管理中的重要一环，创新信息公开的形式，完善信息公开的内容，建立信息监察的持续性和反馈机制十分必要。政府及国家公园管理局应紧紧围绕特许经营的中心工作以及公众关切的问题，推进国家公园特许经营领域的重点信息公开，强化制度机制建设，不断增强信息公开实效，使特许经营信息公开工作更好地服务于国家公园及经济社会的发展。

（1）构建多元信息公开渠道：信息公开管理机制能否高效运转的关键是要建立完备的保障体系，包括及时准确的信息反馈渠道以及面向公众的信息公开平台。国家公园特许经营要进行信息公开管理，离不开多元的信息公开渠道，包括重大事项公示、大众媒体宣传、广告展示、信息公报、访问公众、说明会或新闻发布会，在这些渠道发布特许经营有关信息，有利于信息的公开透明和高效传播。同时也要依托信息科技的发展，打造特许经营信息开放平台，通过平台的建设使用来提高信息公开效率，充分发挥特许经营相关信息的价值。

（2）建立公开透明的招投标制度：建立畅通无阻的官方招投标信息发布平台，严格审核特许经营权主体资格，由专门机构组织投标、评标、与中标方签订特许经营合同，招标成功后在信息发布平台允予公示，接受大众监督（马洪艳和童光法，2020）。

（3）建立高效可信的定期审查制度：建立特许经营咨询顾问委员会，引入第三方监管主体，严格评估和审查国家公园特许经营项目的合同、规划及实施经营情况，如经营内容、设施建设、价格费用等，实施特许经营项目的淘汰和奖惩（陆建城等，2019）。并采取论证会、听证会或者其他方式征求国家公园内及周边公众、单位、社会团体等的意见，每年向国家林草局提交《国家公园特许经营年度报告》（张海霞，2018）。

（4）建立明确翔实的正、负面清单：在评估审查受许企业、单位及特许经营项目实施情况的基础上，建立受许人以及特许经营项目的正面、负面清单，凡是在经营过程中出现与特许法规不符的不良行为的企业或项目，一经查证均纳入特许经营负面清单；反之效益良好、备受好评的受许企业或项目，纳入正面清单（陆建城等，2019）。

11.3 本章小结

全民公益性是国家公园的根本理念，构建全民共享机制的目的在于为全社会提供优质的生态产品和服务，促进人与自然和谐共生，实现全民共享、世代传承，使国家公园在生态文明和美丽中国建设中发挥重大作用。要实现全民共享，国家公园在正式建设阶段就要依托无与伦比的生态人文资源，在自然教育、生态旅游、自然游憩几个方面重点做好工作和制定规范，为广大人民群众提供更多贴近自然、认识自然、享受自然的机会以及很多便利的条件，一是要认识全民共享具有前提条件，要在不影响自然生态系统的前提下或者影响降到最低程度的情况下开展，对区域、时间、行为、容量等均有限制；二是将公众服务作为保障，国家公园管理机构根据国家公园总体规划和专项规划，立足全民公益性的国家公园理念，提供优质生态产品以及科研、教育、文化、生态旅游等公众服务。

国家公园的全民共享与特许经营密切相关，为全社会提供感受自然风光、获取自然知识、亲近自然的条件，是国家公园管理机构应尽职责，也是公众从保护中受益、全民共享生态福利的权利，这些普惠性、公益性的活动可以通过特许经营的方式开展。从特许经营的概念、类型、实施、管理四个方面出发，探讨国家公园特许经营制度的发展，突出生态旅游是特许经营的重点内容之一，强调国家公园内的经营性项目应该把管理权与经营权分离，管理机构不直接参与经营管理，国家公园可以编制特许经营专项规划，明确允许开展的特许经营项目、区域、经营规则和监管要求，在经营期内按照相关法律法规和特许经营合同进行生态影响监管、合规监管和活动监管。探索全民共享与特许经营制度，有助于提高国家公园自然资源资产的利用水平，助力国家公园生态产品价值的高效实现。

第12章　公众参与机制与社区协调制度

12.1　公众参与机制

12.1.1　建立背景

国家公园是19世纪上半叶欧美国家自然意识转变的产物，作为自然保护地的一种类型，承担着生物多样性保护和游憩的功能，是系统管理自然资源的重要方式。如何科学平衡生物多样性保护与访客利用之间的关系，始终是国家公园管理的核心内容，也是制定管理政策时最棘手的问题。面对越来越大的管理压力，广泛且高频的公众参与已成为国际上众多保护地管理机构制定决策时普遍采用的方法。《建立国家公园体制总体方案》强调了鼓励公众参与，调动全民积极性，激发自然保护意识，增强民族自豪感。《关于建立以国家公园为主体的自然保护地体系的指导意见》也提出要激励企业、社会组织和个人参与自然保护地生态保护、建设与发展。但中国的国家公园体制建设正处于起步阶段，管理策略的制定及实施过程是否需要公众的参与，以及谁来参与、如何参与，是国家公园体制建设进程中需要深入研究的问题。

12.1.2　建立目的

公众参与是一种提高公众积极性和主动权的新型管理策略，应用于保护地管理已数十年，迄今已贯穿于许多国家的国家公园管理环节中，成为国家公园治理的必然趋势。中国现行的保护地管理体系实行属地管理，其建设和管理在实际中多为政府行为，鲜有的公众参与也多为非规范的、被动的。通过梳理并提炼保护地管理中公众参与的起源、内涵及特征，在借鉴国外保护地管理公众参与实践经验的基础上，依照公众参与程度的高低，将国家公园建设管理的公众参与途径分为信息反馈、咨询、协议与合作4个层次；提出中国国家公园的公众参与途径，旨在为中国国家公园体制的建设管理提供参考。

12.1.3　内涵要求

12.1.3.1　公众参与

公众参与兴起于20世纪60年代的西方，是针对政府决策及规划制定过程的社会运动（Parks and Wildlife Commission of the Northern Territory，2002）。它可以理解为是居于“政府集权”与“公众自治”两种方式之间的状态。保护地管理中公众参与的兴起，源于对自然资源管理模式的修正，其发展历程也从侧面反映了人类自然资源保护理念的转变（Agrawal and Gibson，1999）。最初，人类活动被认为是自然环境恶化的主因，当地社区被认为是自然保护的对立群体，因此土地和自然资源的管理都是自上而下的单向模式，涉及公众利益的公共资源管理政策均由政府独立制定（Selin and Chavez，1995）。

然而，之后的实践表明，尽管拥有强大资金及人力的政府强制性管理，资源保护的效果却是失败的，其中的主要原因就是政府的全权管理模式（相较基于公众的共同管理模式）在决策制定时存在理性缺失，在管理方案的确定上存在选择缺失（Fiorino，1990）等弊端，公众参与的缺失导致了保护地多种问题及冲突的发生（Mannigel，2008）、政府与利益相关者关系长期敌对（Selin and Chavez，1995）、管理政策与实际脱节、国民凝聚力缺乏等结果（Smith，2012）。因此，让公众参与到管理政策的制定及实施过程中来，成为破解这些困境的唯一途径（Agrawal and Gibson，1999）。

公众参与最初是指政府为了获得更广泛的认可和支持，让各利益相关者、公民及当地社区等公众群体参与保护地决策制定的过程（WWF，1991）。随着保护地管理领域的不断扩大，除参与决策制定以外，公众逐渐成为政府管理规划制定的咨询者、项目实施的合作伙伴（Chambers，2006）。如今，公众参与已被视为保护地管理方式，是从传统的自上而下到广泛讨论磋商的改变，是受益人、目标对象、利益相关者及全体公民共同参与保护地建设及管理的过程（Seitz，2001），是一种提高公众积极性和主动权的新型管理策略（Gaventa and Valderrama，1999），参与性、法制性、透明性、问责制、权限界定和人权是其关键要素（Schneider，1999；Edralin，1997）。有效的公众参与可以确保信息的一致性和连续性，提升决策的合法性和合理性，增强公众对政府的信任度，促进利益相关者之间的理解。在生物多样性保护方面，可以提升公众的知识技能以及对社区的理解，增强公众的认知和责任感（Eneji et al.，2009）。

目前，公众参与保护地建设管理已成为许多国家保护地管理的趋势。例如，日本在20世纪80年代就已形成了森林治理（forest governance）的理念，即在行政管理部门主导下，包括经营者和公民，尤其是当地居民在内的利益相关者以相互协调的方式参与森林管理，同样的理念也运用到了日本里山的保护中。美国鱼类与野生动物管理局（U.S. Fish and Wildlife Service）召集利益相关者共同审议濒危物种的恢复计划；美国林务局（U.S. Forest Service）持续实施一系列诸如“协作学习（collaborative learning）”或“适应性管理（adaptive management）”的公众参与制度；美国国家公园管理局（U.S. National Park Service）更是将公众参与机制贯穿于国家公园的确立、规划决策、管理运营等多项环节，并通过《公民共建与公众参与》（*Civic Engagement and Public Involvement*）和《国家环境政策法案》（*National Environmental Policy Act*）规定公众至少可参与范围界定、环评草案和环评决案3个阶段（Tuler and Webler，2000；张振威和杨锐，2015），其中黄石国家公园每年批准的科研项目中，近1/4的项目由基金会等社会组织完成（Lynch et al.，2008）。由此可见，公众参与已经逐渐成为划定利益相关者界限，实现保护地适应性管理的重要途径（Stringer et al.，2010；Keen and Mahanty，2006）。

12.1.3.2　参与框架

1）适用条件

保护地的建设和管理涉及面众多，并不是所有领域或项目都适合采用公众参与机制。因此，首先应明确公众参与的适用条件，如具有多维度、科学不确定性、价值冲突或不确定、公众对管理机构缺乏信任、项目紧急等特征的情况，公众参与会是较为合适的选择（Dietz and Stern，1998）。

2）公众群体

对于不同的管理实施计划，参与的公众也会发生变化，要依据实际现状具体甄选。总体来说，参与保护地建设管理的公众可分为两大类，即与保护地资源保护或利用相关的各类利益相关者（包括社区、企业、访客等），以及对保护地建设管理感兴趣的公民及社会组织。例如，澳大利亚保护地建设管理的参与公众包括公民个人、保护地周边用地的管理机构、访客、与保护地管理相关的私营企业或个体、与保护地管理相关的社会团体、与保护地资源保护或利用相关的社会或国际组织（Parks and Wildlife Commission of the Northern Territory，2002）。

3）参与类别

依据公众参与程度，Arnstein（1969）从社会学角度首次提出8个参与类别，Connor（1988）又在此基础上提出了更符合实际的7类参与类别。这些类别是对社会各类项目领域公众参与形式的提炼和概括，当具体涉及保护地管理时，根据需要解决的问题，可在这些类别中挑选合适的几项或做适当调整，以适应实际情况，如澳大利亚保护地的公众参与分为了5类（表12-1）。

表12-1　公众参与的不同类别

Arnstein（1969）	Connor（1988）	澳大利亚保护地*	公众参与程度
操控	（政府）决断	通知	低
治疗	（政府）诉讼	（政府）诉讼	↓
告知	调解、仲裁	合作	↓
征询意见	与（政府）联合规划	伙伴	↓
安抚	咨询	移交	↓
合作关系	信息互通	—	↓
契约授权	教育	—	↓
公众控制	—	—	高

*表示引自Parks and Wildlife Commission of the Northern Territory, 2002

4）保障体系

公众参与机制的保障体系也是体制设计中的关键环节。美国政府以法律的形式保证了政府信息公开化、信息电子化以及公众可以参与的具体阶段；国家公园管理局以条例的形式对公众参与的目标、授权、框架、定义、政策与标准、职能与义务、评估与审计做了全面的注解与技术规定，并制订了微观的、精细的操控体系；同时还建立了信息交互平台——“规划、环境和公众评议（Planning，Environment and Public Comment）”网（张振威和杨锐，2015）。同样，澳大利亚也以规章的形式设计了公众参与的保障体系，包括政策信息传递的连续性、平等性、精确性和综合性，以及详细的公众及政府执行者的技能培训平台（Parks and Wildlife Commission of the Northern Territory，2002）。

12.1.3.3 参与环节

澳大利亚保护地管理机构制订了较为详细的公众参与方案，大致分为3个阶段。第一阶段是方案设计：调研保护地的实际情况，分析公众参与的必要性和可行性，之后进一步明确项目的目标，以匹配合适的公众参与战略，联合相关公众共同制定详细的方案计划。第二阶段是项目实施：包括分步骤的实施计划、政府及第三方的监督机制以及公众反馈机制，及时的反馈信息有助于实施计划的动态调整。第三阶段是评估：利用系统的评估体系对公众参与的过程和结果分别进行评估，收集公众对项目效果的阶段性意见反馈，并形成阶段性报告（Parks and Wildlife Commission of the Northern Territory，2002）。

12.1.4 建立现状

中国现有保护地体系为中国的自然保护事业奠定了坚实的基础，但在建设和管理中也暴露出了许多亟须解决的实际问题。与一些发达国家前期的保护地管理相似，很多问题都与没有形成规范科学的公众参与机制相关。

12.1.4.1 地方发展决策凌驾于公众利益之上

中国的保护地为属地管理模式，这种将公益性事业权责下放至地方政府的方式，势必出现违背保护地保护性质和公益性原则的现象。地方政府将重点集中于经营性项目而非资源保护上，将不可再生的自然和文化资源等同于一般的而且是无成本的经济资源（张晓，2005），出现了大量密集式旅游开发、门票过高、园区环境教育设施配备缺乏等有悖于保护地“可持续利用”及“公平分享惠益”等基本功能的现象。具体来说，以门票价格占人均国内生产总值（gross domestic product，GDP）来算，中国许多著名风景名胜区的门票价格是美国、加拿大等国家公园的近50倍（刘鹏飞等，2011）。这是因为中国相当多的保护地管理单位被地方政府作为必须纳税的经营单位（张晓，2005），这种做法导致了保护地性质的根本改变，公众利益诉求被侵犯。此外，中国许多游客众多的景区，其经营及部分管理常交由企业运营，这种所有权与经营权分离、管理权与经营权统一的模式，也是导致目前多数保护地出现资源开发凌驾于公众利益之上现象的原因（徐嵩龄，2003）。

12.1.4.2 缺乏原住居民利益诉求的有效渠道

中国的保护地多数地处边远的贫困地区，一方面，当地政府和居民发展经济的愿望十分强烈；另一方面，居民生产生活对自然资源的依赖性也很强。社区居民作为资源最直接的利用者，其利益诉求常常得不到满足，在被禁止对资源的不合理利用的同时，缺乏可代替的发展途径，他们作为保护地建设的潜在力量也被忽视，从而导致资源保护与社区生产生活的矛盾频繁发生。具体来说，保护地建设对原住居民的影响大致包括保护地发展旅游业给社区带来就业、平等经营权、收入分配等方面的影响（苗鸿等，2000）；外来游客对社区文化的冲击引起地域文化的变迁；资源保护与社区居民资源利用间的平衡关系等。由此可见，只有“自上而下”（政府介入下达保护计划）的策略与“自下而上”（社区参与）的程序结合起来，才是提高保护成效的重要手段。而中国保护地现有的社区补偿形式多为自上而下的单一性补偿，如提供就业、生态补偿等，社区参与也多是被动的（潘植强等，2014）。

12.1.4.3 缺乏第三方监督评估机制

国际上的属地管理模式需要各级政府尤其是中央政府与地方政府之间的协调，需要更多的管制措施来保证基本的透明度、责任和代表性，同时要求中央政府必须对地方政府加以监督、调控，并在必要的时候给予惩罚（The United Nations Development Programme，2003）。而中国大多是以政府文件的形式将保护地管理权下放至地县级政府，没有配套的法律法规，也没有规定定期或不定期的考核，这样做的结果首先是导致权利、责任、义务规定的缺失，其次是监管、惩罚的缺失，最终将导致国家权力的丧失和公共权利的缺失（张晓，2005）。此外，在保护地经营项目参与制度不规范的现状下，众多企业的涌入很容易导致保护地管理进入追逐眼前利益的怪圈，这是公众参与缺乏第三方评估监督机制的体现。近几年，中国NGO数量虽在不断增长，但与国际相比，其专业化和影响力还远远不够，真正参与保护地建设的渠道也非常不足。中国保护地第三方监督机制的不健全，与保护地信息公开程度低、NGO的知情权与监督权以及NGO参与制度的缺失息息相关。此外，对于企业及社区的参与效果并没有系统的机制进行定期评估，也是导致中国保护地诸多管理问题频发的原因之一。总体来说，保护地信息公开程度低、公众参与主体数量少、参与阶段不完全、参与范畴太窄、参与形式过于被动、参与机制空缺（张健等，2013；刘雪梅和保继刚，2005）是目前保护地公众参与存在的普遍问题。

12.1.5 建立方法

国家公园是保护地的一种类型，是以完整生态系统和典型自然资源为基底，体现国家最具代表性的资源和景观，为大众提供认知自然、体验自然的游憩机会，凝聚全民共同意识的场所。不确定性、复杂性及多维度是国家公园管理，尤其是国家公园体制建设初期的特点，因此，公众参与就显得格外重要。

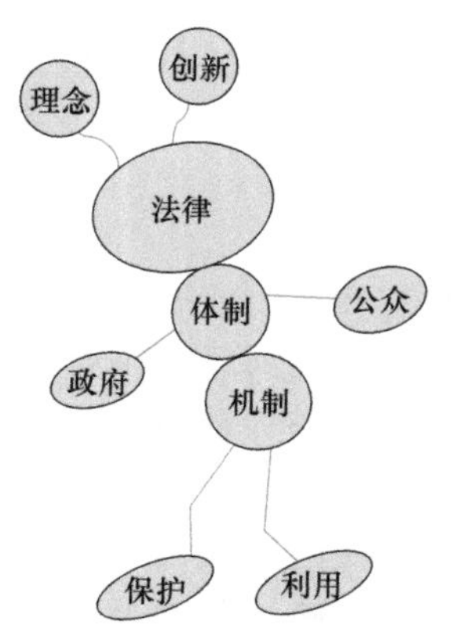

图12-1　蚂蚁（ANT）模型：国家公园体制建设的动态运转模型

12.1.5.1 参与前提

政府作为国家公园的管理机构，应在宏观上负责引导国家公园体制的建设和运转。通过制定政策规则，引导并规范各参与方的运转及相互配合，确保公众参与的规范性、主动性和平等性，这是国家公园公众参与的前提。坚持把政府主导和公众参与作为国家公园体制建设的两个重要抓手，相互配合，以科学系统的法律体系控制国家公园建设的基本原则，合理吸收借鉴国际经验、结合本国实情进行调整创新，探索保护和利用的平衡协作，以保障管理体制与运行机制的科学运转（图12-1）。

12.1.5.2　机制构建

1）明确基本原则

国家公园的目标应是在资源有效保护的前提下实现资源的高效管理，这一目标应作为公众参与机制构建的宗旨。公众参与机制的最终目的是广泛的信息数据分析后的决策判断，绝非简单地为各利益相关方搭建对话平台。国家公园的公众参与机制应是“自下而上”，注重体验者、技术人员、社区居民等基层群体的意愿诉求和信息反馈。

2）制定技术规程

必须有相对全面且详细的技术操作手册作为指导，应至少包括公众参与机制的适用准则、参与对象的选取办法、参与方案的制定规范、组织方的具体权责、机制的运转模型等关键方面。

3）建立保障体系

公众参与机制能否高效运转的关键是要建立完备的保障体系，包括面向公众的信息公开平台、及时准确的信息反馈通道，以及包括政府和公众在内的培训体系等。最重要的是还要有相关的专项法律法规支持，从立法的层面明确公众参与的必要性、合理性甚至强制性。

12.1.5.3　参与途径

借鉴社会学提出的公众参与类别和澳大利亚保护地的公众参与机制，结合中国保护地管理过程中可能涉及的公众主体及实际情况，同样依据公众的参与程度，将中国国家公园的公众参与途径分为信息反馈、咨询、协议以及合作4个层级（表12-2）。需要说明的是，这4个层级是理论意义上的理想层级，在实际情况中，它们之间的界限也许并不清晰；并且在实际的保护地项目实施过程中，这4个层级可能会组合出现在一个项目中，也可能不会全部出现。

表12-2　中国国家公园的公众参与途径

类型	内容	主要参与主体	形式	备注	公众参与程度
信息反馈	政府将管理政策等信息通知公众	公民、社会组织、企业、社区	公众集会、新闻发布会、教育培训、公开出版物、网络等	建立反馈制度，包括问询、投诉、网页点击率等数量	低
咨询	政府在决策制定时咨询公众	社区、社会组织	问卷访谈、利益相关者委员会、咨询会、工作组	确保利益相关者的多元化	↓
协议	政府在建设管理过程中雇佣、聘请公众	企业、社区、社会组织、公民	特许经营、协议保护、工作人员、专家聘请、第三方监督、志愿者	需构建协议期满后的评估制度	↓
合作	政府与公众共同分享权责	社区、企业	委员会、工作组、社区共管、公私合营等	需依据共同目标和利益确定合作范围、明晰各方权责界限及产出	高

1）信息反馈

政府将国家公园的管理政策等信息通知公众，有可能得到公众的意见反馈，这种反馈机制便是公众参与国家公园建设途径的最浅层次。公众通过集会、新闻发布会、教育培训、公开出版物、网络等渠道获取信息，并从同样的多元化渠道反馈信息。信息反馈是为了找到国家公园管理政策的修改依据或后续政策的制定依据，以提高规划决策的支持度，确保政策的实施效果。因此，为达到这一目标，反馈信息的分析应力求多角度、立体化，信息覆盖的公众类型力求多元化。此外，访客的体验也是一种信息反馈。例如，利用公众参与地理信息系统（public participation geographic information system，PPGIS）收集整合访客的公园体验、环境印象、设施需求等信息，通过网络共享使公众和规划者在同一平台制定规划。

2）咨询

国家公园的利益相关者，尤其是当地社区应享有平等的知情权和公平的对话平台。通过由政府部门、规划设计团队、科研专家等组织的听证会、咨询会、联合工作小组、问卷访谈、开放论坛等形式，利益相关者代表、社区代表、社会组织等公众群体对国家公园的决策及规划编制过程进行意见的表达和有效的参与。对于规划前期，公众主要参与环境调查、资源信息收集等工作；对于规划中后期，公众主要参与目标、发展方向的制定过程；对于宏观方向性的保护性规划，公众可参与现状分析评价、保护对象确定等方面；对于需要落地实施的详细的专项规划和管理计划，需要得到利益相关方尤其是当地社区的理解及未来的人力支持，这时的公众参与更加重要，包括社区需求提出、保护措施确定、禁止行为确定、土地管理方式等方面。

3）协议

协议是指政府雇佣或聘请对国家公园建设管理感兴趣或有一定知识技能的公众，参与到国家公园建设管理的多个方面，可应用于国家公园的保护、经营、技术支持等。

首先，在生物多样性保护方面，政府可采用协议保护模式积极吸收当地社区力量。通过构建国家公园管理局、社区村委会、相关NGO（可多个）组成的三方模式，签署社区保护协议（图12-2）。由社区实施国家公园管理局制定的、经过专家考察论证的、适于当地居民的生态环境保护监测方案，定期接受由国家公园管理局组织的第三方专家的评估。并建立激励机制反哺社区发展，调动当地居民生物多样性保护的积极性。

其次，在国家公园的经营方面，企业可利用特许经营模式与政府签订协议，为国家公园的建设运营提供公共服务。此外，政府还可以通过签订协议聘请相关社会组织为国家公园提供多项技术支持，如拓宽生物多样性保护渠道、为社区提供技能支持、完善公众参与机制、提高公众自然保护意识、促进公众环保行为的改善等。

4）合作

合作与协议的关键区别在于，协议中的公众一般只需对协议中指定的领域负责，而合作需要公众与政府共同分享该项目的权益并承担责任。例如，企业可通过公共私营合作制（public-private partnership，PPP）与政府合作建设国家公园的基础设施以及后续的运营维护。合作的关键是依据共同目标和利益确定合作范围，明晰各方权责界限及产出分配。一般来说，PPP合作模式中企业承担基础设施运行和维护过程中的全部责任，而

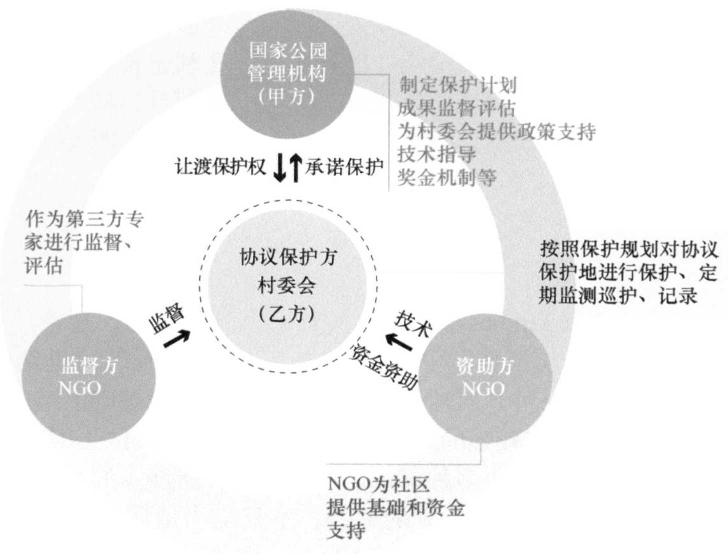

图12-2　国家公园社区协议保护模型

政府部门对该项目拥有所有权。同时，还应建立第三方机构对合作双方的检测、评价以及监督机制，包括对公园管理决策制定过程及结果的全程监督，国家公园信息公开状况、经费公开状况及捐款项目运作情况的监督，以及在国家公园设投诉处理部门或官网投诉平台进行公园经营质量、服务质量等的监督投诉等。

此外，社区也可以以合作的形式参与国家公园建设。中国的国家公园多是现有保护地的整合，但由于历史原因，中国保护地土地所有权大多数为集体所有且用途复杂（苗鸿等，2000），这就给中国国家公园的建设管理带来很大困难。基于此，政府可采用流转、租赁、协议等方式与土地所有者合作，进行国家公园的土地管理。

12.2　社区协调制度

12.2.1　建设背景

国家公园不仅对生物多样性保护至关重要，而且对于许多依赖自然资源得以生存的当地居民也至关重要（Hasan and Bahauddin，2014），如何协调生态保护与周边区域发展之间的关系，是国家公园的重要议题之一（杨锐，2011）。目前中国国家公园体制正处于建设过程中，在试点范围内有原住居民生活，然而原住居民生活与国家公园自然保护及游憩利用间的协调问题一直没有得到有效解决（高燕等，2017；刘静等，2009）。如何协调国家公园与原住居民之间的矛盾，以及采取什么机制如何协调，是亟待解决的难题。

12.2.2　建立目的

中国国家公园在国家顶层设计推动下其建设和发展速度较快，在管理体制和运营机制方面做了很多探索和尝试，并取得了初步成效。但是由于各国家公园试点区存在众多利益相关者，其利益诉求差异和矛盾冲突较为明显，若处理不当可能导致矛盾激化，使国家公园的建设和保护工作难以有效落实。因此需要构建利益相关者协调机制，在有效保护珍贵的国家公园资源和生态环境的前提下，实现各方利益的最大化和共赢，只有这样各利益相关者的利益才能有保障，国家公园的核心保护功能才能更好地实现。

12.2.3 内涵要求

12.2.3.1 社区协调主体

1877年，德国社会学家Tennies最早提出“社区”这一概念，意指“有共同地域基础、共同利益和归属感的社会群体”（高燕等，2017）。费孝通在20世纪30年代将这一概念引入，并把社区定义为一种“以地区为范围，人们在地缘基础上结成的互助合作的群体”（陈倩，2013）。社区具有较强的地域性，但国家公园的社区不因行政边界而分割。

国家公园覆盖面积广阔，涵盖多种原有保护地类型，所涉及的利益相关者较多，在生态保护和管理中必然会触动各利益方的利益，不只是当地居民的利益。因此，社区协调主体不仅指在生态、社会、经济方面相关联的，长期或相对长期生活在国家公园内部及周边的居民，也包括当地政府、NGO、企业等利益相关者。总之，国家公园利益相关者是指任何影响国家公园发展目标实现或被这个目标所影响的群体或个人，因而在生态保护和管理中必然会触动各利益方的利益，如果处理不当可能引发不满甚至矛盾冲突，这必将会影响到国家公园的生态保护和管理工作的成效。当然，针对不同类型的国家公园或者国家公园的不同管理计划，社区协调的主体类别也会发生变化，应按照其在国家公园保护和发展过程中的主动性、紧急性、重要性具体甄选。例如，在民族聚集地区的国家公园如普达措、三江源等国家公园，因区位和民族独特性，最应关注对少数民族原住居民的协调。在旅游发展较为成熟的武夷山、大熊猫等国家公园，当地旅游企业为较为重要的社区协调的主体。鉴于国家公园不同功能区保护级别不同，最具紧急性的社区协调主体为位于核心保护区内的社区居民。

12.2.3.2 主要利益诉求

以三江源国家公园为例，根据各利益主体对国家公园产生影响的方式，将三江源国家公园利益相关者划分成直接和间接两大类，不同利益群体的利益诉求不尽相同（图12-3），但其最基本和最核心的利益诉求是一致的，即有效保护国家公园的生态资源和环境，实现其可持续性发展，这也是各利益相关者实现其各自的社会和经济利益诉求的有效保障，是他们进行利益协调与合作的重要基础。

同时，各利益相关者的利益诉求差异和矛盾冲突也较为明显，其中最主要的矛盾冲突体现在政府的生态保护和牧民的民生保障中。政府管理部门所执行的严格生态保护、禁牧限畜和生态移民等政策影响了牧民的传统生活习惯和收入水平，虽然政府通过安排他们在园区工作、安置住房、提供再就业机会等方式进行了弥补，但依然会存在着牧民工作条件不完善、转岗就业难度大、工资水平较低，以及在教育、医疗与生活环境等方面的民生保障诉求未能有效满足等诸多问题。次要的矛盾冲突体现在政府所倡导的适当适度利用与特许经营者所追求的高额利润、访客所希望的更多游憩体验机会之间，如果

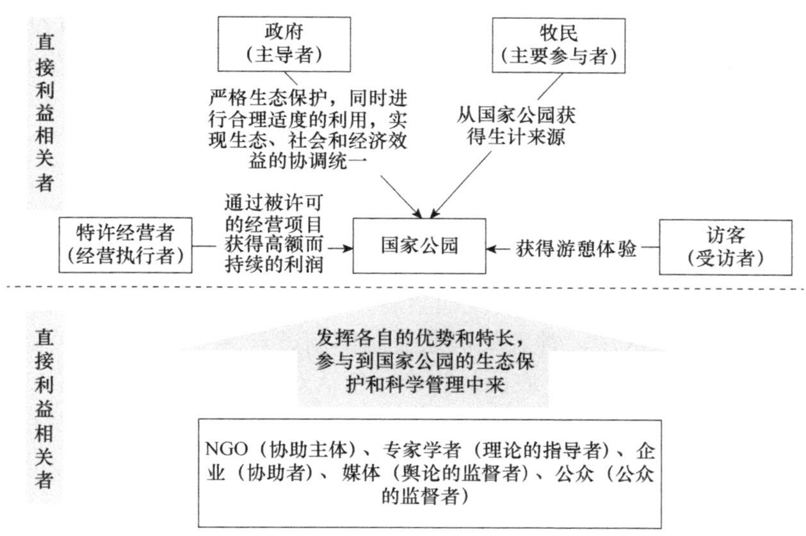

图12-3　三江源国家公园利益相关者构成及主要利益诉求

处理不当，同样会导致出现大规模、无限制的过度利用现象，进而影响到公园的生态保护效果，还会干扰牧民的正常生活，带来物价上涨和对传统文化的冲击甚至使其消亡。其他非政府利益相关者，如NGO、专家学者、企业、媒体和公众等担任着发挥自身优势和特长协助解决矛盾和冲突的角色。总之，各利益相关者都会从各自视角出发，追求利益的最大化，但当单一利益相关者获得更多的利益权限时，必然导致多主体网络的不平衡，因而十分有必要进行利益相关者协调机制的构建，以有效解决他们之间的矛盾冲突。

12.2.4　建立现状

2015年，中国启动国家公园体制试点，有东北虎豹、祁连山、大熊猫、三江源、海南热带雨林、武夷山、神农架、普达措、钱江源、南山10处国家公园体制试点，涉及12个省，总面积超过22万km^2。2021年9月，国务院批复设立三江源、大熊猫、东北虎豹、海南热带雨林、武夷山等第一批国家公园。在10个国家公园（体制试点区）范围内均有原住居民生活，社区问题成为国家公园建设中不可回避的问题之一。总体来说，社区作为文化景观的重要组成部分，拥有丰富的地方性文化，在国家公园建设中扮演着重要角色，但社区人口基数大、经济欠发达、土地权属问题以及保护地遗留问题构成了中国国家公园复杂和特殊的社区背景。

12.2.4.1　社区人口基数大

中国国家公园范围大，永久性居民较多，巨大的人口压力是社区管理无法回避的现实（高燕等，2017）。浙江钱江源国家公园体制试点区面积252km^2，试点区内9744人，人口密度38.7人/km^2（胡绍康，2017）；福建武夷山国家公园体制试点区面积982.59km^2，试点区内3万多人，人口密度大于30.5人/km^2（王江江，2017），远超加拿大与澳大利亚的平均人口密度1.8人/km^{2}和2.4人/km^2。此外，国家公园行政边界外人口及工矿企业聚集也会对自然资源造成严重威胁，公园易变成被破坏或退化的栖息地所包围的孤岛。

12.2.4.2　社区经济欠发达

中国国家公园体制试点区大多位于自然地理环境较脆弱复杂、经济发展也相对落后的地区，这些地区产业以农、林、牧等第一产业为主，对自然资源的依赖程度较高。同时，部分地区由于受教育程度较低，交通落后，居民寻求替代生计的能力非常有限。在10个国家公园体制试点区中，神农架国家公园体制试点区、南山国家公园体制试点区位于中西部地区，经济欠发达，农民的生产、生活对森林资源依赖性高（方言和吴静，2017）。武夷山、普达措等国家公园体制试点区的旅游发展是地方政府及社区居民的主要收入来源，未来国家公园的收支与地方财政之间的关系也不容乐观。

12.2.4.3　土地权属问题

中国土地类型主要分国有和集体所有两种。大部分国家公园体制试点区，都存在不同程度的土地权属纠纷。初步分析神农架、普达措、南山、武夷山、钱江源5个国家公园体制试点区的土地权属概况，除神农架试点区外，其余试点区集体土地的比例均在20%以上（庄优波等，2017）。土地权属问题极为复杂，涉及村民、村集体、国家等多方利益（方言和吴静，2017），在国家公园建设及土地权属变更过程中，任何遗留问题都会给国家公园建设埋下隐患。

12.2.4.4　保护地遗留问题

国家公园体制试点区整合了原有保护地，包括自然保护区、风景名胜区、文化自然遗产、地质公园、森林公园等（杨金娜，2019）。原有保护地和社区在生态保护与旅游发展过程中，争夺资源使用权、经营权和利益分配权的现象时有发生，社区与保护地的矛盾积蓄已久。虽然国家公园成立后，相同区域内的保护地将不再保留，但在社区管理方面的遗留问题仍会给国家公园的建设和发展带来消极影响。

12.2.5　建立方法

中国国家公园面临的社区背景复杂性和特殊性，决定了建立有效的社区发展机制是国家公园建设的难点和重要任务（Prell et al.，2009）。以三江源国家公园为例，通过构建各利益相关者相互沟通和协调的机制（图12-4），可以让他们借助多样化的互动沟通平台反映自身的利益诉求并进行有效沟通，共同寻求最佳的利益平衡方案，最终实现利益共赢。

12.2.5.1　利益表达和协商

构建利益表达与协商机制是解决各利益方利益诉求矛盾冲突的最基本条件。通过建立畅通、开放的利益沟通平台（向宝惠和曾瑜皙，2017），让各利益方充分表达各自的利益诉求，发挥各自的优势和特长，积极讨论解决矛盾冲突和平衡利益的最佳方案，最

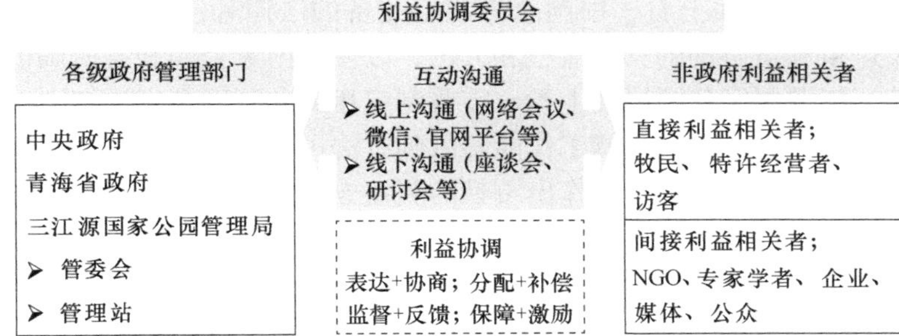

图12-4　三江源国家公园利益相关者利益协调机制

终使国家公园的政策、发展规划以及经营管理机制能够满足各方利益需求。具体来看，可以考虑组建由政府牵头、各利益群体代表构成的协调委员会，开展多途径、多方式的互动沟通，征求各利益群体对公园发展政策、生态保护和管理等方面的意见与建议并进行汇总，然后共同商议寻找最佳的平衡方案，确保所制定的政策和管理机制能够符合各方利益诉求，并获得各方的理解和支持，进而能够得到有效的落实和执行。

12.2.5.2　利益分配与补偿

构建利益分配与补偿机制是解决各利益方利益诉求矛盾冲突的有效途径。多样化的利益补偿机制可以拓宽资金来源途径，而合理的利益分配机制可以有效平衡各利益方的利益诉求。以三江源国家公园为例，三江源国家公园的建设资金较为单一，多为政府财政拨款和少量NGO资助（郭琴琴，2018），有限的资金难以保证有效解决政府严格的生态保护和牧民的民生保障需求这一主要矛盾。应拓宽资金来源途径，采取适当的激励措施鼓励企业、各社会组织和团体以及个人进行捐赠，同时积极争取国际组织的援助，还需要通过外部生态补偿方式（如对污染企业和东部发达地区增收生态补偿税等）和内生造血式补偿（资助发展替代产业，支持当地民族手工业和生态旅游体验等特色产业发展）的方式为国家公园建设增加资金，确保最大程度给予各利益方利益保障（张兴年，2018）。同时，应建立合理的利益分配方案，确保各利益方利益最大化和最终的利益共赢。

12.2.5.3　利益监督与反馈

构建利益监督与反馈机制是利益协调机制合理合法运行的有效保障。通过构建利益监督与反馈机制，可以给各利益相关者赋予更大的知情、参与、决策和监督举报的权利，以便对利益表达协商和分配补偿等工作进行监督，避免出现违法违规行为，确保利益协调工作的有序进行。各个政府和非政府利益群体都有权对公园各方面工作进行监督和举报，发现问题通过顺畅的举报和反馈渠道及时上报给相关部门或独立的第三方监督机构，由相关部门负责快速处理和解决并将处理结果及时反馈给举报者或者向社会公示，以便引起有关管理部门和组织的高度重视，起到有效的监督和警示作用。

12.2.5.4　利益保障和激励

构建利益保障与激励机制是确保利益协调机制有效落实和激励各利益方参与积极性

的重要条件。从国家层面上看，中国急需制定完备的法律和法规以明确各利益方的权利和义务以及进行利益协调的具体流程和方法，以便为国家公园利益协调机制构建提供法律保障。从三江源国家公园层面上看，需要制定相关的制度和实施细则以及相应的奖惩办法，以确保各利益方利益协调工作能够做到有法可依、有据可循，并切实得到执行和落实，同时对于在利益协调方面作出贡献的利益方进行物质和精神等多方式的奖励激励，并对阻碍行为进行批评和惩罚，以激励各利益方参与利益协调的积极性，发挥各自特长和优势为国家公园献计献策，提升主人翁意识，确保利益协调机制的真正落实（李丽娟和毕莹竹，2018）。

12.3 本章小结

公众参与是在政府主导下的多方公众共同建设管理国家公园的过程，是为了实现资源有效保护和全民享用的共同目标，自下而上、体现各方权益、符合法律法规政策、共同承担国家公园建设事务、提供公共服务责任的过程，这个过程也可以称为国家公园管理（national park governance）。公众通过信息反馈、咨询、协议以及合作4种途径中的一种或多种方式参与国家公园的建设管理，同时，政府通过权责赋予（图12-5）、信息传递（图12-6）和资金流动（图12-7）3个方面对公众作出规定和引导，共同搭建国家公园的公众参与平台。这种“4+3”的公众参与形式，旨在为中国国家公园管理中公众参与机制的研究抛砖引玉。未来中国国家公园公众参与机制建立的关键是公众参与技术规程的制定以及保障体系的建立，最终达到保护地公众参与机制在技术操作层面及立法层面规范化、制度化和常态化。

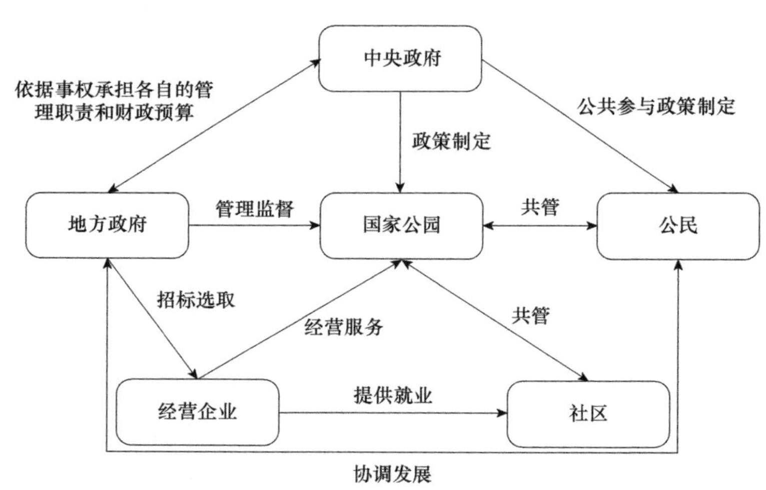

图12-5　国家公园的政府与公众权责关系

国家公园与社区的关系协调机制一直是影响国家公园建设的重要因素。国家公园与原住居民的关系协调机制仍处于探索过程中，目前所实行的生态移民模式不失为解决两者矛盾的有效方法，但其在自然保护的同时所引发的原住居民传统文化丧失问题

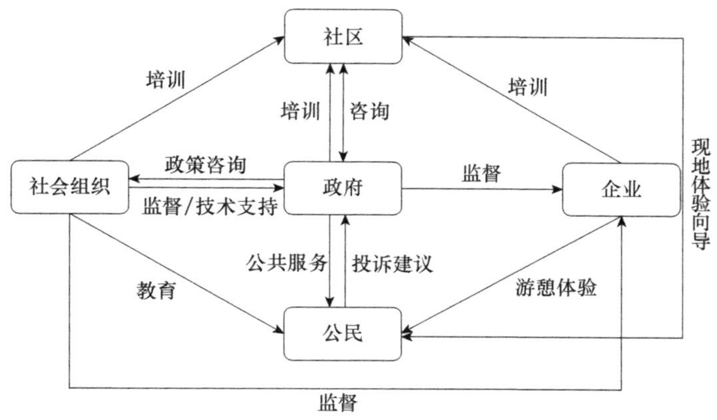

图12-6　国家公园的政府与公众信息传递

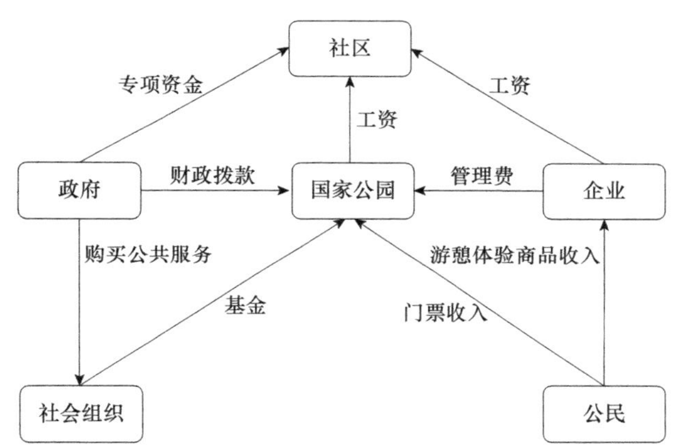

图12-7　国家公园的政府与公众资金流动

一直没有得到有效解决。解决原住居民矛盾的关键在于与之构建伙伴关系，形成双向沟通机制，达成共同治理，该过程的实质是实现对不同文化与土地伦理的尊重，借助双方文化体系下的智慧共同解决问题。同时，应注重国家公园利益相关者多方协调机制研究，明晰各利益相关者的权利和责任，建立协调机制的技术规程，制定健全的保障体系，最终实现国家公园利益相关者协调机制在管理层面的可操作化、制度化和规范化，实现多方利益的共赢。

第13章　监测评估与投入保障制度

13.1　监测评估制度

13.1.1　建立背景

国家公园监测评估是对国家公园生态系统和自然文化资源保护、利用与管理的相关数据进行长期、连续、系统地收集、分析、解释和利用的监控测定过程。国家公园监测规范的建立，对于规定国家公园监测的体系构建、内容指标、分析评价等要求，明确监测程序和方法，进一步指导国家公园生态系统和自然文化资源的保护、修复、利用与管理活动及成效的监测和评价具有重要意义。

中国国家公园建立的根本目的是保护自然生态系统和自然景观的完整性，以及生物多样性及其构成的生态结构和生态过程。同时，国家公园是最好的大自然样本，它体现着价值重要性和资源类型的综合性，是自然保护地体系中资源类型最丰富、多种价值最高的，每一处国家公园都应是多种类型资源的综合体、多种价值的集合体（赵智聪等，2016）。国家公园的监测评估标志着国家公园的保护管理水平，也是整个国家公园工作的灵魂（朱春全，2017）。

13.1.2　建立目的

监测是国家公园规划建设过程的一个重要功能，也是科研的基础和手段，科研数据必须来源于调查监测的第一手资料。确定国家公园监测的目标，必须针对国家公园的每个重要特征及与国家公园功能和价值有关的其他所有重要特征，包括生态、社会、经济、文化和教育价值，确定监测目标（刘金龙等，2017）。特别是为及时了解和掌握国家公园核心资源的消长变化、主要保护对象变化、生态变化、环境承载力等动态信息，通过建立监测平台、监测站点等基础设施，构建监测体系，系统开展监测项目，加强监测管理，完善监测资料库等，提高国家公园的监测水平、协作能力和管理能力，也为管理国家公园和有效保护及合理利用资源提供科学依据（韩亚彬和杨贺道，2008）。

监测成果一般可以为以下3种类型的研究进一步服务。

（1）基础研究，主要是指借助国家公园内生物及其环境条件的代表性、自然性和典型性等特点进行的一系列相关学科的基础理论研究，研究事物的基本过程并将其研究成果服务于应用研究，如基础生态学（种群动态、群落演替和生态系统结构与功能过程等）、基础生物学（植物分类学、形态学、物候学和遗传学等）研究。国家公园最重要的研究功能是作为永久性研究基地，开展定位基础研究。

（2）应用基础研究，针对国家公园主要保护对象或者国家公园管理问题进行相关的基础研究。为国家公园管理提供理论依据，为生物多样性保护服务，如国家公园主要保护对象的种群生存力分析、物种保护的生物学基础研究、保护物种的环境容量研究等。

（3）应用研究，针对每个国家公园管理的实际需要，为不断改善保护措施，提高保护效果，实现管理目标而开展的一系列支持性科学研究。包括国家公园的管理技术和发展技术的研究，能够解决某些经营管理实际问题并提供有关的实用技术与知识。应用研究的成果通常能直接转化为生产力与经济效益，如农林复合经营、多种经营、集水区管理、土地规划、自然教育和生态体验等。

13.1.3　内涵要求

随着生态文明建设和自然生态保护工作的持续推进，构建全面系统的自然保护地监测评估制度技术，掌握全国自然保护地情况，为自然保护地可持续发展提供信息支撑，是建立“以国家公园为主体的自然保护地分类体系”的迫切需求，同时也是践行习近平生态文明思想的现实需要。监测系统的构建，有助于提高自然保护地的资源监测、保护、科研、宣教的综合服务能力，实时掌握生态资源的动态变化。

自然保护地开展监测活动遵从以下基本原则——统一规范原则：监测体系、指标、方法、数据、格式等统一规划、统一标准、统一制式、统一平台、统一管理，以保证监测成果的统一；客观科学原则：监测方法科学合理，监测数据真实客观，积极探索新技术、新方法的应用，使监测结果准确可靠，如实反映监测对象的实际情况；动态持续原则：建立可持续的监测评价体系，长期监测资源、生态、环境、社会、经济等要素，掌握动态变化规律，为科学有效的保护管理提供数据支撑；实用可行原则：监测内容和方法面向保护管理需求，结合各国家公园实际，具有较强的针对性、可行性和易操作性，监测指标具有较好的灵敏度和可测度；协同共享原则：结合各部门监测设施系统布局监测体系，采用同期有效监测数据，共享监测成果，提高监测效率。

13.1.4　建立现状

13.1.4.1　监测对象的多样性和不确定性

国家公园监测的类型和对象是多样的，因此与一般研究相比，具有以下特点。

（1）实验条件可控性，可重复性差。国家公园是不断变化的野外实验室，条件很难控制，不能准确地通过改变实验条件来度量原因和结果之间的关系。

（2）研究对象的主观能动性。国家公园内野生动物是自由生活的，植物也具有主动适应环境的特性，能用自己独特的行为方式对环境的变化采取主动的对策，而人为活动影响更是具有随机性，所以国家公园内开展监测必须科学考虑研究对象独特的能动性。

（3）环境因子的不确定性和可变性。国家公园的监测一般是在范围较大的地区进行，气候、土壤、生物因素等都会影响到研究结果，如种间和种内竞争强度随时间不同而变化，对研究结果有很大影响，因此无法准确计数研究对象的个体数量和准确度量动物种群数量的变化与环境因子之间的相互关系。所以在国家公园的监测中，实验设计的优劣对研究结果是否真实、可信具有重要意义。同时，国家公园的监测需要模型化、数量化、系统化，需要宏观研究与微观研究相结合，从定性研究转为定位于定量研究，将自然科学与社会科学相结合，如生态学与经济学方法结合（高丹盈，2002）。

13.1.4.2　缺乏深入系统的监测规范

监测是国家公园中的一个非常重要的环节，涉及很多方面的内容，如果没有对监测进行整体设计和统一规定，势必会出现国家公园生态环境保护和修复监管的不一致，影响到监测的效果。部分国家公园目前缺乏统一的跨区域立法，在生态环境保护和修复监管等方面有各自不同的监测依据，这些都会导致监测标准不统一，进而降低监测效率。由于负有监测职能的部门之间在行政关系上都属于同一级别，互不隶属，也很难实现监管的有机衔接，所以在一定程度上也会影响到监测的总体效果。目前尚未建立统一的数据共享机制，因而也无法得到全面有效的监测数据来开展综合性的分析和研究，这些都制约着国家公园的监测职能（马芳，2021）。

现有自然保护地的信息化监测建设也受到越来越多的重视，但在现有的自然保护地监测管理系统中，大多只侧重于管理的某一个方面，如自然资源监测、野生动物保护或者植物物种保护等，缺少综合性、涵盖多元数据、覆盖多层次使用者的信息融合技术，导致保护管理效能低下。

13.1.5　建立方法

13.1.5.1　监测数据

监测与分析可在下列国家公园基础数据和调查规划成果的基础上进行：国家公园设立方案、总体规划，科学考察报告等材料，国家公园开展的生态、资源与社会经济调查，批准实施的规划矢量数据；行业部门发布的最新高清遥感影像、空间数据；国家公园自然资源资产确权登记材料，管理机构印发的文件、报告和数据；相关主管部门发布的统计成果、数据；国土、森林、湿地、荒漠、海洋、水、矿产，野生动植物等调查成果；国家公园管理机构认可的其他来源数据。

13.1.5.2　监测周期

监测周期可分为年度、长周期和短周期。

1）年度

每年开展1次，监测指标为保护恢复、管理任务或工程项目进展情况相关的监测指标，如森林、湿地、海洋等自然资源，野生动植物资源，管护面积、游客量等。

2）长周期

原则上每5年开展1次，监测指标为长周期工程项目，如矿产储量、森林蓄积量、生物多样性普查为代表的资源类，生态系统等服务类监测指标。

3）短周期

根据监测指标实际情况分为日、月、季度等不同频次，监测指标以气象、空气质量、水文、水质、物候等为代表的自然环境类监测指标以及生态体验、灾害管控等科学利用和保护管理类监测指标。在自然灾害频发、人为干扰强度大、野生动物损害严重等情况突出的区域，应根据实际情况对相关监测指标加大监测频次。

13.1.5.3　体系架构

自然保护地监测体系需满足监测的基本原则，符合监测的周期，主要由基础的数据采集层、数据传输层、数据存储层、数据分析层，以及终端的应用服务层组成，形成天空地一体化监测体系和“各国家公园管理局—管理分局—管理站”三级监测架构，并与国家自然保护地相关管理平台连接。总体监测体系架构见图13-1。

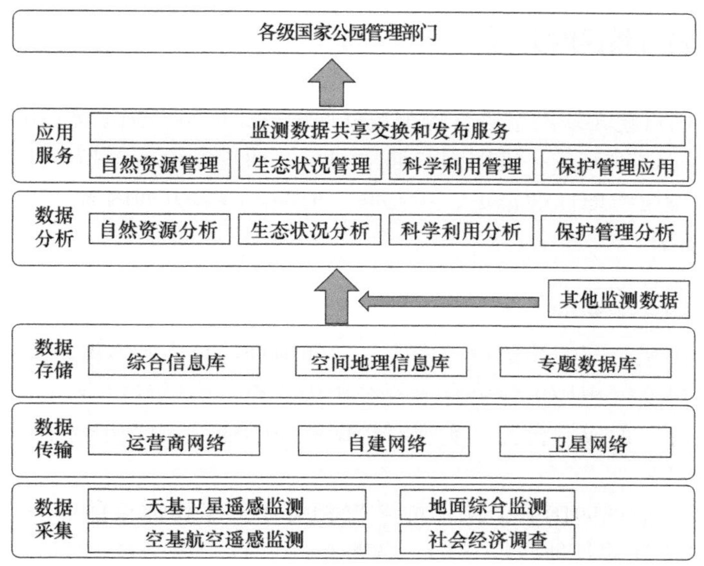

图13-1　国家公园监测体系架构图

1）数据采集层

构建国家公园天空地一体化监测体系，多方法、多渠道采集国家公园数据。天空地一体化监测体系综合运用天基卫星遥感监测、空基航空遥感监测、地面综合监测以及社会经济调查等多种监测技术手段和方法，在一个体系下进行交叉核验，并实现数据融合和数据共享，对国家公园形成立体化、精细化监测。

（1）天基卫星遥感监测：以国产中高分辨率遥感卫星为主，获取可见光，红外、高光谱、微波、雷达等遥感信息源，经图像处理和数据分析，获取国家公园大范围宏观尺度影像数据和信息，同时为空基和地面综合监测提供基础信息。

（2）空基航空遥感监测：利用各种飞机、无人机、飞艇、高空气球等作为传感器运载工具，搭载特定的传感器对国家公园内局部区域实施监测，可与天基卫星遥感监测配合进行细化监测，获取局部地区的高分辨率、高精度的地面影像数据和空间信息。

（3）地面综合监测：综合利用生态环境因子监测设备（水、土、气等），红外触发相机，智能视频监测设备，智能终端，海洋浮标等自动化监测手段，以及样地（样线）监测，遥感影像判读，现地勘测调查，巡护监测等人工监测手段，实现精细化的综合监测，同时为天基和空基监测提供精度验证依据。

（4）社会经济调查：通过访问调查、资料搜集等方式采集社会经济数据，主要包括：国家公园范围内市、县、乡（镇）、村的社会经济统计数据，以及国家公园管理队伍建设、能力建设、基础设施建设、资金保障、特许经营等。

2）数据传输层

国家公园可结合自身情况，综合考虑当地通信条件、内外部通信传输需求，以及建设、使用和维护成本，选择运营商网络、自建有线或无线网络、卫星通信等通信方式实现前端自动化监测设备的数据传输和人员通信信号覆盖。

（1）利用现有的信号稳定的运营商网络：利用现有的信号稳定的运营商网络并利用专网或虚拟专网进行数据传输。

（2）采用自建有线或无线网络进行数据传输：管理局、管理分局、管理站等优先选用有线通信。采用自建无线网络进行各类数据通信的，应符合国家无线电管理相关要求。

（3）采用卫星通信方式：借助国产通信卫星，通过专用或虚拟专用链路进行数据传输，卫星终端选型应考虑性能稳定、功耗低、免维护等多方面因素。

3）数据存储层

数据存储层从存储管理、网络安全，用户行为安全，数据访问安全等方面给予运行保障。多源异构的监测数据及各类基础数据在数据存储层进行汇聚存储，经数据清洗处理入库后，形成国家公园综合信息数据库、空间地理信息库和专题数据库。

数据存储层可适度租用可信公有云资源作为补充，引进计算资源、存储资源等不同类型的公有云资源，形成混合云。实现对数据资源的统一管理和共同使用。

4）应用服务层

应用服务层包括面向国家公园监测数据相关业务工作需求的业务应用系统，以及面向国家公园体系外的其他政府部门、各类机构和社会公众的监测数据共享交换和发布服务。

（1）国家公园监测数据业务应用系统：主要包括自然资源管理应用、生态状况管理应用、科学利用管理应用、保护管理应用等。

（2）国家公园监测数据共享交换和发布服务：通过建立数据共享服务机制，实现与其他政府部门和机构的数据共享和业务协同，并利用电子政务外网、互联网面向社会公众分级开展非涉密涉敏的监测数据应用服务。对于更新周期较长的相对静态数据，通过建立部门间数据共享机制，一次性获取、定期批量更新；对于日常高频更新的数据，通过数据共享服务接口实现数据获取。

13.1.5.4　监测指标

依据指标构建原则，在中国已发布的自然保护地（国家公园、自然保护区、自然公园）监测类指标体系或技术规程的基础上，结合国外自然保护地监测指标，选取适合中国保护地的自然资源和生态状况指标，构建了中国自然保护地监测指标体系。监测内容包括自然资源、生态状况、科学利用和保护管理4个方面。所有监测指标均为共性指标，但因资源环境、社会经济条件差异较大，各保护地可根据自身实际情况和特点选取相应的共性指标外，还可选择符合实际需求的个性监测指标。

1）自然资源

自然资源监测内容主要包括土地资源、水资源、矿产资源、森林资源、草原资源、湿地资源、海洋资源、自然景观资源、遗产遗迹资源和其他资源10类。监测数据获取方法主要包括相关专项调查、遥感监测、地面监测、生态定位观测站、环境监测站、固定样地监测和资料查询等。

2）生态状况

生态状况监测内容主要包括生态系统、物种多样性、生态服务功能、生态修复和气候与物候5类。监测数据获取方法主要包括相关专项调查、遥感监测、地面监测、生态定位观测站、环境监测站、气象站、水文站和资料查询等。

3）科学利用

科学利用监测内容主要包括持续利用、游憩体验和特许经营3类。监测数据主要通过遥感监测、大数据分析、资料查询和访问调查等获取。

4）保护管理

保护管理监测内容主要包括管理体系、社区参与、灾害管控、行政执法、环境保护和社会管理6类。监测数据主要通过保护管理记录、大数据分析、访问调查和遥感监测等获取。

5）个性监测指标

各自然保护地可针对自身实际情况，根据建设要求和总体发展方向，选取符合自身需求的个性监测指标（表13-1）。个性监测指标应以有利于保护地保护、管理为前提，不得违反国家法律法规、破坏生态系统稳定安全。鼓励自然保护地与科研院所及大专院校联合建立科技支撑平台，依托支撑平台确定个性监测指标，个性监测指标应纳入保护地监测体系。

表13-1　中国自然保护地监测共性指标体系

系列	序号	类别	指标
自然资源	1	土地资源	土地类型及面积
	2	水资源	水资源总量；各类型水资源量（咸水、淡水、冰川等）；出界径流量
	3	矿产资源	类型、储量
	4	森林资源	类型及面积；森林覆盖率；林龄结构；单位面积蓄积量；天然林比例
	5	草原资源	草原类型及面积；产草量
	6	湿地资源	湿地类型及面积；湿地植被碳储量
	7	海洋资源	类型及面积；海洋生物多样性；生态系统多样性
	8	自然景观资源	景观破碎化程度；景观利用类型及情况
	9	遗产遗迹资源	遗产完整度；遗产原真度；遗产利用关联度
	10	其他资源	—
生态状况	11	生态系统	叶面积指数；综合植被盖度；净初级生产力；顶极群落组成及结构
	12	生物多样性	植物种类数量及分布情况；动物种类数量及分布情况；遗传资源情况；重要栖息地面积及分布
	13	生态服务功能	水源涵养量；土壤保持量；防风固沙量；固碳释氧量；水土质量；负氧离子量
	14	生态修复	生态修复类型及面积；效果
	15	气候与物候	气候状况；物候状况

续表

系列	序号	类别	指标
科学利用	16	持续利用	传统利用（包括原住居民生产生活中的草场载畜量、水产捕捞量、木材砍伐量、水资源用量、林草特产品采集量及必要基础设施建设）类型及规模；科研专项活动类型及提取量；特许经营类型及规模
	17	游憩体验	访客人次及时间、空间分布；访客影响方式及程度；自然教育人次、类型及质量；有解说系统；能为访客系统地进行讲解；生态旅游活动未对资源环境造成破坏
	18	特许经营	特许经营收入；有特许经营监管机构；特许经营项目涉及领域
保护管理	19	管理体系	保护站（点）管理、维护到位；正常使用情况；巡护路网建设基本达到规范要求；路网管理、维护情况；标示标牌建设基本达到规范要求；车辆、通信、GPS、望远镜等管护设备达到规范
	20	社区参与	公益岗位数量；社区能力建设次数；社会满意度
	21	灾害管控	火灾及地质灾害发生次数、面积、程度；极端天气频度及强度
	22	行政执法	进入保护区从事科学研究等活动行政许可管理；检查哨卡（点）对进出人员和车辆进行管理；巡护频率达到1次/周以上；按333.33hm²/人（5000亩/人）的标准配备护林员，并有效管理；每月巡护面积全覆盖；建立健全巡护日志，对巡护员进行有效管理；没有发生盗伐、盗猎、盗采、盗挖等行为；发生违规探矿开矿、修筑设施等行为，24h内向上级有关部门报告并有效制止
	23	环境保护	保护管理站点数量及覆盖面积；管护人员数量及人均管护面积；人兽冲突类型及数量；废弃物产生量；垃圾、废水无害化处理率
	24	社会管理	经济人口总数；各产业产值及比例；各产业从业人口及比例；人均年收入；交通运输状况

注："—"表明此处无数据

13.1.5.5　技术方法

国家公园监测技术体系主要包括天空地一体化监测、资料查询、实验分析、大数据分析等不同方法，国家公园应根据各自实际情况综合运用不同的监测技术和方法。

1）天空地一体化监测方法

建立天空地一体化监测体系，国家公园天空地一体化监测实行统一规划、统一设计、统一标准、统一建设、统一管理，运用遥感、通信、网络等天空地高精度智能处理技术，基于遥感、互联网、云计算、大数据和AI算法构建监测体系，支撑智慧管理决策、提升治理能力的信息化系统，构建前端监测、中段传输、后端服务的天空地一体化监测体系，主要包括卫星遥感监测方法、航空遥感监测方法、地面监测方法。

（1）卫星遥感监测方法：主要针对国家公园自然资源、生态状况、环境变化等进行大尺度周期性监测，并对人为干扰活动开展准实时监测监控。针对不同监测对象选取分辨率适宜的遥感数据，通过人工目视解译和计算机自动解译方法掌握资源和环境动态变化情况，定期开展监测，具体监测内容主要针对：土地、森林（含植被类型、群丛、群系）、湿地、草原、海洋、景观、遗产遗迹资源类型及面积的变化以及园区基本建设活动等，土地监测应按照《土地利用动态遥感监测规程》（TD/T 1010—2015）执行，湿地监测应按照《基于TM遥感影像的湿地资源监测方法》（LY/T 2021—2012）执行。

（2）航空遥感监测方法：航空遥感监测主要针对国家公园范围内重点关注区域的各

类自然资源、生态系统状况、生态服务功能、人为干扰等监测对象，实现快捷机动的中小尺度周期性区域监测，亦可对卫星遥感监测结果进行核验，对卫星发现的疑似区域进行重点排查，对主要栖息地和人类活动重点区域进行精细化监测。

（3）地面监测方法：主要包括定位观测站点、固定样地监测方法、专项监测方法。①定位观测站点：利用定位监测站（点）等采用专业监测仪器设备，包括气象监测设备、水文监测设备、土壤监测设备、生态环境监测设备、野生动植物监测设备（红外相机、摄像机）等开展定位实时监测。监测对象主要包括生态状况中资源和环境的定位定量监测，气象监测应按照《自动气象站观测规范》（GB/T 33703—2017）执行，水文监测应按照《水环境监测规范》（SL 219—2013）执行，土壤监测应按照《土壤环境监测技术规范》（HJ/T 166—2004）执行，并参照《河流流量测验规范》（GB 50179—2015）、《森林生态系统定位观测指标体系》（LY/T 1606—2003）、《荒漠生态系统定位观测指标体系》（LY/T 1698—2007）、《湿地生态系统定位观测指标体系》（LY/T 2090—2013）、《环境空气质量自动监测技术规范》（HJ/T 193—2005）等相关标准。②固定样地监测方法：固定样地监测根据调查监测对象的不同，可以分为固定样地法、样线法、样点法等，该方法是对森林、草原、湿地、沙化土地、海洋等自然资源，以及野生动植物监测的必要方法。国家公园可根据实际需要，按照统计学的要求合理布设样方、样线、样点，森林监测应按照《森林植被状况监测技术规范》（GB/T 30363—2013）、《森林资源规划设计调查技术规程》（GB/T 26424—2010）执行，沙化土地监测应按照《沙化土地监测技术规程》（GB/T 24255—2009）执行，草原监测应按照《草原资源与生态监测技术规程》（NY/T 1233—2006）执行，并参照《生物多样性观测技术导则 陆生维管植物》（HJ 710.1—2014）、《生物多样性观测技术导则 陆生哺乳动物》（HJ 710.3—2014）、《生物多样性观测技术导则 鸟类》（HJ 710.4—2014）等相关标准。③专项监测方法：各国家公园可根据实际情况通过随机地面核查、采样分析等方法对卫星遥感监测和航空拍摄监测结果进行进一步调查，核实实际变化情况；还可以通过定期的日常巡护、无线跟踪、鸟类环志、拦网陷阱法等方法定期或不定期开展专项监测调查，深入了解掌握国家公园内各类资源和环境实际变化情况，海洋监测应按照《海洋监测规范 第1部分：总则》（GB 17378.1—2007）、《滨海湿地生态监测技术规程》（HY/T 080—2005）、《红树林生态监测技术规程》（HY/T 081—2005）、《珊瑚礁生态监测技术规程》（HY/T 082—2005）、《海草床生态监测技术规程》（HY/T 083—2005）执行，生物多样性应按照《生物多样性观测技术导则 陆生维管植物》（HJ 710.1—2014）、《生物多样性观测技术导则 陆生哺乳动物》（HJ 710.3—2014）、《生物多样性观测技术导则 鸟类》（HJ 710.4—2014）执行，并参照《矿产资源综合勘查评价规范》（GB/T 25283—2010）、《森林生态系统生物多样性监测与评估规范》（LY/T 2241—2014）、《森林群落结构监测规范》（LY/T 2249—2014）、《海湾生态监测技术规程》（HY/T 084—2005）、《河口生态监测技术规程》（HY/T 085—2005）、《赤潮监测技术规程》（HY/T 069—2005）等相关标准。

2）资料查询方法

收集、分析、研究统计资料和报道资料是获得情报信息的一种方法。国家公园应根据监测的目的、内容和要求定期收集分析相关书面或声像资料，特别是以往调查资料和数据，重点对科学利用和干扰影响监测项目进行对比分析，掌握变化情况。通常包含国家公园管护管理记录、巡护记录、政府部门统计年鉴、各类考察报告等。

3）访问调查方法

通过与被访问者面对面的接触，或采用电话、微信、邮件、信函等间接方式，进行有目的谈话或问卷调查。应用社会学统计方法进行定量的描述和分析，了解调查对象现状，获取所需要的信息。主要应用于国家公园科学利用和保护管理等方面的指标的监测。

4）实验分析方法

该方法是采用一定的控制手段对物质研究对象进行分解认识的一种科学分析方法，国家公园采用实时与定期的定点和随机采样方式获得资源及环境因子样本，通过实验分析方法了解掌握资源和环境动态变化情况。

5）大数据分析方法

根据不同目的、需求，结合物联网、云计算等功能，对大数据进行抽取集成、管理、分析、解释，最终挖掘出结果数据。大数据分析主要包含数据质量和数据管理、预测性分析、数据挖掘算法、可视化分析和语义引擎等多种方式。

13.1.5.6　分析评价

1）监测指标计算

根据需要选取监测指标，按时间尺度进行统计分析并求其变化率。各项监测指标变化率按式（13-1）计算：

$$R=\frac{V'-V}{V}\times 100\% \tag{13-1}$$

式中，R为某项监测指标的变化率；V'为本期某监测指标数值；V为上期某监测指标数值。

2）监测结果评价

监测指标评价结果见表13-2。

表13-2　监测指标评价结果

变化率	极显著增加	显著增加	无明显变化	显著减少	极显著减少
R	$R\geqslant 10\%$	$5\%\leqslant R<10\%$	$-5\%\leqslant R<5\%$	$-10\%\leqslant R<-5\%$	$R<-10\%$

3）监测报告编制

年度监测报告：一般每年编制1次，对国家公园自然资源、生态状况、科学利用和保护管理4个方面进行评价，分析评价以年度为单位的中短期工程项目，对国家公园产生的影响，并对年度内出现的问题提出针对意见。

长周期监测报告：一般每5年编制1次，主要是对5年来连续监测自然资源、生态状况、科学利用和保护管理的数据进行动态分析，从生态价值的角度对国家公园自然禀赋、管理成效、生态资产和负面清单等方面进行深入分析，总结前期工作成果，为下一阶段监测实施进行针对性、专业性指导。

短周期监测报告：一般每日、月、季、半年编制1次，可根据工作需要和监测指标的特点进行灵活调整。主要是对短期变化影响显著的监测指标进行及时的统计、分析和评估，为相关保护管理措施的调整提供依据。

13.2　投入保障制度

13.2.1　建立背景

建立国家公园体制是党中央、国务院的重大战略决策。2021年已正式设立第一批国家公园，分级统一的国家公园管理体制基本建立，根据《建立国家公园体制总体方案》要求，还应制定国家公园总体规划、功能分区、基础设施建设、社区协调、生态保护补偿、访客管理等相关标准规范和自然资源调查评估、巡护管理、生物多样性监测等技术规程，因此，探索适用于各类自然保护地的可推广制度，对自然保护地体系的发展具有重大意义，但目前从国家公园设立到建设运营各环节仍缺乏统一的标准规范和政策保障。

从资金投入机制、科研投入机制、立法机制等方面进行相关制度的多角度分析和探索，可为设立、建设和管理国家公园奠定政策和技术基础，是确保自然保护地治理体系顺利运行、实现自然保护地永续发展的支柱，未来需进一步在相关政策上给予保障，探索出可推广适用于各类自然保护地的普适性制度。

13.2.2　建立目的

国家公园保护制度体系是建立国家公园体制的“四梁八柱”之一，国家公园在中国是新生事物，由于各国国情和资源禀赋不同，没有现成的模式可以照搬。因此，既要借鉴国际经验，又要深入实际研究具体问题；既要汲取一些保护地“一刀切”影响民生发展的教训，又要避免大搞建设开发、旅游开发，造成新的资源环境破坏。也正是因为没有现成的制度模式可以照抄照搬，才需要在体制机制上大胆创新，敢于打破旧体制重构新体制；在设立、规划、建设各个环节要充分听取专家学者和各方意见建议，推动各项制度科学合理地落地实施。有效的关键制度体系构建，可以对国家公园、自然保护区等自然保护地的设立、管理、运行等作出明确规定，为构建以国家公园为主体的自然保护地体系奠定基础。

13.2.3　内涵要求

13.2.3.1　资金投入保障

《关于建立以国家公园为主体的自然保护地体系的指导意见》明确提出中国国家公园保护制度体系的基本框架包括资金保障制度。建立完善合理的资金保障机制则是我国国家公园建设发展的重要保障。各类自然保护地的资金投入机制存在一定区别，但资金来源大致有以下三个方面：财政投入，主要指中央和地方各级政府的财政投资，中央财政资金主要以相关专项资金等形式投入，但数量有限，大多数自然保护地的资金来源于地方政府，地方财政资金主要以项目投入或配套资金等形式投入；社会支持，主要来自国外资助，包括联合国有关机构、自然保护国际组织、多边和双边援助机构、国外民间及个人对我国自然保护区的各项资助和科技合作；经营收入，主要指以自然保护地一种或多种资源为基础开展的多种经营创收和有关服务收费。国家公园发展的不同阶段，应采用不同的资金投入保障机制。国家各级应加大财政投入，实施以中央政府财政拨款为主，地方财政投入为辅，社会积极参与的多渠道资金筹措保障机制，如建立国家公园专项资金，实施生态补偿，保障国家公园的保护、规划建设管理以及基础设施、公用服务设施建设费用，明确投入、使用和监管机制（李俊生和朱彦鹏，2015）。

13.2.3.2　科研投入保障

为充分发挥国家公园重要的科研平台作用，支撑和提升国家公园建设管理，开展国家公园科研能力建设研究至关重要。《关于建立以国家公园为主体的自然保护地体系的指导意见》第二十六条对加强国家公园科技支撑提出了明确要求，设立重大科研课题，对自然保护地关键领域和技术问题进行系统研究。建立健全自然保护地科研平台和基地，促进成熟科技成果转化落地。加强自然保护地标准化技术支撑工作。自然保护地资源可持续经营管理、生态旅游、生态康养等活动可研究建立认证机制。充分借鉴国际先进技术和体制机制建设经验，积极参与全球自然生态系统保护，承担并履行好与发展中大国相适应的国际责任，为全球提供自然保护的中国方案。科研能力建设是国家公园具备的重要功能之一。国家公园建设的各个环节都需要进行科研工作，包括国家公园自然资源本底调研、边界与功能区划定、总体规划与各类专项规划和管理监测等方面（杨锐和曹越，2017）。国家公园科研能力建设需要从国家公园科研机构设置、科研管理制度、建立专家库、搭建信息化平台和相关保障措施等方面构建国家公园的科研体系；突破现有科研模式，转变科研工作主导主体，规范科研行为，提高科研成果的转化效率，促进科研力量发挥最大功能（崔晓伟等，2019）。

13.2.3.3　法律法规体系保障

依法设立、依法管理是国家公园体制建立的基础。《建立国家公园体制总体方案》将国家公园立法确定为国家公园法治体系建设的重点任务，第十三届全国人民代表大会将国家公园法列入立法规划的第二类项目，目前已形成《国家公园法（草案）》并面向社会公开征求意见。国家公园法制体系建设是当前建立国家公园体制最重要的内容和最根本的任务。国家公园法符合中国当前生态文明体制改革的相关政策，是自然保护地管理体制改革的先行先试。国家公园法是以国家公园为主体的自然保护地体系建设的重要的法律法规依托（闫颜和唐芳林，2019）。国家公园立法是对指定地域范围内的各种开发利用行为进行限制或禁止，对指定物种采取特别措施予以保护，涉及地域环境保护、野生生物保护、河流湖泊保护，以及自然文化遗迹和景观舒适保护等（汪劲，2014）。国家公园作为一类特殊区域，就要对各种开发利用活动进行不同程度的限制，特别是对那些易造成生态环境破坏和污染的利用活动，也要禁止一些与保护管理目标不一致的建设项目。为了更好地实现对国家公园的严格保护，国家公园立法是制定人们必须普遍遵循的基本规则，明确行政管理人员、社区群众、科研院所、社会公益组织等涉及国家公园管理的相关利益群体的职责和责任，通过立法调整相关利益群体的利益分配，以保护国家和广大人民群众的根本利益。中国于2018年正式启动了国家公园立法工作，目前已取得初步进展（闫颜和唐芳林，2019）。

13.2.4 建立现状

13.2.4.1 资金投入保障制度有待完善

中国国家公园试点区资金投入成效有目共睹，一些体制试点区开展了相关的探索实践，在央地资金支持和统一管理下，自然生态系统及大熊猫、海南长臂猿、东北虎、东北豹等旗舰种都得到了有效的保护。在我国国家公园的不同发展阶段，国家公园资金来源也有所不同。目前的资金筹措机制主要包含财政方式、市场方式和社会方式。在我国国家公园体制试点初期，本级政府财政拨款和上级政府专项资金是主要的资金来源。在体制试点中期，国家公园为拓展市场引入了特许经营机制，门票收入也是其重要资金来源。到了国家公园体制试点区发展较为成熟的阶段，根据国家公园自身事权划分，能够测算出国家公园在一定时期内资金预算多少，从而计算出中央财政和地方财政所承担的比例（邱胜荣等，2020）。当前中国国家公园资金投入保障机制还面临如下挑战：事权划分还不清楚，产业退出、移民搬迁安置等资金来源渠道不明确；国家层面尚未设立国家公园专项资金，资金投入缺口较大；资金来源单一，尚未建立多元化的资金投入机制；生态补偿机制尚未健全；一些试点区尚未制定野生动物肇事损害赔偿制度和野生动物伤害保险制度等，社区居民遭受损失难以得到补偿或补偿偏低。国家公园建设的资金投入缺口大、日常经费的及时性和充足性难以保证等难题尚未得到根本性改善。在以后国家公园的发展中，将会越来越加大政府财政的投入，把国家公园打造成真正的公益事业，体现我国经济高速发展的公共福利。

13.2.4.2 科研投入能力亟待提升

目前，中国国家公园的建设尚处于起步阶段，大多数理论及实践研究都集中在关注国家公园体制试点上（王毅，2017），科研很少被提及，还缺乏对科研的深入、系统的专项研究。同时，依托现有自然保护地开展的自然生态系统保护还存在不少问题，缺乏科学完整的技术规范体系，保护对象、目标和要求没有科学的区分标准，保护管理效能也比较低下（宋立奕等，2018）。在自然保护地特别是国家公园内开展科研，不仅能支撑和提升国家公园的建设管理，还能够为科学拯救和维系国家可持续发展的战略生物资源提供理论依据与技术指导，推进生态系统和自然遗产的拯救与保护，增加多种资源的储备存量或选择空间（崔国发，2004）。

13.2.4.3 法律法规体系建设仍待深入

中国国家公园在立法方面还存在不足之处。尽管《我国国家公园立法存在的问题与管理思路》中指出将国家公园立法确定为《建立国家公园体制总体方案》的重点任务，第十三届全国人民代表大会将国家公园法列为二类立法规划，并于2018年正式启动了国家公园立法工作，国家林业和草原局于2022年6月印发了《国家公园管理暂行办法》，作为国家公园法律出台前国家公园管理的依据，但中国国家公园在立法方面目前还存在与国家公园法律法规相关的研究不够深入、国家公园立法和自然保护地立法关系不明确、社会参与不足等问题（闫颜和唐芳林，2019）。

13.2.5 建立方法

13.2.5.1 资金投入保障

要以习近平新时代中国特色社会主义思想为指导，完整、准确、全面贯彻新发展理念，坚持山水林田湖草沙一体化保护和系统治理，构建投入保障到位、资金统筹到位、引导带动到位、绩效管理到位的财政保障制度，为加快建立以国家公园为主体的自然保护地体系、维护国家生态安全、建设生态文明和美丽中国提供有力支撑。进一步发挥财政职能作用，支持国家公园建设，重点支持生态系统保护修复、国家公园创建和运行管理、国家公园协调发展、保护科研和科普宣教以及国际合作与社会参与五大方向，建立财政支持政策体系。

一是合理划分国家公园中央与地方财政事权和支出责任。按照《自然资源领域中央与地方财政事权和支出责任划分改革方案》，将国家公园建设与管理的具体事务，细分确定为中央与地方财政事权，中央与地方分别承担相应的支出责任。将中央政府直接行使全民所有自然资源资产所有权的国家公园管理机构运行和基本建设，确认为中央财政事权，由中央承担支出责任；将国家公园生态保护修复和中央政府委托省级政府代理行使全民所有自然资源资产所有权的国家公园基本建设，确认为中央与地方共同财政事权，由中央与地方共同承担支出责任；将国家公园内的经济发展、社会管理、公共服务、防灾减灾、市场监管等事项，中央政府委托省级政府代理行使全民所有自然资源资产所有权的国家公园管理机构运行，确认为地方财政事权，由地方承担支出责任。

二是加大财政资金投入和统筹力度。建立以财政投入为主的多元化资金保障制度，加大对国家公园体系建设的投入力度。中央预算内投资对国家公园内符合条件的公益性和公共基础设施建设予以支持。加强林业草原共同财政事权转移支付资金统筹安排，支持国家公园建设管理以及国家公园内森林、草原、湿地等生态保护修复。优先将经批准启动国家公园创建工作的国家公园候选区统筹纳入支持范围。对预算绩效突出的国家公园在安排林业草原共同财政事权转移支付国家公园补助资金时予以奖励支持，对预算绩效欠佳的适当扣减补助资金。有关地方政府按规定加大资金统筹使用力度。探索推动财政资金预算安排与自然资源资产情况相衔接。

三是建立健全生态保护补偿制度。逐步加大重点生态功能区转移支付力度，增强国家公园所在地区基本公共服务保障能力。建立健全森林、草原、湿地等领域生态保护补偿机制。按照依法、自愿、有偿的原则，对划入国家公园内的集体所有土地及其附属资源，地方可探索通过租赁、置换、赎买等方式纳入管理，并维护产权人权益。将国家公园内的林木按规定纳入公益林管理，对集体和个人所有的商品林，地方可依法自主优先赎买。实施草原生态保护补助奖励政策。建立完善野生动物肇事损害赔偿制度和野生动物伤害保险制度，鼓励有条件的地方开展野生动物公众责任险工作。鼓励受益地区与国家公园所在地区通过资金补偿等方式建立横向补偿关系。探索建立体现碳汇价值的生态保护补偿机制。

四是落实落细相关税收优惠政策和政府绿色采购等政策。对企业从事符合条件的环境保护项目所得，可按规定享受企业所得税优惠。对符合条件的污染防治第三方企业减按15%税率征收企业所得税。对符合条件的企业或个人捐赠，可按规定享受相应税收优惠，鼓励社会捐助支持国家公园建设。对符合政府绿色采购政策要求的产品，加大政府采购力度。

五是积极创新多元化资金筹措机制。创新财政资金管理机制，调动企业、社会组织和公众参与国家公园建设的积极性。鼓励在依法界定各类自然资源资产产权主体权利和义务的基础上，依托特许经营权等积极有序引入社会资本，构建高品质、多样化的生态产品体系和价值实现机制。鼓励金融和社会资本按市场化原则对国家公园建设管理项目提供融资支持。利用多双边开发机构资金，支持国家公园体系、生物多样性保护和可持续生态系统相关领域建设。构建范围广泛的社区参与发展机制，引导居民积极参与国家公园建设，通过培养参与意识、进行社区培训逐步提升当地居民的认知水平，鼓励并引导社区居民参与特许经营项目，为当地居民带来转变和发展机遇，增加居民就业，提高居民收入，实现全民共享（邱胜荣等，2020）。

13.2.5.2　科研投入保障

国家公园具有极其重要的科学和研究价值，在保护基础上进行科研，也是国家公园的主要功能之一。为充分发挥国家公园重要的科研平台作用，支撑和提升国家公园建设管理，在科研知识技术的基础上，提出了基本策略机制、机构人员保障和规划建设保障等政策建议和能力建设方案，以期为中国国家公园科研发展提供参考。具体如下。

1）基本策略机制

中国的国家公园科研组织模式，应该是管理机构主导、政府协调、科研单位支撑，院校合作、社区公众参与，依托科研机构和院校建成全国性的“国家公园-科研机构-院校”三方合作网络。国家林业和草原局已和中国科学院共建国家公园研究院，可由国家公园研究院牵头组织定期会晤，出台管理指南，发布年度报告。国家公园提供科研的场所和平台，国家公园研究院牵头组织科研机构提供研究人员和项目资金，院校提供专业师资、学生和知识传授服务，促进国家公园、机构与院校间的合作，共同推进国家公园科研事业。此外，国家公园管理机构还需要负责监管科研项目资金，实现科研经费的合理分配与高效利用。

2）机构人员保障

一个国家公园完整的工作人员体系应包括正式员工、临时员工、志愿者等多种人员，科研机构应该包括科学、技术、外联、教育、野外工作人员和管理人员，以及志愿者和社区支持队伍。因此，在国家公园管理上，应由中央和省级政府派出机构进行统一管理，并且国家公园管理机构应设置科研教育管理的内部机构。科研教育管理机构主要负责科学研究、学术交流、生态及资源监测等工作，管理科研中心，负责科研教育活动，协助人员培训工作。

3）规划建设保障

国家公园的科研监测是一个长周期过程，在其长期的发展过程中，外部的政治、经济、政策、法律、技术与环境发展趋势等都会发生变化，而这些变化必然会影响国家公园科研监测的方向与任务。为使国家公园科研监测保持长期的稳定性和持续性，需要在国家公园的发展规划、总体规划、详细规划和专项规划中，都制定有关科研监测的内容。特别是在国家公园工程建设规划中，科研工程和科研管理服务设施及配套工程必须成为重点，而且国家公园工程项目建设应贯彻全面保护自然环境、积极开展科学研究、重视科普教育事业的方针。

4）相关能力建设

加强国家公园科研能力建设，必须首先具备人力（科学家、技术员、辅助人员）、财力（研究资金）以及物资（仪器、设备、试验场地设施等）等基本条件，建设科研平台以系统开展科研项目。同时，建设科研队伍，创造适宜的科研环境以调动科研、技术人员的积极性，并且提升科研管理水平，对现有条件进行精心组织、管理和利用。此外，还要增加科研投入，重视科研成果产出，以支撑国家公园管理决策。

13.2.5.3　法律法规体系保障

目前，中国针对国家地质公园、自然保护区、风景名胜区、国家湿地公园、国家森林公园等保护地类型形成了相关法律法规，但未能构建包括国家公园在内的系统性的法律法规体系。结合中国国家公园立法的现状与不足之处，《关于建立以国家公园为主体的自然保护地体系的指导意见》提出“完善法律法规体系。加快推进自然保护地相关法律法规和制度建设，加大法律法规立改废释工作力度。修改完善自然保护区条例，突出以国家公园保护为主要内容，推动制定出台自然保护地法，研究提出各类自然公园的相关管理规定。在自然保护地相关法律、行政法规制定或修订前，自然保护地改革措施需要突破现行法律、行政法规规定的，要按程序报批，取得授权后施行。”

中国的当务之急应是在国家层面制定自然保护和管理的基本法——自然保护法，以明确中国自然保护地体系分类标准和分级管理目标，国家和地方、各部门的义务和职责，以及与其他法律发生交叉或冲突时的运用规定，同时为其他自然保护地立法提供依据，稳步推进国家公园体制建设，避免形成新的自然保护地管理体制混乱。目前中国自然资源、生态环境以及国家级自然保护区有较完善的法律法规规范基础，应早日颁布作为国家公园等自然保护地基本法的自然保护地法，以及出台或修订国家公园法、《中华人民共和国自然保护区条例》和《风景名胜区条例》等特定保护地的法律法规，构建自然保护地的法律法规体系，以对国家公园、自然保护区等自然保护地的设立、管理、运行等作出明确规定。同时履行《生物多样性公约》等国际公约，通过并完善规范、标准与法定规划编制和其他指导性文件等，加强自然保护地保护管理（马炜等，2019）。

在立法的基础上，我们要为国家公园的发展提供法治保障，吕忠梅（2019）在《以国家公园为主体的自然保护地体系立法思考》中提出了要实现党的十九大报告提出的建立以国家公园为主体的自然保护地体系的改革目标需要法治保障。建设自然保护地体系涉及多个不同的生态系统和多个管理部门、多方利益主体，是一个巨大的复杂系统，需要进行整体性、系统性的立法研究。当前应正确处理《国家公园法》与未来拟制定的自然保护地法的关系，协同推进国家公园与自然保护地立法，为自然保护地的发展提供法治保障。

此外，还需加强对生物多样性的保护，如将生物多样性主流化作为最有效的生物多样性保护与可持续利用措施之一。中国在生物多样性就地保护、政策、立法、执法监管等方面取得了长足进展，但在全球生物多样性丧失和生态系统退化的大背景下，中国的生物多样性保护，应在法律、经济、机制、技术等方面进一步加强。

最后，需按照精简、统一、高效能的原则，建立自然保护地管理执法队伍。考虑到自然保护地管理特性，建设职业化和具有执法力度的队伍尤为重要。

（1）推动实现保护管理队伍的职业化，制定自然保护地保护管理劳动标准，组建具有职业素养、职业技能的队伍，按事业编制的专业技术人员进行管理。

（2）赋予执法能力，考虑到中国正处于新一轮深化机构改革的关键时期，行政编制有限，可探讨事业编制、少数行政编制及生态管护员的配置模式，配备和引进自然保护地建设和发展急需的管理和技术人才，使自然保护地管理队伍既具有行政执法的能力，又可以理顺保护地与社区关系。

13.3 本章小结

目前，国家公园监测评估与投入保障相关工作正持续推进。对统筹开展全国国家公园自然资源监测，开展生态功能、社会服务和管理绩效评估，全面掌握国家公园自然资源和自然环境动态，科学评价和预测生态环境状况，巩固和提高国家公园保护成效，保障国家公园稳步发展意义重大。

通过建立和完善以国家公园为主体的自然保护地监测评估技术，对自然保护地生态系统和自然文化资源的保护、修复、利用与管理活动及成效进行监测和评价，以适时调整管理过程，适应不同因素的各种情况，以便自然保护地的管理和规划，有利于生态文明建设和生态保护工作的持续推进。国家公园资金投入保障制度的建立是现有国家公园等自然保护地发展的重要支撑，根据新发展要求不断完善资金投入保障制度，构建一套适合中国国情的国家公园资金投入保障制度，有助于自然保护地体系的规范化发展。国家公园作为重要的科研平台，在保护的基础上进行科学研究，是国家公园的主要功能之一，通过科研发现国家公园运营和管理的最佳方案，有利于国家公园的高质量建设。同时，国家公园立法是规范国家公园建设和管理的根本需要。中国国家公园体制建设各项工作正在加快推进，制定国家公园法既能为中国国家公园建设和管理提供基本规则要求，使国家公园能够在统一的规范标准下实行严格保护、规范管理，在起统领作用的基本法律框架下，又能够通过制定法规、规章等其他制度进一步完善国家公园管理体系，加强国家公园规范管理。通过推进监测评估制度、资金投入保障制度、法律法规体系制度、科研能力建设制度等保障制度的落实，有利于实现中国国家公园保护管理和建设运营，是推动建立统一科学规范高效国家公园体制的重要环节和关键技术手段。

第四篇 案例篇

第14章　基于生态保护制度演变的三江源国家公园符合性认定

14.1　研究背景

自1956年中国建立第一个自然保护区以来，风景名胜区、森林公园、地质公园等多种类型的自然保护地相继出现。各类保护地在管理体制上采取条块管理，既有职能部门自上而下的组织格局，也要遵循横向属地管理原则。这种管理体制有悖于资源的客观属性，造成资源破碎、多重指定、管理交叉等问题。

生态文明建设中，如何保持自然生态系统的原真性和完整性以及保护生物多样性与生态安全屏障一直是研究的首要问题，其中保护制度的完善和保护地体系的健全一直是重中之重。国家层面一直在追求一种统一、规范和高效的管理模式，从保护地的整体角度出发，梳理重构中国现有保护地体系，从而实现保护地的综合治理。2017年，中共中央办公厅、国务院办公厅联合印发的《建立国家公园体制总体方案》，提出了中国国家公园的定义，并明确了国家公园的首要功能是保护重要自然生态系统的原真性和完整性。2019年，中共中央办公厅、国务院办公厅又联合印发了《关于建立以国家公园为主体的自然保护地体系的指导意见》，明确了国家公园在自然保护地体系中的主体地位，并进一步明确国家公园的生态价值。国家公园保护的是具有国家代表性的大面积自然生态系统，是自然生态系统中最重要、自然景观最独特、自然遗产最精华、生物多样性最富集的部分，其生态过程完整、保护范围大，具有国家象征和全球价值。

作为中国第一个国家公园体制试点，三江源一直是保护地体系与保护制度理论研究、实践探索的最前站。三江源地区经历了从单一的保护区到各类保护地并存再到以国家公园为主体的自然保护地体系构建的整个过程。本案例以三江源地区生态保护制度演变为例，通过三江源地区不同时期保护地构成与范围划定，分析保护目标、划定因素以及国家公园准入标准的变化，并最终明确国家公园符合性认定标准。

14.2　三江源地区概况

三江源地区位于中国青海省南部，是“世界屋脊”青藏高原的重要组成部分，海拔在3335～6564m，以东昆仑山及其支脉阿尼玛卿山、巴颜喀拉山和唐古拉山山脉为地形基本骨架，地形复杂、地势高耸、山脉绵亘，具有冻土冰缘、风成干旱剥蚀、河流、黄土等多种构造地貌。该地区呈典型高原大陆性气候特征，是全球气候变化最为敏感的地区之一，被称为“亚洲、北半球乃至全球气候变化的敏感区和重要启动区”。该地区是中国沼泽分布率最高的地区，是世界上高原内陆湖泊面积最大、数量最多、分布海拔最高的地区，也是亚洲乃至世界上孕育大江大河最集中的地区，是长江、黄河、澜沧江的发源地及中国淡水资源的重要补给地，供给着长江总水量的25%，黄河总水量的49%和澜沧江（境内）总水量的15%，素有“中华水塔”等美誉（图14-1，图14-2）。

图14-1　三江源三水同源示意图

三江源地区是中国生态系统最脆弱、最原始的地区之一，广袤的空间区域、独特的地理环境和典型的气候特征，孕育了世界上独有多样的生态系统及丰富的物种多样性，拥有山地针叶林、阔叶林、针阔混交林、灌丛、草甸、草原等多样化的植被类型。该地区也是全球生物多样性关键地区，这里有野生植物2000余种，受中国政府和国际贸易公约保护的珍稀濒危植物40多种。这里也是世界高山植物最丰富的地区，几乎拥有欧亚高山植物区系的全部植物种类，且有丰富的中国-喜马拉雅成分，并形成黄三七（*Souliea vaginata*）等一些特有属种，是北温带杜鹃属（*Rhododendron*）、报春花属（*Primula*）、龙胆属（*Gentiana*）及紫堇属（*Corydalis*）等的分布和分化中心。复杂的生态环境及多样的自然地理条件为雪豹、藏羚（*Pantholops hodgsoni*）、金雕（*Aquila chrysaetos*）、玉带海雕（*Haliaeetus leucoryphus*）等360余种野生动物提供了生

图14-2　三江源自然流域范围示意图

存空间。其中，位于三江源地区西北部的可可西里湖盆区域是目前已知规模最大的藏羚集中产羔地，也是中国面积最大的世界自然遗产地，该地区南部的澜沧江源是世界雪豹分布最集中的区域之一。

三江源地区涉及玉树藏族自治州（以下简称玉树州）、果洛藏族自治州（以下简称果洛州）的大部分，黄南藏族自治州（以下简称黄南州）、海南藏族自治州（以下简称海南州）及海西蒙古族藏族自治州（以下简称海西州）南部区域。地区内人口近66万，平均人口密度不足2人/km^2，多呈半定居状态。其中，藏族人口最多，占总人口的90%；其他民族占10%，有汉族、回族、撒拉族、蒙古族、东乡族、土族等。该地区的主要产业是牧业，其畜产品产量占青海省总产量的1/3以上，是青海省主要的畜产品生产和供应基地。

14.3　三江源生态保护制度演变

14.3.1　自然保护区建立阶段

20世纪80年代以来，全球气候呈现暖干化趋势，三江源地区生态环境也开始出现恶化。该地区生态环境的严峻态势，引起了党中央、国务院和社会各界的高度关注。2000年3月，国家林业局（现国家林业和草原局）、中国科学院和青海省人民政府共同召开了“青海三江源自然保护区可行性研讨会”，并指出“要积极建立三江源自然保护区，这不仅是西部大开发中生态环境建设的重大战略任务，也保护了三江源头重要的生态系统，同时，也保障了中国及东南亚各国的经济发展及生态安全。”2000年5月，青海省人民政府批准设立三江源省级自然保护区，并于次年9月成立了“青海三江源自然保护区管理局”。2003年1月，国务院正式批准三江源省级自然保护区晋升为国家级自然保护区，其总面积达15.23万km^2，占三江源自然流域面积的63.99%，占青海省的面积21.12%，是中国面积最大的自然保护区。

2005年1月，国务院批准了《青海省三江源自然保护区生态保护和建设总体规划》（2005—2010年）（以下简称“三江源生态保护一期工程”），建设内容包括生态保护与建设项目、农牧民生产生活基础设施建设项目、支撑项目三大类，总投资75.6亿，涉及青海省5个自治州的17个县（市）69个乡镇，其中玉树州包括玉树、曲麻莱、称多、杂多、治多、囊谦6市县；果洛州包括玛多、玛沁、班玛、甘德、达日、久治6县；黄南州包括河南、泽库2县，海南州包括兴海、同德2县；海西州包括格尔木市代管的唐古拉山镇。按照“三江源生态保护一期工程”要求，到2010年，完成退牧还草64 389km^2，黑土滩治理3480km^2，封山育林（草）3014km^2，退耕还林65.4km^2，沙漠化防治441km^2；40%沼泽湿地生态系统和80%国家重点保护物种得到有效保护；保护区草地退化、沙化得到综合治理，天然植被得到生息和恢复，草地植被盖度可提高20%～40%，江源水源涵养量每年可增加13.20亿m^3，减少河流泥沙1823.17万t。

14.3.2　国家公园的初步探索阶段

在“三江源生态保护一期工程”的基础上，为继续加强三江源的整体保护，保护模式不断升级，从林业部门主管的保护区抢救式保护到多个部门联合开展的生态综合治理，自然资源统一管理的理念已具有雏形，三江源国家公园建设的序幕拉开。2012年1月，国家发展改革委发布《青海三江源国家生态保护综合试验区总体方案》，三江源成为“中国第一个生态保护综合试验区”，其总面积39.5万km^2，包括果洛、玉树、海南、黄南4个藏族自治州的21个县和格尔木市唐古拉山镇。2013年12月，国务院通过了总投资160多亿元的《青海三江源生态保护和建设二期工程规划》（以下简称“三江源生态保护二期工程”）。

这一阶段探索在三江源建立国家公园，通过国家公园实现“山水林田湖草冰沙”统一管理，已成为三江源生态保护综合试验区和“三江源生态保护二期工程”的重点任务。2013年底，青海省人民政府响应党的十八届三中全会关于建立国家公园体制的决定，提出设立“三江源国家公园”的构想。青海省林业厅和国家林业局调查规划设计院积极开展工作，在2014年6月，国家林业局调查规划设计院与北京林业大学起草了《青海三江源国家公园建设规划（2015—2025年）》（国家林业局调查规划设计院，2014）。规划中明确了自然资源本底情况，制定了总体布局与功能区划、科研监测、生态旅游等规划内容，这些充实的前期工作为后续建立国家公园体制试点提供了坚实的保障。

14.3.3　国家公园体制试点实践阶段

国家公园体制试点阶段是生态保护制度和理念的重大改变，三江源生态保护模式正式从以往的自然保护区模式提升到国家公园模式，保护地改革任务也由林业部门负责转化为各有关部门共同参与执行。2015年5月，国务院责成国家发展改革委牵头同中央编办、财政部、环保部、林业局、海洋局等13个部门联合印发《建立国家公园体制试点方案》；同年12月，中央全面深化改革领导小组，在第十九次会议审议通过了《三江源国家公园体制试点方案》。2016年3月，中共中央办公厅、国务院办公厅正式印发了《三江源国家公园体制试点方案》，明确了设立三江源国家公园的时间表、任务书和路线图，中国第一个国家公园体制试点由此诞生。

2016年3月，习近平总书记在十二届全国人大四次会议青海代表团审议时强调，一定要生态保护优先，扎扎实实推进生态环境保护，像保护眼睛一样保护生态环境，像对待生命一样对待生态环境，推动形成绿色发展方式和生活方式，保护好三江源，保护好“中华水塔”，确保“一江清水向东流”。2016年4月，青海省委常委会会议提出：5年内力争建成三江源国家公园。同时，部署了三江源国家公园体制试点工作，并积极将其打造成经济社会持续发展、人与自然和谐相处的生态文明先行区，为全国国家公园建设运行提供示范样本。2016年6月，三江源国家公园管理局（筹）正式挂牌，成立了长江源、黄河源、澜沧江源三个园区管委会（管理处），涉及的4个县政府大部门制改革也一并完成。同时，合理划分了园区管委会和地方政府的权责，实现了保护管理体制机制的全新突破。2018年1月，国家发展改革委印发《三江源国家公园总体规划》。三江源国家公园体制试点的实践经验主要体现在理顺管理制度、完善立法和执法体系、加强社会参与、带动社区发展、开展特许经营与自然教育等方面。五年多来，三江源国家公园体制试点工作实践总结出了可复制、可推广的经验和模式，为全国生态保护提供了示范，国务院将其作为典型进行了通报表扬。

14.3.4　以国家公园为主体的自然保护地体系构建阶段

三江源国家公园在三江源和可可西里两个国家级自然保护区的基础上，整合了区域内各类自然保护地，加大了对三江源的整体性保护，确保生态系统得到真正的原真性与完整性保护。2021年10月12日，国家主席习近平在《生物多样性公约》第十五次缔约方大会领导人峰会上宣布：中国正式设立三江源、大熊猫、东北虎豹、海南热带雨林、武夷山等第一批国家公园。三江源国家公园的正式设立，对青海省国家公园示范省建立和以国家公园为主体的自然保护地体系构建、中国的自然保护地体系建设，具有里程碑式的意义（图14-3）。

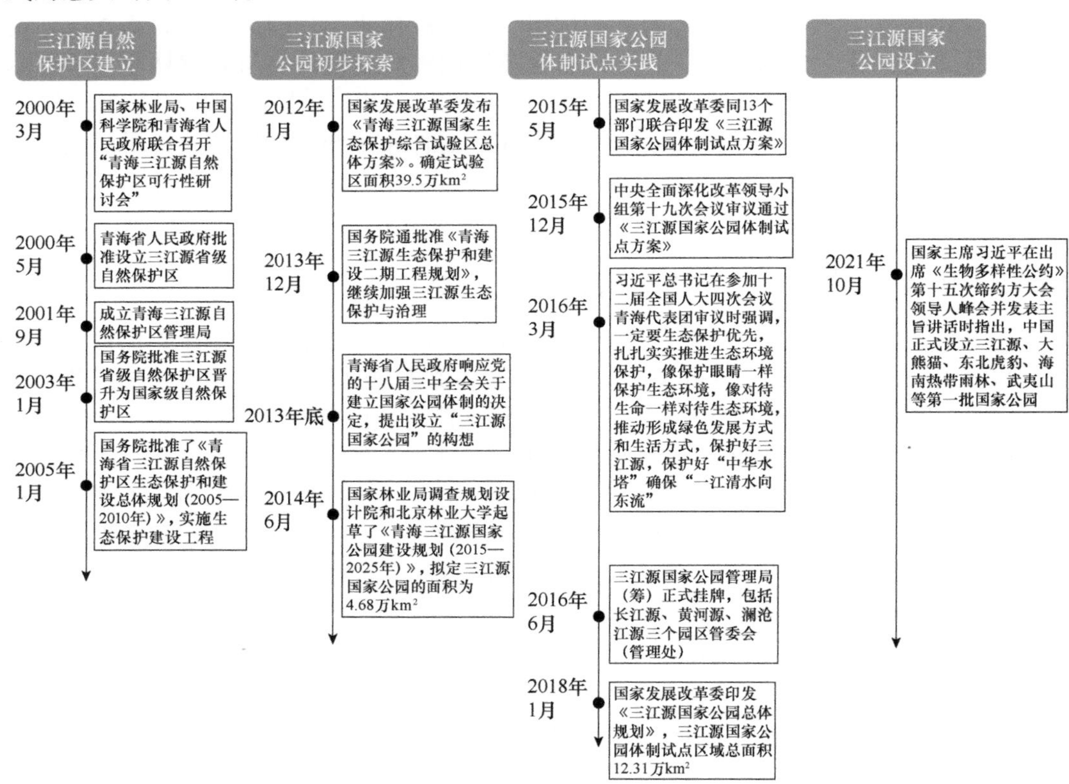

图14-3　三江源生态保护制度演变历程

14.4　各阶段自然保护地范围划定

14.4.1　自然保护区范围划定

14.4.1.1　范围划定理念

以“高原高寒湿地生态系统”为主要保护对象，以维护大江大河流域的生态安全为主要目的，三江源的保护性政策措施需要在一个大的影响区域内实行，才能达到所需的效果。但是，三江源是以游牧为主的传统牧业区，将十几个州、县城区都划入保护区是不现实的。现将三江源作为一个大生物地理区整体，在有效保护自然资源与环境的前提下，按照当地资源特征，遵循环境保护与经济发展的要求，由当地政府主导、社区参与、自然保护区管理机构协调，采取分工协作、公平分配利益等模式，共同构建一个多功能、开放式、高效益的自然保护区网络和可持续发展的地理单元。范围划定核心理念如下。

1）构建生物区域自然保护区网络

把三江源地区作为一个生物区域整体，将保护对象相对集中的生态系统极端脆弱或自然性较强、未遭到严重破坏的区域，划为自然保护区的核心区域。将保护区建设与地方社会发展相融合，核心区域由保护区负责建设与管理，其他区域以地方政府建设为主，实现保护区与当地政府共建共管、共担责任、共享利益。

2）实行主动和开放式管理

将“自上而下”的管理策略与“自下而上”的反馈程序结合起来，由政府向下传达保护计划，当地居民和其他群体在实现自身发展目标的前提下，进行计划实施。政府制定有利于生态保护和生态建设的政策与计划，坚决杜绝破坏自然环境、资源、景观的生产经营活动。充分考虑社区居民发展意愿，因地制宜、合理利用自然资源，发挥各主体功能，形成自然与人工生态系统和谐统一、共同发展的画面。

3）分层建设、突出重点

对于保护区核心区内生态非常脆弱的区域，以封育为主，减少对生态环境的干扰；其他生态系统严重退化的区域，采取计划放牧、退牧还草、防治沙化等措施，遏制生态环境进一步恶化，科学治理、分层建设、逐步恢复其生态功能。分层建设的主旨为：①在宏观层面确定生物地理区域范围，从区域层面优化保护区网络设计；②在网络的节点（保护区）分析保护区面积、形状、功能分区；③研究网络与节点的廊道与通道（图14-4）（唐小平，2003）。

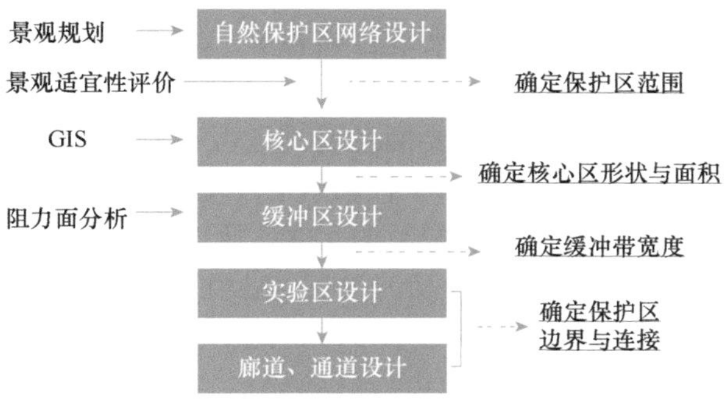

图14-4　三江源国家级自然保护区设计程序图

14.4.1.2　划定因素

1）景观多样性

将野生动植物栖息地与景观系统整体保护，把生物等级作为一个系统，对其景观连续性、异质性、动态变化等特征进行整体设计，通过保护景观的多样性来提高水源涵养功能，实现生物多样性保护。

2）景观适宜性

将地貌或地被物、植被盖度、栖息地、人口密度、载畜密度作为景观因子，对景观因子进行分级和权重赋值，叠加后得出景观适宜地区，将其组成的所有潜在斑块作为核心斑块（表14-1，图14-5）（唐小平，2003）。

表14-1　不同景观因子各等级域值与权重赋值

等级	地貌或地被物	植被盖度	栖息地类型	人口密度/（人/km²）	载畜密度/（头/km²）	权重赋值
Ⅰ	雪山/冰川/河湖	＞50%	繁殖地	0～0.5	5	1.000
Ⅱ	沼泽	30%～50%	频繁活动区	0.5～3	6～15	0.667
Ⅲ	森林/草甸	15%～30%	一般活动区	3～12	16～30	0.333
Ⅳ	其他	＜15%	较少活动区	＞12	＞30	0

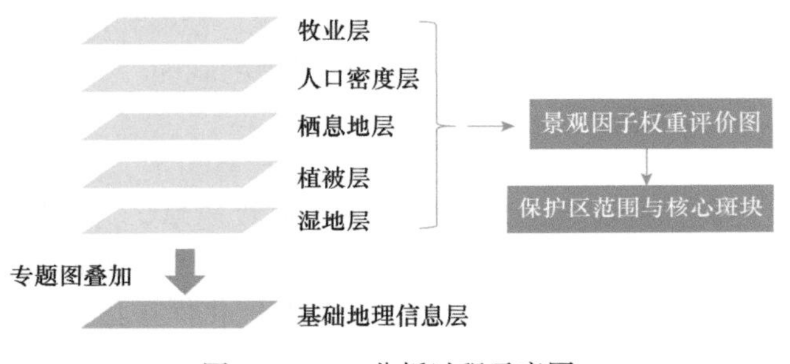

图14-5　GIS分析过程示意图

3）景观生态安全格局

采用景观生态安全格局的概念，来设计核心区、缓冲区界线和廊道。识别景观生态安全格局的关键步骤有以下3点：①源的确定。选择核心斑块确定源，通常考虑的因素有是否是国家重点保护动植物的主要栖息地，是否有利于典型自然生态系统的完整性，是否能改善主要保护对象的生长、生存和繁衍环境，是否打破现有州（县）行政界限和流域界线、更方便了管护。②阻力面的建立。阻力面一般采用最小累计阻力模型（MCR）来建立，它反映了物种空间运动的潜在可能性和趋势。③判别安全格局。根据一定的保护目标划定安全阈值，分为高阻力区、低阻力区、无阻力区，以此确定核心区、缓冲区、源间连接和辐射道（廊道）。

14.4.1.3　范围划定

三江源国家级自然保护区涉及16县1乡（代管），包括玉树州的玉树、称多、杂多、囊谦、治多、曲麻莱6市县；果洛州的玛多、甘德、玛沁、班玛、久治、达日6县；海南州的兴海、同德2县和黄南州的泽库、河南2县，以及格尔木市的唐古拉山镇。保护区根据功能区划分为18个保护分区，其中以保护湿地生态系统和野生动物的功能分区8个，以保护森林生态系统和野生动物的功能分区9个，以保护高寒草原生态系统的功能分区1个（图14-6）。每个保护分区分为核心区、缓冲区、实验区三个部分，保护区核心区共31 218km²、缓冲区共39 242km²，实验区面积共81 882km²，分别占保护区总面积的20.5%、25.8%和53.7%（表14-2）。

图14-6　三江源国家级自然保护区范围示意图

表14-2　三江源国家级自然保护区各保护分区基本特征表

名称	位置	核心区面积/km²	主要保护对象	基本特征
阿尼玛卿山	玛沁县西北部	507	永久性雪山和冰川	海拔5000m以上可见冰斗、角峰等，具有完整的高寒冰川地貌，有冰川57条，其中东北坡的哈龙冰川是黄河流域最大、最长的冰川
星星海	玛多县，距县城不到30km	984	高原湖泊及周围的沼泽	黄河干流从此穿过，内有湖泊、沼泽地242km²。区内珍稀鸟类种类多、数量大，有黑颈鹤、玉带海雕、金雕、大天鹅等
年保玉则	久治县境内	262	雪山、冰川及下部的湖泊群	巴颜喀拉山东南段，长江、黄河流域的重要分水岭。雪线以上分布有现代冰川520hm²，山体四周有360多个大小湖泊
当曲	杂多县西部	5843	源头沼泽湿地	河道曲折、支流众多、呈扇状水系，是三江源区内沼泽面积最大、最集中、发育最好的地区，是长江水量最大的源流。栖息的鸟类和野生动物较多，有黑颈鹤、棕头鸥、赤麻鸭、藏野驴、野牦牛等野生动物群
格拉丹东	格尔木市唐古拉山镇	1952	冰川地貌和冰缘植被	该区分布有南北长50多千米、东西宽30余千米的冰川群，共有50多条巨大冰川，是冰川集中分布区，最著名的是姜根迪如冰川。雪线下有广袤高寒草甸
约古宗列	曲麻莱县麻多乡的黄河源头	963	源区河流、湖泊和沼泽	为东西40多千米、南北60余千米的椭圆形盆地，距雅拉达泽山30km处的小泉不停喷涌，汇成溪流在星宿海之上进入黄河源流玛曲。盆地内星罗棋布着无数大小不一、形状各异的水泊和海子，栖息着黑颈鹤、雪豹、藏羚等珍稀动物

续表

名称	位置	核心区面积/km²	主要保护对象	基本特征
扎陵湖-鄂陵湖	玛多县境内	1818	高原湖泊及周边沼泽	是黄河干流源头上两个最大的淡水湖，对黄河源头水量具有巨大调节功能。区内鸟类近80种，主要有黑颈鹤、斑头雁、赤麻鸭、玉带海雕、金雕等
果宗木查	横跨杂多、治多两县	2883	源区河流、湖泊和沼泽	杂多县内是澜沧江的发源地，治多县内河流流入通天河。果宗木查雪山的冰雪融水形成众多河流湖泊
索加-曲麻河	跨曲麻莱、治多两县，位于楚玛尔河和通天河之间	10 684	沼泽及藏羚、野牦牛、藏野驴等野生动物群	内有青藏高原保存较完整的大面积原始高原面。北部地处长江支流楚玛尔河中下游，是藏羚最主要的集中繁殖地。南部沼泽、河道面积大，野生动物1.6万头（只）以上，种类50种以上
江西	囊谦县、玉树市境内	337	猕猴为主的野生动物及栖息地	是澜沧江上游最大的原始林区。主要树种是川西云杉和大果圆柏；野生动物有猕猴、白唇鹿、豹、雪豹、马麝、黑熊、藏马鸡等
白扎	囊谦县境内	419	豹、雪豹、云豹等动物及栖息地	树种主要有川西云杉、大果圆柏和千里香杜鹃等。林区动物有豹、雪豹、云豹、岩羊、藏马鸡、藏雪鸡等
通天河沿岸	玉树市、称多县通天河中下游两岸	1355	天然圆柏疏林和灌木林	在这一高寒地带的河流两岸，断续生长着天然圆柏疏林和灌木林，是森林、灌木分布上限
东仲-巴塘	玉树市巴塘至东仲的通天河岸	493	大面积原始川西云杉林	该区是同类型纬度海拔最高的原始川西云杉林分布区
昂赛	杂多县境内的澜沧江流域	356	高海拔地区的森林、灌木	是澜沧江源头海拔最高的林区，森林、灌木分布比较集中。林区动物主要有雪豹、藏野驴、马麝、藏马鸡等
中铁-军功	玛沁、同德、兴海3县交界处林区	1341	以青海云杉、紫果云杉、祁连圆柏等为建群种的原始林	为黄河上游最西部的天然林区之一。乔木树种主要是青海云杉、紫果云杉、祁连圆柏，动物主要有白唇鹿、棕熊等
多可河	班玛县多可河两岸	110	原始针叶林	是长江二级支流大渡河的重要源头河流之一。森林、灌木多分布在高山峡谷地带。树种主要有巴山冷杉、紫果云杉、川西云杉、密枝圆柏等，动物有马麝、雪豹、水獭、藏马鸡等
麦秀	泽库县境内	544	源头天然林	是黄河一级支流隆务河源头森林集中分布的地区。主要树种有青海云杉、紫果云杉、祁连圆柏等，动物有雪豹、马麝、马鹿、蓝马鸡等
玛可河	长江上游大渡河源头玛可河流域，班玛县境内	367	山地落叶阔叶林、针叶林和高山灌丛草甸	青海省最大原始林区。因处于青藏高原东南缘的高山峡谷向高原面过渡地带，河谷狭窄，地形切割剧烈。区内主要植被类型有云杉林（川西云杉、紫果云杉、鳞皮云杉）、红杉林、圆柏林（方枝柏、塔枝圆柏）、杨桦林等，重点保护动物有白唇鹿、豹、雪豹、蓝马鸡等30余种

14.4.2　初步探索的国家公园范围划定

14.4.2.1　划定因素

在青海三江源国家生态保护综合试验区范围内，以自然保护区为基础，涉及三江源国家级自然保护区的索加-曲麻河、果宗木查、扎陵湖-鄂陵湖、星星海和通天河沿岸5个保护分区的部分区域，又根据行政管理便捷性，将黄河、长江、澜沧江源头水系流经的玛多县、治多县、杂多县三个县行政边界划分为三个片区，构成“一园三区”的基本格局，对三江源国家级自然保护区的核心地段及相连的行政边界进行区域优化，形成了《青海三江源国家公园建设规划（2015—2025年）》（国家林业局调查规划设计院，2014）中划定的国家公园。国家公园总面积4.68万km²，划定因素主要有以下5点考量。

1）以三江源的生态完整性为核心

充分考虑三条大江源头区域的原真性与完整性，划入的范围囊括了三江流域的关键地段，是三江源流域中最具代表性的区域，生态区位极其重要。

2）以保护区的核心资源为依托

划定的范围很大程度上体现出三江源地区最具保护价值的自然资源，该区域生物多样性丰富，雪豹、黑颈鹤（*Grus nigricollis*）等物种代表性较强。三江源国家公园的根本任务是生态保护，故在范围划定时应以原有的自然保护范围为载体。

3）以行政区划为背景

为保障三江源国家公园后续管理的可操作性与便捷性，选取三江源地区资源较为集中且土地权属清晰的行政县，以县域为基础单位，综合考虑国家公园范围的划定；由于可可西里属于世界自然遗产，管理上存在争议暂不划入。

4）以生态旅游为参考

在保障核心资源保护的前提下，为兼顾生态景观和生态旅游发展，将扎陵湖-鄂陵湖等生态旅游资源富集区域纳入，为后续国家公园开展特许经营及生态旅游服务，带动当地社区发展。

5）以自然文化原真性为本底

在划定国家公园范围时，选取人口密度低、无明显聚居区的城镇，民族文化传承较强、自然资源条件较好的社区纳入国家公园，体现自然文化的原真性与特殊性。

14.4.2.2　范围划定

《青海三江源国家公园建设规划（2015—2025年）》（国家林业局调查规划设计院，2014）中三江源国家公园位于北纬32°46′57.76″～35°23′19.85″，东经92°49′11.64″～99°18′26.60″，横跨青海省果洛、玉树两州，总面积4.68万km²（图14-7）。

根据山形水势及资源特征，三江源国家公园分为黄河源、长江源及澜沧江源三个片区（图14-8）。黄河源片区位于国家公园东部果洛州玛多县，以巴颜喀拉山及阿尼玛卿山为边界骨架，黄河流域为主体资源，涉及三江源国家级自然保护区的扎陵湖-鄂陵湖保护分区、星星海保护分区，面积1.86万km²，占国家公园面积的39.74%。长江源片区位于国家公园北部玉树州治多县，以沱沱河及通天河流域为主体架构，涉及三江源国家级自然

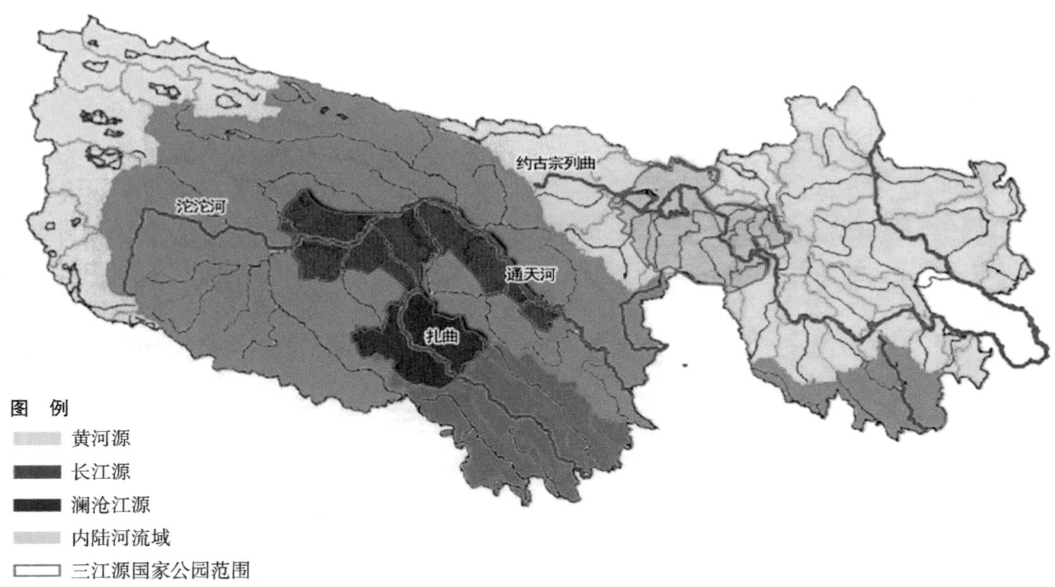

图 14-7　初步探索阶段的三江源国家公园范围与三江源地区位置关系示意图

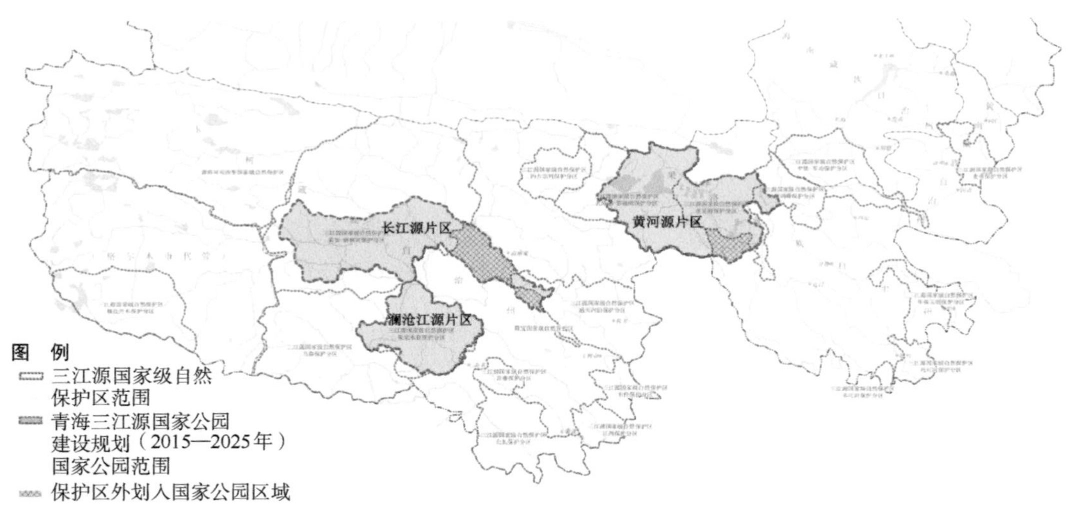

图 14-8　初步探索阶段的三江源国家公园范围示意图

保护区的索加-曲麻河保护分区、通天河沿岸保护分区，面积1.88万km^2，占国家公园面积的40.17%。澜沧江源片区位于长江源片区南部，以果宗木查雪山相隔，涉及三江源国家级自然保护区的果宗木查保护分区，面积0.94万km^2，占国家公园面积的20.09%。

该国家公园范围外还有以下自然保护地：可可西里国家级自然保护区（考虑设立青海藏羚野生动物国家公园），三江源国家级自然保护区的格拉丹东、当曲、白扎、昂赛、江西、约古宗列、东仲-巴塘、阿尼玛卿山、中铁-军功、多可河、年保玉则、玛可河、麦秀13个保护分区（考虑单独设立国家级自然保护区）。

14.4.3　国家公园试点范围划定

14.4.3.1　划定因素

三江源国家公园体制试点是中国加强自然生态系统保护的重要改革，是生态文明制度建设的重要实践，是多个部门通力合作的典范。规划阶段完成了多项体制机制创新，三江源国家公园体制试点作为中国国家公园的先行示范。在《青海三江源国家公园建设规划（2015—2025年）》（国家林业局调查规划设计院，2014）的国家公园范围基础上，三江源国家公园体制试点划定的国家公园将可可西里国家级自然保护区，三江源国家级自然保护区的索加-曲麻河、果宗木查、扎陵湖-鄂陵湖、星星海、昂赛5个保护分区的范围基本整体划入，更加强调“山水林田湖草冰沙”生命共同体的整体保护，最终划定面积12.31万km^2，提出以下4点科学与合理的划定因素。

第一，保护生态系统的原真性与完整性。统筹三江源流域的整体保护，三江源地区最具代表性的区域整体划入，将该区大面积的高寒草甸、高寒草原、湿地、荒漠、森林生态系统、冰川雪山等并存的复合生态系统应收尽收。进一步增强“中华水塔”的保护力度，维护国家重要水源地的生态安全。

第二，对自然保护地进行优化重组。整合了区域内的自然保护区、国家重要湿地、国家湿地公园、国家沙漠公园、水产种质资源保护区和水利风景区。范围上增加了可可西里国家级自然保护区，包含了三江源国家级自然保护区的5个保护分区，大幅增强了生态系统的连通性与完整性，拓宽了园区的面积，使三江源国家公园以高寒草甸与高寒草原为生态主体的资源得以全面划入。

第三，保护国家重点濒危的野生动物。保护了冰川雪山、高海拔湿地、草原草甸等野生动植物栖息地，特别是为藏羚、雪豹、藏野驴（*Equus kiang*）等国家重点保护野生动物提供了生存空间和重要的迁徙通道。

第四，强调管理可行性与社区参与。乡级行政区划与自然地理界线相结合，将社区范围合理划入各园区内。将园区内自然景观独特、文化遗产原真、具有一定可达性的区域，规划为国家公园的传统利用区，努力实现自然资源全民共享，并通过生态管护员公益岗位、特许经营活动使社区发展受益。

14.4.3.2　范围划定

三江源国家公园体制试点区域总面积12.31万km^2（图14-9）。涉及果洛州玛多县，玉树州杂多县、治多县、曲麻莱县，以及可可西里国家级自然保护区管辖区域，共4个县、12个乡镇、53个行政村。总体规划将国家公园进行功能区划，划分为核心保育区、生态保育修复区和传统利用区，面积分别是9.06万km^2、0.59万km^2和2.66万km^2，其中核心保育区面积占比高达73.60%，充分体现了生态保护优先、保护大面积完整生态系统的国家公园划定原则。

黄河源园区：位于果洛州玛多县境内，包括三江源国家级自然保护区的扎陵湖-鄂陵湖保护分区和星星海保护分区，总面积1.91万km^2，共涉及3个乡（镇）19个行政村7240人。长江源（可可西里）园区：位于玉树州，涉及治多、曲麻莱两县，包括可

图 14-9　三江源国家公园体制试点区范围示意图

可西里国家级自然保护区、三江源国家级自然保护区索加–曲麻河保护分区，总面积9.03万km^2，共涉及4个乡8个行政村21 143人。澜沧江源园区：位于玉树州杂多县，包括三江源国家级自然保护区的果宗木查保护分区和昂赛保护分区，总面积1.37万km^2，涉及5个乡19个行政村33 205人。

体制试点范围之外，还涉及三江源国家级自然保护区的格拉丹东、当曲、约古宗列等13个保护分区，杂多县澜沧江源水利风景区，沱沱河特有鱼类国家级水产种质资源保护区和玉树州烟瘴挂峡谷特有鱼类国家级水产种质资源保护区。

14.4.4　国家公园范围调整优化

14.4.4.1　划定因素

经过试点期的探索实践，从三江源头完整性、原真性保护的角度出发，以三江源国家公园试点范围为基础，对三江源国家公园范围进行科学的优化，主要考虑以下三方面的划定因素。

1）生态系统完整性

保护青藏三江源高寒草原草甸生态地理区典型的高寒草甸、高寒草原生态系统完整性，长江、黄河、澜沧江的源头完整性，迁徙动物藏羚的栖息地、主要集中繁殖地和迁徙通道完整性。

（1）将格拉丹东、当曲、约古宗列保护分区划入国家公园，因为该区域包含黄河、长江源头，利于实现三江源头整体性保护；能使原试点区长江源园区和黄河源园区接壤，实现大面积自然生态系统的物理环境要素完整和国家公园的集中连续；并让国家公园范围覆盖藏羚等珍稀濒危物种的主要栖息地、迁徙繁殖地，便于支撑野生动物种群的繁衍。

（2）将沱沱河特有鱼类和玉树州烟瘴挂峡谷特有鱼类国家级水产种质资源保护区划入国家公园，因为该区域是长江上游多种特有鱼类洄游通道和产卵场，对维护国家公园生物多样性，强化珍稀濒危物种保护，提升水生特有物种聚集度有较大帮助。

2）凝聚自然景观的独特性

保护高山峡谷、白垩纪丹霞地貌、广袤无垠的高寒草原和荒漠、大种群分布的藏羚、野牦牛（*Bos mutus*）等高原特有野生动物，及可可西里完整记录的青藏高原隆升过程等地质遗迹。纳入杂多县澜沧江源水利风景区，是因为该地区峡谷景观极为罕见，并保留有典型地质遗迹。

3）遵循管理可行性

（1）三江源国家公园在试点期间，成立了正厅级的三江源国家公园管理局，由中央人民政府直接管理，试点期间委托青海省人民政府代替行使管理权。管理局设立了长江源（可可西里）、黄河源、澜沧江源园区3个正县级局属事业单位的管委会，并内设了7个处室。同时，对3个园区所涉及的4个县进行大部门制改革，整合了各部门的生态保护管理职责，并设立了生态环境和自然资源管理局（副县级）和资源环境执法局（副县级），实现了集中、统一、高效的保护管理和执法行动。此外，三江源国家公园管理局还设立生态保护管理站（正科级），代替了原来的林业站、水土保持站、草原工作站、湿地保护站等；其范围内的12个乡（镇）政府加挂保护管理站牌子，增加国家公园相关管理职责。国家公园管理局还组建成立了三江源国有自然资源资产管理局和管理分局，实现了国家公园范围内自然资源资产管理、国土空间用途管制“两个统一行使”，为创新国家公园体制奠定了基础。三江源国家公园在试点区域基础上增加三江源国家级自然保护区的格拉丹东、当曲、约古宗列保护分区，将涉及三江源头的保护分区整合优化，便于三江源头的统筹管理。

（2）在严格生态保护的前提下，统筹保护和利用，考虑生态保护及利用现状、当地社会经济发展的需要，以及原住居民的基本生活和传统自然资源利用生产的需求，实现生态重点保护和区域社会经济发展的协同。未纳入规模较大的居民聚居点，青藏铁路、青藏公路等线性基础设施分布区域。

14.4.4.2　范围划定

在三江源国家公园体制试点的基础上，新纳入三江源国家级自然保护区的格拉丹东保护、当曲、约古宗列曲3个分区，杂多县澜沧江源水利风景区，玉树州烟瘴挂峡谷特有鱼类国家级水产种质资源保护区，沱沱河特有鱼类国家级水产种质资源保护区等保护地（图14-10，表14-3）。

优化调整后的三江源国家公园从原先的12.31万km^2扩展到19.07万km^2，覆盖了三江源自然流域80.13%的面积。共涉及3州（市）8县28个乡（镇），以国有土地为主，集体土地仅占0.0004%。从用地类型上看，草地面积占比最大，面积13.25万km^2，占总面积的69.48%；其次是其他土地，面积2.35万km^2，占总面积的12.32%；水域及水利设施用地面积1.15万km^2，占总面积的6.03%。

三江源国家公园之外，还有三江源国家级自然保护区江西、白扎、东仲-巴塘、通天河沿岸、隆宝、昂赛等保护分区，隆宝国家级自然保护区等自然保护地。三江源地区已形成以国家公园为主体、自然保护区为基础、各类自然公园为补充的自然保护地体系，该体系确保对三江源地区进行系统、完整地保护。

图14-10 三江源国家公园范围示意图

表14-3 三江源国家公园整合的自然保护地统计表

保护地类型	保护地名称		是否纳入试点区
国家级自然保护区	三江源国家级自然保护区	索加-曲麻河保护分区	已纳入
		格拉丹东保护分区	未纳入
		当曲保护分区	未纳入
		扎陵湖-鄂陵湖保护分区	已纳入
		星星海保护分区	已纳入
		约古宗列曲保护分区	未纳入
		果宗木查保护分区	已纳入
		昂赛保护分区	已纳入
	可可西里国家级自然保护区		已纳入
水利风景区	玛多县黄河源水利风景区		已纳入
	杂多县澜沧江源水利风景区		未纳入
水产种质资源保护区	楚玛尔河特有鱼类国家级水产种质资源保护区		已纳入
	扎陵湖-鄂陵湖花斑裸鲤极边扁咽齿鱼国家级水产种质资源保护区		已纳入
	玉树州烟瘴挂峡谷特有鱼类国家级水产种质资源保护区		未纳入
	沱沱河特有鱼类国家级水产种质资源保护区		未纳入

14.5 三江源国家公园符合认定

14.5.1 选取评估区域

以三江源地区为基础，选取青海省内昆仑山脉以南、唐古拉山脉以北，结合自然地理边界、行政边界、管理实际，划设评估区。评估区涉及玉树州治多县、曲麻莱县、杂多县，果洛州玛多县，海西州格尔木市，及位于青海行政区划内、西藏自治区实际使用管理的那曲市安多县、聂荣县、巴青县（图14-11）。

图14-11　三江源国家公园符合性认定评估区示意图

14.5.2　国家代表性评价

14.5.2.1　生态系统代表性

1）高寒草甸、高寒草原生态系统是青藏三江源高寒草原草甸生态地理区的典型代表

评估区处于世界“第三极”青藏高原腹地，属中国生态地理分区的青藏高原高寒生态大区中青藏三江源高寒草原草甸生态地理区。该区域以山原和高山峡谷为主，平均海拔在4500m以上，多年平均气温为－5.6～7.8℃，多年平均降水量自西北向东南为262.2～772.8mm。独特的地理环境和特殊的气候条件，造就了高寒草甸、高寒草原、高寒湿地、高寒森林灌丛、高寒荒漠等多种类型共存的高寒生态系统。其中，高寒草甸和高寒草原，面积最大、分布最广，在全球范围内具有稀有性和典型性，同时也是该地区水源涵养和生物多样性主导服务功能的基础。

2）长江、黄河、澜沧江的源头，孕育了华夏文明，是国家和民族友谊的纽带

评估区所处区位，是亚洲乃至世界上孕育大江大河最集中的地区之一，长江、黄河、澜沧江3条世界级的大江大河均发源于此。长江位居世界大河第三位，是世界水能第一大河、亚洲和中国第一长河，其干流流经中国11个省份；黄河居于世界第五，是中国仅次于长江的第二长河，其干流流经青海、四川、甘肃、宁夏等中国9个省份。长江和黄河是璀璨的华夏文明之源，是中华民族的母亲河。澜沧江是东南亚第一长河、国际重要河流，一江通6国，是多个国家和民族友谊的纽带。同时，这些河流每年为下游的18个省份和东南亚的5个国家提供了600亿m^3的优质淡水资源，是数亿人的“生命之源”。

3）水资源丰富，是名副其实的“中华水塔”

评估区水资源丰富，平均总量为612.39亿m^3，长江源、黄河源和澜沧江源多年平均径流量分别为218.58亿m^3、215.14亿m^3和136.23亿m^3；区域内大小湖泊1800余个，面积在1km^2以上的天然湖泊有167个，以淡水湖和微咸水湖居多，是世界上海拔最高、数量最多、面积最大的高原湖泊群；区内冰川广布，总面积达1812.74km^2左右，年均融水量约17.02亿m^3，是众多湖泊以及重要河流的补给源泉；青藏高原为中国面积最大的天然草本沼泽分布区，其内的黄河源片区、澜沧江源片区都发育大片沼泽，基本类型为藏北嵩草沼泽，大多数为以地下水补给为主的泥炭沼泽，是“中华水塔”的蓄水库。

14.5.2.2　生物物种代表性

1）青藏高原特有、旗舰种藏羚最集中的繁殖地

藏羚主要分布于中国青藏高原的高寒草甸和高寒草原，其演化伴随青藏高原隆升过程，是青藏高原的单属单型特有物种。20世纪八九十年代，全球数量不足70 000只，2008年被《世界自然保护联盟濒危物种红色名录》（IUCN红色名录）列为濒危（endangered，EN）物种，也是《濒危野生动植物种国际贸易公约》（CITES）附录Ⅰ物种，是国家一级重点保护野生动物。数年来，随着藏羚种群不断恢复增长，2016年世界自然保护联盟（IUCN）宣布将藏羚的受威胁程度降为近危（near threatened，NT）。评估区内的青海可可西里湖盆地区是目前已知规模最大的藏羚集中产羔地，占已知藏羚产羔地面积的76.4%，冬季留居的藏羚最多可达40 000只以上，约占藏羚种群的20%～50%。藏羚作为青藏高原动物区系的典型代表，其存在是区域内生态环境稳定的重要因素，是高原完整食物链和自然生态系统极为重要的组成部分，具有难以估量的科学价值。近几年，随着国民环保意识的增强，藏羚迁徙已成为每年公众广泛关注和各类媒体争相报道的重要事件，在全国乃至全球范围内极具影响力和关注度，“中国新世纪四大工程”之一的青藏铁路也为其让出了30多条“迁徙通道”。

2）亚洲旗舰种雪豹面积最大、最为连片的栖息地

雪豹是高原地区的岩栖性的动物，常在雪线附近和雪地间活动，处于高原山地食物链顶端，是亚洲重要的旗舰种和伞护种，素有“高海拔生态系统健康与否的气压计”之称。2017年，IUCN红色名录将其列为易危（vulnerable，VU）。CITES将雪豹列为附录Ⅰ物种，禁止其进入国际贸易。中国将雪豹列入《国家重点保护野生动物名录》一级。目前，三江源地区现存雪豹或已超过1000只，分别约占全球和全国野生雪豹总数的12.5%和25%，被全球学界公认为世界雪豹连片分布最密集的区域之一。评估区整体属于雪豹栖息地，是中国乃至世界面积最大、最为连片的雪豹栖息地，其中澜沧江源的雪豹数量分布较为集中，位于昂赛雪山等生物多样性热点区域每百平方公里分布有近3只雪豹。

3）高原珍稀濒危、特有动植物数量繁多、类型丰富

三江源地区三分之一的植物、60%的陆生脊椎动物（几乎所有哺乳动物）均为青藏高原特有种。评估区内有维管植物1000余种，植物形态以矮小的草本和垫状灌丛为主，受中国政府和国际贸易公约保护的珍稀濒危植物有40多种，包括垂枝云杉（*Picea brachytyla*）、红花绿绒蒿（*Meconopsis punicea*）、冬虫夏草（*Cordyceps sinensis*）、剑唇兜蕊兰（*Androcorys pugioniformis*）、凹舌兰（*Dactylorhiza viridis*）等。评估区内有野生陆生脊椎动物300余种，拥有国家一级保护动物24种，其中兽类有雪豹、豹（*Panthera pardus*）、藏羚等10种，鸟类有黑颈鹤、金雕、胡兀鹫（*Gypaetus barbatus*）等13种，鱼类有川陕哲罗鲑（*Hucho bleekeri*）1种；国家二级保护动物61种，其中兽类有藏原羚（*Procapra picticaudata*）、兔狲（*Otocolobus manul*）、水獭（*Lutra lutra*）、岩羊（*Pseudois nayaur*）等17种，鸟类有灰鹤（*Grus grus*）、大鵟（*Buteo hemilasius*）、高山兀鹫（*Gyps himalayensis*）、猎隼（*Falco cherrug*）、白马鸡（*Crossoptilon crossoptilon*）等37种，两栖类有西藏山溪鲵（*Batrachuperus tibetanus*）、大鲵（*Andrias davidianus*）2种，鱼类有重口裂腹鱼（*Schizothorax davidi*）、厚唇裸重唇鱼（*Gymnodiptychus pachycheilus*）等4种。评估区内被IUCN红色名录列为极危（critically endangered，CR）的有川陕哲罗鲑、大鲵；列为易危（VU）的有藏羚、雪豹、豹、野牦牛、黑颈鹤、西藏山溪鲵等；列为近危（NT）的有藏原羚、胡兀鹫等。

14.5.2.3　自然景观独特性

评估区面积辽阔、地形复杂、气候差异明显，由雪山冰川、河流、湖泊、草地、高原特有生物及藏区文化等资源共同构成了一幅苍莽、柔美、灵动并存的和谐画卷。在这片神奇广袤的土地上，发育有高耸俊美的雪山冰川、密集如织的河流水网和星罗棋布的湖泊、沼泽，它们各自延展、汇聚，形成了黄河、长江、澜沧江三条大江大河的源头，是国家公园最具代表性的自然景观。评估区内高山峡谷、白垩纪丹霞地貌、广袤无垠的高寒草原和荒漠、大种群分布的藏羚、野牦牛等高原特有野生动物，以及可可西里完整记录的青藏高原隆升过程等地质遗迹，共同展现着完整的“世界第三极”自然景观。评估区内各个流域的自然景观在统一壮美的基础上又各具特色：长江源被冠以“俊美”之名，拥有众多的高山冰川；黄河源呈现出壮观的“千湖”奇景，以星罗棋布的湖泊著称，其中鄂陵湖和扎陵湖“两姐妹”像两颗明珠镶嵌在高原草地上；澜沧江源独有的苍凉峡谷，不仅风光无限，更是雪豹等高原生灵的天堂。

14.5.3　生态重要性评价

14.5.3.1　生态系统完整性

1）大面积的高寒草甸与高寒草原生态系统健康稳定

评估区内的高寒草甸生态系统及高寒草原生态系统是青藏三江源高寒草原草甸生态地理区的代表性生态系统类型，其面积占评估区内各类生态系统总面积的80%以上，是区内最主要的生态系统类型，其面积大、分布广、质量高，在保障三江源地区水源涵养、固碳释氧等生态服务功能稳定的过程中具有基础性地位。评估区高寒草甸生态系统主要植物群落类型是以小嵩草（*Kobresia parva*）、赤箭嵩草（*Kobresia schoenoides*）、矮生嵩草（*Kobresia humilis*）等为优势种的嵩草草甸植物群落，高寒草原生态系统主要植物群落类型是以青藏薹草（*Carex moorcroftii*）为优势种的薹草草原和以紫花针茅（*Stipa purpurea*）为优势种的茅草草原植物群落。这些植物群落种间关系平衡，优势种类明显，结构较为稳定，是青藏三江源高寒草原草甸生态地理区内高寒草甸生态系统及高寒草原生态系统中顶级植物群落的典型代表。评估区草甸化沼泽分布的以西藏嵩草（*Kobresia tibetica*）为优势种的植被群落也是青藏三江源高寒草原草甸生态地理区的主要植物群落类型之一，评估区植物群落整体处于较高演替阶段。

2）青藏高原的重要生态屏障，中国乃至东南亚的重要水源涵养区和产水区

三江源地区位于生态环境极端恶劣的柴达木盆地、可可西里地区向生态环境优越的藏东南地区的过渡地带，是青藏高原的重要组成部分和生态功能区，其生态环境的良性发展对于改善高原西北部地区的生态环境有着深远影响。三江源地区整体海拔很高，但区内地势相对平坦，水资源储蓄能力较强，极其有利于河网、水系的形成发育，是长江、黄河、澜沧江全流域水资源的供给源头，是中国及东南亚的江河之源。黄河总水量的49%、长江总水量的25%、澜沧江总水量的15%均由三江源地区孕育。

3）高原生物多样性丰富，是重要的高寒生物种质资源库

评估区属于全国35个生物多样性保护优先区之一，是高原生物多样性最集中的地区，素有“高寒生物种质资源库”之称。特殊的地理及气候条件孕育了三江源地区独特的生物区系，使其成为重要的现代物种分布和分化的中心，这里既保留了若干古老的物种，又产生了许多新的种属。野生维管植物共2238种，隶属于87科471属，约占全国植物总种数的8%，其中，垂枝云杉、红花绿绒蒿、冬虫夏草等40多种珍稀濒危植物，受中国政府和国际贸易公约保护。三江源有野生兽类85种、鸟类237种，国家重点保护的有藏羚、野牦牛、藏野驴、雪豹、黑颈鹤、金雕、胡兀鹫等。

4）雪豹等顶级食肉动物的食物链完整

目前地球上只有5%的陆地表面生活着超过4种大型食肉动物，青藏高原生活了8种大型食肉动物，而评估区是青藏高原上生境最丰富的地段，丰富的生境为雪豹等食物链顶级的动物提供了不可替代的避难所，区域内已监测到雪豹、豹、狼（*Canis lupus*）、棕熊（*Ursus arctos*）、猞猁（*Lynx lynx*）、豺（*Cuon alpinus*）6种大型食肉动物。旱獭（*Marmota bobak*）、高原鼠兔（*Ochotona curzoniae*）作为狼、棕熊等食肉动物的主要食物来源，是高原生态系统及高原食物链中非常重要且关键的物种，其数量庞大且稳定的种群为顶级食肉动物完整的食物链提供了保障。

5）藏羚的栖息地、主要集中繁殖地且迁徙通道完整

藏羚主要分布于中国青藏高原的高寒草甸和高寒草原，三江源是藏羚最主要的栖息地之一。每年初夏，雌藏羚从阿尔金山、羌塘和该区东部3个不同方位，共同向腹地的可可西里湖盆集中迁徙（图14-12）。

目前，已知规模最大的藏羚集中产羔地是可可西里的湖盆地区，其面积仅占藏羚总栖息地的2.7%，但其产羔地面积占已知藏羚产羔地面积的76.4%，且仅卓乃湖一地，每年就有1600多只雌藏羚在此集中产羔。雌藏羚产羔结束后，大部分沿来路返回，但也有少量个体在原地越冬。冬季留居在可可西里地区的藏羚最多可达4000只以上，约占全球藏羚总数的20%～50%，繁殖季节比例则更高。评估区完整涵盖了该地区的藏羚主要栖息地迁徙通道和集中繁殖地。

14.5.3.2　生态系统原真性

三江源地区是中国高质量荒野地的代表性区域。由于海拔的制约，三江源的生态系统和自然景观受到人类活动的干扰较少，生态系统还几乎处于自然原始状态。境内广阔

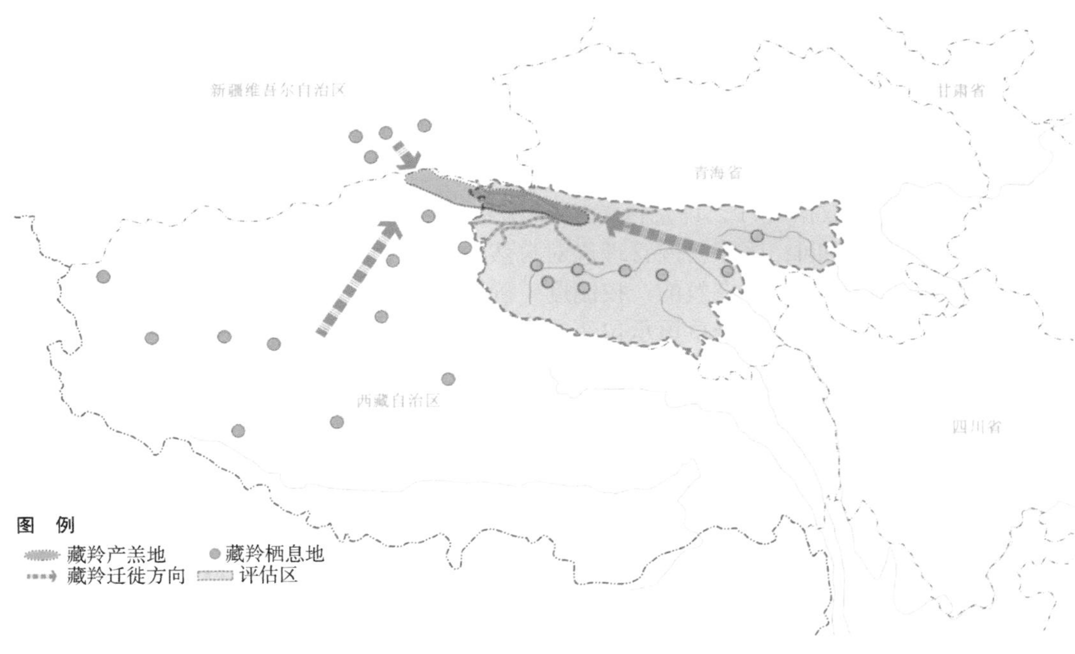

图14-12　藏羚分布及迁徙示意图

的草原、星罗棋布绵延纵横的湖泊、河流湿地以及高地森林和冰川雪山等构成了源头区完整的生态系统，保持着较好的原始性，是欧亚大陆鲜见的保持自然生态原真性的巨大生态空间。

评估区特殊的地理位置和气候条件，使其在历史进程中形成了“逐水草而居”的生产生活方式，区内居民以藏族为主，主要依靠草原和牧业进行生产生活。居民主要以行政村为基础进行分布，沿道路和集镇定居；居民分布特点呈现大散居、小聚居的状态，除乡（镇）及其他大型定居点外，大部分定居点小于5户；牧民以定居和游牧相结合的方式生活，冬季在聚居点居住，夏季则在草场进行游牧生产活动。

评估区高寒草原、高寒草甸、高原湿地生态系统与三江源生态过程仍保持自然特征，自然力在生态系统和生态过程中居于支配地位。

14.5.3.3　面积规模适宜性

评估区总面积超过19万km²，涵盖广阔的草原、星罗棋布绵延纵横的湖泊、河流湿地以及高地森林和冰川雪山等构成的长江、黄河、澜沧江源头区，涵盖了青藏三江源高寒草原草甸生态地理区高寒草甸生态系统、高寒沼泽生态系统两大主要生态系统类型。对高寒草甸、湖泊、沼泽湿地等草原、湿地资源进行系统保护，确保草原生态系统、湿地生态系统结构和功能完整，能够充分发挥其生态服务功能，保证雪豹、藏羚、野牦牛等伞护种、旗舰种的生存繁衍。

足够大面积的生态系统及草原资源与尊重自然的游牧形式，确保生态系统的完整性和稳定性，能支撑完整的生态过程和雪豹等伞护种、旗舰种的种群繁衍，能够传承历史上形成的人地和谐空间格局。

14.5.4 管理可行性评价

14.5.4.1 自然资源资产产权

1）国有土地占绝大多数，自然资源资产产权清晰

根据国土调查数据统计，评估区绝大部分为全民所有土地，占比99.99%以上。三江源国家公园试点期间，国家公园管理局对自然资源资产进行了统一确权登记，形成了归属清晰、权责明确、监管有效的产权制度，确保自然资源资产产权清晰。保持草原承包经营权不变，依法建立健全草原承包经营权流转制度。集体所有的草原，由县级人民政府登记，核发所有权证，确认草原所有权。

2）试点期间全面健全国有自然资源资产管理

三江源国有自然资源资产体制试点履行健全国有自然资源资产管理职责，配合青海省相关部门，对涉及自然资源资产管理的权力清单和责任清单进行了梳理，开展了自然资源资产负债表编制、国土空间管控、生态保护红线划定等工作；理清了国家级和省级涉及的“放管服”政策，对标国家和地方行政审批权力清单、地方行政审批办事指南，逐步完善规范，基本解决了自然资源资产所有者不到位、所有者权益不落实等问题。通过征收或协议保护等措施，实现对现有的集体土地进行统一管理，是落实国家公园内自然资源资产全面保护的重要途径。

14.5.4.2 保护管理基础

1）具备中央政府统一行使全民所有自然资源资产所有者职责的基础

在国家公园试点期之前，三江源国家级自然保护区、可可西里国家级自然保护区、青海可可西里世界自然遗产地等自然保护地，有专门的保护管理机构，具备良好的管理基础。在资源调查、野生动植物保护、生态系统保护、生态监测、生态保护与修复、宣传教育等方面已经具备丰富的保护和管护经验。

三江源国家公园在试点期间，成立了三江源国家公园管理局，由中央人民政府直接管理，试点期间委托青海省人民政府代替行使管理权。管理局在3个园区分别设立了管委会。同时，对所涉及的4个县进行大部门制改革，整合了各部门的生态保护管理职责，并设立了生态环境和自然资源管理局与资源环境执法局，实现了集中、统一、高效的保护管理和执法行动。国家公园范围内的12个乡（镇）政府加挂保护管理站牌子，增加国家公园相关职责。国家公园管理局还组建成立了三江源国有自然资源资产管理局和管理分局，实现了国家公园范围内自然资源资产管理、国土空间用途管制“两个统一行使”，为创新国家公园体制奠定了基础。

2）人地和谐的生产生活方式具有可持续性

三江源地区恶劣的自然气候条件，使长期生活在此的藏族群众形成了保护自然、敬畏生命、万物平等的传统文化理念。在这片土地上，人与自然自古以来就是“平等相处、相互交换”的关系，人和周围动植物像邻居一样和睦相处。在藏族同胞的眼里，自然界是一个有生命的整体，他们反对任何形式的破坏。“敬畏自然、尊重生命、和谐共存”的理念长期影响着草原牧民的生活方式，也是该地几千年来生态环境稳定的主要原因。

根据中共中央办公厅、国务院办公厅印发的《三江源国家公园体制试点方案》的总体部署，国家公园试点区执行严格的草畜平衡，实行季节性休牧和轮牧。实行禁牧补助和草畜平衡奖励，奖励发放对象为园区内承包草原、履行禁牧或草畜平衡义务的牧户，按照已承包到户（联户）并落实禁牧减畜和草畜平衡管理的面积发放奖补资金。严格控制草原载畜量，巩固禁牧减畜成果，转变畜牧业发展方式，实现生态良好、生产发展、人与自然和谐。

全民保护意识明显增强。通过媒体宣传、集中宣讲、拍摄纪录片和公益广告、印制宣传册等，大力普及科技知识和环保法律法规，宣传生态保护工作方针政策，鼓励引导培养健康文明的生产、生活方式，当地牧民群众生态保护的自觉性和责任感普遍得到提高，“垃圾不落地、出户即分类”等环境友好的生活习惯逐步养成，参与生态巡护、草畜平衡、野生动植物保护、垃圾回收、生态设施维护等活动的积极性进一步增强。

14.5.4.3　全民共享潜力

1）揭示自然环境演变奥秘及探索人与自然和谐相处模式不可多得的科学研究基地

三江源的高寒生态系统多样复杂、原真性强，至今仍保留着原始的生态环境，是全球气候、环境变化最敏感的区域和自然环境衍变最忠实的记录者，是展示地球环境变化的自然博物馆，也是人类揭示自然环境演变奥秘以及探索人与自然和谐相处模式不可多得的科学研究基地。三江源国家公园试点期，搭建科技支撑平台，鼓励科研院所、高等院校等依法进入园区开展资源调查，开展科学考察活动。

2）富集的生态旅游资源是提供高质量自然教育、生态体验的天然场所

评估区生态旅游资源富集。壮丽秀美的自然风光和神秘浓郁的宗教文化，以及质朴独特的民族风情和灿烂悠久的历史文化，共同构成了世界独一无二的生态旅游资源综合体，是发展高原民族风情和自然风光探险得天独厚的优质资源。这些独特的优质资源强烈吸引着国内外旅游探险者，也使众多动植物学者、地质科学家、历史学家等心驰神往。试点期间，针对不同类型访客，探索了多样性的生态体验产品及差异化的体验路线。

综上，评估区具有很高的科学研究、自然教育、生态体验价值。通过国家公园建设，在有效保护的前提下，经过前瞻性谋划、高标准规划和系统实施，更多地为国民提供自然教育、体验与游憩的机会。

14.6　本章小结

2000年以来，三江源地区的生态保护制度不断优化升级，从单一的自然保护区保护，到国家公园的初步探索，再到试点期间的实践，最终形成以国家公园为主体、自然保护区为基础、各类自然公园为补充的自然保护地体系，为三江源地区自然生态系统的原真性、整体性等系统性保护奠定了坚实的基础。

与此同时，国家公园从初步探索到概念确定及体制建立再到成为自然保护地体系中的主体，准入条件在不断的探索和实践中逐渐清晰。符合性认定是国家公园是否满足设立标准的先决条件，以其为核心内容的科学考察与符合性认定报告是国家公园创建设立“两报告一方案”的重要上报组件之一。《国家公园设立规范》（GB/T 39737—2021）对国家公园符合性认定指标体系和认定要求予以明确（详见第9章）。在对评估区域调查考察的基础上，采取指标认证法，对照认定指标体系逐项进行符合性认定，所有准入条件全部符合的评估区域，列为候选国家公园。

第15章　基于天空地监测体系的大熊猫国家公园感知平台建设

15.1　建设背景

国家公园及自然保护地管理面对的是瞬息万变的自然界，不确定性是常态，适应性管理是重要且最有效的管理工具，而监测是适应性管理最重要、不可或缺的管理环节。《关于建立以国家公园为主体的自然保护地体系的指导意见》要求：建立监测体系。建立国家公园等自然保护地生态环境监测制度，制定相关技术标准，建设各类各级自然保护地天空地一体化监测网络体系，充分发挥地面生态系统、环境、气象、水文水资源、水土保持、海洋等监测站点和卫星遥感的作用，开展生态环境监测。依托生态环境监管平台和大数据，运用云计算、物联网等信息化手段，加强自然保护地监测数据集成分析和综合应用，全面掌握自然保护地生态系统构成、分布与动态变化，及时评估和预警生态风险，并定期统一发布生态环境状况监测评估报告。对自然保护地内基础设施建设、矿产资源开发等人类活动实施全面监控。

随着科学技术的进步，监测大数据的获取、存储、分析、应用是新时代必须面对的“数字化转型”，伴随着信息化、数字化、智能化，乃至智慧化、数智化等词汇高频出现。所谓信息化，就是利用软件系统让信息的传递更准确、更快捷；所谓数字化，就是利用软件系统把业务转化为数字，而后利用数字（据）让业务进一步提升；所谓智能化，就是软件系统本身具有了自学习、自组织、自适应的功能，能自行发现业务数据中的普遍规律和特殊情况，能根据普遍和特殊调整决策依据并在决策后调动资源去执行，能自动适应外部环境的变化并开启新一轮的自学习循环。

利用现代测量、信息网络、空间探测、大数据、人工智能等技术手段，构建起“天空地”为一体的多元多层多级多应用的国家公园综合监测体系，可以极大地提高国家公园资源监测、保护、科研、宣教的综合服务能力。其中“空”主要包括全方位无人机遥感建设以及车载无人机建设，主要为实现快捷机动的面上监测。“天”主要为利用卫星等航天平台获取周期性的影像等遥感数据。“地”主要为利用地面典型生态系统定位监测站、车载移动监测站以及样地（线）调查等监测模式，对生态系统进行调查和监测。天空地一体化监测实现了从点到面再到区域的全尺度调查监测。

15.1.1　天基遥感监测需求

主要包括土地利用现状、天然林面积、人工林面积、湿地面积、森林蓄积量、林业有害生物、地质灾害等遥感监测。通过定期获取以及解译遥感影像数据，分析大熊猫国家公园中的土地利用类型变化，森林、湿地的消长趋势等。数据获取频次为每月一次，解译频次为每年一次。

首先对获取的数据进行波段融合、几何校正、辐射校正、镶嵌、裁剪等预处理。其次通过遥感目视解译结合实地核查对土地利用类型的变化情况作出评估。同时对森林/湿地的动态进行监测，主要包括：森林/湿地面积、覆盖率以及蓄积量等的变化。此外，在景观尺度上对森林/湿地的景观多样性、破碎度、分离度等作出评估。

15.1.2　空基资源监测需求

无人机遥感与摄像监测系统以无人机为飞行和搭载平台，通过搭载热红外相机、多光谱相机、激光雷达、通量监测设备等传感器，获取地面或空中实时影像和各类遥感数据，主要任务包括物种识别及其生理状态评估、种群与群落的动态监测、生态系统监测与管理、碳汇遥感监测。

（1）物种识别及其生理状态评估：无人机采用热红外相机、多光谱相机，可对植物和大型动物的物种进行识别，并能够依据叶片温度与植物水势的密切关系，判定植物是否受到干旱胁迫，从而实现对植物生理状态的评估。

（2）种群与群落的动态监测：在获取野生动植物种群与群落数量和分布等信息方面，无人机能够对树冠和沼泽等地形复杂或人力较难到达的生境进行种群调查，针对喜欢集群活动的哺乳动物，借助无人机获取的影像可大大提高辨别的准确度。无人机携带的激光雷达可以有效获取群落的数字地表模型（DSM）、数字高程模型（DEM）、冠层高度模型（CHM），用于生境调查和生物量估测。

此外，无人机低空遥感系统在群落尺度上的研究还包括对群落生物量、碳储量、冠层叶绿素含量、氮含量、叶面积指数、干旱胁迫等的估测，并通过构建光谱指数与上述生态学参数之间的相关和回归关系，实现利用光谱信息估测群落尺度的生态参数。

15.1.3　生态系统监测与管理

无人机遥感能够提取土地覆被、生境质量和动植物资源的动态变化数据，并对非法砍伐和盗猎等活动进行监察，不同飞行高度和飞行时间可以获取不同时空尺度上的监测数据，为生态系统的立体和动态监测提供了基础。借助红外热成像仪，无人机也可以用于动态监测火灾中火线的长度、走向、蔓延趋势及隐蔽着火点等，有效提高对生态系统的监测与管理能力。

15.1.4　碳汇遥感监测

在森林碳汇估测方面，激光雷达具有较强获取森林垂直结构参数的能力，包括冠层高度在内的森林结构参数与森林地上生物量有较强的相关关系。因此，可设立样地并调查林木树高和胸径，利用异速生长方程估算样地内森林地上生物量，然后结合激光雷达数据获取的冠层高度等森林结构参数，通过回归分析建模用于整个研究区内森林地上生物量和碳汇的估算。由于激光雷达数据不具有光谱或信号饱和问题，对林分结构复杂、高生物量地区森林的地上碳汇进行估算具有明显的优势。

无人机低空遥感系统共包括以下五部分，即无人机飞行平台、微型传感器系统、地面控制与数据传输系统、影像处理系统和设备操控人员，该无人机遥感系统共配备七套，选取天气良好的时段在全区域进行无人机监测（定期监测的时期应尽量一致，如均为夏季），完成上述三项的监测任务。

15.1.5 地基生态定位监测需求

在水平和垂直的空间分布上尽可能覆盖所有林地类型。布设位置在考虑对生态环境影响较小的同时考虑了交通、供电以及网络的便利性。

每个监测站建设内容分为仪器设备建设和支撑设备建设两大部分。仪器设备建设包括对大气、水文、土壤、碳汇、生物多样性、生产力等相关指标的原位连续自动监测设备、数据无线实时传输系统。同时，供电设计全部采用太阳能和高蓄能电池结合的方式。可以根据实际需要进行必要的便携式监测仪器设备建设，主要针对固定监测站自动监测的补充，与地面监测站数据水平空间连接，进行空间整合扩展。同时为保证数据无线实时传输，如在原位连续自动监测设备附近没有无线传输覆盖，则应配套搭建网络基站。

15.1.6 地基移动监测需求

地基移动监测体系建设包括设备搭载车辆、无人机遥感与摄像监测系统、车载移动生态系统监测系统。设备搭载车辆、无人机遥感与摄像监测系统、车载移动生态系统监测系统，以实现流动或临时点面生态系统监测。设备车辆采用野外清洁供电装置，其工作过程是在有太阳光照或风力的情况下，安装在应急监测车顶的风能发电器或太阳能极板所产生的电流经控制器直接供监测设备使用，并将多余电能存储到蓄电池中，在监测设备供电不足的情况下，通过逆变器将蓄电池中的直流电转化为220伏的交流电，供监测设备使用，保证整个系统工作的连续性和稳定性。

车载移动生态系统监测体系建设主要为将高精度、微型化的碳汇监测系统，空气温湿度、负氧离子、空气环境质量监测仪器的传感器安装在汽车上，并搭建由随机分布的传感器节点所构成的无线传感器网络，传感器节点是由传感器、数据处理单元和无线通信模块等构成的微小节点，并通过数据处理单元将其转化为具体的物理量，通过无线通信模块实现节点之间的信息交换和流通。车载无人机同时搭载碳汇监测系统、多光谱影像系统等，可人工操作进行典型区域空中监测。

利用无线传感器网络等物联网技术对森林环境中的碳汇、森林物候、森林病虫害、森林健康质量、森林空气质量、森林土壤环境、森林微气象、森林水文进行连续监测，感知森林局部环境小气候的变化情况，对森林局部环境的突变、森林火灾等自然灾害进行预测，对森林生态系统健康状况、生态服务功能和价值进行评估。一方面可以通过合理的节点部署解决生态系统的时空异质性和尺度复杂性等造成的监测困难问题，另一方面相较于人工手段可以实现大范围、长期、持续、同步的监测。

选取国家公园路径建设较为完备且有植物分布的区域作为重点监测区，每月分别对重点监测区各进行一天的监测（每月对各个监测区的监测时期应尽量一致，如均为下旬），对在某一区域内可能发生的极端气象、活动范围进行动态地跟踪和监控，及时发布监测动态。

15.1.7　地基动植物监测需求

布设无线红外相机以及生物声学记录仪，开展动物、鸟类资源分布与生活习性的连续监测。实现野生动物监测数据实时传输。

根据大熊猫国家公园内国家重点保护野生动物的活动习性，为最大限度地捕获多数物种信息和降低红外相机丢失概率，首先将现阶段观察到的国家重点保护动物出没区域，重点监测区内每一公里范围内布设4台红外相机，一般监测区内每一公里范围内布设1台红外相机，后续根据实际监测情况需要可在重点监测区和一般监测区增加红外相机的布设，在其他区域发现国家重点保护野生动物活动轨迹，则也可在该区域适当增加红外相机数量。

珍稀濒危野生植物监测主要为样地调查。根据调查区域物种多样性、海拔梯度、主要物种分布区和珍稀濒危野生植物分布区布设固定样地。植物采用样方监测。

核心样地主要布设在地面监测站点的附近。固定样地的布设位置主要依据大熊猫国家公园内国家重点保护野生植物分布区以及四川、甘肃和陕西第三次森林资源二类调查数据确定，选取典型植被类型所在的小班进行布设。固定样地的选取还应考虑海拔、坡度等因素，同时尽可能包含大熊猫国家公园中的所有植被类型。

15.1.8　天空地资源安全监测需求

通过布设智能病虫害监测设施设备对林业有害生物进行智能捕捉与识别。同时对进入大熊猫国家公园的可能携带病虫害的木材等进行严格质量检测。火灾监测为在原有防火塔和防火巡护工作的基础上，配合地面气象监测、遥感卫星和无人机定期监测等进行区域火灾的预警预报。地质灾害监测为结合遥感卫星和无人机定期监测对可能发生灾害的区域进行定期监测，以及在灾害发生之后对受灾位置、面积等进行综合监测。

智能病虫害监测设施设备布设位置为易发生病虫害的位置，位置尽量靠近生态系统定位监测站，以便于数据的无线传输。

智能病虫害监测设备主要包含：病情测报、虫情测报以及气象测报设备。通过夜间打开光源以及添加诱捕剂等方式对林业有害生物进行捕捉，并将捕捉到的有害生物进行拍照识别。数据支持本地存储和实时回传。

15.1.9　天空地社区监测需求

通过布设监控摄像头和统计调查对大熊猫国家公园的社会经济进行监测。监控摄像头的监测频率为全天候24小时实时监测，统计调查的监测频率为每年一次。定期解译获取的卫星遥感数据，分别在大熊猫国家公园的敏感区域、出入口以及重要资产存放处布设监控摄像头进行24小时实时连续性监测。同时通过统计调查等方法定期对大熊猫国家公园常住人口数量、访客数量、生态搬迁人口数量、公益岗位数量等社会经济指标进行监测。

15.1.10　地基生境监测需求

地基生境监测体系主要包括生态状况监测、旗舰种大熊猫生境监测、入侵生物监测等。根据实际需要进行必要的地基生境监测体系工作，并建立大熊猫国家公园地基生境监测体系数据集。

生态状况监测频率为每年一次。旗舰种大熊猫生境监测的时间频率为每年一次。入侵生物监测频率为每年一次。同时，需根据实际需要，按需按周期进行相关地基生境监测。

生态状况监测主要包括：监测极小种群/特色种群的生境、景观动态、水文水质等生态状况。

旗舰种大熊猫生境监测主要包括：大熊猫生境微气象监测、主食竹监测等。

入侵生物监测主要包括：每一种入侵生物的发生面积、边界、危害程度、综合生态风险等。

除旗舰种大熊猫等的地基生境监测体系，还可对大熊猫国家公园的特色动植物进行必要的专项监测，使得其研究结果能够更好地服务大熊猫国家公园的管理、科研和宣教。

15.1.11　天空地应急预警需求

针对突发事件临时进行必要监测，对社会关注的焦点和难点问题，组织开展应急监测工作，做到“四快”，即响应快、监测快、成果快、支撑服务快。在行业和政府需要时，第一时间为其提供第一手的资料和数据支撑。由于此部分监测内容为特殊事件（如滑坡等事件），因此在本规划中不涉及具体经费估算，届时根据监测需要和体量进行具体的规划和经费估算。

15.1.12　局省共建感知系统需求

国家林业和草原局与四川、甘肃和陕西共同建设基于大熊猫国家公园天空地一体化监测体系的感知系统，交汇融合已有监测数据。实现分级权限管理，数据互联互通。基于互联网的智慧大熊猫三期平台将实现沉浸式天空地感知。

（1）天空地一体化监测可视化：针对国家公园内重要场景，通过RTK无人机从一个垂直、四个倾斜等五个不同的角度采集影像，进行自动化的建模，实现三维可视化数据采集，再通过Data V模块集成到大熊猫国家公园感知系统。

（2）数字孪生模式下的资源监管：在DEM模型基础上，定制开发引擎加载林草网络地图瓦片服务（WMTS）后，实现国家公园地理环境的三维可视化展现。并对国家公园内最小的地理区域进行检索，快速查看资源点位，提供50项以上斑块属性信息。构建无人机协同监测数据采集系统，实现无人机飞行监测记录的管理和查看。通过遥感图像、野生动物的AI识别和人工复核，在全地类斑块判读、旗舰种等监测策略基础上，更新国家感知数据库。

（3）提供高品质公众服务：整合监测结果制作宣教视频等材料，基于孪生的数字模型推出大熊猫国家公园元宇宙模式，提升大熊猫国家公园感知系统的代入感，为公众提供完美的沉浸式体验。

15.2 大熊猫国家公园概况

15.2.1 基本情况

大熊猫是中国特有世界珍稀濒危物种，被誉为“活化石”和“中国国宝”。立足大熊猫种群繁育扩散和栖息地生态系统原真性、完整性保护需要，在大熊猫国家公园体制试点基础上，优化确定大熊猫国家公园面积约2.2万km^2，行政区域跨四川、陕西和甘肃3省，涉及9个市州、23个县市区。其中，核心保护区面积1.48万km^2，占公园总面积的67%。

大熊猫国家公园地处秦岭、岷山、邛崃山、凉山、大相岭和小相岭核心区域，是中国野生大熊猫核心分布区，也是野生大熊猫繁衍生息的重要家园，具有全球保护意义和研究价值。保存有中国亚热带山地多种代表性植被类型，以及雪豹、川金丝猴、林麝、羚牛、红豆杉、珙桐等8000多种野生动植物，属于全球生物多样性热点地区之一。

中国的大熊猫监测工作始于1978年，胡锦矗等在四川卧龙自然保护区五一棚建立了大熊猫生态观察站，在方圆35km^2的区域内布设了7条观察线，在巡护、救护、执法等看山护林的水平上开展大熊猫种群生态定位观察研究。一直到20世纪90年代中期，在保护管理需求驱动下，各级大熊猫保护部门积极开展监测工作，定位监测方法日趋成熟和规范。

2009年，国家林业局发布《大熊猫及其栖息地监测技术规程》（LY/T 1845—2009）（国家林业局，2009），规定了大熊猫及其栖息地监测的内容、范围、指标、方法、频次、时间以及监测成果等技术要求。2011年，国家林业局调查规划设计院编写了《全国第四次大熊猫调查技术规程》（国家林业局调查规划设计院，2011c），包括重点调查内容、要求和方法等。2016年，国家林业局编制了《重点区域大熊猫种群动态监测工作方案》（国家林业局，2016b），开始对中国重点区域大熊猫种群开展监测频次为2年1次的大熊猫种群动态监测，具体监测范围为六大山系的15个监测区（自然保护区），主要监测内容有大熊猫实体及痕迹、同域野生动物、主食竹资源和干扰情况。

大熊猫国家公园是在原有73个自然保护地整合优化基础上设立的，原有自然保护地规模占国家公园面积的75%。近年来，卧龙、唐家河、王朗、白水江等国家级自然保护区分别建设了一些监测设施，在黄土梁、泥巴山等区域开展生态修复后布设了走廊带监测系统，但没有形成监测体系，大部分区域依靠野外巡护开展监测监督，现有野外研究中心/基地13处、巡护线路总长超过2.30万km。

15.2.2 大熊猫国家公园信息化面临挑战

15.2.2.1 未建立综合监测体系

虽然大熊猫国家公园内的科研监测工作开展较早，但大部分是各大学、科研机构开展的相对独立的工作，多为阶段性研究，缺乏长时间连续监测，无法系统全面理解区域生态系统的变化规律和特点。还没有建立属于国家公园自身的监测体系、机构和队伍。缺少整体规划和统筹，各项研究内容或是重叠或是分散，各部门数据相对独立，缺乏系统性和连续性，科研成果未能实现共享与整合，研究成果未能充分利用，创新与集成示范不够，难以满足国家公园重点监测、天空地一体化、示范推广、科学普及等综合性需求。

大熊猫国家公园的前期监测工作多集中于阶段性科学考察和周期性人工监测等，无法实时掌握生态系统、生物多样性等的动态，缺乏对变化规律和驱动因子的深入分析，导致无法掌握该区域自然资源对气候变化等突发事件的响应及其变化趋势等，并且不能很好地做到自然灾害的预警预报工作。

15.2.2.2　缺乏一体化布局

大熊猫国家公园各管辖区科研监测工作开展参差不齐，科研监测指标、内容及数据不统一、不完整、深度不足，站点布设少，覆盖面有限，前期监测多为针对性较强的小范围专题研究，缺乏对大熊猫国家公园自然资源的整体研究。

大熊猫国家公园前期进行了关于自然资源本底调查、生物多样性监测（主要针对大熊猫）和卫星遥感观测等的研究工作，取得了一定的进展。但是研究内容和方向上仍存在较大局限性，缺乏各个专题间、研究领域间的交叉研究，无法全面掌握大熊猫国家公园各类自然资源的变化规律及其相互关系，缺乏对生态系统要素与指标的综合监测，缺乏对区域尺度的综合认识。同时，在专题研究方面，现阶段的研究多为针对自然资源的调查，缺乏对社会经济等方面的研究，在研究的过程中容易忽略人类活动对相关自然资源的影响。

15.2.2.3　监测颗粒度散乱

前期监测在研究尺度上较为单一，缺乏对多尺度研究的整合以及多源数据的深度挖掘。在监测手段方面，还未实现从“单点”发展到“多点”和“网络化”监测，在研究尺度上还需要进行从“点”研究发展到“面”和“区域”的综合研究。同时，当前对于生态监测数据整合以及挖掘层面的现状是：数据采集、数据质量控制、数据分析处理、数据集成、数据解译以及管理尚缺乏规范和标准化，数据库建设水平参差不齐；数据缺乏共享和深度价值的挖掘。

现有监测多为局部区域监测，缺乏大熊猫国家公园尺度的系统监测。无法做到整体掌握大熊猫国家公园中各类资源的变化趋势，不利于后续大熊猫国家公园的综合管理。

15.2.2.4　资金不足、机制不完善

天空地一体化资金投入不足，监测设备、监测设施建设和监控手段较为滞后，现代化仪器设备和通信设备配备不足，信号传输的基站设施建设滞后，部分区域信息传输受限，配套设施建设不足。同时，缺少科研监测设备和科研人才，难以为高效的日常监测提供必需的保障，无法满足长期观测和承担科研项目的需要。大数据及信息化建设滞后，目前多为一次性投资，缺乏后续运行资金，缺少先进的数据分析处理工具，数据利用率低，在业务协同和信息共享方面存在不足，无法实现各个系统平台的互联互通。不能满足国家公园长期科研监测需要。

现有科研监测的建设单位和技术依托单位职责不清晰，规章制度不健全，开放共享

程度较弱。其成果多集中于机理性和专题性的科研性研究，缺乏应用转化，无法更好地为政府、行业和公众服务。亟须打通天空地感知链路的最后一公里，将生态系统监测大数据应用于政府、行业和公众，科学管理国家公园。

15.2.3　大熊猫国家公园解决对策

针对上述存在的问题，加强大熊猫国家公园的监测体系顶层设计，实施天空地一体化综合监测尤为必要。具体而言，在已有监测和工作基础上，从调查监测、数据融合和精准管理等方面加强顶层设计，构建“七个一”综合监测体系（图 15-1）。

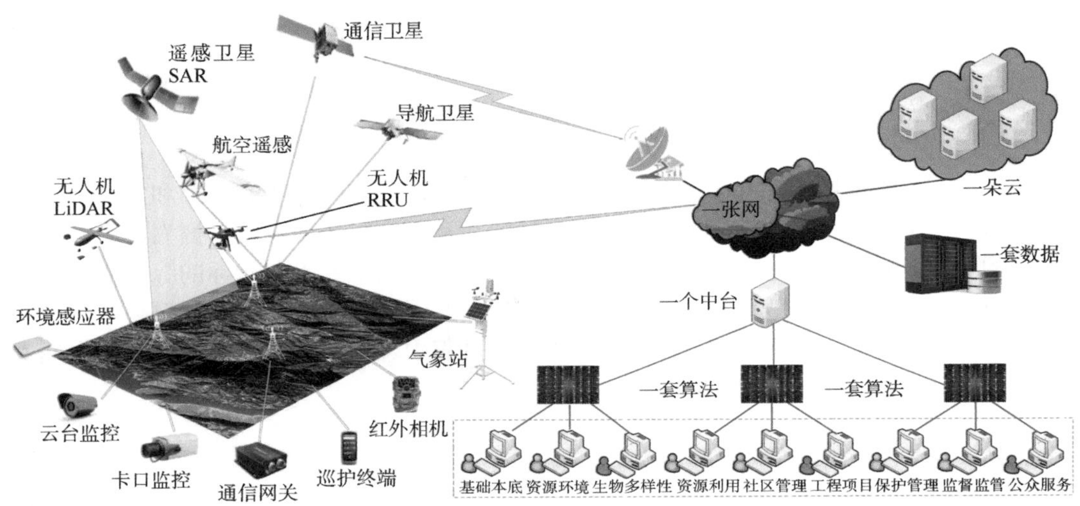

图 15-1　国家公园天空地一体化监测体系示意图

（1）统一布局：整合优化监测空间布局，根据管理可行性，监测站点应依托大熊猫国家公园的管理站（或管护站、保护站、生态站、管护点等）而布设，并选择具有代表性或典型性区域设置样地、样方和样线，收集自然资源、生态状况、人为活动等基础数据，并为卫星遥感监测和航空遥感监测提供信息验证、地面辅助监测等服务。

（2）一套标准：采用相同的标准采集、传输、分析大熊猫国家公园自然资源、野生动植物、气象、水文、巡护、防灾减灾等监测数据。

（3）一套数据：集成整合大熊猫国家公园的基础地理、遥感、地类、自然资源、土壤、地质等数据。

（4）一个中台：数据、物联网和模型云三大模块，实现从传感器终端到数据中台、模型云的自动数据传输和互联共享，数值分析、加工，综合应用和可视化输出。

（5）一套算法：通过数学建模、理论分析以及数学求解，实现数据处理、动物识别快速高效。

（6）一朵云：通过物联网上传数据，采用中心处理，集中算力，获得最快最优结果。

（7）一张网：搭建纵横互联且具有安全防护能力的大熊猫国家公园“一张网”，实现基础设施资源的集约共享、节约利用，提供能支持跨部门、跨层级、跨区域海量数据处理和业务应用的基础设施，为所有大熊猫国家公园机构在同一个平台上办公提供支撑。

所以，通过利用卫星遥感、无人机、可见光、热成像、视频监控等天空地一体化监测成本低、时效性强的特点，获取更多直观视频资料和真实的观测数据，及时发现自然资源、土地利用变化，准确、快速掌握大熊猫等珍稀濒危野生物种种群及其栖息地质量动态变化，为加强有效保护管理提供决策依据，最终形成自动化、系统化、立体化、精细化监测。

15.2.4　大熊猫国家公园监测指标体系

依据《国家公园监测规范》（GB/T 39738—2020），围绕大熊猫国家公园监管需求，以及总体规划目标和考核评估需要，构建大熊猫国家公园监测指标体系（表15-1）。指标选择总体上把握以下几个原则。

（1）突出重点，选取能够体现自然资源、生态环境、社会经济等方面基本特征的指标纳入监测体系。

（2）利于获取，通过已有技术方法能够直接获得。

（3）定量客观，以定量测定指标为主，杜绝主观判定因素。

（4）兼容共享，充分利用国家、地方各部门已有建立设施和体系数据，避免重复，可以共享。

表15-1　大熊猫国家公园主要监测指标表

内容	主要指标	数据来源	重要性	频度
自然资源（土地、森林、草原、湿地）	土地利用及变化	以图斑为单元，直接采用国土调查及年度变更数据；通过高分辨率卫星影像重新区划地类变化图斑，监测土地利用变化	重要	年、季度
	森林、草原、湿地类型、面积、盖度（郁闭度）、蓄积量、生物量等	对接年度综合监测成果，以综合监测图斑为单元，获得森林、草原、湿地的类型、面积、盖度（郁闭度）本底；通过机载激光雷达，获取森林高度、密度等指标，反演每块图斑的森林蓄积量、生物量；通过有人机载水激光雷达，替代地面调查，监测湿地植被碳储量；通过地基或背包激光雷达测量每木胸径，计算森林蓄积量、生物量	重要	年
其他自然资源	水（水文、水量、水质）	水域：高分辨率卫星影像提取河流湖泊面积变化，或与水利部门对接	重要	月
		水文：通过在河流主要断面、重要湖泊进出水口设置自动水文观测站，监测河流和湖泊水文；或与水利部门对接	重要	实时
		水质：在重要河湖湿地建立自动水质观测站，监测河流和湖泊水质变化；或与环境监测站对接；高光谱卫星影像监测重要河湖水温、污染物变化	重要	实时

续表

内容	主要指标	数据来源	重要性	频度
其他自然资源	地质遗迹编目及变化	开展地质遗迹普查，通过机载影像和激光雷达，建立精确的三维地质遗迹模型；机载影像和激光雷达监测遗产遗迹完整度及变化，记录地质遗迹面积、状态和损毁变化	重要	5年
生态环境	气象	在旗舰种主要栖息地、迁徙廊道节点、生态修复区域等，结合云台、红外相机监测点位，安装气象设备，动态监测气温、地温、降水、风速等指标	一般	实时
	生态修复及变化	在植被损毁等修复区用无人机或设置固定样地（样线），监测植被类型、盖度、生物量等变化	一般	年
野生动植物	旗舰种种群及栖息地变化	通过高分卫星搭载的高分辨率相机、热红外相机采集大范围动物活动区域数据，初步确定成群动物聚集范围，监测野生动物栖息地生境质量和变化情况 用机载激光雷达或航空摄影测量获取高分辨率DEM，生成水系分布，野生动物喝水点、牛羊喝水点 地面调查确认野生动物的栖息地、食源、水源等本底数据	极重要	年
		重点区域或种群：通过便携式动物监测仪、项圈、非损伤DNA取样，结合实时视频监测相机，监测动物数量和分布、生活习性、食源、遗传多样性	极重要	实时
	指示植物种群及变化	建立固定样地或监测小区，监测树木群落年际变化（数量、分布）	极重要	年
人为活动	旅游访客活动	通过高分卫星搭载的高分辨率相机和热红外相机采集大范围人为活动区域，确定人聚集范围；手机定位、短信、电子围栏提醒等监控进出公园人、车辆、穿越者等	极重要	天或实时
	基础设施及变化	公园内道路、房建、管线、工业园区、水库水电等基础设施现状，与国土、交通、水利、发改等部门数据对接	重要	年
	执法案件	生态管护员的巡护动态，开发巡护手机APP，具备巡护线路轨迹规划及上传照片、视频、记录等功能	重要	天
防灾减灾	野外防火	构建监控塔、指挥系统，卫星火点筛选，通过北斗发布火点提示，实现防火信息采集、传输、存储，危机判定、决策分析、命令部署、预案启动、实时沟通、联动指挥、现场支持、辅助决策指挥系统，一体化GIS引擎、雷电和遥感监测与分析系统，野外大数据汇聚分析系统，防火网络信息指挥系统等功能的APP	极重要	实时

续表

内容	主要指标	数据来源	重要性	频度
防灾减灾	防控有害生物	卫星影像、无人机与地面监测相结合，快速识别遭受病虫害的树木，估算受害程度	重要	季度
	地质灾害防控	雷达卫星探测洪灾区域，以及洪水引发的堰塞湖和滑坡等次生地质灾害的位置及范围；有人机进行水情监测、应急救援、救护等突发事件处理；用长滞空无人机搭载电台，组建临时无线通信网络	重要	季节性或实时

15.3 信息系统集成

15.3.1 国家公园感知系统门户

国家公园感知系统建设以天空地一体化综合监测为硬核，以业务系统应用建设为重点，完成了国家公园感知系统9＋X框架和八大板块迭代开发（图15-2）。定制开发的SuperMap引擎实现了49个国家公园在10K大屏上的三维展示。通过资源遥感、野外影像的AI识别和人工审核，建立了全地类斑块判读、旗舰种监测为特色的核心数据库。打通5＋17个国家公园数据链路，构建了5个设立公园感知子平台、17个创建公园的感知模块（图15-3）。

图15-2 国家公园感知系统板块架构

图15-3　国家公园感知系统1

根据《国家公园空间布局方案》，遴选出49个国家公园候选区，其中有5个正式设立的试点区和12个创建区。通过放大地图可以看到每个候选区的边界范围（图15-4，图15-5）。

图15-4　国家公园感知系统2

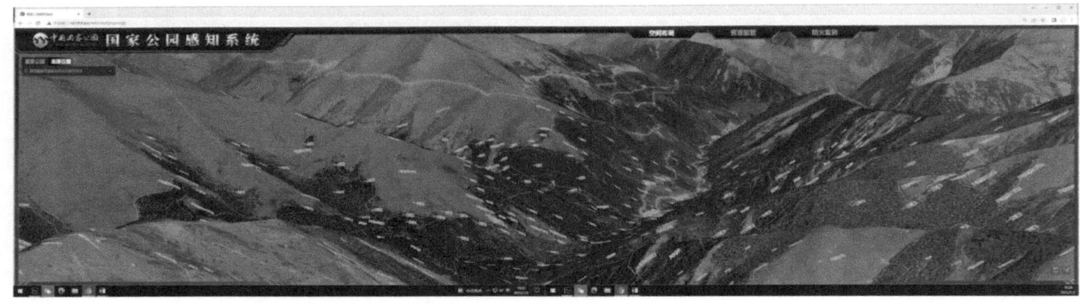

图15-5　国家公园感知系统3

结合空间定位技术，实现对国家公园和小的地理区域进行检索，快速导向和查看国家公园内生态资源点位。例如，搜索“邓生沟”，就可以看到大熊猫国家公园卧龙邓生沟的地形地貌（图15-6～图15-8）。

系统实现了资源一张图整合对接，可对国家公园内资源斑块数据进行监管，通过点击可查看每一个林地小班的详情信息，包括地类名称、林地权属、林组、林种、林木权属等。系统对每年4期的土地类型变化卫星遥感监测数据进行整合对接，让我们能够及时了解国家公园土地类型变化动态。同时，系统对各季度土地类型变化斑块数据进行动态对比分析，并与国家公园联动组织现地核查，展示国家公园土地资源损毁和恢复治理

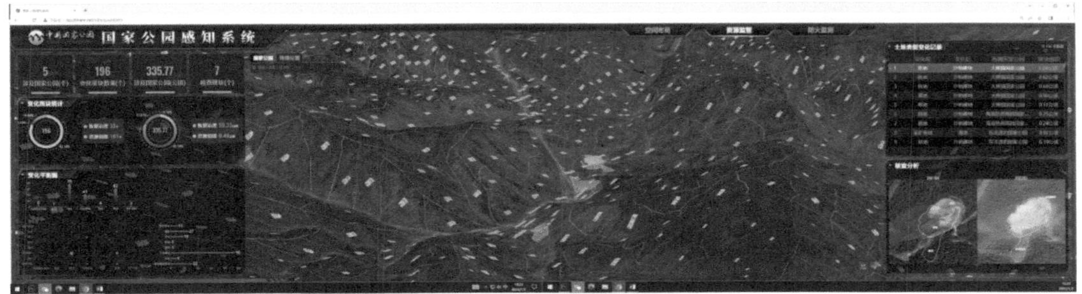

图 15-6　国家公园感知系统 4

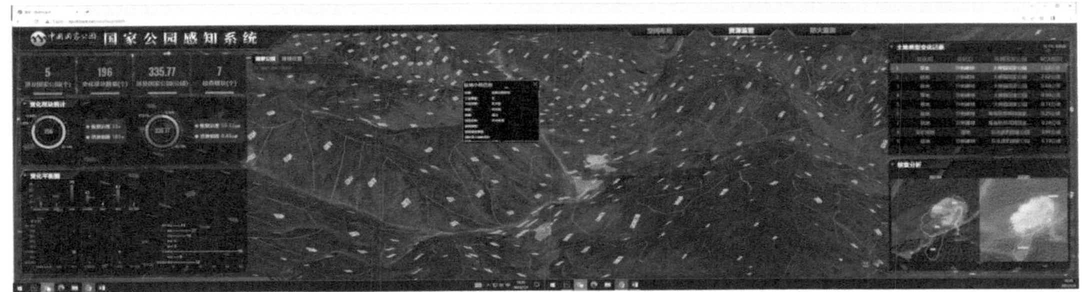

图 15-7　国家公园感知系统 5

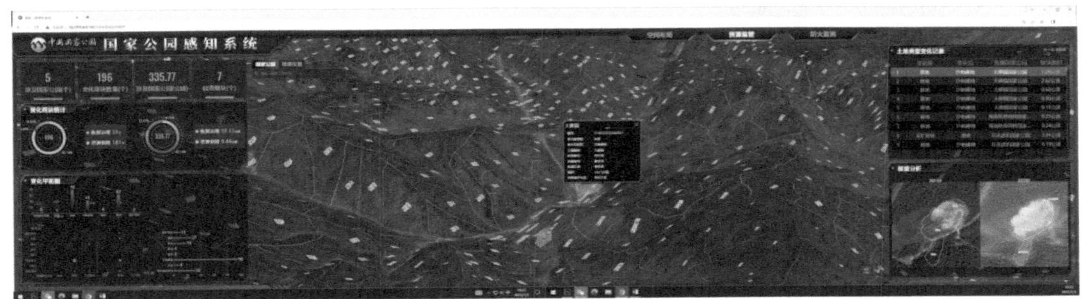

图 15-8　国家公园感知系统 6

情况，比如我们可点击查看图斑 1 变化前类型为林地，变化后类型为沙地裸地，可以判断这处图斑属于资源损毁斑块。系统还支持对土地类型变化斑块进行统计分析，通过专题图表、变化平衡图等形式展现资源变化分析结果。

15.3.2　数据协同共享系统

15.3.2.1　业务协同

通过建立跨部门业务协同与信息共享机制，实现业务与信息跨部门无障碍、网络化流转，提升综合服务能力，按照《国务院办公厅关于印发政务信息系统整合共享实施方案的通知》（国办发〔2017〕39 号），建立信息共享与服务体系，支撑跨部门业务协同与信息快速共享，服务业务运行。

15.3.2.2　信息交换与共享

能够为自然资源、气象、测绘、环保等多个部门和单位提供信息资源。根据网络状况提供在线共享与离线共享两种方式。在线共享：在网络条件允许的情况下，主推以信息服务的方式通过网络在线共享，包括提供实时信息服务、数据交换、文件交换等方式。离线共享：在网络条件不允许的情况下，可根据信息共享的时效性与业务应用的特点自定周期进行离线共享，包括光盘交换、文件交换等。根据网络状况，明确是在线共享（Web服务、Web应用）还是离线共享。

15.3.2.3　数据资源建设与开放能力

在数据交换上将摆脱政务外网的限制。数据交换业务依托政务外网，与环保、工信、国土、水利、住建、气象等部门互联互通，假设9部门同时进行数据交换，并保证与各部门传输速度达500KB/s。

则数据交换业务需求网络带宽为：9×500÷1024×8bit≈35Mbps。

15.3.2.4　系统计算及存储能力

总计vCPU 16 200核，33TB内存8vCPU/16G内存配置的虚拟机约可运行2060个，块存储有效容量约0.732PB，对象存储有效容量约4PB。

15.3.2.5　处理能力估算

处理能力指在单位时间内所能处理的标准事务的数量，以此来衡量其处理能力的大小，即TPC-C。TPC-C的通用估算公式如下。

$$\text{TPC-C}=\sum（单位时间业务事务量\times标准事务量比率）/（1-冗余率）$$

由于业务系统中含有大量数据监测、数据交换、数据对比和数据分析等业务，会提高每个事务处理的集中性和复杂程度，所以设定高峰时期每个业务项单位时间处理事务20 000个，平均每个业务事务操作相当于10个标准TPC-C事务，以及考虑30%的系统性能冗余，则当前系统整体处理量需求为

$$\text{tpmC}=（20\,000\times10\times400）\div（1-30\%）\approx114\,285\,710$$

通过以上计算，得出当前系统整体处理量需求大约为11 429万tpmC。

15.3.2.6　网络安全等级保护

包括信息系统定级、备案、建设整改、等级测评、监督检查5个阶段；非涉密信息系统网络安全等级按等保2.0三级建设。

15.4　大熊猫国家公园感知平台

构建天空地一体化监测数据中台是大熊猫感知平台建设的核心内容。深入理解与分析国家公园感知系统数据采集、清洗和建库需求，明确中台的功能、性能、可靠性等具体要求。基于需求分析，确定其总体架构，遵循松耦合设计模式，分析各项技术在中

台的应用，细化功能设计，明确部署实施路径。根据大熊猫国家公园天空地监测数据情况，对采集信息进行全面梳理，综合分析数据用途，剔除无用数据，减小数据体量，提高数据质量。

15.4.1　感知系统数据库

15.4.1.1　自然资源数据库

搭建大熊猫国家公园自然资源数据库，对国家公园内自然资源的调查情况、国家公园内的生态状况、干扰影响等情况进行统一记录与存储，支撑感知平台数据调取和统计分析。

15.4.1.2　地理空间数据库

搭建大熊猫国家公园地理空间数据库，包括地理空间基础数据、地理空间标记数据、地理空间轨迹数据等内容，用以支撑地理信息系统（GIS）的运行，以及地理标绘、地图演示、轨迹回放等具体功能。

15.4.1.3　综合管理数据库

搭建大熊猫国家公园综合管理数据库，支持国家公园文件档案管理系统等内部管理系统的管理和运行。包括文件档案、政策法规、项目档案数据内容（图15-9）。

图15-9　大熊猫国家公园感知平台1

15.4.2　功能模块包

大熊猫国家公园感知平台迭代以下8个功能模块包。

15.4.2.1 "自然资源资产"模块包

1）图层操作功能

具有比例尺、指北针、测距、测面、经纬度换算等功能，通过测距功能，能够在地图上任意选择两个点，测量两点之间的距离。通过测面功能，能够在地图上任意绘制多边形，测量多边形的面积。支持地图缩放、地图平移和拖动等基础功能。

2）国家公园基本情况

支持对大熊猫国家公园基本信息情况进行汇总统计，并以文字、饼图、条形图、柱状图、折线图等可视化图表的形式呈现统计结果，展示国家公园名称、国家公园简称、总面积、主要保护对象、核心保护区面积、一般控制区面积、国有土地面积、集体土地面积等信息，汇总国家一级保护动物数量、国家二级保护动物数量、国家一级保护植物数量、国家二级保护植物数量、动物特有种数量、植物特有种数量（图15-10）。

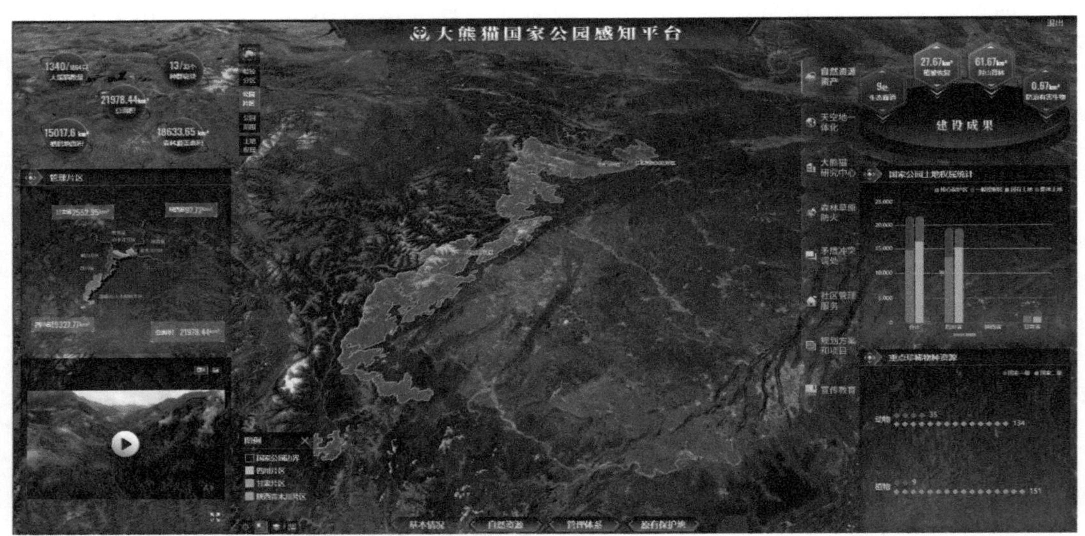

图15-10　大熊猫国家公园感知平台2

3）国家公园核心价值

按照国家公园设立规范以及设立方案和符合性认定报告内容，在国家代表性和生态重要性等方面，描述国家公园核心价值，统筹物种分布图层及生态区位，体现大熊猫国家公园的核心价值。

4）国家公园管控分区图层

支持对国家公园管控分区图层是否可见的控制，通过勾选的方式设置图层是否可见，主要包含大熊猫国家公园边界、核心保护区、一般控制区、省界县界等行政区划，支持对单个图层的面积等属性信息进行展示（图15-11）。

5）国家公园管理片区图层

支持对国家公园管理片区图层是否可见的控制，通过勾选的方式设置图层是否可见，支持对单个图层的片区名称、片区面积、比例、国有土地、集体土地、创建时间等

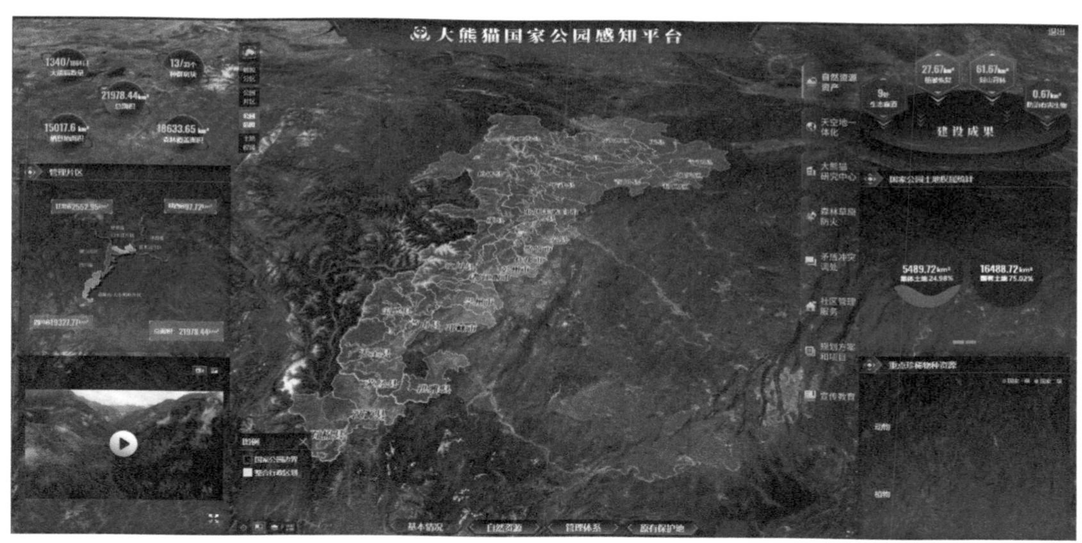

图15-11　大熊猫国家公园感知平台3

属性信息进行展示。

6）国家公园管理站点分布图层

接入国家公园管理站点数据信息，包括管理局、管理分局、管理站、管辖范围及面积、管理局及分局人数、核定行政编制、设立时间等，精确显示管理局及管理分局、管理站点分布情况，支持通过点选站点图标，对单个站点的属性信息进行展示。

7）土地利用情况图层

接入国家公园土地利用信息，主要包括湿地、耕地、园地、林地、草地等一级地类分布、面积，并支持分县统计各类用地的情况，支持对湿地、耕地、园地各类土地的可视化展示（图15-12）。

8）整合自然保护地

接入国家公园涉及的自然保护地信息，包括自然保护地名称、保护地级别、保护地类型、四至范围、面积（hm^2）、划入国家公园面积（hm^2）、编制数量、批建时间、管理机构名称、管理机构级别、主要保护对象、分区面积、分区划入国家公园面积、比例、处置意见等，支持通过可视化方式展示各自然保护地分布情况，通过点选单个自然保护地可展示自然保护地名称、保护地级别、保护地类型、主要保护对象等信息（图15-13～图15-15）。

9）国家公园建设大事记

包括事件时间、事件内容、顺序号。展示国家公园从计划创建到创建及创建成功获批等重要事件。

10）国家公园管理机构

整理汇总国家公园管理机构信息，主要包括管辖面积、管理分局行政编制、涉及县（市）、级别、领导人数、核定行政编制、时间等信息，以图形方式直观呈现国家公园管理架构。

图 15-12　大熊猫国家公园感知平台 4

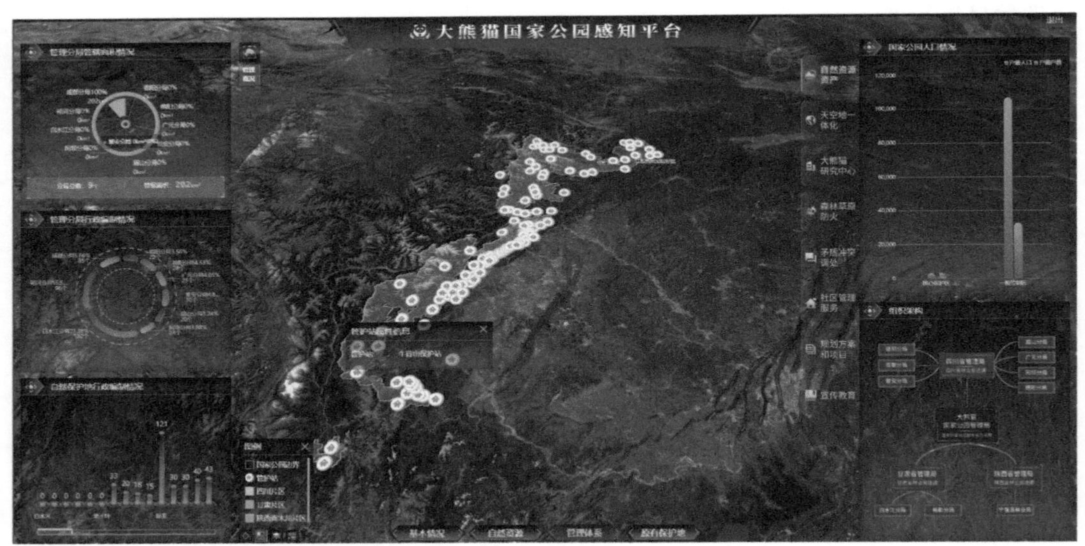

图 15-13　大熊猫国家公园感知平台 5

11）生物多样性总体情况

包括动物总数量、植物总数量、国家一级保护动物种数、国家二级保护动物种数、国家一级保护植物种数、国家二级保护植物种数，包含动物及植物的纲数、目数、科数、属数等。

12）物种名录数据

包括国家公园的动植物名录数据，具体区分到种，以及物种的保护级别，是否为旗舰种等。

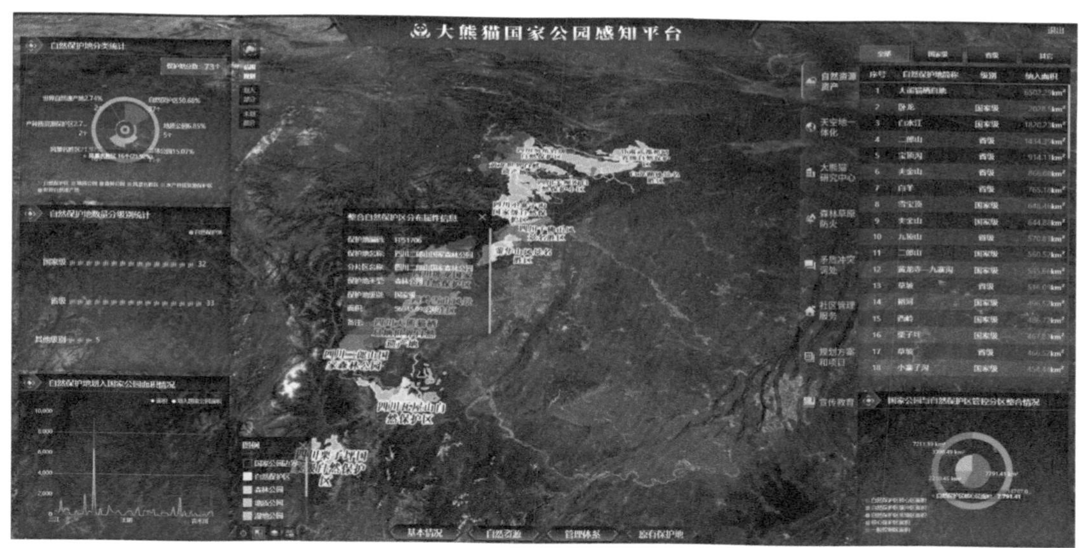

图15-14　大熊猫国家公园感知平台6

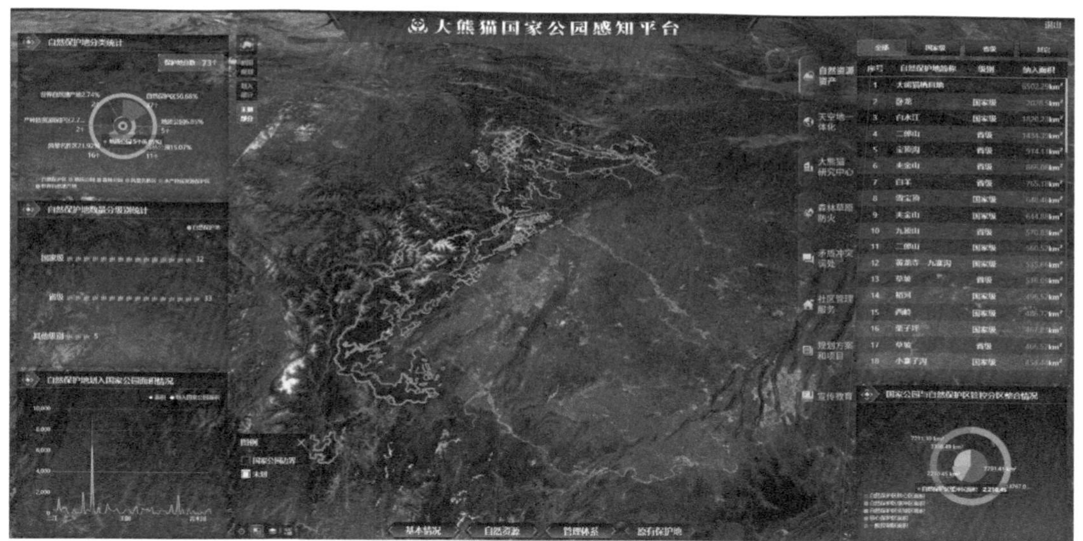

图15-15　大熊猫国家公园感知平台7

13）旗舰种数据

包括地域、山系、物种名称、国家公园内栖息地面积、国家公园内栖息地斑块数量、国家公园内种群数量、潜在栖息地面积等。

14）林地资源数据

林地资源数据包括林地权属、林地类型、林种类型、森林起源、优势树种、林地质量等级等多个内容，支持对国家公园内林地的可视化展示（图15-16～图15-21）。

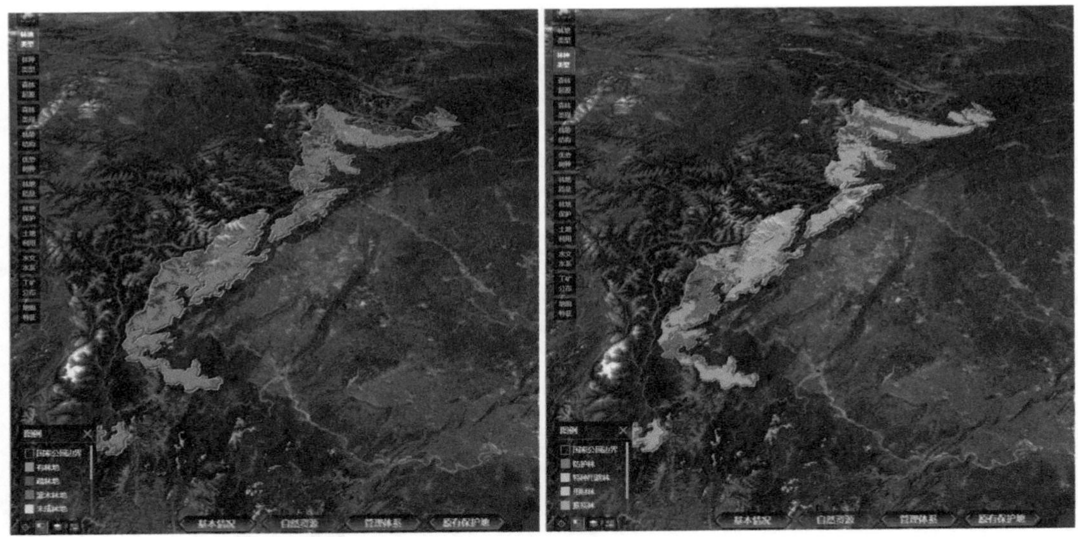

图 15-16　大熊猫国家公园林地可视化展示 1

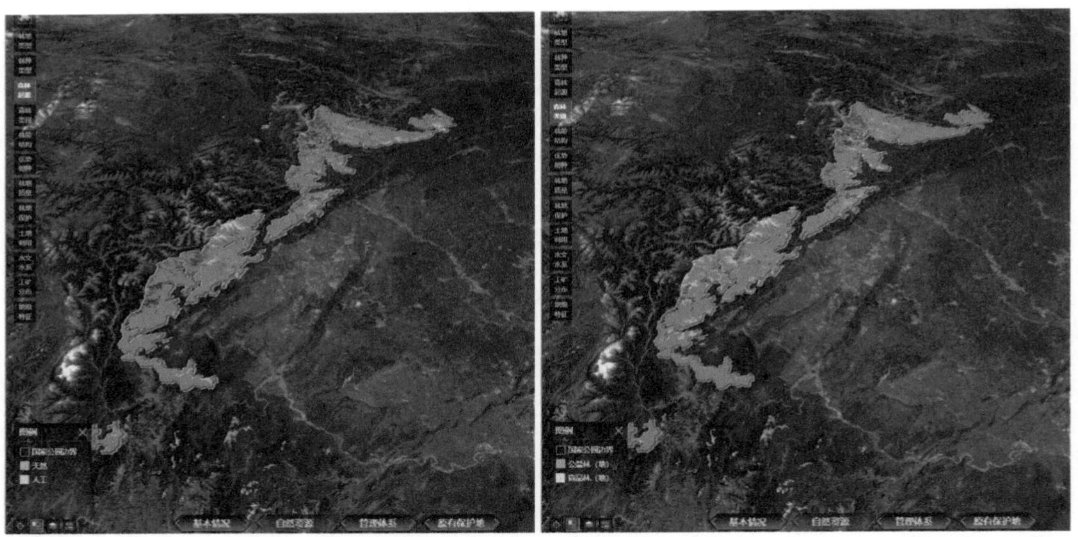

图 15-17　大熊猫国家公园林地可视化展示 2

15.4.2.2 "天基、空基和地基监测"模块包

1）体系架构

对国家公园各类监测设备信息进行统一管理，包括设备编号、设备名称、设备类型及设备所在的经度、纬度、海拔、管理分局、管控分区等内容，支持对信息的录入、编辑、查询、导出等操作。支持通过二三维一体可视化方式展示各类监测设备分布情况（图 15-22，图 15-23）。

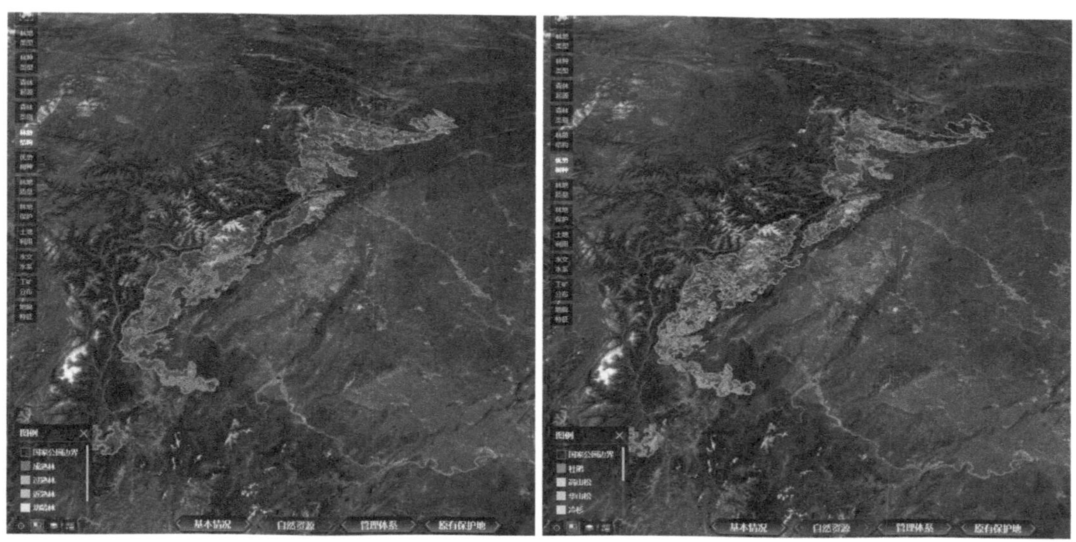

图15-18　大熊猫国家公园林地可视化展示3

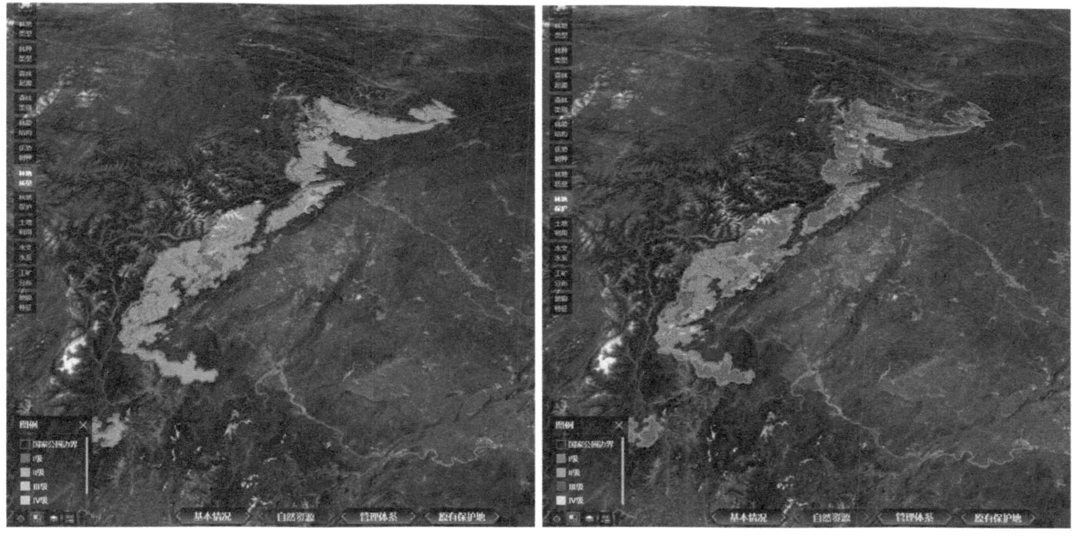

图15-19　大熊猫国家公园林地可视化展示4

2）国家公园基本情况及植被季节变化和年际变化监测

采用卫星影像结合机载数据每8天到1个月完成1次归一化植被指数（NDVI）、增强型植被指数（EVI）、森林和草本叶面积指数（LAI）监测，实现对植被季节动态进行精确观测；从而实现植被季节变化和年际变化监测；每年完成4次土地利用变化调查，每年完成1次森林面积、森林覆盖率、湿地面积调查（图15-24）。

（1）景观动态指标监测：采用高分辨率遥感影像，每年完成1次景观多样性、景观破碎度、景观分离度、干扰强度、自然度等景观动态指标监测，以及遗产遗迹完整度

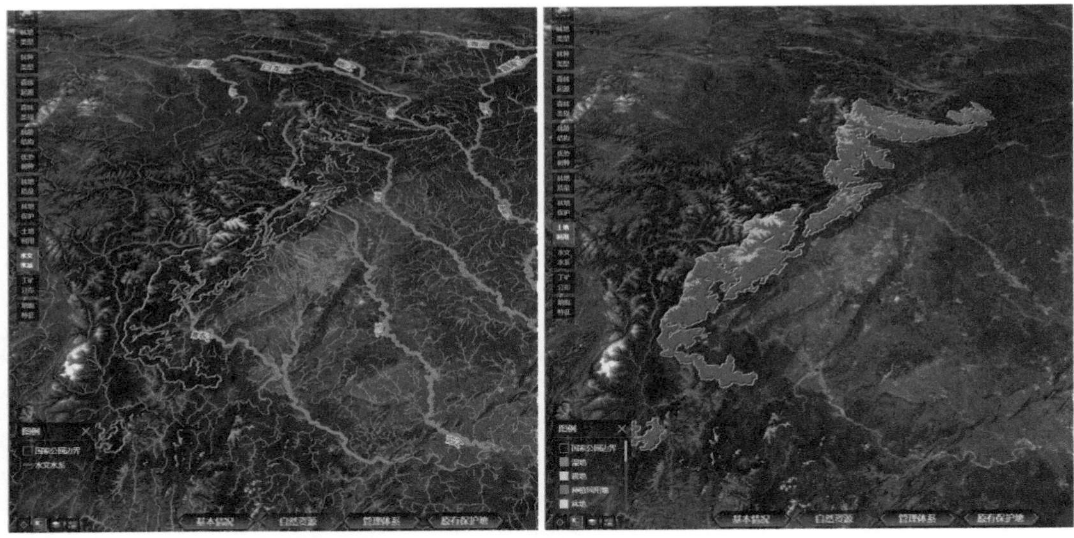

图 15-20　大熊猫国家公园林地可视化展示 5

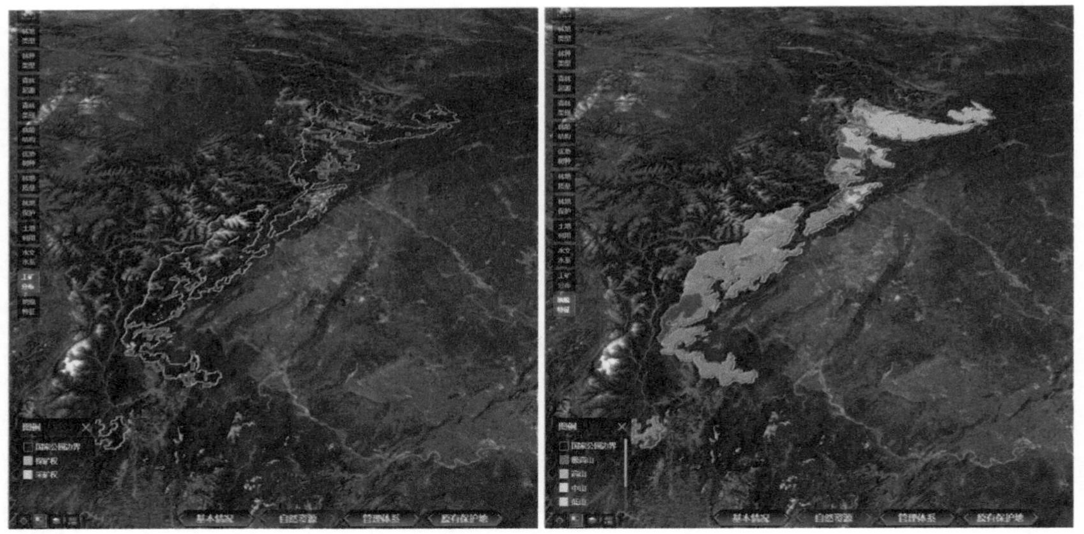

图 15-21　大熊猫国家公园林地可视化展示 6

监测。

（2）植物综合监测：通过卫星和近地面遥感、大尺度、多组分、微观和宏观相结合的立体化方式对植物进行综合监测。

（3）影像数据采集：在大熊猫国家公园 4300 km^2 的重点区域集中开展主航线规划、飞行航拍，基于DEM模型，实现二维正射影像与三维模型重建激光雷达和航空影像数据采集，通过倾斜摄影的定位技术，嵌入精确的地理信息，整理POS信息原片后，进行自动化建模，真实地反映地物情况，再通过Data V模块集成到国家公园感知系统。实现国家公园的数字孪生。

图15-22　大熊猫国家公园天基、空基和地基监测体系架构1

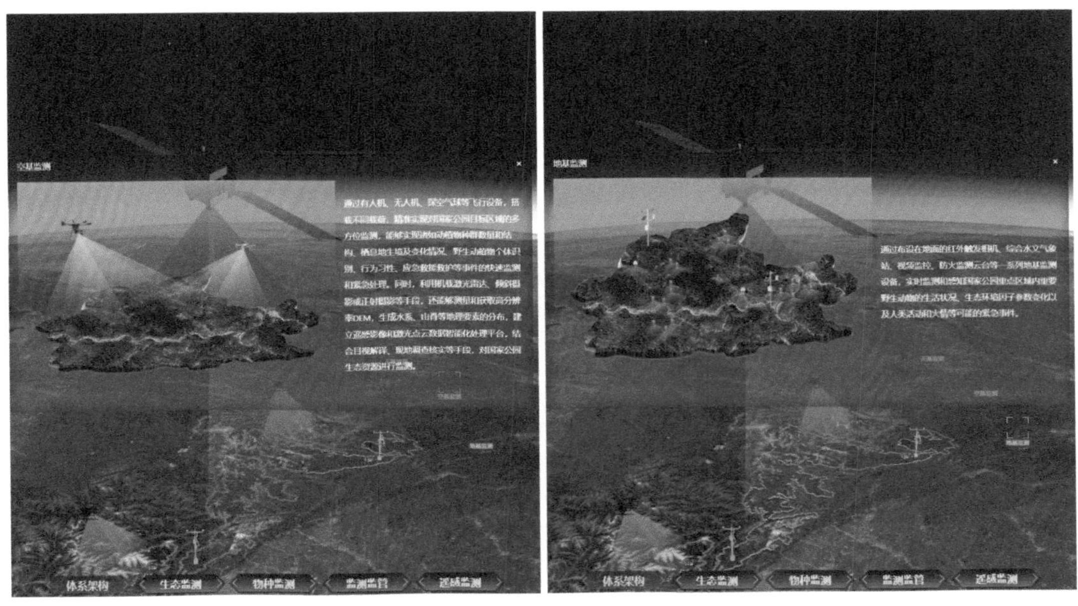

图15-23　大熊猫国家公园天基、空基和地基监测体系架构2

（4）旗舰种监测：主要以现有无线红外相机、24小时实时监测探头为主。自然资源监测主要通过现有野外观测站、生态定位站等，或直接调取相关部门采集数据，对大熊猫国家公园大气、水文、地质、森林、草原、湿地等生态要素进行长期连续监测。利用现有基站，实现区域无线网络覆盖，满足红外相机、生态因子数据的实时传送需求。通

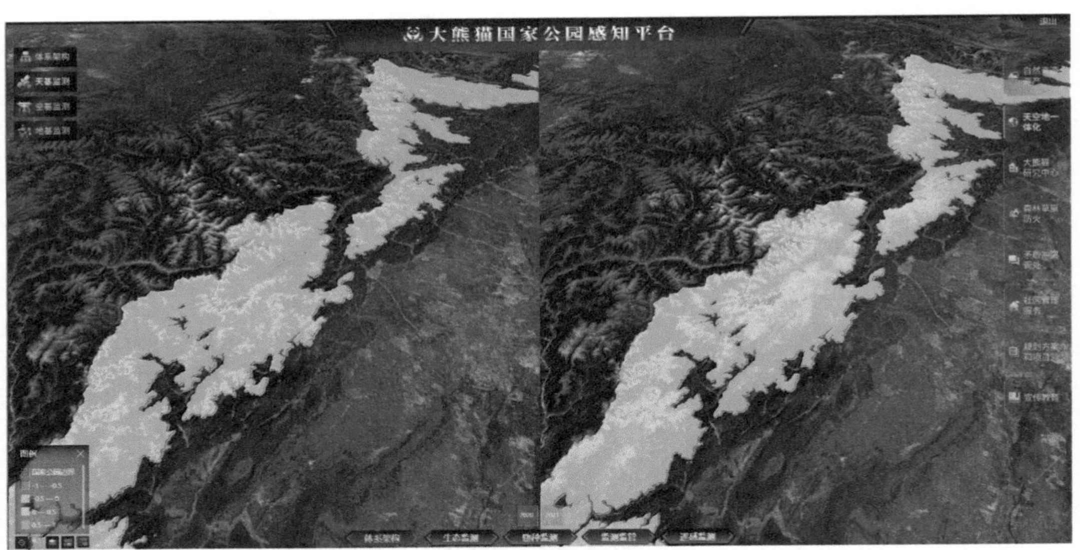

图 15-24　大熊猫国家公园基本情况及植被季节变化和年际变化监测

过地面专业巡护调查获取野生动物的栖息地、食源、水源等本底数据。监测动物数量和分布、生活习性、食源、遗传多样性。获取古树名木的树高、胸径、冠幅等监测数据。

3）无人机基础信息管理

支持对大熊猫国家公园无人机的基础信息进行统一管理，包括无人机编号、无人机型号、无人机飞行架次、无人机飞行里程等基本信息，提供无人机信息的添加录入、编辑修改和查询检索等功能（图 15-25）。

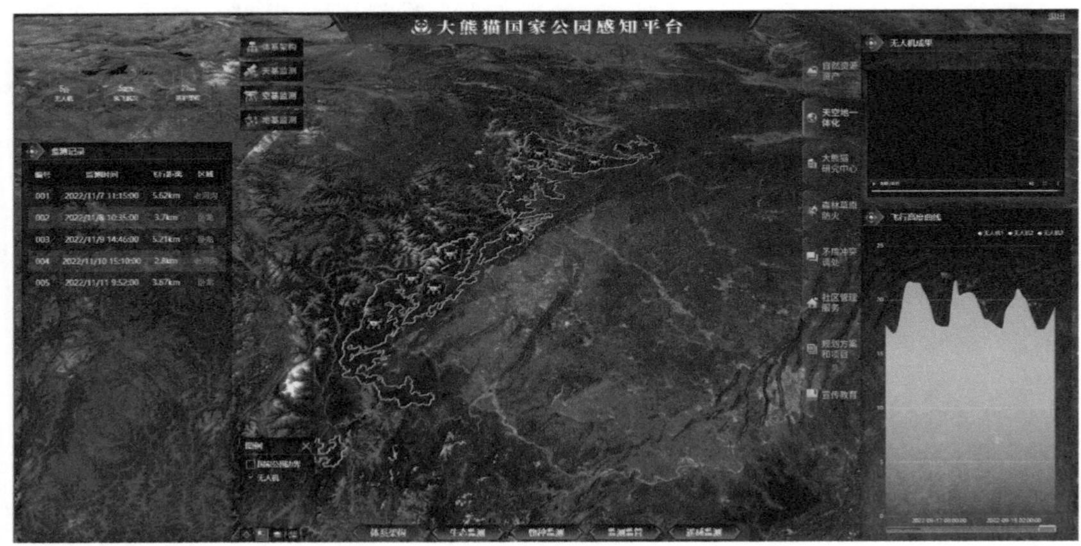

图 15-25　大熊猫国家公园无人机基础信息管理

4）无人机轨迹管理

支持通过二三维一体可视化界面查看国家公园无人机智能监测轨迹状况，起飞时间、降落时间、飞行距离（km）、飞行时长（min）、平均飞行速度等信息，支持飞行轨迹查询功能（图15-26）。

图15-26　大熊猫国家公园无人机轨迹管理

5）无人机智能监测管理

支持将无人机实时拍摄的视频进行展示，自动接收无人机俯视角度采集的监测数据，支持将无人机实时拍摄的视频进行存储，并对无人机推送的视频监控数据进行回看（图15-27）。

6）无人机智能监测统计分析

支持对基于大熊猫国家公园设置的监测网格内的智能监测情况进行全方位管理，支持针对每个网格内的无人机飞行线路、无人机监测数据、本底资源数据等进行多维度GIS分析。通过点击飞行路线能够自动显示飞行开始时间、结束时间、监测数据等信息，直观展示无人机网格化监测数据。

7）动植物监测

支持对国家公园旗舰种及重点保护物种的监测管理，支持生态监测数据的多维度统计分析，支持基于空间范围、网格及时间变化的时空一体化动态分析，实现物种活动范围、出没时间、活动频次等时空节律分析（图15-28）。

8）红外相机监测数据管理

支持对国家公园红外相机设备及空间分布管理，支持对红外相机监测数据的综合管理，支持按照时间、物种等多种维度对红外相机拍摄到的照片及视频的情况进行统计分析，统计的数据可以通过线状图、饼状图、柱状图等多种形式进行展示。

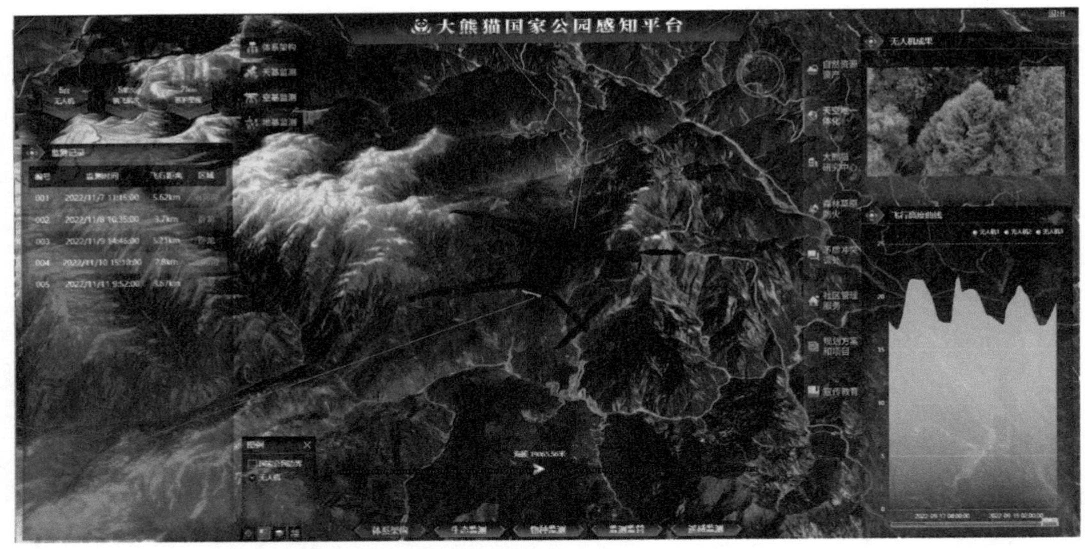

图 15-27　大熊猫国家公园无人机智能监测管理

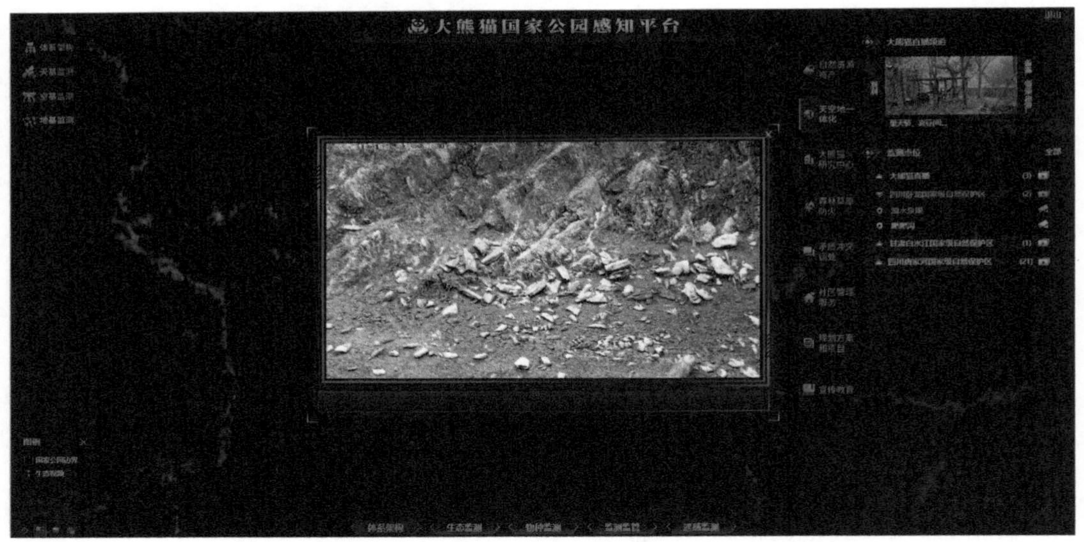

图 15-28　大熊猫国家公园动植物监测

9）物种AI智能识别

以大熊猫国家公园的野生动物物种数据为基础，通过AI智能识别功能对生态影像数据进行自动化智能扫描，提取生态影像特征数据，可对大熊猫国家公园野生动物特征进行分析，识别出物种信息、数量信息和可信度信息等。

10）栖息地监测

汇总整理国家公园旗舰种信息，包括地域、山系、保护地、物种名称、国家公园内栖息地面积、国家公园内栖息地斑块数量、国家公园内种群数量、潜在栖息地面积等，支持按照物种名称对旗舰种种群数量和栖息地分布情况进行查询检索，支持对分布情况进行可视化展示。

11）自然资源监测

通过高分辨率遥感卫星监测大熊猫国家公园及延伸区域的森林、绿地、湿地等自然资源变化情况，对遥感影像进行对比分析，实现区域内不同资源的变化数据对比提取，支持对监测数据成果的综合展示与统计分析，直观展示资源变化情况。

12）监测监管

支持对人类活动、违法案件等进行统一管理，包括发生时间、发生地点、事件类型、违法案件是否立案、事件发生的经度、纬度、数据、年份，支持按照事件时间、事件类型等维度对人类活动、违法案件等事件的查询。

15.4.2.3 “天空地一体化研究中心”模块包

整理研究中心编号、研究中心名称、介绍、批建年份、支撑单位、负责人、面积、团队成员数量、研究指标数量、研究成果数量、中心照片、录入时间等数据与信息，构建研究中心信息统一展示界面，研究成果数量等动态数据随系统不断更新；实现对研究中心团队成员的统一管理，支持录入、删除、修改、查询等功能，具体包含研究中心编号、专家名称、介绍、单位、职称、研究方向等信息展示；支持对研究中心团队成员提交的论文、专利、著作等研究成果进行统一管理，对成果信息如研究中心编号、研究成果、介绍、启动时间、研究时长、所属课题、所属研究方向、研究成果照片、录入时间等进行记录，支持按照研究中心、研究方向进行查询（图15-29）。

图15-29　天空地一体化研究中心

研究中心主要包括以下三个。

（1）天空地一体化监测中心：主要承担国家公园的重点监测和环境监测等具体工作，统一组织、管理、完成整个国家公园的监测工作。为大熊猫国家公园的科研监测工作运行提供办公场所、科技人才、管理人员等条件保障；组织开展重点监测、管理科研项目、指导科普宣传活动、举办学术交流研讨活动；负责对国家公园的生物资源、水、土壤、气候、人类活动等方面的全覆盖监测；负责建立监测信息和数据管理平台，实现数据管理信息化和网络化。

（2）生物多样性保护和利用中心：负责开展大熊猫国家公园生态系统保护修复研究；构建生物多样性数据库，从遗传多样性、物种多样性、生态系统多样性等方面揭示国家公园动植物的自身发展与演替规律；立足于大熊猫国家公园丰富的生物多样性资源，开展珍稀濒危动植物的生物资源保护和利用研究。

（3）野生动物救护繁育中心：新建野生动物救护繁育中心，该中心以珍稀濒危野生动物救护为主兼顾繁育扩种等功能，逐步开展珍稀濒危野生动物保育研究工作，并做好野生动物的救护管理工作，以达到及时收容、救治受伤野生动物和收缴的非法猎获野生动物以及珍稀濒危野生动物保育扩种等目的，使被救治的野生动物能够回归野外种群。此外，该中心还开展野生动物疫源疫病监测工作、野生动物科普宣传和教育工作（图15-30）。

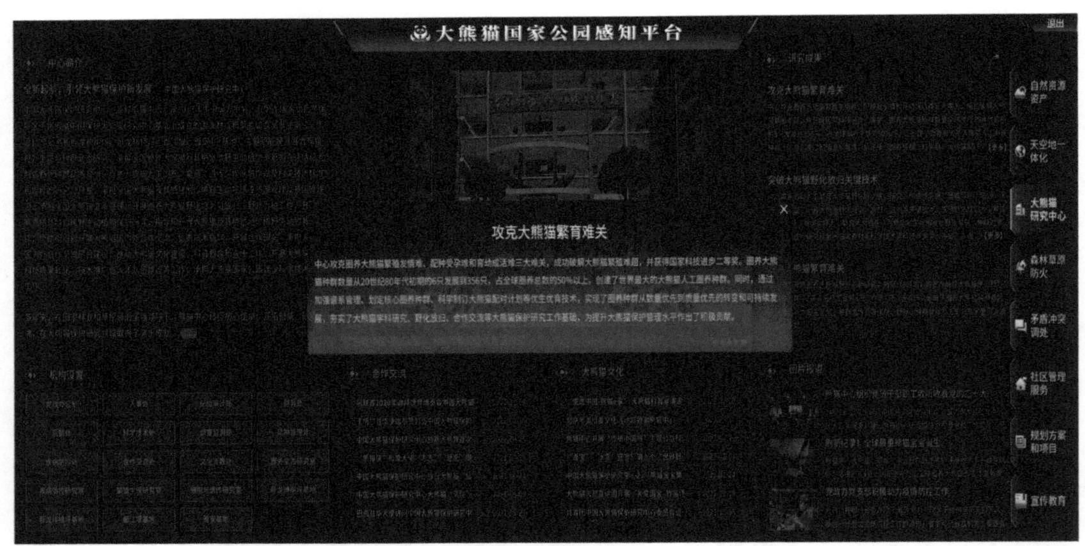

图15-30　野生动物救护繁育中心

15.4.2.4　“灾害防控”模块包

1）视频监测点位管理

接入国家公园内防火云台点位信息，包括点位名称、在线情况、经度、纬度等内容，支持对信息的录入、编辑、查询、导出、检索等操作，支持基于GIS平台对视频监测点位进行可视化展示（图15-31）。

2）视频监测管理

支持对大熊猫国家公园的防火云台视频监测成果数据进行管理和实时展示，支持调取观看实时监测视频，并对视频进行存储，支持视频回放功能。

3）视频监控系统

支持视频窗口的全屏、四分屏、九分屏等多屏显示功能，实现对监控范围内视频监

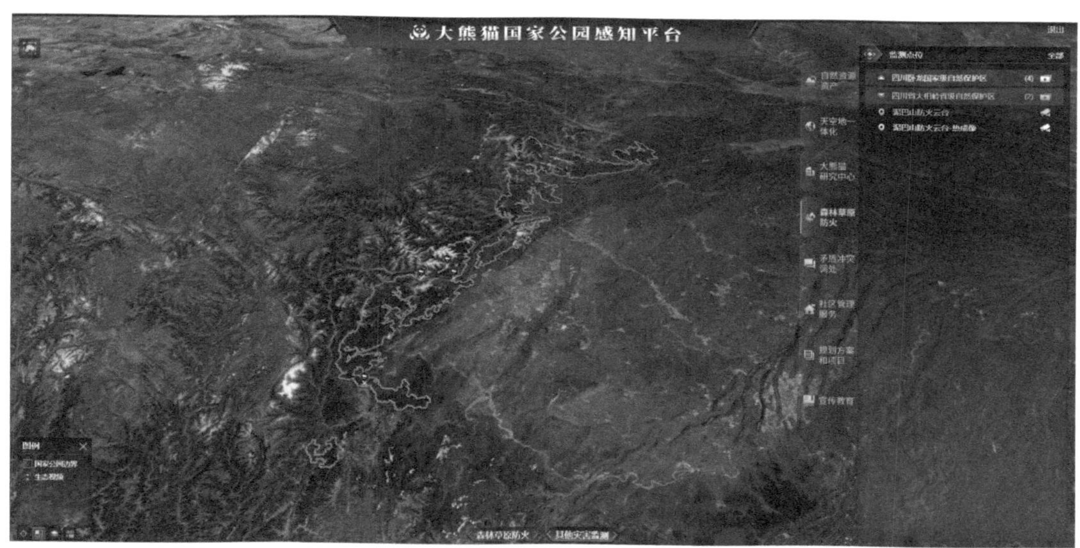

图15-31　大熊猫国家公园视频监测点位管理

测成果的集中监管（图15-32）。

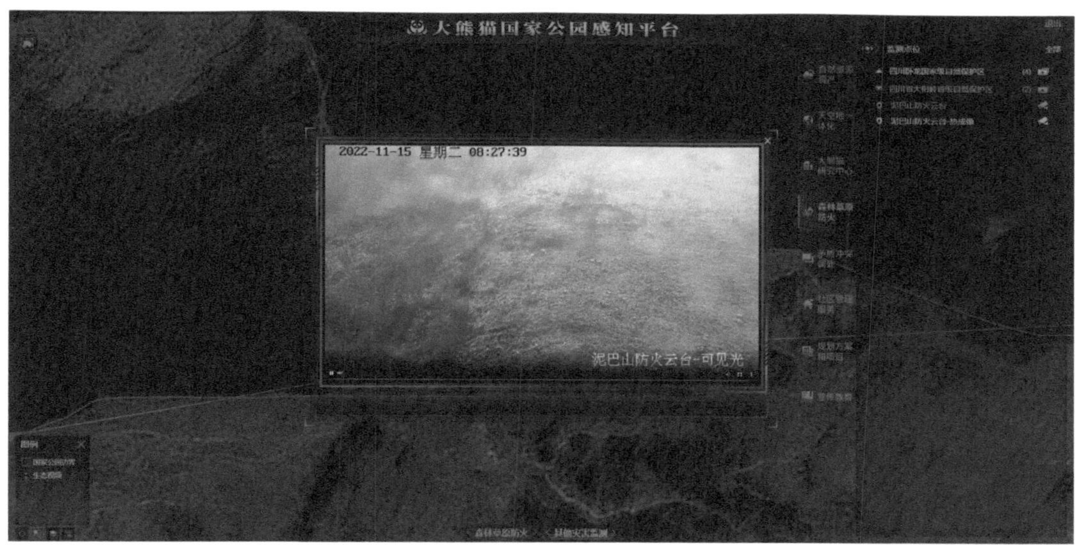

图15-32　大熊猫国家公园视频监控系统

4）影像智能识别展示

基于目前获取的红外相机影像数据，初步建立人工智能（artificial intelligence，AI）算法模型库，开展影像智能识别。由于服务器算力及时间有限，目前，基本实现大熊猫、雪豹、羚牛等大型动物的训练和识别，后续将通过继续训练提高识别率和准确度（图15-33，图15-34）。

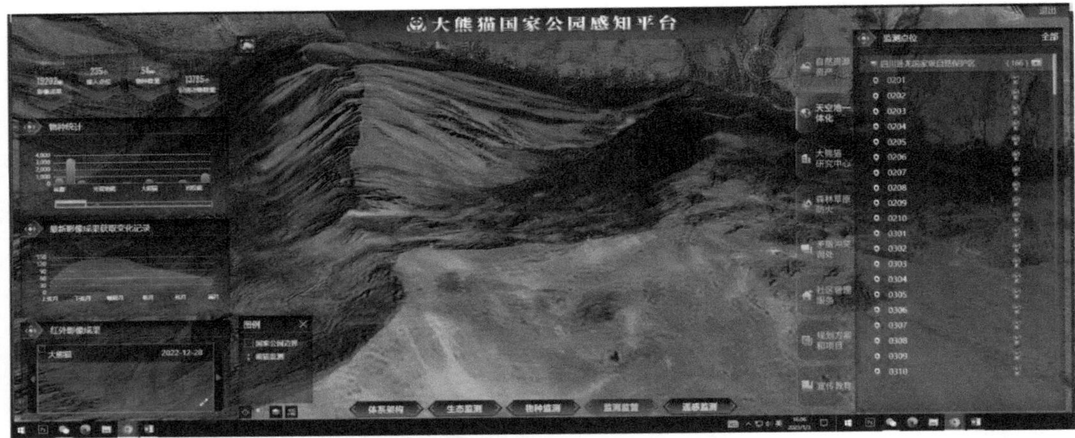

图15-33　大熊猫国家公园影像智能识别展示1

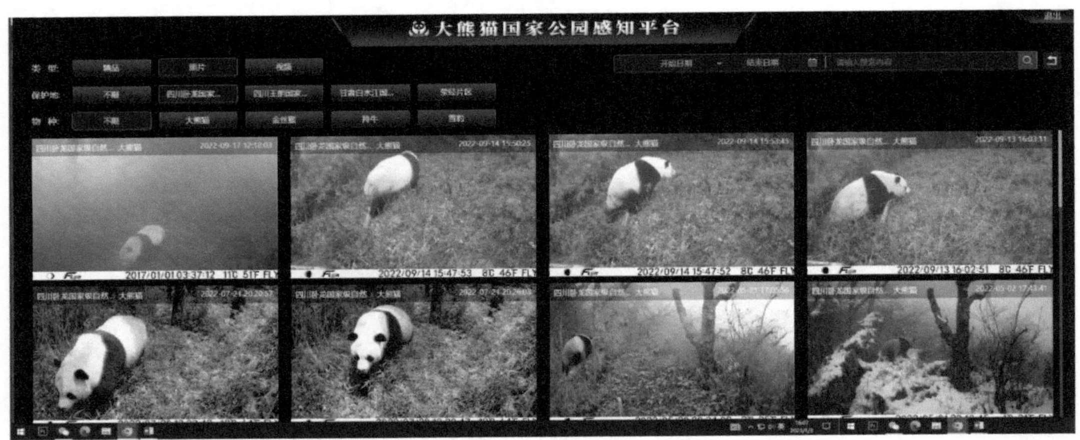

图15-34　大熊猫国家公园影像智能识别展示2

5）检查站

实现对国家公园基本地理信息、环境要素信息、防灭火检查站空间信息的集中统一管理，通过二三维结合的方式，展示防灭火检查站的分布情况（图15-35）。

15.4.2.5 “社区管理服务（生活、生产管理）”模块包

1）社区基础信息管理

对大熊猫国家公园社区（行政村）概况、社区类型、社会经济情况、社区收入来源情况等基础信息进行统一管理，实现对社区基本信息的添加、修改、查询、展示等功能。掌握国家公园内及周边社区分布及情况。

2）社区人口变化情况

对大熊猫国家公园社区人口信息、经济情况等进行统计分析，以饼图、条形图、柱状图等多种形式直观展示社区人口变化情况（图15-36）。

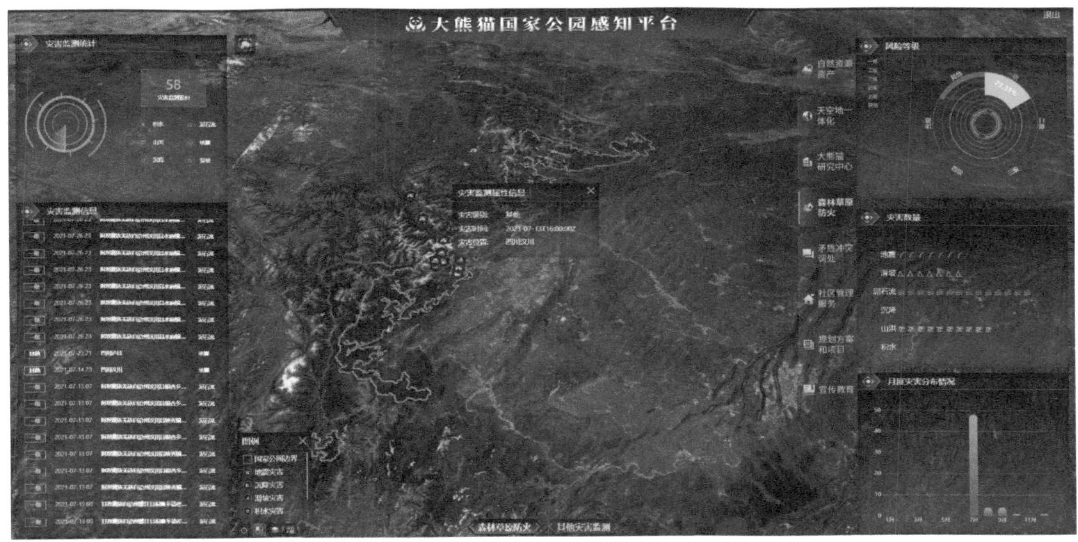

图15-35　大熊猫国家公园检查站

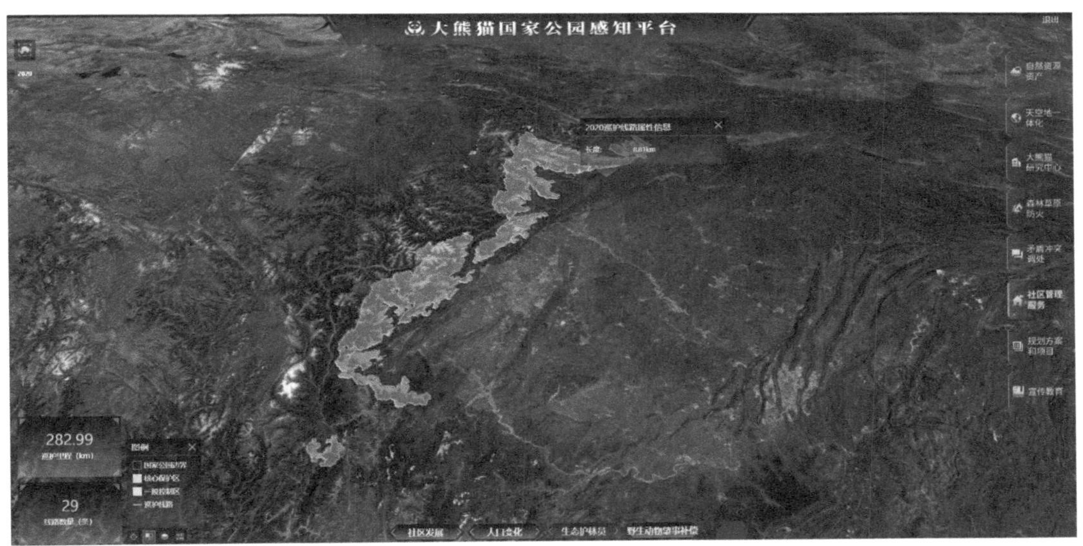

图15-36　大熊猫国家公园社区人口变化情况

3）社区经济

对大熊猫国家公园所涉及县的社会经济进行统计分析，分析国家公园内人均收入情况及产业统计情况。

4）社区发展情况管理

对社区转型项目、乡村建设、资源利用管理情况进行统一管理，构建社区发展项目清单，涵盖项目名称、时间、项目类型、项目来源、项目投资、项目预期收益、项目内容介绍等信息，支持按照项目类型（转型项目、乡村建设、资源利用）和项目名称对项目进行查询检索（图15-37）。

图 15-37　大熊猫国家公园社区发展管理

5）生态护林员管理

基于生态护林员APP建立数据采集链路，集中监管生态护林员轨迹、巡护事件、在线情况等信息，支持对生态护林员的监测结果进行统计分析。

15.4.2.6　“矛盾调处”模块包

1）野生动物肇事补偿

支持对野生动物肇事补偿进行统一管理，包括野生动物肇事时间、野生动物肇事地点、肇事野生动物种类、肇事野生动物数量、事件等级、财产损失金额、野生动物肇事造成人身伤害情况、野生动物肇事补偿金额、事件发生地点、数据年份，支持按照事件时间、等级等维度对野生动物肇事补偿事件查询。

2）违法案件情况

支持对大熊猫国家公园内的违法案件发生时间、违法案件发生地点、违法案件类型、违法案件是否立案、违法案件立案时间、违法案件结案时间、发生地点、年份等内容进行管理统计及查询展示。

3）矛盾调处数据入库

对大熊猫国家公园矛盾调处数据进行入库，包括但不限于：核心保护区，矛盾类型、原始区域、处置方式；一般控制区，矛盾类型、原始区域、处置方式。并根据矛盾（永久基本农田、人工集体商品林等）类型，分图层进行管理及入库，支持对矛盾调处数据的集中展示，以饼图、柱状图、条形图等方式对矛盾类型、数量等进行统计分析（图15-38～图15-41）。

15.4.2.7　“规划方案和管理”模块包

1）设立方案资料管理

对国家公园设立方案、过程信息、自然保护地空间数据、相关专题数据进行管理和

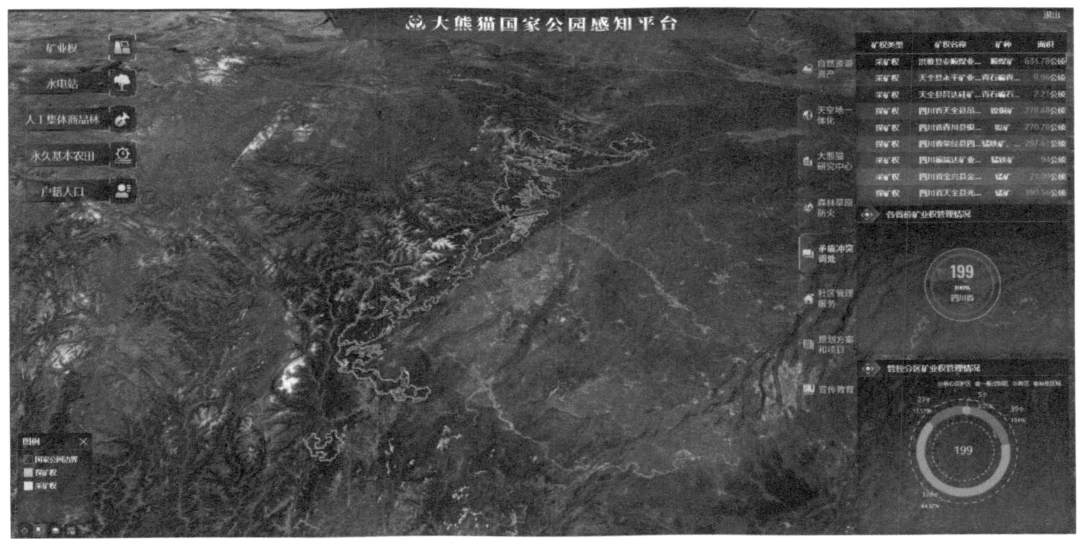

图15-38　大熊猫国家公园矛盾调处数据库1

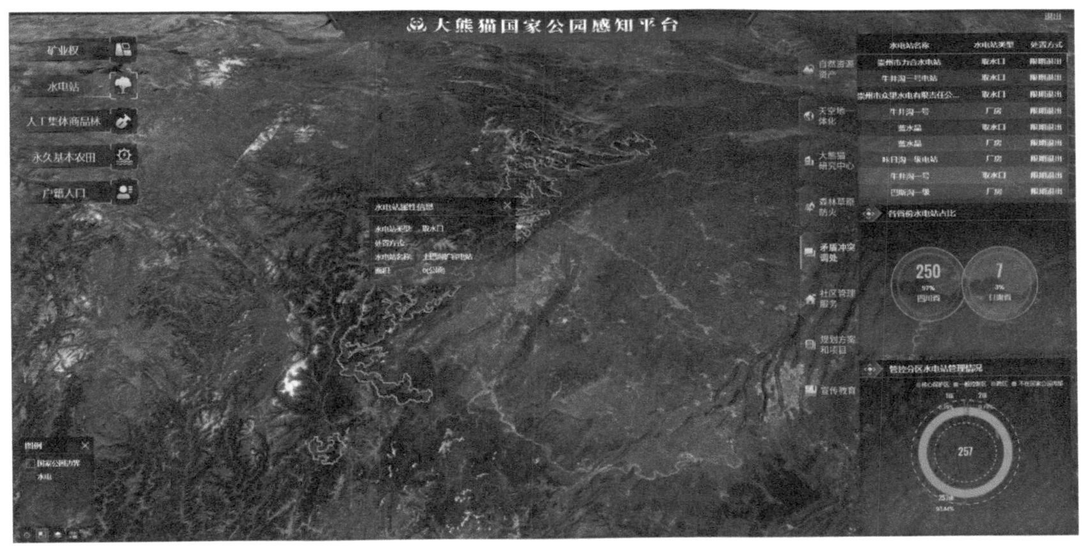

图15-39　大熊猫国家公园矛盾调处数据库2

展示，并提供设立方案资料管理，以图形方式展示设立过程脉络，直观呈现国家公园的“前世今生”；规划对国家公园的规划资料进行统一管理，包括各类规划的文本、图件管理，实现按照名称查找国家公园规划等功能管理。

2）已建工程设施统计管理

实现对大熊猫国家公园的已建工程设施的分布及信息管理，包括工程类别、工程设施名称、状态、建设年份等，实现已建设施的可视化展示及按照工程类别的统计（图15-42）。

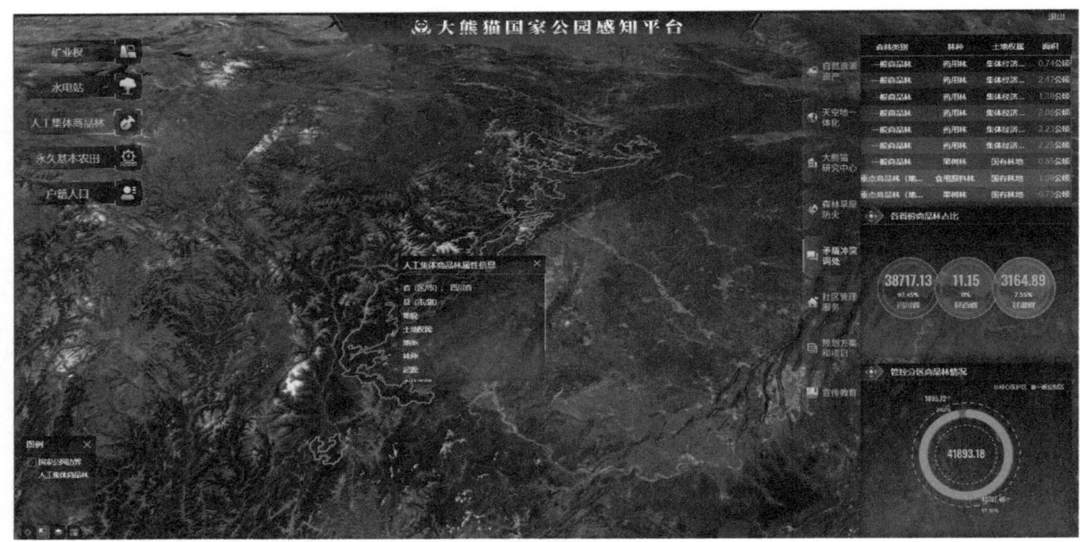

图 15-40　大熊猫国家公园矛盾调处数据库 3

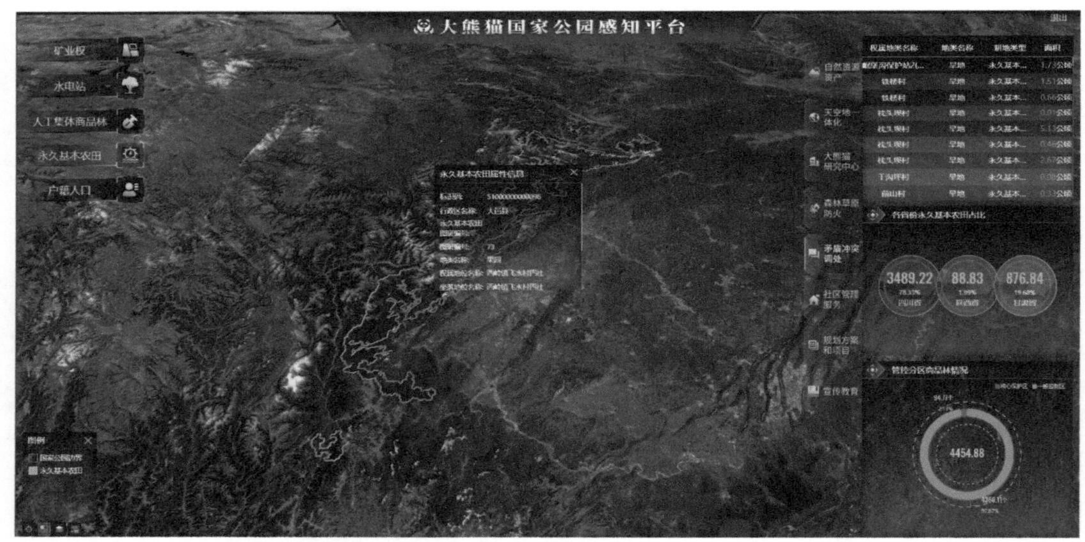

图 15-41　大熊猫国家公园矛盾调处数据库 4

3）已实施项目管理

支持对大熊猫国家公园已开展的生态修复、植被恢复等各类项目进行管理，包括对项目名称、内容、规模、投资、建设成效等信息的管理，支持可视化展示项目的分布情况。

4）规划设施统计管理

支持对大熊猫国家公园各类规划中包含的设施分布及信息管理，包括规划设施类别、规划设施名称、来源、预计完成年份等，实现规划设施的可视化展示。

图15-42　大熊猫国家公园已建工程设施统计管理

5）规划项目管理

支持对大熊猫国家公园规划开展的生态修复、植被恢复等各类项目进行管理，包括对工程项目名称、内容、规模、预算金额、预计完成时间等信息的管理，支持可视化展示项目的分布情况（图15-43）。

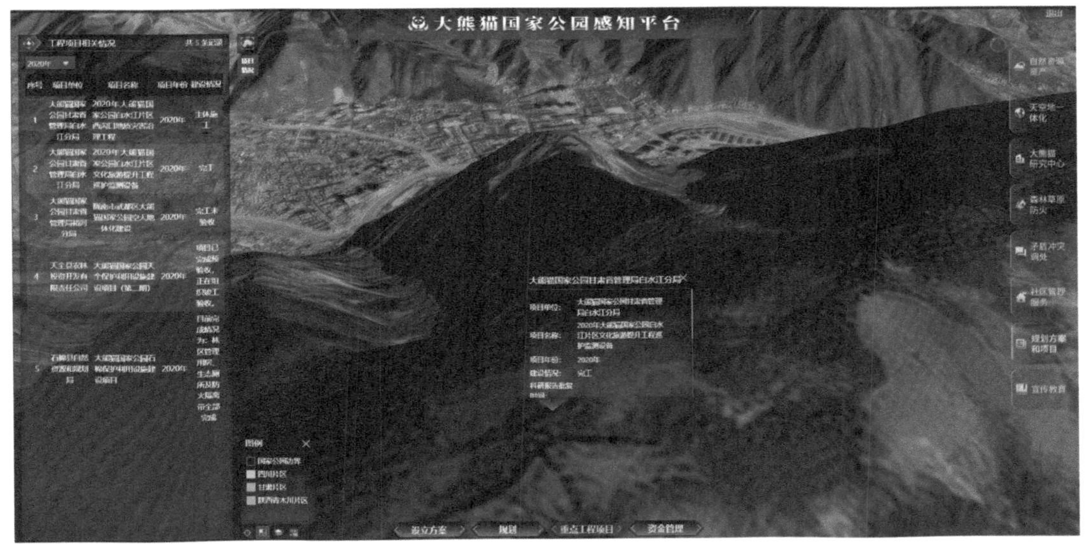

图15-43　大熊猫国家公园规划项目管理

15.4.2.8　“宣传教育和生态体验”模块包

1）宣传资料

针对国家公园的自然生境、动物资源、植物资源、生态环境等各项专题资源数据进行采集和整理，包括宣传片，野生动植物、自然生态系统、自然遗迹、景观等照片和视频等，挖掘提炼国家公园生态保护工作的特色内容，形成体现自然教育、生态保护、科普宣传于一体的生态资源教育展示成果（图15-44）。

图15-44　大熊猫国家公园宣传资料1

2）科普教育和生态体验设施

对国家公园科普宣教设施情况、景点分布情况进行管理，借助精细地图全方位展示大熊猫国家公园的科普宣教路线及科普教育内容，展示特色的科普教育活动、参观点情况介绍等信息（图15-45）。

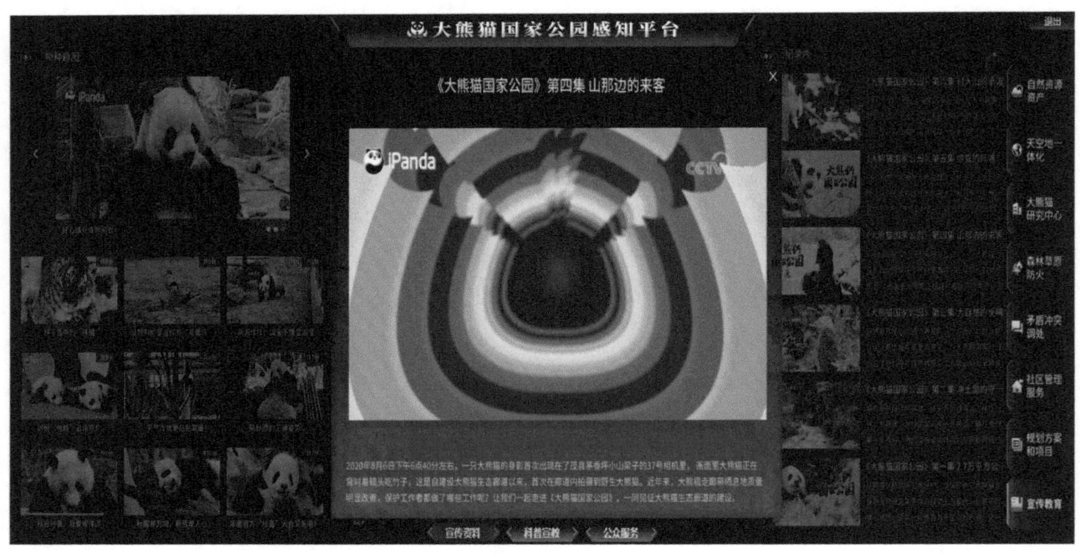

图15-45　大熊猫国家公园宣传资料2

15.5　综合监测体系

15.5.1　大熊猫国家公园荥经片区

15.5.1.1　大熊猫栖息地天基监测

通过覆盖大熊猫栖息地（如荥经片区）的多期中高分辨率卫星影像，并进行正射校正、辐射校正、几何校正、数据融合、镶嵌裁剪等预处理；监测分析荥经土地利用变化。针对卫星遥感影像上发现的异常点，结合无人机、视频监控与野外调查展开调查确认。

15.5.1.2　大熊猫栖息地空基监测

开展航空调查，对生态廊道区进行三维重建，研究大熊猫种群栖息地喜好和活动规律。倾斜摄影无人机为厘米级定位RTK模块及相关置换，加载1200万像素高清长焦摄像头，广角摄像头可以以毫秒的间隔捕获高速连续图像；动物追踪无人机为利用精确的点温度测量和高达28倍的热变焦，可搜索、巡查等；全景拍摄无人机需具有15公里高清图传，45分钟以上飞行时间，混合变焦的长焦相机，三种均需配备野外数据处理工作站。针对国家公园内重要场景，如荥经神树坪基地，通过RTK无人机倾斜摄影实现三维可视化数据采集，并通过国家公园感知系统实现可视化。

15.5.1.3　重点区域三维可视化

使用搭载了倾斜摄影装置的无人机进行数据的采集，下视相机为垂直摄影，用于制作DEM，正射影像。前视相机、后视相机、左视相机和右视相机都为倾斜摄影，用于获取地物侧面纹理影像，倾斜角度在15°～45°。同时从一个垂直、四个倾斜等五个不同的角度采集影像，做到在一次飞行中即可获取各角度的原片。

整理POS信息原片后，通过Street Factory、PhotoScan、ContextCapture等软件进行自动化建模，再通过Data V模块集成到国家公园感知系统。

15.5.1.4　野生动物实时监测

大熊猫国家公园荥经片区是大相岭山系大熊猫孤立小种群的核心分布区和关键栖息地，分布有大熊猫31只，其中野生大熊猫28只、野化放归训练大熊猫3只。开展区域内野生大熊猫及其他动物的监测，掌握其种群数量、结构、空间分布。通过每年4次卫星影像、航空激光雷达和航空影像，获取土地利用变化、高精度地形、高分辨率影像、单木空间分布等数据，为大熊猫种群动态监测提供基础数据。

目前，有超短波红外相机20台，取卡式红外相机241台。新建5个700M基站，其中4个利用原有塔点的基础设施（图15-46）。

红外自动触发相机布点原则是根据无线网络覆盖范围、陆生野生动物痕迹样线分布，以及人员活动监控要求（具有人员监控环境应用时考虑）规划进行网格化布点，野化放归的区域内布设密度很大，保证野化放归区的大熊猫日常活动可以被清楚地监测到，相机考虑灵活的部署方式，根据实际需求可以方便调整监测位置，也可根据项目实

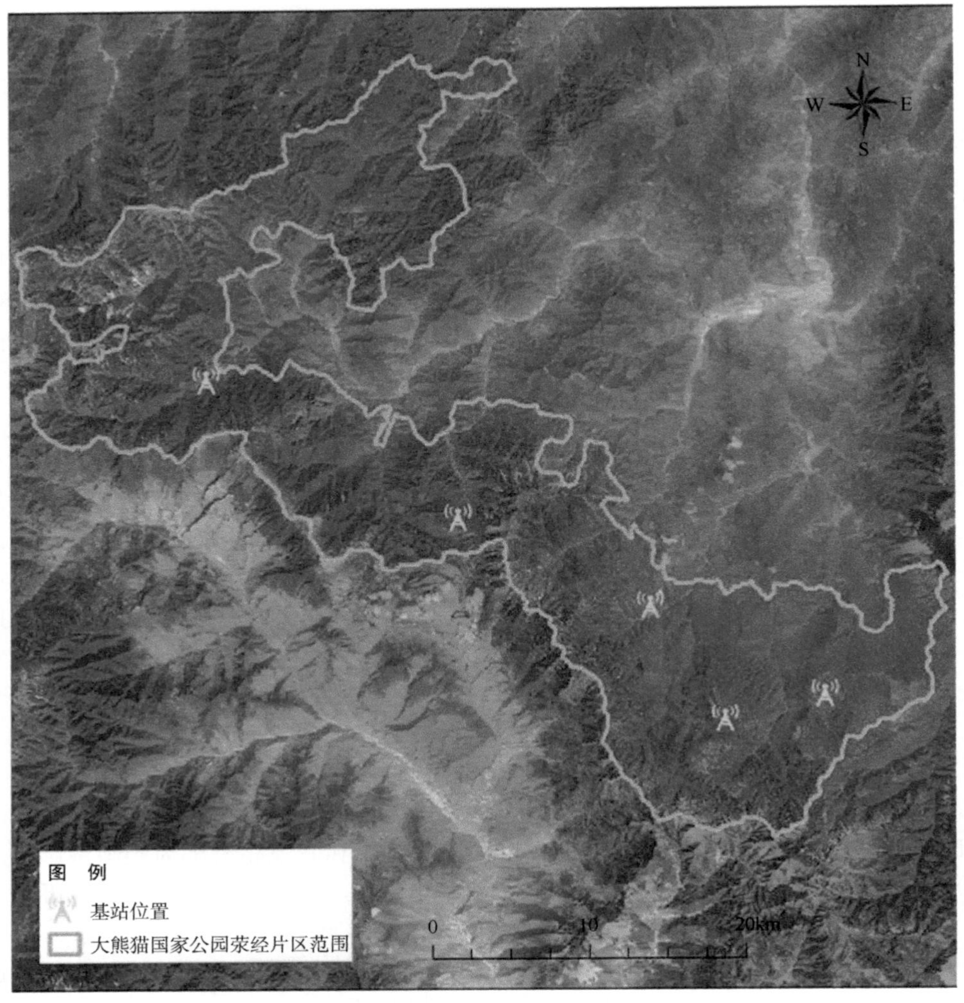

图15-46　基站分布图

际需要增加或减少红外自动触发相机密度。

结合野化放归区周边的监测摄像头，能够实现高低结合，准确掌握大熊猫在该区域的生活习性，为大熊猫培训提供第一手资料。

15.5.1.5　野化放归大熊猫及重要动植物点位和大景观重点视频监测

野化放归区有大熊猫3只，活动面积约1.65km²。野化放归区预计部署50台红外自动触发相机，增设实时监控视频监测点位1个（图15-47）。

其他重要动物、植物和大景观视频监测预计建设视频监测点位2处（云雾山盐井观测扭角羚、泥巴山羊炭沟观测大熊猫和小熊猫）、珙桐监测视频2处（云雾山大石坝）、大尺度景观视频2处（大相岭放归基地远眺贡嘎山、瓦屋山的云海和森林景观，牛背山远眺雪山和森林景观），实现珍稀动植物监测、防火监测、社区发展、自然教育共用。共计部署10套定位追踪器，3台高精度双光谱AI球型转台（＜10km）。实施过程中在保

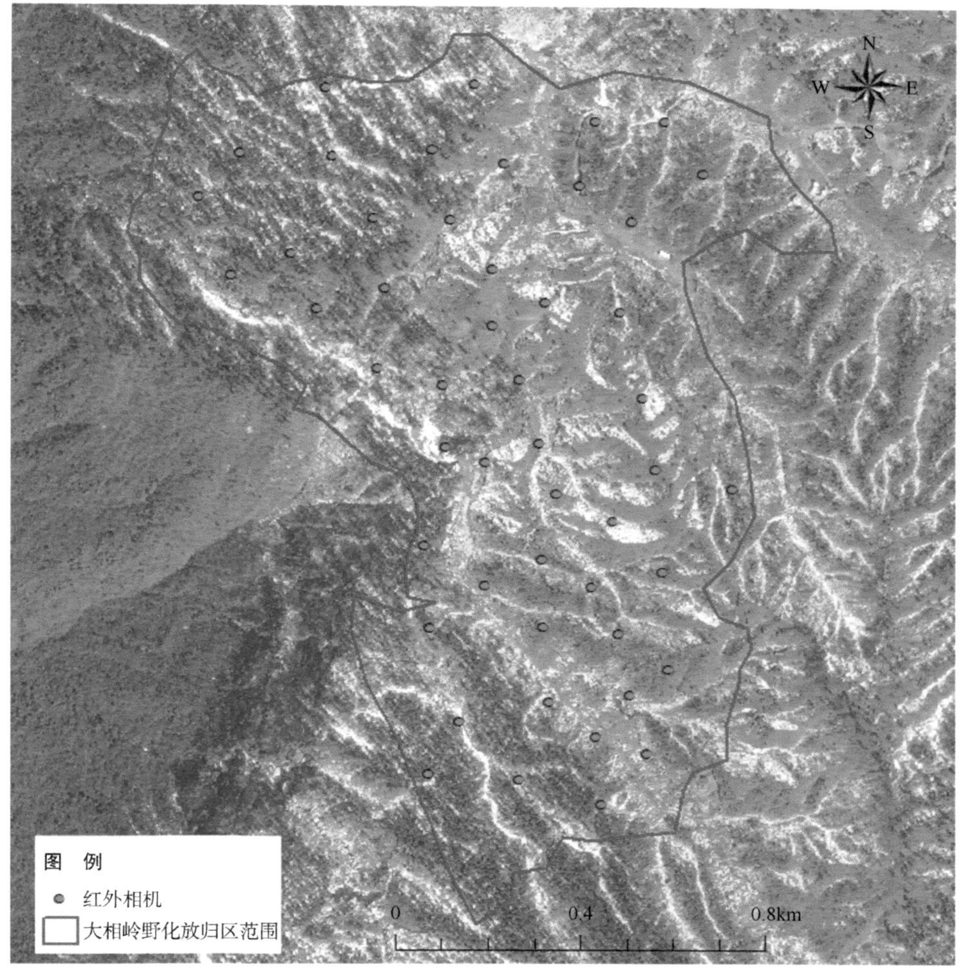

图15-47 野化放归区域红外相机布设图

证业务预期效果的前提下可根据现场情况调整。

15.5.1.6 专网融合通信

利用大速率、快响应、低延时的5G/4G兼容网络基础架构，以700MHz黄金频段为承载，构建大熊猫国家公园的5G/4G（700MHz）专网基础网络，实现覆盖地区人员及终端设备的注册登记、接入控制、移动性控制、资源分配、用户数据的管控和业务的分组处理。

1）技术路线

700MHz频谱具有非常好的无线电波传播特性，一个基站覆盖区，其他频段基站需要3～5个，因此5G/4G 700MHz频段为上行703～743MHz，下行758～798MHz，采用FDD模式（频分复用），上下行频宽谱资源相同。该模式下上行速率得到了保证，适用于林业需要大量数据回传的场景。在30MHz带宽配置时，单扇区峰值速率下行可以达到200Mbps，上行可以达到100Mbps。

2）建设内容

充分考虑复用原有防火塔、瞭望塔，选取应用安全性能高的直流远供技术进行整体网络构建，网络覆盖大熊猫国家公园荥经片区的范围，建设4个基站覆盖荥经70%的范围，其他采用轻量化基站进行补盲实现全覆盖，两处对大熊猫重点区域进行覆盖，一处对雪豹主要活动区域进行覆盖，一处对大熊猫放归基地进行监测。5G（700MHz）专网基站设计为每个基站可覆盖8～10km半径区域。在700MHz频段标准30MHz频宽条件下，每基站上行300Mbps，下行600Mbps带宽。

核心层：5G核心网硬件设备组网，主要是服务器、存储设备，通过网络设备互联。核心网的服务器组网采用标准方案。使用主备两套核心部署方案。网络层包含接入、汇聚、核心三层。

传输层：传输层实现从无线5G基站回传汇聚数据流量的作用，通过有线光缆以分组、二级架构组网方式完成数据传输，并具备可平滑过渡、灵活和分布式的特点。

接入层：无线基站主要由基带控制单元（BBU）和射频模块单元（RRU）组成。完成管理空中接口、接入控制、移动性控制、用户资源分配等无线资源管理功能。一个BBU可以与多个RRU相连接，满足不同场景、不同容量的应用需求。复用5座现有基塔，挂载设备。

终端层：终端设备将5G基带芯片、射频、存储、电源管理等硬件封装在一起，实现5G信号直连，CPE下挂外联、内嵌5G模组等多种形式的终端和物联网设备实现数据回传。

配套设施：①配套通信塔，以充分利用现有林区防火塔，以利旧为前提，通过配置20m以上的通信铁塔以及到通信塔的铺设光缆和输电线，建立无线基站，每个基站原则上需要同时引接光缆和输电线路，就近引电引网；②配套供电系统，以直流远供技术为远程供电手段，采用脉宽调制技术（PWM），将机房内稳定的电能通过光电复合缆、双绞线缆或电力线缆超低损耗地输送给直放站或基站设备，为设备提供24h的、稳定的、恶劣条件下免维护的电源供应。

3）基站盲区通信解决方案

荥经海拔高差明显，极易形成信号覆盖盲区；通过专网CPE结合宽带自组网汇聚方式，达到基站信号盲区内数据回传的效果；有效解决数据无法回传或需人工取卡的难题（图15-48）。

利用无人机携带双通信模式（专网＋自组网），两种模式之间透传。在地面端部署自组网相机，并使用旋翼或固定翼无人机搭载机载终端与地面自组网相机进行通信。为了完成数据采集需求，需采用一对多并发方式。机载终端可自主选择实时回传或缓存后回传的方式将采集数据上传至管理后台。

15.5.1.7 机房设备能力提升

主机房内强、弱电线电缆分别走线。微模块内部采用微模块自带的走线槽进行强弱电的走线；微模块外部采用单层网格（铝合金）桥架走线，为弱电400mm×100mm桥架，并根据实际需求重新综合布线。增加算法服务器、存储服务器、视频转发服务器、

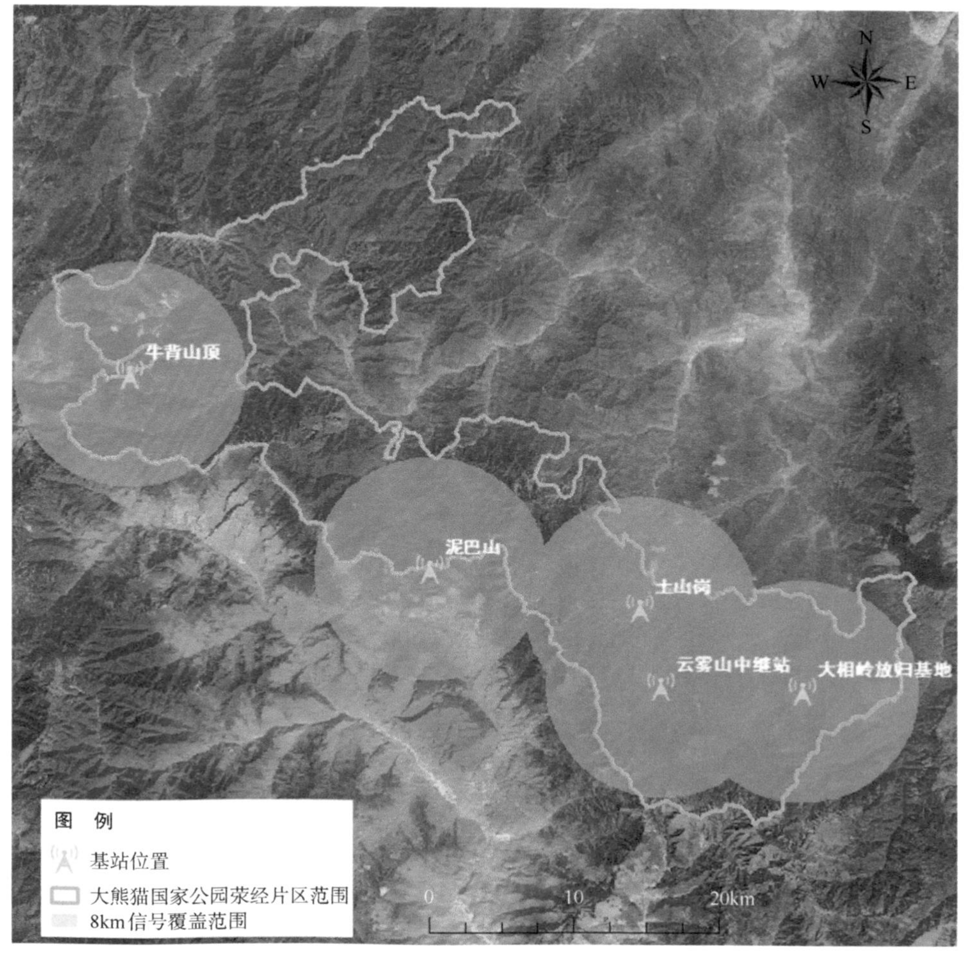

图15-48　基站盲区通信部署方案图

漏洞扫描、安全感知平台、上网行为管理、防火墙、高级持续性威胁检测与管理系统。加装机房精密空调。

15.5.1.8　监测数据采集、清洗、建库及国家公园感知系统集成

1）天空地一体化监测试点区数字孪生

利用数字孪生技术构建荥经片区数字空间，以炫酷视觉效果、全面数据集成、场景化业务展示为支撑，有效提升国家公园可视化管理服务，提升监控管理效率，支撑大熊猫国家公园管控策略。

2）监测数据清洗处理建库运维

在DEM模型基础上，定制开发引擎加载林草WMTS服务后，实现国家公园地理环境的三维可视化展现。并对国家公园内最小的地理区域进行检索，快速查看资源点位，提供50项以上斑块属性信息。构建无人机协同监测数据采集系统。实现无人机飞行监测记录的管理和查看。红外相机取卡和实时事件视频清洗。远程抓拍、报警。通过遥感

图像、野生动物的AI识别和人工复核，在全地类斑块判读、旗舰种等监测策略基础上，更新国家感知数据库。

3）监测成果产出入库

整合监测结果制作宣教视频等材料，生产卫星影像、高精度地形、滑坡、树高等展示产品，监测成果入库，接入大熊猫国家公园感知平台。

15.5.2　大熊猫国家公园卧龙片区

15.5.2.1　大熊猫栖息地天基监测

通过覆盖卧龙片区的多期中高分辨率卫星影像，并进行正射校正、辐射校正、几何校正、数据融合、镶嵌裁剪等预处理；监测分析卧龙土地利用变化。针对卫星遥感影像上发现的异常点，结合无人机、视频监控与野外调查展开调查确认。

15.5.2.2　大熊猫栖息地空基监测

1）卧龙地形对空基监测影响分析

测绘区域在四川省阿坝藏族羌族自治州境内，面积约2033km^2，区域内包含卧龙镇、耿达镇等村镇，地势西高东低，海拔最高点5000余米，最低点1200余米，高差大，高海拔处常年积雪，会对激光雷达数据获取工作产生一定影响（图15-49）。

图15-49　测绘区域范围示意图

2）卧龙气候对空基监测影响分析

四川省阿坝藏族羌族自治州气温自东南向西北并随海拔由低到高而相应降低。西北部的丘状高原属大陆高原性气候，四季气温无明显差别，冬季严寒漫长，夏季凉寒湿润，年平均气温0.8～4.3℃。山原地带为温凉半湿润气候，夏季温凉，冬春寒冷，干湿季明显，气候呈垂直变化，高山潮湿寒冷，河谷干燥温凉，年平均气温5.6～8.9℃。高山峡谷地带，随着海拔变化，气候从亚热带到温带、寒温带、寒带，呈明显的垂直性差异，海拔2500m以下的河谷地带降水集中，蒸发快，成为干旱、半干旱地带，海拔2500～4100m的坡谷地带是寒温带，年平均气温1～5℃，海拔4100m以上为寒带，终年积雪，长冬无夏。

3）飞行季节和飞行时间的选择

（1）应选择气象条件最有利的飞行季节；尽量选择地面无积雪、地面植被稀疏和树木落叶的季节，以确保激光光线有足够的穿透率以及航摄影像能够真实地显现地面细部。

（2）为了降低不利天气对激光光线强度衰减的影响，应根据机载LiDAR系统所采用的激光器的波长选择合适的飞行时间。

（3）航摄时既要保证具有充足的光照度又要避免过大的阴影。航摄时间一般应根据摄区太阳高度角和阴影倍数确定。

4）空基平台介绍

鉴于卧龙有2000km^2，排除了作业效率较低的多旋翼无人机做空基平台。对比有人机（塞斯纳208、750、运15）、直升机（小松鼠AS350B3）、大型无人机（彩虹-4）、垂起固定翼（飞马V10、纵横CW25E、远度ZT-25V）等空基平台及载荷，认为由于飞行高度太高，有人机密封舱对激光雷达影响较大、降低飞行高度容易造成人员伤亡；垂起固定翼无人机具备仿地形飞行的能力，但作业效率相对较低。因此直升机和大型无人机能在相对能保证质量、价格较低的情况下完成航飞任务。

5）机载激光雷达综合航测系统

机载激光雷达综合航测系统可获取包含地物及地表的三维激光点云数据。利用系统独具的多回波技术，可在裸露的地表、道路及房屋顶面采集精准的三维激光点云数据，在植被区会采集到树冠、树枝、树干及地面上不同的点数据。通过全自动或半自动点云数据过滤、分类的方法，可生成高精度的数字高程模型及数字表面模型。

6）航摄分区及航线规划依据

（1）航线敷设和划分分区时，应根据IMU误差积累的指标确定每条航线的直线飞行时间。

（2）飞行高度的确定应综合考虑点云密度和精度要求、激光有效距离及飞行安全的要求，同时应考虑激光对人眼的安全要求。

（3）分区应基于激光有效距离及地形起伏等情况进行设计，应考虑基站布设情况以及测区跨带等问题。

（4）LiDAR点云旁向重叠度设计应达到20%，最小为13%，同时保证飞行倾斜姿态变化较大情况下不产生数据覆盖漏洞，在丘陵山区地区，应适当加大航线旁向重叠度。航向起始和结束应超出半幅图幅范围，旁向应超出半幅图幅范围。超出部分不小于500m，且不大于2000m。

（5）像片航向重叠度一般应为60%～65%，最小不应小于53%。个别像对的航向重叠度虽然小于53%，但应大于51%，且相邻像对的航向重叠度不应小于58%，并能确保测图定向点和测绘工作边不超出像片边缘。

（6）像片相邻航线的旁向重叠度一般应为20%～30%，个别最小不应小于13%，但不得连续出现

（7）在满足成果数据技术要求和精度要求的前提下，在同一分区内各航线可以采用不同的相对航高。

（8）航线一般应按照东西向或南北直线飞行，特殊任务情况下，则按照公路、河流、海岸线、境界等走向飞行，执行时可以按照飞行区域的面积、形状，并考虑到安全和经济性等实际情况选择飞行方向。

（9）每个测区应至少设计一条构架航线，航高保持一致。

7）航时统计

航时根据测区估算，实际航时需根据天气窗口期、空域、地形实际情况等因素综合计算。由于测区地形复杂，气候多变，航摄窗口期较短，实施作业需充分考虑人员进场时间、等待窗口期时间、机场租用时间等因素。

8）精度控制

由于测区CORS基准站分布不均匀，没有完全覆盖测区所有范围，故需在测区的范围内布设地面控制点。

为了保证数据绝对精度，需要布设一定数量的地面控制点用于纠正系统误差。同时，需要布设一定数量的地面检查点，用于检查数据精度。

地面控制点测量采用实时动态测量（RTK）定位技术。

A．RTK技术要求

参考《GPS RTK测量技术规程》（表15-2）。

表15-2　GPS RTK测量技术要求

作业项	技术要求
作业准备	在RTK作业前，应首先检查仪器内存或PC卡容量能否满足工作需要；由于RTK作业耗电量大，工作前应备足电源
作业要求	流动站一般采用缺省2m流动杆作业，当高度不同时，应修正此值；在信号受影响的点位，为提高效率，可将仪器移到开阔处或升高天线，待数据链锁定后，再小心无倾斜地移回待定点或放低天线，一般可以初始化成功；在穿越树林、灌木林时，应注意天线和电缆勿挂破、拉断，保证仪器安全
作业基本条件要求	观测窗口状态良好，卫星数≥5，卫星高度角20°以上，PDOP值≤5；RTK作业尽量在天气良好的状况下作业，要尽量避免雷雨天气，夜间作业精度一般优于白天
观测要求	不得在天线附近50m内使用电台，10m内使用对讲机；天气太冷时，接收机应适当保暖；天气太热时，接收机应避免阳光直接照射，确保接收机正常工作

B．地面控制点布设要求

地面控制点一定要布置在易于定位、易于识别的地方，如线状地物的交角或地物拐角上，交角必须良好。道路交叉处、桥梁，花坛都是适于布点的地方。控制点测量完毕之后需要将控制点分布、详细坐标以及控制点位特征等情况详细记录，以待后续生产任

务中便于识别该点。

9）数据处理

采用天空地一体化多源数据处理软件，快速完成数据处理，生成DEM、DOM、三维模型、实景地图、环境等数据成果。通过专用软件建立遥感影像和激光点云数据智能化处理平台，结合目视解译、现地调查核实等手段，对国家公园生态资源进行监测。

15.5.2.3　重点区域三维可视化

1）概述

针对国家公园内重要场景，如卧龙神树坪基地，通过RTK无人机倾斜摄影实现三维可视化数据采集，并通过国家级平台实现可视化。

2）技术方案

使用搭载了倾斜摄影装置的无人机进行数据的采集，下视相机为垂直摄影，用于制作DEM，正射影像。前视相机、后视相机、左视相机和右视相机都为倾斜摄影，用于获取地物侧面纹理影像，倾斜角度在15°～45°。同时从一个垂直、四个倾斜等五个不同的角度采集影像，做到在一次飞行中即可获取各角度的原片。

整理POS信息原片后，通过Street Factory、PhotoScan、ContextCapture等软件进行自动化建模，再通过Data V模块集成到国家公园感知系统。

15.5.2.4　野生动物实时监测

在卧龙布设4座700M基站，其中2座基站布设在大熊猫栖息地，2座基站布设在雪豹栖息地，在基站周边计划共布设500台红外相机。红外自动触发相机布点原则是根据无线网络覆盖范围、陆生野生动物痕迹样线分布进行网格化，以及人员活动监控要求（具有人员监控环境应用时考虑）规划，建议平均每1km×1km网格内，布设1～2台红外自动触发相机，也可根据实际需要增加或减少红外自动触发相机数量。与此同时，对雪豹栖息地原有的60台插卡式红外相机进行改造，安装通信芯片，实现数据实时传输的功能（图15-50）。

15.5.2.5　野化放归大熊猫重点监测

卧龙片区共计部署15套定位追踪器以及29套视频监测系统、30台红外自动触发相机。实施过程中在保证业务预期效果的前提下可根据现场情况调整。红外自动触发相机部署如图15-51所示。

对野外救助的动物及野化放归大熊猫，通过增加项圈等定位追踪器，实时追踪动物的位置。未来计划对5只野化放归大熊猫、10头扭角羚、10只金丝猴安装定位追踪器。

15.5.2.6　专网融合通信

利用大速率、快响应、低延时的5G/4G兼容网络基础架构，以700MHz黄金频段为承载，构建大熊猫国家公园的5G/4G（700MHz）专网基础网络，实现覆盖地区人员及终端设备的注册登记、接入控制、移动性控制、资源分配、用户数据的管控和业务的分组处理。

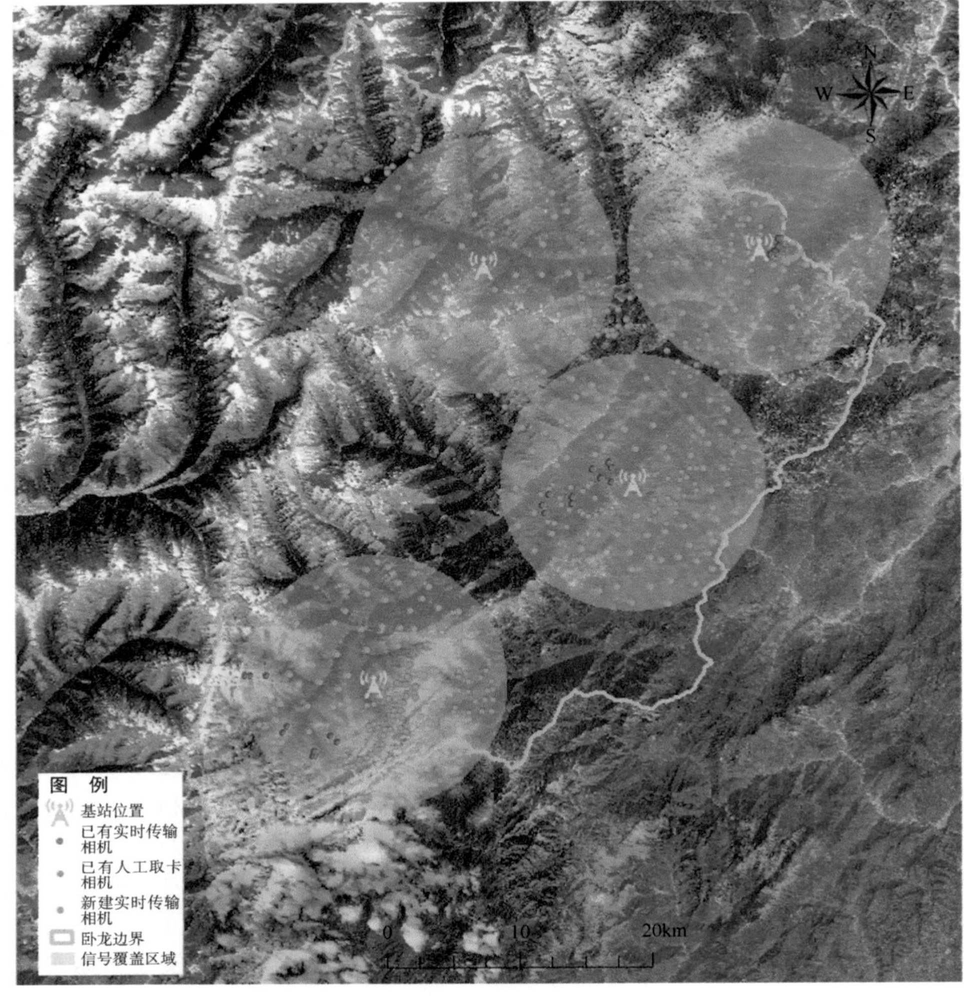

图15-50　野生动物监测建设布局

1）技术路线

700MHz频谱具有非常好的无线电波传播特性，一个基站覆盖区，其他频段基站需要3～5个，因此5G/4G 700MHz频段为上行703～743MHz，下行758～798MHz，采用FDD模式（频分复用），上下行频宽谱资源相同。该模式下上行速率得到了保证，适用于林业需要大量数据回传的场景。在30MHz带宽配置时，单扇区峰值速率下行可以达到200Mbps，上行可以达到100Mbps。

2）建设内容

充分考虑复用原有防火塔、瞭望塔，选取应用安全性能高的直流远供技术进行整体网络构建，网络覆盖大熊猫国家公园卧龙片区的范围，建设4个基站覆盖卧龙70%的范围，其他分别采用轻量化基站进行补盲实现全覆盖，两处对大熊猫重点区域进行覆盖，一处对雪豹主要活动区域进行覆盖，一处对大熊猫放归基地进行监测。利用5G（700MHz）专网基站设计为每个基站可覆盖8～10km半径区域。在700MHz频段标准

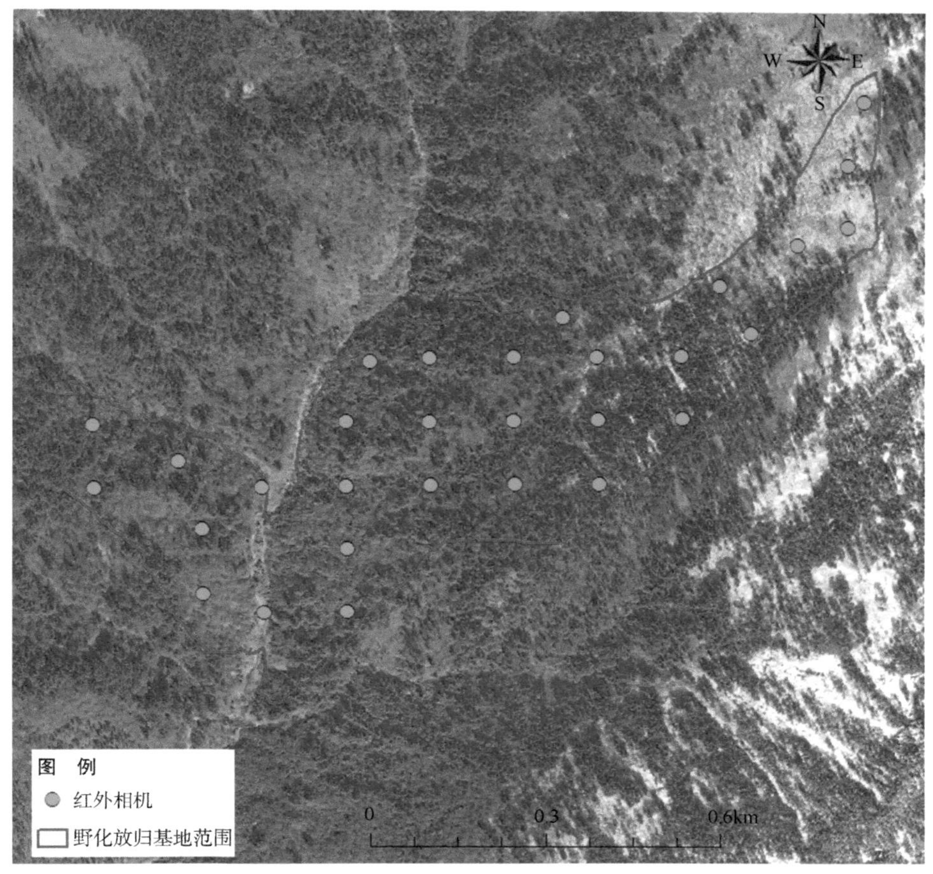

图15-51　野化放归大熊猫监测红外相机建设布局

30MHz频宽条件下，每基站上行300Mbps，下行600Mbps带宽。

（1）核心层：5G核心网硬件设备组网，主要是服务器、存储设备，通过网络设备互联。核心网的服务器组网采用标准方案。使用主备两套核心部署。网络层包含接入、汇聚、核心三层（表15-3）。

表15-3　5G核心网网络层的具体介绍

网元名称	功能与特性
接入交换机（TOR接入方式）	接口：下行连接服务器10G或25G接口，互连40G接口堆叠或备份业务
	管理口为1G接口连接服务器的管理口
	双上行100G接口，连接到EOR
	光模块：同一机房内，部署10个多模光模块
	光纤：LC-LC对接
	主机：CloudEngine6800-主设备
	机柜：主机满足汇聚机房尺寸，无须另加机柜
	电源：2个交流电源
	软件：设备基本软件

续表

网元名称	功能与特性
汇聚交换机（EOR接入方式）	接口：下行连接4组接入交换机，采用100G接口
	上行100G接口，连接到核心网网关
	50万用户规模采用100G上行
	光模块：同一机房内，部署多模或10km单模光模块
	光纤：LC-LC对接
	主机：CloudEngine16800-主设备总装机箱，2个主控板，4个交换网板，满配风扇
	机柜：主机满足汇聚机房尺寸，无须另加机柜
	电源：4个交流电源
	软件：设备基本软件
核心网网关（DC-GW）	接口：互连1个100G接口，下行连接汇聚交换机1个100G接口，上行到IPRAN核心1个100G接口，上行到防火墙1个100G接口
	光模块：核心互连100G多模或10km单模光模块
	光纤：LC-LC对接
	主机：NE40E-X16A机箱/双主控/1T交换网
	机柜：如果主机不满足核心机房尺寸，需另加机柜
	电源：直流供电，双电源
	软件：设备基本软件、每100G口配置切片功能软件、时钟同步功能软件

（2）传输层：传输层实现从无线5G基站回传汇聚数据流量的作用，通过有线光缆以分组、二级架构组网方式完成数据传输，并具备可平滑过渡、灵活和分布式的特点。

（3）接入层：无线基站主要由基带控制单元BBU和射频模块单元RRU组成。完成管理空中接口、接入控制、移动性控制、用户资源分配等无线资源管理功能。一个BBU可以与多个RRU相连接，满足不同场景、不同容量的应用需求。复用4座现有基塔，挂载设备，覆盖效果如下（图15-52）。

（4）终端层：终端设备将5G基带芯片、射频、存储、电源管理等硬件封装在一起，实现5G信号直连，CPE下挂外联、内嵌5G模组等多种形式的终端和物联网设备实现数据回传。

（5）配套设施：①配套通信塔，以充分利用现有林区防火塔，以利旧为前提，通过配置20m以上的通信铁塔以及到通信塔铺设的光缆和输电线，建立无线基站，每个基站原则上需要同时引接光缆和输电线路，就近引电引网；②配套供电系统，以直流远供技术为远程供电手段，采用PWM脉宽调制技术，将机房内稳定的电能通过光电复合电缆、双绞线缆或电力线缆超低损耗地输送给直放站或基站设备，为设备提供24h的、稳定的、恶劣条件下免维护的电源供应。

3）基站信号盲区通信解决方案

卧龙海拔高差明显，极易形成信号覆盖盲区；通过专网CPE结合宽带自组网汇聚方式，达到基站信号盲区内数据回传的效果；有效解决数据无法回传或需人工取卡的难题（图15-53）。

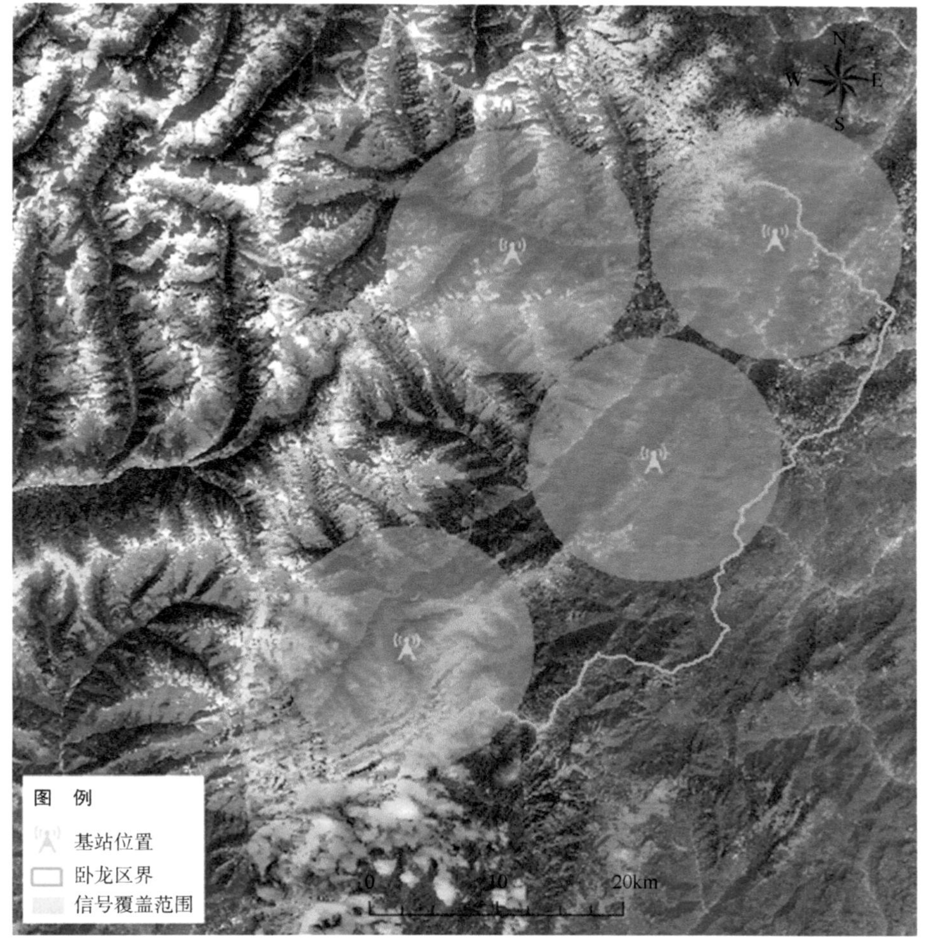

图15-52　基站布局图

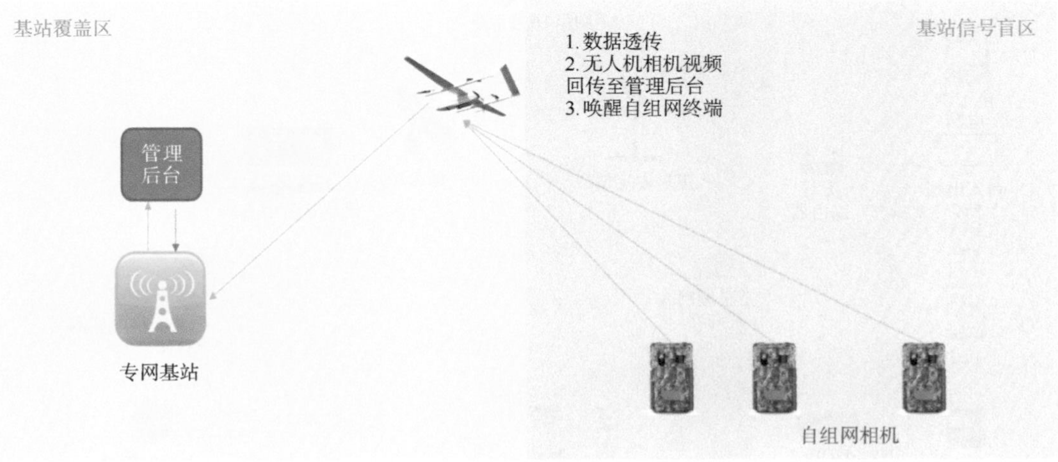

图15-53　基站信号盲区通信部署方案图

利用无人机携带双通信模式（专网＋自组网），两种模式之间透传。在地面端部署自组网相机，并使用旋翼或固定翼无人机搭载机载终端与地面自组网相机进行通信。为了完成数据采集需求，需采用一对多并发方式。机载终端可自主选择实时回传或缓存后回传的方式将采集数据上传至管理后台。

15.5.2.7　卫星应急通信和监测

1）卫星应急通信

基于Ka频段高通量卫星通信网络，满足国家公园监测站应急环境下，与外界通信的需求，实现语音通话以及文件、图片等数据的传输。大熊猫国家公园四川片区管理分局及其下属邓生保护站共部署卫星应急通信设备2套，每套卫星应急通信设备中固定设备2套，实现了语音通信以及互联网接入功能，其具体组成概括如图15-54所示。

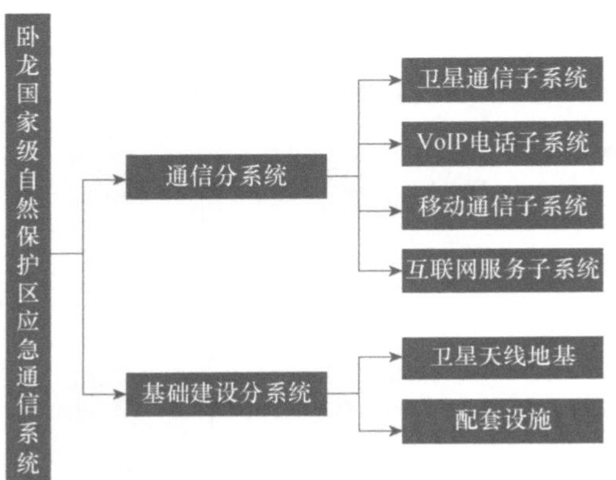

图15-54　卫星通信系统组成图

通信分系统由卫星通信子系统、VoIP电话子系统、移动通信子系统及互联网服务子系统四部分组成。系统电源由所在地就近接入。分系统总体拓扑如图15-55所示。

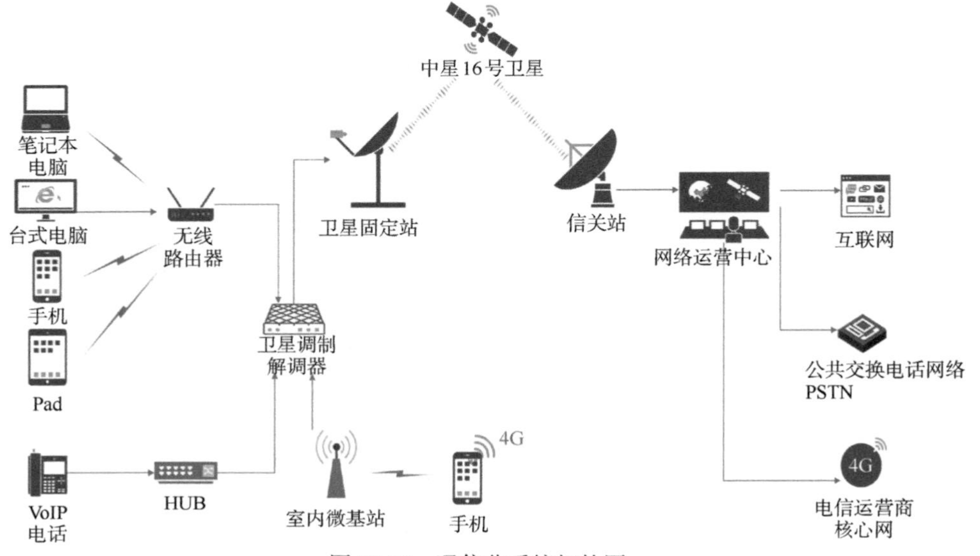

图15-55　通信分系统拓扑图

高通量卫星通信子系统由高通量卫星远端站、Ka频段高通量卫星及地面系统三部分组成。

在监测站分别部署无线路由器、微基站设备，实现用户数据的接入，并统一传输至卫星远端站，由卫星远端站将数据通过卫星发送至卫星信关站和网络运营中心，实现监测站与目标对象的语音通信和数据传输。

2）高通量卫星通信监测

基于Ka频段高通量卫星的天地一体化生物多样性监测系统由数据采集系统、数据传输系统、供电系统、基建系统四部分组成。系统架构如图15-56所示。

图15-56　高通量卫星生物多样性监测系统架构

卧龙片区阳光条件充足，拟采用太阳能作为整体系统的能量来源（图15-57）。

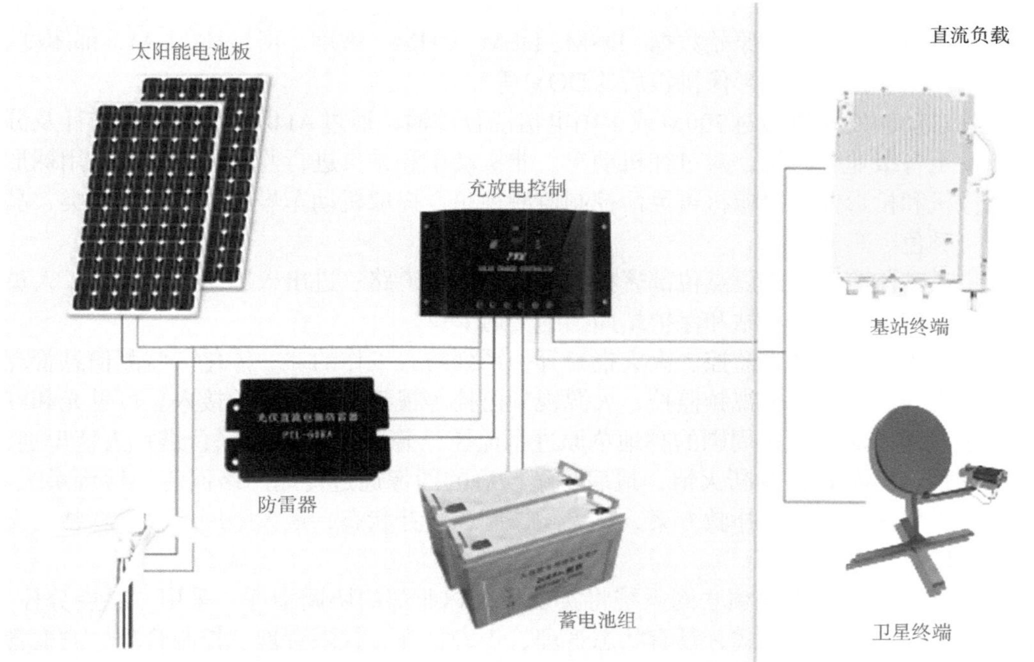

图15-57　生物多样性监测风光互补供电系统

15.5.2.8　机房设备提升

主机房内强、弱电线缆分别走线。微模块内部采用微模块自带的走线槽进行强弱电的走线；微模块外部采用单层网格（铝合金）桥架走线，为弱电400mm×100mm桥架，并根据实际需求重新综合布线。增加算法服务器、存储服务器、视频转发服务器、漏洞扫描、安全感知平台、上网行为管理、防火墙、高级持续性威胁检测与管理系统。加装机房精密空调。

15.5.2.9　国家公园片区监测管理平台

整合升级集成卧龙片区现有软件平台，形成大熊猫国家公园的分区监测管理平台，包括以下系统。

1）片区综合监测系统

建立遥感信息、无人机信息、实时地面监测信息三位一体的“空天地一体化”监测信息管理体系，动态掌握林草资源变化，加强生态灾害预警防控能力，对各类风险进行实时监测和风险热点的快速识别，通过预警分析，制作各类预警产品，全面加强片区综合监测管护能力。

网格化的实时传输红外相机、卡口和人脸监控、远程长焦高清视频监控构成系统数据链路。

叠加不同时期的高清遥感影像，以卷帘方式进行各区域的对比，并对自动识别结果进行修正，对比两期的小班详情数据；发现地块发生变化时，由国家公园工作人员进行核查并上报结果。

小光斑激光雷达提供原始数据、DSM、DEM、CHM、坡度、滑坡体、LAI、郁闭度、单木分割产品、株密度、影像拼接后的DOM等。

红外自动触发相机通过700M或中国电信混合传输，通过AI识别、分类、统计及分析后分发至各级业务系统，对过往机动车、非机动车和人员进行监测和管理，采用球形监测摄像机和枪形监测摄像机可灵活控制监测视角，提取机动车号牌、颜色、种类、品牌、车身颜色、车速等。

人员活动监测系统建设点位部署在国家公园关键道路、进出入国家公园路口，人员活动密集区域及相应检查站和保护站周围的交通卡口。

形成林火预防、林火监控、火灾报警等一系列防火工作的“一体化”监测信息管理平台，实现与原有的防火视频监控、火源视频监控等视频监控系统的接入。可见光和红外探测手段用于对监测站周围的林地草原进行监控，并通过AI服务平台进行火情识别，对传感图像进行分析，判断火情，最后将编码后的图像通过传输网络回传到后台系统。及时发现火警区域，确定扑救方案，将火险控制在萌芽状态，最大限度地减少森林火灾的损失程度。

多级森林草原防火视频联网系统将实现各级林业部门协调指挥，采用“基层分控、主控统筹调度”的运行模式，具有状态管理、告警管理、权限管理、控制管理、调度管理、登录管理、日志管理等功能。

媒体交换平台具有媒体信息转发、分发、转码、存储、回放等功能。

建设数据存储平台，采用分级存储设计，将各自辖区内的图像进行就近存储，对于重要的图像，提供统一的《安全防范视频监控联网系统信息传输、交换、控制技术要求》（GB/T 28181—2011）标准协议接口，可无缝接入上一层级国标标准监控平台。

2）片区综合运营系统

多物种识别AI算法/服务，包括烟火识别、野生动物识别、遥感影像智能分析等各个领域。

数据应用服务，提供完整的数据采集、存储、治理与服务。数据采集包括：资源数据、物联网数据、互联网数据。

建立大熊猫国家公园管理片区核心数据库，包括贴源库、标准库、主题库、专题库、知识库、模型库、基础库、公共库。建立数据资源目录，实现数据的管理与共享。

依托8处云台、9个卡口监控、500台红外实时相机、无人机、卫星遥感影像、环境监测等设备，构建“天空地”一体化感知网络。

3）片区监管展示“一张图”

通过数据共享，实现生态资源、保护地管理、森林资源专题（林地分布、林种分布、林地起源分布等）面积变化、森林覆盖率等信息的综合查询浏览；根据野生动物的触发视频，确定物种分布和种群数量、样地分布和信息、标识标牌和基础设施及巡护管理点位数据。

4）片区平台集成服务

对现有多平台升级、整合，针对本次试点的700M/5G的红外相机实时监测数据需集成到新系统中，要把“天、空”与目前的“地”一起联动分析，通过公众账号小程序对外提供野生动物监控视频信息、红外相机野生动物照片，建设针对野外硬件的设备维修数据库，为后续野外运维人员提供更多维度数据分析，为国家公园感知系统提供API服务。

5）监测数据采集、清洗、建库及国家公园感知系统集成

（1）天空地一体化监测试点系统应用成果：将卧龙片区监管平台数据共享到国家公园感知系统，并提交相关的需求分析说明书、概要设计说明书、数据库设计说明书、软件开发规范说明书、测试方案、测试分析报告、安装部署手册、使用手册。

（2）监测数据清洗处理建库运维：在DEM模型基础上，定制开发引擎加载林草WMTS服务后，实现国家公园地理环境的三维可视化展现。并对国家公园内最小的地理区域进行检索，快速查看资源点位，提供50项以上斑块属性信息。构建无人机协同监测数据采集系统。实现无人机飞行监测记录的管理和查看。红外相机取卡和实时事件视频清洗。远程抓拍、报警。通过遥感图像、野生动物的AI识别和人工复核，在全地类斑块判读、旗舰种等监测策略基础上，更新国家感知数据库。

（3）监测成果产出入库：整合监测结果制作宣教视频等材料，生产卫星影像、高精度地形、滑坡、树高等展示产品，监测成果入库，接入大熊猫国家公园感知平台。

15.6 本章小结

以国家公园为主体自然保护地感知系统的建立，为国家公园保护地提供统一的监督管理平台，可以结合地理环境、社会经济、历年遥感、森林资源数据，了解国家公园与原有自然保护地的关系，自然保护地历史变化与空间分布。通过自然保护地信息系统，可以了解国家公园总体空间布局，以及与国家“两屏三带”生态安全战略格局和“三区四带”生态保护修复战略布局的关系。

深入理解与分析国家公园感知系统数据采集、清洗和建库需求，明确监测功能、性能、可靠性等具体要求。基于需求分析，确定系统总体架构，遵循松耦合设计模式，分析各项技术在本项目中的应用，进行系统功能设计，明确项目部署实施路径。根据国家公园实际数据情况，对采集信息进行全面梳理，综合分析数据用途，剔除无用数据，简化数据体量，提高数据质量；构建国家公园感知系统数据标准及数据资源目录。

目前，该系统完成了国家公园感知9＋X框架和八大板块迭代开发。定制开发的Super Map引擎实现了49个国家公园在10K大屏上的三维展示。打通5＋17个国家公园数据链路，构建了5个设立公园感知子平台、17个创建公园的感知模块。主要开展国家公园资源环境遥感监测；用户可以在移动终端上进行国家公园分布区域图层以及数据信息的查看，国家公园本底资源图层以及数据信息的查看，通过轨迹记录来实现对国家公园设立过程的监督管理以及对国家公园资源监管数据的管理等功能，通过加载变化情况至遥感影像地图，以及采集表单、使用者可采集变化位置的实时信息，系统支持自动上报采集信息，这样不仅可以提高采集效率，还可以对采集的数据进行统一管理。实现了国家、省、国家公园三级互联互通，实现了国家公园（自然保护地）数据交流和信息共享。

第16章　基于生态系统完整性保护的东北虎豹国家公园规划

16.1　研究背景

东北虎豹国家公园是2016年由中央全面深化改革领导小组审议通过的国家公园体制试点区，并于2021年9月正式设立，其核心价值为保护野生东北虎（*Panthera tigris altaica*）、东北豹（*Panthera pardus orientalis*）种群及其栖息地和温带针阔叶混交林森林生态系统。东北虎豹国家公园的保护管理目标包括两个方面：①恢复东北虎、东北豹定居种群并稳定繁衍；②修复并维持森林生态系统的完整性。东北虎（*Panthera tigris altaica*）、东北豹（*Panthera pardus orientalis*）是全球极为重要的珍稀濒危物种，是温带森林生态系统健康的标志，具有极高的保护价值和生物学意义。20世纪50年代，中国仍有近200只野生东北虎分布于东北林区（马建章，2019），但随着林区森林资源的长期采伐和农业开垦开发，东北虎、东北豹栖息地逐渐丧失，在中国的分布区域不断向东、向北压缩直至俄罗斯滨海地区。近年来，中国天然林保护、退耕还林等生态工程取得明显成效，东北虎、东北豹野生种群逐步向中国境内渗入回归，为中国东北虎、东北豹重返山林并走出濒危状态迎来契机。2013年，中国政府提出建立国家公园体制，通过设立国家公园保护大面积自然生态系统的完整性和原真性，保护大型珍稀濒危野生动物及其栖息地。2017年，国家在吉林、黑龙江两省东部相邻地区同步启动了东北虎豹国家公园体制试点和健全国家自然资源资产管理体制试点。为了更好地指导东北虎豹国家公园建设，非常有必要开展东北虎豹国家公园总体规划研究，合理确定国家公园的管理目标、边界范围、管控要求和主要建设任务，为正式设立东北虎豹国家公园奠定基础。

16.2　东北虎豹国家公园基本概况

东北虎豹国家公园位于中国的重点国有林区珲春、汪清、天桥岭、大兴沟、绥阳、穆棱和东京城7个森工林业局的主要经营区，地处吉林省珲春、汪清、图们和黑龙江东宁、穆棱、宁安等市县交界区域，行政区域面积约3.66万km^2。地理分布属于老爷岭南部以及大龙岭、哈尔巴岭山地，这里广袤的森林是东北虎、东北豹的故乡，历史上的自然分布区，毗邻俄罗斯豹地国家公园，虎豹过境交流相对频繁，在此规划建设东北虎豹国家公园，具有良好的自然社会经济条件和保护基础。

据2006年以来的长期监测数据，吉林、黑龙江交界处的老爷岭南部、大龙岭、哈尔巴岭一带成为中国东北虎、东北豹最主要的活动区域，分布有中国最大的、较稳定的东北虎豹野生种群，该区域东北虎、东北豹种群已进入繁殖高峰期和种群快速增长期，并已呈现出强烈的由俄罗斯一侧向中国内陆迁移的趋势，目前是该种群迁移扩散时间节点的关键窗口期。从2012年8月到2014年7月，在中国一侧4000km^{2}监测区拍摄了26只东北虎和42只东北豹（Wang et al.，2016）。中国的野生东北虎、东北豹种群恢复取决于栖息地的恢复、连接廊道的改善以及边境两侧人类活动的减少，随着天然林保护等林业重大生态工程的实施，森林生态系统和生态功能逐步得到修复，为东北虎、东北豹重现东北林区创造了有利条件。从近两年的建立国家公园体制试点情况看成效明显，在500km^{2}的监测区域内，已经获取和识别超过1000次东北虎、东北豹和10万次梅花鹿等野生动物活动影像，发现了新繁殖的老虎幼崽10只、幼豹6只（王庆凯，2019）。

16.3 东北虎豹国家公园管理目标

从全球自然保护地发展来看，国家公园往往具有最完整、最多元的管理目标，但不同国家公园的管理目标是有所区别的。按照中国建立国家公园体制相关要求，国家公园管理目标主要包括：保护自然生态系统的完整性和原真性，保护生物多样性，保护生态安全屏障，给子孙后代留下珍贵的自然资产。针对东北虎豹国家公园，其管理目标更加具体和多样，但公园设立初期的核心管理目标明确聚焦在以下3个方面。

16.3.1 恢复东北虎、东北豹定居种群并稳定繁衍

吉黑交界的老爷岭区域活动的东北虎、东北豹种群长期在中、俄两国边境活动，近年来观测到的东北虎、东北豹个体中，有78%的虎、85%的豹是在距边境5km的范围内被发现的，有2个豹族在距离边境50km的地方建立了自己的领地，其繁殖成功率超过了东北虎，呈现向中国境内渗入的趋势，但深度还远远不够（Wang et al.，2016）。从2014年以来的观测结果看，俄罗斯一侧相机陷阱的捕捉率要高于中国一侧7～8倍（Vitkalova et al.，2018）。国家公园管理的第一目标就是疏通中俄边境的渗透廊道和内陆扩散廊道，严格保护中国一侧的野生虎豹定居区，逐步增加在中国繁殖的稳定种群。

16.3.2 修复并维持森林生态系统的完整性

对自然生态系统实施完整性保护始终是国际社会确认的国家公园管理的主要目标，该区域原生植被为以红松为建群种的温带针阔混交林，长期森林超采过伐导致树种组成发生了变化，呈现杨桦、栎类居多并混有少量云杉、冷杉的次生状态，许多地方形成了成片的日本落叶松等外来树种的纯林。2018年的森林资源调查结果显示，该区域杨桦和落叶松林占到森林资源的5.7%。国家公园另一个主要管理目标就是修复已经退化的森林生态系统，除了调整树种结构外，让东北虎、东北豹回归山林也是生态修复的终极目标。由于虎豹在食物链中的顶级地位及其对大面积连续性生境的要求，保护东北虎、东北豹有利于保护整个区域的生态系统多样性、生物多样性、景观多样性及其完整的生态过程。

16.3.3　形成生态友好型社区生产生活模式

东北虎豹国家公园区域村屯、林场居民点较多，规模小、分散，且大多沿交通道路线状分布，人类活动空间与东北虎、东北豹栖息空间高度重叠，围栏、道路分割严重，致使东北虎、东北豹栖息地碎片化。扩散廊道被村庄、道路、农田阻断，成为东北虎、东北豹定居及扩散的极大障碍；漫山遍野的养牛、养蛙、种参、采集松子蘑菇等活动以及采伐、开矿、水电等资源开发性产业与东北虎、东北豹种群的繁衍、扩散形成了直接矛盾。国家公园需要将构建和谐社区作为重要的管理目标，统筹推进国有林区和国有林场改革，促进林场职工、村镇居民转产转业，发展生态产业，使其成为绿色发展、社会进步的生态文明建设综合功能区。

16.4　东北虎豹国家公园规划研究

16.4.1　规划理念

16.4.1.1　自然优先

国家公园是全球现代自然保护思想的伟大成果之一，把自然的美学、保存自然遗产的价值和保护自然的科学结合起来，实现了对大面积自然生态系统的完整保护。国家公园规划应该尊重自然、顺应自然、“道法自然”，这是中国智慧的集中表达，“道”也是自然。自然优先有以下不同的具体含义。

（1）优先保护具有典型风貌的大面积自然区域，生态环境的构成、结构和功能在很大程度上应保有“自然”状态，或者具有恢复到这种状态的潜力。

（2）长期保持自然风貌的原生状态或是原真性，保持“荒野性（wilderness）”，尽量减少人为因素，让子孙后代有机会接触原始的自然状态。

（3）把尊重自然、保护生态放在首位，利用与发展必须服从和服务于自然生态系统的严格保护、整体保护及系统保护。

16.4.1.2　国家利益

国家公园的国家利益具体体现在以下几个方面。

（1）体现核心要素的国家代表性，东北虎、东北豹是全球性珍稀濒危物种，也是国家一级保护物种，野生种群回归山林代表国家生物多样性保护的成就，也是温带森林生态系统健康稳定的标志。

（2）体现国家所有，全民所有自然资源资产所有权属于中央政府所有。

（3）体现国家事权，由中央政府直接行使所有权的职责。规划应围绕东北虎、东北豹回归、种群复壮和有效扩散这条主线展开，优先将重点国有林区、国有土地和其他全民所有自然资源纳入国家公园范畴，确保国家公园作为生态文明战略重大举措真正落到实处。

16.4.1.3　惠益社区

国家公园强调大面积完整生态系统的保护，在区划中不可避免地会将一些集体土地等划入其中（王金荣等，2019），有可能引起自然保护与当地社区之间的矛盾和冲突，其解决途径是在资源惠益分享的前提下，建立协调与合作机制。

（1）实行差别化保护管控制度，对东北虎、东北豹繁殖家域、定居区和关键迁移廊道采取最严格的保护措施，同时划定部分区域维护边境安全稳定，维持原住居民生产生活，实现人与自然和谐共生、共同发展。

（2）推行参与式社区管理，充分吸纳当地居民共建共管，并且从保护成果中优先受益。

（3）保障原住居民生命财产安全，为社区提供必要的庇护场所、保护措施和损害赔偿机制。

16.4.1.4　全民共享

国家公园作为一种进入自然的公共社会福利政策的实施载体，是公民游憩权空间供给的重要平台。国家公园建构有着明确的政治伦理指向，强调“人与自然”关系的“自然权利”观点，通过人为建构自然保护空间来保障人们享受大自然权利的实现，是公共游憩进入公共政策领域的理论依据（张海霞，2011）。因此，国家公园规划应划定适当区域开展生态教育、自然体验、生态旅游等游憩公共服务，构建高品质、多样化的生态产品体系，完善公共服务设施，提升公共服务功能。为公众提供亲近自然、体验自然、了解自然以及作为国民福利的游憩机会。

16.4.2　技术框架

东北虎豹国家公园规划研究，以系统保护规划法为主导，引入适应性管理概念，结合已开展的“天地空”一体化监测体系的监测要素（叶菁等，2020），设计了一套适用的国家公园规划工具包。以东北虎、东北豹频繁活动区及其潜在扩散区作为规划研究区域，以植被斑块（主要是林班）作为最小分析单元，可以分为调查摸底、目标量化、方案评估、公众参与、实施反馈5个主要步骤（图16-1）。同时，在社区协调与资源利用规划环节采用了可接受的改变限度（limit of acceptable change，LAC）框架，这是Cole等于1963年首先提出的概念，表示为传统生产、旅游等导致可接受的环境改变设定一个极限，当资源状况到达预先设定的极限值时，应该采取措施以阻止进一步的环境变化（Cole and Stankey，1997）。自1985年美国林务局在荒野地保护规划中采用这一框架以来，LAC框架逐步加以完善并得到了广泛应用（杨锐，2003）。

16.4.3　关键问题

16.4.3.1　合理划定国家公园边界范围

用较少的国土空间保护更多的东北虎、东北豹野生种群及其栖息地，提高保护地成效是划建国家公园边界需要重点研究的问题。东北虎豹国家公园边界的划定是在调查摸

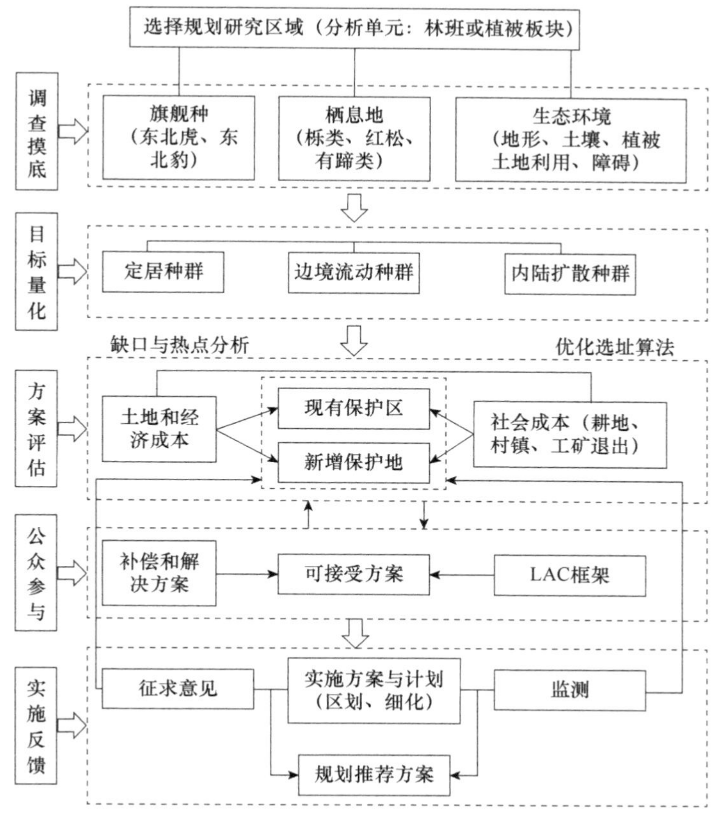

图16-1　东北虎豹国家公园规划技术框架图

底、价值评估基础上进行的。最终规划的东北虎豹国家公园范围东起中俄边界，西至吉林汪清县林业局南沟林场，南自吉林珲春林业局敬信林场，北到黑龙江东京城林业局奋斗林场，总面积经现地落界为146.12万hm^2，其总面积的69.41%属于吉林省，其总面积的30.59%属于黑龙江省。这也是2021年国家林业和草原局印发的《东北虎豹国家公园总体规划（试行）》中确定的国家公园的面积。东北虎豹国家公园规划范围具有以下几个典型特征。

1）满足东北虎、东北豹扩散需求

基本满足东北虎、东北豹野生种群活动扩散过程的整体性需求。近年监测表明，东北虎、东北豹种群从俄罗斯向中国境内呈锥形渗透，首先表现为频繁的过境活动，待条件适宜时定居下来，随后少量定居个体开始繁育，子代成年后再向内陆迁移定居形成新的家域。公园范围确定充分研究了东北虎、东北豹迁徙、渗透、定居、扩散等活动规律，把确认的东北虎、东北豹跨境迁移通道、繁殖家域、定居区以及活动频繁区域优先纳入国家公园范围，并预留了未来定居繁衍空间和进一步向内陆迁徙扩散的通道，确保可以维持生态系统结构、过程、功能的完整性。

2）充分衔接已有保护基础

该区域原有各类自然保护地12个，珲春、汪清、老爷岭和穆棱国家级自然保护区是主体。该区域还是新一轮天然林保护工程确定的重点保护区域，重点国有林区是主体。国家公园规划最佳路径是将原有的自然保护地及周边的天然林保护重点区域、重点生态公益林，以及其他有保护价值的生态系统整合在一起。原有自然保护地面积占规划范围的37.63%，国有土地占总面积的91%，其中，重点国有林区土地占总面积的83%，林地占到96.6%。

3）保持区域的相对原真性

应尽量避让人口集中居住区、生产活动频繁区、建设用地成片区等，保持区域的相对原真性。规划范围涉及2省6县（市）22个乡镇107个行政村，包括7个森林工业局所管辖的64个国有林场（所），以及汪清、东宁管辖的11个地方国有林场、3个国有农场，划入的国有农林企业多但正在转型，村屯多但小而散，现有户籍总人口约37 919户93 446人，其中，村屯人口占67%，林业人口占26%，其他为农场工矿企业人口。

16.4.3.2　分区实行差别化管控

管理分区是国际上国家公园规划的核心内容，其主要目的是区划不同保护和利用水平的区域，从而分隔有潜在冲突性的人为活动，协调不同利益相关者的诉求，最大可能地防止国家公园内原有的自然环境遭到破坏。不同区域基本特征与管控要求如表16-1所示。

东北虎豹国家公园（简称虎豹公园）作为大型猫科动物与人居共存的环境，在管控分区上不但要考虑虎豹栖息环境需求，还要充分考虑人居的环境和安全。在研究管控分区时，根据保护对象的敏感度、濒危度、分布特征，统筹考虑虎豹等大型猫科动物迁徙繁衍特征和居民生产生活利用现状及社会发展需要，将区域内的资源、环境、经济社会本底进行因子的提取分析，按照生态系统完整性、原真性和保护发展协调性三大原则将虎豹公园分为核心保护区和一般控制区两个管控区域。

核心保护区的区划重点考虑两方面需求：疏通虎豹向内陆迁徙的廊道；疏解虎豹定居区、繁殖区和关键廊道的人口村屯。包括近年来监测确认的东北虎、东北豹繁殖家域、定居区以及东北虎、东北豹活动频繁的区域，是维护现有虎豹种群正常繁衍、迁移的关键区域，也是采取严格管控措施的区域，占国家公园的52.18%。考虑到东北虎、东北豹靠近中俄、中朝边境的特点，沿边境线细化了一个特别保护区域，占到核心保护区的9.26%，作为公园管理机构与边防部队共同管控的区域。

一般控制区包括东北虎、东北豹潜在栖息地、虎豹种群扩散栖息地、迁移廊道，以及无法避让的人口相对较多的传统生产生活区域。具体有罗子沟、复兴、春化和老黑山镇镇址所在地，以及人口数量较大的林场场部、村屯及周边农业耕种区和自留山、柴场等。该区是东北虎、东北豹家域向外扩散的关键区域，是重点开展生态修复、恢复虎豹适宜栖息地的区域，也是探讨人与自然和谐发展的区域，人口较多的镇村场等定居点还可以作为人虎冲突的安全保障区域。

16.4.3.3　明晰自然资源资产管理体制

国家公园的禀赋是各类自然资源，吸取原自然保护地资源资产所有权边界模糊、所有权人不到位、权益不落实等严重弊端的教训，按照国家公园范围内的全民所有自然资

表16-1 不同区域基本特征与管控要求

基本特征与管控要求	核心保护区		一般控制区		合计
	特别保护区	核心保护区	恢复扩散区	安全保障区	
面积/hm²	70 635	691 887	609 134	89 570	1 461 226
人口/人	48	7 867	10 706	74 825	93 446
村屯、林场址/个	1	29	27	104	161
集体土地/hm²	8 063	45 852	25 153	47 099	126 167
耕地/hm²	180	3 300	760	33 364	37 604
管控要求	中俄、中朝边境区域由保护管理机构和边防部队共同管理，以满足国防安全和东北虎、东北豹保护的需求	对自然生态系统和自然资源实行最严格保护，除国防和科研、监测外，禁止建设并优先清理不符合保护和规划要求的各类生产设施、工矿企业；禁止新建除现有巡护、防火道路外的其他道路，在阻碍野生动物迁移的关键地段增设动物通道；实施生态移民搬迁，禁止形成村屯增量；禁止开展除散放养蜂以外的散养放牧、林蛙养殖、人参种植等生产经营活动；禁止开展旅游开发等与保护目标不符的其他活动；禁止擅自采集松子等林产品；禁止擅自设置林地、园地、牧场等围栏。除必要的栖息地管理外，原则上不采取人工造林等修复措施，保持区域内生态系统的自然状态，维持生态系统的原真性、连通性和完整性	逐步清理不符合保护和规划要求的各类设施、工矿企业，逐渐降低人为活动影响强度。禁止新建除国防设施、科研、监测、当地居民生产生活需求外的其他生产经营设施；除承担守边固边任务的边境抵边一线村庄外，禁止形成居住点增量，鼓励向国家公园外、人口社区实施生态移民搬迁；禁止除散放养蜂以外的散养放牧、人参种植等经营性活动；禁止擅自养殖林蛙、采集松子等林产品；禁止擅自开展体验和旅游；撤除林地、园地、牧场等围栏，允许以自然恢复为主，人工修复为辅，采取近自然的方式修复栖息地，改造培育人工林和天然次生林，保持东北虎、东北豹栖息地稳定，促进东北虎、东北豹种群数量增长	人口聚居区，根据城镇开发边界划定要求，明确国家公园区域内居民生产生活边界，加强村镇建设规划管理，确保国家公园规划建设与城乡建设融合发展。在严格保护自然资源和生态系统的前提下，允许当地居民从事符合保护要求的传统种植、养殖、加工，以及农事和民俗体验活动；允许开展自然体验教育活动，以及利用现有设施设置简易营地、驿站；允许修建和维护必要的生产生活设施，开展惠民项目；允许修建移民安置点、农业设施；建设国家公园的业务管理、公共服务设施，打造国家公园保护管理的保障基地和宣教基地。利用东北虎豹国家公园有关资源开展特许经营，推动地方经济转型、绿色发展，逐渐建成生态友好、人虎冲突弱化的可持续发展社区	—

注释：“—”表示此处无数据

源资产所有权由国务院自然资源主管部门行使或委托相关部门行使的产权改革思路，理顺自然资源资产管理体制。东北虎豹国家公园有83%的土地属于重点国有林区，目前由国家林业和草原局代表中央政府持有林地及森林资源所有权证，建有专门机构实施经营管理，这为实行中央政府垂直管理模式奠定了坚实基础，可以从根本上破解多头体制、管理分割、协调无力、合作低效的困境。

规划整合虎豹公园内相关自然保护地管理机构，成立东北虎豹国家公园管理局和分局，采取两级垂直设立模式。以虎豹公园作为自然资源资产独立登记单元，划清各类自然资源资产全民所有与集体所有之间的边界，将原属于地方政府及相关部门行使的涉及土地、森林、山岭、草地、水流、湿地、野生动植物、水生生物、矿产等各类国有自然资源的所有者权利和职责等分离出来，由国家公园管理局代行，委托虎豹公园管理机构统一集中行使，对重点国有林区相关国有林场采用购买服务的形式落实资源管理责任，实现"山水林田湖草沙冰"的统一管理和国土空间用途管制职责（图16-2）。研究建立主管部门行使全民所有自然资源资产所有权的资源清单与权利清单，主要包括：资源调查、监测、评估与清产核资，自然资源保护利用规划，国有自然资源保护和生态修复，国有自然资源资产开发利用，自然资源经营管理，自然资源资产收益权、处置权行使。

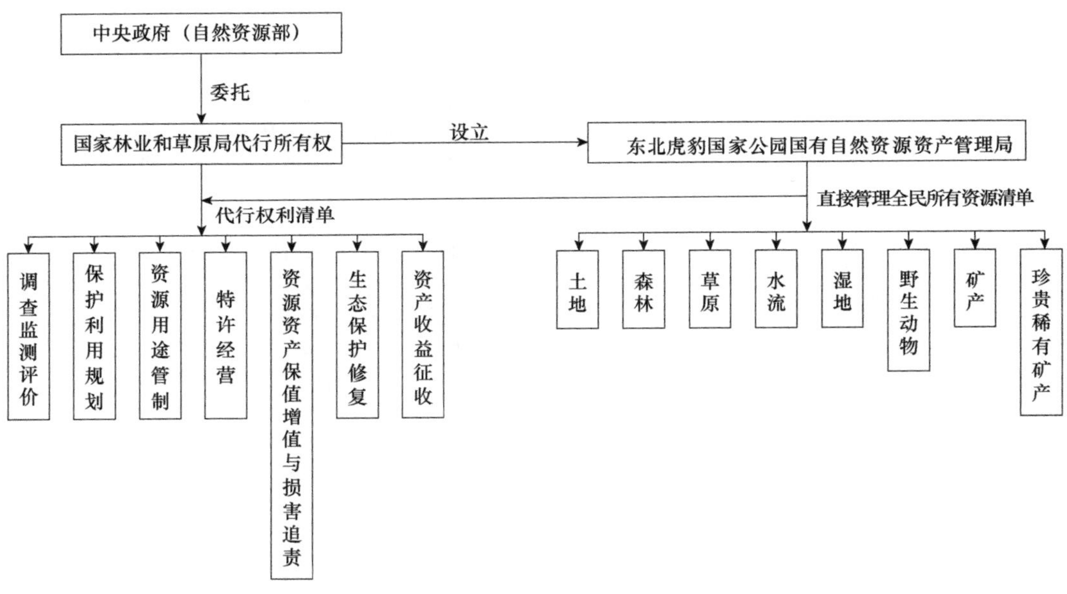

图16-2　自然资源资产管理图

对国家公园范围内约9%的集体所有的土地及资源，采取协议管理形式，探讨共同管理模式（丁文广，2020），优先纳入国家生态赎买和生态补偿计划，积极探索土地置换、生态征收、土地地役权等改革措施，逐步实现以生态服务为主向的统一用途管制。

16.4.3.4　针对性修复自然生态系统

生态系统和生态过程的完整性是国家公园建设的空间基础之一（王道阳等，2018）。在中国东北虎、东北豹向内陆迁移受到3个主要因素的影响，虎豹公园的生态修复需要首先解决这些障碍因素（Wang et al., 2016）：由道路、农田和村庄组成的人为活动区带，基本与边界平行，可能改变动物运动模式；虎豹的2种主要捕食猎物（马鹿、梅花鹿）

主要局限于距离边境5km以内的区域活动；更为严重的障碍是散放黄牛以及人类干扰，如真菌采集、林蛙繁殖、种参等。

尽快恢复栖息地的有蹄类种群。东北虎主要捕食野猪、狍、马鹿、梅花鹿等有蹄类动物，平均每只东北虎每周需捕食1只大中型猎物，东北虎繁殖和哺育幼崽的最低猎物密度需求是有蹄类猎物不少于0.5头/km^2，而规划区域的猎物种群密度比毗邻的俄罗斯栖息地低许多。当地居民林下散养的6万多头黄牛既与虎豹主要猎物如马鹿、梅花鹿等竞争栖息草场和食物，又因牛身戴铃铛影响虎豹繁殖。规划逐步实施退牧，禁止散养放牧，散放牧场自然恢复。对非法开垦的林地清理回收，收回后弃耕形成草丛、灌丛等次生环境，或安排耕种谷类、块茎类、果类等作物后弃收，作为有蹄类动物的补充饲料。

疏通东北虎、东北豹迁移扩散廊道，解决边境铁丝网、城镇、乡村、农田等造成的栖息地隔断和碎片化问题。可以间断式改造中俄边境线的铁丝网，规划改为设置电子围栏，配备全天候震动光纤监测设备。对虎豹扩散廊道关键区域内的村屯居民点优先实施移民搬迁，对现有林场优化整合，整合后的场部仅作为野外保护站点，其余建设用地优先恢复植被。把集中分布的1.25万hm^2人工纯林采取近自然培育方式，改造为适宜东北虎、东北豹及其猎物喜好的红松阔叶混交林。

16.4.3.5　创新社区协调发展机制

推动东北虎豹国家公园内原住居民生产生活方式转型也是规划需要解决的关键问题之一。按照生态保护需求设置生态管护岗位和社会服务岗位，优先安排国有林场分流职工、退耕禁牧农民、建档立卡贫困人口，从事野外巡护、护林防火、清山清套，以及辅助森林抚育、资源监测等工作，还可以承担社区治安协管、清洁、自然解说、体验向导等社会服务。

虎豹公园内传统生产可以分为以粮食作物、经济作物、中药材为主的种植业，以畜牧养殖、经济动物养殖、林下养殖为主的养殖业，以采集松子为主的非木质林产品采集业，以及产品加工商贸业等几类，最主要的生产方式是农作物种植、沟系经营（主要包括红松果林、种人参、养林蛙等）、散养黄牛。这些生产经营活动对东北虎、东北豹迁移、繁殖影响较大，但只要进行适当规范或限制也是可以接受的。按照LAC框架优化布局后，划定了6.2%的区域作为当地居民从事传统利用的主要区域，包含了74%的户籍人口和80%以上的现有耕地，扶持和规范原住居民从事环境友好型经营活动，支持和传承传统文化及人地和谐的生态产业模式，鼓励绿色有机的生产方式。

16.5　东北虎豹国家公园生态系统完整性评价

保护自然生态系统的完整性是建立东北虎豹国家公园的主要目标之一。《国家公园设立规范》（GB/T 39737—2021）（国家林业和草原局，2021）将生态系统完整性作为设立国家公园的认定指标之一。《国家公园考核评价规范》（GB/T 39739—2020）（国家林业和草原局，2020c）也将生态系统完整性作为国家公园重要的管理目标之一。如何根据不同区域的自然生态特征，准确评价自然生态系统的完整性，不仅是科学划定国家公园边界范围的需要，也是考核评估国家公园保护管理成效的关键点。基于国际有益做法，结合我国国家公园建设的实际，提出国家公园生态系统完整性的内涵和评价框架，并运用此框架对东北虎豹国家公园的保护管理成效进行评估。通过构建国家公园生态系统完整性评价指标体系，从生态系统结构和过程完整性、功能完整性、空间格局完整性3个维度对东北虎豹国家公园生态系统完整性进行综合评价。

16.5.1　国家公园生态系统完整性内涵

生态系统完整性建立在生物完整性和生态健康相关概念的基础之上，是生态系统物理、化学和生物完整性之和（张明阳等，2005）。生态系统完整性可以从生物群落、优势种、生态干扰、自组织过程、自然属性等不同尺度或角度进行定义（代云川等，2019）。但对于我国国家公园而言，生态系统完整性还具有更深层的内涵。2017年中共中央办公厅、国务院办公厅印发的《建立国家公园体制总体方案》提出，“建立国家公园的目的是保护自然生态系统的原真性、完整性，始终突出自然生态系统的严格保护、整体保护、系统保护，把最应该保护的地方保护起来”，并将“交叉重叠、多头管理的碎片化问题得到有效解决，国家重要自然生态系统原真性、完整性得到有效保护，形成自然生态系统保护的新体制新模式”作为主要目标。由此可见，对于国家公园而言，生态系统完整性不仅意味着自然生态系统的结构和生态过程能够长久维持生态功能，而且要打破行政边界的碎片割裂，在大尺度范围内实施“山水林田湖草沙冰”的一体化保护和系统治理。因此，对于生态系统完整性的讨论应是系统性的，而不仅仅停留在单一层面，国家公园的生态系统完整性可以定义为：生态系统包含主要生物群落类型和物理环境要素，生物多样性丰富，能维持伞护种、旗舰种等种群生存繁衍，且具有多种代表性的大面积自然生态系统。国家公园的生态系统完整性内涵可从以下3个维度理解。

16.5.1.1　生态系统结构和过程完整性

一个结构完整的生态系统由生产者、消费者、分解者及物理环境四部分构成，生态系统结构的完整性是讨论生态系统完整性的基础。生态系统过程是在一定区域内生物与生物、生物与环境间的物质和能量流动，以及种群繁衍、群落演替等，主要包括初级生产（有机质合成）、营养物质循环、物质与能量流的调节等过程。拥有顶级食肉动物的完整食物链是一个生态系统健康的标志，既能说明生态系统中生产者、消费者、分解者的完整存在，也能说明生态系统中的物理环境能完整、有效支撑种群的生存和繁衍等（图16-3），因此，食物链的完整性可作为生态系统结构和过程完整的认定指标之一。从群落层面看，植物和动物的动态变化及对环境胁迫的响应表现为不同的群落类型随地理环境分布的变化而变化，如秦岭太白山南北坡植被垂直带谱的完整性；也可展示食物资源和栖息地不同演替阶段的完整变化，如动物种群的迁徙及其对于栖息地的重新选择，生态系统结构和过程完整性高的国家公园包含顶级食肉动物存在的完整食物链及栖息地，且栖息地的连通性高，包含迁徙、洄游动物的主要通道，越冬（夏）或繁殖地。

16.5.1.2　生态系统功能完整性

国家公园生态系统功能主要包括气候调节、水源涵养、控制有害生物等调节类功能，以及养分循环、初级生产、固碳释氧、保护生物多样性等支持类功能。生态系统

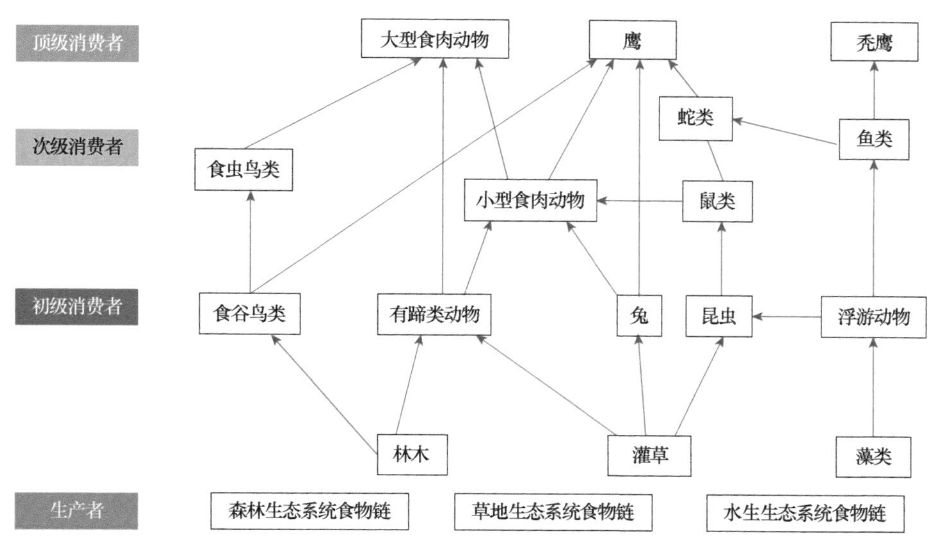

图16-3　森林、草地和水生生态系统食物链（食物网）示意图

一般具有多功能性，如森林生态系统可同时提供水源涵养、固碳释氧和保护生物多样等多种生态功能（侯盟等，2020）。研究表明，生物多样性和生态系统多功能性呈正相关，生物多样性越丰富，生态系统多功能性越高（邓冉等，2021；Hector and Bagchi，2007）。保护国家公园生态系统完整性，就是要着力维持生态功能，提高生态产品供给能力，因此，可将生物多样性的指标，作为国家公园生态系统功能完整性/多功能性的评价指标之一（Woodley，2010）。

16.5.1.3　生态系统空间格局完整性

国家公园是统筹“山水林田湖草沙冰”，实施生态系统完整性保护最重要的途径。生态系统根据基质条件可分为陆地生态系统和水域生态系统。陆地生态系统主要包括森林、草地、灌丛等；水域生态系统主要包括海洋、淡水、湿地等。“山水林田湖草沙冰”生命共同体是将森林、草原、湿地、河湖、荒漠、田园、冰川等生态系统看作一个有机联系的整体，实现在生态系统层面的整体保护管理与修复。国家公园范围内自然资源本底条件多样，通常包含一个或多个区域内的典型生态系统。在大尺度层面，健康生态系统中植被类型越多样，食物网结构越复杂，其生态系统的稳定性越高，且对于环境胁迫的抵抗力和恢复力增强（李鑫和田卫，2012），国家公园生态系统的完整性相应增高。此外，服务国家生态安全战略是遴选国家公园的原则之一，因此，将生态区位的重要性，即是否位于“两屏三带”为主体的国家生态安全战略格局范围或是否位于全国重点生态功能区，作为考量国家公园生态系统空间格局完整性的指标之一。

16.5.2　国家公园生态系统完整性评价框架

建立科学的生态系统完整性评价体系是国家公园管理过程中的重要基础工作，按照生态系统完整性内涵的3个维度，即生态系统结构和过程、生态系统功能和生态系统空间格局的完整性，分别选取相应的评价指标构建国家公园生态系统完整性综合评价框架，作为国家公园范围区划及长期管理的依据，可根据评价结果，反馈国家公园的保护管理成效，并及时调整保护管理策略。结合文献资料及国家公园相关试点区的实践经验，本书选取食物链完整性及伞护种、旗舰种栖息地完整性（包括维持稳定种群的栖息地规模和连通性）来评价生态系统结构和过程完整性；以生物多样性来评价生态系统功能完整性；根据代表性生态系统的数量和生态区位重要程度来评估生态系统空间格局完整性。鉴于国家公园的主要目的是保护具有国家代表性的大面积自然生态系统，故对生态系统空间格局完整性评价赋予相对较高的权重。评价体系中各评价指标所占权重见表16-2。

表16-2　国家公园生态系统完整性评价框架

一级指标	二级指标	权重
生态系统结构和过程	食物链（网）完整性	0.15
	伞护种、旗舰种栖息地完整性	0.15
生态系统功能	生物多样性	0.3
生态系统空间格局	代表性生态系统	0.2
	生态区位重要性	0.2

为分析不同国家公园或国家公园不同时期生态系统完整性的相对水平，参考美国国家公园生态系统完整性评价体系，根据各指标划分标准，构建国家公园生态系统完整性评价打分系统（表16-3）及评价等级（表16-4）。管理者可根据评价目的选取特定指标和尺度进行分级评价，如划定国家公园范围时可选取定性测量指标在大尺度上（可运用远程评价法）进行评价，将特定区域内具备完整食物链、包含旗舰种及其栖息地和植被多样性高的区域纳入国家公园范围内；进行国家公园监测和评估时，可增加量化指标评价，如指示物种种群数量、物种丰度及景观破碎化指数等，在小尺度上（如使用密集评价法）对国家公园的保护管理成效进行评估，及时指导调整保护管理措施。

表16-3　国家公园生态系统完整性评价打分系统

指标		等级划分规则		
		优秀（得分：1）	良好（得分：0.6）	一般（得分：0.3）
生态系统结构和过程	食物链（网）完整性	具有至少一条包含顶级食肉动物的完整食物链，各类生态系统间构成复杂食物网；生态系统结构极稳定	缺少包含顶级食肉动物的完整食物链，但各类生态系统间构成复杂食物网；生态系统结构较稳定	缺少包含顶级食肉动物的完整食物链，且各生态系统间仅构成简单的食物网；生态系统结构稳定性一般
	伞护种、旗舰种栖息地完整	90%～100%的自然栖息地；连通性极高	60%～90%的自然栖息地；连通性较高	20%～60%的自然栖息地；连通性低
生态系统功能	生物多样性	物种多样性/丰富度在参考值范围内；指示物种未消失	物种多样性/丰富度接近参考值；人类活动对原生种构成威胁；一些指示物种消失	物种多样性/丰富度远低于参考值；很多指示物种消失

续表

指标		等级划分规则		
		优秀（得分：1）	良好（得分：0.6）	一般（得分：0.3）
生态系统空间格局	代表性生态系统	80%以上为区域代表性生态系统	50%～80%为区域代表性生态系统	不足50%为区域代表性生态系统
	生态区位重要性	同时位于国家“两屏三带”生态安全战略区和国家重点生态功能区，生态区位极重要	位于国家“两屏三带”生态安全战略区或国家重点生态功能区中的一个，生态区位较重要	不位于国家“两屏三带”生态安全战略区或国家重点生态功能区，生态区位不重要

注：伞护种、旗舰种栖息地完整性和生物多样性指标的等级划分规则参考代云川等（2019）

表16-4　国家公园生态系统完整性评价等级

等级	得分	生态系统完整性状况
优秀	>0.8	生态系统的组成结构和过程都在自然扰动范围内变化，生态系统功能极强，连通性极好，生态区位极为重要；生态系统完整性极高
良好	0.6～0.8	生态系统的组成结构和过程都在自然扰动范围内变化，生态系统功能稳定，连通性良好，生态区位较为重要；生态系统完整性高
中等	0.4～0.6	生态系统的组成结构和过程都在自然扰动范围内变化，生态系统功能部分受损，连通性一般，生态区位重要性一般；生态系统完整性需提高
较差	<0.4	生态系统的组成结构和过程的变化超出自然扰动范围，生态系统功能受损严重，破碎化程度高，生态区位不重要；生态系统完整性低

16.5.3　东北虎豹国家公园生态系统完整性

体制试点以来，共修复培育野生东北虎、东北豹适宜栖息地约400hm^2，连通野生动物扩散通道3条；同时，国家林业和草原局东北虎豹监测与研究中心在东北虎豹国家公园内建成覆盖超过5000km^{2}的天地空一体化监测系统，远程实时监测东北虎、东北豹和其他濒危物种的野外生存状况，为国家公园生态系统完整性的评价提供依据。根据主要保护对象特征及保护管理目标，采用本书提出的生态系统完整性评价框架，以2019年林地变更数据及东北虎豹国家公园“天地空一体化”监测数据为基础，对东北虎豹国家公园生态系统完整性进行初步评价，以确定范围划定的合理性并为今后的管理成效评价提供基准数据。

16.5.3.1　生态系统结构和过程完整性评价

在东北森林生态系统食物链中，存在以红松（*Pinus koraiensis*）、蒙古栎（*Quercus mongolica*）等为代表的生产者和以有蹄类动物为代表的初级消费者（图16-3）。东北虎、东北豹均是大型食肉猫科动物，处于森林生态系统中食物链的顶端，是森林生态系统健康及食物链完整的标志。有蹄类动物为东北虎、东北豹的主要猎物，例如野猪（*Sus scrofa*）、狍（*Capreolus pygargus*）、梅花鹿（*Cervus nippon*）、马鹿（*C. elaphus*）等（赵国静等，2019；孙海义，2015）。而有蹄类动物的主要食物是存在于林下灌草层的植物叶、茎、根以及掉落的松子橡实。研究表明，森林放牧是影响东北虎、东北豹种群数量的主要原因之一。森林放牧会使灌草层生物量下降29%～70%（Wang et al.，2018），导致有蹄类动物（如梅花鹿）的栖息地质量降低，从而间接影响顶级消费者东北虎、东北豹的栖息地质量和种群数量。总体来看，东北虎豹国家公园范围内有蹄类动物种群结构和规模保持健康状态，为野生东北虎、东北豹种群发展壮大奠定了基础，生态系统结构和过程完整性中的食物链完整指标评级为优秀。

东北虎豹国家公园覆盖了3个东北虎、东北豹的优先保护区域：珲春、长白山和老爷岭（Wang et al.，2016），囊括了东北虎、东北豹偏爱的针阔混交林及阔叶混交林等森林类型。东北地区温带针阔混交林为东北虎、东北豹及其主要猎物野猪偏爱的栖息地（赵国静等，2019）。温带针阔混交林主要位于小兴安岭和长白山地区，以红松和紫椴（*Tilia amurensis*）为优势种，一半以上的面积位于东北虎豹国家公园范围内（陈智，2019）。由于红松针阔混交林在中国东北的分布比较有限，东北虎也会利用阔叶混交林。由图16-4a可见，东北虎豹国家公园范围内包含了大面积的阔叶混交林，为东北虎的生存提供了良好的物质基础。

此外，由于东北虎、东北豹的捕食量大，且有蹄类猎物分布密度较低（基本为2.5只/km^2），其对于生存空间的需求较大，每只成年雄性东北虎的家域需求为500km^2左右（孙海义，2015），需划定大面积完整、适宜的森林栖息地以满足东北虎、东北豹的捕食、繁衍和迁徙活动等需求。因此，栖息地的完整性是维持东北虎、东北豹种群数量及促进种群扩散的基础。东北虎豹国家公园范围内主要包含老爷岭南部和大龙岭两条迁徙扩散廊道，是东北虎、东北豹从俄罗斯向中国东北迁徙的重要通道。自体制试点以来，通过对铁丝网的拆除和居民的生态搬迁，老爷岭南部、大龙岭两条迁徙扩散廊道上的人为干扰进一步减少，有利于东北虎、东北豹从俄罗斯向中国东北境内的锥形扩散活动。同时，管理者加强了区域内红松、栎树等近自然林的培育，成功连通了老爷岭北部、张广才岭和长白山3个迁徙扩散通道（图16-4a），使国家公园内适宜东北虎、东北豹的栖息地面积比例达90%以上，且连通性较好，促进了东北虎、东北豹向潜在分布区进一步扩散，因此，栖息地完整性较高，评级为良好。

16.5.3.2　生态系统功能完整性评价

东北虎豹国家公园以森林生态系统为主体，森林覆盖率为93.3%（图16-4b），面积广阔，基本涵盖了长白山森林生态系统类型，保持着较为原始的状态，其中天然林占森林面积的93.4%。国家公园范围内生物多样性丰富，分布有陆生野生脊椎动物约27目78科355种。国家一级保护野生动物12种，包括东北虎、东北豹、紫貂（*Martes zibellina*）、原麝（*Moschus moschiferus*）等。国家二级保护野生动物46种，包括黑熊（*Ursus thibetanus*）、猞猁（*Lynx lynx*）、马鹿、赤狐（*Vulpes vulpes*）、雪兔（*Lepus timidus*）等；种子植物约102科896种，其中国家一级保护野生植物有东北红豆杉（*Taxus cuspidata*），国家二级保护野生植物13种，包括长白松（*Pinus sylvestris* var. *sylvestriformis*）、红松、紫椴、水曲柳（*Fraxinus mandschurica*）等。但同属长白山针阔混交林生态地理区的长白山地区拥有野生植物2639种和野生动物1586种（蔺琛等，2018），从物种多样性和生物量来说均高于东北虎豹国家公园，因此以生物多样性指标

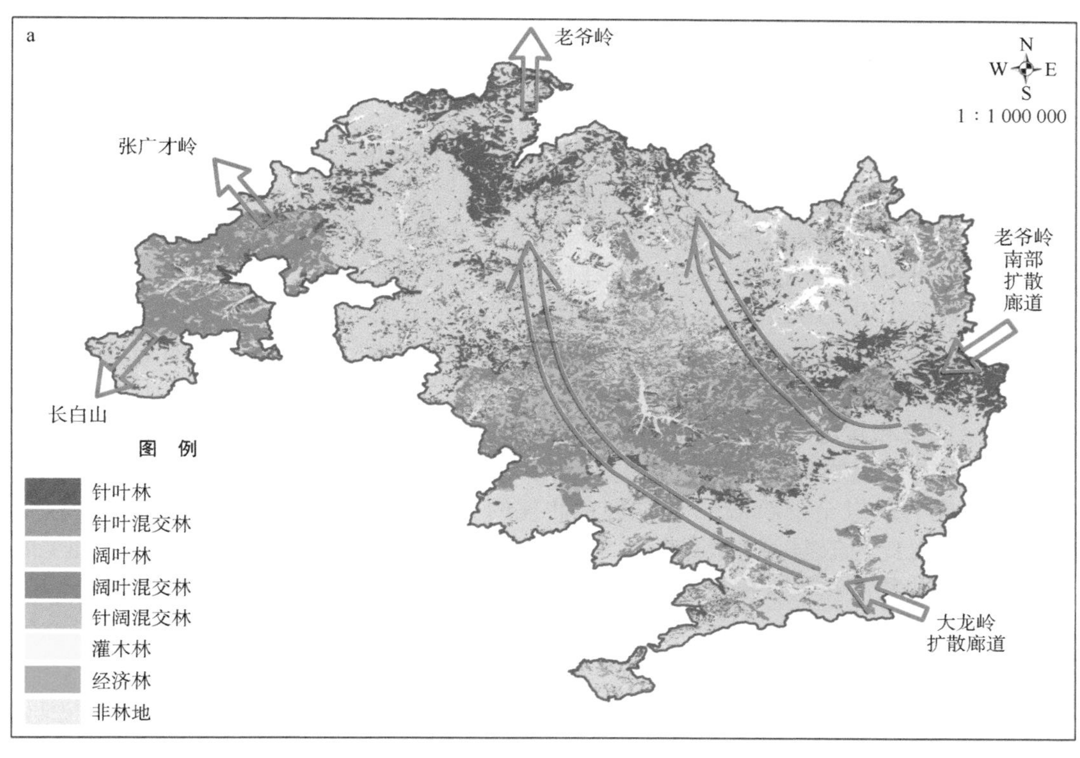

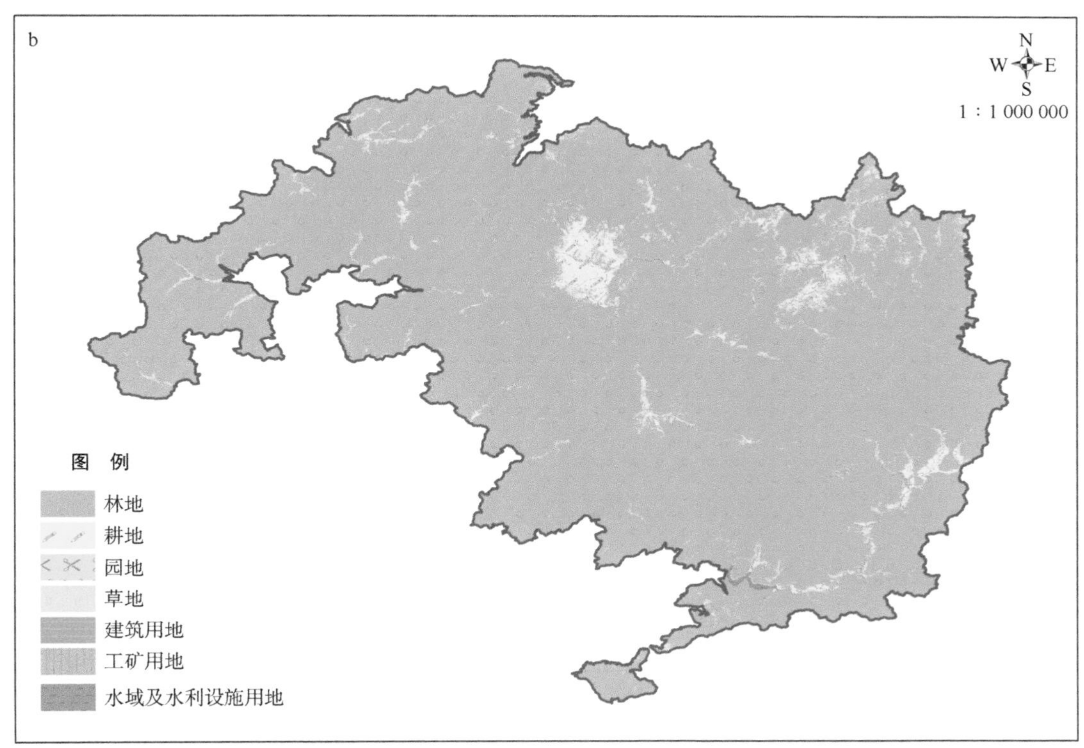

图16-4　东北虎豹国家公园森林生态系统/植被类型多样性（a）与土地利用现状图（b）

评价生态功能完整性，东北虎豹国家公园评级为良好。

16.5.3.3　生态系统空间格局完整性评价

东北虎豹国家公园位于长白山针阔混交林生态地理区，园内70%左右的面积属于该生态地理区的代表性生态系统，包括温性针叶林、落叶阔叶林或森林沼泽湿地，代表性生态系统评级为良好；国家公园所处区域位于“两屏三带”中的“东北森林带”，又位于“国家重点生态功能区”中的“长白山森林生态功能区”，对保障东北平原生态安全发挥着重要作用，因此生态区位极为重要，评级为优秀。

总体来说，东北虎豹国家公园森林质量高，猎物资源充足，生物多样性丰富，拥有充足的迁徙活动空间，能够维持东北虎、东北豹等物种生存繁衍。自2012年起，超过50只东北虎和超过40只东北豹在中国境内被发现，野外监测网络还曾多次拍摄到东北虎、东北豹的猎物梅花鹿的影像（Wang et al.，2016）。体制试点以来，东北虎豹国家公园内虎豹幼崽至少新增23只，且东北虎的分布范围向西北部地区扩大了3～4倍（图16-5），以此为依据，将试点区西北部、张广才岭扩散廊道所示方向（图16-4a）的东北虎、东北豹潜在适宜栖息地纳入到正式设立的东北虎豹国家公园，使国家公园的范围得到优化，生态系统完整性进一步提升。综合上述分析，根据表16-3中的打分标准，计算出东北虎豹国家公园得分为0.81，属于优秀等级（表16-5），表明生态系统完

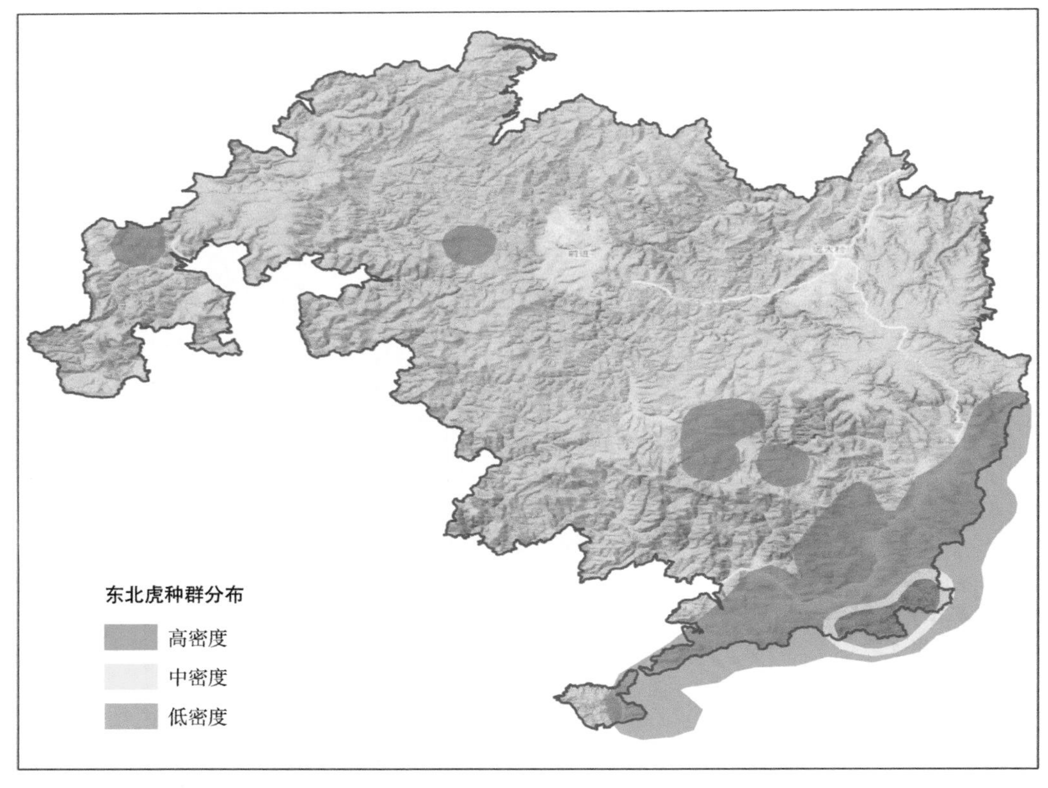

图16-5　东北虎豹国家公园内2018～2019年东北虎种群分布（a）和2021年1月1日东北虎种群分布（b）

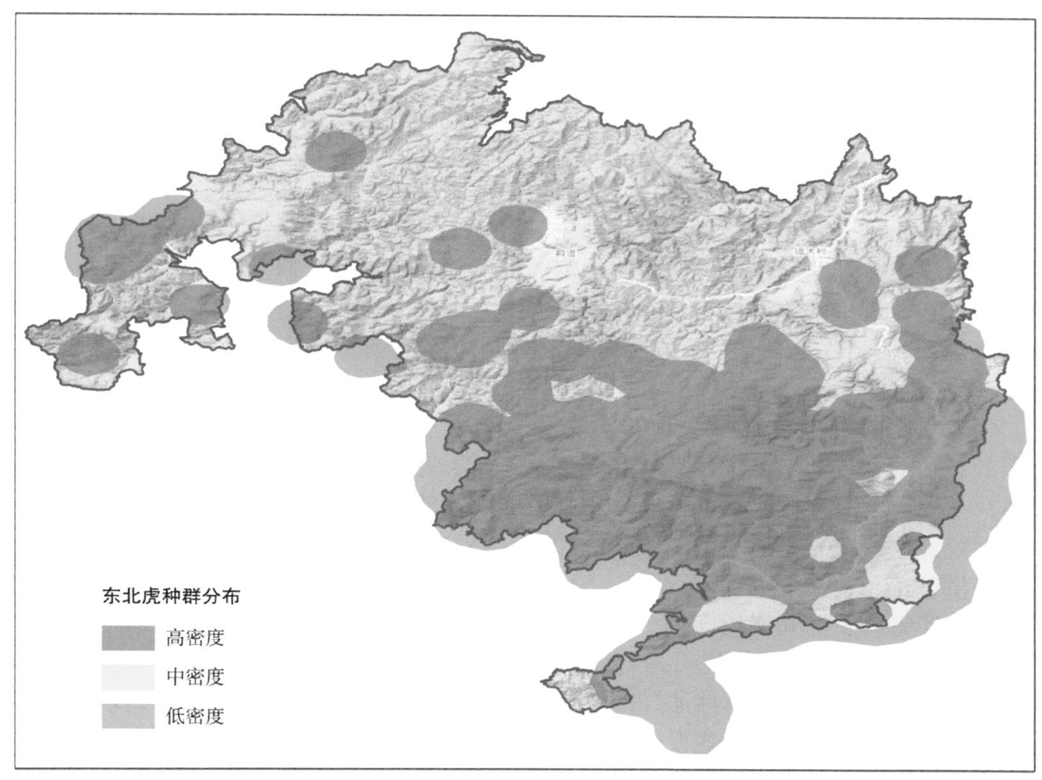

图16-5 续

整性高。

表16-5 国家公园生态系统完整性评价等级

指标	权重	赋值	总分	完整性评级
食物链（网）完整性	0.15	1	0.81	优秀
伞护种、旗舰种栖息地完整性	0.15	0.7		
生物多样性	0.3	0.7		
代表性生态系统	0.2	0.7		
生态区位重要性	0.2	1		

16.6 本章小结

国家公园规划需明确东北虎豹国家公园的主要管理目标，界定保护管理和用途管制的边界空间，提出重点建设和管理的任务措施，具有空间、建设和管理规划的多重属性，将在较长时期内作为国家公园建设和管理的纲领性文件，具有约束和指导意义。东北虎豹国家公园是以东北虎、东北豹旗舰种保护为特征的国家公园，管理目标和面临的问题更为复杂，虎豹保护与人为活动的矛盾冲突需要逐渐化解或适应。还需要在实施过程中建立完善的监测、评估和反馈机制，不断根据形势发展变化进行范围、分区及保护策略的调整和优化。

设立东北虎豹国家公园是保护东北虎、东北豹等具有全球意义的珍稀濒危物种及栖息地、保护生态安全屏障的重大举措。国家公园设立面临东北虎、东北豹种群恢复的关键窗口期、国有林区改革转型期和自然保护地体制历史性变革期叠加，情况更为复杂多变。本章提出了坚持自然优先、国家利益、惠益社区和全民共享的建设规划发展理念，明确了起步阶段以恢复东北虎、东北豹定居种群并稳定繁衍、修复并维持森林生态系统的完整性和促进形成生态友好型社区生产生活模式作为主要管理目标，采用系统规划、适应性规划和LAC框架模型等方法对国家公园边界范围、管控区划、管理体制、生态修复、社区发展等关键问题提出了设计解决方案。

生态重要性是我国国家公园准入条件之一，生态系统完整性的保护是我国国家公园的核心目标。在借鉴国际经验的基础上，尝试结合《国家公园设立规范》（GB/T 39737—2021）（国家林业和草原局，2021）准入条件的相关评定指标，提出了国家公园生态系统完整性的内涵，并初步构建了评价体系，为我国国家公园的范围划定和管理决策提供理论依据和初步评价方法。国家公园生态系统的完整性主要包括结构和过程完整、功能完整、空间格局完整3个维度，国家公园的边界划定应突破行政区界限，从上述3个维度选取相应指标进行综合评价，确保国家公园自然生态系统完整性目标的达成，并实现“山水林田湖草沙冰”的一体化保护和系统治理。我国国家公园尚在起步阶段，随着首批国家公园的正式设立和建设推进，应逐步建立并完善国家公园生态系统完整性评价的指标库，形成科学完整的“山水林田湖草沙冰”一体化评价体系，未来各国家公园可结合各自特色和保护目标选择适宜指标进行评价，既能体现我国国家公园的共同理念，也能突出各个国家公园的特色。

第17章　基于生态廊道建设的海南热带雨林国家公园生态安全格局优化

17.1　研究背景

党的十八大报告指出，建设生态文明，是关系人民福祉、关乎民族未来的长远大计，对重要生态系统的原真性、完整性实施严格、完整、系统的保护是生态文明建设的主要目标之一，也是新时代中国特色社会主义事业对海南热带雨林国家公园建设提出的要求之一。海南热带雨林国家公园的建立对于保护我国珍贵的热带雨林生态系统具有关键的意义，生态廊道的建设则是本着遵循自然生态系统整体性、系统性及其内在规律的原则，践行生态文明理念中对于生态系统保护和生态系统服务功能提升的要求，是实现热带雨林生态系统整体保护、系统修复和生态安全格局整体优化的重要途径和必不可少的手段之一。

基于生态廊道建设的生态安全格局优化是体现生态文明内涵、推动生态文明建设的实践范式。海南热带雨林国家公园生态廊道的建设，是以尊重自然、顺应自然为基本原则，以科学的理论和经验为基础，以习近平生态文明思想指导实践，明确热带雨林国家公园对热带雨林资源整体保护的目标，坚持自然生态系统整体性、系统性及遵循其内在规律实施保护方案，巩固热带雨林国家公园的全局保护作用，使海南热带雨林生态系统的保护工作真正做到全面兼顾、综合施策、宏观统筹、微观落实，从而达到生态文明建设在重要生态系统保护方面的标准和要求。

基于生态廊道建设的生态安全格局优化是巩固海南绿色生态屏障、保护热带雨林生态系统完整性和原真性的关键举措。热带雨林资源在我国属于稀缺资源，热带雨林国家公园保护着我国分布最集中、保存最完好的岛屿型热带雨林，拥有独特的自然地理景观和完整的植被垂直带谱，同时还是海南岛主要江河源头、饮用水源地以及水源涵养地的分布区，其生态区位的重要性和自然资源的独特性毋庸置疑。并且，海南岛作为一个独立的地理单元，生态系统十分脆弱，过去几十年的发展带来的热带雨林破碎化、孤岛化的问题十分突出。生态廊道的建设能够服务于全局，大尺度保护热带雨林的原真性和完整性，解决生境退化和破碎化的问题，进而恢复热带雨林生物多样性，提高热带雨林国家公园作为海南省重要绿色生态屏障的自身稳定性，巩固生态安全对海南实现自贸区（港）和国家生态文明试验区建设等战略目标的保障作用。

基于生态廊道建设的生态安全格局优化是有效保护我国热带珍稀濒危物种的重要手段。热带雨林国家公园以其独特的地理位置和地质地貌类型，孕育了多种热带特有、中国特有、海南特有的珍稀动植物，是生物多样性和遗传资源的宝库。但热带雨林的破坏和退化使得众多珍稀濒危物种的生境随之被破坏，栖息地呈明显的碎片化分布并且面临着进一步萎缩的风险，栖息地质量严重降低导致承载力减弱。当生境破碎的程度超过物种自身的扩散能力时，会降低种群之间交流的可能性，使物种难以脱离现有栖息地寻找新的适生生境，最终导致种群逐渐萎缩甚至失去繁衍功能。热带雨林生态系统全面恢复是一个漫长的过程，国家公园的建立也难以在短时间内解决社会发展与自然保护之间所有的矛盾。因此，在珍稀濒危物种急需抢救性保护的情况下，建设生态廊道能够在破碎的栖息地之间营造更有利于物种扩散的环境、在一定程度上促进物种的扩散和种群之间的交流、消减栖息地破碎化产生的负面作用、给珍稀濒危物种创造更广阔的生存空间、为种群的进一步恢复和全面保护奠定坚实的基础。

17.2　海南热带雨林国家公园基本概况

17.2.1　自然地理概况

海南热带雨林国家公园位于海南岛中南部，地处北纬18°33′16″～19°14′16″，东经108°44′32″～110°04′43″，总面积4269km^2，其中核心保护区面积2331km^2，占54.6%，一般控制区面积1938km^2，占45.4%。海南热带雨林国家公园内国有土地面积为3177km^2，占74.4%，集体土地面积1092km^2，占25.6%。森林面积4092km^2，森林覆盖率达95.9%，涵盖了海南岛95%以上的原始林和55%以上的天然林，拥有中国分布最集中、保存最完好、连片面积最大的热带雨林，是世界热带雨林的重要组成部分，保存相对完整的热带森林造就了独木成林、“空中花园”等丰富多样、独特典型的热带雨林景观，具有国家代表性和全球性保护意义。

海南热带雨林国家公园的生态系统以森林生态系统为主体，其次为湿地生态系统和草地生态系统，在原住居民居住区域分布着农田生态系统。国家公园内的森林生态系统以热带雨林、热带季雨林和热带针叶林等植被构成的生态系统为主。其中，热带雨林生态系统占比最大，面积为3154km^2，约占国家公园面积的73.9%，从低海拔至高海拔又分为热带低地雨林生态系统、热带山地雨林生态系统和热带云雾林生态系统。国家公园内的湿地生态系统可分为河流、湖泊、沼泽和人工湿地生态系统。草地生态系统主要为次生性的以禾草植物为主的草地。海南热带雨林国家公园内珍稀濒危物种繁多，承载了海南岛珍稀濒危物种中的绝大多数物种，其将在珍稀濒危动物保护中发挥至关重要的作用。海南热带雨林国家公园特殊的小地形、小气候、特殊的植被群落等自然环境为霸王岭睑虎（*Goniurosaurus bawanglingensis*）、鹦哥岭树蛙（*Rhacophorus yinggelingensis*）、海南长臂猿（*Nomascus hainanus*）、坡鹿（*Rucervus eldii*）等特有动物提供了丰富独特的栖息地。海南热带雨林国家公园地处热带雨林与亚热带季风常绿阔叶林过渡带上，孕育了极为丰富的特有植物，包括海南苏铁（*Cycas hainanensis*）、坡垒（*Hopea hainanensis*）等国家一级保护野生植物7种，海南油杉（*Keteleeria hainanensis*）、海南紫荆木（*Madhuca hainanensis*）等国家二级保护野生植物142种，海南省级重点保护植物202种，国家公园内有海南岛特有植物419种，占国家公园维管植物总数的11.6%，极具保护价值。

17.2.2　社会经济条件

海南热带雨林国家公园地跨海南省中部五指山、琼中、白沙、昌江、东方、保亭、陵水、乐东、万宁9市（县）43个乡镇，公园内无建制乡镇，涉及175个行政村，其中5市（县）14个乡镇35个行政村129个自然村有常住人口，约为2.28万人。海南热带雨林国家公园所处的中部山区是黎族、苗族等少数民族在海南的集中居住区，此外还分布着汉族、回族等四十多个民族，黎族作为海南的唯一世居民族是国家公园内人口数量最多的民族。

热带雨林国家公园涉及的中部9市（县）经济社会发展底子薄，生态资源优势缺乏向经济优势转化的条件，整体经济发展水平滞后于海南省平均经济发展水平，政府财政可支配能力较弱。产业发展方面总体呈现基础薄弱、不成规模、结构单一、支撑不足、整体滞后的特点，国家公园建设以来，生态养殖业发展迅速，逐渐成为带动群众致富的支柱产业，采矿业等对环境有影响的资源消耗型产业逐步退出，以非污染型的农业科技开发、农副产品加工、生物医药等为主的绿色高科技产业初露端倪，中部山区以森林生态旅游、美丽乡村旅游、红色旅游等为龙头的第三产业获得了快速发展。

17.2.3　建设历程

海南热带雨林国家公园是当前中国试点启动最晚、建设节奏最快的国家公园体制试点地，其诞生和体制建设一直受到党中央的高度重视。2018年，习近平总书记“4·13重要讲话”强调“要积极开展国家公园体制试点，建设热带雨林等国家公园”。之后，海南省委省政府积极响应号召组建专门的领导小组，推进国家公园建设工作。2019年1月，《海南热带雨林国家公园体制试点方案》（国家公园管理局，2019）审议通过，海南热带雨林国家公园体制试点由此拉开实践序幕。同年4月，海南热带雨林国家公园管理局正式揭牌成立，公园有了正式统一的管理机构；9月，《海南热带雨林国家公园总体规划（2019—2025年）》（海南省林业局，2019）审议通过，公园体制建设迈入新阶段。2020年8月，尖峰岭、霸王岭、吊罗山、黎母山、鹦哥岭、五指山、毛瑞7个国家公园管理分局相继授牌成立，初步形成了“管理局—管理分局”扁平化的二级行政管理体系（图17-1）。而后，《海南热带雨林国家公园条例（试行）》（海南省人民代表大会常务委员会，2020a）、《海南热带雨林国家公园特许经营管理办法》（海南省人民代表大会常务委员会，2020b）相继审议通过，海南热带雨林国家公园试点建设逐步规范化、制度化（熊文琪，2021）。2021年10月12日，习近平主席在联合国《生物多样性公约》第十五次缔约方大会领导人峰会上宣布，中国正式设立三江源、大熊猫、东北虎豹、海南热带雨林、武夷山等第一批国家公园。海南热带雨林国家公园自此成为中国第一批正式设立的国家公园之一。2022年4月，习近平总书记在海南热带雨林国家公园五指山片区实地考察时强调，热带雨林国家公园是国宝，是水库、粮库、钱库，更是碳库，要充分认识其对国家的战略意义，努力结出累累硕果。

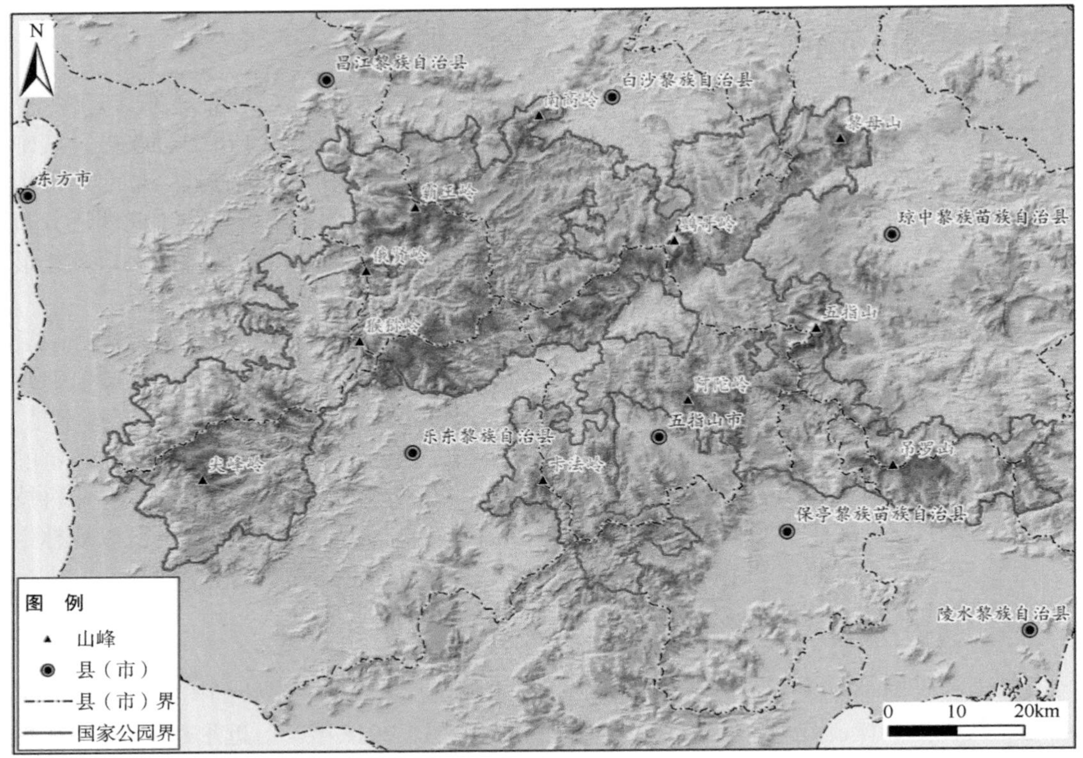

图 17-1　海南热带雨林国家公园范围

17.3　海南热带雨林国家公园生态廊道建设

17.3.1　生态本底识别

17.3.1.1　生态源斑块识别

景观生态学理论中，生态源斑块是指物种维持和扩散的源点，是物种集中分布的区域。生态源斑块在区域生态安全格局中具有不可替代的支撑作用，是生态安全格局的核心，是维护生态安全的基础。基于全面保护生态系统完整性、原真性和生物多样性的目标，热带雨林国家公园内的生态源斑块应当具备提供重要生态服务功能、在区域中被需求程度较高、能够维持生态格局健康完整等特点，是生态系统相对完整、生物多样性较高、比较适宜多种物种栖息、能够满足物种繁衍和种群扩大需求的具有一定规模的集中连片区域。根据生态源斑块的特点和功能，选取林地比例、天然林比例、郁闭度、生物多样性、群落多样性、归一化植被指数（normalized difference vegetation index，NDVI）等主要指标，结合国家重点保护物种分布情况，海南长臂猿、坡鹿等旗舰种分布区，利用地理信息系统的叠加分析功能识别热带雨林国家公园内的生态源斑块。

根据叠加分析的结果，热带雨林国家公园内共识别出生态源斑块13个，主要分布在尖峰岭、霸王岭、猴猕岭、黎母山、吊罗山、五指山、鹦哥岭等在过去几十年内保护较为严格的区域。这些生态源斑块涵盖了热带雨林国家公园大部分集中连片的天然原始林，平均郁闭度在0.6以上，以仅占整个国家公园18.9%的面积承载了绝大部分天然群落类型。同时，生态源斑块内单位面积上野生动植物种类占海南省物种总数比例较高，国家重点保护动植物种类和数量较多，也包含了海南长臂猿、坡鹿等旗舰种集中栖息的区域。识别的结果同生态源斑块的基本特征和预期发挥功能较为一致，分布情况详见图17-2。

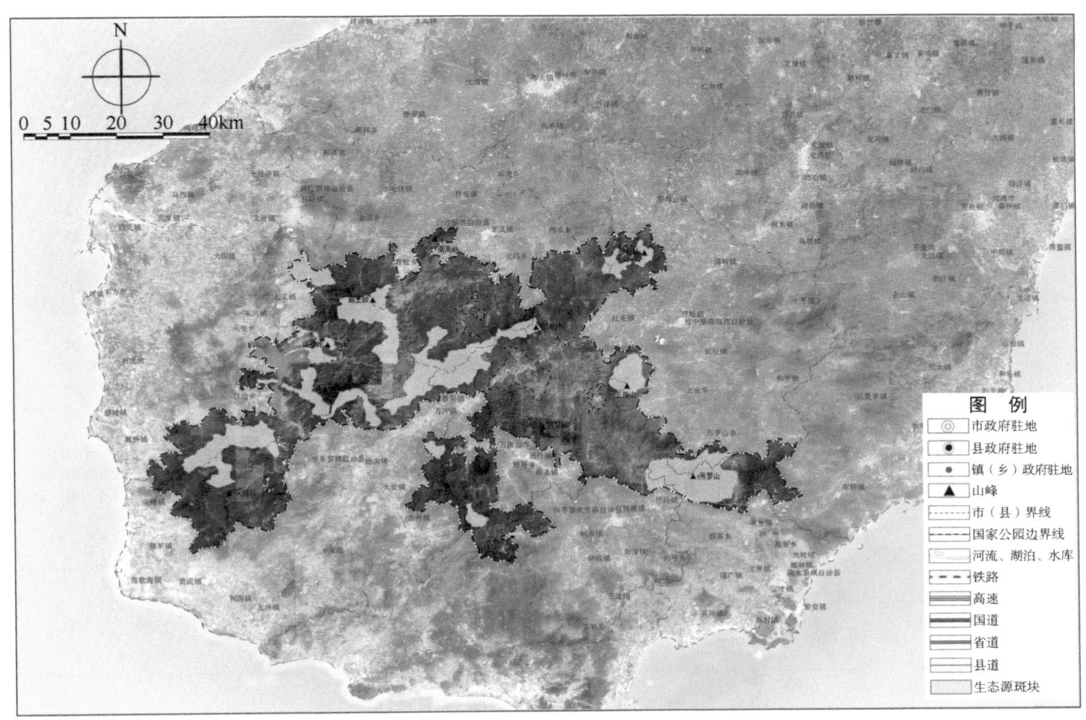

图17-2　生态源斑块空间分布

17.3.1.2　阻力面构建

阻力面是基于阻力模型理论而构建的，即通过对物种扩散过程的研究，认为物种在移动、扩散过程中穿越异质景观空间时需克服一定的阻力或消耗一定的成本，物种移动、扩散时倾向于选择阻力更小或成本更低的区域活动，累积阻力最小或累积成本最低的通道即为栖息地生态源斑块之间的最优通道。阻力模型综合考虑了景观单元之间的空间异质性，引入了影响物种扩散和迁移的主要因素，能够较为直观地反映物种对于不同景观单元的偏好程度和利用率，能够尽可能地将大多数野生物种纳入考虑范围，最后达到通过分析物种迁移过程模拟基于生物多样性保护的生态廊道的目的。

以海南省国土二调、森林资源二类调查等较为可靠的数据为基础，结合实际情况构建热带雨林国家公园阻力面。将土地利用类型、归一化植被指数、林分结构、人口密度、经济密度等对物种扩散影响力较大的指标引入模型，并通过层次分析法、专家咨询法等确定各项指标的相对阻力和权重。利用地理信息系统中的工具分别计算出单因子作用下热带雨林国家公园各用地单元的相对阻力值，然后叠加得出整个热带雨林国家公园在多重因子影响下的阻力分布情况。从阻力面可视化的结果可以看出，热带雨林国家公园阻力分布的情况同生态源斑块识别的结果具有较高的吻合度，即生境较好、生物多样性较高、人为干扰较少的生态源斑块阻力值也相对较低，详见图17-3。

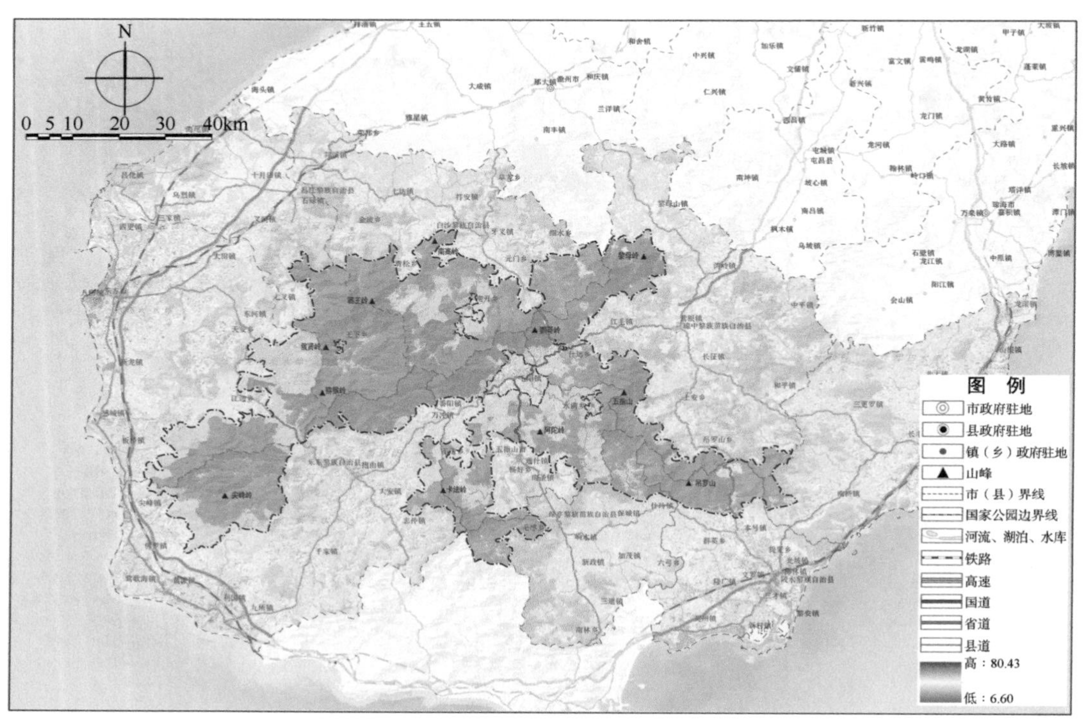

图17-3　阻力面叠加分析

17.3.1.3　生态廊道和生境斑块提取

最小累积阻力模型（minimal cumulative resistance model，MCR）反映了动物迁移、植物种子传播等物种扩散的空间和时间过程，即绝大多数物种倾向于选择在具有一定支撑功能的区域内活动，如生境质量较高、食源充足、隐蔽条件较好、距水源较近、人为干扰较少等。物种在生态源斑块之间移动时选择的路径一般是需要克服的累积阻力最小、花费的总成本最低的。最小累积阻力模型模拟出的线路是以小班为单元的理论最优线路，但在实际情况中，生态廊道只有达到了一定的宽度才能增加内部环境的异质性、提升内部生物多样性，使其发挥连通生态源斑块、促进物种移动扩散的作用。生境斑块是生态廊道构成的一部分，生境斑块往往能够在生态源斑块之间形成“踏脚石”的作用，它对于提高生态廊道的连通性有着十分重要的意义，在生态廊道中占据着更加重要的地位，是生态廊道内乃至整个生态格局中的关键节点。

根据识别出的热带雨林国家公园范围内生态源斑块和各用地单元的相对阻力数据，

利用最小累积阻力模型模拟计算得出，在热带雨林国家公园内物种在生态源斑块间移动时累积阻力最小、耗费成本最低的线路共有10条。一般的研究理论认为，生态廊道宽度越宽越能够发挥生物多样性保护作用，但实际情况显然不允许建设过宽的生态廊道。因此，海南热带雨林国家公园内的生态廊道宽度应确定为具有形成以下功能潜力的最小宽度值：能在内部形成自然的、具有一定丰富度的景观结构；能够支撑较多植物和鸟类种类；能满足热带雨林国家公园内大部分动物的迁移需求。

根据相关研究结论及热带雨林国家公园内物种的种类，确定热带雨林国家公园内符合上述条件的最小廊道宽度约为600m。生态廊道的交叉区域形成的生境斑块能够起到生态"踏脚石"的作用，是提高生态廊道作用的关键生态节点，应适当扩大生境斑块的规模以提升其形成内部生境和满足较大体型陆生野生动物使用需求的潜力，根据相关研究结论确定生境斑块的半径约600m。

为了便于工程的实施和后续管理，生态廊道及生境斑块边界不切割完整用地单元，模拟生态廊道压覆用地单元面积50%以上或压覆的用地单元为林地时，将该用地单元全部纳入生态廊道的建设范围内。

17.3.1.4　基于生物多样性保护的区域生态安全格局

立足于生物多样性保护这一目标，利用ArcGIS构建生态阻力面，应用最小累积阻力模型、建设工程实施可操作性等成熟理论和国家公园实际情况，对生态安全进行诊断以及生态源斑块、潜在生态廊道的识别提取，得出热带雨林国家公园的生态安全格局情况。热带雨林国家公园分布有生态源斑块13个，主要分布在尖峰岭等在过去几十年间保护较为严格的区域，总面积83 300.78hm^2。联结各生态源斑块的生态廊道共10条，平均宽度约600m，总面积29 011.08hm^2。生态关键点6个，半径约600m，为各生态廊道的交叉点。

生态安全格局的构建立足于热带雨林生态系统的整体保护，识别出了生物多样性热点地区及栖息地（即生态源斑块）、构建了有利于物种迁移和扩散的关键区域（即生态廊道和生境斑块），明确了保护、修复和管理工作的方向。优化生态安全格局能够有效地促进种群间交流、提高生态系统内部能量流动活力、改善生态系统自我修复功能，最终能够从根本上解决热带雨林退化和萎缩导致的一系列问题，实现对热带雨林生态系统完整性、原真性的全面保护。海南热带雨林国家公园生态廊道空间结构详见图17-4。

17.3.2　林地资源保护

基于生物多样性保护的生态廊道建设，目的是使物种在迁徙、扩散等过程中穿越异质景观空间时需克服的阻力尽可能小，从而降低生态源斑块之间物种交流的难度，在一定程度上解决生境破碎化、孤岛化带来的生态问题。根据阻力模型理论，不同的土地利用方式对于物种扩散的影响有着明显的区别，根据科学考察报告和监测发现，热带雨林国家公园内大部分野生动物对林地的利用率显著高于其他土地类型。因此，严格管制生态廊道范围内的土地利用方式、防止林地被挤占导致阻力增加是生态廊道连通性的根本保障。

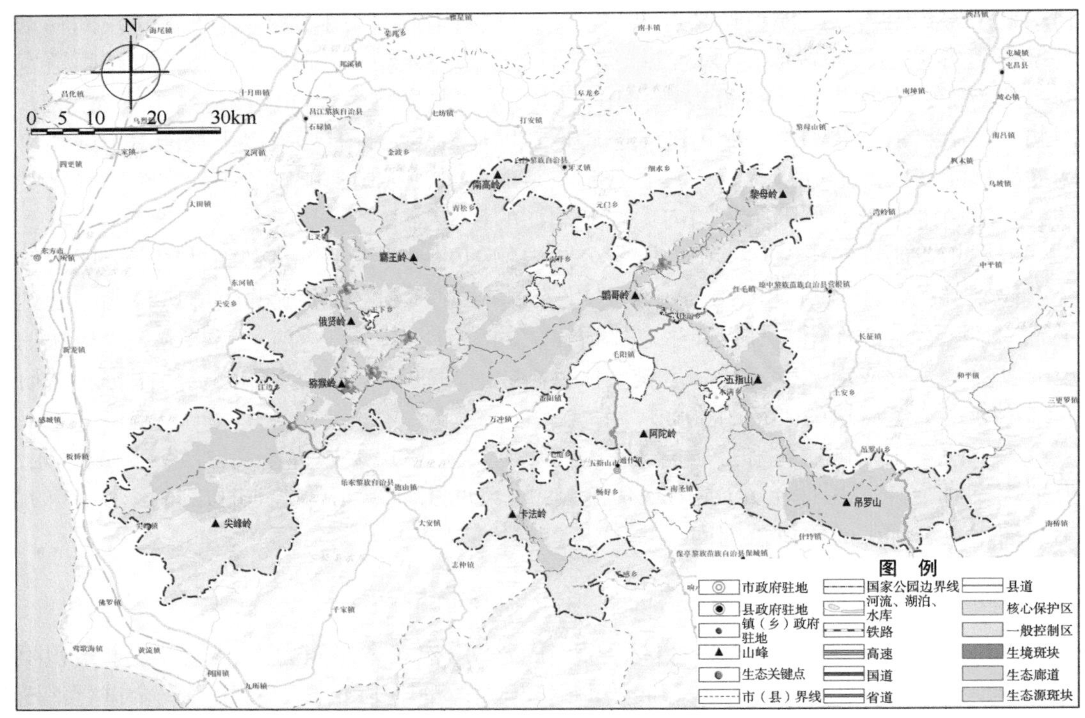

图17-4　生态廊道空间结构

17.3.2.1　林地保护等级现状

据统计，热带雨林国家公园生态廊道范围内共有林地28 553.99hm²，其中Ⅰ级保护林地9713.02hm²，占生态廊道内林地总面积的34.0%，Ⅱ级保护林地13 182.03hm²，占生态廊道内林地总面积的46.2%，Ⅲ级保护林地266.38hm²，占生态廊道内林地总面积的0.9%，Ⅳ级保护林地5392.55hm²，占生态廊道内林地总面积的18.9%。分布情况详见图17-5。

17.3.2.2　管控强度

Ⅰ级保护管理措施：实行全面封禁保护，禁止生产性经营活动，禁止改变林地用途。

Ⅱ级保护管理措施：实施局部封禁管护，鼓励和引导抚育性管理，改善林分质量和森林健康状况，禁止商业性采伐。除必须工程建设占用外，不得以其他任何方式改变林地用途，禁止建设工程占用森林，其他地类严格控制。

Ⅲ级保护管理措施：严格控制征占用森林。适度保障能源、交通、水利等基础设施和城乡建设用地，从严控制商业性经营设施建设用地，限制勘察、开采矿藏及其他项目用地。重点商品林地实行集约经营、定向培育。公益林地在确保生态系统健康和活力不受威胁或损害的前提下，允许适度经营和更新采伐。

Ⅳ级保护管理措施：严格控制林地非法转用和逆转，限制采石取土等用地。推行集

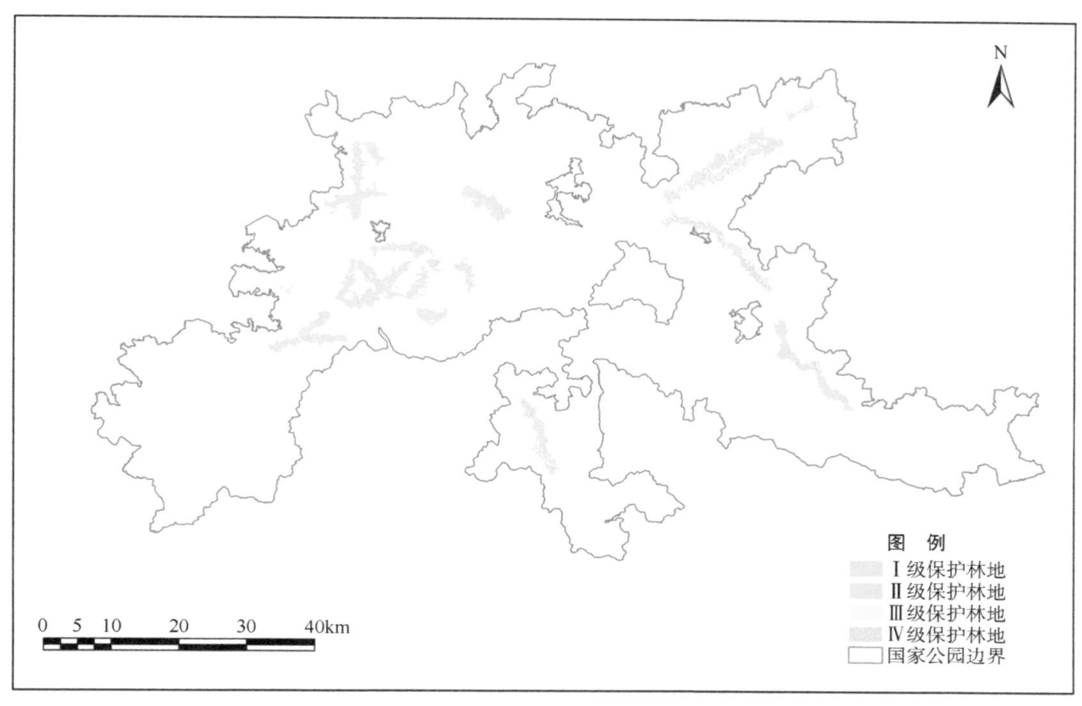

图17-5 林地保护等级现状

约经营、农林复合经营，在法律允许的范围内合理安排各类生产活动，最大限度挖掘林地生产力。

17.3.2.3 建设方案

根据生态廊道内林地保护级别现状，结合生态廊道林地保护级别划定标准，建设方案将对已达保护级别标准的林地，维持其保护级别；对未达到保护级别标准的林地，调整至该区域最低保护级别标准。

经统计，热带雨林国家公园生态廊道中应由Ⅳ级调至Ⅲ级的林地总面积为5227.47hm^2，这些需调整林地占生态廊道内林地总面积的比例为18.3%。在需调整林地中，天然林372.06hm^2，占需调整林地的7.1%，人工林4713.68hm^2，占需调整林地的90.2%，其他林地141.73hm^2，占需调整林地的2.7%。调整后林地保护等级如图17-6所示。

17.3.3 天然林资源保护

天然林是生物多样性最富集、结构最复杂、生态功能最强大的生态系统，是改善陆地生态环境的主体，对于维持森林生态系统服务功能有着至关重要的意义。相对于人工林来说，天然林内部生物多样性更高、群落结构更为复杂、生态系统更稳定、人为干扰更少，因此，在阻力模型中，天然林是林地中最有利于物种扩散的林分类型，对生态廊道内的天然林实施严格保护能够较理想地保证物种基本的交流扩散需要，而对天然林实施必要的修复则能够减小物种交流扩散的阻力，进一步强化生态廊道对于生态源斑块之间的连通作用。

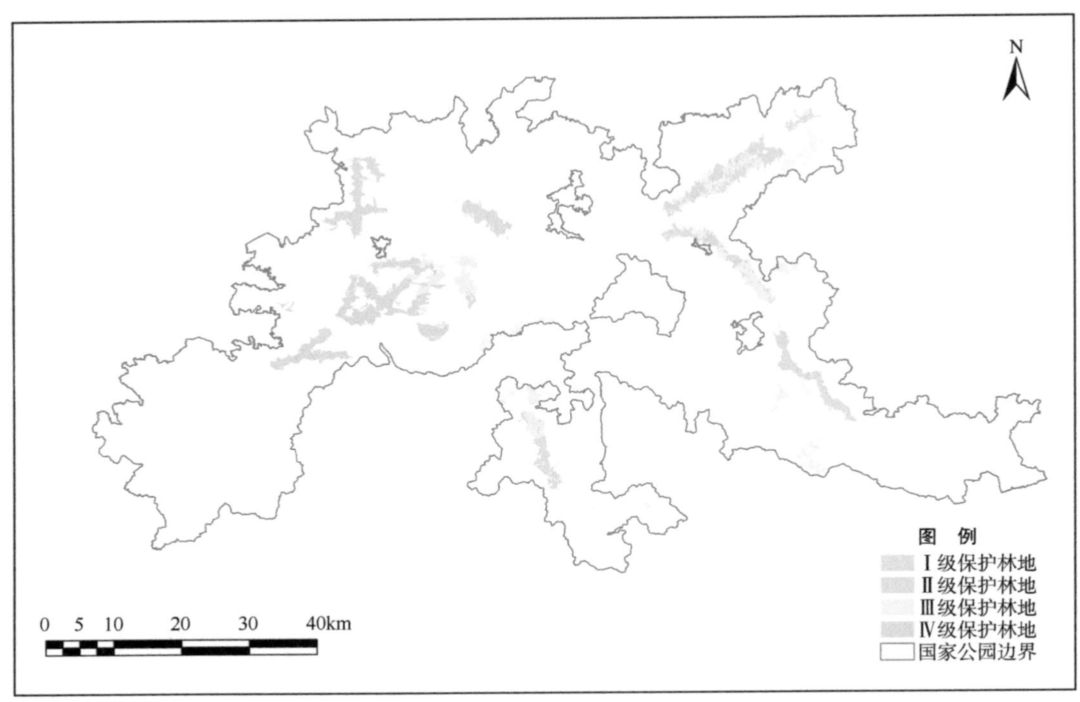

图 17-6　调整后林地保护等级示意图

17.3.3.1　天然林现状

经统计，热带雨林国家公园生态廊道范围内共有天然林21 891.28hm²，占林地总面积的76.7%；未纳入天然林保护工程的天然林1922.58hm²，占天然林总面积的8.8%。天然林分布情况详见图17-7。

17.3.3.2　管控强度

对天然林实行全面保护，严禁毁林开垦，禁止将天然林改造为人工林以及其他破坏天然林及其生态环境的行为。结合生态保护红线及生态区位重要性实施分区、分强度管理。

全面停止天然林商业性采伐。对纳入保护重点区域的天然林，除森林病虫害防治、森林防火等维护天然林生态系统健康的必要措施外，禁止其他一切生产经营活动。开展天然林抚育作业的，必须编制作业设计，经林业主管部门审查批准后实施。

严格控制天然林地转为其他用途，除国防建设、国家重大工程项目建设特殊需要外，禁止占用保护重点区域的天然林地。对生态廊道范围内的天然林，应谨慎开展生态旅游、休闲康养、特种种植养殖等。

17.3.3.3　建设方案

1）提升天然林保护工程覆盖率

将位于生态廊道范围内未纳入天然林保护工程的天然林尽可能地纳入天然林保护工

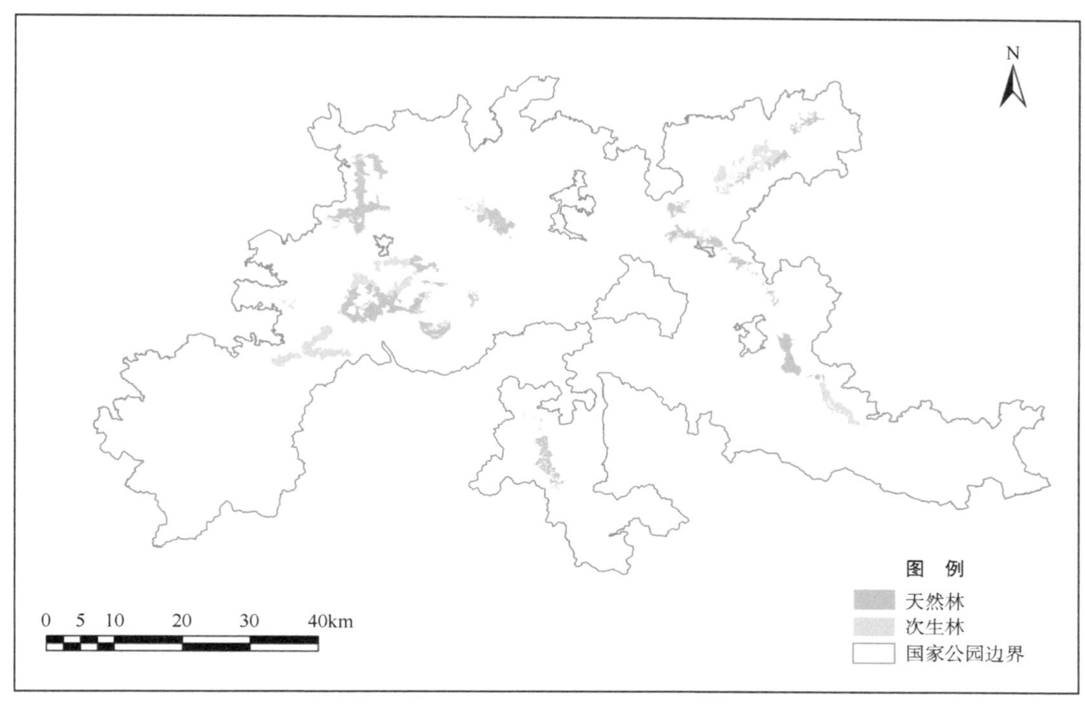

图17-7　天然林分布现状

程，并按相关制度和条例实施保护、恢复和管理。拟纳入天然林保护工程的天然林面积为1805.00hm^2，其中核心保护区984.11hm^2，一般控制区820.89hm^2。纳入天然林保护工程的天然林中有天然原生林1802.15hm^2，天然次生林2.85hm^2。

2）天然原生林保护

天然原生林中的乔木林是森林演化的顶极群落，生态系统稳定，自我恢复能力强，是生态廊道中对物种扩散和活动阻力最低、最有利于发挥生态廊道连通作用的区域。依据生态区位重要性、自然恢复能力、生态脆弱性、物种珍稀性等指标，确定保护重点区域，采取封禁管理，在重要交通节点及边界设置宣传碑、牌，加强管护，禁止毁林开垦等破坏原始林及其生态环境的行为，除森林病虫害防治、森林防火等维护原始林生态系统健康的必要措施外，禁止其他一切生产经营活动。

本次生态廊道建设方案中天然原生林保护工程实施对象主要为位于生态廊道范围内的天然原生乔木林，总面积14 356.65hm^2。以少干预、重管护为原则封育，相应的措施仅为碑、牌设置，森林病虫害防治及森林防火等。

3）天然次生林抚育

天然次生林是原始林经干扰后在次生裸地上经一系列次生演替形成的森林，虽然是自然演替形成，但较天然原生林存在生物多样性较低、稳定性较差、抗逆能力较弱等问题。若要提高生态廊道的连通性、降低物种扩散和运动时的阻力、使其充分发挥生态源斑块间的桥梁作用，势必要对位于生态廊道范围内的天然次生林进行修复，以自然恢复为主，适当进行人工辅助促使其向生态系统稳定、服务功能较高的方向发展。采用技术措施如透光伐、人工促进天然更新、割灌除草、补植等。

经统计，本次拟开展抚育的天然次生林总面积7444.02hm²，其中，中幼龄林6117.60hm²，占82.2%，近成过熟林1326.42hm²，占17.8%。根据相应的特征和实际情况细分具体抚育措施。

17.3.4 生态公益林保护

国家级公益林是指生态区位极为重要或生态状况极为脆弱，对国土生态安全、生物多样性保护和经济社会可持续发展有重要作用，以发挥森林生态和社会服务功能为主要经营目的的防护林和特种用途林。其区划范围应包括森林和陆生野生动物类型的国家级自然保护区以及列入世界自然遗产名录的林地。热带雨林国家公园是我国以国家公园为主体的自然保护地体系中的重要组成部分，它是以保护热带雨林生态系统原真性和完整性为基础，以热带雨林资源的整体保护、系统修复和综合治理为重点建立和建设的。热带雨林国家公园生态廊道的建设旨在维护热带雨林生态系统的完整性，提高热带雨林生态系统的稳定性和生物多样性，尽可能地解决野生动植物生境破碎化、孤岛化的问题，其生态区位的重要性和生态服务价值不言自明。因此，有必要根据《国家级公益林区划界定办法》(国家林业局和财政部，2017)，将生态廊道内的部分防护林和特种用途林纳入国家级公益林管护范围内。

17.3.4.1 公益林分布现状

据统计，热带雨林国家公园生态廊道范围内共有防护林和特种用途林25 730.10hm²，其中一级国家级公益林10 534.50hm²，占40.9%，二级国家级公益林10 098.20hm²，占39.3%，省级公益林497.61hm²，占1.9%，其他特防林4599.79hm²，占17.9%，公益林分布情况详见图17-8。

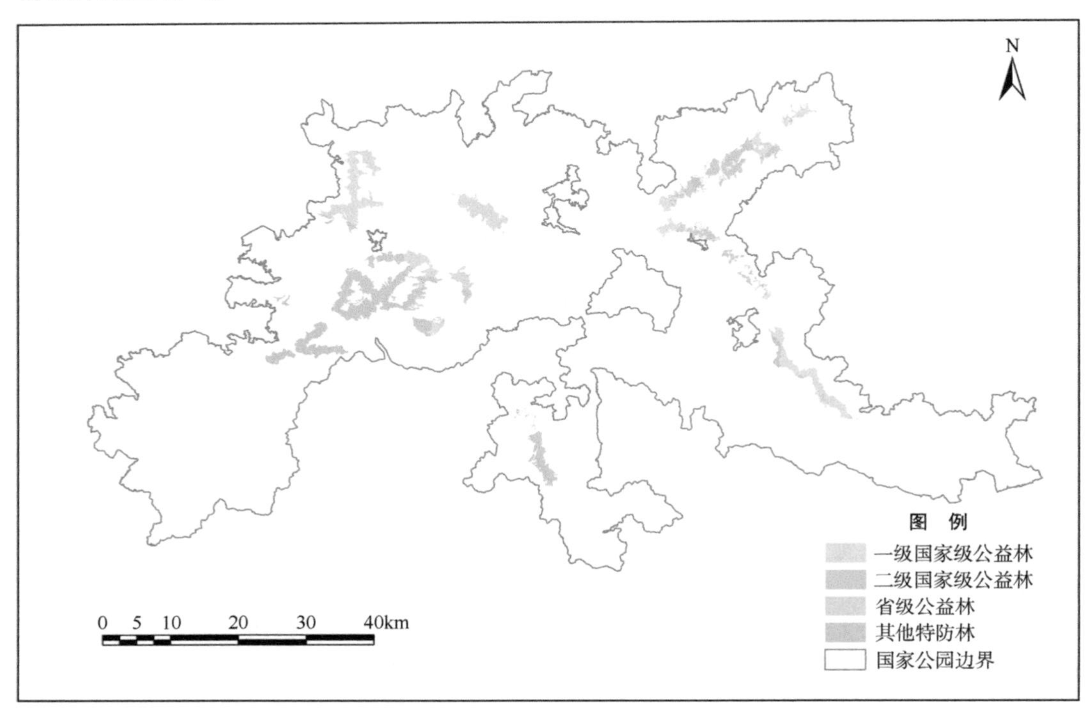

图17-8 生态廊道公益林分布现状

17.3.4.2 管控强度

严格控制勘查、开采矿藏和工程建设使用生态廊道范围内的国家级公益林地。确需使用的，严格按照《建设项目使用林地审核审批管理办法》（国家林业局，2015）有关规定办理使用林地手续。涉及林木采伐的，按相关规定依法办理林木采伐手续。

生态廊道范围内的一级国家级公益林原则上不得开展生产经营活动，严禁打枝、采脂、割漆、剥树皮、掘根等行为。对于不同权属的一级国家级公益林应严格参照《国家级公益林管理办法》（国家林业局和财政部，2017）管理。

二级国家级公益林在不影响整体森林生态系统功能发挥的前提下，可以按照相关技术规程的规定开展抚育和更新性质的采伐。在生态廊道范围内的二级国家级公益林内开展非木质资源开发与利用时应严格控制其强度和人为活动频次。

对于生态廊道公益林中的天然林，除执行对应公益林相关规定外，还应严格遵守生态廊道天然林资源保护的相关原则。

17.3.4.3 建设方案

为持续发挥生态廊道对热带雨林国家公园生物多样性保护的重要作用，拟将位于生态廊道范围内未纳入国家级公益林的国有防护林和特种用途林尽可能地划为二级国家级公益林，遵循集中连片、因地制宜的原则，细分其类型为水源涵养林、水土保持林、其他公益林。拟划为二级国家级公益林的防护林和特种用途林共4890.87hm^2，其中水源涵养林339.13hm^2，占6.93%，水土保持林474.04hm^2，占9.69%，其他公益林4077.70hm^2，占83.37%。

17.3.5 人工林提质改造

热带雨林国家公园所在的海南省气候温暖、降雨充沛、光照充足，水热条件良好。20世纪末至21世纪初，桉树、橡胶、马尾松、马占相思等速生树种的种植和经营为海南省创造了可观的经济效益，极大地改善了海南人民的生活水平。随着对生态文明内涵的不断探索，“绿水青山就是金山银山”的理念深入人心，人们逐渐认识到人工林虽然具有很高的经济价值，但人工林建设所带来的生态问题也应当重视。

同天然生态系统相比，人工林内无论是物种组成还是空间结构等都十分单一，因此很难为野生动植物提供适宜的栖息环境，形成丰富的生物多样性和健康的生态系统。海南热带雨林国家公园生态廊道范围内分布有人工林5848.69hm^2，占有林地的比例高达20.48%，可观的占比使其对生态廊道连通性有着决定性的影响。因此，采取适当的措施改造生态廊道内的人工林，改善其林分质量和稳定性，增加垂直结构的复杂性和物种多样性，使之尽可能地接近天然森林植被的结构，提高其生物多样性保护和生态服务功能，进而减小生态廊道内的阻力，优化生态廊道的功能，提高野生动物对生态廊道的利用率，促使生态廊道更好地发挥支撑物种迁移扩散的连通功能。

17.3.5.1 人工林分布现状

在海南热带雨林国家公园生态廊道范围内有林地共有28 553.99hm^2，其中人工林

5848.69hm^2，占20.5%，人工林优势树种主要包括桉树、加勒比松、橡胶、相思类等，分布现状详见图17-9。

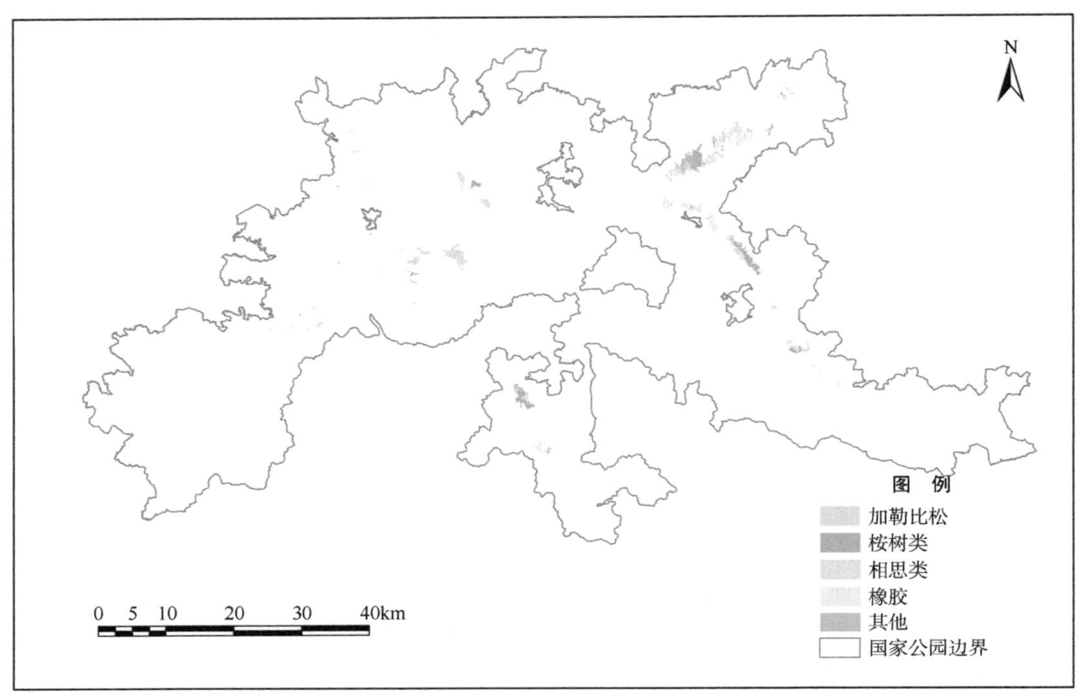

图17-9 生态廊道人工林分布现状

17.3.5.2 管控强度

人工林改造的前提是不提高生态廊道目前的阻力，因此在对人工林改造时不采取全面皆伐的作业方式。

生态廊道范围内需改造的人工林优势树种并非目的树种，需对郁闭度0.8以上的人工林进行抚育间伐，为目的树种留出生长空间。

割除影响目的树种幼树幼苗生长的杂灌杂草，避免全面割灌，在此过程中应有意识地保留珍稀濒危树种和林下有生长潜力的幼树和幼苗。

在补植补种树种处于中幼龄林的林分中清除高大草本植物、灌木、藤蔓及影响目的树种生长的萌芽条、霸王树与上层残留木及目的树种中生长不良的林木，调节树种组成与林分密度。

生态廊道内的人工林管控应符合其对应林地保护等级和公益林等级的管理保护强度。

17.3.5.3 建设方案

对海南热带雨林国家公园生态廊道及关键生境斑块涉及小班中的人工林进行结构调整，将单一、同龄、单层的人工林向混交、异龄、多层垂直结构的林分演替，将人工林向原始林的林分结构和生态功能上引导，增加生物多样性和生态系统稳定性，扩展珍稀野生动植物栖息、迁徙空间。不同的人工林郁闭度和林下生长空间都有所不同，拟根据人工林优势树种及其特征分别确定不同的改造培育方案。主要采取抚育间伐、割灌除草、透光伐、补植等技术措施。

拟进行结构调整的人工林面积为5607.95hm^2，其中桉树林1377.94hm^2，占24.6%，加勒比松林1897.48hm^2，占33.8%，橡胶林399.01hm^2，占7.1%，相思林属1455.21hm^2，占26.0%。生态廊道范围内的人工林结构调整应综合考虑生态区位的重要程度和工程的难易程度，本着重点优先、先易后难的原则，分年度逐步开展。

17.3.6　林业有害生物防治

17.3.6.1　林业有害生物现状

通过对国家公园内的林业有害生物进行问卷调查和现场踏查，结果表明：海南热带雨林国家公园内分布范围较广、危害程度较深的有害生物为金钟藤，存在潜在威胁的入侵物种为薇甘菊，如不加以防治不仅危害海南热带雨林国家公园内物种丰富度，且极易蚕食拟建设的生态廊道，因此亟须开展有害生物治理。

金钟藤危害的林木中，受干扰严重的人工林、次生林和灌木林等树高较矮、林相较差、郁闭度低的森林群落的占比最高，占调查结果的47.7%。其次，受危害程度较严重的是海南热带雨林国家公园内天然林和原始林，占比分别为37.0%和9.3%，表明海南热带雨林国家公园内金钟藤已从次生林蔓延至天然林和原始林，金钟藤治理刻不容缓。金钟藤危害林分的基本情况如下：被入侵的森林群落中，占比最高的郁闭度为0.5，占比最高的盖度为40%，分布较广，海拔89～1016m的森林群落均遭到危害，危害程度较轻与危害程度中度占比较高。金钟藤主要受害植物有黄毛榕、印度椿、海南椿、海南栲、剑叶翻白叶、岭南山竹子、银柴、黑柿、花牛木、海南酸枣、高脚罗伞、黄果榕、母生、尾叶柯等（国家林业和草原局调查规划设计院，2019）。

目前，海南热带雨林国家公园内已发现的薇甘菊分布范围较小，但薇甘菊是海南外来物种风险评估中风险值最高的物种，能抑制被其缠绕和覆盖的植物的正常生长，且由于薇甘菊强大的无性繁殖能力使其易快速扩散。目前发现区域虽已对薇甘菊采取了人为清除，防治效果较为显著，但薇甘菊种子数量巨大，重量轻，萌发率高，种子具冠毛，极易随风传播，也易随现代交通工具远距离传播。因此，考虑到薇甘菊的生物学及生活史特性，应将薇甘菊防治纳入外来物种入侵治理工程，防微杜渐。海南热带雨林国家公园内主要林业有害生物分布情况详见图17-10。

17.3.6.2　管控强度

1）天然林区域管控

对于廊道内遭受有害生物危害且分布较广的天然林区域应加强物理防治，力求在有害生物威胁林木生长前采取措施进行处理。对于通过物理防治清理过有害生物的天然林区域应加强监测，同时辅以天然林抚育作业和管护确保有害生物不会再次暴发。

2）人工林区域管控

对于遭受危害的集中连片人工林区域实施群落改造控制措施后应开展至少五年以上

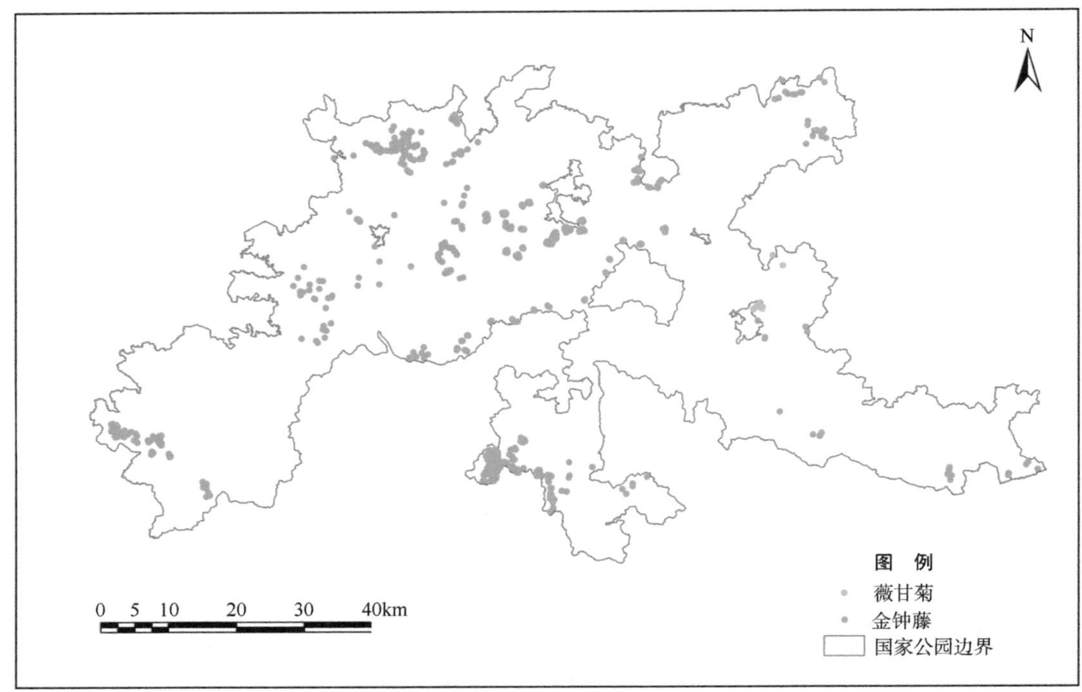

图 17-10 热带雨林国家公园内主要林业有害生物分布

的抚育和管理，确保人为补种的中幼林不被有害生物侵蚀。对于该区域应该实行长期监测直至群落稳定，森林冠层郁闭度提高至可降低乃至抑制有害生物幼苗成活率及有害生物生长的程度。

3）零散区域管控

对于实施化学除草的零散分布林业有害生物的区域应在施药后观察有害生物的状况，及时补施，持续杀灭效果的时限性。对于实施引进天敌和本土天敌防治的区域，应持续监控引进物种是否存在副作用，对当地生态系统是否存在威胁性。由于化学除草等化学防除方式、引进天敌和本土天敌等生物防治措施易对生态环境造成影响，应长期实验了解其防治效果后再推广。

17.3.6.3 建设方案

1）天然林林业有害生物治理

对于分布在廊道天然林内的林业有害生物拟采取物理清除等对于群落干扰较小的治理措施，可利用人工、机械手段将有害生物从其生境中移除，用割除、挖除等手段来控制有害生物的危害。但物理清除的有效性与拟清除的面积、清除的频率、采用的方法及所要达到的目标密切相关，应依据有害生物的生物特性制定清除的频率与方法。实施物理清除的时机及清出枝条的处置极其重要。物理清除绝不可在种子已成熟且仍留于枝条时进行，否则将促进种子的散播；清除匍匐于地的枝条时，宜在春季匍匐茎尚未茂盛生长时进行。对已攀爬到树冠层的入侵物种，割断后留置于树上任其干枯是首选措施；对清除出的入侵物种枝条，需防止断枝遗落长成新个体，可采取集中堆放并及时处理长出不定根的枝条，能达到事半功倍的效果。

但林业有害生物大多生命力极其旺盛，用人工砍伐有害生物的防除方法收效有限，必须结合天然林抚育作业和管护，双管齐下才能得到较好的清除效果。同时，辅以加强管理、设立宣传碑、森林病虫害防治、森林防火、禁止其他一切生产经营活动等措施，以及实施有害生物治理工程时应优先考虑高生态价值和强生态敏感区及其邻近区域优先开展物化结合治理，控制有害生物长势，抑制有害生物幼苗的萌发，维护天然原生林生态系统健康。

2）集中连片人工林林业有害生物治理

对于廊道内林业有害生物集中暴发的人工林区域，采取群落改造控制措施，尤其是演替前期树高较矮、林相较差、郁闭度低的次生林。通过抚育间伐、割灌除草、透光伐、补植抗有害生物的树种等方式进行群落改造，同时加强抚育和促进，提高生物多样性和提升森林群落本身抵御有害生物的能力，一劳永逸。

3）零散分布区域林业有害生物治理

对于廊道内林业有害生物零散分布的区域应在事先评估除草剂影响的前提下，采用化学除草等化学防除方式清除入侵物种。或基于评估引入物种对当地生态环境的影响后，引进专一性强、控害效果好的天敌资源等生物防治措施作为清除方式。选取在五指山周边已有记录的金钟藤和薇甘菊等典型危害区域作为固定监测区，针对其生物特性和防治方法等开展专项研究，验证防治效果后再在廊道范围内推广，以期为国家公园乃至华南地区有害生物防治提供样本和科学依据，了解其防治效果。同时，对于其他低海拔、缓坡、光照充足且人为活动较为频繁的破碎化、功能退化林地应加强监测预警，降低有害生物发生风险。

17.3.7　水源地保护

17.3.7.1　水源地分布现状

国家公园内分布有饮用水水源一级保护区和二级保护区各4个，饮用水水源准保护区5个。饮用水水源一级保护区面积为94.49hm^2，二级保护区面积为624.05hm^2，准保护区面积为1426.16hm^2，公园内饮用水水源保护区总面积为2144.70hm^2。饮用水水源保护区植被类型面积由大到小依次为天然林面积832.77hm^2，占水源保护区总面积的38.8%；非林地473.37hm^2，占比为22.1%；次生林344.59hm^2，占比为16.1%；经济林226.99hm^2，占比为10.6%；用材林114.85hm^2，占比为5.4%；橡胶林100.80hm^2，占比为4.7%；灌木林51.44hm^2，占比为2.4%。水源保护区均位于国家公园核心保护区内，详见图17-11。

17.3.7.2　管控强度

在饮用水水源准保护区内，禁止下列行为：新建、扩建对水体污染严重的建设项目，改建增加排污量的建设项目；非更新性、非抚育性砍伐和其他破坏饮用水水源涵养林、护岸林及其他植被的行为；使用剧毒、高毒农药或者国家和海南省禁止使用的其他有毒有害物质；取土、采石、采砂或者其他采矿行为；向水体排放、倾倒垃圾及其他废弃物。

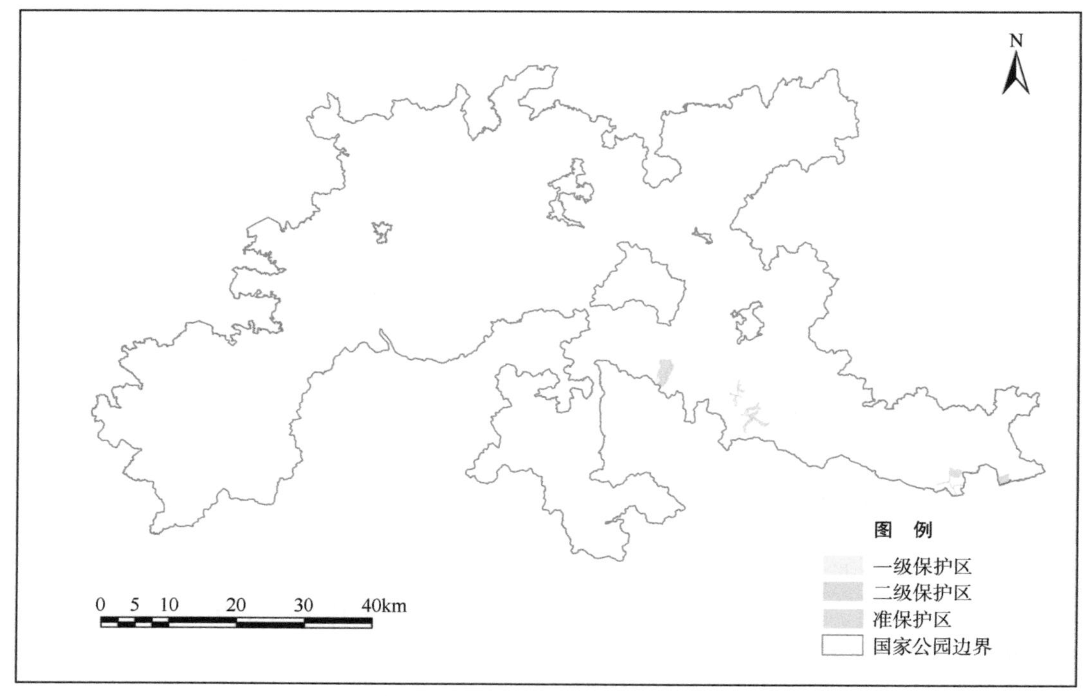

图 17-11 国家公园内饮用水水源保护区分布

在饮用水水源二级保护区内，除饮用水水源准保护区内禁止行为外，还禁止设置排污口；禁止新建、改建、扩建规模化养殖场、高尔夫球场、制胶、制糖、化工以及其他排放污染物的建设项目或者设施；禁止使用农药、丢弃或者掩埋动物尸体；禁止建造坟墓。

在饮用水水源一级保护区内，除饮用水水源准保护区、饮用水水源二级保护区禁止的行为外，还禁止下列行为：禁止新建、改建、扩建与供水设施和保护水源无关的建设项目；禁止使用化肥以及其他可能污染饮用水水体的化学物品；禁止放养畜禽、网箱养殖、旅游、游泳、洗涤、垂钓；禁止法律、法规规定的其他可能污染饮用水水源的行为；在饮用水水源一级保护区内已建成的与供水设施和保护水源无关的建设项目，县级以上人民政府应当责令限期拆除或者关闭。

17.3.7.3 建设方案

1）饮用水水源保护

加强饮用水水源保护区生态建设工作，在饮用水水源保护区边界设立明确的地理界标和明显的警示标志等。同时，采取具有针对性和可操作性的隔离设施工程和水源保护区污染源整治工程，在饮用水水源保护区内的居民点、道路、桥梁、码头和可能威胁饮用水水源安全的设施或者装置，应当设置独立的污染物收集、排放和处理系统及隔离设施。在水源保护区周边开展饮用水水源保护的宣传教育，普及饮用水水源保护法律法规知识和科学知识，提高公众参与饮用水水源保护的意识和能力。

根据天然林分布情况，遵循集中连片、突出重点的原则，对水源保护区范围内天然林资源实施保护，促进森林生态系统的自然修复和正向演替。通过对生态廊道涉及的水源保护区内的人工林实施人工林辅助恢复工程，扩大水源保护区水源涵养林和防护林的面积，使水源地形成一个天然的"绿色水库"，达到涵养水源，防治水土流水、改善生态环境的作用，维护水体的自净能力，促进生态良性循环，改善和保护饮用水源水质，提高水资源安全保障能力。

2）重构良性水生态系统

对水源保护区外对水源地有重大影响的污染区域，结合农村人居环境整治，对国家公园内村镇进行整治和垃圾集中收集处理；建立村庄雨污分流系统，污水处理、排放系统；加强农业经济结构调整和农业生产管理，推广有机和生态农业，逐渐减少化肥、农药使用量。通过实施水污染防治工程和水体达标工程，有效处理和利用污水，增加循环利用水量，减少新增用水，保护地下水资源。

17.3.8　生态廊道断裂点

生态廊道是在各生态源斑块之间野生动物利用率较高，从而发挥物种移动扩散通路作用的区域，生态廊道建设的目的是通过多种方式降低野生动物在其中移动时的阻力，最终达到提高生态廊道连通性、促进种群扩散交流、形成较理想生态格局的目的。

虽然前文已述多种方式从林分结构改善、林分质量提升等方面强化生态廊道的连通功能，但在生态源斑块之间、生态廊道内部仍存在一些断裂点，主要体现为以公路道桥为主的工程设施和沟谷河流等自然地理隔绝，这些断裂点是野生动物利用率极低、难以逾越的区域。因此，有必要对生态廊道的断裂点采取一定的措施，从而尽可能保证生态廊道整体连通性。

17.3.8.1　生态廊道断裂点分布现状

生态廊道断裂点分为自然地理隔绝和人工工程隔绝两类，其中自然地理隔绝主要指较大的沟谷河流等，人工工程隔绝则以公路道桥为主。自然地理隔绝一般被认为是影响物种分化的重要因素之一，因此本方案不对生态廊道内的自然地理隔绝进行工程性连通。

以公路道桥为主的断裂点具有人为活动剧烈、野生动物利用率极低等特点，是绝对阻力最高的区域。据全球相关经验总结，当公路交通量小于1000辆/天时，多数物种可以穿越，因此具有较强阻隔影响的主要为交通量较大的高速、国道及省道。据此统计，穿过生态廊道的主要公路长度共29.09km，断裂点在生态廊道内的分布情况详见图17-12。

17.3.8.2　管控强度

对位于生态廊道范围内、国家公园核心保护区内且邻近珍稀濒危野生物种栖息地的低等级道路，原则上应予以封禁。

对位于生态廊道范围的省级及以上公路，应加强流量监控，对于邻近野生动物栖息地的，在野生动物交配、繁殖、育幼的季节采取必要的限流和分流措施。

完善穿过生态廊道的公路网络的监控系统，一方面加强对交通量的监测，另一方面加强对周边野生动物活动情况的监测，为管控和研究提供数据保障。

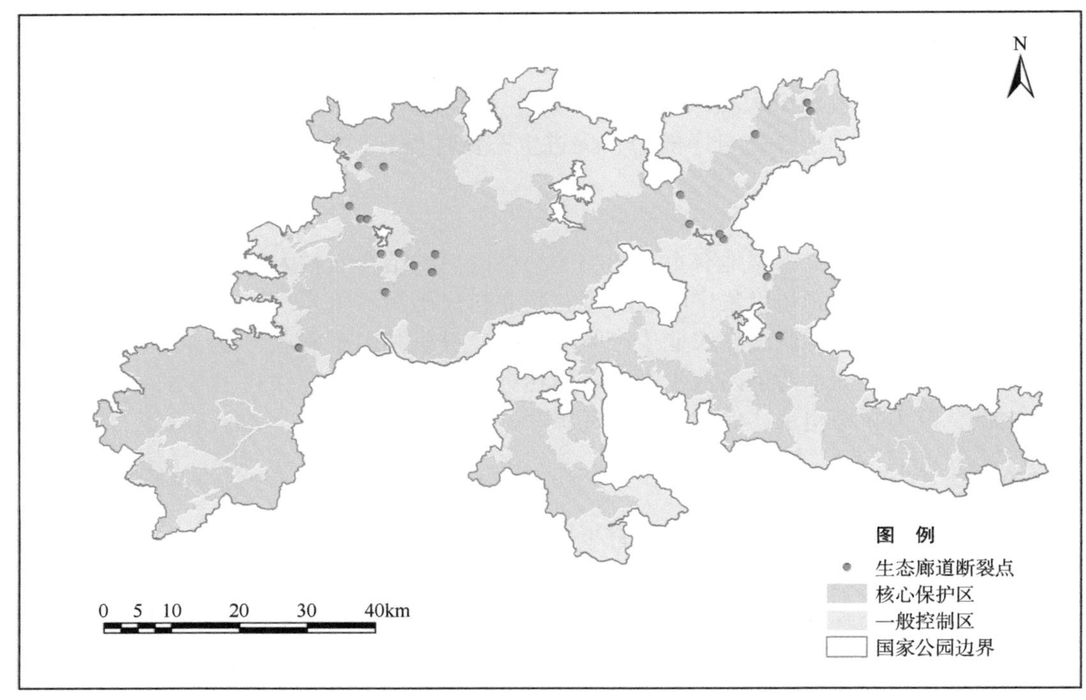

图17-12 生态廊道断裂点分布情况

17.3.8.3 建设内容

在现有穿过生态廊道的公路两侧每隔500m设置野生动物警示标牌，进出生态廊道范围前后2km区域的公路两侧每隔800m设置野生动物警示标牌，提醒往来车辆避让穿越公路的野生动物。根据估算，共需设置野生动物警示标牌130个。

在穿越生态廊道范围内的公路两侧设置禁止鸣笛警示标牌，设置密度为每隔500m一个，进出生态廊道范围前后2km区域的公路为每隔800m一个，减少车辆鸣笛对野生动物产生的惊扰。根据估算，共需设置禁止鸣笛警示标牌130个。

对位于生态源斑块、生境斑块同生态廊道的连接处的公路两侧设置绿篱并配套设置野生动物穿越警示标牌，用于遮蔽野生动物视线形成过渡带和隐蔽带，同时提醒往来车辆注意减速避让，引导野生动物从阻力较小、危险较低的区域穿越公路。根据估算，共需设置绿篱及配套标牌42处。

在远期根据热带雨林国家公园内公路网络的监测数据、野生动物活动数据等综合评估不同野生动物的活动偏好，有重点、有针对性地进一步调整生态廊道断裂点的相应设施和措施。

17.3.9 迹地生态治理及修复

17.3.9.1 生态搬迁迹地现状

国家公园内拟实施生态搬迁的共有5个市（县）的15个自然村，共662户2694人，搬迁迹地中耕地面积为228.11hm^2、园地970.20hm^2、草地83.85hm^2、城镇和村庄用地54.33hm^2，由于森林生态系统生态服务功能较好，因此林地未纳入生态搬迁迹地治理工程的范围。其中，位于廊道内的生态搬迁迹地面积为188.22hm^2，廊道内园地面积最大，为176.54hm^2，占廊道迹地总面积的93.8%、其次为耕地，面积为8.87hm^2，占比为4.7%、再次为城镇和村庄用地，面积为2.82hm^2，占比为1.5%，详见图17-13。对于城镇和村庄建设用地等生态系统受损超负荷的地区，已发生不可逆的变化，只依靠自然力很难或不可能使系统恢复到初始状态，必须依靠人为的一些正干扰措施，才能使其发生逆转。

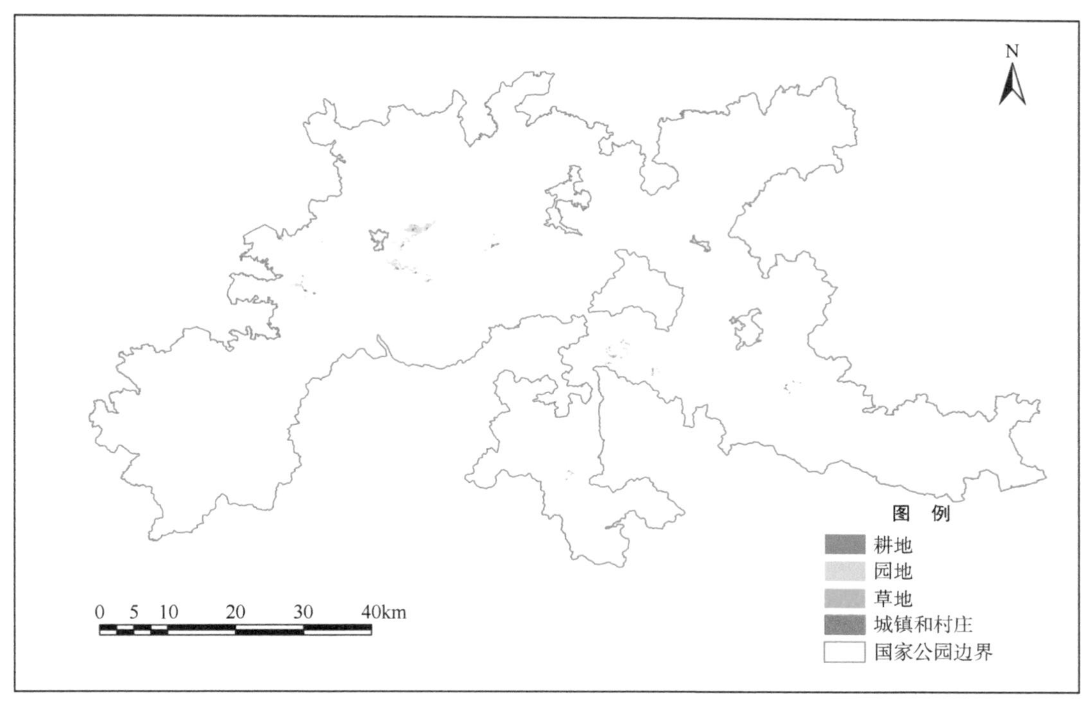

图17-13　生态搬迁迹地土地利用现状

17.3.9.2　管控强度

1）全面封禁

对于廊道内生态搬迁迹地要实行全面封禁，对草地和园地等拟实施自然修复的区域，实行封禁，隔绝人为干扰，减少污染物排放，提升生态系统自我修复与调控能力。

2）长期管护

对于生态搬迁迹地中实行人工造林和人工林结构调整恢复措施的区域，应实行长期管护，在近5～10年内应每年抚育一次，防止藤本植物和生长迅速的高大草本植物挤占搬迁迹地补植的中幼林生存空间，影响其成林。

17.3.9.3 建设方案

1）自然修复

生态系统的退化程度取决于受干扰的程度，在生态系统组成成分还没有完全被破坏前排除干扰，解除生态系统所承受的超负荷压力，依靠生态系统本身的自动适应、自组织和自调控能力，生态系统的退化就会停止并开始恢复。恢复原有生态的功能和演变规律，完全可以依靠大自然本身的推进过程。对于廊道内生态搬迁迹地中的草地采取自然修复实行封禁管理，在重要交通节点及边界设置宣传碑、牌，隔绝人为干扰，依靠生态自然修复能力，经过几个生长季后植物种类数量、植被盖度和生产力都能得到较好的恢复，生态系统得以向自然状态演化。

2）人工修复

对于村庄周边成片种植槟榔、杧果等果树或套种药材的园地，恢复方式以自然演化为主，同时进行人为引导加速自然演替过程，采用人工林结构改造模式进行恢复。对搬迁迹地进行人工修复时综合考虑与其邻近或相连的天然林群落结构，补植树种的选择应依据村庄周边立地条件等因地制宜；且依据优势树种不同，人工林结构改造模式也应有所不同。

3）生态重建

生态重建是对被破坏的生态系统进行规划、设计，建设生态工程，加强生态系统管理，维护和恢复其健康，创建和谐、高效的可持续发展环境。拟对搬迁迹地内已发生不可逆变化的耕地与城镇村庄用地实行生态重建。

4）农田恢复重建

农田经过长期耕作与施肥，已变为受损生态系统，具体表现为生物多样性下降、生物生产力降低、土壤和微生物环境恶化、生物间的相互关系改变、水土流失极为严重且稳定性和抗逆能力减弱。在该类型搬迁迹地上撒播乡土乔木树种种子或补植树苗，利用多层次多物种的人工植物群落，控制水土流失。对退化土地进行植被恢复可提高土壤肥力，利用植物的有机残体和根系穿透力，促进农田生态系统土壤的恢复，提升农田生态系统生物多样性。

5）城镇和村庄用地恢复重建

拆除村庄内较大面积的硬质水泥铺装及建筑后土地极度贫瘠，理化结构较差，在自然条件下恢复植被难度较大。该类型搬迁迹地属于未经过治理的严重侵蚀退化生态系统，土壤养分特别是氮素养分含量低下，植物种类稀少，土地严重退化。拟采用整地、施肥、培育林木等人工植被恢复措施进行治理，进行人工植被恢复有利于群落维持较高的生物多样性，改善植物生存的小生境，随着植被的恢复，水土流失得到有效控制，植物种类明显增加，土壤养分含量亦不断提高。

开展恢复重建工程时，应依据立地条件、土壤孔隙度、土壤贮水能力、土壤渗透性、水热条件等综合考虑选择人工造林植被恢复模式，不同植被类型其水土保持、水源涵养及土壤改良效果存在较大差异。建议采用乔—灌—草异龄复层混交林，不仅可以提高群落的生物多样性，而且也是理想的水土保持林模式，有助于形成相对稳定而复杂的生物群落，有利于林内有益动物和害虫天敌形成较为稳定的种群。最终形成植物群落根系错落交叉的整体网络结构，增强防止水土流失的能力，为其他生物提供稳定的生境，逐步恢复退化的生态系统。

17.4　海南热带雨林国家公园生态安全格局优化

17.4.1　存在问题

17.4.1.1　理想生境面积小、破碎化程度高

天然原始林是整个热带雨林中生态系统服务功能最高的区域，它对于维护生物多样性、提高生态系统完整性稳定性、保障珍稀濒危物种稳定繁衍有着非比寻常的意义。为人们所熟知的旗舰种海南长臂猿活动范围仅局限于天然原始林，众多珍稀濒危物种的理想生境也基本位于天然原始林内。

但通过对生态源斑块的识别和野生动物多样性的调查发现，整个热带雨林国家公园内共有天然林面积3294.36km^2，但天然原始林面积为1885.39km^2，仅占整个天然林面积的57.2%，且多为碎片化分布。理想生境的萎缩使栖息其中的珍稀濒危物种难以繁衍壮大，较高的破碎化程度导致种群之间几乎无法交流，更是为种群数量的恢复雪上加霜。有必要通过一定的手段在保证理想栖息地不进一步萎缩的情况下尽可能提升理想栖息地之间的连通性，缓解物种恢复繁衍的压力。

17.4.1.2　天然次生林生态状况脆弱

生态廊道范围内共有天然次生林7444.02hm^2，其中，中幼龄林6117.60hm^2，近成过熟林1326.42hm^2，中幼龄林和近成过熟林的面积结构比略高，可以看出林龄结构存在着失调的现象，中幼龄林占绝对优势，郁闭度相对较低，这说明生态廊道范围内的天然次生林大部分仍处于初级演替的阶段。同天然原始林相比，天然次生林内多以典型速生先锋种为主，内部生境物种丰富度较低，群落结构简单，内部生境质量较低。

低质量的内部生境、不尽合理的林分结构和有限的生物多样性首先会限制野生动物作为种子传播媒介的活动强度和活动范围，制约森林生态系统自我演替更新的能力，影响天然林完整多样的顶极群落的形成；其次，残破低质的天然林对外来物种的抵御能力明显减弱，有害生物的可侵入性增强，在天然次生林的边缘存在着严重的有害物种（如金钟藤等）挤占天然林生存空间的现象，封闭了天然次生林同外界的交流通道，阻碍了天然林的自我恢复和演替，影响物种的扩散和传播。

17.4.1.3　人工林规模较大且呈插花分布

由于历史发展的原因，海南的人工林多为纯林，以桉树、橡胶树、加勒比松和相思树属等经济林为主，在经营期内人工干预强度高，优势树种占据了绝对的生存空间。近十几年加强保护力度、禁止人工林砍伐后，相应的抚育措施缺失，已成材的优势树种占据了较高的生态位和绝大部分生态空间，这导致林下虽然有本地树种生长，但竞争力很弱，短时间内难以取代优势树种形成正向演替。单一的树种、脆弱的林分结构使得人工林内部缺乏适宜野生动植物栖息的生境，难以形成丰富的生物多样性，野生动物的利用

率很低。此类人工林在生态廊道范围内共5848.69hm^2，占林地的20.5%，较大规模的人工林插花分布于生态廊道范围内无疑会严重影响生态廊道的连通性。因此，有必要采取抚育、间伐、补植等措施引导本地树种生长、改善林分质量，提高人工林的森林质量，提高其内部的生物多样性和生境质量，从而改善生态廊道的连通功能。

17.4.1.4　人工阻隔和扰动影响物种扩散

在生态源斑块之间形成较强阻隔作用、限制生态廊道功能发挥的，除了野生动物利用率较低的低质量林地以外，还有公路网络等人工工程的阻隔。据统计，位于生态廊道内的主要公路共29.09km，这些道路虽然总面积占比不多，但社会经济发展带来的交通流量导致这些区域的人为干扰程度强，物种逾越难度大，会在一定程度上阻碍生态源斑块间物种的交流。因此，采取适当的措施在不造成二次破坏的情况下缓解人工工程对物种扩散的阻碍是十分有必要的。

17.4.2　解决对策

生态安全格局的质量对整个热带雨林生态系统和生物多样性的安全至关重要，因此有必要针对生态安全格局现存的问题提出具体对策，以巩固其完整性、提高其稳定性、改善其功能水平。

17.4.2.1　严格保障生态廊道基质特性

生态廊道基质的主体是林地，保障促进物种迁移扩散作用的根本也是林地，生态廊道能够持续发挥生态源斑块之间的连通作用，必须建立在保证生态廊道基质的基本属性的基础之上。只有保证林地面积不萎缩、森林的防护保障属性不变化、森林质量不退化，才能至少维持生态廊道的连通性不降低。因此，应通过林地保护、天然林保护、公益林保护等手段尽可能地维持林地及林木作为生态廊道基质发挥生物多样性保护功能的属性和特性，从而保护生态廊道的功能不退化，也为全面提升生态廊道连通性奠定基础。

17.4.2.2　全面改善森林系统生态服务功能

森林是生态廊道的主体，优化生态廊道连通功能的根本是优化森林系统的生态系统服务功能。通过抚育天然次生林、改造人工林结构等措施，能够在大范围内有效提升生态廊道范围内森林的质量，提高其内部生境的适宜性和生物多样性，进而提高野生动物对这些林地的利用率。一方面能够直接促进野生动物在生态源斑块之间的活动频率，另一方面能够间接促进野生植物种子在生态源斑块之间的交换与交流，为物种的栖息和繁衍创造更为广阔的空间，从内部激活森林生态系统自我修复的能力，从全局提高热带雨林生态系统的生物多样性。

17.4.2.3　合理降低人为干扰影响

人工工程产生的阻隔和随之而来的干扰对生态廊道连通性的影响不容忽视，基于社会经济发展和人民正常生活的需要，绝大部分已投用的工程项目显然不能废弃。综合保护和发展的需要，有必要采取一定的措施，尽可能地消减人为干扰对物种迁徙产生的阻碍和影响，形成保护与发展之间的平衡。对于尚未建设的人工工程，则应将对物种栖息和迁移的影响纳入考虑范围之内，通过有效的措施减少对生物的干扰和阻碍。

17.4.2.4 强化监测与科研保障

生态廊道的建设并非一朝一夕之功，对于热带雨林生态系统的保护也将在持续的探索中前进。为了保证生态廊道能够持续有效地发挥保护生物多样性的作用，必须加大生物多样性动态监测力度，强化相关研究的深度，为深入研究生物多样性同生态廊道建设和使用进程之间的关系提供数据支撑，为全面系统保护提供坚实可靠依据，适时调整保护方案和措施，只有这样才能使生态廊道的建设和热带雨林的全面保护工作发挥作用，落到实处。

17.5 本章小结

海南热带雨林是世界热带雨林的重要组成部分，为全球34个生物多样性热点区之一，是热带雨林和季风常绿阔叶林交错带上唯一的“大陆性岛屿型”热带雨林，是中国分布最集中、保存最完好、连片面积最大的热带雨林，集中了中国大部分的热带资源，同时保护着海南长臂猿等濒危物种的栖息地。海南热带雨林国家公园生态廊道建设是筑牢海南绿色生态屏障的关键举措，是保护热带雨林生态系统原真性和完整性的有效途径，是拯救中国热带珍稀濒危野生动植物资源的迫切需要，是探索“绿水青山就是金山银山”转化路径的具体实践。

海南热带雨林国家公园的建立为保护和展示中国大陆最南端的热带雨林生态系统划出了一个重要的生态空间，本章在梳理海南热带雨林国家公园自然地理、社会经济、建设历程等基本情况的基础上，从理论和应用层面对国家公园的生态本底进行识别，并分别从林地资源保护、天然林资源保护、生态公益林保护、人工林提质改造、林业有害生物防治、水源地保护、生态廊道断裂点、迹地生态治理及修复8个方面提出了海南热带雨林国家公园生态廊道建设方案。基于此，总结了国家公园生态修复治理和生态安全格局优化工作尚存在的问题并提出解决对策，以促进国家公园的高质量、可持续发展。

第18章　基于遗产价值认知的武夷山国家公园双遗产管理

18.1　研究背景

武夷山是中国东南沿海丘陵与江南丘陵的分界线，闽江水系、汀江水系与鄱阳湖水系的天然分水岭。武夷山地区拥有以“碧水丹山”为特色的丹霞地貌景观，是中国重要的佛道名山、朱子理学的摇篮，还是世界乌龙茶和红茶的发源地，人文与自然有机相融，是目前全国唯一地处世界文化与自然双遗产地的国家公园。不仅生态价值极高，拥有大面积原生性森林生态系统、丰富的生物资源、震撼的自然景观，而且具有深厚的历史文化底蕴，是古闽越文化、理学文化、宗教文化、茶文化等多种类型历史文化的起源地。建设武夷山国家公园是践行习近平生态文明思想的关键举措，对筑牢中国东南生态安全屏障，保护世界同纬度最完整、最典型、面积最大的中亚热带森林生态系统及丰富的生物多样性，传承武夷山世界自然和文化遗产，实现武夷山人与自然和谐共生，具有十分重要的意义。

自2015年启动国家公园体制试点工作以来，武夷山国家公园作为首批试点区之一，按照《武夷山国家公园体制试点区试点实施方案》的要求，经过武夷山国家公园管理局（福建）和各级政府的不懈努力，试点任务已全部完成，取得了明显生态成效，民生改善效果明显，社会效益充分彰显，特别是在协同管理机制、非全民所有自然资源统一管理、绿色发展新机制等方面的亮点工作，为国家公园深化建设积累了一批可复制、可推广的经验。2020年9月，国家林草局委托第三方机构对武夷山国家公园体制试点进行了评估验收，将其优先纳入首批设立国家公园名录，加快整合江西武夷山区域，提升生态系统保护的完整性。结合验收评估意见，2021年2月，国家林业和草原局对武夷山国家公园体制试点区存在的生态系统完整性等问题以及主要矛盾冲突情况进行了梳理分析，研究提出了武夷山国家公园体制试点区范围优化建议，在原福建武夷山国家公园的基础上，将周边相邻相连的江西武夷山国家级自然保护区、江西鹅湖山国家森林公园及连接带纳入国家公园范围，加强武夷山脉主峰、武夷山大峡谷和武夷山区域中亚热带森林生态系统，以及黄腹角雉关键栖息地的完整保护。范围优化后武夷山国家公园面积1280km^2，其中福建省域内1001km^2，江西省域内279km^2；2021年10月，中国正式设立第一批国家公园，武夷山国家公园位列其中。武夷山国家公园涵盖了武夷山世界文化与自然遗产地的大部分区域，是对世界双遗产完整性保护作出的战略性选择，给遗产保护带来了前所未有的机遇，但是武夷山国家公园的规划建设、遗产管理也迎来了新的挑战，遗产管理机制与模式的探索、遗产管理科技水平的提升、遗产的教育与体验价值等，都需要站在新时代背景下统一梳理。

18.2　武夷山国家公园基本概况

18.2.1　自然地理条件

武夷山国家公园坐落于中国东南沿海的武夷山脉，位于福建和江西两省交界处，公园范围涉及福建省南平市建阳区、武夷山市、光泽县、邵武市，江西省铅山县，地理坐标为北纬27°31′21″～28°3′26″，东经117°24′15″～117°59′33″，总面积约1280km^2，武夷山国家公园范围内包括了武夷山世界文化和自然遗产地的大部分区域，整合了2个国家级自然保护区、1个国家级风景名胜区、3个国家森林公园等自然保护地，还涉及4个国有林场、九曲溪上游保护地带、周边公益林等。

气候方面，武夷山国家公园属中亚热带温暖湿润的季风气候，具有气候垂直变化显著、温暖湿润、四季分明、降水丰富等特点。水文方面，武夷山脉为闽江和汀江水系的主要发源地，是闽江水系、鄱阳湖水系的分水岭，国家公园内三大主干支流约600条，形成树枝状分布、径流量大、流域面积广的自然水域。地质地貌方面，武夷山经历了漫长的地质演变过程，其地质过程是亚洲东部环太平洋带构造的典型代表，在古地理演变方面具有重要研究价值。

18.2.2　社会经济条件

武夷山国家公园范围跨福建、江西两省，涉及2市5县（市、区），公园内及周边社区的经济收入以茶叶生产、毛竹生产、外出务工和其他经济产业为主，经济收入共性明显，80%以上的社区以茶叶生产为主，毛竹次之，多为“茶农”和“竹农”。一些社区由于所处地理位置、气候条件，不适宜发展茶叶或茶叶品质较低，也发展了其他有地方特色的优势产业，形成了“你有我强，你无我有”的特色农业产业发展格局，“一村一品”正在武夷山国家公园内外的社区形成。

武夷山市作为武夷山国家公园的主体所在地，地处福建省西北部、闽赣两省交界处，全市总面积2813km^2，辖3镇、4乡、3个街道、4个农茶场、115个行政村，总人口25.97万人。根据《武夷山市2021年政府工作报告》《武夷山市2020年国民经济和社会发展统计公报》，2020年全市生产总值208.05亿元，增长0.1%；一般公共预算总收入13.10亿元，增长0.67%；农林牧渔业总产值29.26亿元，增长4.6%；固定资产投资增长8.1%；社会消费品零售总额65.71亿元，下降1.7%；共接待旅游总人数1078.57万人次，旅游总收入228.89亿元，下降36.3%；城镇居民人均可支配收入37405元，增长3.1%；农村居民人均可支配收入19 956元，增长6.2%（武夷山市统计局，2021）。

18.2.3　设施建设条件

武夷山国家公园外部交通区位优势明显，周边交通便利。武夷山机场已开通至厦门、上海、杭州、深圳、北京等24条航线，可覆盖中国大部分城市，并设立了国家一类航空口岸；峰福铁路、鹰厦铁路、合福高铁、南三龙铁路、外南铁路贯穿南平市，连接福建、江西等省份；宁上高速、浦武高速、宁光高速、国道237、国道322及国道316

分布在国家公园外围。国家公园内部交通设施完善，基本满足日常巡护及开展生态旅游的需求。公路呈“一横四纵”分布，“一横”为X832星桐线，“四纵”为X665县道、X860桐麻线、X835高星线和Y016洋黄线。水路交通主要为九曲溪竹筏漂流，自西向东由星村镇九曲溪码头至武夷宫。但公园东部、西部、中部的基础设施建设参差不齐，位于公园东部的原风景名胜区范围内已经建成比较完善的旅游服务设施，但是生态体验、科普教育设施还存在不足；公园西部的原自然保护区范围内基础设施还不够完善，如巡护道路硬化率低、区内村落的通水通电等方面仍然没有全部实现等；中部的九曲溪上游保护带基础设施建设也较为缺乏。

18.3 武夷山国家公园遗产价值认知

18.3.1 遗产价值标准

世界遗产是依据《世界遗产公约》被联合国教科文组织和世界遗产委员会确认的，具有突出重要价值的、人类罕见且无法替代的文物古迹和自然财富，包括自然遗产、文化遗产、混合遗产、文化景观遗产、人类口头和非物质遗产5类。文化遗产指历史文物、传统事件、建筑群、遗址、节日活动和传统的生活方式等；自然遗产指具有突出、普遍价值的自然地理地貌、自然地带、濒危动植物物种栖息地等（李辛怡和许南垣，2015）；混合遗产指将文化遗产与自然遗产融合起来的双遗产，这并非两者的简单叠加，而是人类从认识自然、改造自然到与自然和谐相处的过程（刘翠，2010）。

世界遗产的含义决定了它的三个特性：世界性、多样性和独特性。世界性强调遗产的世界性突出价值、世界性所有和世界性保护。多样性体现在其包容类型几乎涵盖地球上所有自然创造的以及人类创造的精华。独特性具体表现在遗产在世界或国家和地区范围内独一无二的、无可替代的、不可逆的特性，一旦破坏，其原有景观永难恢复（何菲菲，2007）。世界遗产的特性也反映了其原真性、完整性的核心价值，根据世界遗产申报的评定准则可知，自然遗产具有地理地质结构价值、自然审美价值以及科研价值；文化遗产具有历史、科考、教育和艺术价值（李辛怡和许南垣，2015）。

武夷山多样的自然环境造就了丰富的生物多样性，深厚的文化底蕴也让人文与自然在这里有机融合。1999年世界遗产委员会第二十三届会议决定，根据自然遗产标准（Ⅲ）、（Ⅳ）和文化遗产标准（Ⅲ）、（Ⅵ），将武夷山列入世界文化与自然遗产名录，武夷山成为中国继泰山、黄山、峨眉山—乐山大佛之后的第四个双遗产地，全世界第二十二个双遗产地。

18.3.1.1 自然遗产评价标准

1）自然遗产标准（Ⅲ）

九曲溪沿岸并列的奇峰是地质节理及断裂形成的奇特景观，光滑的悬崖峭壁是单斜丹霞群山，清澈深邃的河水是地质断裂构造形成的九曲溪深切曲流，这些都构成了武夷山奇妙秀美的杰出景观。

2）自然遗产标准（Ⅳ）

武夷山是当今世界最优秀的亚热带林区之一，是中国亚热带森林和中国南方雨林最大、最具有代表性的例证，它拥有保存完好的中亚热带森林生态系统、典型且突出的植被垂直分带，丰富而稀有的动植物资源。它保存着大量古老和珍稀的植物物种，其中很多是中国独有的；还生存着大量爬行类、两栖类和昆虫类动物。

18.3.1.2　文化遗产评价标准

1）文化遗产标准（Ⅲ）

武夷山是早期古闽族文化的起源地，以及闽越文化的主要流传地区，其优美的自然环境及丹霞美景为儒、释、道三教汇集提供了沃土，并直接影响了中国儒、释、道三教的发展。作为一处被保存了12个多世纪的遗产地区，武夷山拥有一系列优秀的考古遗址和遗迹，包括建于公元前1世纪的汉城遗址、寺庙和公元11世纪产生的新儒学（朱子理学）相关的书院遗址。

2）文化遗产标准（Ⅵ）

武夷山是新儒学（朱子理学）的摇篮，作为一种学说，朱子理学在东亚和东南亚国家中占据统治地位曾达数个世纪，并影响了世界许多地方的哲学和政治。

18.3.2　遗产价值认知

18.3.2.1　遗产价值总体认知

武夷山是中国面积最大的双遗产地，其西部区域是全球生物多样性保护的关键地区，分布着世界同纬度带现存最完整、最典型、面积最大的中亚热带原生性森林生态系统，具有丰富而珍稀的动植物物种资源。东部区域是人文与自然有机相融之地，既有秀水、奇峰、幽谷、险壑等诸多美景，也有汉城遗址等众多文物古迹，悠久的历史文化与山水完美结合。中部区域是九曲溪水源上游保护地带，联系东西部并涵养九曲溪水源，保持着良好的生态环境（何菲菲，2007）。

武夷山文化与自然和谐统一，体现了中国“天人合一”的传统理念。文化遗产与自然遗产相互交融，多处遗产点既是自然遗产也是文化遗产，自然遗产作为文化遗产的载体相互依存。武夷山良好的生态环境和秀美的自然风光造就了武夷山丰富的人文景观与历史文化遗存，自然与文化遗产并重。表18-1为武夷山自然和文化遗产。

表18-1　武夷山自然和文化遗产

自然遗产	文化遗产
丹霞地貌、奇峰峭壁	古闽越文化：架壑船棺、虹桥板、汉城遗址
自然与人文交融的九曲溪风光	朱子理学文化
奇特美丽的黄岗山日出、天游云海、武夷佛光等天象景观	宗教文化
典型且保存完整的中亚热带原生性森林生态系统	摩崖石刻文化
丰富且珍稀的野生动植物资源	茶文化
—	其他古建筑和遗迹

注：“—”表示此处无数据

18.3.2.2　自然遗产价值认知

武夷山的自然遗产包括独特的自然景观、原生性的中亚热带森林生态系统、丰富的生物多样性资源等。其中，自然景观包括溪流、山峰岩、象形石、岩洞、峡谷、奇观6类共计72处遗产点；中亚热带原生性森林生态系统包括11个天然植被类型16个植被亚型29个群系组62个群系170个群丛组等；生物多样性资源包括高等植物272科3404种，藻类73科191属及地衣13科，野生脊椎动物5纲37目153科775种，整理鉴定昆虫7925种。

1）独特的自然景观

（1）地质地貌：武夷山脉地质构造复杂，经历了多期次造山运动和侵蚀、剥蚀作用，形成以中山为主的构造侵蚀地貌及由湖盆组成的丹霞地貌（陈艳，2011）。单斜断块山是武夷山的典型丹霞地貌，其呈现典型的单面山形态，一面为缓坡，一面短而陡，形成陡峭的悬崖景观，丹霞群山似万马奔腾、翘首向东，是构成武夷山自然美景价值中的重要组成部分，也是国内最典型的一处单斜丹霞地貌区。武夷山丹霞地貌的发育深受多组垂直节理及断裂的控制，在外力作用下，形成一系列与上述节理、断裂走向相一致的平直谷地，谷地之间形成长条状的向西倾斜的丹霞群峰。武夷山山体秀丽、景观集中、山水结合好、视域景观佳，在中国名山中享有特殊地位。

（2）地域水体：武夷碧水是武夷山自然遗产的画龙点睛之笔，九曲溪是武夷山水的灵魂，在塑造自然景观中起着独特而重要的作用。九曲溪发源于黄岗山南麓，水量充沛、水质清澈，深受不同方向断裂带控制，迂回曲折地流淌于丹崖群峰之间，如玉带串珍珠，将弯曲的河道与丹霞群峰连为一体，形成了极具特色的“九曲”河段。随着山的高度、河床的宽度、弯道的比例、水流的速度、视野和视角的变化，山和水有着奇妙的和谐。除九曲溪外，武夷山还有崇阳溪、黄柏溪、青龙大瀑布、雪花泉等流泉飞瀑，山、水的完美结合，构成了一幅武夷山自然美景的和谐画卷。

（3）气候天象：海拔2158m的主峰黄岗山，常年云雾缭绕，是欣赏云海、日出的最佳地点；天游峰上白茫茫的云海，弥山漫谷，宛如蓬莱仙境。黄岗山日出、天游云海、武夷佛光、云窝等气象景观是武夷山的一大特色。

2）原生性的中亚热带森林系统

武夷山遗产地具有世界同纬度地区现存面积最大、保存最完整的中亚热带森林生态系统。山地相对海拔达1700m，气候、土壤和植被类型存在明显的垂直分布规律，是中国大陆东南部发育最完好的垂直带谱。植被类型多样，除了地带性植被——常绿阔叶林外，还分布有暖性针叶林、温性针叶林、温性针阔叶混交林等11个植被型16个植被亚型29个群系组62个群系170个群丛组，包含了中国和中亚热带地区所有的植被类型，具有多样性、典型性和系统性，这在中国乃至全球同纬度的其他地区都极为罕见。

3）丰富的生物多样性资源

良好的生态环境和地理位置使武夷山成了中国东南大陆生物多样性最丰富的地区，遗产地内动植物种类丰富、稀有，濒危易危种较多，具有极高的保护和科研价值。野生植物方面，根据《中华人民共和国野生植物保护条例》，武夷山有85种国家重点保护植物，以武夷山为模式标本产地的野生植物达90多种，47种乡土植物，且盛产兰科植物。野生动物方面，武夷山聚集了众多的珍稀保护野生动物，其中国家一级保护的种类16种，国家二级保护的种类113种，特别是两栖和爬行动物分布广泛，除拥有大量脊椎动物模式标本种外，昆虫种类亦极其丰富。武夷山也被中外生物学家誉为"东南植物宝库""蛇的王国""昆虫世界""鸟的天堂""世界生物模式标本的产地""研究亚洲两栖爬行动物的钥匙"，是开展生物研究的理想场所。

18.3.2.3　文化遗产价值认知

根据1999年，武夷山世界文化与自然遗产申报材料中有关文化遗产的描述与统计，武夷山文化遗产应包含古闽越文化、理学文化、茶文化、宗教文化、摩崖石刻文化、其他古建筑和遗迹等六大类，共计64处约623个文化遗产点。其中，古闽越文化包括18处架壑船棺和虹桥板，商周时期的梅溪岗古文化遗址、马子山古文化遗址，以及城村的汉城遗址；理学文化包括35处古书院遗址；宗教文化包括宋代至清代的32处古寺庙遗址，以及35处古宫观遗址；摩崖石刻包括139处摩崖石刻群，涵盖不同时期、不同类型的摩崖石刻共计432方；其他一般文化遗产包括宗教遗产、茶文化遗产、其他古建筑和遗迹等共计360处遗产点。

1）古闽越文化的起源地和主要活动区

武夷山是早期古闽族文化的起源地。早在公元前2100年，就有先民在此繁衍生息，逐步形成了国内外绝无仅有的"古闽族"文化和其后的"闽越族"文化，绵延千年，留下众多的文化遗存（陈艳，2011）。梅溪岗、马子山、葫芦山等早期发现的古文化遗址见证了武夷山作为古闽族人最原始聚居地之一的历史，揭示了古闽族先民生活生产方式与习俗特点；武夷山独特的丹霞地貌及高耸的崖壁上有先民的棺椁，这是"敬天"思想的重要体现，也成为古闽文化的重要标志。反映这一时期文化特征的主要有架壑船棺、虹桥板以及汉城遗址，汉城遗址是目前已知的中国南部山地唯一一座汉代王城，也是闽越国政治、文化、经济中心，遗址证实了武夷山是闽越族最主要的活动地区。

2）朱子理学的摇篮

武夷山与朱子理学有着不可分割的联系，朱子理学在这里萌芽、成熟、传播，形成了集哲学、政治、道德、生活等全方位的朱子理学思想。朱熹结庐武夷山、授课讲学、著书立说50余年，朱熹及其门人、后人在武夷山的活动，留下了极其珍贵的文化遗产，如书院遗址武夷精舍、众多富有哲理的题刻等，使得武夷山成为当之无愧的理学名山、朱子理学的摇篮地。朱子理学的产生，对中国乃至亚洲等地区产生了深远影响，这些文化遗产对研究朱子理学和儒学的兴衰演变以及中国哲学理想史都极为珍贵（陈艳，2011）。

3）儒、释、道三教融合发展

武夷山优美的自然环境及丹霞美景为儒、释、道三教汇集提供了沃土，并直接影响了中国儒、释、道三教的发展。在朱子理学建立之前，武夷山已是佛道名山福地，两教的庙宇遍布武夷山。武夷山也是中国历代佛教、道教隐世修行的理想场所。朱子理学兴盛之后，三教思想交融，互相借鉴吸收、融合发展，形成了武夷山儒、释、道三教和谐并存的胜景，也成就了武夷山三教名山的地位。

4）茶文化源远流长

武夷山是世界乌龙茶与红茶的发源地，其得天独厚的原生环境如丹霞红层及降水量多、湿度大、雾日长的气候条件有利于生产品质独特的茶，也造就了武夷山优良的茶产业，同时与朱子理学、宗教的结合，也成就了闻名于世的武夷山茶文化。武夷山茶文化的发展源远流长，早在唐代，民间就已将武夷茶作为馈赠佳品；宋、元时期，武夷茶成为贡品，武夷山设有御茶园；清代，武夷茶走出国门，远销西欧、北美和南洋诸国，开辟了陆路“万里茶道”和海上“茶叶之路”（林雅秋等，2021），其精湛巧妙的制茶工艺、诗意雅兴的品茶文化都令人赞叹（陈艳，2011）。

武夷山茶叶种植历史悠久、品种丰富，其中武夷岩茶是中国十大名茶之一，大红袍冠天下，正山小种是英皇室御用茶。从茶叶种类来看，武夷岩茶和红茶是武夷山世界遗产范围内的主要茶叶种类，星村镇、武夷街道和兴田镇是武夷山的主要茶产地。其中武夷岩茶的种植面积较大，主要包括大红袍、肉桂、水仙三大品种，武夷岩茶产地以东部丹霞地貌区的“三坑两涧”最为有名；而西部靠近生物多样性保护片区的桐木村，则是世界红茶的发源地之一，正山小种红茶历史悠久。

18.3.3　遗产价值比较

武夷山是中国继泰山、黄山、峨眉山—乐山大佛之后，第四个列入世界双遗产的地区（邹晓瑛，2010）。泰山为中国五岳之首，是中国也是世界首例自然与文化双遗产地，封禅祭祀文化浓厚，奇峰奇石众多。黄山为中国三山之一，1990年入选世界双遗产地，有奇松、怪石、云海、温泉“四绝”，诗画文化盛行。峨眉山—乐山大佛，于1996年入选世界双遗产地，气候天象景观奇特，生物资源丰富，宗教文化繁荣。四处双遗产地各有魅力，无论是自然遗产还是人文遗产均独具特色、负有盛名。通过表18-2的对比可以看出，武夷山遗产资源最为多彩，自然景观秀美、文化底蕴丰厚，遗产价值突出。

表18-2　武夷山遗产价值比较（陈艳，2011）

遗产地	入选年份	自然遗产价值比较	文化遗产价值比较
武夷山	1999年	丹霞地貌名山、奇峰峭壁、悬崖峡谷、九曲溪流、泉水瀑布、中亚热带森林系统、约3700种植物5100种动物	古闽越文化、理学文化、茶文化、宗教文化、摩崖石刻文化、其他古建筑和遗迹
泰山	1987年	花岗岩名山、奇石奇峰、泉水瀑布、约1382种植物180种动物	封禅祭祀文化、摩崖石刻文化
黄山	1990年	花岗岩名山、峰林景观、奇松、怪石、云海、温泉、约1800种植物297种动物	黄山诗画文化、摩崖石刻文化
峨眉山—乐山大佛	1996年	玄武岩名山、岩溶地貌、泉水瀑布、约5000种植物2300种动物	宗教文化、武侠文化、摩崖石刻文化

18.4　武夷山国家公园双遗产管理

18.4.1　双遗产管理现状

18.4.1.1　自然遗产现状

自然遗产总体现状良好，完整性保持较高，突出普遍性价值未受影响。武夷山国家公园跨福建、江西两省，较大的区域范围保证了武夷山山脉的区域完整性、丹霞地貌代表性景观、九曲溪核心自然景观以及动植物种群的完整性。生态保护力度大，通过规划、监测、巡护等手段，自然遗产保存完好。丹霞地貌仅有少量自然风化现象；九曲溪水质较好，水源充足；森林生态系统良好，林下物种丰富；动植物种群数量稳定，未见明显衰退。

但保护和发展的问题仍有待协调，存在部分茶园种植扩张过程中控制不善，导致水土流失与水质污染；旅游活动产生固体废物、污水以及集中的人类活动，对周边自然环境造成影响，干扰野生动物生存；绿化建设中，存在一定规模的人工园林植被和人工引种的本地珍稀植物等，这些都对自然遗产的保护构成了一定压力。

18.4.1.2　文化遗产现状

文化遗产总体保存情况良好，完整性保持较高，多数遗产点能够真实、完整地体现突出普遍价值。自1999年列入《世界遗产名录》以来，武夷山文化遗产得到了较好的保护管理，各遗产点较申遗时期而言保存的真实性较好，未见明显的不当改造利用的行为，遗产本体承载的历史内涵与价值信息基本真实、准确。

但仍存在较多文化遗产致损因素，包括茶园开垦、游客不文明行为、自然环境作用等，部分文化遗产面临一定的威胁。茶园开垦，武夷山的茶园开垦近年虽已得到控制，但早年开垦的部分茶园距离文化遗产较近，对遗产安全、遗产环境均构成一定的影响和威胁；游客不文明行为，垃圾污染、人为触摸、人为刻画等不文明参观行为在部分遗产点都有出现，是威胁文物安全、破坏遗产环境的直接因素；自然环境作用有风化、雨水冲刷、微生物侵蚀、植物生长等，武夷山多数文物点以石材、夯土为主，在长期的自然环境作用下，基本上都存在不同程度的风化、雨水侵蚀、微生物侵蚀、树木根系破坏等现象，易导致遗产价值信息的缺失。

18.4.2　双遗产管理条件与形势

18.4.2.1　双遗产管理的资源条件

武夷山区域的资源具有典型性、脆弱性、多样性，独特的自然地理环境、丰富的物种多样性、繁多的珍稀濒危物种、高度集中的特有物种和古老孑遗物种、原始而完整的中亚热带森林生态系统、厚重的历史文化底蕴……其自然景观与文化资源高度融合，形成了数量丰富、品质优良、特色明显的资源，国家公园的设立和建设为双遗产的管理进一步提供了有利条件，未来关注公园的土地资源与水资源的利用、动植物资源的利用、景观及文化资源的利用，可以为自然和文化遗产的可持续发展奠定坚实的资源基础。

18.4.2.2 双遗产管理的行政条件

武夷山国家公园共涉及7个自然保护地，包括2个国家级自然保护区、1个国家级风景名胜区、3个国家森林公园、1个国家级水产种质资源保护区，整合自然保护地总面积881km^2，占国家公园总面积的68.8%。整合后由武夷山国家公园管理局统一管理，改变了以往由林业、水利、环保、交通、国土、农业等部门按照各自的职责对相关业务进行多头管理。自国家公园体制试点以来，公园改善硬件环境，壮大管理队伍，提升管理能力，建设投资、管理经营的主体明确，运行维护投入制度健全，不仅具备开展生态保护、科普宣传教育的基础和能力，也为自然和文化遗产的管理提供了更好的基础条件。

18.4.2.3 双遗产管理面临的形势

（1）有利条件：①武夷山国家公园具有优良的资源禀赋；②武夷山国家公园保护管理体制具有典型的示范意义；③武夷山国家公园体制试点卓有成效；④武夷山国内外知名度高。

（2）面临挑战：①保护和发展的关系仍需统筹协调；②遗产监测体系不健全、遗产立法执法有待提高、遗产研究专业人才缺少；③茶产业、旅游活动对遗产管理造成的压力；④遗产地保护与周边社区发展存在冲突；⑤跨省建设武夷山国家公园需解决体制机制新问题。

18.4.3 双遗产管理模式

世界双遗产的巨大价值及保护与利用所面临的复杂环境，决定了各方主体多元参与是一个必然的选择。武夷山国家公园的双遗产管理涉及多方利益主体，因此必须清楚认识和把握各方力量，确定遗产管理中各方参与者的角色定位，构建政府“主导”、市场“主营”、第三部门“主脑”和社区民众“主体”的遗产管理合作模式（刘黎明，2012）。

18.4.3.1 政府“主导”

在双遗产管理中，政府发挥着不可或缺的主导作用，为遗产管理提供法律保障、政策支持和资金扶助。政府的主导作用，一方面体现在对遗产的宏观管理，即政府出台遗产管理政策法规，制定科学合理的遗产规划，对遗产地旅游市场及企业进行行政管理和监督。例如，福建省及武夷山市政府先后出台了《福建省武夷山世界文化和自然遗产保护条例》《武夷山九曲溪保护管理规定》等一系列法律法规，使得遗产管理有法可依。同时福建、江西两省的各级政府，将武夷山的双遗产管理纳入到当地经济发展计划和建设规划中，编制了切实可行的遗产相关规划，这为遗产的合理保护和开发提供了规划依据。另一方面体现在对多方利益主体的统筹协调，即政府摸清各利益主体在遗产管理中的不同诉求，积极协调并整合各方利益，最大限度地化解遗产管理现实中的障碍和矛盾。例如，武夷山市政府在多年的遗产管理实践中，摸索出一套与社区、企业、NGO

等的协调办法，将遗产区域内的自然生态、人文生态与地方民众都纳入其管辖范围。

18.4.3.2　市场“主营”

在双遗产管理中，市场（旅游企业）充当主要的经营者，是遗产管理的执行机构，发挥主营作用。武夷山作为世界双遗产地，有着优质的旅游资源，存在巨大的经济效益。而旅游企业作为联系遗产地与游客的纽带，通过遗产旅游的开发，既能实现遗产价值的经济转化，又能服务于社会大众，满足游客的休闲旅游需求。当然，旅游企业需要遵守遗产管理的法律法规，承担遗产保护的责任，在政府的管理下、在市场机制的调节下、在社会的监督下运行。例如，福建武夷旅游集团有限公司即是由南平市政府成立的国有旅游股份公司，负责武夷山遗产旅游服务的投资建设，为游客提供高质量的遗产旅游产品，该公司既具备获取经济收益的经营能力，又承担了一定的遗产保护管理功能。

18.4.3.3　第三部门“主脑”

第三部门是指不属于第一部门（政府）和第二部门（企业）的其他所有组织的集合，它独立于政府和私人部门之外，以实现公共利益为目标，强调非营利性、志愿性。在双遗产管理中，第三部门是重要的支持者与参与者，发挥着出言献策、技术咨询的“主脑”作用。专家、学者以及科研机构为遗产管理提供技术支持，协助确定遗产管理目标、制定遗产管理政策规划，直接或间接对遗产进行普查管理与维护工作；保护协会、安全委员会等其他NGO，也对遗产管理进行监督、开展宣传教育。例如，武夷山国家公园与厦门大学、福建农林大学等科研院校以及福建省国家大气环境背景值武夷山监测站、武夷山市气象局等密切合作，对武夷山遗产地的环境保护、旅游资源、社区工作、生态保护等进行监测，形成了遗产监测体系。同时政府及各单位联合组成福建武夷山联合保护委员会、武夷山安全委员会、林学会等（刘黎明，2012）。这些都提高了遗产管理的社会参与程度，逐步形成有利于遗产保护与利用的强大社会合力。

18.4.3.4　社区民众“主体”

在双遗产管理中，社区民众是管理的主体，是重要的参与者和执行者。世界遗产的保护管理强调其真实性和完整性，既保护遗产本身和与之密切相关的周边环境、遗产主体。而社区民众本身就是世界遗产地构成的一部分，是遗产地文化的创造者、传承者，是遗产管理中的影响者。因此，应将社区民众纳入遗产管理的决策、实施和利益分配体系中来，正确认识社区民众的作用和力量，重视社区民众的利益需求，引导和激励社区民众参与遗产管理，使社区民众真正成为遗产保护与管理的主体（刘黎明，2012）。就武夷山遗产旅游而言，社区民众可以表达自身对武夷山重要的自然、文化遗产的看法，为遗产旅游的发展献计献策，如哪些遗产不适宜向游客开放，哪些景观景点、文物遗迹可以开发利用为旅游资源，又以哪种方式向游客展示。当社区民众亲身参与到遗产管理中，其自身利益诉求得到重视，获得主人翁意识和成就感，他们才会更加积极主动地承担遗产管理的责任，实现遗产管理的良性循环。

18.4.4　双遗产管理方法

18.4.4.1　保护优先

在双遗产管理中，坚持保护优先，对武夷山自然、文化遗产原真性、完整性的保护是后续合理利用的首要前提，因此有必要对其生态系统、生物多样性、历史文化建筑遗迹等进行科学保护，这也是武夷山双遗产传承发展与国家公园建设的共同目标。

1）自然遗产保护

（1）生态系统保护：森林生态系统方面，采用人工辅助植被更新和天然恢复相结合的方式，对国家公园内重点生态区域实施封山育林和植被恢复，继续实施天然林保护工程，将更多区域纳入公益林管理范围。提高森林防火救灾的管理水平，开展森林防火宣传教育。及时开展茶山调查及整治，按照“提质减量”的原则完成区域内所有茶山、茶厂清查，持续对违规违法开垦茶山行为进行高压打击；建立茶山数字化管理系统，运用现代科技手段开展动态监测，防止茶山面积进一步扩大；加强公园内茶山的综合管理，形成违规违法茶山退出清单，对违规违法茶山进行清理整顿后，进行必要的植被恢复等生态修复工作；贯彻“头戴帽、脚穿鞋、腰绑带”的科学种茶方法，解决茶园造成的水土流失问题，继续推广环境友好的种植生产方式。湿地生态系统方面，通过河道疏浚、生态驳岸营造、河岸湿地植被带恢复等治理措施，恢复和维持河流湿地自然状态，同时禁止捕鱼、采砂等人为干扰活动。

（2）生物多样性保护：开展重点保护动植物专项调查，构建动植物基础数据库，开展珍稀濒危动植物动态监测，掌握野生动植物种群及其影响因子的变化情况。提高对黄腹角雉等珍稀濒危动植物野外种群的保护力度，完善植物培育、动物救护体系建设，严格限制人为活动对其种群进行干扰和破坏。

2）文化遗产保护

（1）开展文化遗产资源普查，编制保护指南规划：定期组织开展武夷山文化遗产普查工作，对其进行认定、记录、建档，建立信息数据库，编制国家公园文化资源名录，制作文化遗产地图，开展文化资源保护问题研究。编制文化遗产认定操作指南和文化遗产保护专项规划，清晰规范地开展文化遗产的认定、保护、规划工作。

（2）规范文化遗产管理修复，增强遗产保护意识：按照“全面保护、应保尽保”与“根据实际、有所偏重”原则，重点规范文化遗产的保护、管理和利用问题，对摩崖石刻、建筑遗址等文化遗产进行日常保养、防护加固、现状整修、重点修复，推动文化遗产保护工作整体升级。组织文化遗产保护宣传教育，增进居民和游客对优秀文化遗产的了解，增强其自豪感和文化认同感。

18.4.4.2　合理利用

在确保武夷山文化与自然遗产真实性、完整性的前提下，对遗产进行合理利用，开展遗产教育和体验，以生动多样的展示方式和手段，准确深入地阐释遗产内容和价值，展示遗产自然和人文内涵，促进公众对武夷山遗产的认知与尊重，为遗产保护与可持续发展提供空间。

1）拓宽遗产教育体验内容，丰富遗产教育体验形式

适当拓宽遗产教育体验内容，针对不同的受众群体，遗产教育体验内容的深度和广度各不相同。以武夷山资源特色、保护价值、理学文化、茶文化等作为遗产教育体验的基本内容；同时加入国家公园相关知识体系，并展示武夷山保护发展史及保护成绩，作为遗产教育体验的深度内容，使访客能够获取系统、全面的国家公园知识，并在走进武夷山国家公园的过程中，体验自然，感受文化。丰富化、灵活化的遗产教育体验形式，通过场馆式、户外式、媒介式、交互式等多种形式，增加体验性、互动性和趣味性，达到寓教于乐的体验教育效果。

2）建设遗产教育体验设施，发挥遗产解说系统功能

以对武夷山国家公园自然资源最小冲击为前提，依托国家公园内的生态环境、自然资源及文化内涵，在一般控制区内预留教育体验空间，进行场馆型、户外型、基础型、服务型遗产教育体验设施建设，适度开展遗产教育和生态体验项目，科学设计遗产教育活动和生态体验路线，满足不同年龄层次、不同人群属性、不同体验需求。同时充分发挥遗产解说系统的功能，建设包括居民展示、向导式解说、自导式解说在内的综合遗产解说系统，针对国家公园或某一遗产重点区域，提供图文结合、信息丰富、灵活生动的解说服务。

如针对茶文化教育体验，细分目前的制茶工艺，分流部分工序至重点区域外，进行深度融合与开发。目前，茶产业生产所有加工工序基本都在遗产地内完成，造成厂房建设量增加、从业人员涌入，对环境和基础设施造成压力。公园西部生物多样性敏感区和东部自然景观集中区内宜只进行茶叶的初加工，结合文化旅游项目在遗产价值相对较低、生态不敏感的区域选址建设茶产业基地，吸引茶农和茶厂将茶叶深加工工序分流至茶产业基地，通过发展茶博物馆、制茶工坊、茶采摘、茶文化解说等体验设施与项目，传播武夷山茶文化，激发人们的保护热情。

18.4.4.3　监测预防

建立和完善完整的监测体系，科学开展监测工作，是武夷山双遗产管理方法的重点之一，可以有效预防遗产资源及所处环境遭受破坏的现象。根据武夷山国家公园生态环境特点、核心遗产资源分布、当地社区群众生产和生活情况等，建立公园监测网络，设置野外巡护监测线路，对生物资源、生态环境、人为活动干扰等开展必要的监测。完善武夷山国家公园监测制度，确定监测人员职责，明确数据管理、分析处理和工作分工，制定检查、考核及奖惩办法等，保障武夷山国家公园监测工作的规范化、标准化和信息化，提高国家公园的管理水平。

1）双遗产资源监测

自然遗产资源监测方面，结合自然遗产的分布及主要类型、特征，对典型植被、重点保护植物、重点保护动物进行监测，既采用固定样地监测法，设置固定样地，对公园范围内植被群落结构、数量和分布以及珍稀植物进行监测，同时也对重点保护野生动物种群数量及其栖息地进行动态监测。此外采用遥感图像比对的方式，监测自然遗产集中分布情况和茶园开发现状，防止违规开垦茶园造成的水土流失，对重点保护植被以及丹霞地貌景观造成破坏。文化遗产资源监测方面，结合文化遗产分布及巡查路线、管理职责等情况，考虑遗产监测的实际需要，设立监测中心、监测分中心、监测站点三级监测体系，既能统筹负责武夷山文化遗产的总体监测工作，又便于进行文化遗产日常巡查监测。

2）遗产环境及人类活动监测

遗产环境的监测包括水文、水质监测、大气监测、土壤监测、噪声监测等，对重点环境指标进行实时监测，避免遗产环境造成破坏。人类活动监测主要指监测社区人类活动及访客的行为对动植物资源和环境生态的影响，对有访客进入国家公园科考、游憩、科普的区域，以及访客线路两侧的植被生长状况进行监测，及时发现问题，加强访客管理，减少对植被的践踏和破坏。及时掌握访客进入前后动物数量的变化，分析访客行为对动物生活习性的影响，以及人为活动所带来的环境影响。

18.4.4.4　科技支撑

科学研究和人才培养是武夷山双遗产管理的重要科技支撑，积极与科研院校合作，全面开展武夷山双遗产科学考察以及遗产保护传承等重大课题研究，搭建武夷山遗产科研合作平台，促进成熟科技成果的转化应用。同时建立完善的科研技术开发体系，配备专业的科研设施设备，吸引培养优秀科研人才，鼓励科研机构和科研人才积极参与到武夷山遗产的保护管理中来。

1）科研基地项目管理

加大武夷山双遗产科研监测基础设施建设，形成以福建省武夷山生物研究所和武夷山国家公园科研监测中心为主体，其他研究基地为支撑的科研体系。根据科研监测工作需要，设置必要的科研设施，配备专业的监测、实验设备，以提高遗产科研监测工作的科学性和规范性，促进科研监测工作的有效开展。全面开展武夷山遗产综合科学考察，全面摸清遗产资源家底，开展精细化保护管理，提高遗产科研监测管理水平。实行武夷山双遗产研究资料及档案的集中统一管理，确保科研档案的完整、准确、系统、安全和有效利用。构建科技资源信息管理及服务平台，推进武夷山国家公园遗产管理的信息化进程，为建设智慧武夷山国家公园奠定科技基础。

2）科研人才队伍管理

通过优化国家公园内设科研机构及科研监测中心机构，科学设置科研监测技术岗位，合理配置人才资源，构建各类人才充分发挥作用的平台。深化用人制度改革，推进实施聘用制度和岗位管理制度。建立优秀人才遴选制度，逐步形成专业齐全、结构合理的优秀人才队伍。建立专家联系制度，充分发挥专家咨询和引领作用。整合、培养和用好现有人才，稳定科研队伍；引进专业人才，扩大科研队伍；加大人才队伍建设投入，建立科研人员评价激励机制，营造科研人才成长和发展的良好环境。

18.5　本章小结

武夷山位于福建省北部闽赣交界处，福建省境内区域于1999年被联合国教科文组织公布为世界文化与自然双遗产，2017年江西省境内部分武夷山脉增补进武夷山世界文化与自然双遗产地，让武夷山的价值更加丰厚，是中国目前仅有的四处世界双遗产之一。武夷山既是古闽越、闽越族等古代文明的历史见证，又是朱子理学这一重要哲学思想的摇篮；既具有无与伦比的美学价值，又是珍稀物种与生物多样性地区。国家公园体制试点以来，武夷山在非全民所有自然资源统一管理、实现绿色发展等方面取得了积极成效。2021年，跨闽赣两省的武夷山国家公园正式设立，对筑牢中国东南生态安全屏障，保护典型自然生态系统及丰富的生物多样性，传承珍贵自然资源和优秀人文资源具有重要意义；也为武夷山世界双遗产保护管理与价值阐释、遗产地可持续发展等提出科学规划指引。

武夷山国家公园坚持以习近平生态文明思想为指导，围绕“保护好武夷山自然生态系统的原真性和完整性，保护好武夷山生物生态资源，保护好武夷山自然和文化遗产”，对遗产进行了系统的保护管理、科研监测、教育体验。未来进一步关注对武夷山世界双遗产的保护与管理，协调多重管理机制与权责体系下的遗产价值维护提升，期望将武夷山国家公园建设成为生态文明体制创新的典范、世界文化与自然遗产保护的典范、自然生态系统保护与社区发展互促共赢的典范。

参 考 文 献

艾琳, 李俊清. 2010. 由木兰围场的科学考察引发对中国自然保护区建设的思考 [J]. 中国人口·资源与环境, 20 (S1): 443-446.

安鑫龙. 2009. 中国海岸带研究Ⅲ——滨海湿地研究 [J]. 安徽农业科学, 37 (4): 1712-1713.

本书编写组. 2013.《中共中央关于全面深化改革若干重大问题的决定》辅导读本 [M]. 北京: 人民出版社.

毕莹竹, 李丽娟, 张玉钧. 2019a. 三江源国家公园利益相关者利益协调机制构建 [J]. 中国城市林业, 17 (3): 35-39.

毕莹竹, 李丽娟, 张玉钧. 2019b. 中国国家公园利益相关者价值共创DART模型构建 [J]. 中国园林, 35 (7): 97-101.

蔡岚. 2015. 协同治理: 复杂公共问题的解决之道 [J]. 暨南学报 (哲学社会科学版), 37 (2): 110-118.

曹悦. 2018. 高校科研基地建设的内涵及发展策略 [J]. 科教导刊 (上旬刊), (16): 14-15.

陈琛. 2022a. 全国人大代表阎志: 增强国家公园公益属性 让生态福祉惠及全民 [EB/OL]. https://new.qq.com/rain/a/20220314A072RD00 [2022-10-22].

陈琛. 2022b-03-25. 促进自然资源资产高效配置 建设生态文明实现永续发展 [N]. 中国自然资源报, 1.

陈桂琛. 2007. 三江源自然保护区生态保护与建设 [M]. 西宁: 青海人民出版社.

陈涵子, 吴承照. 2019. 社区参与国家公园特许经营的多重价值 [J]. 广东园林, 41 (5): 48-51.

陈君帜. 2014. 建立中国特色国家公园体制的探讨 [J]. 林业资源管理, (4): 46-51.

陈君帜. 2016. 建立中国国家公园体制的探讨 [J]. 林业资源管理, 10 (5): 13-19.

陈君帜, 倪建伟, 唐小平, 等. 2019. 中国国家公园标准体系构建研究 [J]. 林业资源管理, (6): 1-6.

陈君帜, 唐小平. 2020. 中国国家公园保护制度体系构建研究 [J]. 北京林业大学学报 (社会科学版), 19 (1): 1-11.

陈灵芝, 马克平. 2001. 生物多样性科学: 原理与实践 [M]. 上海: 上海科学技术出版社.

陈领, 宋延龄. 2005. 生物地理学理论的发展 [J]. 动物学杂志, (4): 111-120.

陈鸣. 2020. 基于景观分析的自然保护地分区研究 [D]. 武汉: 华中科技大学硕士学位论文.

陈朋, 张朝枝. 2019. 国家公园的特许经营: 国际比较与借鉴 [J]. 北京林业大学学报 (社会科学版), 18 (1): 80-87.

陈倩. 2013. 麦基佛"Community"理论研究 [D]. 上海: 上海师范大学硕士学位论文.

陈小龙. 2021. 农业科研基地的规划与前期工作探析——以杨渡科研创新基地扩建南区项目为例 [J]. 现代农业科技, (23): 128-130, 133.

陈雅如, 刘阳, 张多, 等. 2019. 国家公园特许经营制度在生态产品价值实现路径中的探索与实践 [J]. 环境保护, 47 (21): 57-60.

陈艳. 2011. 中国世界双重遗产地武夷山的可持续发展研究 [D]. 北京: 中国地质大学硕士学位论文.

陈耀华, 陈远笛. 2016. 论国家公园生态观——以美国国家公园为例 [J]. 中国园林, (3): 57-61.

陈业新. 2000. 秦汉生态职官考述 [J]. 文献, (4): 41-47.

陈宜瑜, 刘焕章. 1995. 生物地理学的新进展 [J]. 生物学通报, 30 (6): 1- 4.

陈悦. 2021. 地球生命共同体理念的法理内涵与法律表达: 以生物多样性保护为对象 [J]. 学术探索, (8): 113-123.

陈植. 1930. 国立太湖公园计划书 [M]. 南京: 农矿部林政司.

陈智. 2019. 2000—2015年中国东北森林生产力和碳素利用率的时空变异 [J]. 应用生态学报, 30: 1625-1632.

陈忠海. 2019. 古代的环保思想与举措 [J]. 中国发展观察, (2): 62-64.

晨阳. 2021. 全球升温超1.5度意味什么？联合国报告: 带来极端天气、海平面上升、生态破坏和疾病 [EB/OL]. http://cq.weather.com.cn/mtttq/11/3501578.shtml [2021-11-03].

承德市旅游局. 2007. 承德旅游概况 [J]. 建筑与文化, (12): 72-78.

程鹏. 2006. 可持续发展战略实施的意义及策略 [J]. 云南环境科学, (S1): 11-14.

楚芳芳. 2014. 基于可持续发展的长株潭城市群生态承载力研究 [D]. 长沙: 中南大学博士学位论文.

崔国发. 2004. 自然保护区学当前应该解决的几个科学问题 [J]. 北京林业大学学报, (6): 102-105.

崔国发, 王献溥. 2000. 世界自然保护区发展现状和面临的任务 [J]. 北京林业大学学报, 22 (4): 123-125.

崔晓伟, 孙鸿雁, 李云, 等. 2019. 国家公园科研体系构建探讨 [J]. 林业建设, (5): 1-5.

代云川, 薛亚东, 张云毅, 等. 2019. 国家公园生态系统完整性评价研究进展 [J]. 生物多样性, 27: 104-113.

邓冉, 邵怀勇, 黄宝荣, 等. 2021. 青藏高原生态系统完整性远程评价与国家公园群建设时序研究 [J]. 生态学报, 41: 847-860.

邓伟. 2009. 重建规划的前瞻性: 基于资源环境承载力的布局 [J]. 中国科学院院刊, 24 (1): 28-33.

丁文广, 穆阳洁, 李玮丽, 等. 2020. 我国国家公园实施共同管理的前期探索 [J]. 林业资源管理, (2): 23-29.

东莞市林业局. 2021. 东莞自然保护地自然教育体系建设方案 [EB/OL]. http://lyj.dg.gov.cn/gkmlpt/content/3/3694/post_3694653.html#1223 [2022-10-22].

董战峰, 秦克玉, 刘婧雅. 2022. 国家重点生态功能区自然资源资产评估框架与方法研究 [J]. 生态经济, 38 (3): 13-21.

董仲舒. 2011. 春秋繁露 [M]. 周桂钿译. 上海: 中华书局.

窦群. 2017-10-23. 践行“两山”理论推进国家公园建设 [N]. 中国旅游报, 3.

杜傲, 崔彤, 宋天宇, 等. 2020. 国家公园遴选标准的国际经验及对中国的启示 [J]. 生态学报, 40 (20): 7231-7237.

杜文武, 吴伟, 李可欣. 2018. 日本自然公园的体系与历程研究 [J]. 中国园林, 34 (5): 76-82.

樊杰. 2007a. 解析我国区域协调发展的制约因素, 探究全国主体功能区规划的重要作用 [J]. 中国科学院院刊, 22 (3): 194-207.

樊杰. 2007b. 我国主体功能区划的科学基础 [J]. 地理学报, 62 (4): 339-350.

樊杰. 2016. 我国国土空间开发保护格局优化配置理论创新与“十三五”规划的应对策略 [J]. 中国科学院院刊, 31 (1): 1-12.

樊杰. 2019. 以主体功能区战略打造高品质国土空间 [EB/OL]. http://www.igsnrr.cas.cn/news/cmsm/202011/t20201102_5730639.html [2022-09-25].

樊杰, 郭锐. 2021.“十四五”时期国土空间治理的科学基础与战略举措 [J]. 城市规划学刊, (3): 15-20.

樊杰, 王亚飞, 汤青, 等. 2015. 全国资源环境承载能力监测预警 (2014版) 学术思路与总体技术流程 [J]. 地理科学, 35 (1): 1-10.

樊艳芳. 2019. 生态文明建设攻坚期农村生态治理的出路 [J]. 农业经济, (8): 32-33.

方言, 吴静. 2017. 中国国家公园的土地权属与人地关系研究 [J]. 旅游科学, 31 (3): 14-23.

封积文, 肖湘, 周瑾, 等. 2019. 2018 自然教育行业调查报告 [EB/OL]. https://www.useit.com.cn/thread-22642-1-1.html [2022-04-27].

冯建皓. 2021. 加强自然保护区发展探析 [J]. 广东蚕业, 55 (2): 42-43.
傅伯杰. 2011. 景观生态学原理及应用 [M]. 北京: 科学出版社.
傅伯杰, 刘国华, 陈利顶, 等. 2001. 中国生态区划方案 [J]. 生态学报, 21 (1): 1-6.
傅伯杰, 刘国华, 欧阳志云. 2013. 中国生态区划研究 [M]. 北京: 科学出版社.
傅伯杰, 吕一河, 陈利顶, 等. 2008. 国际景观生态学研究新进展 [J]. 生态学报, (2): 798-804.
高炽海. 2021. 中国地球科学旅游(自然游憩)行业报告 [R].
高丹盈. 2002. 科研管理的不确定性及其定量化方法 [J]. 科研管理, (1): 103-108.
高吉喜. 2001. 可持续发展理论探索: 生态承载力理论、方法与应用 [M]. 北京: 中国环境科学出版社.
高吉喜, 范小杉. 2007. 生态资产概念、特点与研究趋向 [J]. 环境科学研究, (5): 137-143.
高吉喜, 徐梦佳, 邹长新. 2019. 中国自然保护地70年发展历程与成效 [J]. 中国环境管理, 11 (4): 25-29.
高漫娟, 毛开泽, 黄郑雯, 等. 2021. 基于生物多样性保护的生态旅游研究进展 [J]. 西部林业科学, 50 (5): 36-40.
高燕, 邓毅, 张浩, 等. 2017. 境外国家公园社区管理冲突: 表现、溯源及启示 [J]. 旅游学刊, 32 (1): 111-122.
戈华清. 2009. 公共管理背景下我国自然保护区管理法律制度的完善 [C] // 中国法学会环境资源法学研究会. 生态文明与环境资源法——2009年全国环境资源法学研讨会(年会)论文集. 昆明: 昆明理工大学: 353-356.
耿国彪. 2020. 加快推进国家公园体制试点工作 成熟一个设立一个 [J]. 绿色中国, (17): 8-9.
耿松涛, 张鸿霞, 严荣. 2021. 我国国家公园特许经营分析与运营模式选择 [J]. 林业资源管理, (5): 1-11. http://kns.cnki.net/kcms/detail/11.2108. S. 20210802.1500.002.html [2021-08-25].
广东省林学会团体标准化技术委员会. 2021. 自然教育基地建设指引 [S]. 广州: 广东省林学会.
广东省生态环境厅. 2020. 生态保护红线与保护地之间是什么关系? [EB/OL]. http://gdee.gd.gov.cn/qtwt/content/post_3072299.html [2021-10-25].
郭鹏. 2021. 浅谈自然保护地整合优化及可持续发展对策 [J]. 中国科学探险, (3): 106-109.
郭琴琴. 2018. 三江源国家公园建设资金方案研究 [D]. 兰州: 兰州大学硕士学位论文.
郭韦杉, 李国平, 王文涛. 2021. 自然资源资产核算: 概念辨析及核算框架设计 [J]. 中国人口·资源与环境, 31 (11): 11-19.
郭云, 梁晨, 李晓文. 2018. 基于系统保护规划的黄河流域湿地优先保护格局 [J]. 应用生态学报, 29 (9): 3024-3032.
郭子良, 崔国发. 2014. 中国自然保护综合地理区划 [J]. 生态学报, 34 (5): 1284-1294.
国家环境保护局. 1993. GB/T 14529—1993 自然保护区类型与级别划分原则 [S]. 北京: 中国标准出版社.
国家林业和草原局. 2020a. GB/T 39736—2020 国家公园总体规划技术规范 [S]. 北京: 中国标准出版社.
国家林业和草原局. 2020b. GB/T 39738—2020 国家公园监测规范 [S]. 北京: 中国标准出版社.
国家林业和草原局. 2020c. GB/T 39739—2020 国家公园考核评价规范 [S]. 北京: 中国标准出版社.
国家林业和草原局. 2020d. GB/T 39740—2020 自然保护地勘界立标规范 [S]. 北京: 中国标准出版社.
国家林业和草原局. 2020e. 东北虎豹国家公园总体规划(试行) [Z]. 内部资料.
国家林业和草原局. 2020f. GB/T 38582—2020 森林生态系统服务功能评估规范 [S]. 北京: 中国标准出版社.
国家林业和草原局. 2020g. LY/T 3246—2020 中国森林认证 自然保护地生态旅游 [S]. 北京: 中国标准出版社.
国家林业和草原局. 2021a. 国家公园保护"最美国土"要实现全民共享 访国家公园研究院院长唐小平 [EB/OL]. http://lyj.henan.gov.cn/2021/12-16/2366685.html [2022-05-04].
国家林业和草原局. 2021b. GB/T 39737—2021 国家公园设立规范 [S]. 北京: 中国标准出版社.

国家林业和草原局. 2021c. 国家公园研究院揭牌 [EB/OL]. https://www.forestry.gov.cn/main/586/20210608/153654909242660.html [2022-10-22].

国家林业和草原局. 2022. 国家林业和草原局关于印发《国家公园管理暂行办法》的通知 [EB/OL]. http://www.forestry.gov.cn/sites/main/main/gov/content.jsp? TID＝20220602173344633678982 [2022-06-19].

国家林业和草原局, 国家发展改革委, 财政部, 等. 2021. 国家公园等自然保护地建设及野生动植物保护重大工程建设规划 (2021—2035年) [EB/OL]. http://www.forestry.gov.cn/main/586/20220519/092753573951647.html [2022-10-31].

国家林业和草原局调查规划设计院, 成都安美勤信息技术股份有限公司, 航天信息股份有限公司. 2019. 林业自然保护区监督管理平台——国家林业局平台建设项目竣工验收报告 [R].

国家林业和草原局调查规划设计院, 海南热带雨林国家公园管理局. 2021. 海南热带雨林国家公园科研监测专项规划 [R].

国家林业和草原局调查规划设计院. 2018a. 全球及主要国家自然保护地状况 [R].

国家林业和草原局调查规划设计院. 2018b. 以国家公园为主体的自然保护地体系构建方案研究报告 [R].

国家林业和草原局调查规划设计院. 2019. 海南热带雨林国家公园生态廊道建设方案 [R].

国家林业和草原局调查规划设计院. 2020a. 国家森林资源智慧管理信息支撑平台关键技术与应用报告 [R].

国家林业和草原局调查规划设计院. 2020b. 百山祖国家公园科学考察及国家公园符合性认定报告 [R].

国家林业和草原局调查规划设计院. 2021. 大熊猫国家公园感知系统建设进展汇报 [R].

国家林业和草原局 国家公园管理局. 2019. 国家公园管理局关于印发《海南热带雨林国家公园体制试点方案》的函 [EB/OL]. https://www.hainan.gov.cn/hainan/zchbbwwj/202008/f0a42020ac1547098d502acd161119cf.shtml [2022-06-19].

国家林业和草原局 国家公园管理局. 2020. 国家公园体制工作汇报 [R].

国家林业和草原局 国家公园管理局. 2021a. 国家公园空间布局方案 [R].

国家林业和草原局 国家公园管理局. 2021b. 国家林草局公布第三批长期科研基地名单 [EB/OL]. http://www.forestry.gov.cn/main/586/20211101/081707141218200.html [2022-10-22].

国家林业和草原局 国家公园管理局. 2022. 自然教育的起源、概念与实践 [EB/OL]. http://www.forestry.gov.cn/main/5462/20220304/093631260155358.html [2022-10-22].

国家林业和草原局 国家公园管理局, 海南省人民政府. 2020. 海南热带雨林国家公园规划 (2019—2025年) [EB/OL]. http://www.forestry.gov.cn/html/main/main_4461/20200423094840466465936/file/20200423094937861802994.pdf [2021-11-09].

国家林业和草原局自然保护地管理司, 国家林业和草原局调查规划设计院. 2021. 国家林业和草原局自然保护地监督管理平台项目建设成果报告 [R].

国家林业和草原局自然保护地管理司. 2021. LY/T 3291—2021 自然保护地分类分级 [S]. 北京: 国家林业和草原局.

国家林业和草原局自然保护地管理司. 2022. 国家公园管理暂行办法 [EB/OL]. http://www.forestry. gov.cn/html/main/main_4461/20220602172853016455681/file/20220602172931082947699.pdf [2022-04-24].

国家林业局. 2006. GB/T 20416—2006 自然保护区生态旅游规划技术规程 [S]. 北京: 中国标准出版社.

国家林业局. 2009. LY/T 1845—2009 大熊猫及其栖息地监测技术规程 [S]. 北京: 中国标准出版社.

国家林业局. 2012. LY/T 2010—2012 自然保护区生态旅游设施建设通则 [S]. 北京: 中国标准出版社.

国家林业局. 2014. LY/T 2359—2014 陆生野生动物疫源疫病监测技术规范 [S]. 北京: 中国标准出版社.

国家林业局. 2015. 国家林业局发布建设项目使用林地审核审批管理办法 [EB/OL]. http://www.gov.cn/xinwen/2015-04/02/content_2841866.htm [2022-06-19].

国家林业局. 2016a. LY/T 2649—2016自然保护区生物多样性保护价值评估技术规程 [S]. 北京: 中国标准出版社.
国家林业局. 2016b. 重点区域大熊猫种群动态监测工作方案 [Z]. 内部资料.
国家林业局. 2018. LY/T 2933—2018国家公园功能分区规范 [S]. 北京: 中国标准出版社.
国家林业局, 财政部. 2017. 林业局 财政部关于印发《国家级公益林区划界定办法》和《国家级公益林管理办法》的通知 [EB/OL]. http://www.gov.cn/gongbao/content/2017/content_5230292.htm [2022-06-19].
国家林业局调查规划设计院. 2011a. 青海三江源国家级自然保护区范围和功能区调整科学考察报告 [Z].
国家林业局调查规划设计院. 2011b. 青海三江源国家级自然保护区总体规划 (2011—2020年) [Z]. 内部资料.
国家林业局调查规划设计院. 2011c. 全国第四次大熊猫调查技术规程 [Z]. 内部资料.
国家林业局调查规划设计院. 2014. 青海三江源国家公园建设规划 (2015—2025年) [Z]. 内部资料.
国家林业局调查规划设计院. 2015. 青海三江源国家公园体制试点实施方案工作方案 [Z]. 内部资料.
国家质量监督检验检疫总局, 中国国家标准化管理委员会. 2009. GB/T 18314—2009全球定位系统(GPS)测量规范 [S]. 北京: 中国标准出版社.
国家住房和城乡建设部. 2018. GB/T 50298—2018风景名胜区总体规划标准 [S]. 北京: 中国标准出版社.
国图信息, 资源与规划设计院. 2020. 一图读懂: 生态保护红线评估与自然保护地优化调整 [EB/OL]. https://m.thepaper.cn/baijiahao_9420294 [2021-10-25].
国务院. 2011. 国务院关于印发全国主体功能区规划的通知 [R/OL]. http://www.gov.cn/zwgk/2011-06/08/content_1879180.htm [2022-02-08].
国务院. 2017. 中华人民共和国野生植物保护条例 [EB/OL]. https://www.forestry.gov.cn/main/ 3950/20170314/459881.html [2022-06-18].
国务院. 2021. 国务院关于印发2030年前碳达峰行动方案的通知 [EB/OL]. https://www.gov.cn/zhengce/content/2021-10/26/content_5644984.htm?skinTheme=0
国务院办公厅. 1998. 国务院办公厅印发《关于进一步加强自然保护区管理工作的通知》[EB/OL]. http://www.people.com.cn/item/flfgk/gwyfg/1998/112511199802.html [2022-06-18].
海南省林业局. 2019. 海南省林业局2019年工作总结及2020年工作计划 [EB/OL]. http://lyj.hainan.gov.cn/xxgk/0800/202110/t20211028_3082624.html [2022-06-19].
海南省人民代表大会常务委员会. 2020a. 海南热带雨林国家公园条例 (试行) [Z]. 内部资料.
海南省人民代表大会常务委员会. 2020b. 海南热带雨林国家公园特许经营管理办法 [Z]. 内部资料.
韩爱惠. 2019. 国家公园自然资源资产管理探讨 [J]. 林业资源管理, (1): 1-5, 37.
韩亚彬, 杨贺道. 2008. 谈黑龙江南瓮河国家级自然保护区科研监测规划 [J]. 林业勘查设计, (3): 44-45.
韩增林, 刘澄浩, 闫晓露, 等. 2021. 基于生态系统服务供需匹配与耦合协调的生态管理分区——以大连市为例 [J]. 生态学报, 41 (22): 9064-9075.
韩仲伟. 2020. 基于产业链视角的农业科研创新基地建设模式研究 [J]. 营销界, (43): 116-117.
何菲菲. 2007. 世界遗产地的保护与旅游开发共生研究 [D]. 福州: 福建师范大学硕士学位论文.
何平, 程先锋, 齐武福, 等. 2021. 云南省元谋盆地地质多样性研究价值及其重要意义 [J]. 地质灾害与环境保护, 32 (3): 99-105.
何思源, 苏杨. 2019. 原真性、完整性、连通性、协调性概念在中国国家公园建设中的体现 [J]. 环境保护, 47 (Z1): 28-34.
何星亮. 2004. 中国少数民族传统文化与生态保护 [J]. 云南民族大学学报 (哲学社会科学版), 21 (1): 9.
何雄伟. 2021. 生态保护红线管控: 国外生态空间管控的理论溯源与经验借鉴 [J]. 企业经济, 40 (11):

45-51.

贺艳, 殷丽娜. 2015. 美国国家公园管理政策 [M]. 最新版. 上海: 上海远东出版社.

侯爱科. 2019. 秦岭自然保护地体系综合评价及优化策略研究 [D]. 西安: 西安理工大学硕士学位论文.

侯盟, 唐小平, 黄桂林, 等. 2020. 国家公园优先保护区域识别——以浙江丽水为例 [J]. 应用生态学报, 31 (7): 2332-2340.

侯鹏, 杨旻, 翟俊, 等. 2017. 论自然保护地与国家生态安全格局构建 [J]. 地理研究, 36 (3): 420-428.

胡绍康. 2017.《钱江源国家公园体制试点区总体规划 (2016—2025)》正式获批 [EB/OL]. http://khnews.zjol.com.cn/khnews/system/2017/11/07/030505326.shtml [2018-05-23].

黄宝荣, 欧阳志云, 郑华, 等. 2006. 生态系统完整性内涵及评价方法研究综述 [J]. 应用生态学报, (11): 2196-2202.

黄国勤. 2020. 国家公园建设的意义、原则和路径 [J]. 中国井冈山干部学院学报, 13 (2): 26-30.

黄娇丽, 黄珂, 唐健民, 等. 2021. 百色地区民族民间植物崇拜文化与生物多样性保护 [J]. 广西植物, 41 (11): 1827-1838.

黄昆. 2004. 利益相关者理论在旅游地可持续发展中的应用研究 [D]. 武汉: 武汉大学硕士学位论文.

黄丽玲, 朱强, 陈田. 2007. 国外自然保护地分区模式比较及启示 [J]. 旅游学刊, (3): 18-25.

黄晓磊, 乔格侠. 2010. 生物地理学的新认识及其方法在多样性保护中的应用 [J]. 动物分类学报, 35 (1): 158-164.

黄宇. 2021. 关于自然教育, 你知道多少? [EB/OL]. https://edu.gmw.cn/2021-10/31/content_1302659794. htm [2022-10-22].

贾建中, 邓武功, 束晨阳. 2015. 中国国家公园制度建设途径研究 [J]. 中国园林, 31 (2): 8-14.

江南, 徐卫华, 赵娟娟, 等. 2021. 生态系统原真性概念及评价方法: 以长白山地区为例 [J]. 生物多样性, 29 (10): 1288-1294.

姜诚. 2015. 自然教育也是公众参与教育——访联合国教科文组织社会学习和可持续发展主席阿尔杨 · 瓦尔斯 [J]. 环境教育, (12): 80-81.

姜力, 张占庆, 姚明远, 等. 2021. 基于自然保护地开展自然教育的现状及建议 [J]. 吉林林业科技, 50 (3): 39-42.

蒋高明. 2018. 自然资产 [J]. 绿色中国, (12): 48-51.

蒋华平, 侯灵梅. 2020. 基于绿色质量的深圳市自然保护地规划体系构想 [J]. 广东园林, 42 (6): 28-34.

蒋志刚. 2004. 法律上野生动物怎么定义 [J]. 新安全, (2): 2.

蒋志刚, 马克平. 2009. 保护生物学的现状, 挑战和对策 [J]. 生物多样性, 17 (2): 107-116.

焦思颖. 2019. 深化改革为生态文明建设夯实基础性制度——部综合司负责人解读《关于统筹推进自然资源资产产权制度改革的指导意见》[J]. 青海国土经略, (2): 29-32.

金程. 2019. 基于宗旨性管理目标的自然保护地体系分类研究 [D]. 北京: 中国城市规划设计研究院硕士学位论文.

金云峰, 陶楠. 2020. 国家公园为主体 "自然保护地体系规划" 编制研究——基于国土空间规划体系传导 [J]. 园林, (10): 75-81.

经济日报. 2020. 国家公园体制试点区验收启动 [EB/OL]. http://www.gov.cn/xinwen/2020-08/16/content_5535075.htm [2021-11-08].

兰启发, 张劲松. 2021. 协同治理视角下国家公园体制建设的困境和路径——以武夷山国家公园为例 [J]. 集美大学学报 (哲学社会科学版), 24 (1): 43-49.

雷伟铭, 梁峻, 蒋文伟. 2021. 城镇规划中生态网络功能性探讨 [J]. 现代园艺, 44 (20): 166-167.

冷疏影, 李新荣, 李彦, 等. 2009. 我国生物地理学研究进展 [J]. 地理学报, 64 (9): 1039-1047.

李彬. 2018. 北京石景山区城市绿地景观生态环境现状及优化策略研究 [D]. 北京: 北方工业大学硕士学位论文.
李炳元, 潘保田, 韩嘉福. 2008. 中国陆地基本地貌类型及其划分指标探讨 [J]. 第四纪研究, 28 (4): 535-543.
李东义. 2000. 论自然保护区的科研工作 [J]. 河北林果研究, (S1): 26-29.
李宏伟, 唐芳林, 王建平. 2021. 科学划定“三区三线”严格保护与合理利用自然资源 [EB/OL]. https://m.gmw.cn/baijia/2019-02/16/32512563.html [2021-10-24].
李吉利, 赵焕生, 郝明亮, 等. 2012. 河北小五台山国家级自然保护区自然博物馆建设与思考 [J]. 河北林业科技, (6): 60-62.
李将辉. 2019. 从国家公园, 到公园国家 [N]. 人民政协报, 009.
李静雯. 1999. 太鲁阁国家公园原住民保留地发展与经营课题之研究 [D]. 台湾花莲: 东华大学硕士学位论文.
李俊生, 罗建武, 王伟, 等. 2015. 中国自然保护区绿皮书——国家级自然保护区发展报告2014 [M]. 北京: 中国环境出版社.
李俊生, 朱彦鹏. 2015. 国家公园资金保障机制探讨 [J]. 环境保护, 43 (14): 38-40.
李俊生, 朱彦鹏, 罗遵兰, 等. 2018. 国家公园体制研究与实践 [M]. 北京: 中国环境出版社.
李立合, 江惠兰, 刘雪芳. 2021. 新形势下自然保护地现状调查及可持续发展对策浅析——以国家公园为主体的自然保护地体系下惠州市自然保护地为例 [J]. 农业与技术, 41 (22): 97-100.
李丽娟, 毕莹竹. 2018. 新西兰国家公园管理的成功经验对我国的借鉴作用 [J]. 中国城市林业, 16 (2): 69-73.
李奇. 2021. 试论自然保护地的整合与优化 [J]. 现代农业研究, 27 (7): 42-43.
李群绩, 王灵恩. 2020. 中国自然保护地旅游资源利用的冲突和协调路径分析 [J]. 地理科学进展, 39 (12): 2105-2117.
李然. 2020. 德国保护地体系评述与借鉴 [J]. 北京林业大学学报 (社会科学版), 19 (1): 12-21.
李瑞平, 张新民, 郑国刚. 2011. 试论自然保护区科普基地的建设及发展举措 [J]. 河北林业科技, (1): 56-57.
李卅, 张玉钧. 2017. 台湾地区太鲁阁国家公园与原住民关系协调机制研究 [J]. 中国城市林业, 15 (3): 26-29.
李维明, 俞敏, 谷树忠, 等. 2020. 关于构建我国生态产品价值实现路径和机制的总体构想 [J]. 发展研究, (3): 66-71.
李文. 2003. 园林植物在景观设计中的应用 [J]. 林业科技, (4): 54-56.
李霄宇. 2011. 国家级森林类型自然保护区保护价值评价及合理布局研究 [D]. 北京: 北京林业大学博士学位论文.
李晓晴. 2021. 首批国家公园保护面积达23万平方公里——重要生态区域实现整体保护 [EB/OL]. http://env.people.com.cn/n1/2021/1022/c1010-32260704.html [2022-05-04].
李辛怡, 许南垣. 2015. 世界遗产保护与旅游开发的良性互动研究——以武夷山为例 [J]. 武夷学院学报, 34 (4): 6-10.
李鑫, 田卫. 2012. 基于景观格局指数的生态完整性动态评价 [J]. 中国科学院研究生院学报, 29: 780-785.
李鑫, 虞依娜. 2017. 国内外自然教育实践研究 [J]. 林业经济, 39 (11): 12-18.
李雪敏. 2022. 自然资源资产负债表编制: 评估要素、方法选择与研究展望 [J]. 内蒙古社会科学, 43 (4): 123-131.
李奕, 丛丽. 2021. 适应性管理视角的国外国家公园野生动物保护与游憩利用案例研究 [J]. 中国生态旅游, 11 (5): 691-704.
联合国, 欧洲联盟委员会, 联合国粮食及农业组织, 等. 2014a. 环境经济核算体系2012——中心框架 [R]. 纽约.
联合国, 欧洲联盟委员会, 联合国粮食及农业组织, 等. 2014b. 环境经济核算系统2012——实验性生态系统核算 [R]. 纽约.
联合国开发计划署. 2003. 2003年人类发展报告 [M]. 北京: 中国财政经济出版社.
梁兵宽, 刘洋, 唐小平, 等. 2020. 东北虎豹国家公园规划研究 [J]. 林业资源管理, (6): 23-30.
廖利平, 赵士洞. 1999. 杉木人工林生态系统管理: 思想与实践 [J]. 资源科学, (4): 4-9.
林坚, 吴宇翔, 吴佳雨, 等. 2018. 论空间规划体系的构建——兼析空间规划、国土空间用途管制与自然资源监管的关系 [J]. 城市规划, 42 (5): 9-17.
林雅秋, 林贵民, 林小明, 等. 2021. 打造世界文化与自然遗产保护地典范——武夷山国家公园 [J]. 生态文明世界, (1): 30-49, 7.
蔺琛, 龚明昊, 刘洋, 等. 2018. 基于优势种的生物多样性保护价值空间异质性研究——以长白山生态功能区为例 [J]. 生态学报, 38 (13): 4677-4683.
刘超. 2020. 国家公园分区管控制度析论 [J]. 南京工业大学学报 (社会科学版), 19 (3): 14-30.
刘翠. 2010. 世界遗产地保护与周边社区发展的博弈关系分析 [D]. 福州: 福建农林大学硕士学位论文.
刘海猛, 方创琳, 李咏红. 2019. 城镇化与生态环境"耦合魔方"的基本概念及框架 [J]. 地理学报, 74 (8): 1489-1507.
刘惠良, 刘红峰. 2021. 洞庭湖湿地生物多样性保护的价值评估 [J]. 中南林业科技大学学报, 41 (10): 140-147.
刘金龙, 赵佳程, 徐拓远, 等. 2017. 国家公园治理体系热点话语和难点问题辨析 [J]. 环境保护, 45 (14): 16-20.
刘静, 苗鸿, 郑华, 等. 2009. 卧龙自然保护区与当地社区关系模式探讨 [J]. 生态学报, 29 (1): 263-275.
刘黎明. 2012. 利益主体理论视角下的世界遗产地管理分析——以武夷山为例 [J]. 合肥学院学报 (社会科学版), 29 (3): 73-77.
刘楠, 孔磊, 石金莲. 2022. 户外游憩管理矩阵理论在国家公园管理中的应用及启示——以美国德纳里国家公园和保留区为例 [J]. 世界林业研究, 35 (4): 88-92.
刘鹏飞, 梁留科, 刘英. 2011. 中美国家风景名胜区门票价格比较研究 [J]. 地域研究与开发, 30 (5): 108-122.
刘婷婷. 2012. 金沙江上游流域生态承载力及人与生态系统关系研究 [D]. 成都: 成都理工大学博士学位论文.
刘文敬, 白洁, 马静, 等. 2011. 中国自然保护区管理能力现状调查与分析 [J]. 北京林业大学学报, 33 (S2): 49-53.
刘雪梅, 保继刚. 2005. 从利益相关者角度剖析国内外生态旅游实践的变形 [J]. 生态学杂志, (24): 348-353.
刘焱序, 傅伯杰, 王帅, 等. 2017. 从生物地理区划到生态功能区划——全球生态区划研究进展 [J]. 生态学报, 37 (23): 7761-7768.
刘勇, 范琳, 杨永林, 等. 2020. 青海湖流域自然保护地整合优化探讨 [J]. 林业资源管理, (2): 73-78.
卢现祥, 李慧. 2021. 自然资源资产产权制度改革: 理论依据、基本特征与制度效应 [J]. 改革, (2): 14-28.
陆建城, 罗小龙, 张培刚, 等. 2019. 国家公园特许经营管理制度构建策略 [J]. 规划师, 35 (17): 23-28.
陆小成. 2021. 自然资源资产价值研究进展及实现路径——基于中国知网文献的计量分析 [J]. 理论与现代化, (5): 96-105.
栾军强. 2020. 国家公园体制背景下旅游乡村空间重构 [D]. 长春: 东北师范大学硕士学位论文.

栾晓峰, 孙工棋, 曲艺, 等. 2012. 基于C-Plan规划软件的生物多样性就地保护优先区规划——以中国东北地区为例 [J]. 生态学报, 32 (3): 715-722.
罗红, 陈磊, 姜运力, 等. 2021. 自然保护地整合优化的景观格局变化分析——以贵州省思南县为例 [J]. 生态学报, 41 (20): 8076-8086.
吕宛青, 张冬, 杜靖川. 2018. 基于知识图谱的旅游利益相关者研究进展及创新分析 [J]. 资源开发与市场, 34 (4): 582-586.
吕忠梅. 2019. 以国家公园为主体的自然保护地体系立法思考 [J]. 生物多样性, 27 (2): 128-136.
马芳. 2021. 祁连山国家公园脆弱生态环境保护与修复的跨区域立法研究 [J]. 青海民族研究, 32 (3): 116-122.
马洪波. 2021. 三江源国家公园体制试点与自然保护地体系改革研究 [M]. 北京: 人民出版社.
马洪艳, 童光法. 2020. 国家公园特许经营制度存在的问题及对策 [J]. 北京农学院学报, 35 (4): 97-101.
马建章. 2019. 遵循自然生态规律 加强东北虎豹保护 [J]. 国土绿化, (1): 14-17.
马敬能, 吕小平. 1998. 中国生物多样性保护综述 [M]. 北京: 中国林业出版社.
马克明, 傅伯杰, 周华峰. 1998. 景观多样性测度: 格局多样性的亲和度分析 [J]. 生态学报, (1): 78-83.
马丽, 李伟娜. 2021. 新形势下农业科研基地管理与创新策略分析 [J]. 南方农业, 15 (30): 171-172.
马童慧. 2019. 中国湿地类型自然保护地空间重叠分布与整合优化对策研究 [D]. 北京: 北京林业大学硕士学位论文.
马炜, 唐小平, 蒋亚芳, 等. 2019. 国家公园科研监测构成、特点及管理 [J]. 北京林业大学学报 (社会科学版), 18 (2): 25-31.
苗鸿, 欧阳志云, 王效科, 等. 2000. 自然保护区的社区管理: 问题与对策 [C]// 陈宜瑜. 第四届全国生物多样性保护与持续利用研讨会论文集. 北京: 中国林业出版社.
倪健, 陈仲新, 董鸣, 等. 1998. 中国生物多样性的生态地理区划 [J]. 植物学报, 40 (4): 370-382.
欧阳志云, 徐卫华, 杜傲, 等. 2018. 中国国家公园总体空间布局研究 [M]. 北京: 中国环境出版社.
欧阳志云, 徐卫华, 肖燚, 等. 2017. 中国生态系统格局、质量、服务与演变 [M]. 北京: 科学出版社.
潘植强, 梁保尔, 吴玉海, 等. 2014. 社区增权: 实现社区参与旅游发展的有效路径 [J]. 旅游论坛, 7 (6): 43-49.
彭崇谷. 2016. 三江源赋及其历史思考 [M]. 北京: 中国书籍出版社.
彭奎. 2021. 我国国家公园人类活动特征、管理问题与调整策略 [J]. 生物多样性, 29 (3): 278-282.
乔扬. 2021. 人文主义教育观的中国立场 [D]. 长春: 东北师范大学硕士学位论文.
秦天宝. 2012. 从隔离到共管: 保护地范式的转变——结合美、加、澳等国家法律实践的考察 [J]. 清华法治论衡, (2): 203-217.
秦天宝. 2019. 论国家公园国有土地占主体地位的实现路径——以地役权为核心的考察 [J]. 现代法学, 41 (3): 55-68.
秦子薇, 张玉钧, 杜松桦. 2022. 国家公园社区居民可持续生计研究——以海南热带雨林国家公园霸王岭片区为例 [J]. 自然保护地, 3 (1): 1-14.
青海省陆生野生动物普查办公室. 1996. 青海省陆生野生动物资源调查与监测技术操作细则 [Z]. 内部资料.
邱胜荣, 唐小平. 2020. 中国自然保护区历史遗留问题成因及其疏解途径研究 [J]. 世界林业研究, 33 (4): 94-98.
邱胜荣, 赵晓迪, 何友均, 等. 2020. 我国国家公园管理资金保障机制问题探讨 [J]. 世界林业研究, 33 (3): 107-110.
全国林业信息化工作领导小组办公室. 2014. 全国林业信息化工作领导小组办公室关于印发《林业信息

化标准体系》的通知 [EB/OL]. https://www.forestry.gov.cn/main/4461/content-731684.html [2022-06-19].
全国人民代表大会常务委员会. 2002. 中华人民共和国测绘法 [EB/OL]. http://www.gov.cn/banshi/2005-06/10/content_5635.htm [2022-06-18].
阙占文. 2021. 自然保护地分区管控的法律表达 [J]. 甘肃政法大学学报, (3): 26-35.
三江源生态监测组, 中国科学院地理科学与资源研究所. 2010. 青海三江源自然保护区生态保护和建设工程2005-2009年生态成效评估报告 [Z]. 内部资料.
三江源生态监测组, 中国科学院地理科学与资源研究所, 中科院地理所. 2006. 三江源生态系统本底综合评估报告 [Z]. 内部资料.
邵飞, 梁江涛, 刘金龙, 等. 2022. 山东省自然保护地自然, 教育评价与路径构建 [J]. 山东林业科技, 52 (4): 110-112.
邵飞, 汪晓红, 高晴. 2020. 自然保护地改革背景下的山东省森林公园发展探讨 [J]. 山东林业科技, 50 (1): 110-112.
邵全琴, 樊江文. 2012. 三江源区生态系统综合监测与评估 [M]. 北京: 科学出版社.
深圳市生态环境局. 2021. DB4403/T 217—2021环境教育基地评价规范 [S]. 深圳: 深圳市市场监督管理局.
盛春玲. 2020. 关于我国国家公园主题图书出版的思考 [J]. 国家林业和草原局管理干部学院学报, 19 (2): 65-68.
盛科荣, 樊杰, 杨昊昌. 2016. 现代地域功能理论及应用研究进展与展望 [J]. 经济地理, 36 (12): 1-7.
施正锋, 吴珮瑛. 2008. 原住民族与自然资源的共管 [J]. 台湾原住民族研究季刊, 1 (1): 1-37.
四川省林业和草原局. 2020. DB51/T 2739—2020自然教育基地建设 [S]. 成都: 四川省市场监督管理局.
宋峰, 代莹, 史艳慧, 等. 2019. 国家保护地体系建设: 西方标准反思与中国路径探讨 [J]. 自然资源学报, 34 (9): 1807-1819.
宋立奕, 谭成江, 李明阳, 等. 2018. 茂兰国家级自然保护区科研监测规划 [J]. 林业调查规划, 43 (1): 96-101.
宋瑞. 2005. 我国生态旅游利益相关者分析 [J]. 中国人口·资源与环境, 15 (1): 39-44.
苏杨, 胡艺馨, 何思源. 2017. 加拿大国家公园体制对中国国家公园体制建设的启示 [J]. 环境保护, 45 (20): 60-64.
苏杨, 王蕾. 2015. 中国国家公园体制试点的相关概念、政策背景和技术难点 [J]. 环境保护, 43 (14): 17-23.
苏杨, 张玉钧, 石金莲, 等. 2019. 中国国家公园体制建设报告 (2019—2020) [M]. 北京: 中国科学文献出版社.
孙海义. 2015. 中国东北虎保护研究 [M]. 哈尔滨: 东北林业大学出版社.
孙鸿雁, 余莉, 蔡芳, 等. 2019. 论国家公园的“管控—功能”二级分区 [J]. 林业建设, (3): 1-6.
孙乔昀, 张玉钧. 2020. 自然区域景观特征识别及其价值评估——以青海湖流域为例 [J]. 中国园林, 36 (9): 76-81.
孙然好, 李卓, 陈利顶. 2018. 中国生态区划研究进展: 从格局、功能到服务 [J]. 生态学报, 38 (15): 5271-5278.
孙兴丽, 刘晓煌, 刘晓洁, 等. 2020. 面向统一管理的自然资源分类体系研究 [J]. 资源科学, 42 (10): 1860-1869.
谭荣. 2021. 自然资源资产产权制度改革和体系建设思考 [J]. 中国土地科学, 35 (1): 1-9.
唐芳林. 2015. 国家公园定义探讨 [J]. 林业建设, (5): 19-24.
唐芳林. 2017. 国家公园理论与实践 [M]. 北京: 中国林业出版社.

唐芳林. 2018a. 国家公园体制下的自然公园保护管理 [J]. 林业建设, (4): 1-6.
唐芳林. 2018b. 中国特色国家公园体制建设思考 [J]. 林业建设, (5): 86-96.
唐芳林. 2019. 中国新型自然保护地体系的特色与意义 [EB/OL]. https://www.thepaper.cn/newsDetail_forward_4409124 [2021-11-02].
唐芳林, 王梦君. 2017. 建立国家公园体制目标分析 [J]. 林业建设, (3): 1-6.
唐芳林, 王梦君, 孙鸿雁. 2019a. 自然保护地管理体制的改革路径 [J]. 林业建设, (2): 1-5.
唐芳林, 闫颜, 刘文国. 2019b. 我国国家公园体制建设进展 [J]. 生物多样性, 27 (2): 123-127.
唐小平. 2003. 中国三江源区基本生态特征与自然保护区设计 [J]. 林业资源管理, (1): 38-44.
唐小平. 2012a. 生物类自然保护区适应性管理关键问题的研究 [D]. 北京: 北京林业大学博士学位论文.
唐小平. 2012b. 自然保护区分级管理模式及其有效性研究 [J]. 北京林业大学学报 (社会科学版), 11 (4): 44-48.
唐小平. 2014. 中国国家公园体制及发展思路探析 [J]. 生物多样性, 22 (4): 427-431.
唐小平. 2016. 中国自然保护区从历史走向未来 [J]. 森林与人类, (11): 24-35.
唐小平. 2018. 保护地管理新体制下自然保护区仍起基础支撑作用 [EB/OL]. http://www.forestry.gov.cn/main/3957/20180719/093843046238180.html [2021-09-15]
唐小平. 2019. 中国自然保护领域的历史性变革 [J]. 中国土地, (8): 9-13.
唐小平. 2020. 国家公园规划制度功能定位与空间属性 [J]. 生物多样性, 28 (10): 1246-1254.
唐小平. 2021a. 国家公园: 守护地球家园的最美国土 [J]. 森林与人类. (11): 12-18.
唐小平. 2021b. 国家公园体制引领生物多样性主流化 [J]. 林业资源管理, (4): 1-8.
唐小平. 2022. 高质量建设国家公园的实现路径 [J]. 林业资源管理, (3): 1-11.
唐小平, 陈君帜, 韩爱惠, 等. 2018. 俄罗斯自然保护地管理体制及其借鉴 [J]. 林业资源管理, (4): 154-159.
唐小平, 贾建生, 王志臣, 等. 2015. 全国第四次大熊猫调查方案设计及主要结果分析 [J]. 林业资源管理, (1): 11-16.
唐小平, 蒋亚芳, 刘增力, 等. 2019a. 中国自然保护地体系的顶层设计 [J]. 林业资源管理, (3): 1-7.
唐小平, 蒋亚芳, 赵智聪, 等. 2020a. 我国国家公园设立标准的研究 [J]. 林业资源管理, (2): 1-8.
唐小平, 刘增力, 马炜. 2020b. 我国自然保护地整合优化规则与路径研究 [J]. 林业资源管理, (1): 1-10.
唐小平, 栾晓峰. 2017. 构建以国家公园为主体的自然保护地体系 [J]. 林业资源管理, (6): 1-8.
唐小平, 张云毅, 梁兵宽, 等. 2019b. 中国国家公园规划体系构建研究 [J]. 北京林业大学学报 (社会科学版), 18 (1): 5-12.
田贵全. 1999. 德国的自然保护区建设 [J]. 世界环境, (3): 31-34.
田涛, 卢建青, 刘玉珠, 等. 2021. 德清县自然生态系统质量量化评估方法探究 [J]. 测绘科学, 46 (7): 165-172.
万静. 2005. 自然保护区游憩资源保护与开发的协调研究 [J]. 南京林业大学学报 (人文社会科学版), (4): 80-82.
汪劲. 2014. 环境法学 [M]. 北京: 北京大学出版社.
汪劲. 2020. 论《国家公园法》与《自然保护地法》的关系 [J]. 政法论丛, (5): 128-137.
汪思龙, 赵士洞. 2004. 生态系统途径——生态系统管理的一种新理念 [J]. 应用生态学报, (12): 2364-2368.
王传胜, 赵海英, 孙贵艳, 等. 2010. 主体功能优化开发县域的功能 区划探索——以浙江省上虞市为例 [J]. 地理研究, 29 (3): 481-489.
王丹彤, 唐芳林, 孙鸿雁, 等. 2018. 新西兰国家公园体制研究及启示 [J]. 林业建设, (3): 10-15.

王道阳，乔永强，张博琳，等. 2018. 国家公园建设发展策略思考 [J]. 林业资源管理，(4): 6-9.
王冀萍，何俊. 2021. 云南省民族传统文化与生物多样性保护 [J]. 西部林业科学，50 (5): 124-128.
王佳鑫，石金莲，常青，等. 2016. 基于国际经验的中国国家公园定位研究及其启示 [J]. 世界林业研究，29 (3): 52-58.
王健生. 2021-10-11. "多规合一" 国土空间规划划定生态保护红线 [N]. 中国改革报，2.
王江江. 2017. 武夷山国家公园：生态理念深植碧水丹山 [EB/OL]. http://www.wysxww.com/2017-03/27/content_25362.htm [2018-05-23].
王金荣，过珍元，徐鹏. 2019. 国家公园保护与管理机制建设探讨 [J]. 林业资源管理，(6): 26-29.
王可可. 2020. 国家公园自然教育设计研究 [D]. 广州：广州大学硕士学位论文.
王倩雯，贾卫国. 2021. 森林生态效益补偿机制研究综述 [J]. 中国林业经济，(6): 121-125, 144.
王庆凯. 2019. 中国东北虎豹国家公园野生东北虎豹分别增至37只与48只 [EB/OL]. http://news.sina.com.cn/o/2019-10-10/doc-iicezuev1330933.shtml [2020-09-03].
王社坤. 2021. 国家公园全民公益性理念的立法实现 [J]. 东南大学学报 (哲学社会科学版)，23 (4): 50-59.
王维正，胡春姿，刘俊昌. 2000. 国家公园 [M]. 北京：中国林业出版社.
王伟，辛利娟，杜金鸿，等. 2016. 自然保护地保护成效评估：进展与展望 [J]. 生物多样性，24 (10): 1177-1188.
王文婷. 2018. 我国防治大气污染的公共政策演进 [J]. 治理现代化研究，(2): 83-88.
王秀卫，李静玉. 2021. 全民所有自然资源资产所有权委托代理机制初探 [J]. 中国矿业大学学报 (社会科学版)，23 (3): 66-75.
王雪绒. 2020. 千年沧桑上林苑 [J]. 中国税务，(8): 76-77.
王亚飞，樊杰，周侃. 2019. 基于"双评价"集成的国土空间地域功能优化分区 [J]. 地理研究，38 (10): 2415-2429.
王亚飞，郭锐，樊杰. 2020. 国土空间结构演变解析与主体功能区格局优化思路 [J]. 中国科学院院刊，35 (7): 855-866.
王毅. 2017. 中国国家公园顶层制度设计的实践与创新 [J]. 生物多样性，25 (10): 1037-1039.
王应临，杨锐，埃卡特·兰格. 2013. 英国国家公园管理体系评述 [J]. 中国园林，(9): 11-19.
王莹. 2018. 生态优先、"多规合一" 背景下的全域空间管控——以福建省石狮市城市总体规划为例 [J]. 福建建筑，(8): 10-16.
王宇飞，苏红巧，赵鑫蕊，等. 2019. 基于保护地役权的自然保护地适应性管理方法探讨：以钱江源国家公园体制试点区为例 [J]. 生物多样性，27 (1): 88-96.
王祝根，李晓蕾，史蒂芬·J. 巴里. 2017. 澳大利亚国家保护地规划历程及其借鉴 [J]. 风景园林，(7): 57-64.
王紫晔，石玲. 2020. 关于国内自然教育研究述评——基于Bibexcel计量软件的统计分析 [J]. 林业经济，42 (12): 83-92.
蔚东英，李晓南，郝万成，等. 2019. 三江源国家公园解说手册 (2019版) [M]. 北京：中国科学技术出版社.
魏辅文，平晓鸽，胡义波，等. 2021. 中国生物多样性保护取得的主要成绩、面临的挑战与对策建议 [J]. 中国科学院院刊，36 (4): 375-383.
魏加华，李铁键，等. 2017. 三江源生态保护研究报告 (2017) [M]. 北京：社会科学文献出版社.
魏蒙，王瑞霞，马瑞，等. 2019. 新形势下保护区科研工作的现状及对策 [J]. 现代农业科技，(23): 235-236.
魏钰，雷光春. 2019. 从生物群落到生态系统综合保护：国家公园生态系统完整性保护的理论演变 [J]. 自然资源学报，34 (9): 1820-1832.
魏钰，苏杨. 2012. 深化环境公共服务均等化的11条建议 [J]. 重庆社会科学，(4): 116-117.

温战强, 高尚仁, 郑光美. 2008. 澳大利亚保护地管理及其对中国的启示 [J]. 林业资源管理, (6): 117-124.
沃里克・弗罗斯特, C. 迈克尔・霍尔. 2014. 旅游与国家公园: 发展、历史与演进的国际视野 [M]. 王连勇译. 上海: 商务印书馆.
吴必虎, 谢冶凤, 张玉钧. 2021. 自然保护地游憩和旅游: 生态系统服务、法定义务与社会责任 [J]. 旅游科学, 35 (5): 1-10.
吴承照, 欧阳燕菁, 潘维琪, 等. 2022. 国家公园人与自然和谐共生的内涵与途径 [J]. 园林, 39 (2): 57-62.
吴振宇. 2017. 利益相关者共生视角下昆曲保护性旅游开发研究 [D]. 徐州: 江苏师范大学硕士学位论文.
吴镇宇. 2017. 面向通勤需求的城市定制公交线网优化 [D]. 合肥: 合肥工业大学硕士学位论文.
吴征镒. 1980. 中国植被 [M]. 北京: 科学出版社.
吴征镒, 洪德元. 2010. 中国植物志 [M]. 北京: 科学出版社.
武吉华, 张坤. 1995. 植物地理学 [M]. 3版. 北京: 高等教育出版社: 90.
武夷山国家公园总体规划编制组. 2021. 武夷山国家公园总体规划 [R].
武夷山市统计局. 2020. 武夷山市2020年政府工作报告 [R/OL]. http://wys.gov.cn/cms/html/wyssrmzf/2020-01-19/1109766617.html [2022-06-18].
武夷山市统计局. 2021. 武夷山市2020年国民经济和社会发展统计公报 [R/OL]. http://www.wys.gov. cn/cms/html/tjj2/2021-02-09/1807091291.html [2022-06-18].
武夷山市自然资源局. 2020. 武夷山世界文化与自然遗产保护管理规划 [R].
夏少敏, 闫献伟, 茜坤, 等. 2009. 中国自然保护区管理体制探析 [J]. 浙江林学院学报, 26 (1): 127-131.
向宝惠, 曾瑜皙. 2017. 三江源国家公园体制试点区生态旅游系统构建与运行机制探讨 [J]. 资源科学, 39 (1): 50-60.
肖笃宁, 李秀珍, 高俊, 等. 2010. 景观生态学 [M]. 北京: 科学出版社.
肖琪. 2022. 国家公园如何实现全民共享？ [EB/OL]. http://www.ce.cn/cysc/stwm/gd/202203/08/t20220308_37383755.shtml [2022-10-22].
谢高地, 鲁春霞, 甄霖, 等. 2009. 区域空间功能分区的目标、进展和方法 [J]. 地理研究, 28 (5): 561-570.
谢剑虹. 2022. 教育科研基地高质量发展的湖南样本研究 [J]. 云梦学刊, 43 (5): 114-119.
谢冶凤, 吴必虎, 张玉钧. 2020. 东西方自然保护地文化特征比较研究 [J]. 风景园林, 27 (3): 24-28.
谢冶凤, 吴必虎, 张玉钧, 等. 2021. 中国自然保护地旅游产品类型及其特征 [J]. 地域研究与开发, 40 (3): 69-74.
解焱, 李典谟, MACKINNON J. 2002. 中国生物地理区划研究 [J]. 生态学报, (10): 1599-1615.
新华社. 2013. 中共中央关于全面深化改革若干重大问题的决定 [EB/OL]. http://cpc.people.com.cn/n/2013/1115/c64094-23559163.html [2021-09-08].
新华社. 2015. 中共中央 国务院印发《生态文明体制改革总体方案》[EB/OL]. http://www.xinhuanet.com//politics/2015-09/21/c_1116632159.htm [2021-11-01].
新华社. 2017a. 习近平主持召开中央全面深化改革领导小组第三十八次会议 [EB/OL]. http://www.gov.cn/xinwen/2017-08/29/content_5221323.htm [2022-02-18].
新华社. 2017b. 中共中央办公厅 国务院办公厅印发《建立国家公园体制总体方案》[R/OL]. http://www.gov.cn/zhengce/2017-09/26/content_5227713.htm [2021-10-24].
新华社. 2019a. 中共中央办公厅 国务院办公厅印发《关于建立以国家公园为主体的自然保护地体系的指导意见》[R/OL]. http://www.gov.cn/zhengce/2019-06/26/content_5403497.htm [2021-10-24].
新华社. 2019b. 中共中央办公厅 国务院办公厅印发《关于统筹推进自然资源资产产权制度改革的指导意见》[EB/OL]. http://www.gov.cn/zhengce/2019-04/14/content_5382818.htm [2021-09-09].
新华社. 2019c. 中共中央国务院《关于建立国土空间规划体系并监督实施的若干意见》[R/OL]. http://

www.gov.cn/zhengce/2019-05/23/content_5394187.htm [2021-10-24].
新华社. 2019d. 习近平致第一届国家公园论坛的贺信 [R/OL]. http://www.gov.cn/xinwen/2019-08/19/content_5422351.htm [2022-09-23].
新华社. 2021a. 坚持可持续发展 共建亚太命运共同体——在亚太经合组织工商领导人峰会上的主旨演讲 [EB/OL]. https://mp.weixin.qq.com/s/-sfZ26EtU4rqvxqYvXBGaQ [2021-11-12].
新华社. 2021b. 习近平在二十国集团领导人第十六次峰会第一阶段会议上的讲话 [EB/OL]. https://baijiahao.baidu.com/s?id=1715047552063920859&wfr=spider&for=pc[2021-11-02].
新华社. 2021c. 中共中央国务院关于完整准确全面贯彻新发展理念做好碳达峰碳中和工作的意见 [EB/OL]. http://www.gov.cn/zhengce/2021-10/24/content_5644613.htm [2022-06-18].
新华社. 2022a. 国务院办公厅转发财政部、国家林草局(国家公园局)关于推进国家公园建设若干财政政策意见的通知 [EB/OL]. http://www.gov.cn/zhengce/zhengceku/ 2022-09/29/content_5713707.htm [2022-10-26].
新华社. 2022b. 中共中央办公厅 国务院办公厅印发《全民所有自然资源资产所有权委托代理机制试点方案》[EB/OL]. http://www.gov.cn/xinwen/2022-03/17/content_5679564.htm [2022-6-18].
新华网. 2017. 中国共产党第十九次全国代表大会工作报告 [R/OL]. https://xibu.youth.cn/gzdt/zxyw/201710/t20171030_10935323.htm [2021-11-24].
新华网. 2022. 中办国办印发《全民所有自然资源资产所有权委托代理机制试点方案》[EB/OL]. http://www.gov.cn/zhengce/2022-03/17/content_5679564.htm [2022-03-17].
熊文琪. 2021. 基于游客感知的海南热带雨林国家公园游憩资源吸引力评价及提升策略研究 [D]. 北京: 北京林业大学硕士学位论文.
熊丽. 2018. 以最严措施保护国家公园 [EB/OL]. https://www.forestry.gov.cn/main/3957/20180227/ 1079468.html [2021-11-24].
徐菲菲. 2015. 制度可持续性视角下英国国家公园体制建设和管治模式研究 [J]. 旅游科学, 29 (3): 27-35.
徐宏发, 陆厚基. 1996. 最小存活种群 (MVP)——保护生物学的一个基本理论 [J]. 生态学杂志, 15 (2): 50-55.
徐嵩龄. 2003. 中国文化与自然遗产的管理体制改革 [J]. 管理世界, (6): 63-73.
徐婷. 2015. 英国城市可持续发展战略分析及借鉴意义 [J]. 住宅与房地产, (22): 15.
徐网谷, 高军, 夏欣, 等. 2016. 中国自然保护区社区居民分布现状及其影响 [J]. 生态与农村环境学报, 32 (1): 19-23.
徐卫华. 2002. 中国陆地生态系统自然保护区体系规划 [D]. 长沙: 湖南农业大学硕士学位论文.
徐艳芳, 孙琪, 刘丽媛, 等. 2020. 自然教育理论与实践研究进展 [J]. 安徽林业科技, 46 (6): 37-40.
薛冰洁, 张玉钧, 安童童, 等. 2020. 生态格局理念下的国家公园边界划定方法探讨——以秦岭国家公园为例 [J]. 规划师, 36 (1): 26-31.
鄢德奎. 2022. 自然保护地空间的规制困境与立法回应——基于自然保护地相关法规范的实证分析 [J]. 华北电力大学学报 (社会科学版), (5): 34-44.
闫颜, 唐芳林. 2019. 我国国家公园立法存在的问题与管理思路 [J]. 北京林业大学学报 (社会科学版), 18 (3): 97-101.
严国泰, 沈豪. 2015. 中国国家公园系列规划体系研究 [J]. 中国园林, 31 (2): 15-18.
央视网. 2021. 我国正式设立首批国家公园 [EB/OL]. http://www.gov.cn/xinwen/2021-10/12/content_5642183.htm [2022-05-04].
杨金娜. 2019. 三江源国家公园管理中的社区参与机制研究 [D]. 北京: 北京林业大学硕士学位论文.
杨金娜, 尚琴琴, 张玉钧. 2018. 我国国家公园建设的社区参与机制研究 [J]. 世界林业研究, 31 (4): 76-80.

杨凌, 林坚, 李东. 2020. 辨析主体功能区：基于区域和要素视角的探讨 [J]. 西部人居环境学刊, 35 (1): 1-6.
杨明慧, 李珊珊, 刘畅. 2021. 中国自然生态系统修复研究文献综述 [J]. 中国林业经济, (3): 41-44.
杨勤业, 郑度, 吴绍洪, 等. 2005. 20世纪50年代以来中国综合自然地理研究进展 [J]. 地理研究, 24 (6): 89-91.
杨锐. 2003. 从游客环境容量到LAC理论——环境容量概念的新发展 [J]. 旅游学刊, 18 (5): 62-65.
杨锐. 2011. 论中国国家公园体制建设中的九对关系 [J]. 中国园林, 30 (8): 5-8.
杨锐. 2019. 论中国国家公园体制建设的六项特征 [J]. 环境保护, 47 (3): 24-27.
杨锐, 曹越. 2017. 怎样推进国家公园建设？科学意识提升 科学研究支撑 [J]. 人与生物圈, (4): 28-29.
杨锐, 曹越. 2018. 论中国自然保护地的远景规模 [J]. 中国园林, 34 (7): 5-12.
杨锐, 赵智聪, 庄优波, 等. 2019. 三江源国家公园生态体验与环境教育规划研究 [M]. 北京：中国建筑工业出版社.
杨双娜, 丁德永, 朱贵青, 等. 2021. "两山理论" 融入普达措国家公园的实践探析 [J]. 西南林业大学学报 (社会科学), 5 (5): 43-45.
杨致恒, 杨锦英. 1999. 可持续发展的战略选择及其重大意义 [J]. 经济评论, (3): 49-52.
叶菁, 宋天宇, 陈君帜. 2020. 大熊猫国家公园监测指标体系构建研究 [J]. 林业资源管理, (2): 53-60, 66.
佚名. 1997. 实施科教兴国战略和可持续发展战略的重大意义是什么？[J]. 内蒙古宣传, (Z2): 35-36.
佚名. 2011. 站上新起点 奔向新征程——2011年全国林业厅局长会议报告解读 [J]. 中国林业, (2): 8-17.
盈斌, 吴必虎. 2022. 国家公园发展生态旅游的官方许可来了 [EB/OL]. https://mp.weixin.qq.com/s/dMMdALamGUAlIyOBD3ZkCw [2022-06-19].
于贵瑞, 杨萌, 付超, 等. 2021. 大尺度陆地生态系统管理的理论基础及其应用研究的思考 [J]. 应用生态学报, 32 (3): 771-787.
余久华, 吴丽芳. 2003. 我国自然保护区管理存在的问题与对策建议 [J]. 生态学杂志, (4): 111-115.
余梦莉. 2019. 论新时代国家公园的共建共治共享 [J]. 中南林业科技大学学报 (社会科学版), 13 (5): 25-32.
余韵, 杨建锋. 2021. 浅析地质多样性对生态系统服务的作用与贡献 [J]. 中国国土资源经济, 34 (4): 23-28.
虞虎, 阮文佳, 李亚娟, 等. 2018. 韩国国立公园发展经验及启示 [J]. 南京林业大学学报 (人文社会科学版), 18 (3): 77-89.
岳亚军, 李准, 韦超, 等. 2021. 大型科研基地运维模式及管理经验探讨 [J]. 中国计量, (7): 33-36.
臧振华, 徐卫华, 欧阳志云. 2021. 国家公园体制试点区生态产品价值实现探索 [J]. 生物多样性, 29 (3): 275-277.
战徊旭, 胡海洲, 张晓, 等. 2022. 农业科研试验基地成果转化现状探析 [J]. 农业科技管理, 41 (4): 60-62.
张安民, 梁留科, 李永文. 2007. 旅游新景区开发的利益相关者博弈分析：以平顶山清水河景区为例 [J]. 资源开发与市场, 23 (11): 1041-1044.
张富刚. 2017. 自然资源产权制度改革如何破局 [J]. 中国土地, (12): 12-15.
张广海, 曲正. 2019. 我国国家公园研究与实践进展 [J]. 世界林业研究, 32 (4): 57-61.
张海霞. 2011. 国家公园旅游规制研究 [J]. 上海：中国旅游出版社.
张海霞. 2018. 中国国家公园特许经营机制研究 [M]. 北京：中国环境出版集团.
张鸿文. 2018. 国家公园——生态文明建设的壮举 [J]. 林业建设, (5): 2-6.
张佳, 李东辉. 2019. 日本自然教育发展现状及对我国的启示 [J]. 文化创新比较研究, 3 (30): 155-158.
张健, 陈圣宾, 陈彬, 等. 2013. 公众科学：整合科学研究、生态保护和公众参与 [J]. 生物多样性, (21): 738-749.
张婧雅, 张玉钧. 2017. 论国家公园建设的公众参与 [J]. 生物多样性, 25 (1): 80-87.

张婧雅, 张玉钧. 2019. 自然保护地的文化景观价值演变与识别——以泰山为例 [J]. 自然资源学报, 34 (9): 1833-1849.

张琨, 邹长新, 仇洁, 等. 2021. 国内外保护地发展进程及对我国保护地建设的启示 [J]. 环境生态学, 3 (11): 9-14.

张路, 欧阳志云, 徐卫华, 等. 2010. 基于系统保护规划理念的长江流域两栖爬行动物多样性保护优先区评价 [J]. 长江流域资源与环境, 19 (9): 1020-1028.

张明理. 2000. 历史生物地理学的理论和方法 [J]. 地学前缘, 7 (B08): 33-44.

张明阳, 王克林, 何萍. 2005. 生态系统完整性评价研究进展 [J]. 热带地理, 25 (1): 10-13, 18.

张全洲, 陈丹. 2016. 台湾地区国家公园分区管理对大陆自然保护区的启示 [J]. 林产工业, 43 (6): 59-62.

张荣祖. 1999. 中国动物地理 [M]. 北京: 科学出版社.

张荣祖. 2011. 中国动物地理 [M]. 北京: 科学出版社.

张荣祖, 李炳元, 张豪禧, 等. 2012. 中国自然保护区区划系统研究 [M]. 北京: 中国环境科学出版社.

张睿莲. 2021. 美美与共 交往交融——生物多样与文化多元的云南 [J]. 今日民族, (10): 1-2.

张维宸. 2018. 自然资源管理迈向新时代 [J]. 紫光阁, (4): 33-34.

张伟, 刘雪梦, 王蝶, 等. 2021. 自然资源产权制度研究进展与展望 [J]. 中国土地科学, 35 (5): 109-118.

张文明, 张孝德. 2019. 生态资源资本化: 一个框架性阐述 [J]. 改革, (1): 122-131.

张文馨, 范小莉, 王强, 等. 2022. 昆嵛山国家级自然保护区生态系统服务价值演变 [J]. 水土保持研究, 29 (1): 288-294.

张希武. 2018. 建立以国家公园为主体的自然保护地体系 [J]. 林业建设, (5): 38-46.

张晓. 2005. 世界遗产和国家重点风景名胜区分权化 (属地) 管理体制的制度缺陷 [J]. 中国园林, 21 (7): 9-16.

张兴年. 2018. 三江源地区民生保障状况调查报告 [J]. 西藏研究, (4): 87-102.

张一帆, 宦吉娥. 2022. 自然资源资产国家所有权委托代理制度建构——基于全民利益视角的契约化构想 [J]. 中国国土资源经济, 35 (3): 4-16.

张颖, 杨桂红. 2021. 生态价值评价和生态产品价值实现的经济理论、方法探析 [J]. 生态经济, 37 (12): 152-157.

张玉钧. 2012. 生态旅游的发展: 存在问题与实现途径 [J]. 风景园林, (5): 105-107.

张玉钧. 2014. 可持续生态旅游得以实现的三个条件 [J]. 旅游学刊, 29 (4): 5-7.

张玉钧. 2019. 国家公园游憩策略及其实现途径 [J]. 中华环境, (8): 29-32.

张玉钧. 2022. 国家公园实施适应性管理的前提条件 [J]. 中国生态旅游, 12 (2): 189-207.

张玉钧, 曹韧, 张英云. 2012. 自然保护区生态旅游利益主体研究: 以北京松山自然保护区为例 [J]. 中南林业科技大学学报: 社会科学版, 6 (3): 6-11.

张玉钧, 徐亚丹, 贾倩. 2017. 国家公园生态旅游利益相关者协作关系研究——以仙居国家公园公盂园区为例 [J]. 旅游科学, (3): 51-64.

张玉钧, 殷鸣放. 2006. 日本森林管理的最新发展——以日本神奈川县林业政策过程为例 [J]. 环境科学与管理, 31 (9): 8-10.

张玉钧, 张海霞. 2019. 国家公园的游憩利用规制 [J]. 旅游学刊, 34 (3): 5-7.

张玉钧, 张英云. 2012. 市民参与型的乡村景观保护——以日本海上森林国营里山公园建设为例 [J]. 中国生态农业学报, 20 (7): 838-841.

张振威, 杨锐. 2015. 美国国家公园管理规划的公众参与制度. 中国园林, 31 (2): 23-27.

张正旺, 徐基良. 2016. 自然保护区——高水平科学研究的天然实验室 [J]. 世界环境, (S1): 48-52.

赵东升, 郭彩贇, 郑度, 等. 2019. 生态承载力研究进展 [J]. 生态学报, 39 (2): 399-410.

赵国静, 宫一男, 杨海涛, 等. 2019. 东北虎豹国家公园东部的野猪生境利用和活动节律初步研究 [J]. 兽类学报, 39 (4): 431-441.

赵人镜, 尚琴琴, 李雄. 2018. 日本国家公园的生态规划理念、管理体制及其借鉴 [J]. 中国城市林业, 16 (4): 71-74.

赵松乔. 1983. 中国综合自然地理区划的一个新方案 [J]. 地理学报, (1): 1-10.

赵铁桥. 1992. 历史生物地理学进展 [J]. 昆虫分类学报, 14 (1): 35-48.

赵兴华. 1994. 德国的自然保护 [J]. 环境, (9): 32.

赵振坤. 2005. 长江中游生态区湿地鸟类的GAP分析及保护网络研究 [D]. 北京: 北京林业大学硕士学位论文.

赵智聪, 彭琳, 杨锐. 2016. 国家公园体制建设背景下中国自然保护地体系的重构 [J]. 中国园林, 32 (7): 11-18.

赵智聪, 杨锐. 2019. 论国土空间规划中自然保护地规划之定位 [J]. 中国园林, 35 (8): 5-11.

赵智聪, 杨锐. 2021. 中国国家公园原真性与完整性概念及其评价框架 [J]. 生物多样性, 29 (10): 1271-1278.

郑度. 1998. 关于地理学的区域性和地域分异研究 [J]. 地理研究, 17 (1): 4-9.

郑度. 2015. 中国自然地理总论 [M]. 北京: 科学出版社.

郑度, 葛全胜, 张雪芹, 等. 2005. 中国区划工作的回顾与展望 [J]. 地理研究, 24 (3): 330-344.

郑度, 欧阳, 周成虎. 2008. 对自然地理区划方法的认识与思考 [J]. 地理学报, (6): 563-573.

郑月宁, 贾倩, 张玉钧. 2017. 论国家公园生态系统的适应性共同管理模式 [J]. 北京林业大学学报 (社会科学版), 16 (4): 21-26.

郑昭佩. 2013. 自然资源学基础 [M]. 青岛: 中国海洋大学出版社.

中国林学会. 2019. 自然教育基地评定导则 [S]. 北京: 中国林学会.

中国绿色时报. 2020. 建设国家公园是践行“两山”理念的生动实践 [EB/OL]. http://www.forestry.gov.cn/main/586/20200820/092957472536218.html [2021-11-02].

中华人民共和国财政部. 2018. 财政部关于印发《中央对地方重点生态功能区转移支付办法》的通知 [EB/OL]. http://www.mof.gov.cn/gkml/caizhengwengao/wg2018/wg201807/201810/t20181023_3052979.htm [2021-11-11].

中华人民共和国国务院新闻办公室. 2021a. 中国的生物多样性保护白皮书 [R].

中华人民共和国国务院新闻办公室. 2021b. 中国应对气候变化的政策与行动 [R/OL]. http://www.gov.cn/zhengce/2021-10/27/content_5646697.htm [2022-06-18].

中华人民共和国环境保护部 (现生态环境部). 2010. 中国生物多样性保护战略与行动计划 [EB/OL]. https://www.mee.gov.cn/gkml/hbb/bwj/201009/t20100921_194841.htm [2021-12-10].

中华人民共和国环境保护部 (现生态环境部). 2017. 关于印发《自然保护区人类活动遥感监测及核查处理办法 (试行)》的通知 [EB/OL]. https://www.mee.gov.cn/gkml/hbb/gfxwj/201707/t20170721_ 418331.htm [2022-06-19].

中华人民共和国环境保护部 (现生态环境部). 2021. 联合国《生物多样性公约》缔约方大会第十五次会议 (COP15)第一阶段会议新闻发布会 [EB/OL]. https://www.mee.gov.cn/ywdt/zbft/202110/t20211020_957274.shtml [2021-11-02].

中华人民共和国建设部 (现中华人民共和国住房和城乡建设部). 1994. 关于发布《中国风景名胜区形势与展望》绿皮书的通知 [EB/OL]. http://chla.com.cn/htm/2007/0828/2170.html [2021-12-08].

中华人民共和国建设部 (现中华人民共和国住房和城乡建设部). 1999. GB 50298—1999风景名胜区规划规范 [M]. 北京: 中国标准出版社.

中华人民共和国文化和旅游部. 2017. GB/T 18972—2017旅游资源分类、调查与评价 [M]. 北京: 中国标准出版社.

钟林生, 曾瑜皙, 虞虎. 2021. 青藏高原国家公园群游憩功能的自然基础与实现路径 [J]. 生态学报, 41 (3): 861-873.

钟镇涛, 张鸿辉, 洪良, 等. 2020. 生态文明视角下的国土空间底线管控: "双评价"与国土空间规划监测评估预警 [J]. 自然资源学报, 35 (10): 2415-2427.

周晨, 黄逸涵, 周湛曦. 2019. 基于自然教育的社区花园营造——以湖南农业大学"娃娃农园"为例 [J]. 中国园林, 35 (12): 12-16.

周大庆. 2013. 旅游景区治理绩效: 政府与利益相关者的博弈 [J]. 经济地理, 33 (8): 188-192.

周明镇, 张弥曼, 陈宜瑜, 等. 1996. 隔离分化生物地理学译文集 [M]. 北京: 中国大百科全书出版社.

周涛, 王如松. 2009. 生态资产管理方法初探 [J]. 生态经济 (学术版), (2): 65-68.

周语夏, 刘海龙, 赵智聪, 等. 2020. 秦巴山脉国家公园与自然保护地空间体系研究 [J]. 中国工程科学, 22 (1): 86-95.

朱春全. 2016. 不同的国家公园 共同的和谐典范 [Z]. 贵阳: 生态文明贵阳国际论坛.

朱春全. 2017. 国家公园体制建设的目标与任务 [J]. 生物多样性, 25 (10): 1047-1049.

朱洪革, 赵梦涵, 朱震锋. 2022. 国内外国家公园特许经营实践及启示——以东北虎豹国家公园为例 [J]. 世界林业研究, 35 (1): 50-55.

朱里莹, 徐姗, 兰思仁. 2016. 国家公园理念的全球扩展与演化 [J]. 中国园林, 32 (7): 36-40.

朱彦鹏. 2020. 国家公园名词手册 [M]. 北京: 测绘出版社.

朱泽林, 田添, 郝瑜琬, 等. 2022. 我国国家级寄生虫病防治科研基地建设现状与挑战 [J]. 热带病与寄生虫学, 20 (3): 170-173.

庄优波, 杨锐, 赵智聪. 2017. 国家公园体制试点区试点实施方案初步分析 [J]. 中国园林, 33 (8): 5-11.

自然资源部办公厅. 2020. 资源环境承载能力和国土空间开发适宜性评价指南 (试行) [EB/OL]. http://gi.mnr.gov.cn/202001/t20200121_2498502.html[2022-10-26].

邹晨斌, 李明华. 2017. 我国国家公园多方化管理探析: 以越南丰芽——格邦国家公园共存管理模式为例 [J]. 世界林业研究, 30 (4): 63-67.

邹丽梅. 2007. 完善我国自然保护区管理体制及其立法问题刍议 [J]. 哈尔滨市委党校学报, (1): 86-87.

邹晓瑛. 2010. 世界遗产武夷山旅游社区参与发展模式研究 [D]. 南昌: 南昌大学硕士学位论文.

Abellán P, Sánchez-Fernández D. 2015. A Gap Analysis Comparing the Effectiveness of Natura 2000 and National Protected Area Networks in Representing European Amphibians and Reptiles [J]. Biodiversity and Conservation, 24 (6): 1377-1390.

Agrawal A, Gibson C C. 1999. Enchantment and Disenchantment: the Role of Community in Natural Resource Conservation [J]. World Development, (27): 629-649.

Anderson J E. 1991. A Conceptual Framework for Evaluating and Quantifying Naturalness [J]. Conservation Biology, 5 (3): 347-352.

Arnstein S R. 1969. A Ladder of Citizen Participation [J]. Journal of the American Planning Association, 35: 216-224.

Bailey R G. 2014. Ecoregions of the Continents: the Polar Ecoregions [M]. New York: Springer.

Bajracharya S B, Furley P A, Newton A C. 2006. Impacts of Community-based Conservation on Local Communities in the Annapurna Conservation Area, Nepal [J]. Biodiversity and Conservation, 15 (8): 2765-2786.

Barbier E B. 2009. Ecosystems as Natural Assets [M]. Delft: Now Publishers.

BfN. 2020. Naturparke [EB/OL]. https://www.bfn. de/naturparke [2022-04-25].

Bhola N, Juffe-Bignoli D, Burguess N, et al. 2016. Protected Planet Report 2016: How Protected Areas Contribute to Achieving Global Targets for Biodiversity 2016 [R]. UNEP World Conservation Monitoring Centre (UNEP-WCMC).

Borrini G, Dudley N, Jaeger T, et al. 2013. Governance of Protected Areas: from Understanding to Action [M]. Switzerland: IUCN.

Box E O. 1995. Factors Determining Distributions of Tree Species and Plant Functional Types [J]. Plant Ecology, 121 (1-2): 101-116.

Box E O. 2012. Macroclimate and Plant Forms: an Introduction to Predictive Modeling in Phytogeography [M]. Berlin: Springer Science and Business Media.

Boyce J K. 2001. From Natural Resources to Natural Assets [J]. New Solutions: a Journal of Environmental and Occupational Health Policy, 11 (3): 267-288.

Burley F W. 1988. Monitoring Biological Diversity for Setting Priorities in Conservation [C]//Wilson E O. Biodiversity. Washington: National Academy Press, 227-230.

Cantú C, Wright R G, Scott J M, et al. 2004. Assessment of Current and Proposed Nature Reserves of Mexico Based on Their Capacity to Protect Geophysical Features and Biodiversity [J]. Biological Conservation, 115 (3): 411-417.

Carignan V, Villard M A. 2002. Selecting Indicator Species to Monitor Ecological Integrity: a Review [J]. Environmental Monitoring and Assessment, 78 (1): 45-61.

Carter N H, Viña A, Hull V, Mcconnell W J, et al. 2014. Coupled Human and Natural Systems Approach to Wildlife Research and Conservation [J]. Ecology and Society, 19 (3): 43-60.

Catullo G, Masi M, Falcucci A, et al. 2008. A Gap Analysis of Southeast Asian Mammals Based on Habitat Suitability Models [J]. Biological Conservation, 141 (11): 2730-2744.

CBD. 2004. Decision VII/30 of the Seventh Conference of the Parties to the Convention on Biological Diversity (CBD/COP7)Strategic Plan: Future Evaluation of Progress [EB/OL]. http://www.biodiv. org/decisions/default. aspx? dec＝VII/30 [2022-06-27].

Chambers R. 2006. Participatory Mapping and Geographic Information Systems: Whose Map? Who Is Empowered and Who Disempowered? Who Gains and Who Loses? [J]. Electronic Journal on Information Systems in Developing Countries, 25 (2): 1-11.

Chin A T M, Tozer D C, Fraser G S. 2014. Hydrology Influences Generalist-specialist Bird-based Indices of Biotic Integrity in Great Lakes Coastal Wetlands [J]. Journal of Great Lakes Research, 40 (2): 281-287.

Clements F E. 1916. Plant Succession: an Analysis of the Development of Vegetation [M]. Washington: Carnegie Institution of Washington Public.

Clements F E, Shelford V E . 1939. Bio-Ecology [M]. New York: John Wiley & Sons, Inc.

Clewell A F. 2000. Restoring for Natural Authenticity [J]. Ecological Restoration, 18 (4): 216-217.

Coase R. 1960. The Problem of Social Cost [J]. Journal of Law and Economics, 3: 1-44.

Colchester M. 1996. Beyond “Participation”: Indigenous Peoples, Biological Diversity Conservation and Protected Area Management [J]. Unasylva, 47 (186): 33-39.

Cole D N, Stankey G H. 1997. Historical Development of Limits of Acceptable Change: Conceptual Clarifications and Possible Extensions [C]//Stephen F M, David N C. Proceedings-limits of Acceptable Change and Related Planning Processes: Progress and Future Directions. Ogden: U. S. Department of Agriculture, Forest Service, Intermountain Research Station.

Collins S L, Carpenter S R, Swinton S M, et al. 2011. An Integrated Conceptual Framework for Long-term Social-ecological Research [J]. Frontiers in Ecology and the Environment, 9 (6): 351-357.

Connor D M. 1988. A New Ladder of Citizen Participation [J]. National Civic Review, 77: 249-257.

Cox C B. 2001. The Biogeographic Regions Reconsidered [J]. Journal of Biogeography, 28: 511-523.

Crofts R, Gordon J E, Brilha J, et al. 2020. Guidelines for Geoconservation in Protected and Conserved Areas [M]. Gland, Switzerland: IUCN.

Daim M S, Bakri A F, Kamarudin H, et al. 2012. Being Neighbor to a National Park: Are We Ready for Community Participation? [J]. Procedia Social and Behavioral Sciences, 36 (36): 211-220.

De Klerk H M, Fjeldsa J, Blyth S, et al. 2004. Gaps in the Protected Area Network for Threatened Afrotropical Birds [J]. Biological Conservation, 117 (5): 529-537.

Demsetz H. 1967. Toward a Theory of Property Rights [J]. American Economic Review, 57 (2): 61-70.

Dietz T, Stern P C. 1998. Science, Values and Biodiversity [J]. BioScience, 48: 441-444.

Dobrowski S Z, Littlefield C E, Lyons D S, et al. 2021. Protected-area Targets Could be Undermined by Climate Change-driven Shifts in Ecoregions and Biomes [J]. Communications Earth & Environment, 2 (1): 198.

Dudley N. 2012. Authenticity in Nature: Making Choices about the Naturalness of Ecosystems [M]. London: Routledge.

Dudley N. 2013. Guidelines for Applying IUCN Protected Area Categories [M]. Gland, Switzerland: IUCN.

Dudley N. 2016. IUCN自然保护地管理分类应用指南 [M]. 朱春全，欧阳志云译. 北京：中国林业出版社.

Dudley N, Boucher J L, Cuttelod A, et al. 2014. Applications of Key Biodiversity Areas: End-user Consultations [M]. Cambridge, UK and Gland, Switzerland: IUCN.

Dudley N, Stolton S, Belokurov A, et al. 2010. Natural Solutions: Protected Areas Helping People Cope with Climate Change [EB/OL]. https://www.iucn.org/sites/dev/files/import/downloads/natural_solutions.pdf [2021-11-03].

Edralin J S. 1997. The New Local Governance and Capacity Building: a Strategic Approach-Examples from Africa, Asia, and Latin America [J]. Regional Development Studies, 3, 109-149.

Eneji V C O, Gubo Q, Okpiliya F I, et al. 2009. Problems of Public Participation in Biodiversity Conservation: the Nigerian Scenario [J]. Impact Assessment and Project Appraisal, 27: 301-307.

Fairweather P G. 1991. Statistical Power and Design Requirements for Environmental Monitoring [J]. Marine and Freshwater Research, 42 (5): 555-567.

Fan J, Wang Y F, Wang C S, et al. 2019. Reshaping the Sustainable Geographical Pattern: a Major Function Zoning Model and its Applications in China [J]. Earth's Future, 7 (1): 25-42.

Fiorino D J. 1990. Citizen Participation and Environmental Risk: a Survey of Institutional Mechanisms [J]. Science, Technology, & Human Values, 15: 226-243.

Folke C, Biggs R, Norström A V, et al. 2016. Social-ecological Resilience and Biosphere-based Sustainability Science [J]. Ecology and Society, 21 (3): 41.

Forman R T T, Godron M. 1986. Landscape Ecology [M]. New York: John Wiley & Sons.

Freeman E, Harrison J S, Wicks A C. 2013. 利益相关者理论：现状与展望 [M]. 盛亚，李靖华，王节祥，等译. 北京：知识产权出版社.

Fu B J, Chen L D. 1996. Landscape Diversity Types and Their Ecological Significance [J]. Acta Geographica Sinica, 51 (5): 454-462.

Gaventa J, Valderrama C. 1999. Participation, Citizenship and Local Governance [J]. Strengthening

Participation in Local Governance, 21: 1-16.

George R. 2010. Sociological Theory [M]. New York: McGraw Hill Higher Education.

Hasan E, Bahauddin K M. 2014. Community's Perception and Involvement in Co-management of Bhawal National Park, Bangladesh [J]. Journal of Natural Sciences Research, 4 (3): 60-67.

Hector A, Bagchi R. 2007. Biodiversity and Ecosystem Multifunctionality [J]. Nature, 448: 188-190.

Hiwasaki L. 2005. Toward Sustainable Management of National Parks in Japan: Securing Local Community and Stakeholder Participation [J]. Environmental Management, 35 (6): 753-764.

Holling C S. 1978. Adaptive Environmental Assessment and Management. [J]. Fire Safety Journal, 42 (1): 11-24.

Hopton M E, Mayer A L. 2006. Using Self-organizing Maps to Explore Patterns in Species Richness and Protection [J]. Biodiversity and Conservation, 15 (14): 4477-4494.

Hose T A, Markovic S B, Komac B, et al. 2011. Geotourism-a Short Introduction [J]. Acta Geographica Slovenica, 51 (2): 339-342.

Huth H. 1948. Yosemite, the Story of an Idea [M]. San Francisco, California, USA: Yosemite Natural History Association.

INE. 2000. Ochrona Przyrody w Polsce [EB/OL]. http://natura2000. org. pl/e-szkolenia/e1-ochrona-przyrody-w-polsce-2/_ochrona_przyrody_w_polsce/#a2 [2022-04-25].

IUCN. 1994. Guidelines for Protected Area Management Categories [M]. Gland, Switzerland: IUCN.

IUCN. 2008. Guidelines for Applying Protected Area Management Categories [EB/OL]. https://portals. iucn. org/library/sites/library/files/documents/PAG-021. pdf [2021-11-28].

IUCN. 2017. 自然保护地治理：从理解到行动 [M]. 朱春全，李叶，赵云涛译. 北京：中国林业出版社.

IUCN. 2018. Natural World Heritage [EB/OL]. https://www.iucn. org/resources/issues-briefs/natural-world-heritage [2021-12-10].

IUCN. 2019a. IUCN Definitions [M/OL]. https://www.iucn. org/downloads/en_iucn__glossary_definitions. pdf [2021-12-30].

IUCN. 2019b. Protected Areas and Climate Change [EB/OL]. https://www.iucn. org/sites/dev/files/content/documents/protected_areas_and_climate_change_briefing_paper_december_2019-final. pdf [2021-11-03].

Jantke K, Schleupner C, Schneider U A. 2011. Gap Analysis of European Wetland Species: Priority Regions for Expanding the Natura 2000 Network [J]. Biodiversity and Conservation, 20 (3): 581-605.

Jennings M D. 2000. Gap Analysis: Concepts, Methods, and Recent Results [J]. Landscape Ecology, 15 (1): 5-20.

Jianguo L, Thomas D, Stephen R C, et al. 2007. Complexity of Coupled Human and Natural Systems [J]. Science, 317 (5844): 1513-1516.

Jianguo L, Thomas D, Stephen R C, et al. 2021. Coupled Human and Natural Systems: the Evolution and Applications of an Integrated Framework [J]. Ambio, 50 (10): 1778-1783.

Karr J R. 1981. Assessment of Biotic Integrity Using Fish Communities [J]. Fisheries, 6 (6): 21-27.

Karr J R, Dudley D R. 1981. Ecological Perspective on Water Quality Goals [J]. Environmental Management, 5 (1): 55-68.

Keen M, Mahanty S. 2006. Learning in Sustainable Natural Resource Management: Challenges and Opportunities in the Pacific [J]. Society and Natural Resources, 19: 497-513.

Kreft H, Jetz W. 2010. A Framework for Delineating Biogeographical Regions Based on Species Distributions [J]. Journal of Biogeography, 37 (11): 2029-2053.

Laba M, Gregory S K, Braden J, et al. 2002. Conventional and Fuzzy Accuracy Assessment of the New York Gap Analysis Project Land Cover Map [J]. Remote Sensing of Environment, 81 (2-3): 443-455.

Larson B D, Sengupta R R. 2004. A Spatial Decision Support System to Identify Species-specific Critical Habitats Based on Size and Accessibility Using US GAP Data [J]. Environmental Modelling & Software, 19 (3): 7-18.

Levins R. 1969. Some Demographic and Genetic Consequences of Environmental Heterogeneity for Biological Control [J]. American Entomologist, 15 (3): 237-240.

Li T, Huang X, Jiang X, et al. 2015. Assessment of Ecosystem Health of the Yellow River with Fish Index of Biotic Integrity [J]. Hydrobiologia, 814 (1): 31-43.

Liu J, Dietz T, Carpenter S R, et al. 2007. Complexity of Coupled Human and Natural Systems [J]. Science, 317 (5844): 1513-1516.

Liu J, Dietz T, Carpenter S R, et al. 2021. Coupled Human and Natural Systems: the Evolution and Applications of an Integrated Framework [J]. Ambio, 50 (10): 1778-1783.

Lovejoy T E. 1980. Discontinuous Wilderness: Minimum Areas for Conservation [J]. Parks, 5 (2): 13-15.

Lynch H J, Hodge S, Albert C, et al. 2008. The Greater Yellowstone Ecosystem: Challenges for Regional Ecosystem Management [J]. Environmental Management, 41: 820-833.

Macarthur R H, Wilson E O. 1967. The Theory of Island Biogeography [M]. Princeton, New Jersey: Princeton University Press.

Mace G M. 2014. Whose Conservation? [J]. Science, 345 (6204): 1558-1560.

Mahan C G, Young J A, Miller B J, et al. 2015. Using Ecological Indicators and a Decision Support System for Integrated Ecological Assessment at Two National Park Units in the Mid-atlantic Region, USA [J]. Environ Manage, 55 (2): 508-522.

Maikhuri R, Rana U, Rao K, et al. 2000. Promoting Ecotourism in the Buffer Zone Areas of Nanda Devi Biosphere Reserve: an Option to Resolve People—Policy Conflict [J]. International Journal of Sustainable Development & World Ecology, 7 (4): 333-342.

Mannigel E. 2008. Integrating Parks and People: How Does Participation Work in Protected Area Management? [J]. Society & Natural Resources, 21: 498-511.

Mascia M B, Brosius J P, Dobson T A, et al. 2003. Conservation and the Social Sciences [J]. Conservation Biology, 17: 649-650.

Matthews E. 1983. Global Vegetation and Land Use: New High-resolution Data Bases for Climate Studies [J]. Journal of Applied Meteorology, 22 (3): 474-487.

Medeiros H R, Torezan J M. 2013. Evaluating the Ecological Integrity of Atlantic Forest Remnants by Using Rapid Ecological Assessment [J]. Environ Monit Assess, 185 (5): 4373-4382.

Meine C, Soulé M, Noss R F. 2006. "A Mission-driven Discipline": the Growth of Conservation Biology [J]. Conservation Biology, 20 (3): 631-651.

Millemann R E, Boden T A. 1985. Major World Ecosystem Complexes Ranked by Carbon in Live Vegetation: a Database [R]. TN (USA): Oak Ridge National Laboratory.

Ministry of the Environment Government of Japan. 2009. Natural Park Act [EB/OL]. http://www.env. go. jp/en/laws/nature/law_np. pdf [2022-04-25].

Mittermeier R A. 1997. Megadiversity: Earth's Biologically Wealthiest Nations [M]. Mexico City: CEMEX.

Murtaugh P A. 1996. The Statistical Evaluation of Ecological Indicators [J]. Ecological Applications, 6 (1): 132-139.

Myers N. 1988. Threatened Biotas: "Hot Spots" in Tropical Forests [J]. Environmentalist, 8 (3): 187-208.

Myers N, Mittermeier R, Mittermeier C, et al. 2000. Biodiversity Hotspots for Conservation Priorities [J]. Nature, 403 (6772): 853-858.

NCHA. 1966. Federal Act on the Protection of Nature and Cultural Heritage [EB/OL]. https://www.fedlex.admin. ch/eli/cc/1966/1637_1694_1679/en [2022-4-25].

Novelli M, Scarth A. 2007. Tourism in Protected Areas: Integrating Conservation and Community Development in Liwonde National Park (Malawi) [J]. Tourism and Hospitality Planning & Development, 4 (1): 47-73.

O'neill R, Hunsaker C, Timmins S P, et al. 1996. Scale Problems in Reporting Landscape Pattern at the Regional Scale [J]. Landscape Ecology, 11 (3): 169-180.

Oldfield T E E, Smith R J, Harrop S R, et al. 2004. A Gap Analysis of Terrestrial Protected Areas in England and Its Implications for Conservation Policy [J]. Biological Conservation, 120 (3): 303-309.

Olson D M, Dinerstein E. 2003. The Global 200: Priority Ecoregions for Global Conservation [J]. Annals of the Missouri Botanical Garden, 89 (2): 199-224.

Park R E, Burgess E W. 1921. Introduction to the Science of Sociology [M]. Chicago: the University of Chicago Press.

Parks and Wildlife Commission of the Northern Territory. 2002. Public Participation in Protected Area Management, the Committee on National Parks and Protected Area Management, Benchmarking and Best Practice Program [EB/OL]. https://www.awe. gov. au/sites/default/files/documents/public-participation. pdf [2022-11-09].

Pearlman D J, Dickinson J, Miller L, et al. 1999. The Environment Act 1995 and Quiet Enjoyment: Implications for Countryside Recreation in the National Parks of England and Wales, UK [J]. Area, 31 (1), 59-66.

Pecl G T, Araújo M B, Bell J D, et al. 2017. Biodiversity Redistribution under Climate Change: Impacts on Ecosystems and Human Well-being [J]. Science, 355 (6332): 1-11.

Peterson A T, Kluza D A. 2003. New Distributional Modelling Approaches for Gap Analysis [J]. Animal Conservation, 6 (1): 47-54.

Pigou A C. 1920. Economics of Welfare [M]. London: Macmillan: 10-25.

Pimm S L, Russell G J, Gittleman J L, et al. 1995. The Future of Biodiversity [J]. Science, 269 (5222): 347-350.

Poulios I. 2013. Moving beyond a Values-based Approach to Heritage Conservation [J]. Conservation and Management of Archaeological Sites, 12 (2): 170-185.

Prell C, Hubacek K, Reed M. 2009. Stakeholder Analysis and Social Network Analysis in Natural Resource Management [J]. Society & Natural Resources, 22 (6): 501-518.

Prentice I C, Cramer W, Harrison S P, et al. 1992. A Global Biome Model Based on Plant Physiology and Dominance, Soil Properties and Climate [J]. Journal of Biogeography, 19 (2): 117-134.

Raab D, Bayley S E. 2012. A Vegetation-based Index of Biotic Integrity to Assess Marsh Reclamation Success in the Alberta Oil Sands, Canada [J]. Ecological Indicators, 15 (1): 43-51.

Rambler M B, Margulis L, Fester R. 1989. Global Ecology: towards a Science of the Biosphere [M]. London: Academic Press.

Rasoolimanesh S M, Jaafa R M. 2017. Sustainable Tourism Development and Residents' Perceptions in World Heritage Site Destinations [J]. Asia Pacific Journal of Tourism Research, 22 (1): 34-38.

Rees W E. 1990. The Ecology of Sustainable Development [J]. Ecologist, 20 (1): 18-23.

Risser PG, Karr JR, Forman RTT. 1984. Landscape ecology: directions and approaches [M]. Champaign, Illinois: Illinois Natural History Survey Special Publication Number 2.

Rockström J, Steffen W, Noone K, et al. 2009. A Safe Operating Space for Humanity [J]. Nature, 461 (7263): 472-475.

Rodrigues A S L, Akcakaya H R, Andelman S J, et al. 2004. Global Gap Analysis: Priority Regions for Expanding the Global Protected-area Network [J]. Bioscience, 54 (12): 1092-1100.

Roughgarden J, Iwasa Y. 1986. Dynamics of a Metapopulation with Space-limited Subpopulations [J]. Theoretical Population Biology, 29 (2): 235-261.

Schaller H, Jonasson HI, Aikoh T. 2013. Managing Conflicting Attitudes: National Parks in Iceland and Japan [J]. Tourismos: an International Multidisciplinary Journal of Tourism, 8 (2): 21-38.

Schlager E, Ostrom E. 1992. Property-rights Regimes and Natural Resources: a Conceptual Analysis [J]. Land Economics, 68 (3): 265-298.

Schneider H. 1999. Participatory Governance: the Missing Link for Poverty Reduction [M]. Paris: OECD Publishing.

Schrodt F, Bailey J J, Kissling W D, et al. 2019. To Advance Substainable Stewardship, We Must Document not only Biovisersity but Geodiversity [J]. Proceedings of the National Academy of Science, 116 (33): 16155-16158.

Schroeder M A, Crawford R C, Rocchio F J, et al. 2011. Ecological Integrity Assessments: Monitoring and Evaluation of Wildlife Areas in Washington. [R]. Olympia: Washington Department of Fish and Wildlife: 236.

Schultz J. 2005. The Ecozones of the World: The Ecological Divisions of the Geosphere [M]. Second Edition. Berlin: Springer.

Sclater P L. 1858. On the General Geographical Distribution of the Members of the Class [C]. //Aves. Journal of the proceedings of the Linnean Society. London: The Linnean Society.

Scott J, Davis F, Csuti B, et al. 1993. Gap Analysis: a Geographic Approach to Protection of Biological Diversity [J]. Wildlife Monographs, 57: 1-41.

Scott J M, Mountainspring S, Ramsey F L, et al. 1986. Forest Bird Communities of the Hawaiian Islands: Their Dynamics, Ecology, and Conservation [J]. Journal of Wildlife Management, 53 (3): 860.

Seitz V. 2001. A New Model: Participatory Planning for Sustainable Community Development [J]. Race Poverty & the Environment, 8 (1): 8-11.

Selin S W, Chavez D. 1995. Developing a Collaborative Model for Environmental Planning and Management [J]. Environmental Management, 18: 189-195.

Shafer C L. 1999. US National Park Buffer Zones: Historical, Scientific, Social, and Legal Aspects [J]. Environmental Management, 23 (1): 49-73.

Sharafi S M, Moilanen A, White M, et al. 2012. Integrating Environmental Gap Analysis with Spatial Conservation Prioritization: a Case Study from Victoria, Australia [J]. Journal of Environmental Management, 112 (24): 240-251.

Shrestha N, Xu X, Meng J, et al. 2021. Vulnerabilities of Protected Lands in the Face of Climate and Human Footprint Changes [J]. Nature Communications, 12 (1): 1632.

Smith G S. 2012. Planning and Management in Eastern Ontario's Protected Spaces: How Do Science and Public Participation Guide Policy? [D]. Master Dissertation, Queen's University, Kingston.

Soulé M E. 1985. What Is Conservation Biology? [J]. Bioscience, 35 (11): 727-734.

Stephenson R, Lane D, Aldous D, et al. 1993. Management of the 4WX Atlantic Herring (*Clupea harengus*) Fishery: an Evaluation of Recent Events [J]. Canadian Journal of Fisheries and Aquatic Sciences, 50 (12): 2742-2757.

Stringer LC, Dougill A J, Fraser E, et al. 2006. Unpacking "Participation" in the Adaptive Management of Social-ecological Systems: a Critical Review [J]. Ecology and Society, 11 (2): 39.

Sun X, Liu H. 2011. Assessment of Impact of Human Disturbance on Landscape Evolution of the Core Area of the Yancheng Nature Reserve [J]. Journal of Ecology and Rural Environment, 27 (3): 48-52.

The Biodiversity Committee of Chinese Academy of Sciences. 2022. Catalogue of Life China: 2022 Annual Checklist [M/CD]. http://sp2000. org. cn/ [2022-11-05].

The Ministry of Construction of the People's Republic of China. 1999. World Heritage Convention-natural and Cultural Heritage: China Mount Wuyi [R].

The United Nations Development Programme. 2003. Human Development Report 2003: Millennium Development Goals: A Compact Among Nations to End Human Poverty [R]. New York : UNDP.

Tischendorf L. 2001. Can Landscape Indices Predict Ecological Processes Consistently? [J]. Landscape Ecology, 16 (3): 235-254.

Tuler S, Webler T. 2000. Public Participation: Relevance and Application in the National Park Service [J]. Park Science, 20 (1): 24-26.

Turner M G. 1989. Landscape Ecology: the Effect of Pattern on Process [J]. Annual Review of Ecology and Systematics, 20 (1): 171-197.

Udvardy M D F. 1975. A Classification of the Biogeographical Provinces of the World [R]. Switzerland: IUCN Occasional Paper: 1-48.

UNESCO. 1972. 保护世界文化和自然遗产公约 [EB/OL]. https://www.un. org/zh/documents/treaty/files/whc. shtml [2021-12-10].

UNESCO. 1974. Task Force on: Criteria and Guidelines for the Choice and Establishment of Biosphere Reserves [R]. Paris: UNESCO.

Vitkalova A V, Feng L, Rybin A N. et al. 2018. Transboundary Cooperation Improves Endangered Species Monitoring and Conservation Actions: a Case Study of the Global Population of Amur leopards [J]. Conservation Letters, 11 (B): 1-8.

Wallace A R. 1876. The Geographical Distribution of Animals: with a Study of the Relations of Living and Extinct Faunas as Elucidating the Past Changes of the Earth's Surface [M]. New York: Harper and Brothers, Publishers.

Walters C J. 1997. Challenges in Adaptive Management in of Riparian and Coastal Ecosystems [J]. Ecology and Society, 1 (2): 1-16.

Wang T M, Andrew R J, Smith J L D, et al. 2018. Living on the Edge: Opportunities for Amur Tiger Recovery in China [J]. Biological Conservation, 217: 269-279.

Wang T M, Feng L M, Mou P, et al. 2016. Amur Tigers and Leopards Returning to China: Direct Evidence and a Landscape Conservation Plan [J]. Landscape Ecology, 31: 491-503.

Woodley S. 1993. Monitoring and Measuring Ecosystem Integrity in Canadian National Parks [M]. Ottawa : Saint Lucie Press.

Woodley S. 2010. Ecological Integrity and Canada's National Parks [J]. The George Wright Forum, 27 (2): 151-160.

World Commission on Environment and Development. 1987. Our Common Future [R]. Oxford: World Commission on Environment and Development: 43.

WWF. 1991. Local Participation in Environmental Assessment of Projects [R]. Working paper No. 2. Washington.

Xu W H, Viña A, Kong L Q, et al. 2017. Reassessing the Conservation Status of the Giant Panda Using Remote Sensing [J]. Nature Ecology & Evolution, 1 (11): 1635-1638.

Zhong L, Buckley R C, Wardle C, et al. 2015. Environmental and Visitor Management in a Thousand Protected Areas in China [J]. Biological Conservation, 181: 219-225.

附　录

国家公园建设纪事录（2013—2022年）

体制改革

2013年11月12日，中国共产党第十八届中央委员会第三次全体会议通过《中共中央关于全面深化改革若干重大问题的决定》，提出“建立国家公园体制”。

2014年2月28日，中央全面深化改革领导小组第二次会议审议通过了《中央全面深化改革领导小组2014年工作要点》，明确由国家发展改革委牵头开展国家公园体制改革工作。

2015年4月25日，中共中央、国务院印发《中共中央 国务院关于加快推进生态文明建设的意见》，明确提出“建立国家公园体制”，并强调“实行分级、统一管理，保护自然生态和自然文化遗产原真性、完整性”。

2015年9月21日，中共中央、国务院印发《生态文明体制改革总体方案》，在“建立国土空间开发保护制度”一节中，明确提出“建立国家公园体制”，并强调“加强对重要生态系统的保护和永续利用，改革各部门分头设置自然保护区、风景名胜区、文化自然遗产、地质公园、森林公园等的体制”“保护自然生态和自然文化遗产原真性、完整性”。

2016年1月，习近平总书记主持召开中央财经领导小组第十二次会议时强调：“要着力建设国家公园，保护自然生态系统的原真性和完整性，给子孙后代留下一些自然遗产。”

2017年3月，国务院《2017年政府工作报告》提出“深化生态文明体制改革”，并强调“完善主体功能区制度和生态补偿机制”“建立资源环境监测预警机制”“开展健全国家自然资源资产管理体制试点”“出台国家公园体制总体方案”。

2017年9月26日，中共中央办公厅和国务院办公厅印发《建立国家公园体制总体方案》，确认我国国家公园以国家利益为主导，坚持国家所有，具有国家象征，代表国家形象，彰显中华文明。同时，文件明确了体制建立的主要目标：到2020年，建立国家公园体制试点基本完成，整合设立一批国家公园，分级统一的管理体制基本建立，国家公园总体布局初步形成；到2030年，国家公园体制更加健全，分级统一的管理体制更加完善，保护管理效能明显提高。

2017年10月，党的十九大报告提出“建立以国家公园为主体的自然保护地体系”的要求，进一步明确国家公园体制在我国生态文明体制改革中的重要地位。

2019年4月14日，中共中央办公厅和国务院办公厅印发《关于统筹推进自然资源资产产权制度改革的指导意见》，要求加快自然资源统一确权登记，重点推进国家公园等各类自然保护地、重点国有林区、湿地、大江大河重要生态空间确权登记工作。同时，提出强化自然资源整体保护，对生态功能重要的公益性自然资源资产，加快构建以国家公园为主体的自然保护地体系。明确了国家公园范围内的全民所有自然资源资产所有权由国务院自然资源主管部门行使或委托相关部门、省级政府代理行使。条件成熟时，逐步过渡到国家公园内全民所有自然资源资产所有权由国务院自然资源主管部门直接行使。

2019年6月26日，中共中央办公厅、国务院办公厅印发《关于建立以国家公园为主体的自然保护地体系的指导意见》，明确了我国自然保护地以国家公园为主体、自然保护区为基础、各类自然公园为补充的分类系统，其中，国家公园是我国自然生态系统中最重要、自然景观最独特、自然遗产最精华、生物多样性最富集的部分，保护范围大，生态过程完整，具有全球价值、国家象征，国民认同度高。同时，文件提出实行自然保护地差别化管控，国家公园和自然保护区实行分区管控，原则上核心保护区内禁止人为活动，一般控制区内限制人为活动。自然公园原则上按一般控制区管理，限制人为活动。文件还明确了以国家公园为主体的自然保护地体系建立的三个阶段性目标任务：到2020年构建统一的自然保护地分类分级管理体制；到2025年初步建成以国家公园为主体的自然保护地体系；到2035年自然保护地规模和管理达到世界先进水平，全面建成中国特色自然保护地体系。

2020年10月，中央机构编制委员会印发《关于统一规范国家公园管理机构设置的指导意见》。

2022年3月17日，中共中央办公厅、国务院办公厅印发《全民所有自然资源资产所有权委托代理机制试点方案》，针对全民所有的土地、矿产、海洋、森林、草原、湿地、水、国家公园等8类自然资源资产（含自然生态空间）开展所有权委托代理试点。

2022年9月，国务院办公厅转发财政部、国家林草局（国家公园局）《关于推进国家公园建设若干财政政策意见》。

2022年10月16日，习近平在中国共产党第二十次全国代表大会上作《高举中国特色社会主义伟大旗帜 为全面建设社会主义现代化国家而团结奋斗》报告，强调“提升生态系统多样性、稳定性、持续性”，并且“以国家重点生态功能区、生态保护红线、自然保护地等为重点，加快实施重要生态系统保护和修复重大工程。推进以国家公园为主体的自然保护地体系建设。实施生物多样性保护重大工程。科学开展大规模国土绿化行动。深化集体林权制度改革。推行草原森林河流湖泊湿地休养生息，实施好长江十年禁渔，健全耕地休耕轮作制度。建立生态产品价值实现机制，完善生态保护补偿制度。加强生物安全管理，防治外来物种侵害”。

机构挂牌

2016年6月，三江源国家公园管理局（筹）正式挂牌；9月中央机构编制委员会办公室印发《关于青海省设立三江源国家公园管理局的批复》，试点期间管理局为正厅级行政单位，中央政府委托青海省政府直接管理。

2016年11月17日，神农架国家公园管理局挂牌成立；试点期间管理局为正处级事业单位，中央政府委托湖北省政府直接管理后，湖北省政府委托神农架林区政府代管。

2017年3月，原国家林业局成立“国家公园筹备工作领导小组”，组建“国家公园筹备工作领导小组办公室”，负责推进东北虎豹、大熊猫、祁连山国家公园体制试点。

2017年6月，武夷山国家公园管理局成立；试点期间管理局为正处级行政单位，中央政府委托福建省政府直接管理，由省林业局直接领导。

2017年8月19日，东北虎豹国家公园管理局成立；试点期间管理局为正厅级事业单位，由中央政府直接管理。

2017年10月13日，湖南南山国家公园管理局挂牌成立；试点期间管理局为正处级事业单位，中央政府委托湖南省政府直接管理后，湖南省政府委托邵阳市政府代管。

2018年3月，根据第十三届全国人民代表大会第一次会议批准的国务院机构改革方案，组建国家林业和草原局。按照3月21日中共中央印发的《深化党和国家机构改革方案》，将国家林业局的职责，农业部的草原监督管理职责，以及国土资源部、住房和城乡建设部、水利部、农业部、国家海洋局等部门的自然保护区、风景名胜区、自然遗产、地质公园等管理职责整合，组建国家林业和草原局，由自然资源部管理。国家林业和草原局加挂国家公园管理局牌子。主要职责是，监督管理森林、草原、湿地、荒漠和陆生野生动植物资源开发利用和保护，组织生态保护和修复，开展造林绿化工作，管理国家公园等各类自然保护地，旨在加大生态系统保护力度，统筹森林、草原、湿地、荒漠监督管理，加快建立以国家公园为主体的自然保护地体系，保障国家生态安全。4月10日，国家林业和草原局、国家公园管理局［以下简称国家林草局（国家公园管理局）］举行揭牌仪式。

2018年5月，国家发展改革委把指导国家公园体制试点的职能全部移交国家林草局（国家公园管理局）。国家林草局（国家公园管理局）成立“国家公园体制试点工作推进领导小组”，组建“国家公园管理办公室”。

2018年8月29日，普达措国家公园管理局正式挂牌；试点期间管理局为正处级事业单位，中央政府委托云南省政府直接管理后，云南省政府委托迪庆藏族自治州政府代管。

2018年10月29日，祁连山国家公园管理局、大熊猫国家公园管理局揭牌成立；试点期间均为正厅级行政单位，由中央政府与各省级政府共管，大熊猫国家公园涉及四川、陕西、甘肃三省，祁连山国家公园涉及甘肃和青海两省。

2019年4月1日，海南热带雨林国家公园管理局揭牌成立；试点期间管理局为正厅级行政单位，中央政府委托海南省政府直接管理。

2019年7月2日，钱江源国家公园管理局揭牌成立；试点期间管理局为正处级行政单位，中央政府委托浙江省政府直接管理。

2021年10月，国家林草局组建“国家公园（自然保护地）发展中心”，承担国家公园创建设立和建设等管理工作。

体制试点

2014年3月，环境保护部批复了浙江开化、仙居开展国家公园试点工作，明确指出国家公园以自然生态保护为主要目标，是一种科学处理生态环境保护与资源开发利用关系的保护管理发展模式。此类由部门主导的国家公园试点在探索一种被称为“通过较小范围的适度利用实现大范围的有效保护”的新方式上取得了一定进展。

2015年1月20日，国家发展和改革委员会同财政部、原国家林业局等13个部门联合印发《建立国家公园体制试点方案》，确定北京、吉林、黑龙江、浙江、福建、湖北、湖南、云南、青海共9个试点省份，启动国家公园体制试点工作。

2015年5月18日，国务院批转国家发展改革委《关于2015年深化经济体制改革重点工作的意见》。

2015年8月23日，原国家林业局为贯彻习近平总书记批示，在昆明召开全国野生动物类国家公园建设启动会，明确整合设立大熊猫、亚洲象、东北虎豹、藏羚4个旗舰种的国家公园试点。

2015年12月，中央全面深化改革领导小组第十九次会议审议通过《三江源国家公园体制试点方案》。

2016年3月5日，中共中央办公厅、国务院办公厅印发《三江源国家公园体制试点方案》。

2016年6月，国家发展改革委批复《武夷山国家公园体制试点区试点实施方案》《神农架国家公园体制试点区试点实施方案》《钱江源国家公园体制试点区试点实施方案》《香格里拉普达措国家公园体制试点区试点实施方案》。

2016年7月，国家发展改革委批复《南山国家公园体制试点区试点实施方案》。

2016年8月，国家发展改革委正式同意《北京长城国家公园体制试点区试点实施方案》。

2017年1月，中共中央办公厅、国务院办公厅正式印发《东北虎豹国家公园体制试点方案》《大熊猫国家公园体制试点方案》《关于健全国家自然资源资产管理体制试点方案》。

2017年6月，中央全面深化改革领导小组第三十六次会议审议通过《祁连山国家公园体制试点方案》。

2017年11月，原国家林业局会同吉林、黑龙江两省印发《东北虎豹国家公园体制试点实施方案》，进一步明确试点目标要求和任务分工。

2017年12月，原国家林业局会同四川、陕西、甘肃三省印发《大熊猫国家公园体制试点实施方案》，进一步明确试点目标要求和任务分工。

2018年4月，中共中央、国务院印发《中共中央 国务院关于支持海南全面深化改革开放的指导意见》，提出研究设立热带雨林等国家公园。

2019年1月23日，中央全面深化改革委员会第六次会议审议通过《海南热带雨林国家公园体制试点方案》。

2019年1月，国家林草局印发《关于北京长城国家公园体制试点工作有关意见的函》，停止北京长城国家公园体制试点工作。

2020年12月，国家林草局（国家公园管理局）委托中国科学院生态环境研究中心完成国家公园体制试点第三方评估验收。

空间布局

2017年2月7日，中共中央办公厅、国务院办公厅印发《关于划定并严守生态保护红线的若干意见》，要求划入生态保护红线，涵盖所有国家级、省级禁止开发区域，以及有必要严格保护的其他各类保护地等。

2019年2月27日，《国家公园空间布局方案》通过专家论证，提出我国国家公园候选区和优先区，从我国基本国情和自然生态空间保护的现实需求出发，是制定国家公园发展规划、构建以国家公园为主体的自然保护地体系的重要依据。

2019年11月1日，中共中央办公厅和国务院办公厅印发《关于在国土空间规划中统筹划定落实三条控制线的指导意见》，要求按照生态功能划定生态保护红线，为此，需要对自然保护地进行调整优化，评估调整后的自然保护地应划入生态保护红线；自然保护地发生调整的，生态保护红线相应调整。同时，明确了自然保护地核心区允许的人为活动清单。

2022年1月，习近平主席出席2022年世界经济论坛视频会议指出，中国正在建设全世界最大的国家公园体系。

2022年11月5日，国家主席习近平以视频方式出席在武汉举行的《湿地公约》第十四届缔约方大会开幕式并发表题为《珍爱湿地 守护未来 推进湿地保护全球行动》的致辞。中国制定了《国家公园空间布局方案》，将陆续设立一批国家公园。

2022年11月8日，《国务院关于国家公园空间布局方案的批复》发布。

2022年11月30日，国家林草局、财政部、自然资源部、生态环境部联合印发《国家公园空间布局方案》。

规划设计

2018年1月12日，国家发展和改革委员会正式印发《三江源国家公园总体规划》。

2018年12月6日，国家林业和草原局国家公园规划研究中心在国家林业和草原局昆明勘察设计院揭牌成立，成为国家林草局（国家公园管理局）专门致力于国家公园规划研究的专业机构。

2019年12月，福建省林业局、福建省发展和改革委员会、福建省自然资源厅联合印发《武夷山国家公园总体规划及专项规划（2017—2025年）》。

2020年2月10日，自然资源部和国家林草局向各省、自治区和直辖市人民政府下发《关于做好自然保护区范围及功能分区优化调整前期有关工作的函》，明确了自然保护区范围及功能分区调整前期工作的基本原则和具体要求。

2020年6月，国家林草局印发《大熊猫国家公园总体规划（试行）》《东北虎豹国家公园总体规划（试行）》《海南热带雨林国家公园总体规划（试行）》。

2020年6月3日，国家发展改革委、自然资源部关于印发《全国重要生态系统保护和修复重大工程总体规划（2021—2035年）》的通知发布。

2021年12月13日，《海南热带雨林国家公园总体规划（2022—2030年）》通过专家评审。

2021年12月30日，《武夷山国家公园总体规划（2022—2030年）》通过专家论证。

2022年3月11日，国家林业和草原局、国家发展改革委、财政部、自然资源部和农业农村部关于印发《国家公园等自然保护地建设及野生动植物保护重大工程建设规划（2021—2035年）》的通知发布。

2022年6月22日和24日，《武夷山国家公园总体规划（2022—2030年）》《大熊猫国家公园总体规划（2022—2030年）》两项规划通过专家评审。

2022年9月，《东北虎豹国家公园总体规划（2022—2030年）》《三江源国家公园总体规划（2022—2030年）》两项规划通过专家评审。

2022年9月20日，《海南热带雨林国家公园生态系统修复规划（2022—2030年）》通过专家评审。

2022年11月11日，国家林草局（国家公园管理局）印发《国家公园总体规划编制和审批管理办法（试行）》。

2023年2月10日，国家林草局（国家公园管理局）印发《国家公园总体规划编制和审批管理办法（试行）实施细则》。

创建设立

2021年3月22日，习近平总书记到武夷山国家公园考察调研。

2021年10月12日，国家主席习近平以视频方式出席在昆明举行的《生物多样性公约》第十五次缔约方大会领导人峰会并在主旨发言中宣布：中国正式设立三江源、大熊猫、东北虎豹、海南热带雨林、武夷山等第一批国家公园，保护面积达23万km^2，涵盖近30%的陆域国家重点保护野生动植物种类。

2021年10月14日，国务院分别发布关于同意设立三江源、大熊猫、东北虎豹、海南热带雨林、武夷山等国家公园的批复。国家公园设立后，相同区域不再保留其他自然保护地，相关未划入国家公园区域的管控要求通过自然保护地整合优化工作予以明确。原则同意《三江源国家公园设立方案》《大熊猫国家公园设立方案》《东北虎豹国家公园设立方案》《海南热带雨林国家公园设立方案》和《武夷山国家公园设立方案》。

2021年10月，国家公园管理局函复山东、陕西、广东、辽宁省政府，同意开展黄河口、秦岭、南岭、辽河国家公园创建工作。

2021年10月，国务院新闻办公室举办首批国家公园建设发展情况新闻发布会。

2022年4月至6月，国家公园管理局函复相关省政府，同意开展羌塘、卡拉麦里、亚洲象、珠穆朗玛峰、青海湖、若尔盖、梵净山、昆仑山国家公园创建工作。

2022年4月11日，习近平总书记到海南热带雨林国家公园五指山片区考察调研。

2022年7月，国家公园管理局会同财政部联合印发《国家公园设立指南》。

法律法规

2014年4月24日，十二届全国人大常委会第八次会议修订了《中华人民共和国环境保护法》，与国家公园相关的修订如：第一章总则的第一条增加了“推进生态文明建设”；第二十条增加了“国家建立跨行政区域的重点区域、流域环境污染和生态破坏联合防治协调机制，实行统一规划、统一标准、统一监测、统一的防治措施”；第二十九条增加“国家在重点生态功能区、生态环境敏感区和脆弱区等区域划定生态保护红线，实行严格保护”；第三十条增加了“保护生物多样性，保障生态安全，依法制定有关生态保护和恢复治理方案并予以实施”；第三十一条增加了“国家建立、健全生态保护补偿制度。国家加大对生态保护地区的财政转移支付力度。有关地方人民政府应当落实生态保护补偿资金，确保其用于生态保护补偿。国家指导受益地区和生态保护地区人民政府通过协商或者按照市场规则进行生态保护补偿”。

2016年7月2日，第十二届全国人民代表大会常务委员会第二十一次会议修订了《中华人民共和国野生动物保护法》，总则第一条新增“推进生态文明建设”。

2017年2月28日，浙江省开化县委及县政府办公室印发《钱江源国家公园体制试点区山水林田河管理办法》。

2017年6月2日，青海省第十二届人民代表大会常务委员会第三十四次会议通过《三江源国家公园条例（试行）》，自2017年8月1日起正式施行。

2017年11月24日，福建省第十二届人民代表大会常务委员会第三十二次会议通过《武夷山国家公园条例（试行）》，自2018年3月1日起施行。

2017年11月29日，湖北省第十二届人民代表大会常务委员会第三十一次会议通过《神农架国家公园保护条例》，自2018年5月1日起施行。

2018年9月7日，十三届全国人大常委会将国家公园法列入立法规划。

2018年10月26日，第十三届全国人民代表大会常务委员会第六次会议审议通过《全国人民代表大会常务委员会关于修改〈中华人民共和国野生动物保护法〉等十五部法律的决定》，《中华人民共和国野生动物保护法》与国家公园相关的修订如：第七条“国务院林业、渔业行政主管部门分别主管全国陆生、水生野生动物管理工作。县级以上地方政府渔业行政主管部门主管本行政区域内水生野生动物管理工作”修改为“县级以上地方人民政府对本行政区域内野生动物保护工作负责，其林业草原、渔业主管部门分别主管本行政区域内陆生、水生野生动物保护工作”。

2019年12月28日第十三届全国人民代表大会常务委员会第十五次会议修订了《中华人民共和国森林法》，在结构上作了较大调整，从1998年《森林法》的7章扩展至9章，条文数从49条增加到84条，与国家公园相关的修订如：第三十一条明确“国家在不同自然地带的典型森林生态地区、珍贵动物和植物生长繁殖的林区、天然热带雨林区和具有特殊保护价值的其他天然林区，建立以国家公园为主体的自然保护地体系，加强保护管理”。

2020年4月24日，云南省迪庆藏族自治州人民代表大会常务委员会第二十五次会议通过《云南省迪庆藏族自治州香格里拉普达措国家公园保护管理条例（修订草案）》。该草案是在2011年2月26日迪庆藏族自治州人大会议通过、2013年9月25日云南省第十二届人大常务委员会会议批准后的原条例基础上的修订稿。

2020年4月30日，湖南省邵阳市人民政府办公室印发《南山国家公园管理办法》，该办法自2020年5月1日起施行，适用于南山国家公园体制试点建设期。

2020年9月3日，海南省第六届人民代表大会常务委员会第二十二次会议审议通过了《海南热带雨林国家公园条例（试行）》，该条例自2020年10月1日起施行。

2020年12月20日，生态环境部向各省、自治区、直辖市生态环境厅（局）及新疆生产建设兵团生态环境局印发《自然保护地生态环境监管工作暂行办法》，进一步落实了各级生态环境部门的自然保护地生态环境监管职责，推进规范开展自然保护地生态环境监管工作。

2022年4月26日，四川省政府印发《四川省大熊猫国家公园管理办法》，该办法自

2022年5月1日起施行，有效期2年。

2022年6月1日，国家林草局（国家公园管理局）印发《国家公园管理暂行办法》，该办法自发布之日起施行。

2022年12月30日，第十三届全国人民代表大会常务委员会第三十八次会议修订了《中华人民共和国野生动物保护法》，与国家公园相关的修订内容如：第四条新增“国家加强重要生态系统保护和修复”“鼓励和支持开展野生动物科学研究与应用，秉持生态文明理念，推动绿色发展”；第十二条“省级以上人民政府依法划定相关自然保护区域，保护野生动物及其重要栖息地，保护、恢复和改善野生动物生存环境”改为“省级以上人民政府依法将野生动物重要栖息地划入国家公园、自然保护区等自然保护地，保护、恢复和改善野生动物生存环境”，并将“禁止或者限制在相关自然保护区域内引入外来物种、营造单一纯林、过量施洒农药等人为干扰、威胁野生动物生息繁衍的行为”改为“禁止或者限制在相关自然保护地内引用外来物种、营造单一纯林、过量施洒农药等人为干扰、威胁野生动物生息繁衍的行为”；第十三条将“禁止在相关自然保护区域建设法律法规规定不得建设的项目”改为“禁止在自然保护地建设法律法规规定不得建设的项目”；第二十条将“在相关自然保护区域和禁猎（渔）区、禁猎（渔）期内，禁止猎捕以及其他妨碍野生动物生息繁衍的活动，但法律法规另有规定的除外”改为“在自然保护地和禁猎（渔）区、禁猎（渔）期内，禁止猎捕以及其他妨碍野生动物生息繁衍的活动，但法律法规另有规定的除外”；第三十九条增加“加强与毗邻国家的协作，保护野生动物迁徙通道”。

标准规范

2014年1月，环境保护部印发《国家生态保护红线——生态功能基线划定技术指南（试行）》，明确界定“生态保护红线的定义、类型及特征”，提出“生态保护红线划定的基本原则、技术流程、范围、方法和成果要求”，成为我国首个生态保护红线划定的纲领性技术指导文件，标志着环境保护部将全面开展生态保护红线划定工作，体现了环境保护部推进主体功能区规划、实行最严格的源头保护制度、改革生态环境保护管理体制的行动导向。

2018年2月，原国家林业局发布《国家公园功能分区规范》（LY/T 2933—2018）。

2019年10月，国家林业和草原局发布公告，成立“国家公园和自然保护地标准化技术委员会”。

2020年3月，国家林业和草原局发布《国家公园资源调查与评价规范》（LY/T 3189—2020）《国家公园勘界立标规范》（LY/T 3190—2020）《国家公园总体规划技术规范》（LY/T 3188—2020）等行业标准。

2020年8月，国家市场监督管理总局国家标准化管理委员会立项并审核发布《国家公园设立规范》（GB/T 39737—2020）、《自然保护地勘界立标规范》（GB/T 39740—2020）、《国家公园总体规划技术规范》（GB/T 39736—2020）、《国家公园考核评价规范》（GB/T 39739—2020）、《国家公园监测规范》（GB/T 39738—2020）5项国家标准，进一步充实完善了国家公园标准化体系，推动实现国家公园标准化建设。

2020年12月，国家林业和草原局发布《国家公园标识规范》（LY/T 3216—2020）。

2021年12月，国家市场监督管理总局、国家标准化管理委员会发布《国家公园总体规划技术规范》（GB/T 39736—2020）、《国家公园设立规范》（GB/T 39737—2021）、《国家公园监测规范》（GB/T 39738—2020）、《国家公园考核评价规范》（GB/T 39739—2020）、《自然保护地勘界立标规范》（GB/T 39740—2020）5项国家标准。

2021年11月，国家林业和草原局规划财务司、国家发展和改革委员会社会发展司印发《国家公园基础设施建设项目指南（试行）》，指南被印发至各有关省级林业和草原主管部门、各国家公园管理局，用以指导各国家公园开展项目前期工作。

2021年11月，国家林业和草原局与国家发展改革委联合印发《国家公园基础设施建设项目指南（试行）》。

2022年7月20日，国家林业和草原局印发自然保护地领域标准体系等相关文件。

发展报告

2019年12月，社会科学文献出版社出版《中国国家公园体制建设报告（2019—2020）》，该书由国务院发展研究中心主导完成，是我国第一本“国家公园蓝皮书”。

2022年10月，社会科学文献出版社出版《中国国家公园建设发展报告（2022）》，由北京林业大学国家公园研究中心联合行业专家共同完成，是我国第一本“国家公园绿皮书”，也是党的二十大召开之际出版的第一本以国家公园为主题的著作。

2022年12月，社会科学文献出版社出版《中国国家公园体制建设报告（2021—2022）》，由国务院发展研究中心与深圳大学美丽中国研究院合作共同完成，是我国第二本“国家公园蓝皮书”。

研究交流

2018年2月，国家林业局东北虎豹监测与研究中心在北京师范大学揭牌成立。

2018年6月，国家林业和草原局委托中国科学院开展全国自然保护地体系规划研究。该研究被中国科学院列为战略性先导科技专项。

2018年8月14日，由国家林业和草原局（国家公园管理局）主办的国家公园国际研讨会在昆明召开。

2018年9月28日，由国家林业和草原局（国家公园管理局）和甘肃省人民政府主办的第三届丝绸之路（敦煌）国际文化博览会“国家公园与生态文明建设”高端论坛在敦煌举办。会议集结了来自15个国家和组织的150名国内外嘉宾，共同探讨了国家公园与生态文明建设。

2019年8月19日，第一届国家公园论坛在青海西宁召开，习近平总书记在致贺信中指出：“中国实行国家公园体制，目的是保持自然生态系统的原真性和完整性，保护生物多样性，保护生态安全屏障，给子孙后代留下珍贵的自然资产。这是中国推进自然生态保护、建设美丽中国、促进人与自然和谐共生的一项重要举措。”

2019年12月，国家林业和草原局（国家公园管理局）在北京召开国家公园体制试点工作会议。

2020年9月11日，国家林业和草原局成立国家公园国家创新联盟，国家林业和草原局林草调查规划院为理事长单位，中国科学院生态环境研究中心和中咨集团生态技术研究所（北京）有限公司为副理事长单位，第一届理事会由来自高校院所、调查咨询、管理机构、科技企业28个机构构成。

2021年6月8日，国家林业和草原局（国家公园管理局）与中国科学院共建的国家公园研究院揭牌。双方将共同把研究院建成国家公园领域最具权威性和公信力的研究和决策咨询机构，为国家公园的科学化、精准化、智慧化建设与管理提供科技支撑。

2021年12月17日，国家林业和草原局（国家公园管理局）与国家文物局在北京签署《关于加强世界遗产保护传承利用合作协议》。

媒体宣传

2018年7月，东北虎豹国家公园标识正式启用。

2018年8月15日起，CCTV-4《远方的家》栏目开始播出《国家公园》(《国家自然保护地》)，这是中央广播电视总台在“加快生态文明体制改革”“建设美丽中国”的时代大背景下推出的大型系列特别节目，也是总台成立以来第一个有关“绿水青山就是金山银山”主旋律的节目。节目播出时间为每周一至周五17点15分，每集约为40分钟。

2019年10月，祁连山国家公园标识正式发布并启用。

2019年11月，武夷山国家公园标识正式发布并启用。

2021年2月10日，人民日报客户端上线“选出你心目中的中国国家公园”H5科普互动产品，传播国家公园理念和知识，助力建设以国家公园为主体的自然保护地体系。

2022年5月15日起，绿色中国网络电视推出《国家公园》系列视频，截至2022年5月31日已发布共计33期。

2022年11月5日，《国家公园》纪念邮票正式发行。该纪念邮票1套5枚，邮票图案名称分别为三江源国家公园、大熊猫国家公园、东北虎豹国家公园、海南热带雨林国家公园和武夷山国家公园。

附　　表

附表1　国家公园空间布局的自然生态地理区

代码	自然生态地理区名称	特征
东部湿润半湿润生态大区		
Ⅰ1	大兴安岭北部寒温带森林冻土	该区地势起伏不大，相对高差较小，河谷开阔，多形成低洼地，平均海拔700～1100m，属寒温带大陆性气候，冬季漫长寒冷，夏季短暂凉爽，全年平均气温－2℃以下，年降水量400～500mm。主要生态系统类型为寒温带和温带山地针叶林生态系统及寒温带和温带沼泽生态系统，森林覆盖率高，区内一些低洼地段广泛发育着草甸和沼泽植被类型。旗舰种有原麝等
Ⅰ2	小兴安岭针阔混交林沼泽湿地	该区地貌类型主要以山地和台地为主，西部低山平均海拔为1000m左右，东北部小兴安岭海拔500～1000m，北部丘陵盆地海拔多为300～600m。属温带或中温带大陆性季风气候，冬季严寒，夏季温热多雨，年平均气温为－4～1℃，年降水量400～600mm。主要生态系统类型为寒温带和温带山地针叶林、落叶阔叶林生态系统，山前台地分布有草地植被类型，河谷处分布有一些草甸植被和沼泽植被。旗舰种有原麝、梅花鹿等
Ⅰ3	长白山针阔混交林河源	该区地貌类型以山地为主，平均海拔为500～1000m。属温带海洋性季风气候，年平均气温为3～6℃，年降水量600～800mm，受地形、山体和坡向等因素的影响较为明显，各地降水量差异较大。主要生态系统类型为寒温带、温带针阔混交林生态系统，以及寒温带、温带三江平原沼泽湿地生态系统，三江平原地区分布有大量沼泽植被。旗舰种有梅花鹿、原麝、中华秋沙鸭、豹等
Ⅰ4	东北松嫩平原草原湿地	该区以平原为主，地势低平，起伏不大，海拔一般在120～250m。属温带半湿润地区，年平均气温北部为0.5～3℃，南部为4～6℃，年降水量400～600mm。主要生态系统类型为温带沼泽生态系统及温带草甸草原生态系统，代表性植被为温带森林草原、草甸草原和沼泽植被。旗舰种有丹顶鹤等
Ⅰ5	辽东—胶东半岛丘陵落叶阔叶林	该区地貌类型以低山丘陵为主，包括泰山、沂蒙山等，平均海拔500～1000m。属暖温带季风性气候，冬暖夏凉，年平均气温为12～14℃，受海洋季风影响，降水量650～1000mm。主要生态系统类型为温带、暖温带落叶阔叶林生态系统，代表性植被为赤松林、麻栎林。旗舰种有梅花鹿、丹顶鹤等
Ⅰ6	燕山坝上温带针阔混交林草原	该区主要有山地、山间盆地和谷地，地势起伏较大，海拔约为1000m。属大陆性季风性暖温带半湿润气候，季节差别大，热量充足，气温年较差大，年平均气温为5～15℃，年均降水量一般为500～700mm，降水年内分配不均，主要集中在夏季。主要生态系统类型为温带落叶阔叶林生态系统，典型植被为半旱生落叶阔叶林、寒温带针叶林、灌丛草甸或草甸

续表

代码	自然生态地理区名称	特征
I7	黄淮海平原农田湿地	该区为典型的冲积平原，地势低平，海拔多在50m以下。属暖温带季风气候，四季变化明显，南部淮河流域处于向亚热带过渡地区，其气温和降水量都比北部高，平原年均温8～15℃，冬季寒冷干燥，年降水量为500～900mm。除农田外，典型植被为暖温带落叶阔叶林，河岸湖滨分布有沼泽和草甸。旗舰种有原麝、豹、大鲵等
I8	吕梁太行山落叶阔叶林	该区地貌类型以中海拔起伏山地、黄土塬和低海拔黄土苔原为主，地势起伏较大，海拔多为1000～2300m，主要土壤类型为褐土、绵土和黑垆土。属温带大陆性气候区，气温年较差和日较差大，冬季严寒、夏季暖热，年均气温为4～15℃，降水少，蒸发量大，年降水量420～960mm。主要生态系统类型为暖温带落叶阔叶林、暖温带常绿针叶林、暖温带落叶阔叶灌丛和草甸草原。典型植被为落叶阔叶林、温带草甸草原和次生落叶灌丛等
I9	长江中下游平原丘陵河湖农田	该区地貌类型以平原、丘陵、河流、湖泊为主，地势平坦，海拔一般在200m以下，低山丘陵地区海拔多为400～1000m。属亚热带季风气候，光照充足，热量丰富，降水充沛，年均温为15～18℃，年降水量为1000～1600mm。主要生态系统类型为亚热带常绿落叶阔叶混交林生态系统及亚热带湖泊湿地生态系统，代表性植被为常绿阔叶林和常绿落叶阔叶混交林。旗舰种有大鲵、长江江豚、中华白海豚、丹顶鹤、中华秋沙鸭等
I10	秦岭大巴山混交林	该区地貌类型以山地为主，区内地势险峻，大部分海拔在1500～2500m。秦岭是中国亚热带和暖温带的天然分界线，区内年均温为10～14℃，降水较充沛，年降水量为700～900mm。主要生态系统类型为暖温带和亚热带山地落叶阔叶林和北亚热带常绿落叶阔叶混交林，也分布多种针叶林。保存有许多重要的稀有物种，如珙桐、香果树、水青树、连香树等。旗舰种有大鲵、金丝猴、林麝、大熊猫、云豹等
I11	浙闽沿海山地常绿阔叶林	该区地貌类型以山地丘陵为主，地势起伏较大，平均海拔为400～1000m，山脉众多，呈东北—西南走向，大致与海岸线平行。属亚热带季风气候，水热条件优越，年均温为16～19℃，年降水量1300～2000mm。主要生态系统类型为中亚热带常绿阔叶林生态系统，代表性植被为亚热带常绿阔叶林及常绿针叶林。旗舰种有云豹、黑麂等
I12	长江南岸丘陵盆地常绿阔叶林	该区地貌类型以丘陵盆地为主，海拔多为200～500m。属亚热带湿润季风气候，雨量充沛，四季分明，冬夏较长、春秋较短，年均温一般为16～19℃，年降水量为1400～1900mm。主要生态系统类型为中亚热带常绿阔叶林、常绿针叶林、人工杉木林、竹林和次生常绿落叶阔叶混交林，代表性植被为亚热带常绿阔叶林。旗舰种有云豹、黑麂等
I13	四川盆地常绿落叶阔叶混交林	该区地貌类型以山地、盆地、平原为主，地势起伏大，山地海拔在700～1000m，平原海拔在500～600m。属中亚热带湿润气候，冬季少雨干旱，夏季雨水集中，年均温为16～18℃，年降水量多为1000～1300mm。主要生态系统类型为常绿落叶阔叶混交林生态系统，旗舰种有林麝、大鲵等
I14	云贵高原常绿阔叶林	该区地貌类型多样，有高原、山地、峡谷、盆地等，大部分地区海拔在1500～2000m，一些山地可高于3000m。属中亚热带高原气候，冬暖夏凉，年均温为15～18℃，年降水量1000～1200mm，南部较多，向东北递减。主要生态系统类型为亚热带山地针叶林、常绿阔叶林生态系统，中南部代表性植被为季风常绿阔叶林，北部为半湿润常绿阔叶林，横断山区为亚热带硬叶常绿阔叶林、亚热带针叶林、暗针叶林。旗舰种有林麝、黑颈鹤、大鲵等
I15	武陵山地常绿阔叶林	该区地貌类型以山地为主，海拔一般为500～1000m，山峰多为1000～1500m，部分高峰在2000m以上。属贵州高原与江南丘陵气候间的过渡类型，温和湿润，雨水均匀，年均温为16～17.5℃，年降水量为1200～1800mm。主要生态系统类型为亚热带针叶林、亚热带常绿阔叶林、常绿与落叶阔叶混交林、竹林等生态系统，代表性植被为常绿阔叶林，山地分布有亚热带针叶林。旗舰种有云豹、大鲵等

续表

代码	自然生态地理区名称	特征
Ⅰ16	黔桂喀斯特常绿阔叶林	该区地貌类型以喀斯特地貌和山地丘陵为主，地面起伏较大，丘陵海拔一般为300～700m，山地海拔多为1500～2000m。属高原型中亚热带气候，冬无严寒、夏无酷暑，年均温为14～20℃，多阴雨，日照不足，年降水量为1000～1900mm。主要生态系统类型为亚热带常绿阔叶林、亚热带针叶林生态系统，代表性植被为亚热带常绿阔叶林。旗舰种有云豹、大鲵等
Ⅰ17	岭南丘陵常绿阔叶林	该区地貌类型以低山丘陵为主，山地海拔多为1000m左右，丘陵为200～500m。属南亚热带季风性湿润气候，全年气温较高，降水充沛，暴雨偏多，年均温为19～22℃，年降水量为1400～2000mm。主要生态系统类型为亚热带常绿阔叶林生态系统，代表性植被为亚热带季风常绿阔叶林。旗舰种有豹、云豹等
Ⅰ18	雷琼热带雨林季雨林	该区地貌类型以山地、丘陵、平原为主，海拔多在300m以下。属热带海洋性季风气候，年平均温度在22～26℃，年均降水量1500～1800mm，多暴雨和台风。主要生态系统类型为热带雨林、季雨林生态系统，代表性植被为热带雨林、次生性热带季雨林、常绿阔叶林等。旗舰种有海南长臂猿、云豹等
Ⅰ19	滇南热带季雨林	该区地貌类型以山地、河谷盆地为主，山地海拔多为1500m，东南部可达2000m，河谷盆地海拔一般在1000m以下。属热带季风气候，受海拔高度的影响，气温差异较大，年均温为20～22℃，降水分布不均，东南部年均降水量2000mm，北部和东北部年降水量多为1200～1600mm。主要生态系统类型为亚热带常绿阔叶林、热带雨林生态系统，代表性植被北部多为常绿阔叶林，南部多为季节性雨林。旗舰种有绿孔雀、长臂猿、金丝猴、亚洲象、云豹、豹等
西部干旱半干旱生态大区		
Ⅱ1	内蒙古半干旱草原	该区地貌类型以高平原为主，海拔多为1000～1400m。属温带大陆性季风气候，气温低，降水少而不均，年均温在0～5℃，降水主要集中在夏季，并由东向西逐渐减少，年降水量大多为150～350mm。主要生态系统类型为温带草原、荒漠草原生态系统，代表性植被为温带丛生禾草草原，矮禾草、矮半灌木荒漠草原等。旗舰种有丹顶鹤等
Ⅱ2	鄂尔多斯高原森林草原	该区地貌类型以高原、平原为主，海拔在1000～1500m。属温带季风气候向大陆气候过渡区，气温偏高，年均温为3.5～8.5℃，降水区域差异大，由东向西急剧减少，年均降水量为200～300mm。主要生态系统类型为温带荒漠草原、温带典型草原、草原化荒漠。旗舰种有马麝等
Ⅱ3	黄土高原森林草原	该区地貌类型以黄土丘陵、黄土塬和黄土高原为主，地势较高，海拔多为1000～1300m，区内沟壑纵横，地面破碎严重。属半干旱大陆性气候区，气温年较差和日较差大，冬季严寒、夏季暖热，年均气温为4～11℃，降水少，蒸发量大，年降水量400～650mm。主要生态系统类型为温带草原、温带落叶阔叶林、温带常绿针叶林生态系统等，地带性植被主要为草甸草原、典型草原和落叶阔叶林等。旗舰种有原麝、豹、大鲵等
Ⅱ4	阿拉善高原温带半荒漠	该区以高原为主，大部分海拔在1000～1500m，部分山地超过2000m。属温带半干旱大陆性气候，干旱少雨，热量和光照充足，年均温为5～10℃，年降水量仅为20～150mm，主要生态系统类型为温带荒漠生态系统。旗舰种有马麝等
Ⅱ5	准噶尔盆地温带荒漠	该区地貌类型以盆地为主，南缘海拔约600m，东部800～1000m，西南艾比湖一带197～300m。属温带大陆性气候，气温年较差大，南部年均温为6～10℃，北部年均温为3～5℃，南北间降水量相差不多，为150～200mm，中部沙漠降水量只有100～120mm，主要生态系统类型为温带荒漠生态系统，代表性植被为荒漠植被。旗舰种有野骆驼等

续表

代码	自然生态地理区名称	特征
Ⅱ6	阿尔泰山草原针叶林	该区地貌类型以山地为主，海拔高度一般在3200～3500m。属温带大陆性气候，山间盆地和山麓的年均温一般为4～5℃，西北部面向水汽来源，降水丰富，年降水量为250～300mm。主要生态系统类型为寒温带和温带山地针叶林生态系统，低山带还有荒漠草原等，中山带有山地草原、山地草甸，高山带有高山草甸和少量地衣苔原等植被类型。旗舰种有雪豹、豹等
Ⅱ7	天山山地草原针叶林	该区地貌类型以山地为主，北部海拔一般在4000m以上，中部海拔不超过4000m，西面为伊犁河谷地带，南部海拔在4200～4800m。属温带大陆性气候，受西风影响，年降水较为丰富，平均在500mm以上，最高达1140mm。主要生态系统类型为温带山地针叶林生态系统、温带低山荒漠生态系统、山地草原生态系统、亚高山和高山草甸生态系统等，植被垂直带发育较为完整，代表性植被有温带荒漠植被、温带山地草原、山地针叶林、亚高山和高山草甸等。旗舰种有雪豹等
Ⅱ8	塔里木盆地暖温带荒漠	该区地貌类型以山地、盆地为主，海拔在780～1500m，周围山地海拔在4000～5000m。属温带大陆性气候，并受高大山地影响，西风和印度洋气流都被阻挡，气候极度干燥，年均温为11.3～11.6℃，年降水量仅为50～100mm。区内大部分被无植被的沙丘和戈壁占据，主要生态系统类型为暖温带荒漠生态系统、环塔克拉玛干沙漠的扇缘带盐生草甸和灌丛生态系统，以及河岸及古河道胡杨疏林生态系统。旗舰种有野骆驼等
青藏高原高寒生态大区		
Ⅲ1	喜马拉雅山脉东段山地雨林季雨林	该区地貌类型以高山峡谷为主，山地海拔均为6000m以上。属热带季风气候，湿润多雨，年均温18～23℃，年降水量一般为2000～3000mm，西藏东南边界年降水量超过4000mm。主要生态系统类型为热带雨林生态系统，代表性植被以热带雨林为主，还有亚热带山地常绿阔叶林、山地针阔叶混交林、高山灌丛草甸、亚高山针叶林等。旗舰种有喜马拉雅麝、黑麝、黑颈鹤、雪豹等
Ⅲ2	青藏高原东缘森林草原雪山	该区地貌类型以山地、河谷为主，山峰海拔多为5000m以上，谷地海拔约3000m。受季风气候影响，降水量较多，水热条件较好，谷地年均温8～10℃，年降水量多为500～1000mm。主要生态系统类型为温带草甸生态系统、亚热带山地针叶林生态系统，植被类型变化多样，代表性植被有干旱灌丛、常绿阔叶林、高山栎林、亚高山针叶林，高山灌丛草甸、高山草甸等。旗舰种有雪豹、豹、白唇鹿、大熊猫等
Ⅲ3	藏南极高山灌丛草原雪山	该区地貌类型以山地和谷地为主，区内地势南北高、中间低，山地海拔在6000m以上，谷地海拔在3000～4000m。气候受地形影响十分严重，河谷地区年均温为4～8℃，年降水量300～450mm。主要生态系统类型为温性草原、高寒草原和高寒草甸生态系统。代表性植被为温性草原。随着海拔上升，分布有高寒草原、高寒草甸和高寒灌丛等。旗舰种有黑颈鹤、雪豹等
Ⅲ4	羌塘高原高寒草原	该区地貌以高原、山地为主，高原海拔为4500～5000m。属高原亚寒半干旱气候带，寒冷干旱，年均温为−4～0℃，年降水量为150～350mm，降水主要集中在6～9月。主要生态系统类型为高寒草原生态系统。旗舰种有雪豹、黑颈鹤、藏羚、野牦牛等
Ⅲ5	昆仑山高寒荒漠雪山冰川	该区地貌类型以山地为主，山地平均海拔在4000m以上。属高原大陆性气候，山地寒冷干旱，年均温−10～8℃，该区最干燥地区山麓年均降水量不足50mm，高海拔区约为102～127mm，在帕米尔和西藏诸山附近，年降水量增加到457mm。主要生态系统类型为温带山地荒漠、高寒荒漠生态系统，代表性植被为半灌木、矮灌木荒漠植被及温带荒漠草原、高寒草原。旗舰种有藏羚、野牦牛等
Ⅲ6	柴达木盆地荒漠	该区地貌类型以盆地为主，盆地腹部海拔一般为2600～3200m。属高原大陆性气候，盆地温暖干旱，年均温1～5℃，年均降水量自东南部的200mm递减到西北部的15mm。主要生态系统类型为温性荒漠生态系统，东部的盆周山地有草原和高寒草甸生态系统。代表性植被为半灌木、矮灌木荒漠植被

续表

代码	自然生态地理区名称	特征
Ⅲ7	祁连山森林草甸荒漠	该区地貌类型以山地、河谷为主，山地海拔在3000～5000m，谷地海拔在3000m以下。属高原大陆性气候，冬季寒冷漫长，年均温为−5.7～3.8℃，年降水量为140～450mm，主要生态系统类型为寒温带山地针叶林生态系统、温带荒漠草原、高寒草甸生态系统，代表性植被以暗针叶林和高寒草甸为主，另有矮灌木荒漠草原、温带丛生禾草草原等。旗舰种有雪豹、黑颈鹤等
Ⅲ8	青藏三江源高寒草原草甸湿地	该区地貌类型以高山、河谷为主，地势较高，平均海拔在4000m以上。属高原山地气候，寒冷干旱，没有明显的四季之分，年均温为−5～0℃，年降水量250～550mm，由东南向西北递减。主要生态系统类型为高寒草甸生态系统、高寒沼泽生态系统，代表性植被以高寒草甸和高寒草原为主，河湖等低湿处分布有沼泽草甸，南部有山地针叶林等。旗舰种有黑颈鹤、藏羚、野牦牛、雪豹等
Ⅲ9	南横断山针叶林	该区地貌以侵蚀性地貌为主，大部分地区海拔在2000～4500m，主要分布有热带亚热带山地森林动物群。属中亚热带季风气候，冬暖夏凉，年均温为−3～19℃，年降水量480～1910mm。主要生态系统类型为山地常绿阔叶林、针阔叶混交林、硬叶常绿阔叶林、山地常绿针叶林、亚高山常绿阔叶灌丛、高山草甸和高山稀疏植被等。旗舰种有马麝、豹、滇金丝猴等
海洋生态大区		
Ⅳ1	渤黄海海洋海岛	黄海是西太平洋最大的陆架边缘海，是典型的半封闭海域，海底平坦，平均水深约90m，大部分水深在60m以上。渤海是黄海的重要的半封闭内海海湾之一,三面环陆，通过渤海海峡与黄海相通，平均水深18m。该区是世界最大的陆架浅海温带海洋生态系统，还有典型河口三角洲、原生滨海湿地，沙洲生态系统和独特黄海冷水团生态系统，也是重要的海洋经济生物的产卵场、育幼场、越冬场和洄游通道
Ⅳ2	东海海洋	该区是多岛围绕的边缘海，66%为大陆架，大陆架平均水深72m，全海域平均水深超过340m。分布有世界典型的陆架浅海亚热带海洋生态系统、大河河口生态系统、多样的海岛生态系统，也拥有我国典型的上升流生态系统，世界独特的黑潮暖流生态系统。同时，也是重要的经济鱼类产卵场和越冬场
Ⅳ3	南海海洋	该区是东北—西南走向的半封闭海，属于热带海洋生态系统。海底自外围至中心顺次为大陆架、大陆坡、中央海盆，略呈同心圆式三层环状结构，平均水深1212m，最大深度5559m。拥有世界典型的珊瑚岛礁、海山、冷泉、海盆、海槽生态系统。其北部沿岸海域是我国热带经济鱼类的重要产卵场和索饵场，中部是海龟、鲸豚类为代表的海洋珍稀濒危生物的重要栖息地

注：自然生态地理区划不包括港澳台

附表2　国家公园候选区基本情况表

序号	国家公园候选区	自然生态地理区名称	主要生态系统类型	珍稀野生动植物	独特自然遗迹与自然文化景观	世界价值	生态屏障分布	面积/km^2
1	大兴安岭	大兴安岭北部寒温带森林冻土	寒温带森林生态系统；沼泽湿地生态系统；连续冻土和岛状冻土，嫩江河源区	原麝、驼鹿、紫貂等国家重点保护物种	鄂伦春族和鄂温克族传统文化的发祥地；内蒙古高原与松辽平原的分水岭；迄今发现保存最好、冰川地貌齐全、科研价值最高的第四纪冰川遗迹	南瓮河、汗马为国际重要湿地，汗马为世界人与生物圈保护区	东北森林带	初评面积32 500
2	小兴安岭	小兴安岭针阔混交林沼泽湿地	北温带混交林生态系统，森林沼泽、灌丛沼泽、草丛沼泽、浮毯沼泽湿地复合生态系统	红松、钻天柳、黄檗、紫椴和紫貂、中华秋沙鸭、白头鹤等珍稀动植物；是候鸟迁徙的重要通道和繁殖地	黑龙江与松花江的分水岭；“红松的故乡”；中国类型最齐全、发育最典型、造型最丰富的印支期花岗岩石林地质遗迹	丰林为世界人与生物圈保护区，友好湿地为国际重要湿地	东北森林带	初评面积6500
3	东北虎豹	长白山针阔混交林河源	温带山地针阔叶混交林生态系统，绥芬河源	东北虎、东北豹野生种群及其栖息地和扩展通道	山地景观、动植物景观和浓郁的朝鲜族风情	—	东北森林带	设立面积14 100
4	长白山	长白山针阔混交林河源	温带混交林生态系统，世界上最深的内陆火山湖生态系统，东北亚最高山植被垂直带谱，鸭绿江、松花江河源区	中华秋沙鸭、紫貂、黑鹳、马鹿等重点保护动物	东北亚最高的火山熔岩地貌、流水地貌、喀斯特地貌和冰川冰缘地貌	长白山是世界人与生物圈保护区	东北森林带	初评面积3100
5	松嫩鹤乡	东北松嫩平原草原湿地	沼泽、河流、湖沼湿地生态系统，草原生态系统	丹顶鹤、白鹤、东方白鹳、黑鹳等9种鹤鹳类及其繁殖地和停歇地	东北少数民族文化和鹤文化的重要分布区；全球“东亚—澳大利西亚”鸟类迁徙路线的重要组成部分	扎龙、莫莫格为国际重要湿地	东北森林带	初评面积6000
6	辽河口	东北松嫩平原草原湿地＋渤黄海	滨海湿地生态系统，河口生态系统	全球候鸟迁徙关键区域，西太平洋斑海豹重要繁殖地，黑嘴鸥全球最集中繁殖地，丹顶鹤最南端的自然繁殖区	独特的苇荡红海滩自然景观，候鸟迁徙景观	双台河口为国际重要湿地	海岸带	初评面积1700

续表

序号	国家公园候选区	自然生态地理区名称	主要生态系统类型	珍稀野生动植物	独特自然遗迹与自然文化景观	世界价值	生态屏障分布	面积/km^2
7	燕山—塞罕坝	燕山坝上温带针阔混交林草原	北温带山地森林生态系统、坝上草原生态系统，华北地区唯一成片天然油松林生态系统	豹等旗舰种，金雕、斑羚等国家重点保护物种及栖息地	硅化木化石和恐龙足迹化石，集构造、沉积、古生物、岩浆活动及北方岩溶地貌于一体的地质遗迹群	延庆段为世界地质公园	—	初评面积3700
8	太行山	吕梁太行山落叶阔叶林	温性针叶林、暖温带落叶阔叶林生态系统	豹等旗舰种，褐马鸡等保护物种及其栖息地	中华文明的摇篮之一；峡谷地貌、塔峰地貌广布的太行山大峡谷；“太行八陉”	王屋山—黛眉山、云台山为世界地质公园	黄河重点生态区	初评面积3100
9	黄山	长江中下游平原丘陵河湖农田	中亚热带常绿阔叶林生态系统	黄山松、黄山猕猴、黄山灵芝等特有种，华东物种宝库	峰林地貌、冰川遗迹、奇松、云海为一体的独特自然景观；黄山历史文化景观	黄山为世界文化与自然双遗产、世界人与生物圈保护区、世界地质公园	长江重点生态区	初评面积530
10	洞庭湖	长江中下游平原丘陵河湖农田	淡水湖泊生态系统，湖州沼泽生态系统，长江中游重要调节湖泊	白鹤、白头鹤、东方白鹳和长江洄游鱼类的栖息地和迁徙通道	中国第二大淡水湖，长江流域吞吐调蓄性湖泊；水浸皆湖、水落为洲的沼泽地貌	东洞庭湖、南洞庭湖、汉寿西洞庭湖（目平湖）为国际重要湿地	长江重点生态区	初评面积2600
11	鄱阳湖	长江中下游平原丘陵河湖农田	淡水湖泊湿地生态系统，洲滩沼泽生态系统，长江中游重要调节湖泊	白鹤、白枕鹤、东方白鹳等候鸟的越冬地；江豚等水生生物的栖息地	中国最大的淡水湖，国际重要湿地；东北亚候鸟迁徙、停歇、觅食的停留地和越冬繁殖地	鄱阳湖、江西鄱阳湖南矶为国际重要湿地	长江重点生态区	初评面积2200
12	黄海滩	长江中下游平原丘陵河湖农田	世界上规模最大的潮间带滩涂湿地生态系统	为丹顶鹤、勺嘴鹬、小青脚鹬、黑嘴鸥等23种具有国际重要性的鸟类提供栖息地，全球数以百万迁徙候鸟的停歇地、换羽地和越冬地	受威胁程度最高的东亚—澳大利西亚候鸟迁徙路线上的关键枢纽	中国渤（黄）海候鸟栖息地是世界自然遗产地，大丰麋鹿、盐城自然保护区为国际重要湿地，盐城自然保护区为世界人与生物圈保护区	海岸带	初评面积6000

续表

序号	国家公园候选区	自然生态地理区名称	主要生态系统类型	珍稀野生动植物	独特自然遗迹与自然文化景观	世界价值	生态屏障分布	面积/km^2
13	秦岭	秦岭大巴山混交林	暖温带与北亚热带过渡区山地森林生态系统；渭河、洛河、嘉陵江、汉江的水源地	大熊猫、川金丝猴、朱鹮等旗舰种，羚牛等珍稀濒危物种及其栖息地	华夏文明的龙脉；终南山道教圣地；太白山古冰川遗迹群；冰晶顶古冰川地貌；翠华山山崩地质遗迹群	陕西佛坪、牛背梁为世界人与生物圈保护区，秦岭终南山为世界地质公园	黄河重点生态区	初评面积13 500
14	神农架	秦岭大巴山混交林	中国北亚热带面积最大的原生性常绿落叶阔叶混交林生态系统、完整的植被垂直带谱，同纬度地区海拔最高、面积最大的亚高山泥炭藓沼泽湿地	金粟兰科、木通科、金缕梅科、水青树科等特有野生植物原生地，金猫、大灵猫、小灵猫、林麝等重点保护物种及其栖息地，川金丝猴分布最东端的孤立种群	“华中屋脊”，中元古代、新元古代地质地貌“博物馆”，独特的高山寒冻风化喀斯特地貌及第四纪冰川遗迹	神农架世界自然遗产、世界地质公园，大九湖国际重要湿地	长江重点生态区	初评面积3020
15	武夷山	浙闽沿海山地常绿阔叶林	中亚热带常绿阔叶林生态系统	黄腹角雉、黑麂、金斑喙凤蝶等珍稀濒危物种及其栖息地	佛道名山、朱子理学的摇篮；茶的故乡；“碧水丹山”丹霞地貌景观	武夷山为世界自然文化双遗产、世界人与生物圈保护区	南方丘陵山地带	设立面积1280
16	钱江源—百山祖	浙闽沿海山地常绿阔叶林	亚热带低海拔常绿阔叶林生态系统，钱塘江、瓯江、闽江河源	孑遗植物百山祖冷杉全球唯一分布地，黑麂等旗舰种	独特江南古陆强烈上升山地及山河相间的地形地貌景观	—	南方丘陵山地带	初评面积750
17	井冈山	长江南岸丘陵盆地常绿阔叶林	季风常绿阔叶林生态系统，湘江、赣江主要水源地	银杉、资源冷杉、福建柏等亚热带中山针叶林分布最集中的地区；鸟类南北迁徙、东西扩散的中转站和重要通道	中国革命的摇篮；独特的鄱阳湖、洞庭湖“盆岭地貌”	井冈山为世界人与生物圈保护区	南方丘陵山地带	初评面积690

续表

序号	国家公园候选区	自然生态地理区名称	主要生态系统类型	珍稀野生动植物	独特自然遗迹与自然文化景观	世界价值	生态屏障分布	面积/km²
18	哀牢山	云贵高原常绿阔叶林草山	亚热带常绿阔叶林生态系统	黑冠长臂猿等旗舰种，野生苏铁等濒危物种及其栖息地	哈尼梯田、茶马古道等自然文化景观；珍贵的无线电宁静区	—	南方丘陵山地带	初评面积1700
19	张家界	武陵山地常绿阔叶林	亚热带常绿阔叶林生态系统，澧水河流生态系统	珙桐、伯乐树、水青树、大鲵等濒危特有物种及其栖息地	“中国山水画的原本”的自然景观；独特的砂岩地貌类型—“张家界地貌”	武陵源世界自然遗产、世界地质公园	长江重点生态区	初评面积560
20	梵净山	武陵山地常绿阔叶林	亚热带常绿阔叶林生态系统	黔金丝猴旗舰种全球唯一分布地，梵净山冷杉等珍稀濒危特有种	中国著名的弥勒道场；被誉为“武陵正源，名山之宗”	梵净山世界自然遗产	长江重点生态区	初评面积630
21	西南岩溶	黔桂喀斯特常绿阔叶林	中亚热带岩溶常绿落叶阔叶混交林，是世界上保存最完好、原生性最强的岩溶森林生态系统	林麝、穿山甲、白鹇、白花兜兰等重点保护物种及其栖息地，丰富的穴居倍足纲节肢动物群落	中国岩溶地貌的典型代表，世界上最大的天坑群、最密集的地下河天窗群及典型的高峰丛深洼地	中国南方喀斯特世界自然遗产，茂兰为世界人与生物圈保护区，乐业—凤山为世界地质公园	南方丘陵山地带	初评面积2400
22	南山	长江南岸丘陵盆地常绿阔叶林	中亚热带森林—草地—湿地复合生态系统的典型代表，中国丹霞地貌壮年期的模式地	中亚热带低海拔常绿阔叶林生态系统，中山泥炭藓沼泽湿地生态系统，亚高山草坡生态系统	资源冷杉、伯乐树，云豹、白颈长尾雉、穿山甲等珍稀特有动植物资源	湖南崀山为中国丹霞世界自然遗产的重要组成	南方丘陵山地带	初评面积1315
23	南岭	岭南丘陵常绿阔叶林	南亚热带常绿阔叶林生态系统，北江、东江水源地	野生鳄蜥、穿山甲、黄腹角雉等珍稀濒危物种及其栖息地	“南岭走廊”的核心区域，古驿道、驿站、古桥、古亭等历史文化遗产；中国14个陆地生物多样性关键地区之一	—	南方丘陵山地带	初评面积1930
24	丹霞山	岭南丘陵常绿阔叶林	南亚热带常绿阔叶林生态系统	丹霞梧桐、丹霞南烛、丹霞小花苣苔等珍稀特有野生植物及其生境	中国丹霞的符号——丹霞山“赤壁丹崖”的独特景观；世界“丹霞地貌”命名地；中国亚热带湿润区丹霞基本类型的模式地	丹霞山为世界自然遗产	南方丘陵山地带	初评面积240

续表

序号	国家公园候选区	自然生态地理区名称	主要生态系统类型	珍稀野生动植物	独特自然遗迹与自然文化景观	世界价值	生态屏障分布	面积/km²
25	海南热带雨林	琼雷热带雨林季雨林	岛屿型热带雨林生态系统，热带稀树灌丛生态系统，南亚热带常绿阔叶林生态系统，海南岛重要水源地	海南长臂猿等旗舰种，坡鹿、海南孔雀雉、海南苏铁、坡垒等热带珍稀濒危特有动植物	自然生态系统和黎苗文化的融合地	—	海岸带	优化后面积4269
26	亚洲象	滇南热带季雨林	热带雨林、热带季雨林、季节雨林和山地雨林等热带森林生态系统	亚洲象、印支虎等旗舰种，望天树、东京龙脑香、蓝果树、绿孔雀等珍稀濒危物种及其栖息地	“植物王国”、世界生物多样性保护热点区	西双版纳为世界人与生物圈保护区	—	初评面积6800
27	呼伦贝尔	内蒙古半干旱草原	呼伦贝尔典型草原生态系统，呼伦湖生态系统	大鸨、丹顶鹤等珍稀濒危物种的重要繁殖地和迁徙通道	北方众多游牧民族的主要发祥地；世界四大草原之一，内蒙古第一大湖	呼伦湖为世界人与生物圈保护区、国际重要湿地	北方防沙带	初评面积29 500
28	贺兰山	鄂尔多斯高原森林草原	干旱山地森林生态系统，山地荒漠草原生态系统，黄河中游重要水源地	岩羊、马鹿、马麝、黑鹳等珍稀濒危野生动物及其栖息地	灵武恐龙化石遗址、西夏王陵遗址、贺兰山岩画等历史和少数民族文化景观	—	黄河重点生态区	初评面积2585
29	大青山	鄂尔多斯高原森林草原	干旱半干旱山地森林生态系统，荒漠草原生态系统，黄河中游重要水源地	金雕、黑鹳、胡兀鹫、雪豹及青海云杉等野生动植物及其栖息地	世界上最密集的岩臼群及独特天然石佛景观	—	黄河重点生态区	初评面积4200
30	巴丹吉林	阿拉善高原温带半荒漠	温带半荒漠生态系统，荒漠绿洲森林生态系统，巴丹吉林沙漠	蒙古野驴、野骆驼、胡兀鹫等珍稀濒危荒漠物种及其栖息地	蒙古族游牧文化的摇篮	阿拉善世界地质公园	北方防沙带	初评面积13 800

续表

序号	国家公园候选区	自然生态地理区名称	主要生态系统类型	珍稀野生动植物	独特自然遗迹与自然文化景观	世界价值	生态屏障分布	面积/km^2
31	六盘山	黄土高原森林草原	暖温带森林生态系统，黄土沟壑草原生态系统，渭河、泾河水源区	黄芪、野大豆、紫斑牡丹，勺鸡、金雕、红腹锦鸡等珍稀濒危物种及其栖息地	渭河、泾河的分水岭；中国海拔最高的丹霞地貌群和火石寨丹霞景观	—	黄河重点生态区	初评面积1400
32	卡拉麦里	准噶尔盆地温带荒漠	低海拔荒漠草原生态系统，古尔班通古特沙漠	野马、野驴、盘羊、鹅喉羚、野山羊、狍、马鹿等有蹄类野生动物，波斑鸨、金雕等珍稀野生动物及其栖息地	西部鸟类迁徙通道；世界著名的“观兽胜地”和“西线观鸟胜地”	—	北方防沙带	初评面积14 900
33	阿尔泰山	阿尔泰山草原森林	亚寒温带针阔叶混交林生态系统，高山草甸生态系统，湖泊生态系统，冰碛石和现代冰川	新疆五针松、新疆冷杉、雪豹、貂熊等野生动植物，以及哲罗鲑、细鳞鲑、阿尔泰鲟、西伯利亚斜鳊等珍稀鱼类	中国境内图瓦人唯一聚居地；区域内有保存最完整的第四纪冰川；中国最美湖泊之一	—	北方防沙带	初评面积14 200
34	天山	天山山地草原针叶林	温带干旱区大型山地生态系统，山地针叶林草原生态系统	雪豹、北山羊、高山雪鸡等濒危野生动物及新疆野苹果、新疆野杏等重要种质资源地	全球唯一由巨大沙漠夹持的大型山脉及山盆相间地貌；众多冰川河流构成的绝妙自然景观	新疆天山世界自然遗产	北方防沙带	初评面积15 000
35	塔里木河	塔里木盆地暖温带荒漠	天然胡杨林生态系统，内陆河流湿地生态系统	塔里木鹅喉羚、白尾地鸦、塔里木鬣蜥、塔里木裂腹鱼，塔克拉玛干柽柳及其栖息地	国内最长的内陆河流；中国最美十大森林“轮台胡杨林”	—	北方防沙带	初评面积8345
36	雅鲁藏布大峡谷	喜马拉雅山脉东段山地雨林季雨林	山地热带、亚热带、温带森林生态系统，南迦巴瓦极高山生态系统，雅鲁藏布江河流生态系统	戴帽叶猴等旗舰种，羚牛、熊猴等珍稀濒危物种及其栖息地	高峰与拐弯峡谷组合的自然景观、地球上最深的峡谷和完整的动植物区系	—	青藏高原生态屏障区	初评面积30 800

续表

序号	国家公园候选区	自然生态地理区名称	主要生态系统类型	珍稀野生动植物	独特自然遗迹与自然文化景观	世界价值	生态屏障分布	面积/km²
37	大熊猫	青藏高原东缘森林草原雪山	“亚热带常绿落叶林—常绿落叶阔叶混交林—温性针叶林—寒温性针叶林—灌丛和灌草丛—草甸”构成的山地生态系统	大熊猫、金丝猴、豹等旗舰种，红豆杉、珙桐等珍稀动植物及其栖息地	龙门山断裂带地貌	黄龙世界自然遗产、四川大熊猫栖息地世界自然遗产，卧龙、白水江、黄龙为世界人与生物圈保护区	青藏高原生态屏障	设立面积22 100
38	若尔盖	青藏高原东缘森林草原雪山	高原高寒泥炭沼泽湿地生态系统，草甸草原生态系统，黄河重要水源地	黑颈鹤、白鹳、黑鹳、金雕、玉带海雕、白尾海雕及其栖息地、繁殖地	“中国黑颈鹤之乡”；黄河流域的蓄水池，全球气候变化的“晴雨表”；国际重要湿地	若尔盖、尕海则岔、黄河首曲为国际重要湿地	青藏高原生态屏障区	初评面积9100
39	贡嘎山	青藏高原东缘森林草原雪山	跨亚热带、暖温带、寒温带、亚寒带、寒带、寒冷带、冰雪带7个气候区的山地生态系统；冰川、冰斗、雪山	川金丝猴、白唇鹿、黑颈鹤、雪豹等旗舰种及其栖息地	“蜀山之王”；现代冰川景观及多种高山古冰川地貌	—	青藏高原生态屏障区	初评面积9200
40	香格里拉	南横断山针叶林	封闭型森林—湖泊—沼泽—草甸复合生态系统	黑颈鹤、黑鹳、中甸叶须鱼、云南红豆杉、松茸等珍稀濒危动植物及其栖息地	完整的古冰川遗迹；三江并流世界自然遗产地哈巴雪山片区的核心区域	三江并流世界自然遗产地，碧塔海为国际重要湿地	长江重点生态区	初评面积1400
41	高黎贡山	南横断山针叶林	温性、寒温性针叶林森林生态系统，冰川冻土，怒江、独龙江河流生态系统	白眉长臂猿、怒江金丝猴等旗舰种，全球生物多样性热点区、古老孑遗物种集中分布地，全球最大原始秃杉林、大树杜鹃等珍稀濒危动植物资源	怒江峡谷景观，独龙族等多民族文化的“伊甸园”	三江并流世界自然遗产地、高黎贡世界人与生物圈保护区	青藏高原生态屏障区	初评面积6700

续表

序号	国家公园候选区	自然生态地理区名称	主要生态系统类型	珍稀野生动植物	独特自然遗迹与自然文化景观	世界价值	生态屏障分布	面积/km²
42	珠穆朗玛峰	藏南极高山灌丛草原雪山	喜马拉雅极高山地生态系统，山地灌丛草原生态系统	西藏野驴、藏原羚、西藏延龄草、喜马拉雅长叶松等珍稀特有野生动植物及其栖息地	世界最高峰群；冰川、冰缘等多种地貌类型	珠穆朗玛峰为世界人与生物圈保护区	青藏高原生态屏障区	初评面积33 300
43	羌塘	羌塘高原高寒草原	高寒荒漠草原生态系统，高原湖泊湿地生态系统；冰川、雪山	藏羚、野牦牛、藏野驴等高寒特有物种及其栖息地	“世界屋脊的屋脊”“高寒生物物种资源库”；冰川、湖泊、草原、荒漠、雪山等构成了青藏高原的核心和主体	西藏扎日南木错、麦地卡湿地为国际重要湿地	青藏高原生态屏障区	初评面积297 500
44	冈仁波齐	羌塘高原高寒草原	冈仁波齐极高山生态系统，玛旁雍错、拉昂错高寒湖泊生态系统，狮泉河、象泉河等河流生态系统	青藏高原特有物种高原裸裂尻鱼、西藏沙蜥等野生动物资源	“神山圣湖”；最典型、最完整、最奇特、面积最大的风化土林地貌景观	玛旁雍错为国际重要湿地	青藏高原生态屏障区	初评面积8900
45	昆仑山	昆仑山高寒荒漠雪山冰川	高山荒漠生态系统，高寒草原生态系统　冰川雪山，塔里木河等水源地	藏羚、藏野驴、野牦牛、雪豹等重要物种及其栖息地	中国道教的“万山之祖”；中国冰川博物馆，是世界中低纬度地区冰川最集中的区域	昆仑山为世界地质公园	青藏高原生态屏障区	初评面积85 800
46	青海湖	青藏三江源高寒草原草甸湿地	青海湖湖泊生态系统，荒漠草原生态系统	普氏原羚、青海湖裸鲤唯一栖息地，黑颈鹤、大天鹅等珍稀濒危候鸟繁殖地	中国最大、世界第二大内陆咸水湖，中国最美的五大湖泊之一；青藏高原的“基因库”；青藏高原东北部的重要水体	青海湖鸟岛为国际重要湿地	青藏高原生态屏障区	初评面积28 500
47	祁连山	祁连山森林草甸荒漠	山地针叶林生态系统，温带荒漠草原、高寒草甸生态系统，冰川雪山，黑河、石羊河等水源地	雪豹旗舰种，白唇鹿、马麝、黑颈鹤、金雕、白肩雕、玉带海雕等珍稀濒危物种及其栖息地	黑河、疏勒河、石羊河三大内陆河的发源地，河西走廊的“生命线”和“母亲山”	盐池湾为国际重要湿地	青藏高原生态屏障区	优化后面积50 200

续表

序号	国家公园候选区	自然生态地理区名称	主要生态系统类型	珍稀野生动植物	独特自然遗迹与自然文化景观	世界价值	生态屏障分布	面积/km²
48	三江源	青藏三江源高寒草原草甸湿地	高寒草原、高寒草甸、河湖湿地、雪山冰川等自然生态系统，黄河、长江、澜沧江源	藏羚、野牦牛、雪豹、黑颈鹤等野生动物及其栖息地	中华水塔，宽阔草原与雪山冰川景观	青海可可西里世界自然遗产，鄂陵湖、扎陵湖国际重要湿地	青藏高原生态屏障区	设立面积190 700
49	黄河口	渤黄海海洋海岛	暖温带河口湿地生态系统，海洋生态系统	白鹳、中华秋沙鸭、白尾海雕、金雕、丹顶鹤，白鲟、达氏鲟、江豚、宽吻海豚等珍稀动物	国际鸟类迁徙路线上的重要“中转站”和越冬地，渤黄海区域海洋生物的重要种质资源库	黄河三角洲为国际重要湿地	海岸带	初评面积3500
50	长岛	渤黄海海洋海岛	温带海洋和海岛生态系统	斑海豹、黑眉蝮蛇等栖息地或关键洄游通道	是斑海豹在辽东湾的产仔场和黄海栖息地之间的关键洄游通道；独特海蚀地貌、史前黄土剖面等自然景观	—	海岸带	初评面积3665
51	南北麂列岛	东海海洋	亚热带海洋和海岛生态系统	真海豚、小须鲸、宽吻海豚、印太江豚、玳瑁及水仙花原生种群，贝藻类水生动植物王国	独特的海岛地层景观、海蚀地貌、海岛森林植被景观、鲸豚群游景观	南麂列岛世界人与生物圈保护区	海岸带	初评面积2400
52	热带海洋	南海海洋	热带海洋生态系统，珊瑚礁生态系统	鲸豚类、白鲣鸟、造礁珊瑚、砗磲、鹦鹉螺、绿海龟等海洋生物及其繁殖、越冬场	独特珊瑚岛景观、深邃蓝洞景观、海鸟齐飞景观、鲸豚群游景观、清澈海水景观	—	—	初评面积105 300

注：生态屏障分布，是指《全国重要生态系统保护和修复重大工程总体规划（2021—2035年）》提出的“三区四带”生态保护修复总体布局中的分布，包括青藏高原生态屏障区、黄河重点生态区（含黄土高原生态屏障）、长江重点生态区（含川滇生态屏障）、东北森林带、北方防沙带、南方丘陵山地带、海岸带；“—”表示此处无数据

附表 3　全国主要伞护种/旗舰种名录

中文名	学名	主要分布	保护级别
一、野生动物			
灵长目	PRIMATES	—	
金丝猴（所有种）	*Rhinopithecus* spp.	四川、陕西、云南、甘肃、贵州、湖北	I
长臂猿（所有种）	*Hylobates* spp. *Hoolock* spp. *Nomascus* spp.	云南、广西、海南	I
黑叶猴	*Trachypithecus francoisi*	广西、贵州、重庆	I
鳞甲目	PHOLIDOTA	—	
穿山甲（所有种）	*Manis* spp.	云南、湖南、海南、浙江、江苏、安徽、福建、江西、广东、广西、四川、贵州、西藏、台湾、香港、重庆	I
食肉目	CARNIVORA	—	
大熊猫	*Ailuropoda melanoleuca*	四川、陕西、甘肃	I
云豹	*Neofelis nebulosa*	南方各省	I
豹	*Panthera pardus*	中国大部分地区	I
虎	*Panthera tigris*	吉林、黑龙江、云南、西藏	I
雪豹	*Panthera uncia*	西北	I
西太平洋斑海豹	*Phoca largha*	黄海、南海	I
鲸目	CETACEA	—	
中华白海豚	*Sousa chinensis*	东南部沿海	I
长江江豚	*Neophocaena asiaeorientalis*	长江	I
长鼻目	PROBOSCIDEA	—	
亚洲象	*Elephas maximus*	云南、西藏	I
偶蹄目	ARTIODACTYLA	—	
野骆驼	*Camelus ferus*	甘肃、新疆	I
原麝	*Moschus moschiferus*	山西、新疆、东北	I
喜马拉雅麝	*Moschus leucogaster*	西藏	I
黑麝	*Moschus fuscus*	西藏、云南	I
马麝	*Moschus chrysogaster*	宁夏、青海、甘肃、四川、云南、陕西、西藏	I
林麝	*Moschus berezovskii*	青海、河南、湖南、西藏、宁夏、湖北、广东、广西、四川、贵州、云南、陕西、甘肃、重庆	I
黑麂	*Muntiacus crinifrons*	安徽、浙江、福建、江西	I
白唇鹿	*Przewalskium albirostris*	青藏高原	I
梅花鹿	*Cervus nippon*	东北、江西、四川	I
野牦牛	*Bos mutus*	青海、西藏、新疆南部、甘肃西北部、四川西部	I
藏羚	*Pantholops hodgsoni*	青海、西藏、新疆	I
雁形目	ANSERIFORMES	—	

续表

中文名	学名	主要分布	保护级别
中华秋沙鸭	*Mergus squamatus*	东北、华中、华南、华东	Ⅰ
鹤形目	GRUIFORMES	—	
黑颈鹤	*Grus nigricollis*	西藏、贵州、云南等	Ⅰ
丹顶鹤	*Grus japonensis*	东北、华北、西北、华中、西南、华南、华东	Ⅰ
白鹤	*Grus leucogeranus*	东北、华北、西北、西南、华中、华南、华东	Ⅰ
大鸨	*Otis tarda*	西北、东北、华北、华中	Ⅰ
有尾目	CAUDATA	—	
大鲵	*Andrias davidianus*	华北、西北、西南、华中和华南	Ⅱ
二、野生植物			
红豆杉属（所有种）	*Taxus* spp.	东北、华北、西北、华中、西南、华南、华东	Ⅰ
苏铁属（所有种）	*Cycas* spp.	福建、广东、广西、云南、贵州、四川	Ⅰ
红松	*Pinus koraiensis*	辽宁、吉林、黑龙江	Ⅱ
珙桐	*Davidia involucrata*	湖北、湖南、云南、贵州、四川、重庆等	Ⅰ

注：表中的保护级别指的是2021年版的《国家重点保护野生动物名录》《国家重点保护野生植物名录》里的保护级别；“—”表示此处无数据

附表4　全国代表性生态系统名录

代码	自然生态地理区名称	代表性生态系统名录
Ⅰ1	大兴安岭北部寒温带森林冻土生态地理区	寒温性针叶林（兴安落叶松林、樟子松林等）、落叶阔叶林（蒙古栎林等）、森林沼泽湿地（兴安落叶松沼泽等）
Ⅰ2	小兴安岭针阔混交林沼泽湿地生态地理区	寒温性针叶林（兴安落叶松林等）、温性针叶林（红松阔叶混交林等）
Ⅰ3	长白山针阔混交林河源生态地理区	温性针叶林（红松阔叶混交林等）、落叶阔叶林（蒙古栎林、紫椴—色木槭—春榆落叶阔叶林等）、森林沼泽湿地（长白落叶松沼泽等）
Ⅰ4	东北松嫩平原草原湿地生态地理区	草本沼泽湿地（小叶樟沼泽、芦苇沼泽等）
Ⅰ5	辽东—胶东半岛丘陵落叶阔叶林生态地理区	落叶阔叶林（麻栎林、蒙古栎林等）、温带针叶林（赤松林等）
Ⅰ6	燕山坝上温带针阔混交林草原生态地理区	落叶阔叶林（蒙古栎林等）、温带针叶林（油松等）、灌丛（绣线菊灌丛、虎榛子灌丛等）
Ⅰ7	黄淮海平原农田湿地生态地理区	湖泊（南四湖等）、河口湿地（黄河口芦苇沼泽等）、草本沼泽湿地（白洋淀芦苇沼泽等）
Ⅰ8	吕梁太行山落叶阔叶林生态地理区	落叶阔叶林（辽东栎林等）、温带针叶林（油松林等）
Ⅰ9	长江中下游平原丘陵河湖农田生态地理区	常绿阔叶林（栓皮栎—短柄枹栎—苦槠—青冈林、甜槠—米槠林等）、草本沼泽湿地（芦苇沼泽、南荻沼泽等）、湖泊（洞庭湖、鄱阳湖等）
Ⅰ10	秦岭大巴山混交林生态地理区	常绿落叶阔叶混交林（栓皮栎—短柄枹栎—苦槠—青冈林等）、山地落叶阔叶林（栓皮栎林—锐齿槲栎林等）、山地针叶林（华山松林、太白红杉林、巴山冷杉林等）、高山灌丛（太白杜鹃灌丛等）

续表

代码	自然生态地理区名称	代表性生态系统名录
Ⅰ11	浙闽沿海山地常绿阔叶林生态地理区	温性针叶林（台湾松林等）、暖性针叶林（马尾松林等）、中亚热带常绿阔叶林（甜槠—米槠林、青冈林、苦槠林等）
Ⅰ12	长江南岸丘陵盆地常绿阔叶林生态地理区	温性针叶林（台湾松林等）、暖性针叶林（马尾松林等）、中亚热带常绿阔叶林（甜槠—米槠林、多种青冈林等）、中亚热带山地常绿落叶阔叶混交林（青冈—落叶阔叶混交林等）
Ⅰ13	四川盆地常绿落叶阔叶混交林生态地理区	暖性针叶林（马尾松林等）、常绿落叶阔叶混交林（多脉青冈—大穗鹅耳枥林、包石栎—珙桐—水青树林等）
Ⅰ14	云贵高原常绿阔叶林生态地理区	常绿阔叶林（木果石栎—硬斗石栎林、薄片青冈—西藏石栎林、高山栲林—黄毛青冈林—滇青冈林等）、暖性针叶林（云南松林等）
Ⅰ15	武陵山地常绿阔叶林生态地理区	常绿阔叶林（栓皮栎—短柄枹栎—苦槠—青冈林等）、山地常绿落叶阔叶混交林（青冈—落叶阔叶树混交林、亮叶水青冈—硬斗石栎—假地枫皮林等）
Ⅰ16	黔桂喀斯特常绿阔叶林生态地理区	常绿阔叶林（曼青冈—细叶青冈林等、甜槠—米槠林、厚壳桂—华栲—越南栲林、石栎林、鼠刺等）、山地常绿落叶阔叶混交林（青冈—鹅耳枥林等）
Ⅰ17	岭南丘陵常绿阔叶林生态地理区	暖性针叶林（马尾松林等）、常绿阔叶林（厚壳桂—华栲—越南栲林、罗浮栲林、栲树—南岭栲林、华南桂林、蕈树等）
Ⅰ18	琼雷热带雨林季雨林生态地理区	热带雨林季雨林（鸡占—厚皮树林、陆均松—海南紫荆木—红绸林、青皮树—蝴蝶树林等）、红树林
Ⅰ19	滇南热带季雨林生态地理区	热带雨林季雨林（千果榄仁—番龙眼林、网脉肉托果—滇楠林等）
Ⅱ1	内蒙古半干旱草原生态地理区	草甸草原（羊草草原等）、典型草原（克氏针茅草原、大针茅草原等）、荒漠草原（石生针茅草原、短花针茅草原等）、沼泽湿地（塔头苔草—小叶樟沼泽等）、湖泊（呼伦湖、达里诺尔湖等）
Ⅱ2	鄂尔多斯高原森林草原生态地理区	寒温性针叶林（青海云杉林等）、温性针叶林（油松林等）、典型草原（长芒草草原等）、灌丛（油蒿灌丛、沙地柏灌丛等）、荒漠草原（藏锦鸡儿—禾草荒漠草原、短花针茅草原等）、荒漠（四合木荒漠、霸王荒漠、半日花荒漠、沙冬青荒漠等）
Ⅱ3	黄土高原森林草原生态地理区	温性针叶林（油松等）、典型草原（长芒草草原、白羊草草原、短花针茅草原等）
Ⅱ4	阿拉善高原温带半荒漠生态地理区	荒漠（梭梭荒漠、棉刺荒漠、珍珠柴荒漠、红砂荒漠、籽蒿荒漠、沙冬青荒漠等）
Ⅱ5	准噶尔盆地温带荒漠生态地理区	荒漠（梭梭荒漠、梭梭荒漠、红果沙拐枣、短叶假木贼荒漠等）
Ⅱ6	阿尔泰山草原针叶林生态地理区	寒温性针叶林（西伯利亚落叶松林、西伯利亚云杉林、西伯利亚红松林等）

续表

代码	自然生态地理区名称	代表性生态系统名录
Ⅱ7	天山山地草原针叶林生态地理区	寒温性针叶林（雪岭云杉林等）、山地落叶阔叶林（野果林、野核桃林等）、山地草原（克氏针茅草原、新疆针茅草原等）、高寒草甸（黑褐穗薹草草甸、嵩草草甸、细果薹草—杂类草沼泽化草甸、线叶嵩草草甸、羽衣草草甸等）
Ⅱ8	塔里木盆地暖温带荒漠生态地理区	落叶阔叶林（胡杨林、灰杨林、沙枣林等）、荒漠（柽柳荒漠等）
Ⅲ1	喜马拉雅山脉东段山地雨林季雨林生态地理区	山地雨林（千果榄仁、细青皮林等），山地常绿阔叶林（刺栲、印度锥、瓦山锥、西南木荷林，薄片青冈、俅江青冈林）、山地针叶林（云南铁杉林、墨脱冷杉林等）
Ⅲ2	青藏高原东缘森林草原雪山生态地理区	寒温性常绿针叶林（川西云杉林、急尖长苞冷杉林、大果圆柏林等）、高山栎林（川滇高山栎林等）、高山灌丛（淡黄杜鹃灌丛、亮鳞杜鹃灌丛、密枝杜鹃灌丛、雪层杜鹃—髯花杜鹃灌丛等）、高寒草甸（西藏嵩草草甸、小嵩草草甸、四川嵩草草甸等）、草本沼泽湿地（木里薹草沼泽等）
Ⅲ3	藏南极高山灌丛草原雪山生态地理区	高山灌丛（雪层杜鹃—髯花杜鹃灌丛等）、草原（紫花针茅草原、昆仑针茅草原等）
Ⅲ4	羌塘高原高寒草原生态地理区	高寒草原（紫花针茅草原、青藏薹草草原等）、高寒草甸（小嵩草草甸等）、草本沼泽湿地（西藏嵩草沼泽、藏北嵩草沼泽等）
Ⅲ5	昆仑山高寒荒漠生态地理区	高寒荒漠（垫状驼绒藜荒漠）、山地草原（昆仑针茅草原等）
Ⅲ6	柴达木盆地荒漠生态地理区	荒漠（猪毛菜荒漠、垫状驼绒藜荒漠、柽柳荒漠等）
Ⅲ7	祁连山森林草甸荒漠生态地理区	寒温性常绿针叶林（青海云杉林、祁连圆柏林等）、山地草原（克氏针茅草原、沙生针茅荒漠草原等）、高寒草甸（嵩草草甸等）、荒漠（猪毛菜荒漠等）
Ⅲ8	青藏三江源高寒草原草甸湿地生态地理区	高寒草甸（嵩草草甸、小嵩草草甸、线叶嵩草草甸等）、湖泊（扎陵湖、鄂陵湖、青海湖等）、草本沼泽湿地（西藏嵩草—薹草沼泽等）
Ⅲ9	南横断山针叶林生态地理区	常绿阔叶林（栲树林、石栎林、高山栲林—黄毛青冈林—滇青冈林、多变石栎—银木荷林、包石栎—珙桐—水青树林、高山栎林等）、山地针叶林（高山松林、云南松林、云南铁杉林、冷杉林、长苞冷杉林等）、高山灌丛（腋花杜鹃灌丛、腺房杜鹃灌丛等）
Ⅳ1-3	渤黄海区、东海区、南海区	珊瑚礁（鹿角珊瑚、蔷薇珊瑚、滨珊瑚、角孔珊瑚、牡丹珊瑚、蜂巢珊瑚、角珊瑚、菊花珊瑚等造礁珊瑚形成的珊瑚礁），海草床（丝粉藻属、鳗草属、川蔓藻属、二药藻属、针叶草属、海菖蒲、泰来草、喜盐草属、虾形草属等为优势的海草床），海藻场（马尾藻、鼠尾藻、裙带菜、羊栖菜、铜藻、海带等为优势的海藻场）